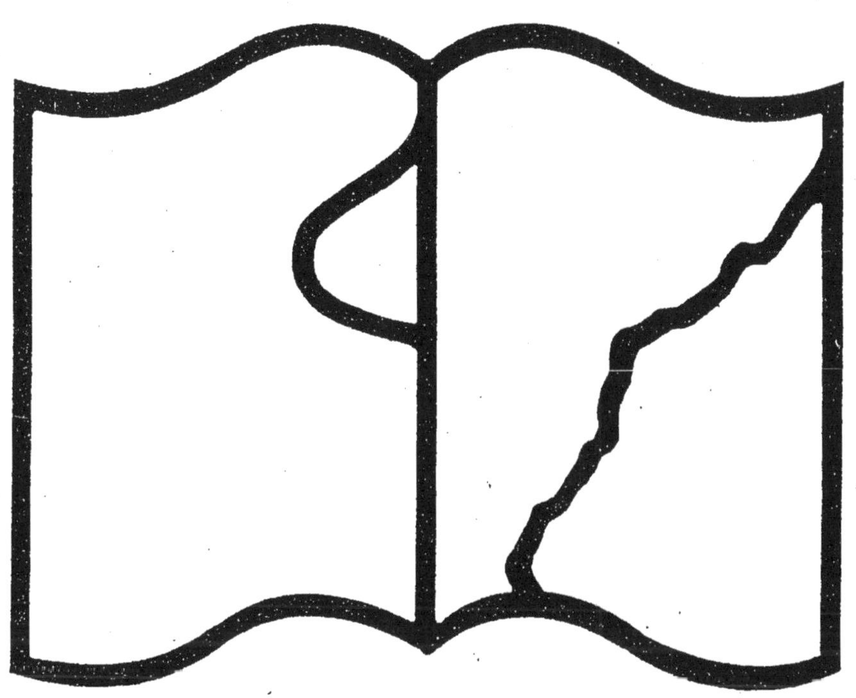

Texte détérioré — reliure défectueuse

NF Z 43-120-11

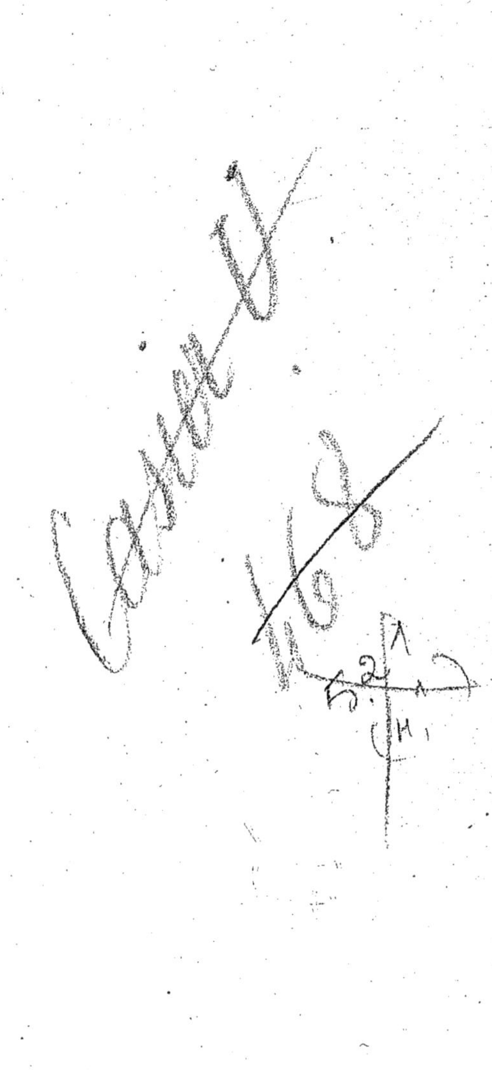

O. D. CHWOLSON

PROFESSEUR ORDINAIRE A L'UNIVERSITÉ IMPÉRIALE DE ST-PÉTERSBOURG

TRAITÉ DE PHYSIQUE

OUVRAGE TRADUIT SUR LES ÉDITIONS RUSSE & ALLEMANDE

PAR

E. DAVAUX

INGÉNIEUR DE LA MARINE

Édition revue et considérablement augmentée par l'Auteur

SUIVIE DE

Notes sur la Physique théorique

PAR

E. COSSERAT	F. COSSERAT
Professeur à la Faculté des Sciences, Directeur de l'Observatoire de Toulouse	Ingénieur en Chef des Ponts et Chaussées, Ingénieur en Chef à la Cie des Chemins de fer de l'Est

TOME QUATRIÈME

PREMIER FASCICULE

Champ électrique constant

Avec 165 figures dans le texte

PARIS

LIBRAIRIE SCIENTIFIQUE A. HERMANN ET FILS

LIBRAIRES DE S. M. LE ROI DE SUÈDE

6, RUE DE LA SORBONNE, 6

1910

TRAITÉ DE PHYSIQUE

O. D. CHWOLSON

PROFESSEUR ORDINAIRE A L'UNIVERSITÉ IMPÉRIALE DE ST-PÉTERSBOURG

TRAITÉ DE PHYSIQUE

OUVRAGE TRADUIT SUR LES ÉDITIONS RUSSE & ALLEMANDE

PAR

E. DAVAUX

INGÉNIEUR DE LA MARINE

Edition revue et considérablement augmentée par l'Auteur

SUIVIE DE

Notes sur la Physique théorique

PAR

E. COSSERAT

Professeur à la Faculté des Sciences,
Directeur
de l'Observatoire de Toulouse

F. COSSERAT

Ingénieur en Chef des Ponts et Chaussées,
Ingénieur en Chef
à la Cⁱᵒ des Chemins de fer de l'Est

TOME QUATRIÈME

PREMIER FASCICULE

Champ électrique constant

Avec 165 figures dans le texte

PARIS

LIBRAIRIE SCIENTIFIQUE A. HERMANN ET FILS

LIBRAIRES DE S. M. LE ROI DE SUÈDE

6, RUE DE LA SORBONNE, 6

1910

TABLE DES MATIÈRES

DU PREMIER FASCICULE DU TOME QUATRIÈME

DIXIÈME PARTIE

L'ÉNERGIE ÉLECTRIQUE

LIVRE I

CHAMP ÉLECTRIQUE CONSTANT

Chapitre II. — Les sources du champ électrique

Chapitre III. — Action du champ électrique sur les corps qu'il renferme.

TRAITÉ DE PHYSIQUE

DIXIÈME PARTIE

L'ÉNERGIE ÉLECTRIQUE

INTRODUCTION

CARACTÈRES DE L'ÉTAT PRÉSENT DE LA SCIENCE DES PHÉNOMÈNES ÉLECTRIQUES ET MAGNÉTIQUES

Il nous semble nécessaire, en abordant la dernière Partie de notre Traité de Physique, de commencer par donner une courte esquisse de la situation tout à fait singulière et exceptionnelle, dans laquelle se trouve actuellement la science des phénomènes électriques et magnétiques. A l'heure présente, on ne distingue pas moins de trois points de vue dans cette science, qui constitue la partie la plus étendue et la plus intéressante de la Physique.

I. Nous avons *d'abord* affaire à la *structure extérieure* d'un très grand nombre de phénomènes différents, qui, perçus par nos sens, éveillent en nous une représentation plus ou moins nette de ce qui se passe, ou plus exactement de ce qui semble se passer en un endroit donné et dans des conditions données. De ce tableau général extérieur, ainsi qu'en partie des idées qu'il produit en nous, découle la *description des phénomènes*, et les lois et les règles, auxquelles sont soumis au point de vue qualitatif ou quantitatif ces phénomènes, se trouvent pour nous dans une dépendance indissoluble avec ces derniers et leur description. Ces lois et ces règles, étant caractéristiques pour un phénomène donné, doivent entrer dans sa description comme élément principal, car autrement cette description ne serait pas aussi complète que le permet l'état actuel de nos connaissances scientifiques.

Il faut remarquer qu'à ce premier point de vue la science, dont nous allons nous occuper, a atteint un très haut degré de développement. Le nombre des phénomènes électriques et magnétiques très divers que nous connaissons est si considérable, qu'une description un peu complète de ces phénomènes pourrait remplir plusieurs volumes. Actuellement, nous connaissons avec la plus grande certitude, on peut même dire avec une certitude absolue, les lois suivant lesquelles se produisent un grand nombre de ces phénomènes, c'est-à-dire les lois qui relient entre elles les grandeurs caractéristiques des faits considérés.

En d'autres termes, nous savons dans quelles conditions un phénomène prend naissance; nous pouvons, par suite, le produire à notre guise et prévoir, dans un nombre extrêmement grand de cas, ses plus petites particularités, sa marche et le résultat final auquel il conduit. Il est très important d'observer que tout l'ensemble scientifique, qui caractérise ce premier point de vue dans l'étude des phénomènes électriques et magnétiques, est absolument indépendant des opinions qui peuvent régner parmi les savants sur la nature de ces phénomènes. En revanche, ces opinions ont une influence considérable, et malheureusement parfois nuisible pour la science, sur la terminologie employée pour décrire un phénomène et formuler les lois qui le régissent. Il est hors de doute qu'une terminologie, une fois établie et étroitement liée à une représentation bien déterminée des phénomènes, peut enrayer l'évolution des concepts scientifiques sur la nature de ces phénomènes.

II. On peut se placer à un *second* point de vue, dans l'étude actuelle des phénomènes électriques et magnétiques, et considérer leurs *applications pratiques*, qui sont multiples et variées. La possibilité de telles applications vient de ce que nous sommes maîtres, comme nous l'avons dit, de produire à volonté ces phénomènes et de ce que nous avons une connaissance approfondie et complète de leur caractère et des lois qui les régissent. Dans un très grand nombre de cas, cette connaissance est d'ailleurs de nature purement empirique. Il est absolument impossible d'énumérer toutes les applications pratiques des phénomènes électriques et magnétiques; il s'agit, en effet, de l'immense domaine, presque sans limites, de l'électrotechnique : la télégraphie et la téléphonie, l'éclairage électrique, le transport électrique de la force et la traction électrique, la galvanoplastie, l'électrométallurgie, la construction des machines dynamo-électriques et des autres générateurs de courant électrique, par exemple les batteries thermoélectriques et les accumulateurs, la télégraphie sans fil, les petits appareils, en nombre incalculable, agissant à l'aide de l'électricité, etc. ; on peut encore mentionner les nombreuses applications de l'électricité à la médecine, qui ont pris naissance par voie purement expérimentale.

En résumé, nous connaissons si bien les phénomènes et nous savons à tel point les utiliser pour atteindre un but déterminé que, dès maintenant, le nouveau siècle est à bon droit dénommé le siècle de l'électricité.

III. Le *troisième* point de vue, dans la science des phénomènes que nous allons considérer, est celui où l'on essaie d'*expliquer* ces phénomènes, d'en établir une *théorie*, de montrer qu'ils sont tous la conséquence nécessaire de l'existence d'un certain *substratum*, d'ailleurs plus ou moins *hypothétique*. Ce substratum doit posséder certaines propriétés déterminées, à l'aide desquelles s'expliquent les phénomènes observés, *les lois de la mécanique et de la thermo-dynamique lui étant applicables.*

Nous estimons qu'il y a nécessité d'exposer clairement, dès le début, la position présente des questions qui vont nous occuper, et nous avons l'intention de le faire en toute sincérité, persuadé que la vérité est le bien le plus important et le plus précieux, dont la possession représente le but suprême des tendances de l'homme, quelque peu consolante ou attrayante que soit la forme sous laquelle cette vérité nous est révélée.

A notre avis, pour porter un *jugement* vraiment scientifique sur une partie quelconque de la Physique, il faut avoir une *compréhension juste* de la signifi-cation que possède à un instant déterminé telle ou telle théorie, telle ou telle hypothèse.

Supposons qu'à un moment donné s'élève une lutte entre des hypothèses ou théories différentes, où chacune défende opiniâtrément la position qu'elle occupe dans une certaine *partie* de la science, et que, pour passer d'une partie à une autre, on doive remplacer, dans les raisonnements, déductions et expli-cations, *l'une* de ces hypothèses ou théories par *l'autre*. Celui qui, dans un tel état du développement scientifique, penserait que le combat peut prendre fin, que l'une des théories peut remporter une victoire complète et qu'il est par suite parfaitement possible de construire toutes les parties de la science consi-dérée sur une seule hypothèse, celui-là ne saurait évidemment être regardé comme possédant une vraie compréhension du domaine de cette science.

Or la science des phénomènes électriques et magnétiques se trouve précisé-ment à l'heure actuelle dans une telle situation. Sans vouloir rien exagérer, nous pourrons dire, après avoir jeté sur les faits un coup d'œil rapide, qu'il n'existe pas en ce moment, dans la partie de cette science qui a pour objet *l'explication* des phénomènes, de théorie solidement établie, sur laquelle on puisse s'appuyer d'une manière certaine et tout à fait hors de doute, pour rendre compte de *tous* les phénomènes. Nous croyons qu'en nous efforçant de donner un tableau aussi exact que possible de la position présente de la ques-tion, nous fournirons en même temps à nos lecteurs un point de départ as-suré, qui leur permettra de suivre les péripéties futures de la lutte entre les diverses théories et de comprendre les phases par lesquelles pourra passer, dans un avenir prochain, le développement scientifique qui sera le fruit des travaux des savants. Du reste, pour exposer clairement l'état actuel des choses, il n'est nullement nécessaire de faire connaître au préalable tout l'en-semble des phénomènes électriques et magnétiques que la théorie se propose d'expliquer. Les connaissances acquises dans un cours élémentaire de Phy-sique suffisent, et nous nous bornerons par suite à rappeler ici en quelques mots les phénomènes fondamentaux, qui sont certainement connus de tous.

Il y a, *en premier lieu*, certains phénomènes que l'on appelle des phéno-mènes *électrostatiques*. Par le contact mutuel ou le frottement, ainsi que dans quelques autres opérations, les corps acquièrent toute une série de propriétés qu'ils ne possédaient pas auparavant. On dit alors que les corps sont *électrisés*.

Il existe deux sortes d'électrisation, qui ont reçu les noms d'électrisation positive et d'électrisation négative. Des corps électrisés tous positivement ou tous négativement se repoussent mutuellement; deux corps électrisés l'un positivement, l'autre négativement s'attirent. Des corps, placés dans le voisinage de corps électrisés (dans un *champ* électrique), s'électrisent aussi; c'est le phénomène de l'*induction*, sur lequel est basée la construction du condensateur. Relativement à la transmission et à la propagation de l'état électrique, les corps se partagent en conducteurs et en non conducteurs ou *diélectriques*. La présence de ces derniers a une influence considérable sur la grandeur des forces qui se manifestent dans l'espace environnant les corps électrisés. La disparition de l'état électrique est toujours accompagnée de l'apparition d'une certaine quantité d'énergie calorifique, d'énergie lumineuse, d'énergie sonore, etc., d'où résulte que, devant un corps électrisé, nous nous trouvons en présence d'une provision d'énergie d'une forme particulière.

Nous mentionnerons *en second lieu* les phénomènes *magnétiques* : les aimants naturels (minerai de fer) et artificiels (acier) attirent certaines substances, en repoussent d'autres ; les premières sont dites paramagnétiques (fer, acier, nickel, etc.), les dernières diamagnétiques (bismuth, etc.). Dans tout aimant, nous devons distinguer deux magnétisations différentes : nord et sud, et deux pôles ; les pôles de même nom se repoussent, ceux de noms contraires s'attirent. Quelques corps, placés dans le voisinage des aimants, deviennent eux-mêmes des aimants, c'est-à-dire acquièrent deux pôles magnétiques (induction magnétique). Quand on brise un aimant, toutes ses parties constituent des aimants complets, autrement dit possèdent toutes les propriétés générales caractéristiques des aimants. Il se produit, dans l'espace qui entoure un aimant (*champ* magnétique), différents phénomènes, parmi lesquels nous signalerons la rotation du plan de polarisation des rayons lumineux. On peut, à l'aide des aimants, effectuer du travail, c'est-à-dire obtenir des provisions de différentes sortes d'énergie ; il s'ensuit que la présence des aimants entraîne celle d'une provision d'énergie d'une certaine forme particulière.

Il existe *en troisième lieu* un nombre infini de phénomènes *différents*, liés d'une façon ou d'une autre à ce qu'on dénomme *courant électrique*. A l'égard de ces phénomènes, les conducteurs se partagent en deux classes. A la première classe appartiennent les métaux et d'autres substances, qui se comportent, dans les mêmes circonstances, comme des métaux ; la seconde classe est formée par les *électrolytes*. La présence de ces derniers est nécessaire pour produire de certaine manière le courant électrique (éléments hydroélectriques) : quand ils sont parcourus par le courant, ils sont le siège de réactions chimiques, qui entraînent toujours leur décomposition. L'espace qui environne les corps, par exemple les fils, dans lesquels se passe le phénomène du courant électrique, possède toutes les propriétés du *champ magnétique* (action sur un aimant mobile, magnétisation du fer et de l'acier, etc.), et les corps eux-mêmes sont soumis à des forces, qui tendent à leur imprimer un mouvement dans un sens ou dans l'autre. Le phénomène du courant électrique est constamment accompagné de l'apparition d'une provision d'énergie, le plus souvent d'énergie calorifique, d'énergie mécanique, d'énergie chimique, etc. ; dans le phénomène du courant électrique, nous sommes donc encore en présence d'une provision d'une forme particulière d'énergie. Quand un conducteur se déplace dans un champ magnétique, ou lorsque le champ, dans lequel il se trouve, subit des variations quantitatives, c'est-à-dire quand l'intensité de ce champ croît ou diminue, le conducteur donne lieu au phénomène du courant électrique, appelé alors courant induit ou courant d'induction.

Nous rencontrons *en quatrième lieu* le phénomène des *radiations électriques*, dont il a déjà été parlé brièvement dans le Tome II.

Nous avons *en cinquième lieu* le groupe très étendu et infiniment varié des phénomènes qui se manifestent dans ce qu'on appelle la décharge électrique ; à ce groupe se rattachent : l'étincelle électrique, l'arc voltaïque et les phénomènes de décharge dans les gaz raréfiés.

Nous devons mentionner *en sixième lieu* les phénomènes de radioactivité, qui comptent évidemment parmi les phénomènes électriques.

A tout l'ensemble de faits contenus dans l'énumération précédente, il faut ajouter, comme inébranlablement acquises par la science, une série de lois absolument exactes, qui régissent les phénomènes électriques et magnétiques. Les plus importantes de ces lois sont les suivantes :

1. La loi de l'action mutuelle entre les corps électrisés, c'est-à-dire la loi qui détermine la direction et la grandeur de la force agissant sur un corps électrisé situé dans le voisinage d'autres corps électrisés, ainsi que la distribution de l'état électrique sur les corps.

2. La loi de l'action mutuelle des aimants.

3. La loi qui détermine le champ magnétique d'un courant. Cette loi indique quels courants et quels aimants peuvent être remplacés les uns par les autres à l'égard de tous les phénomènes qui se manifestent dans l'espace environnant. Comme conséquence de cette loi, nous avons : la loi de l'action mutuelle d'un courant et d'un aimant, ainsi que la loi de l'action mutuelle de deux courants.

4. La loi suivant laquelle se produisent les courants d'induction.

5. Les lois sur la production de chaleur aux dépens des deux formes précédentes d'énergie électrique.

6. La loi fondamentale de l'électrolyse, c'est-à-dire des réactions chimiques qui accompagnent le passage du courant électrique à travers les électrolytes.

7. La loi de la rotation du plan de polarisation dans un champ magnétique.

A ces lois doivent encore en être ajoutées deux autres, qui ont été prévues par l'une des théories actuelles et qui ont été si bien vérifiées par l'expérience que, dès maintenant, toute théorie nouvelle doit compter avec elles, c'est-à-dire en montrer nettement la nécessité. Ces deux lois sont les suivantes :

8. La loi qui est exprimée par la formule $K = n^2$; cette loi est relative aux substances non magnétiques et a déjà été considérée dans le Tome II. Nous rappellerons seulement que K désigne la constante de diélectricité et n l'indice de réfraction pour des radiations de très grande longueur d'onde.

Pour les substances magnétiques, la loi se traduit par une formule plus complexe que nous ne mentionnerons pas actuellement.

9. La loi que nous exprimerons plus tard par la formule $E_m : E_e = v$; E_m et E_e désignent deux *quantités d'électricité* déterminées, v la vitesse de propagation de la lumière. Nous nous contenterons de cette indication, car il serait prématuré ici de s'étendre sur cette loi.

Nous n'avons naturellement pas épuisé, dans ce qui précède, toutes les lois qui se rapportent aux phénomènes électriques et magnétiques ; mais, en tout cas, nous avons cité les plus importantes.

Quelle que soit la théorie des phénomènes électriques et magnétiques que l'on puisse établir, cette théorie doit avant tout partir d'une représentation déterminée des causes fondamentales des phénomènes, avoir une base réelle qui leur sert de source. Elle doit montrer, à l'aide des lois de la *mécanique* et de la *thermodynamique*, que les phénomènes et les lois énumérés ci-dessus découlent logiquement et nécessairement de l'hypothèse initiale. Si la théorie est en état de remplir cette condition et si, en même temps, l'hypothèse fondamentale réunit les qualités indiquées dans le Tome I, si, par exemple, elle n'est pas trop compliquée, alors cette théorie pourra se faire une place durable dans la science et l'hypothèse elle-même acquerra un certain degré de probabilité.

Mais, il faut l'avouer, au moment présent (1910) *il n'existe encore aucune théorie satisfaisant aux conditions énoncées.* Nous allons essayer de donner un tableau précis de l'état actuel des choses.

Quand on considère l'ensemble de toutes les explications des phénomènes électriques et magnétiques qui ont été proposées jusqu'ici, on reconnaît que, dans ces explications, apparaissent distinctement *trois points de vue* ou encore trois conceptions, différant d'une manière essentielle ; nous les désignerons par les lettres A, B et C. Chacun de ces trois points de vue ou chacune de ces conceptions fait apparaître devant nous une certaine image, nous donnant une représentation plus ou moins exacte de la cause intime des phénomènes, de ce qui se passe, pour ainsi dire, derrière le tableau qui se déroule devant nos yeux. Nous désignerons aussi par les lettres A, B et C les trois images correspondantes. Avant de considérer en détail ces trois images, nous allons les *caractériser brièvement.*

L'*image* A (adoptée d'une manière générale jusqu'en 1870 environ) est construite avec la notion de deux électricités, de deux substances particulières ; l'une de leurs propriétés les plus importantes consiste dans la faculté qu'elles possèdent d'*agir à distance instantanément* (actio in distans, Tome I). Cette image a été conservée jusqu'à présent dans la Physique élémentaire. *Mais la science sérieuse a abandonné à tout jamais cette conception.* Elle jouera néanmoins un rôle important dans notre exposition ; nous ne tarderons pas à expliquer ce fait en apparence si étrange.

L'*image* B (1870 à 1900) écarte totalement l'hypothèse d'une substance particulière, comme substratum des phénomènes électriques et magnétiques. Elle conduit à expliquer ces phénomènes par les propriétés de l'éther, dans lequel peuvent se produire différentes sortes de modifications, à savoir des déformations et des mouvements. La possibilité de toute action instantanée à distance est rejetée d'une manière absolue. Cette image a permis d'arriver à la théorie électromagnétique de l'énergie rayonnante, dont nous avons parlé à plusieurs reprises dans le Tome II ; elle représente l'une des créations les plus profondes et les plus ingénieuses de l'esprit scientifique. Mais, bien qu'elle se rapproche beaucoup plus de la vérité que l'image A, elle s'est trouvée cependant impuissante à expliquer un très grand nombre de phénomènes divers.

L'*image* C (depuis 1900) est basée sur la théorie des *électrons* et forme, en quelque sorte, une combinaison des images A et B. Elle suppose l'existence d'un substratum particulier et conserve l'idée de modifications se produisant au sein de l'éther, mais le substratum est ici considéré comme la cause qui engendre ces modifications de l'éther. La théorie des électrons vient seulement d'être construite.

Entrons maintenant dans les détails, pour chacune de nos trois images.

Image A. — Les *imponderabilia* et l'*actio in distans*, tel est ce qui caractérise particulièrement cette ancienne image. Elle suppose l'existence de substances particulières, désignées parfois sous le nom de fluides, d'agents et même de liquides. Ces substances doivent être impondérables (plus exactement sans poids) : leur nombre a varié de quatre à un. On était conduit à quatre de ces substances, quand on admettait qu'il existe deux *électricités* distinctes et deux *magnétismes* distincts, qui devaient se trouver réellement sur la surface ou à l'intérieur des corps électrisés et des aimants. Quand on eut découvert que tout aimant agit exactement comme un certain système de courants électriques, on renonça aux deux magnétismes, pour les remplacer par des *courants moléculaires*, assez difficiles d'ailleurs à concevoir, entourant les molécules des aimants. C'est ainsi qu'ont pris naissance les théories *dualistiques*, qui n'admettent que l'existence de deux substances particulières, de deux *électricités*, l'une positive et l'autre négative. Les théories *unitaires*, qui ne supposent qu'un seul agent, doivent aussi être rangées dans la même catégorie, quand, admettant qu'il y a identité entre cet agent unique et l'éther lumineux, elles lui attribuent cependant l'*actio in distans* qui, avec l'hypothèse des impondérables, est le second trait caractéristique, le plus essentiel peut-être, de l'image A. On suppose en effet que les substances hypothétiques de cette image, par exemple les deux électricités, agissent instantanément à *distance* l'une sur l'autre, le milieu intermédiaire ne jouant aucun rôle ou n'exerçant qu'une influence secondaire, en quelque sorte accidentelle, sur les phénomènes ; les actions mutuelles de ces substances peuvent être des attractions ou des répulsions. Dans les phénomènes électrostatiques, on a affaire à des manifestations d'agents qui sont à l'état de repos ; le phénomène désigné sous le nom de courant électrique est au fond un écoulement réel d'une ou deux substances à l'intérieur ou à la surface d'un conducteur, ordinairement d'un fil.

Ce sont les deux notions, tout à fait caractéristiques de l'image A, que nous venons de mentionner, qui justifient l'application importante que l'on a faite aux phénomènes électriques et magnétiques de la théorie du potentiel.

dont nous avons indiqué les éléments dans le Tome I. Une telle application est devenue naturelle, dès qu'on a découvert les lois suivant lesquelles agissent les forces que l'on rencontre dans l'étude de ces phénomènes. Ces forces ont une réalité certaine et, *un vaste domaine de faits se trouvant exactement coordonné comme si les traits fondamentaux de l'image A étaient euxmêmes réels*, on voit que l'application de la théorie du potentiel conduit non seulement à des résultats absolument sûrs, mais aussi peut être maintenue encore dans le cas où on abandonne l'image A elle-même. Le potentiel en un point exprime un travail déterminé de forces existant certainement ; ce travail s'accomplit aux dépens de provisions réelles de certaines formes d'énergie de nature particulière et a pour résultat bien constaté l'apparition de formes d'énergie qui nous sont, le plus souvent, très familières depuis longtemps. La question de l'origine du mécanisme par lequel se produisent ces forces, ainsi que la question de la forme de la provision d'énergie initiale n'ont ici rien à voir ; la réponse à ces questions dépend entièrement de celle des *images* à laquelle on s'arrête. Si l'on renonce à l'image A, on doit abandonner seulement par là l'idée que les *notions primitives*, sur lesquelles est basée l'application de la théorie du potentiel, possèdent une réalité ; mais l'application elle-même peut être maintenue comme *méthode* mathématique dans l'étude des problèmes posés par les lois expérimentales, ou encore comme méthode de *raisonnement*, etc. Nous verrons qu'elle conduit à la notion du *potentiel d'un conducteur*, qui représente le degré de son électrisation ; cette notion si importante peut être conservée sans nul souci de l'*image* choisie, et, par suite, de ce que l'on doit entendre, conformément à cette image, par le terme *électrisation* d'un conducteur.

Ce qui vient d'être dit explique bien pourquoi l'image A ne jouera pas un rôle effacé dans nos développements ultérieurs, quoiqu'elle soit abandonnée aujourd'hui. Nous nous en servirons pour pouvoir décrire d'une manière commode et simple les phénomènes, entre les limites où ils se produisent comme si cette image correspondait à la réalité. Ces limites doivent assurément nous être exactement connues, sans quoi nous risquerions évidemment de commettre les plus grosses erreurs. Nous estimons pour d'autres raisons qu'il est encore difficile de renoncer complètement à l'usage de l'image A. En premier lieu, nous faciliterons ainsi le travail des lecteurs qui ont seulement étudié la Physique élémentaire, laquelle ne connaît aucune autre image ; en second lieu, nous pourrons conserver, quoique partiellement et d'une manière temporaire, la *terminologie* commode, généralement usitée jusqu'à présent, qui est en correspondance étroite avec l'image A et à laquelle tout le monde est habitué.

Image B. — Nous devons cette image à Faraday, Cl. Maxwell et Hertz. Le trait le plus caractéristique de cette image est *la négation de l'existence de toute actio in distans et de tout agent particulier en dehors de l'éther lumineux*, ainsi que le transport du siège des phénomènes dans le milieu, qui entoure les corps électrisés ou magnétiques et qui joue, dans les phénomènes, non plus un rôle accidentel et secondaire, mais au contraire le rôle principal.

L'image B suppose que les phénomènes électriques et magnétiques consistent essentiellement dans des changements, tels que des déformations ou des perturbations, qui ont lieu dans l'éther. Ces modifications engendrent les forces dont nous observons directement les effets, et déterminent les formes d'énergie dont la présence nous est démontrée par l'application du principe de la conservation de l'énergie, dans les circonstances mentionnées précédemment où il y a production de chaleur, d'énergie chimique et d'autres formes connues d'énergie.

FARADAY a ébauché l'image B ; CL. MAXWELL en a précisé les détails. Il a donné une forme mathématique aux idées fondamentales de FARADAY et a créé la *théorie électromagnétique de la lumière*, qui considère l'énergie rayonnante comme un cas particulier des mêmes perturbations de l'éther que nous percevons, dans d'autres circonstances, sous la forme de phénomène électrique ou magnétique. C'est cette théorie qui a conduit MAXWELL à la découverte des deux lois que nous avons énoncées plus haut (pages 5 et 6). L'exactitude de ces lois a été confirmée par de multiples expériences ; *elles ne pouvaient pas être prévues et ne peuvent être expliquées par la théorie qui repose sur l'image A.* Enfin les radiations électriques de HERTZ, dont nous nous sommes déjà occupé partiellement dans le Tome II et sur lesquelles nous reviendrons encore plus loin, représentent un phénomène d'accord avec la théorie de MAXWELL et avec les conceptions fondamentales qui caractérisent l'image B.

L'harmonie qui règne dans toute la théorie de MAXWELL, la confirmation des lois 8 et 9 (pages 5 et 6), la suppression des agents impondérables spéciaux dans la production des phénomènes électriques et magnétiques, le rejet de *l'actio in distans*, et, ce qui est surtout important, la découverte des radiations électriques paraissaient devoir conduire au triomphe complet des notions sur lesquelles repose l'image B. Il semblait qu'il ne restait qu'à terminer cette image, à parfaire tous ses détails, en d'autres termes à l'utiliser dans toutes les parties de la Physique consacrées à l'énergie électrique, à montrer que partout la nouvelle théorie faisait corps avec la réalité et donnait des résultats aussi brillants que dans les phénomènes particuliers auxquels MAXWELL et HERTZ l'avaient appliquée. Vers l'année 1890, il était permis de penser qu'il ne serait plus question, dans la science élevée, de traiter les quantités d'électricité comme de vraies substances ; on pouvait espérer que le côté purement mécanique des déformations et perturbations dans l'éther, où devait se trouver la nature réelle inaccessible à l'observation directe, des phénomènes électriques et magnétiques, serait rapidement connu dans toutes ses particularités et que ces déformations et perturbations prendraient leur place dans tous les Chapitres de la Physique où l'on étudie les manifestations de l'énergie électrique.

Ces espérances ne se sont pas réalisées. Au contraire, le développement de la science dans ces dernières années l'a éloignée de plus en plus de l'unité, de la clarté et de la simplicité dont elle semblait déjà si proche.

On doit mettre en évidence trois causes différentes, qui ont écarté la Physique, dans son accroissement naturel, du chemin qui aurait pu mener à l'établissement définitif de l'image B, dans toutes les parties de l'étude des phénomènes électriques et magnétiques.

Il existe, *en premier lieu*, dans cette étude, quelques domaines qui, précisément au point de vue *théorique*, ont atteint un haut degré de développement, sans que cependant, dans les raisonnements et dans les déductions qu'on y rencontre, aucun trait, aucune idée ne viennent rappeler l'image B. Telle est en particulier la théorie de l'*électrolyse*, c'est-à-dire la théorie des actions chimiques produites par le courant électrique. Dans l'étude des phénomènes électrolytiques, les savants semblent, pour ainsi dire, momentanément oublier l'image B, les vues de MAXWELL et de HERTZ relativement à la non existence d'une *électricité* substantielle, et même, parfois, l'impossibilité d'une *actio in distans*. Dans la théorie des ions, on suppose que les substances dissoutes sont toujours partiellement dissociées (Tomes I et III), c'est-à-dire décomposées en leurs parties constituantes (NaCl par exemple, en Na et Cl), qui sont les ions. Chaque ion est lié à une *quantité d'électricité* déterminée, en vertu de laquelle il se meut, dans la dissolution, vers l'électrode dont l'électrisation est contraire. La théorie des ions représente aujourd'hui une partie de la Physique bien ordonnée, étudiée en détail et d'un grand intérêt. On ne peut y découvrir aucune trace de l'image B ; celui qui écrit sur l'électrolyse perd de vue complètement, pour ainsi dire, cette image et presque aucune tentative sérieuse n'a été faite pour introduire cette dernière dans la théorie électrolytique, pour traduire, si l'on peut s'exprimer ainsi, d'une langue dans l'autre les explications et les raisonnements, pour montrer que les *quantités d'électricité*, dont il est ici question, peuvent être comprises au sens de l'image B, c'est-à-dire comme des déformations de l'éther s'appuyant sur les ions.

Il faut reconnaître, *en second lieu*, que l'on n'a pas réussi jusqu'ici à donner une *représentation mécanique* claire même simplement du caractère des déformations (et peut-être aussi des perturbations), qui correspondent aux phénomènes électrostatiques et magnétiques. Il a été fait différents essais pour expliquer la nature intime de ce qui se passe dans l'éther, essais basés sur l'attribution à l'éther de propriétés spéciales, d'une structure interne particulière. Ces hypothèses sont en général assez complexes et ont souvent même un caractère étrange. Il suffit de dire qu'on a donné une sorte de double nature à l'éther, qui serait formé de deux substances, dont l'une serait en quelque sorte imprégnée de l'autre, à la façon par exemple d'une éponge imbibée d'un liquide. Une telle conception ou l'une des nombreuses suppositions analogues complique extrêmement les hypothèses fondamentales, alors que la simplicité est, comme nous l'avons vu (Tome I), l'un des signes de la fécondité d'une idée. L'image B se trouve d'ailleurs ainsi privée de ses principaux avantages vis-à-vis de l'image A, par l'introduction de l'élément métaphysique, dont la présence était pour cette dernière une faute très grave contre les exigences auxquelles doit satisfaire une théorie vraiment moderne.

En troisième lieu, un nouvel ensemble de phénomènes a été découvert qui, de même que les résultats d'une étude plus complète de certains phénomènes auparavant connus, ne pouvaient trouver place dans le cadre de l'image B.

Image C. — Une nouvelle théorie est née au seuil du nouveau siècle ; on la nomme la *théorie des électrons*, parce qu'à sa base se trouve la notion de l'*électron*. L'image C, qui lui correspond, représente, au moins partiellement, une combinaison des images A et B. Elle emprunte à l'image A l'hypothèse qu'il existe, dans la nature, une substance de nature particulière, correspondant à l'électricité *négative* de l'image A. Cette substance possède une structure atomique, c'est-à-dire qu'elle est constituée par un ensemble discret de particules très petites, appelées électrons. La nouvelle théorie conserve de l'image B la notion de modifications particulières, qui se produisent dans l'éther quand on y observe le phénomène du champ de force électrique ou magnétique. Elle ne suppose donc aucune action instantanée à distance, mais admet qu'il faut rechercher la cause *immédiate* d'une force électrique ou magnétique, observée en un endroit donné de l'espace, à cet endroit même et dans les modifications qu'y subit l'éther.

Une série de questions se posent ici : de quelle nature, par exemple, est le lien existant entre les électrons et les modifications qui se produisent dans l'éther? Par quoi est représentée dans l'image C la notion d'électricité positive? Comment sont liés les électrons et la matière ordinaire?

La théorie naissante n'a pas encore donné de réponses claires et définitives à ces questions. On admet, comme un fait, qu'un électron immobile produit dans l'éther environnant les modifications relatives à la présence de forces électriques. Quand au contraire un électron se déplace, de nouvelles modifications naissent dans l'éther et des forces magnétiques apparaissent.

Les électrons sont produits par la désagrégation de l'atome matériel ordinaire ; on est porté à penser que la matière se compose uniquement d'électrons groupés et reliés entre eux de différentes manières.

Maintenant se présente une question *didactique* capitale : *quel rôle peut actuellement (1910) jouer la théorie des électrons dans une exposition générale de la Physique? Peut-on renoncer complètement aux images A et B, même dans les descriptions et explications où elles suffisent, et faire reposer tout dès le début seulement sur la nouvelle théorie?*

Nous devons résoudre ce problème, en tenant compte de l'état des choses à l'instant présent et avec la conscience très nette du risque attaché à la décision que nous prendrons. Chaque jour peut changer essentiellement la face de la question, peut conduire à l'éclaircissement et à l'affermissement de ce qui apparaît encore obscur et chancelant à l'heure actuelle, et alors le mode d'exposition auquel nous nous serons arrêté pourra devenir suranné.

Mais il n'y a pas d'autre issue. Nous ne savons pas ce que l'avenir nous réserve et nous ne pouvons compter qu'avec ce qui *est*. La situation actuelle nous force à prendre le parti suivant. L'image C est encore trop à l'état d'ébauche, pour pouvoir servir de base dans toutes les descriptions et explications. Nous n'utiliserons par suite la nouvelle théorie, dans les premières sections de notre dernière Partie, qu'aux endroits où elle présentera des avantages très marqués sur les autres théories. Nous avons d'abord à faire connaître d'une manière approfondie le vaste domaine des *faits, les phénomènes et leurs lois,* c'est-à-dire un ensemble scientifique indépendant de toute théorie. La terminologie, qui s'est établie ici, ne rend pas seulement extrêmement commode, mais aussi presque nécessaire, l'utilisation des images A et B.

Indiquons encore une autre raison. L'image A — deux électricités agissant instantanément à distance — a été complètement écartée par la théorie scientifique actuelle et son emploi peut paraître un anachronisme. Mais nous ne nous en servirons que pour sa commodité; si nous nous permettons d'aller plus loin, au risque d'être désapprouvé par les maîtres de la Physique, nous serons guidé avant tout par des vues *didactiques*. Dans nos premiers Chapitres, où nous considérerons les phénomènes électriques les plus simples, nous mettrons en regard l'une de l'autre les images A et B, dans le but d'aider *le lecteur qui est exclusivement habitué à l'image A.* Celui-ci a besoin qu'on lui explique avant tout l'image B et ses avantages sur l'ancienne image A, abandonnée depuis longtemps par la science pure.

On voit, par tout ce qui précède, que nous vivons dans une époque de transition, dans une période de reconstruction. *L'ancien édifice s'est écroulé et on travaille encore au nouveau.* La partie théorique de l'étude des phénomènes électriques et magnétiques représente quelque chose d'inachevé, de chancelant et de changeant. Il est intéressant et important au plus haut point, dans de telles circonstances, de savoir *ce qui peut être considéré, dans cette étude, comme établi d'une manière inébranlable,* ce qui ne peut être soumis dans l'avenir à une transformation essentielle. Voici ce que l'on peut dire à ce sujet.

Indépendamment des conceptions théoriques et de ce que peuvent être les hypothèses sur lesquelles reposent les diverses doctrines, *l'étude des phénomènes électriques et magnétiques porte sur les résultats suivants acquis définitivement :*

1. *Les phénomènes et les faits,* dans la forme sous laquelle ils sont perçus par nos sens :

2. *Une série de lois,* qui régissent ces phénomènes; ces lois relient entre elles certaines grandeurs, dont la véritable signification physique n'est pas encore complètement connue dans beaucoup de cas.

3. *Des déductions théoriques basées sur ces lois*; telles sont :

a) Les déductions obtenues en appliquant la théorie du *potentiel,* par exemple le calcul de la distribution de l'électricité à la surface des conducteurs. Les méthodes employées pour calculer cette distribution et les résultats auxquels on arrive restent exacts, indépendamment de ce qu'on entend par *distribution de l'électricité à la surface d'un conducteur.*

b) La détermination des conditions purement mécaniques d'équilibre ou de mouvement des aimants ou des courants, qui se trouvent sous l'influence d'autres aimants ou courants.

c) La détermination des différentes grandeurs qui caractérisent les courants électriques produits dans des conditions données. Les vues sur la signification physique de ces grandeurs peuvent changer, mais les méthodes employées pour les calculer restent les mêmes et sont désormais acquis à la science.

4. L'application des *deux principes de la thermodynamique* aux phénomènes dans lesquels apparaît ou disparaît une provision quelconque d'énergie. Nous savons qu'un corps électrisé peut devenir une source de chaleur, qu'il en est toujours ainsi en particulier pour le courant électrique, qu'à l'aide d'aimants

ou de courants ou d'une combinaison des deux on peut accomplir du travail, que les phénomènes électriques sont souvent accompagnés de l'apparition ou de la disparition d'une provision d'énergie chimique, etc. Les résultats obtenus à ce point de vue subsisteront toujours, bien que les idées sur la nature des grandeurs en jeu puissent varier avec le temps.

5. Il est inébranlablement établi que le *milieu* joue un rôle essentiel dans les phénomènes électriques et magnétiques. *L'actio in distans d'agents particuliers est morte à tout jamais.* Quelle que soit la forme que prenne la théorie dans l'avenir, il ne pourra y être question d'une électricité, se trouvant en un endroit déterminé, qui agit instantanément sur une autre électricité située en un autre endroit. Dans ce résultat négatif se cache l'une des conquêtes positives les plus importantes de la science. Les propriétés du milieu dans lequel se manifestent les phénomènes électriques et magnétiques doivent être mises au premier plan, car ces phénomènes montrent de la façon la plus nette qu'il se passe quelque chose dans le milieu.

Une *exposition* de la science des phénomènes électriques et magnétiques doit avoir en vue avant tout les cinq points que nous venons d'énumérer. Ce que l'on peut considérer à l'heure actuelle comme solidement établi, doit servir de point de départ et doit déterminer la distribution générale de tout l'ensemble scientifique à étudier.

Nous dirons ici quelques mots sur cette distribution générale.

A ce qui est définitivement établi appartient, comme nous l'avons dit, le rôle du milieu dans les phénomènes que nous avons à considérer. Il se produit réellement une modification dans le milieu ; cela est hors de doute, nous l'avons répété plusieurs fois. *C'est pourquoi nous plaçons au premier plan le milieu et ce qui se passe en lui,* en cherchant d'ailleurs à séparer rigoureusement ce qu'on observe d'une manière effective de tout ce qui présente un caractère hypothétique. Nous considérerons donc tout d'abord les *propriétés* du milieu, ou comme on a l'habitude de dire, du *champ*, et nous envisagerons seulement ensuite les conditions dans lesquelles un champ prend naissance. Nous étudierons en outre séparément l'influence du champ sur la matière qu'il renferme. Une telle *influence* doit aussi être rangée évidemment parmi les propriétés du champ ; mais, pour beaucoup de raisons, il semble préférable de réunir les phénomènes correspondants dans un Chapitre particulier. Nous nous occuperons alors des méthodes de mesure que l'on emploie dans l'étude du champ, et, pour terminer, nous considérerons le champ terrestre.

On doit distinguer *deux champs*, le champ *électrique* (ou plus exactement le champ *électrostatique*) et le champ *magnétique* qui, tous les deux, sont *invariables*; cela veut dire que les grandeurs que nous rencontrerons dans leur étude sont indépendantes du temps ou en dépendent de telle sorte qu'au cours d'une suite indéfinie d'intervalles de temps successifs et égaux, elles augmentent proportionnellement au temps (la quantité de chaleur développée par un courant, les quantités de substance déposées par un courant sur les électrodes, par exemple, sont proportionnelles au temps).

En dehors de ces deux champs constants, nous aurons à étudier en outre un *champ magnétique variable*, qu'il serait très commode d'appeler champ électromagnétique ; malheureusement les expressions *électroaimant* et *électromagnétisme* ont déjà une signification consacrée bien déterminée, dont il serait difficile de perdre l'habitude.

Nous renverrons à une quatrième partie la considération des phénomènes qui se manifestent dans la décharge à travers les gaz. On n'a pu trouver jusqu'ici de voie claire et logique permettant la réunion de cette quatrième partie à l'une des trois précédentes. Enfin, nous aurons encore à envisager les nouveaux rayons et les phénomènes de la radioactivité.

Nous obtenons ainsi la distribution générale suivante :

LIVRE I. CHAMP ÉLECTRIQUE CONSTANT.	LIVRE II. CHAMP MAGNÉTIQUE CONSTANT
Propriétés du champ.	Propriétés du champ.
Sources du champ.	Sources du champ.
Influence du champ sur la matière.	Influence du champ sur la matière.
Mesures.	Mesures.
Electricité terrestre.	Magnétisme terrestre.

LIVRE III. CHAMP MAGNÉTIQUE VARIABLE.
LIVRE IV. PASSAGE DE LA DÉCHARGE A TRAVERS LES GAZ.
LIVRE V. NOUVEAUX RAYONS ET RADIOACTIVITÉ.

Il n'y a pas de doute qu'un tel plan reste éloigné de la distribution parfaite, qui répondra dans l'avenir à des vues bien établies sur les phénomènes électriques et magnétiques, quand une théorie complètement définie, poursuivie jusque dans tous ses détails, pourra embrasser uniformément toutes les parties de notre étude. Le lecteur attentif remarquera certainement qu'en plusieurs endroits l'idée fondamentale de notre exposition n'est pas rigoureusement respectée. Nous croyons qu'il n'est pas possible à l'heure actuelle de donner à l'étude de l'électricité et du magnétisme une forme tout à fait homogène ; on ne peut qu'essayer de se rapprocher de cette forme parfaite, en cherchant, sans s'écarter de la voie suivie par le développement scientifique, à présenter avec la plus grande exactitude un tableau de la phase de son histoire qu'il traverse à l'époque présente.

LIVRE I

CHAMP ÉLECTRIQUE CONSTANT

CHAPITRE PREMIER

PROPRIÉTÉS DU CHAMP ÉLECTRIQUE CONSTANT

1. Faits fondamentaux. — On peut effectuer sur les corps, principalement sur les corps à l'état solide ou liquide, certaines opérations, à la suite desquelles *l'espace qui les entoure* acquiert des propriétés nouvelles ; il faut rechercher évidemment la cause de ces dernières dans ces opérations. Les opérations les plus simples dont il s'agit sont connues en physique élémentaire et elles seront étudiées en détail dans le Chapitre suivant ; nous nous bornerons, pour le moment, à mentionner le contact des corps, le frottement, etc. Quand, par exemple, on frotte un corps contre un autre et qu'on les sépare ensuite en les éloignant l'un de l'autre, il se manifeste notamment, *dans l'espace environnant*, les phénomènes suivants : des corps légers et en même temps facilement mobiles se déplacent vers la surface de l'un des corps frottés ; après avoir atteint cette surface, les corps légers s'en éloignent avec plus ou moins de rapidité ; on observe parfois, entre le corps frotté et un autre corps qu'on a approché à une très petite distance, une petite étincelle, dont l'apparition est accompagnée par un son de la nature d'un très faible crépitement ; d'autres corps, également frottés, tendent à se rapprocher du corps frotté considéré ou à s'en éloigner, suivant les circonstances (voir plus loin).

L'hypothèse, que la cause *immédiate* des phénomènes mentionnés se cache dans les corps frottés, a conduit à la terminologie connue : quand des corps ont été soumis à un frottement, ou à l'une des autres opérations à la suite desquelles se manifestent dans l'espace environnant les phénomènes précédents, on dit qu'ils sont *électrisés*. Jusqu'ici, cette expression doit simplement signifier pour nous qu'il se produit certains phénomènes dans l'espace entourant les corps. La manière d'envisager le monde extérieur, qui a régné dans la science au cours de tout le XVIIIe siècle et pendant les trois premiers quarts du XIXe siècle, a conduit les savants à concevoir le mode précédent de rapprochement entre les corps comme une *attraction* mutuelle et leur tendance à s'éloigner l'un de l'autre comme une *répulsion* mutuelle : c'est ainsi que sont nées les expressions de *corps qui s'attirent* et de *corps qui se repoussent*.

Le fait connu qu'un même corps, après avoir été mis en contact avec un corps frotté, tend à se rapprocher de certains corps et à s'éloigner d'autres, a conduit à l'idée qu'il existe *deux sortes d'électrisation* ; l'une s'appelle l'électrisation *positive*, l'autre l'électrisation *négative*. On a en conséquence pris l'habitude de parler d'un *signe* de l'électrisation (+ et —).

Chacune des opérations mentionnées au début de ce paragraphe a pour résultat l'apparition des *deux* électrisations, appartenant respectivement à deux corps différents ou à des endroits différents d'un même corps, suivant que l'on opère sur deux corps (frottement, contact, etc.) ou sur un seul (voir Chap. II : pyroélectricité, triboélectricité, etc.).

L'étude des mouvements, accomplis par des corps électrisés suffisamment voisins les uns des autres, conduit à la règle simple suivante : *des corps électrisés sont soumis à des forces, sous l'influence desquelles ils se rapprochent des corps dont l'électrisation est de nom contraire, et s'éloignent de ceux dont l'électrisation est de même nom, c'est-à-dire qui sont électrisés comme eux.* Quand on se sert de la terminologie précédente, on peut énoncer la même règle de la manière suivante : *des corps ayant des électrisations de noms contraires s'attirent ; des corps dont les électrisations sont de même nom se repoussent.*

Pour expliquer ces faits fondamentaux, un nombre considérable d'hypothèses différentes et de théories s'appuyant sur ces hypothèses ont été proposées. Nous représenterons les deux groupes, dans lesquels on peut ranger les théories et les hypothèses *qui existaient avant l'année 1900*, et qui correspondent en définitive aux deux manières différentes suivant lesquelles on peut envisager le monde extérieur, par deux théories qui ont une grande importance au point de vue historique et sont particulièrement caractéristiques. Chacune de ces deux théories conduit à une certaine image des phénomènes, laquelle cherche à traduire le côté de ces phénomènes qui est caché et non accessible à l'observation directe. Nous appellerons les deux images ainsi obtenues, *image* A et *image* B. Rappelons que l'image A a régné dans la science jusqu'au dernier quart du siècle dernier.

Nous ferons connaître *dans les premiers paragraphes* de ce chapitre les phénomènes électriques, ou plus exactement les phénomènes électrostatiques, qui sont fondamentaux, et nous considérerons séparément, dans chacun de ces paragraphes, les parties correspondantes des images A et B. Nous commencerons par les faits fondamentaux déjà mentionnés dans le paragraphe actuel.

Image A. — Dans cette image, en dehors de la matière sous ses différents états, solide, liquide ou gazeux, et peut-être encore sous d'autres états moins connus, et en dehors de l'éther lumineux, il existe dans la nature deux substances, que l'on appelle *l'électricité positive* et *l'électricité négative* : quand nous jugerons nécessaire, pour certaines raisons (voir l'introduction), de nous servir de l'image A, nous appellerons parfois ces deux substances des électricités *libres*, suivant en cela l'usage et n'ayant nullement en vue d'indiquer par le mot *libre* une propriété particulière de l'électricité.

Comme toute substance, l'électricité occupe à un instant donné une position déterminée, qui peut changer ; en outre l'électricité représente une certaine grandeur, de sorte qu'on peut parler d'une *quantité d'électricité*. La quantité totale d'électricité qui se trouve dans un corps donné, s'appelle la *charge* de ce corps. L'électricité possède la propriété de se disposer à la surface de certains corps en couche si mince. qu'on peut, dans l'étude de diverses questions, introduire la notion théorique de *masses superficielles*, qui n'occupent pas d'espace et ne possèdent que *deux* dimensions géométriques.

Les deux électricités possèdent la propriété *actionis in distans* ; elles agissent *instantanément* l'une sur l'autre ; les électricités de même nom se repoussent, celles de noms contraires s'attirent. Quand on réunit en quantités égales deux électricités de noms contraires, elles forment un *mélange neutre*, qui se trouve dans tous les corps ; ce mélange n'exerce aucune action extérieure, de sorte que sa présence n'est décelée par rien. C'est ce qui explique qu'on s'exprime parfois de la manière suivante : *des quantités égales d'électricités de noms contraires se détruisent mutuellement et de l'électricité neutre se décompose en des quantités égales d'électricité positive et d'électricité négative.*

Si nous envisageons les faits fondamentaux indiqués au début de ce paragraphe, nous voyons qu'avec l'image A nous n'avons besoin de rien expliquer, car tout ce qui serait à expliquer (en dehors de l'attraction sur les corps légers, dont nous reparlerons) est attribué aux deux électricités hypothétiques comme une propriété intrinsèque. Toutes les opérations, dont il a été question ci-dessus, produisent une décomposition du mélange neutre ; une telle décomposition a lieu, par exemple, dans le frottement, l'électricité positive se rassemblant dans un corps, l'électricité négative dans l'autre. Naturellement, toutes ces opérations donnent toujours *des quantités d'électricité positive et d'électricité négative égales entre elles.*

L'action mutuelle des corps électrisés *s'explique* par l'action mutuelle des charges que portent ces corps.

L'espace, qui environne les corps électrisés, s'appelle un *champ électrique* et représente un champ de force (Tome I) : en chacun des points d'un tel champ *apparaît une force déterminée*, quand on amène au point considéré une certaine quantité d'électricité, par exemple une petite sphère de verre frottée au préalable. La grandeur et la direction de cette force dépendent de la position du point considéré et de la distribution actuelle des électricités, ou, comme on dit parfois, de la distribution des masses électriques.

On peut mener dans un champ électrique une infinité de courbes, dont la direction (direction de la tangente) en chaque point coïncide avec celle de la force en ce point ; de telles courbes s'appellent des *lignes de force* (Tome I). Par tout point d'un champ électrique passe une ligne de force. Quand les lignes de force sont des droites parallèles, c'est-à-dire quand la force a en tous les points du champ la même direction, le champ est dit *uniforme* ; nous verrons plus loin que, dans un champ uniforme, la force a même grandeur en tous les points du champ. *Dans l'image A, les lignes de force ont une signification exclusivement géométrique.* Elles n'acquièrent un sens physique que dans le cas où on amène en un point du champ un petit corps électrisé, et encore cette signification se limite-t-elle à ce point, où la direction de la ligne de force détermine la direction de la force effectivement observée. En tous ses autres points la ligne de force n'a, même dans le cas que nous venons de considérer, aucune réalité physique.

On convient d'attribuer à une ligne de force un *sens de parcours positif*, qui est le sens de la force agissant sur l'électricité positive; la force agissant sur l'électricité négative a le sens contraire. Avec une telle convention on obtient évidemment ce résultat que les lignes de force partent des corps électrisés positivement et pénètrent au contraire dans les corps qui portent de l'électricité négative.

On prend, pour *unité de quantité d'électricité* une certaine quantité d'électricité, en général tout à fait arbitraire; nous verrons plus loin dans le § 4, comment on peut obtenir une unité absolue de quantité d'électricité. On prend la force, qui en un point donné du champ agit sur l'*unité* de quantité d'électricité, pour mesure d'une nouvelle grandeur, appelée *intensité du champ* en ce point (Tome I). Si f est la force qui agit sur la quantité d'électricité η, l'intensité F du champ est représentée par la relation

$$(1) \qquad\qquad F = \frac{f}{\eta}.$$

Un champ uniforme possède partout la même intensité en grandeur et direction.

On exprime une quantité d'électricité positive par un nombre positif et une quantité d'électricité négative par un nombre négatif. En comptant la force f positivement, quand elle est dirigée dans le sens positif de la ligne de force, on obtient ce résultat que *l'intensité du champ ne peut être qu'une grandeur positive*, car en raison de ces conventions les grandeurs η et f auront évidemment toujours le même signe.

Considérons dans le champ électrique une surface quelconque et choisissons sur cette surface une partie où elle n'ait aucune tangente commune avec les lignes de force, c'est-à-dire telle qu'elle soit traversée par les lignes de force. Supposons en outre tracée sur cette surface une courbe fermée très petite, et menons les lignes de force par tous les points de cette courbe. Le lieu géométrique de ces lignes de force constituera alors la surface latérale d'une sorte de tube, que l'on appelle un *tube de force*. En général, un tel tube sera courbe et la surface de sa section transversale variera le long du tube, qui s'élargira ou se rétrécira. Dans un champ électrique uniforme, les tubes de force sont rectilignes et ont partout la même section transversale. Il est clair qu'en tous les points de la surface latérale d'un tube de force, la composante, suivant la normale à cette surface, de l'intensité F du champ est nulle. Il résulte en outre de tout ce qui précède que les tubes de force vont, dans l'espace, des corps électrisés positivement aux corps électrisés négativement.

On donne souvent, quoique à tort, à l'intensité du champ en un point donné, le nom de *force électrique* en ce point.

Il est hors de doute que l'image A, dont nous venons d'indiquer les traits fondamentaux, n'est pas exacte et ne correspond pas rigoureusement à la réalité. On peut affirmer avec certitude qu'une action s'exerçant instantanément à distance n'est pas une propriété possédée par l'électricité. Pourtant, nous ne nous affranchirons pas encore complètement de l'image A. Nous en sommes empêchés en premier lieu par le rôle qu'elle a joué dans l'histoire de la science, en second lieu par la terminologie actuelle, qui est fondée sur cette image, et en troisième lieu par la simplicité relative et les grandes commodités qu'elle procure quand on veut s'orienter dans les phénomènes d'une certaine complexité dont nous avons d'abord à nous occuper. *Un très grand nombre de ces phénomènes se produisent, en effet,* COMME *si l'image A était réelle dans tous ses traits*; tels sont ceux que nous avons déjà considérés et d'autres encore que nous étudierons plus loin. Nous l'utiliserons donc dans un vaste domaine de phénomènes divers, sans risquer le moins du monde de commettre la plus petite faute. Assurément, l'étendue de ce domaine doit nous être bien connue et nous ne pourrons en sortir qu'en vérifiant expérimentalement les résultats de chacune de nos déductions. Mais à l'intérieur de ce domaine, il est permis de conserver l'image A comme une fiction très claire, qui procure des raisonnements faciles, une description lumineuse des phénomènes, ainsi qu'une base commode pour le calcul et la résolution de différents genres de problèmes, etc. En nous appuyant sur l'image A, nous pourrons, dans une infinité de cas, prévoir en toute certitude les plus petits détails d'un phénomène qui doit se passer sous des circonstances données; mais il ne faudra jamais oublier que tout cela entraîne la restriction essentielle contenue dans les mots « *comme si* », imprimés plus haut en capitales.

Une théorie tirée de l'image A, ainsi que toute théorie admettant, pour l'explication des phénomènes électriques, l'existence de deux substances particulières, s'appelle une théorie *dualistique*. En dehors des théories dualistiques, on a proposé également des théories unitaires, qui ne supposent qu'*une seule* substance spéciale, possédant d'ailleurs toujours la propriété d'agir instantanément à distance. On admet que tout corps à l'état naturel doit renfermer une quantité déterminée, qui lui est propre pour ainsi dire, de cette substance. Toute variation de cette quantité représente une électrisation du corps, un excès sur la quantité naturelle correspondant à l'une des électrisations, un défaut à l'autre. Les opérations, mentionnées au début de ce paragraphe, produisent un déplacement de la substance hypothétique unique, donnant lieu en un endroit à un excès, en un autre à un défaut. Dans le frottement, par exemple, une certaine quantité de cette substance passe d'un corps sur un autre. La destruction mutuelle des deux électrisations correspond au retour de la substance unique à son lieu primitif, l'excès dans un corps compensant le défaut dans l'autre.

La première théorie unitaire a été proposée par FRANKLIN. EDLUND, dans une série de travaux qu'il a commencé à publier en 1871, a établi une théorie intéressante, d'après laquelle l'unique agent produisant les phénomènes électriques serait l'éther lumineux; dans le développement ultérieur de sa théorie, EDLUND a attribué à l'éther la propriété de l'action à distance. Nous n'aurons plus à revenir, dans notre ouvrage, sur les théories unitaires qui supposent une *actio in distans*.

Image B. — Nous avons déjà eu à parler plusieurs fois (Tomes I et II) de cette image. En dehors de la matière ordinaire, existe encore l'éther, qui remplit aussi bien les espaces entre les astres que les intervalles entre les atomes matériels. Les propriétés de l'éther et en particulier sa structure nous sont presque totalement inconnues. On ne peut lui appliquer les principes de la mécanique rationnelle et ceux notamment de la théorie de l'élasticité que d'une manière conjecturale et sans certitude. Quelques savants ont attribué à l'éther des propriétés compliquées et étranges, qui représentent une combinaison des propriétés des corps solides et des liquides. Nous ne pouvons entrer ici dans l'examen des nombreuses hypothèses qui ont été faites à ce sujet.

Les opérations mentionnées au début de ce paragraphe produisent dans l'éther certaines *déformations*, rappelant principalement par leur caractère les déformations élastiques qui, dans les corps solides, correspondent à des *efforts*. La direction de ce qu'on appelle l'effort de tension longitudinale coïncide en chaque point de l'espace avec la direction de la force électrique *observée* en ce point; en d'autres termes, les *lignes de tension* coïncident avec les lignes de force, et de même que nous sommes arrivés plus haut à la notion des tubes de force, de même nous pouvons introduire ici la notion de *tubes de tension*. Les lignes et les tubes de tension de l'image B ont une *signification physique réelle*, résultant de l'existence de déformations dans l'éther en tous les points de l'espace qui représente le champ électrique. C'est en cela que réside la différence essentielle entre les images A et B; dans la première image, les lignes de force ont, comme nous l'avons vu, un caractère purement géométrique. Les tubes de tension sont en général courbes et l'aire de leur section transversale varie d'une manière continue le long du tube, sauf dans les tubes de tension d'un champ électrique uniforme où elle est constante.

La tension longitudinale, qui règne dans les tubes, possède une certaine *direction*, ce qui, à vrai dire est peu facile à expliquer. On a par suite été conduit à se représenter la déformation relative à une telle tension comme analogue à un *déplacement de substance* le long du tube, dans une direction déterminée; mais on doit reconnaître qu'on n'est pas arrivé dans cette voie à obtenir une idée quelque peu claire de la déformation en question.

Les tubes de tension du champ électrostatique doivent forcément *s'appuyer sur la matière*. Ils ne finissent qu'à la surface d'un corps, dont ils ne peuvent se détacher. Un corps est électrisé, quand des tubes de tension s'appuient sur lui; l'une des extrémités d'un tube correspond à l'électrisation positive, l'autre à l'électrisation négative. Ce que nous avons appelé électricité libre, dans l'image A, nous apparaît ici comme l'extrémité d'un tube de tension. Le mouvement visible de la matière, qui était attribué à une attraction mutuelle des corps dont les électrisations sont contraires, est actuellement le résultat de la tendance au raccourcissement des tubes qui vont d'un corps à un autre et se trouvent en état de tension.

Nous savons que l'électrisation d'un corps *donné* peut augmenter ou diminuer : dans l'image A, ceci répondait à une variation de la charge, c'est-à-dire de la quantité libre d'électricité portée par le corps. Dans l'image B, on peut se représenter de deux manières ce qui détermine l'intensité de l'électrisation d'un corps donné. On peut admettre qu'un accroissement d'électrisation *n'est* qu'une augmentation de la tension longitudinale dans les tubes de tension ; mais on peut encore faire une autre hypothèse, supposer que la signification des tubes ne consiste pas seulement en ce qu'ils déterminent la direction des tensions longitudinales dans l'éther, mais aussi en ce que chacun d'eux existe effectivement, comme quelque chose de réellement distinct et d'indépendant, rappelant en quelque sorte un filament. Dans ce cas, un accroissement d'électrisation peut être conçu comme une *augmentation du nombre des tubes* partant d'une partie définie de la surface du corps électrisé. Quand nous entreprendrons de comparer plus exactement les traits correspondants des images A et B, nous verrons qu'il est plus commode d'envisager une combinaison des deux hypothèses : à une augmentation de charge dans l'image A correspondra alors un accroissement aussi bien du nombre des tubes, que de la grandeur de la tension longitudinale s'exerçant dans les différentes sections d'un même tube.

Pour compléter les caractères fondamentaux de l'image B, nous devons encore indiquer les deux circonstances suivantes : en premier lieu, la tension longitudinale est une grandeur qui varie d'une manière continue le long du tube, sauf dans les tubes d'un champ uniforme où elle est constante ; en second lieu, nous devons supposer qu'il existe dans les tubes non seulement une tension longitudinale, mais aussi une *pression transversale,* qui a pour effet de comprimer les tubes les uns sur les autres.

Revenons maintenant aux faits fondamentaux dont il a été question au début de ce paragraphe. Les *opérations* effectuées sur deux corps, le frottement mutuel par exemple, provoquent l'apparition de tubes de tension dans l'éther environnant. Montrons quelle est la distribution de ces tubes, dans quelques cas particuliers.

Considérons un corps électrisé positivement : les tubes s'en échappent dans toutes les directions, pour se terminer aux corps situés dans le champ, si éloignés qu'ils soient (murs, plancher, plafond, sol, nuages, etc.). Pour un corps électrisé négativement, nous avons la même image, avec cette différence toutefois que la direction des tubes est contraire.

Rapprochons l'un de l'autre deux corps P et Q, en les maintenant néanmoins suffisamment *éloignés*, et supposons P électrisé positivement, Q négativement. Nous sommes ici en présence de deux systèmes de tubes. Un tube du système P rencontrera par son extrémité, à la surface de l'un des corps environnants M du champ, le commencement de l'un des tubes du système Q ; ce second tube deviendra le prolongement du premier et il se formera ainsi *un seul* tube qui, au fur et à mesure du rapprochement mutuel des deux corps P et Q, se raccourcira *rapidement* en abandonnant le corps M. Quand les corps P et Q seront assez voisins l'un de l'autre, la plupart des tubes (pas tous cependant) iront d'un corps à l'autre, et quelques-uns seulement continueront à aller de P aux corps environnants du champ, ou de ces derniers au corps Q. Ce sont les tubes qui vont directement de P sur Q, qui produi-

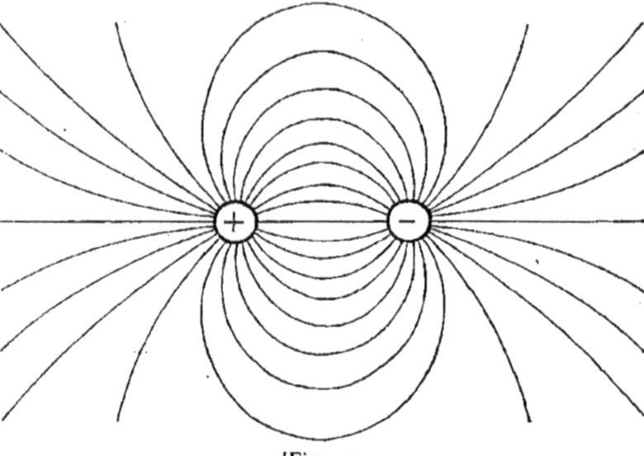

[Fig. 1

sent l'attraction mutuelle apparente de ces corps. La figure 1 représente, dans ce cas, la distribution des tubes.

Si on rapproche deux corps P et Q électrisés positivement, les extrémités des deux systèmes de tubes P et Q se disposent les unes à côté des autres sur les corps environnants M, et il ne peut naturellement plus être question de la formation de tubes qui abandonnent M pour aller directement de P en Q.

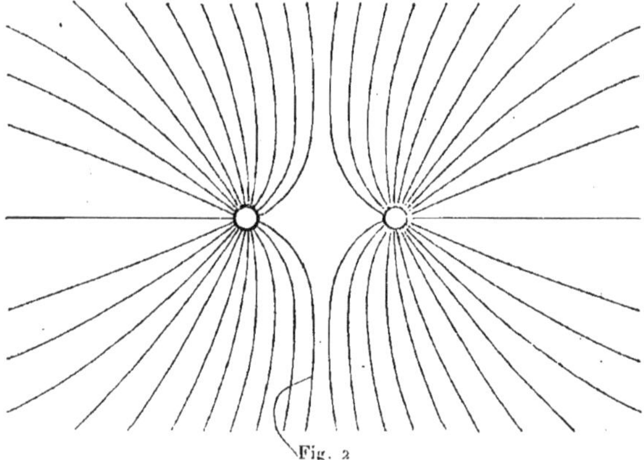

Fig. 2

La figure 2 indique le caractère général de la distribution des tubes dans ce cas. La même figure donne également la distribution des tubes de tension, lorsque les deux corps sont électrisés négativement. Comme les tubes exercent l'un sur l'autre une pression transversale, les deux corps P et Q doivent tendre, cela se voit immédiatement sur la figure, à s'écarter, et c'est en cela que consiste ce que nous avons appelé précédemment la répulsion mutuelle de corps chargés d'électricités de même nom.

Comparaison des images A et B. — Si on compare les images A et B, on ne voit pas au premier abord quels avantages essentiels la seconde peut présenter ; à première vue l'image B n'est pas plus simple que l'image A, et on serait plutôt porté à penser qu'elle est beaucoup plus compliquée. La question suivante se pose : avons-nous quelque raison de préférer des efforts de tension longitudinale dans l'éther, qui ont une direction déterminée et sont accompagnés de pressions transversales, aux deux fluides électriques de l'image A ? Dans un cas comme dans l'autre, on a affaire à quelque chose de singulier, d'abstrait et de difficile à comprendre.

Un examen plus approfondi conduit cependant à la conclusion que l'image B possède des avantages considérables sur l'image A ; nous allons les indiquer.

1. Aucune *actio in distans* n'est admise dans l'image B, aucune action *directe* d'un corps là où il ne se trouve pas lui-même. L'image B cherche la cause de la force électrique à l'endroit où cette force se manifeste.

2. L'image B n'exige pas l'introduction de nouvelles substances en dehors de l'éther lumineux.

3. Les déformations elles-mêmes représentent quelque chose d'analogue aux déformations bien connues de la matière dans ses différents états.

4. Le rôle important, que joue *effectivement* le milieu et que nous considérerons au § **4**, est tout de suite facile à saisir avec l'image B.

5. Le développement ultérieur des traits les plus caractéristiques de l'image B a conduit à une théorie nouvelle, qui porte à la fois sur les phénomènes électriques, magnétiques et lumineux.

6. Cette théorie nouvelle a prévu deux lois très remarquables (voir 8 et 9, pages 5 et 6), qui se sont trouvées complètement confirmées dans la réalité. L'image A ne pouvait prévoir même la possibilité d'une relation quelconque entre les grandeurs auxquelles s'appliquent ces deux lois.

7. Cette même théorie a conduit à la découverte des radiations électriques de Hertz, dont la production ne peut être expliquée au moyen de l'image A.

En dépit de tous les défauts de l'image B, nous sommes fondés à dire *qu'elle est incomparablement plus près de la vérité que l'image A.*

2. Conducteurs et non conducteurs ou diélectriques. — Si on touche la surface d'un corps quelconque électrisé M avec un autre corps N, toujours ce dernier s'électrise aussi. Le caractère du phénomène, qui se manifeste alors sur le corps N, dépend de la nature de ce corps. Dans certains cas, l'électrisation ne s'observe que dans la partie de la surface de N qui a été mise en contact avec M ; dans d'autres, elle se répartit instantanément sur toute la surface de N. On dit, dans ce second cas, que la substance du corps N est *conductrice* de l'électricité ; dans le premier cas, au contraire, elle est *non conductrice* ou *diélectrique*. Quand N est un corps conducteur et M un non conducteur, l'électrisation sur le corps M ne diminue qu'aux endroits qui ont été mis en contact avec N ; si au contraire M est également un conducteur, l'électrisation diminue sur toute sa surface. Parmi les substances conductrices figurent les métaux et leurs alliages, le charbon, les sels fondus, les dissolutions de sels et d'acides, le corps de l'homme et celui des animaux, etc. ; parmi les substances non conductrices, le verre froid et sec, la porcelaine sèche, l'ébonite, la paraffine, la gutta-percha, le soufre, le phosphore, le sélénium, le mica sec, etc. Un fil métallique réunissant les corps M et N est ce qui transporte le mieux l'état électrique ; pour abréger, nous dirons simplement, dans ce cas, que les corps M et N sont *reliés* ou *communiquent* entre eux.

Quand on *relie avec la terre* (ou encore lorsqu'on *met à la terre*) un conducteur électrisé, soustrait à toute influence extérieure, c'est-à-dire qui ne se trouve pas en présence d'autres corps électrisés, son électrisation disparaît. Pour maintenir l'électrisation d'un conducteur, il faut le séparer du sol au moyen de non conducteurs, qui jouent alors le rôle d'*isolateurs* ; on dit, dans ce cas, du corps lui-même qu'il est *isolé*.

Il existe des substances qui, d'après leurs propriétés, occupent une position intermédiaire entre les substances conductrices et les diélectriques mentionnés ci-dessus. Tels sont, par exemple, le bois, le verre chauffé, le marbre, le papier, etc. Il n'existe pas, semble-t-il, parmi les corps à l'état solide ou liquide, de non conducteurs absolus.

Les conducteurs possèdent les deux propriétés très importantes suivantes, qui d'ailleurs se trouvent, comme nous le verrons dans la suite, en relation étroite : *l'état électrique des conducteurs ne se manifeste qu'à leur surface ; l'intensité du champ électrique est nulle à l'intérieur des conducteurs*, c'est-à-dire qu'il n'y existe aucun champ. Considérons deux corps creux, dont l'un M est formé d'une substance conductrice, et l'autre N par un diélectrique. L'électrisation de la surface intérieure, qui limite la cavité, n'est possible que pour le corps N ; quand on introduit, dans la cavité du corps M, un autre conducteur électrisé *m*, et lorsqu'on amène *m* en contact avec la surface intérieure de la cavité, l'état électrique de *m* disparaît et se transporte exclusivement sur la surface *extérieure* du corps M. Si fortement que soit électrisé le conducteur M, aucune force n'est exercée sur des corps légers placés dans la cavité intérieure, et si on amène dans cette cavité le corps électrisé *m*, l'électrisation de la surface extérieure du corps M n'a aucune influence sur *m*. On peut faire différentes expériences pour vérifier que les conducteurs ne s'électrisent qu'à leur surface extérieure. On connaît l'expérience de physique élémentaire où une sphère électrisée O (*fig.* 3) est enveloppée de deux hémisphères A et B, amenés en contact avec O ; lorsqu'on supprime le contact et qu'on écarte ensuite les hémisphères, l'électrisation de O a disparu.

L'expérience de la sphère creuse électrisée, présentant une ouverture, est également connue ; si on touche la surface extérieure de cette sphère avec une petite boule métallique fixée à l'extrémité d'une tige de verre (corps d'épreuve), on constate que cette boule s'est électrisée ; il n'en est pas ainsi, quand on introduit la boule à l'intérieur de la sphère creuse et lorsqu'on l'amène au contact de la surface intérieure de cette dernière. FARADAY a construit un sac conique en tissu léger et conducteur (*fig.* 4), qu'on peut retourner à l'aide d'un fil de soie attaché à son sommet. Avec une petite sphère d'épreuve, on peut montrer que, dans chacune des deux positions du sac, il n'y a que la surface extérieure qui soit électrisée, bien que, dans le retournement, les deux surfaces échangent en quelque sorte leur rôle, la surface intérieure passant à l'extérieur et réciproquement. L'appareil suivant est également très instructif : sur les deux faces d'un morceau de filet métallique sont attachées des bandelettes de papier ; le filet est muni de deux manches en verre, à l'aide desquels on peut lui donner une forme cylindrique, en le ployant soit dans un sens, soit dans l'autre, de sorte qu'une même face du filet devient tantôt

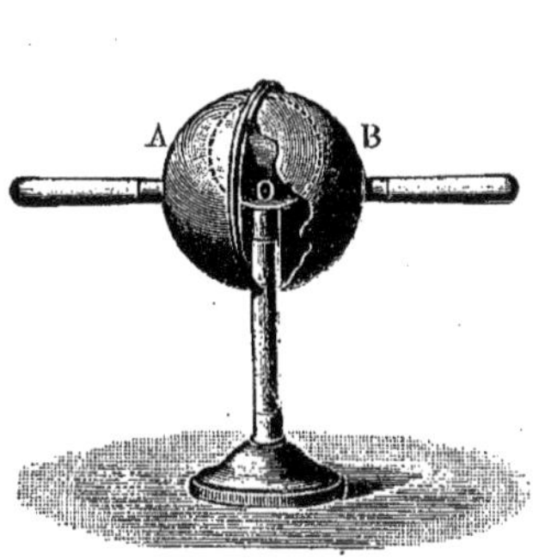

Fig. 3Fig. 4

la surface intérieure, tantôt la surface extérieure du cylindre ; on constate que les morceaux de papier ne sont jamais repoussés que par la surface extérieure.

Passons maintenant à l'explication des phénomènes considérés dans ce paragraphe,

Image A. — Les deux électricités possèdent une mobilité parfaite dans les conducteurs, tandis qu'elles ne peuvent se déplacer dans les diélectriques. Une particule d'électricité, à l'intérieur de la masse d'un conducteur quelconque M, ne pourrait donc être en repos que si elle n'était soumise à aucune force électrique. En outre, à l'intérieur d'un conducteur, il y a un *mélange* des deux électricités, qui se décompose en ses parties constituantes, sous l'action de toute force électrique si petite qu'elle soit. Il s'ensuit que, *dans un conducteur, il ne peut y avoir équilibre*, c'est-à-dire repos, *que quand l'intensité F du champ électrique est nulle en tous les points de ce conducteur.* Nous démontrerons plus tard rigoureusement que la loi de l'action mutuelle entre les corps électrisés et l'égalité F = o conduisent à la conclusion que la présence de l'électricité libre à l'intérieur d'un conducteur M est, en général, impossible ; cette électricité doit se rassembler à la surface. La mobilité parfaite de l'électricité montre alors que la force f, qui agit sur toute particule d'électricité et qui est due à toutes les autres quantités d'électricité se trouvant sur le même conducteur M ou sur d'autres conducteurs et isolateurs voisins, *doit être normale à la surface du conducteur* M ; autrement, en effet, la composante tangentielle f produirait un mouvement de la particule considérée sur la surface de M. La charge, qui se trouve sur le conducteur, produit dans l'espace extérieur un certain champ électrique ; on voit, par ce qui a été dit, que *les lignes de force de ce champ extérieur rencontrent normalement la surface du conducteur.*

La distribution de l'électricité à la surface des conducteurs amène à la notion de *couche superficielle*, dont la *densité superficielle k* est mesurée, dans le cas d'une distribution uniforme de l'électricité, par la quantité d'électricité qui se trouve sur l'unité d'aire ; lorsque la quantité d'électricité η est distribuée uniformément sur une aire s, on a

$$(2) \qquad k = \frac{\eta}{s}.$$

La même formule donne, pour une distribution non uniforme, la densité *moyenne* sur l'aire s. Si, sur un élément d'aire infiniment petit Δs se trouve la quantité d'électricité infiniment petite $\Delta \eta$, la valeur limite de la densité moyenne s'appelle la *densité au point considéré de la surface* ; on a pour cette densité

$$(3) \qquad k = \lim. \frac{\Delta \eta}{\Delta s} = \frac{d\eta}{ds},$$

d'où

$$(4) \qquad d\eta = kds.$$

La charge totale η, qui se trouve sur la surface s d'un conducteur, est

$$(5) \qquad \eta = \iint kds,$$

l'intégrale double étant étendue à toute l'aire du conducteur.

La question de la distribution de l'électricité à la surface d'un conducteur sera considérée plus loin. Nous remarquerons seulement ici que la loi de cette distribution dépend exclusivement de la forme de la surface du conducteur.

La mobilité parfaite de l'électricité sur un conducteur permet de diviser la charge de ce conducteur en deux parties, autrement dit de lui faire subir une variation quantitative déterminée. Si, en effet, on met le conducteur M, sur lequel se trouve la charge η, en contact avec un autre conducteur N, identique à M en grandeur et en forme par exemple, et si on éloigne ensuite M et N l'un de l'autre, sur chacun d'eux se trouvera évidemment la charge $\frac{\eta}{2}$.

Quand une force électrique agit à l'intérieur d'un diélectrique, dans chaque particule de la substance se produit une décomposition du mélange neutre des deux électricités, lesquelles cependant ne s'éloignent pas l'une de l'autre, mais restent à l'intérieur de la particule. Un diélectrique, dans lequel a lieu une telle décomposition intérieure, est dit *polarisé*. CLAUSIUS et MOSSOTTI ont développé une théorie des phénomènes électriques dans les diélectriques, en supposant que ces derniers sont constitués par des particules, conduisant parfaitement l'électricité, noyées dans une substance qui forme en quelque sorte ciment et qui est absolument non conductrice. Sous l'action des forces électriques se produit une décomposition du mélange neutre dans chacune des particules conductrices, et les électricités positive et négative se rassemblent respectivement autour de deux points de ces particules que l'on peut appeler des *pôles*. Il est permis d'admettre, à l'intérieur des diélectriques, la présence d'électricité occupant un certain volume ; ceci conduit à la notion d'une *densité de volume* de l'électricité.

Image B. — A l'intérieur de la substance des conducteurs, dans l'éther qu'elle renferme, ne peuvent se produire aucune des déformations qui correspondent à l'existence du champ électrostatique ou champ électrique constant considéré. A cet égard, les images A et B renferment certains traits, pour ainsi dire opposés. D'après l'image A, les conducteurs sont surtout les substances dans lesquelles se produisent les phénomènes électrostatiques : l'image B, au contraire, attribue ce rôle aux diélectriques et considère en quelque sorte les conducteurs comme des *non conducteurs des tensions électrostatiques*. Les lignes et les tubes de tension se terminent à la surface d'un conducteur. Les tubes ne peuvent se détacher d'une telle surface, mais sur elle leurs extrémités possèdent une mobilité complète, de sorte qu'un tube, où existe une tension longitudinale, ne peut se trouver en repos que si la tangente à son extrémité est normale à la surface du conducteur, et si *toutes les pressions transversales que le tube subit de la part des tubes voisins se font mutuellement équilibre*. Le glissement de l'extrémité des tubes à la surface d'un conducteur et, par suite, le déplacement des tubes dans l'espace, sont accompagnés de nombreux phénomènes particuliers que nous n'envisagerons pas en ce moment. Ce glissement et ce mouvement ne représenteront actuellement pour nous que le passage d'un état d'équilibre des tubes, troublé pour une raison quelconque, à un autre état d'équilibre correspondant à des circonstances modifiées.

Les tubes de tension traversent librement les diélectriques et s'y déplacent sans aucune résistance dans tous les sens : les diélectriques, c'est-à-dire les non conducteurs, sont donc en quelque sorte des conducteurs pour les tubes de tension. Mais si l'une des extrémités d'un tube s'appuie sur un diélectrique, cette extrémité possédant alors une mobilité extrêmement faible, la tangente à l'extrémité du tube peut, en général, former un angle quelconque avec la surface du diélectrique. L'extrémité d'un tube peut se trouver en tout point et notamment à l'intérieur d'un diélectrique.

3. Électroscopes ; électromètre à quadrants ; isolateurs. — On appelle électroscope un appareil qui sert à montrer si un corps donné est électrisé et parfois aussi à déterminer le signe de l'électrisation de ce corps. L'électroscope le plus simple se compose d'un vase en verre en forme de bouteille, dont le col est traversé par une tige métallique, terminée à sa partie supérieure par une petite sphère ; à l'extrémité inférieure de cette tige pendent deux feuilles de papier ou d'or, ou encore deux brins de paille. Si on touche la petite sphère avec un corps électrisé, une partie de l'électricité passe par la tige sur les feuilles, et celles-ci étant chargées d'électricité de même nom se repoussent mutuellement et divergent, comme le montre la figure 5. Au lieu d'une petite sphère, on visse quelquefois sur la tige un disque horizontal métallique, dont nous indiquerons plus loin la destination. Les figures 6 et 7 représentent des électroscopes construits par B. KOLBÉ (de Saint-Pétersbourg). Leur particularité consiste en ce que la tige se prolonge, avec une forme plate, en dessous du point de fixation des feuilles. Dans l'électroscope représenté par la figure 6, pendent des deux côtés de la tige deux feuilles de papier, qui sont repoussées par la tige elle-même. Dans le deuxième appareil (*fig.* 7), *une seule feuille*

Fig. 5

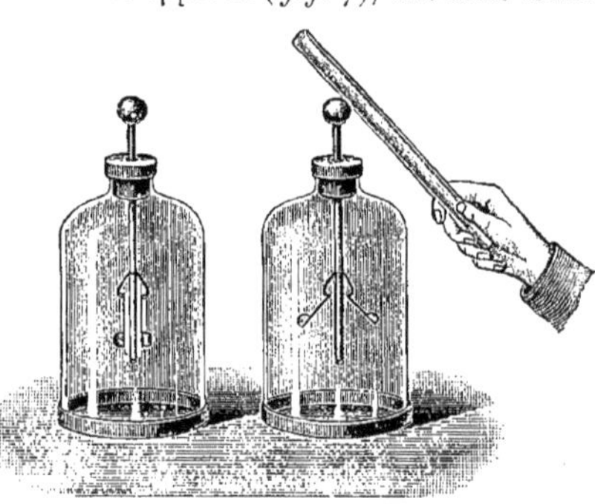

Fig. 6

d'aluminium est fixée à la tige ; une échelle graduée et un miroir permettent de mesurer facilement l'angle dont s'écarte la feuille.

La figure 8 représente l'électroscope de FECHNER, avec quelques parties complémentaires dont nous ferons connaître plus tard la destination. Cet appareil se compose d'une pile sèche cf, dont les extrémités sont reliées avec deux petits disques métalliques a et g. Nous verrons plus loin que les extrémités de cette pile, et par suite aussi les disques, sont constamment électrisés et que leurs électrisations sont de noms contraires. A une tige, qui pénètre dans la cloche de verre, est suspendue une feuille d'or. Si on amène le corps électrisé au contact de la petite sphère qui surmonte la tige, une déviation de la feuille d'or d'un côté ou de l'autre, non seulement décèle la présence de l'électricité, mais en fait connaître aussi le signe. Différentes variantes des électroscopes précédents ont été construites par CAVALLO, SAUSSURE, GAUGAIN, PÉCLET. BOHNENBERGER a construit un électroscope avec deux piles sèches verticales, entre les extrémités supérieures desquelles pend une feuille d'or. La direction du mouvement de la feuille, dans les électroscopes de FECHNER et de BOHNENBERGER, indique le signe de l'électrisation de cette feuille.

Nous considérerons, dans un Chapitre spécial, les méthodes de mesure des différentes grandeurs que l'on rencontre dans l'étude du champ électrique, ainsi que les appareils employés à cet effet. Nous indiquerons ici brièvement la construction de l'un de ces appareils, l'*électromètre à quadrants* de W. THOMSON (LORD KELVIN). Cet appareil peut servir non seulement comme électroscope très sensible, mais aussi pour la comparaison du degré d'électrisation de différents corps. La théorie de cet appareil sera donnée en détail plus tard. Nous nous bornerons à en faire ici une courte description.

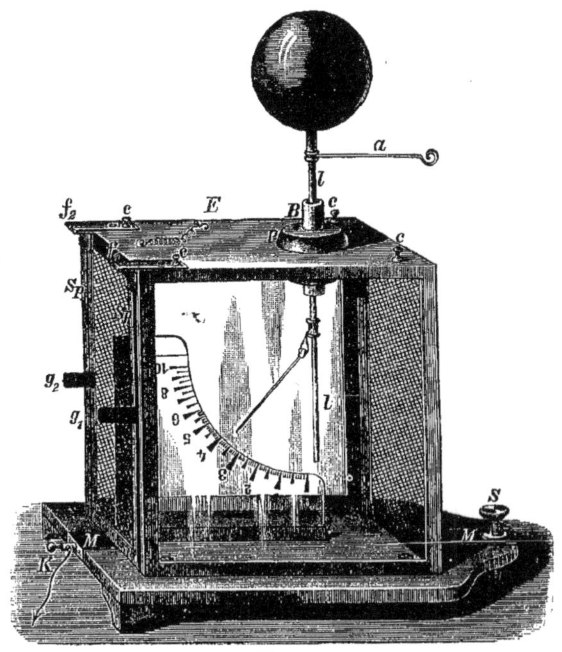

Fig. 7

Les parties principales de l'appareil sont quatre quadrants et une aiguille. Les quadrants sont formés par les quatre quarts d'un disque circulaire a_1, a_2. b_1, b_2 (*fig.* 9), disposés *horizontalement* à une faible distance l'un de l'autre ; le plus souvent, ils sont remplacés par les quatre parties d'une boîte cylindrique entièrement fermée. La figure 10 représente un

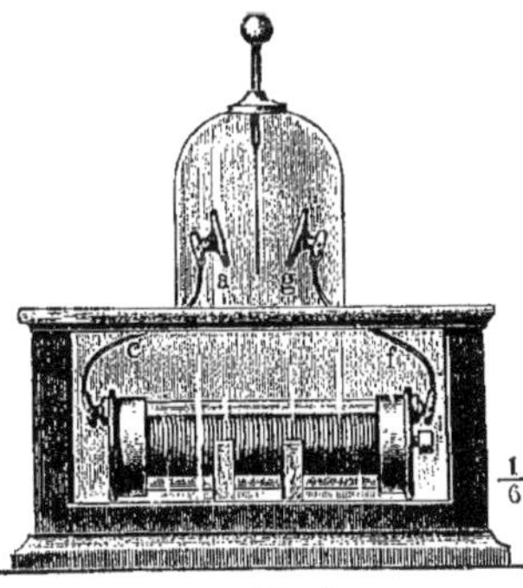

Fig. 8

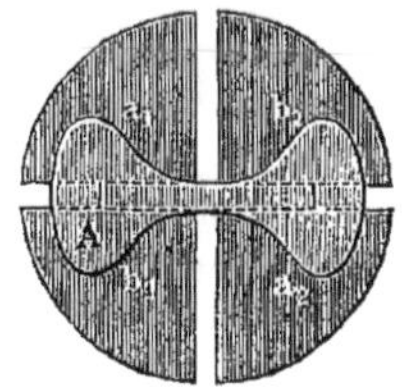

Fig. 9

électromètre à quadrants de forme récente, où, pour plus de clarté, un des quadrants a été enlevé. Au-dessus des quadrants ou à leur intérieur est suspendue ce qu'on appelle l'*aiguille*; c'est une mince feuille d'aluminium découpée en forme de biscuit. Les quadrants opposés l'un à l'autre, c'est-à-dire a_1 et a_2, b_1 et b_2 (*fig.* 9), sont reliés entre eux. Dans la position normale de repos, l'axe de l'aiguille est disposé symétriquement par rapport aux quadrants, comme le montre la figure 9. Nous n'entrerons pas ici dans plus d'explications, d'autant que la construction de cet appareil varie souvent beaucoup dans ses détails. Nous indiquerons seulement qu'on peut, à l'aide de trois vis de pression (I, II, III sur la figure 10), relier les deux paires de quadrants à des corps électrisés différents ou à des sources d'électricité. Supposons, par exemple, que les quadrants a_1 et a_2 soient maintenus à une certaine électrisation constante positive, et les quadrants b_1 et b_2 à une électrisation constante négative. Si on relie alors l'aiguille à un corps dont l'électrisation doit être déterminée, l'aiguille déviera du côté des quadrants dont l'électrisation est contraire à celle du corps étudié. Si cette dernière est positive, par exemple, l'aiguille sera repoussée par les quadrants a_1 et a_2 et at-

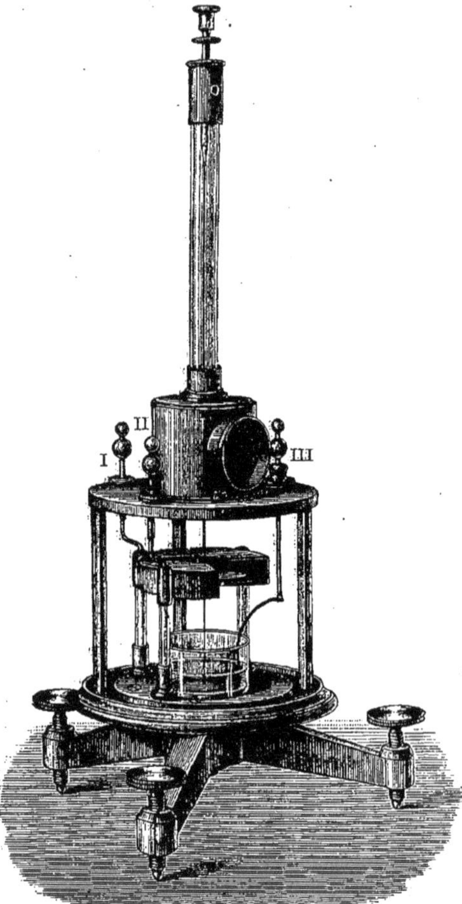

Fig. 10

tirée par les quadrants b_1 et b_2; l'aiguille, vue d'en haut, tournera donc en sens inverse du sens de rotation des aiguilles d'une montre. La grandeur de la rotation est déterminée avec une lunette et une échelle, au moyen d'un petit miroir entraîné par l'aiguille. D'autres combinaisons sont possibles avec cet appareil; on peut, par exemple, maintenir l'aiguille à une électrisation constante, mais réunir le corps étudié aux quadrants, ou réunir entre eux et électriser l'aiguille et une paire de quadrants et relier le corps avec l'autre paire de quadrants.

Pour isoler les conducteurs électrisés, on utilise surtout aujourd'hui le verre, l'ébonite, la paraffine, le succin, le soufre et le quartz, en construisant avec ces substances les supports des conducteurs. Toutes ces substances cessent d'isoler, quand leur surface est recouverte de beaucoup de poussière et en particulier lorsqu'elle n'est pas tout à fait sèche. La figure 11 représente l'isolateur de MASCART, formé par une bouteille en verre, au fond de laquelle est soudée une tige de verre ; celle-ci supporte un plateau, sur lequel on place les objets à isoler. De l'acide sulfurique concentré est versé dans

Fig. 11

la bouteille, ce qui maintient la sécheresse de la partie inférieure de la tige et de la surface intérieure de la bouteille et procure un excellent isolateur.

4. La loi de Coulomb et ses conséquences. — COULOMB a montré en 1785 que *l'action mutuelle entre deux corps électrisés est inversement proportionnelle au carré de leur distance.* L'exactitude de cette loi est d'autant plus grande que les dimensions des corps sont plus petites relativement à la distance mutuelle de ces corps. Pour des corps infiniment petits de forme quelconque, la loi est tout à fait rigoureuse. L'action mutuelle de deux corps électrisés, dont les dimensions ne sont pas petites comparativement à la distance de ces corps, s'obtient *exactement,* si on décompose les corps en éléments infiniment petits (pour les conducteurs, il suffit de partager leur surface en de tels éléments) et si on suppose que chaque élément électrisé d'un corps attire ou repousse, suivant les signes respectifs d'électrisation, tout élément électrisé de l'autre corps ; ces actions mutuelles des éléments varient rigoureusement en raison inverse du carré de la distance r entre lesdits éléments. *Quand on diminue de moitié l'électrisation d'un conducteur,* en procédant comme il a été indiqué à la page 26, *son action sur un autre corps électrisé devient également deux fois plus petite.*

Comme nous ne donnons, pour le moment, qu'une idée générale des phénomènes fondamentaux, nous remettrons la description des expériences, à l'aide desquelles peut être démontrée l'exactitude des deux parties de la loi précédente, au Chapitre III relatif à l'action du champ électrique sur les corps qu'il renferme ; à ce genre d'action se rattachent aussi les phénomènes qu'on doit considérer dans la vérification expérimentale de la loi de COULOMB.

L'expérience apprend que la force f de l'action mutuelle entre deux corps électrisés dépend du milieu qui entoure ces corps. On choisit, comme terme de comparaison, la force f_0 qui agit, quand les corps sont environnés d'air. Il serait plus rationnel de prendre non pas la force relative à l'air, mais celle correspondant au vide ; toutefois, la différence entre cette dernière et f_0 est très petite, et on procède ici comme pour les vitesses de propagation de l'énergie rayonnante dans des milieux différents, c'est-à-dire pour les indices de réfraction ; on prend, dans ce dernier cas, pour unité, la vitesse dans l'air, bien qu'il serait préférable de considérer la vitesse dans le vide. L'expérience montre que la force f est en général inférieure à f_0 ; on désigne le rapport $f_0 : f$ par K, de sorte qu'on a

$$(6) \qquad f = \frac{f_0}{K}.$$

Il est très important de remarquer que la formule (6) ne se rapporte qu'au cas où *les deux corps électrisés se trouvent dans un même milieu*. Quand le milieu n'est pas homogène, la formule (6) cesse d'être valable.

Le coefficient K est caractéristique du milieu donné, c'est-à-dire de la substance qui remplit l'espace autour des corps électrisés. Il s'appelle la *constante diélectrique* ou le *pouvoir inducteur spécifique*, ou simplement le *pouvoir inducteur* de cette substance. Nous avons donné, dans le Tome II, une autre définition de cette grandeur, mais nous verrons plus loin qu'elle est une conséquence de la définition actuelle. Il va de soi que les substances, dont il est présentement question, doivent appartenir aux non conducteurs de l'électricité, c'est-à-dire aux diélectriques. La grandeur K est celle à propos de laquelle la théorie de MAXWELL conduit à cette conclusion que, pour les diélectriques ne possédant pas de propriétés magnétiques, on doit avoir la relation

$$(7) \qquad K = n^2,$$

où n est la valeur limite de l'indice de réfraction pour l'énergie rayonnante de longueur d'onde très grande.

Image A. — La loi de COULOMB, dans cette image, s'énonce de la manière suivante : la force f de l'action mutuelle entre les quantités d'électricité η et η_1 portées par deux points, est proportionnelle à chacune des deux quantités η et η_1 et inversement proportionnelle au carré de la distance r des deux points.

Lorsqu'on admet que la quantité d'électricité portée par un corps donné a une existence réelle, on doit supposer en même temps que *cette quantité d'électricité ne varie pas, quand on introduit le corps électrisé dans un milieu quelconque.*

La loi de COULOMB est exprimée, pour l'air, par la formule

$$(8) \qquad f_0 = C \frac{\eta \eta_1}{r^2},$$

où C est un facteur de proportionnalité, qui dépend, comme toujours, du choix des unités des grandeurs qui entrent dans la formule (Tome I). En nous appuyant sur ce qui vient d'être dit au sujet de l'indépendance des quantités η et η_1 à l'égard du milieu, nous obtenons, pour un milieu homogène quelconque, voir (6),

$$(9) \qquad f = \frac{C}{K} \cdot \frac{\eta \eta_1}{r^2}.$$

Les formules (8) et (9) expriment les trois cas possibles d'action mutuelle entre les électricités positive et négative, si on convient de compter positivement les forces *répulsives*, négativement les forces *attractives*, et si on donne aux valeurs numériques de η et de η_1 des signes convenables (voir page 18). En effet, lorsque η et η_1 sont tous deux positifs ou tous deux négatifs, f est positif et il y a répulsion, tandis que lorsque η et η_1 ont des signes contraires, f est négatif et il y a attraction.

Nous verrons, dans la suite, qu'on doit distinguer, dans l'étude des phénomènes électriques et magnétiques, trois sortes de lois : les lois *ponctuelles*, les lois *différentielles* et les lois *intégrales*. La loi de Coulomb est un exemple de loi ponctuelle. Mentionnons aussi la loi de W. Weber, en raison de son importance historique ; c'est également une loi ponctuelle. W. Weber supposait que la loi de Coulomb ne se rapporte qu'au cas où les électricités η et η_1 se trouvent en repos ; alors, leur distance r est une grandeur constante. Quand les électricités sont en mouvement, en sorte que r varie, leur action mutuelle dépend de leur mouvement relatif, c'est-à-dire de la forme de la fonction $r = \varphi(t)$, t désignant le temps. La loi de Weber s'exprime par la formule suivante :

$$(9, a) \qquad f = C \frac{\eta\eta_1}{r^2} \left\{ 1 - a^2 \left(\frac{dr}{dt}\right)^2 + 2a^2 r \frac{d^2 r}{dt^2} \right\}.$$

Pour $r = const.$, elle se change dans la formule (8). Il est clair que la loi de Weber repose essentiellement aussi sur l'hypothèse d'une action s'exerçant instantanément à distance.

Si on fait $C = 1$, dans les formules (8) et (9), on introduit par là même une unité absolue de quantité d'électricité (tome I). Comme nous le verrons plus tard, on peut construire deux systèmes différents d'unités absolues pour les grandeurs électriques et magnétiques ; l'un s'appelle le système *électrostatique* (él. st.), l'autre le système *électromagnétique* (él. mg.). C'est au premier des deux que se rapporte l'unité de quantité d'électricité, obtenue à l'aide des formules (8) et (9) en posant $C = 1$, c'est-à-dire en écrivant

$$(10) \qquad f_0 = \frac{\eta\eta_1}{r^2},$$

$$(11) \qquad f = \frac{1}{K} \cdot \frac{\eta\eta_1}{r^2}.$$

La première formule donne $f_0 = 1$, pour $\eta = 1$, $\eta_1 = 1$ et $r = 1$; il en résulte que *l'unité électrostatique* (él. st.) *de quantité d'électricité est la quantité d'électricité qui agit avec une force égale à l'unité, sur une quantité égale qui se trouve à l'unité de distance dans l'air.* Nous voyons en particulier que, dans le système C. G. S. (Tome I) :

L'unité él. st. C. G. S. de quantité d'électricité exerce dans l'air, sur une quantité égale placée à l'unité de distance, une force égale à une dyne (environ $1^{mg},02$). C'est, au sens ordinaire, une petite quantité d'électricité. On se sert en fait d'une autre unité, qu'on pourrait appeler l'unité *pratique* d'électricité et qu'on a nommée le *coulomb*. Un coulomb est le dixième de l'unité électromagnétique (él. mg.) C. G. S. que nous ferons connaître plus tard. La millionième partie d'un coulomb s'appelle un *microcoulomb*. Nous nous bornerons, pour le moment, à donner les définitions suivantes :

$$(12)\begin{cases} 1\text{ unité él. mg. C.G.S. de quantité d'él.} = 3.10^{10}\text{ unités él. st. C.G.S. de quantité d'él.} \\ 1\text{ coulomb} = 3.10^{9}\text{ unités él. st. C.G.S. de quantité d'él.} \\ 1\text{ microcoulomb} = 3.10^{3}\text{ unités él. st. C.G.S. de quantité d'él.} \end{cases}$$

Un calcul facile montre que deux coulombs d'électricité, distants l'un de l'autre de un *kilomètre*, se repoussent ou s'attirent mutuellement avec une force égale à 981 kilogrammes; deux microcoulombs distants de un décimètre exercent l'un sur l'autre une force de $98^{gr},1$.

Nous avons donné dans le Tome I les formules qui indiquent quelles sont les *dimensions* des unités absolues, c'est-à-dire comment ces unités dépendent des unités fondamentales de longueur L, de masse M et de temps T. Nous ne nous sommes servi alors, dans les équations de dimension, que des grandes lettres de l'alphabet; nous emploierons ici les lettres par lesquelles nous désignerons les valeurs numériques des grandeurs elles-mêmes; par exemple, $[\eta]$ désignera la dimension de l'unité de quantité d'électricité.

Quand on prend K comme un nombre abstrait, on obtient à l'aide de la formule (11),

$$\frac{ML}{T^2} = \frac{[\eta][\eta]}{L^2},$$

puisque $[f] = ML : T^2$ (Tome I); on en déduit

$$(13) \qquad\qquad [\eta] = M^{\frac{1}{2}}L^{\frac{3}{2}}T^{-1}.$$

Mais si on considère K comme une *grandeur physique*, dont les dimensions sont encore inconnues, on obtient, au lieu de (13), la relation

$$(13,\,a) \qquad\qquad [\eta] = [K]^{\frac{1}{2}}M^{\frac{1}{2}}L^{\frac{3}{2}}T^{-1}.$$

Nous avons introduit à la page 26 la notion de *densité superficielle de l'électricité*; l'unité él. st. C. G. S. de densité superficielle s'obtient quand, sur 1 centimètre carré, on a une unité él. st. C. G. S. de quantité d'électricité, ou sur 30 décimètres carrés un microcoulomb. La formule (2) donne les dimensions de la densité superficielle

$$(14) \qquad\qquad [k] = \frac{[\eta]}{[s]} = \frac{M^{\frac{1}{2}}L^{\frac{3}{2}}T^{-1}}{L^2} = M^{\frac{1}{2}}L^{-\frac{1}{2}}T^{-1}.$$

Comme on le voit facilement, k^2 a mêmes dimensions qu'une pression ou une tension, c'est-à-dire que la grandeur $f : s$, f étant la force exercée sur la surface s.

L'unité él. st. absolue *d'intensité du champ électrique* s'obtient en un point où l'unité absolue de force agit sur l'unité él. st. de quantité d'électricité.

L'unité él. st. C. G. S. d'intensité du champ électrique s'obtient en un point où une force égale à une dyne s'exerce sur l'unité C. G. S. de quantité d'électricité. La formule (1) de la page 18 donne les *dimensions de l'unité él. st. d'intensité du champ électrique* :

$$(15) \qquad [F] = \frac{[f]}{[\eta]} = \frac{MLT^{-2}}{M^{\frac{1}{2}}L^{\frac{3}{2}}T^{-1}} = M^{\frac{1}{2}}L^{-\frac{1}{2}}T^{-1}.$$

Les formules (14) et (15) montrent que l'unité d'intensité du champ et l'unité de densité superficielle ont mêmes dimensions.

La loi de COULOMB rappelle beaucoup par son énoncé la loi de l'attraction universelle (Tome I) ; en particulier, la disposition des lignes de force, dans le cas de masses électriques de *signes contraires*, est la même que pour la matière pondérable. La figure 2 de la page 22 représente les lignes de force, dans le cas de deux masses électrisées égales de même nom ; la figure 12 représente ces lignes lorsque B porte quatre fois plus d'électricité que A.

Nous allons maintenant déduire différentes conséquences de la loi de Cou-

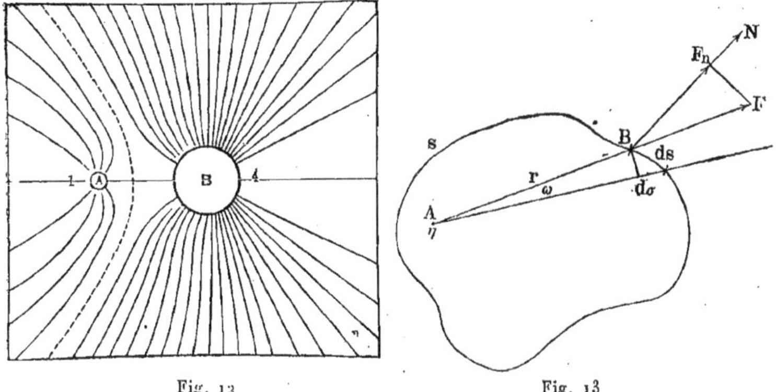

Fig. 12

Fig. 13

LOMB, en nous basant sur l'image A, c'est-à-dire en regardant les électricités comme des substances de nature particulière.

Considérons, dans un champ électrique quelconque, une surface géométrique *s* (*fig.* 13), que nous décomposerons en éléments *ds*. Soit F la force électrique (intensité du champ, page 18) en un point B dans *ds* ; en d'autres termes, BF est la tangente à la ligne de force passant par B. Soient BN la normale à *ds*, F_n la composante normale de la force F. La grandeur $F_n ds$ est appelée le *flux de force* qui traverse *ds* ; la grandeur $KF_n ds$, où K désigne la constante diélectrique au point B, a reçu le nom, dont le choix n'est pas très heureux, de *flux d'induction électrique* qui traverse *ds* ; pour simplifier, nous dirons simplement *flux d'induction*. Si on fait la somme des grandeurs $F_n ds$ ou $KF_n ds$ pour tous les éléments de la surface *s*, on obtient, pour *le flux de force* Φ à travers la surface *s*,

$$(16) \qquad \Phi = \iint F_n ds,$$

et pour *le flux d'induction* Ψ *à travers la surface s,*

$$(16, a) \qquad\qquad \Psi = \iint K F_n ds.$$

Dans un milieu *homogène*, on a évidemment

$$(16, b) \qquad\qquad \Psi = K\Phi.$$

Dans l'air, où $K = 1$, on a $\Phi = \Psi$, c'est-à-dire que le flux d'induction est égal au flux de force.

Supposons que le champ électrique soit produit par des masses électriques quelconques et que ces masses soient décomposées en parties élémentaires infiniment petites. Nous allons démontrer le théorème suivant : *Chacun des flux Φ et Ψ est égal à la somme algébrique des flux engendrés par chacune des parties élémentaires d'électricité.* Soient Φ_i et Ψ_i les flux que l'on obtiendrait s'il n'existait qu'une seule partie élémentaire, la i^e par exemple, et soit alors F_i la force au point B (*fig.* 13) et $F_{n,i}$ la composante normale de cette force. La force F est, d'après la loi de Coulomb, la résultante de toutes les forces F_i; on a donc $F_n = \Sigma F_{n,i}$, Σ étant le symbole d'une sommation algébrique, et par suite

$$(16, c) \quad \Psi = \iint K F_n ds = \iint (\Sigma K F_{n,i}) ds = \Sigma \iint K F_{n,i} ds = \Sigma \Psi_i.$$

On démontre facilement de la même manière que l'on a

$$\Phi = \Sigma \Phi_i.$$

Le théorème précédent ramène le problème général du calcul des flux au cas particulier où une certaine quantité d'électricité η est portée par un point, lequel peut se trouver à l'intérieur, à l'extérieur ou sur la surface s considérée. Commençons par le cas où η se trouve à l'intérieur de la surface s, par exemple au point A (*fig.* 13). Soit $AB = r$ la distance entre la charge ponctuelle η et l'élément de surface ds; soit en outre $d\omega$ l'angle solide sous lequel ds est vu de A, et $d\sigma$ l'élément découpé par $d\omega$ sur la sphère décrite du point A comme centre avec r pour rayon. On a $d\sigma = r^2 d\omega$; de plus les angles (F, F_n) et $(ds, d\sigma)$ sont égaux, la force F étant normale à l'élément $d\sigma$ et la composante F_n à ds. L'intensité du champ F est déterminée par la force que η, qui se trouve en A, exerce sur l'*unité* de quantité d'électricité en B; par suite, la formule (11) donne $(\eta_1 = 1)$

$$(17) \qquad\qquad F = \frac{\eta}{K r^2}.$$

A l'aide de cette formule, on peut calculer le *flux de force* qui traverse la surface s, dans le cas du champ auquel la formule (17) est applicable. On a

$$\Phi = \iint F_n ds = \iint F \cos (F, F_n) ds = \iint \frac{\eta}{K r^2} \cos (ds, d\sigma) ds =$$
$$= \frac{\eta}{K} \iint \frac{d\sigma}{r^2} = \frac{\eta}{K} \iint d\omega.$$

Quand le point A *se trouve à l'intérieur de la surface s,* la dernière intégrale est égale à 4π, de sorte qu'on obtient

$$(18) \qquad \Phi = \frac{4\pi\eta}{K}.$$

Le flux d'induction Ψ, *dans un milieu homogène, est* $\Psi = K\Phi$, voir (16, *b*), c'est-à-dire

$$(18,\ a) \qquad \Psi = 4\pi\eta.$$

Supposons maintenant que η se trouve sur la surface même ; le calcul précédent subsiste avec cette seule différence que la dernière intégrale, qui exprime la somme des angles solides sous lesquels on voit du point A les éléments de la surface *s*, est seulement égale à la somme des angles situés d'un même côté du plan tangent, c'est-à-dire à 2π. On a donc, *quand* η *se trouve sur la surface s et dans un milieu homogène,*

$$(18,\ b) \qquad \Phi = \frac{2\pi\eta}{K}, \qquad \Psi = 2\pi\eta.$$

Nous supposons d'ailleurs qu'il existe au point A de la surface *s* un plan tangent déterminé.

Considérons enfin le cas où le point A est situé *en dehors* de la surface *s* (*fig.* 14). Pour calculer Φ, prenons les deux éléments *ds*, *ds'* de la surface *s*,

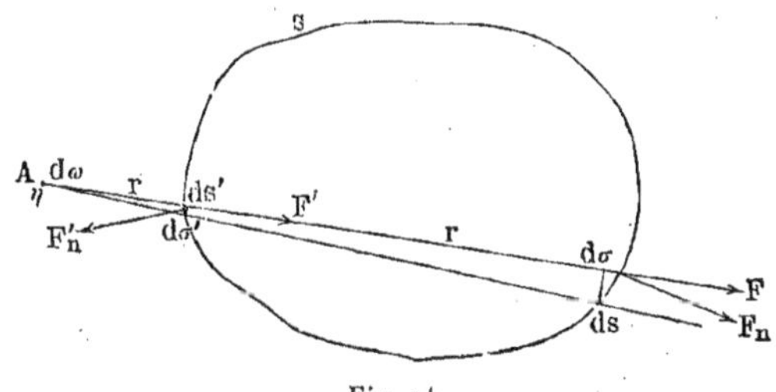

Fig. 14

qui sont découpés sur cette surface par un même angle solide $d\omega$ issu du point A ; $d\sigma$, r, F et F_n conservant leur ancienne signification, désignons les grandeurs correspondantes pour *ds'* par $d\sigma'$, r', F' et F'_n ; nous avons $\cos(\mathrm{F'},\ \mathrm{F'}_n) = -\cos(ds',\ d\sigma')$, car le premier de ces angles est ici supplémentaire du second. Les deux éléments correspondants de l'intégrale (16, *a*) sont

$$F_n ds + F'_n ds' = F \cos(\mathrm{F},\ \mathrm{F}_n)ds + F' \cos(\mathrm{F'},\ \mathrm{F'}_n)\, ds' =$$

$$= F \cos(ds,\, d\sigma)ds - F' \cos(ds',\, d\sigma')ds' = \frac{\eta}{Kr^2}\, d\sigma - \frac{\eta}{Kr'^2}\, d\sigma' = \frac{\eta\, d\omega}{K} - \frac{\eta\, d\omega}{K} = 0.$$

Tous les éléments de l'intégrale (16, *a*) peuvent être assemblés en de tels couples, dont la somme est nulle. Il en résulte que *quand η se trouve à l'extérieur de la surface s et lorsque le flux se produit dans un milieu homogène, on a*

$$(18, c) \qquad\qquad \Phi = 0, \qquad \Psi = 0.$$

Le théorème exprimé par la formule (16, c) permet de déterminer Ψ et Φ, pour une distribution quelconque de masses électriques *dans un milieu homogène.* Tout d'abord, il est clair que les formules (18, a), (18, b) et (18, c) restent valables quand η représente une masse quelconque non ponctuelle, mais seulement répartie à l'intérieur, ou sur la surface s, ou enfin à l'extérieur. Considérons le cas général où $\eta = \eta_i + \overline{\eta} + \eta_e$, η_i désignant la quantité totale d'électricité à l'intérieur de s, $\overline{\eta}$ la quantité sur la surface s, et η_e la quantité à l'extérieur de s. En vertu du théorème (16, c) nous obtenons, à l'aide des formules (18, a), (18, b) et (18, c), *pour un milieu homogène,*

$$(19) \qquad \begin{cases} \Phi = \displaystyle\iint F_n ds = \dfrac{4\,\pi\eta_i}{K} + \dfrac{2\,\pi\overline{\eta}}{K}, \\[3mm] \Psi = \displaystyle\iint K F_n ds = 4\,\pi\eta_i + 2\,\pi\overline{\eta}. \end{cases}$$

Dans l'air, on a

$$(19, a) \qquad\qquad \Phi = \Psi = 4\,\pi\eta_i + 2\,\pi\overline{\eta}.$$

Cette formule est habituellement appelée la formule de GAUSS. On peut voir facilement qu'elle reste applicable quand l'angle solide issu d'un point *intérieur* coupe la surface plus d'une fois, auquel cas le nombre des intersections est impair; elle est également valable, lorsque l'angle issu d'un point *extérieur* coupe la surface plus de deux fois, auquel cas le nombre des intersections est pair.

Les expressions que nous venons de calculer pour les flux Φ et Ψ ne se rapportent qu'à un milieu homogène, car nous nous sommes servi de la formule (17), dont l'exactitude n'a été vérifiée expérimentalement que pour un milieu où K a partout la même valeur.

La formule (17) n'est pas applicable à un milieu *non homogène*, et nous verrons plus tard qu'on ne peut, dans ce dernier cas, déterminer la force F que par une voie compliquée. L'expression (19) montre toutefois que le flux d'induction Ψ, c'est-à-dire la grandeur (16, a), est *indépendant* de la nature du milieu *homogène* environnant, autrement dit de K, et qu'il est déterminé exclusivement par les quantités d'électricité présentes dans le milieu. Partant de là, MAXWELL a fait l'hypothèse que *le flux d'induction, produit par des quantités données d'électricité, est en général indépendant des propriétés du milieu environnant, et qu'on a aussi, pour un milieu non homogène,*

$$(19, b) \qquad\qquad \Psi = \iint K F_n ds = 4\,\pi\eta_i + 2\,\pi\overline{\eta}.$$

Toutes les conséquences tirées de cette hypothèse ont été vérifiées expérimentalement; aussi nous servirons-nous dans la suite de la formule (19, *b*). Nous allons en déduire tout de suite des équations très importantes.

Supposons que la masse électrique agissant dans le milieu occupe un certain *espace*. Soit A (*fig.* 15) un point situé dans cet espace et ρ la *densité de volume* de l'électricité en ce point, c'est-à-dire la valeur limite de la densité moyenne ρ_m d'un volume infiniment petit entourant ce point. Soit F la force électrique (intensité du champ) au point A, due à *toutes* les masses électriques présentes dans le champ, que nous supposerons disposées *arbitrairement* et au nombre desquelles figurera naturellement la masse à l'intérieur de laquelle se trouve situé, par hypothèse, le point A lui-même. Menons des axes de

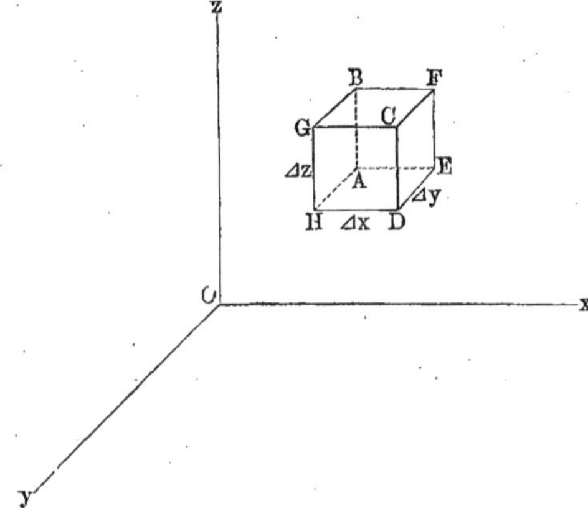

Fig. 15

coordonnées rectangulaires et soient x, y, z, les coordonnées du point A; désignons en outre par X, Y, Z les composantes de l'intensité F dans la direction des axes, c'est-à-dire posons $F_x = X$, $F_y = Y$, $F_z = Z$. Construisons au point A le parallélépipède rectangle infiniment petit ABCDEFGH, dont les arêtes sont Δx, Δy, Δz, et appliquons-lui la formule (19, *b*) sur le flux d'induction. Comme il ne se trouve pas à la surface de ce parallélépipède de masse électrique ayant une densité superficielle finie, et que la masse intérieure est égale à $\rho_m \Delta x \Delta y \Delta z$, ρ_m étant la densité moyenne à l'intérieur du volume considéré, nous avons

$$(19, c) \qquad \Psi = \iint K F_n \, ds = 4\pi \rho_m \Delta x \Delta y \Delta z.$$

L'intégrale de surface ne renferme en tout, dans notre cas, que six éléments, correspondant aux six faces du parallélépipède. Pour la face ABGH, on a $ds = \Delta y \Delta z$; si K et Δx se rapportent au point A, on peut admettre que, pour la face ABGH, le produit $K F_n = -KX$, la normale *extérieure* à ABGH étant dirigée du côté des x négatifs. Sur la face CDEF, la normale extérieure est dirigée du côté des x positifs ; en outre la coordonnée x se change en $x + \Delta x$; le produit KF_n correspondant à cette face est donc

$$KX + \frac{\partial (KX)}{\partial x} \Delta x + \text{des grandeurs inf. pet. d'ord. sup.}$$

Les faces ABGH et DCFE donnent par conséquent deux éléments de l'inté-grale Ψ, dont la somme est

$$\frac{\partial (KX)}{\partial x} \Delta x \Delta y \Delta z + \text{des grandeurs inf. pet. d'ord. sup.}$$

Si on forme de la même manière les couples d'éléments correspondant aux faces ABFE et GCDH et aux faces AEDH et BFCG et si on porte dans $(19, c)$, on obtient, en divisant par $\Delta x \Delta y \Delta z$,

$$\frac{\partial (KX)}{\partial x} + \frac{\partial (KY)}{\partial y} + \frac{\partial (KZ)}{\partial z} + \text{des grand. inf. pet. d'ord. sup.} = 4\pi\rho_m.$$

A la limite, ρ_m devient égale à la densité ρ au point A, auquel se rapportent les valeurs des trois dérivées, et on a

$$(20) \qquad \frac{\partial (KX)}{\partial x} + \frac{\partial (KY)}{\partial y} + \frac{\partial (KZ)}{\partial z} = 4\pi\rho.$$

Cette équation peut s'écrire, dans un diélectrique *homogène*,

$$(20, a) \qquad \frac{\partial X}{\partial x} + \frac{\partial Y}{\partial y} + \frac{\partial Z}{\partial z} = \frac{4\pi}{K}\rho,$$

et dans l'*air*

$$(20, b) \qquad \frac{\partial X}{\partial x} + \frac{\partial Y}{\partial y} + \frac{\partial Z}{\partial z} = 4\pi\rho.$$

En tout point de l'espace où $\rho = 0$, c'est-à-dire *où il n'y a pas d'électricité possédant une densité de volume*, on a

$$(20, c) \qquad \frac{\partial (KX)}{\partial x} + \frac{\partial (KY)}{\partial y} + \frac{\partial (KZ)}{\partial z} = 0,$$

et, dans le cas particulier d'un *diélectrique homogène*,

$$(20, d) \qquad \frac{\partial X}{\partial x} + \frac{\partial Y}{\partial y} + \frac{\partial Z}{\partial z} = 0.$$

L'équation $(20, d)$ s'appelle l'équation de LAPLACE, et $(20, b)$ l'équation de POISSON.

Considérons maintenant une *couche superficielle* (page 26) portée par une surface s (*fig.* 16) ; soit k la densité superficielle de cette couche, variable en général aux différents points de la surface. Découpons l'élément ds dans la surface et soit n la direction de la normale à ds du côté où sont dirigées les lignes de force qui traversent ds. Supposons en outre, pour plus de généralité, que des deux côtés de la surface s se trouvent des diélectriques différents, dont les pouvoirs inducteurs sont K_1 du côté de la normale n et K_2 de l'autre côté de s. La quantité d'électricité sur ds est $\eta = kds$. Construisons sur ds un cylindre très court, dont les génératrices sont perpendiculaires à ds ; menons les deux bases parallèlement à ds. Soient $F_{1,n}$ et $F_{2,n}$ les composantes de la

force électrique, dans la direction de la normale n, en deux points respectivement situés dans chacune des bases de ce cylindre. Appliquons la formule $(19, b)$ à ce volume cylindrique, pour lequel on a $\eta_i = kds$. Dans la formule $(19, b)$, la force F_n est la composante suivant la normale *extérieure* à la surface pour laquelle nous cal-

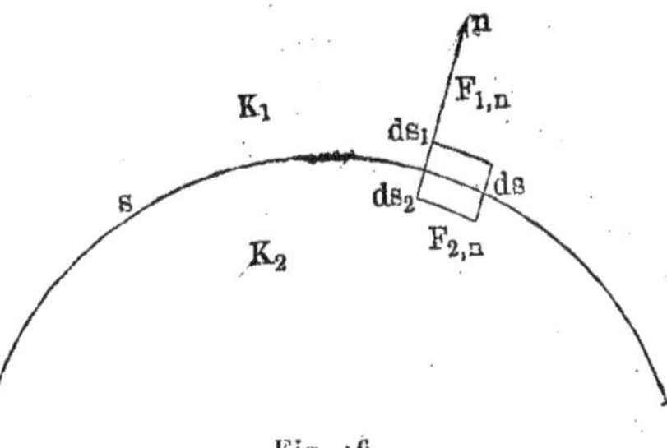

Fig. 16

culons le flux d'induction, c'est-à-dire dans le cas considéré à la surface de notre petit cylindre. Soient $F_n = F_{1\,n}$ la force sur ds_1 et $F_n = -F_{2,n}$ la force sur ds_2 ; si le flux d'induction traversant la surface latérale du cylindre est Ψ, on a, d'après $(19, b)$,

$$(20, e) \qquad K_1 F_{1,n}\, ds_1 \; -- \; K_2 F_{2,n}\, ds_2 + \Psi = 4\pi kds.$$

Imaginons maintenant que les génératrices du cylindre se raccourcissent indéfiniment, c'est-à-dire que ds_1 et ds_2 se rapprochent indéfiniment de ds ; à la limite, Ψ s'annule, ds_1 et ds_2 deviennent égaux à ds ; $F_{1,n}$ et $F_{2,n}$ prennent les valeurs relatives à des points situés de part et d'autre de la surface et infiniment voisins de celle-ci. La formule $(20, e)$ donne à la limite

$$(21) \qquad K_1 F_{1,n} - K_2 F_{2,n} = 4\pi k.$$

Si à l'endroit occupé par ds, où la densité superficielle est k, se trouve des deux côtés de la surface le même diélectrique de pouvoir inducteur K, on a

$$(22) \qquad F_{1,n} - F_{2,n} = \frac{4\pi}{K} k,$$

et *dans l'air*, en particulier,

$$(22, a) \qquad F_{1,n} - F_{2,n} = 4\pi k.$$

Ces relations importantes que nous appellerons, d'une manière qui n'est peut-être pas tout à fait justifiée, les équations de GREEN, montrent que *la grandeur de la composante normale de la force électrique subit une discontinuité au passage à travers la couche superficielle* ; cette composante a des valeurs différentes en deux points situés de part et d'autre de la surface s, infiniment voisins de celle-ci. Cette discontinuité vient de ce que la masse répandue sur l'élément ds développe en ces deux points des forces normales à ds, qui sont égales en grandeur, mais évidemment dirigées en sens contraires, tandis que tout le reste de la couche en dehors de ds produit aux mêmes points infiniment voisins des forces qui, à la limite, ont même grandeur et même direction. En désignant les deux premières forces par f' et les composantes normales des secondes par f'', on a

$$(23) \qquad \begin{cases} \mathrm{F}_{1,n} = f'' + f'. \\ \mathrm{F}_{2,n} = f'' - f'. \end{cases}$$

En appelant d'autre part F_n la composante normale de la force qui agit *sur la surface elle-même*, c'est-à-dire de la force que toute la partie de la couche superficielle *en dehors* de ds exerce sur la partie de cette couche portée par l'élément ds lui-même, ou plus brièvement de la force que toute la couche superficielle considérée exerce sur elle-même, on a

$$(23,\, a) \qquad\qquad \mathrm{F}_n = f''.$$

Les formules (22) et (23) donnent

$$\mathrm{F}_{1,n} - \mathrm{F}_{2,n} = 2f' = \frac{4\pi}{\mathrm{K}}\, k,$$

d'où

$$(23,\, b) \qquad\qquad f' = \frac{2\pi}{\mathrm{K}}\, k.$$

En faisant $f'' = \mathrm{F}_n$ dans (23), il vient

$$(23,\, c) \qquad \mathrm{F}_{1,n} - \mathrm{F}_n = \mathrm{F}_n - \mathrm{F}_{2,n} = \frac{2\pi}{\mathrm{K}}\, k,$$

et *pour l'air*

$$(23,\, d) \qquad \mathrm{F}_{1,n} - \mathrm{F}_n = \mathrm{F}_n - \mathrm{F}_{2,n} = 2\pi k,$$

d'où

$$(23,\, e) \qquad \mathrm{F}_n = \frac{1}{2}\, (\mathrm{F}_{1,n} + \mathrm{F}_{2,n}).$$

Ces dernières relations montrent que *la composante normale de la force électrique subit, au passage à travers une couche superficielle, deux discontinuités égales*; chacune d'elles a pour valeur $2\pi k : \mathrm{K}$, k étant la densité superficielle au point de la surface, par lequel on passe d'un côté à l'autre de cette surface. Remarquons encore que l'égalité des dimensions $[\mathrm{F}]$ et $[k]$, voir (14) et (15), pages 34 et 35, se trouve pleinement confirmée par les formules précédentes et en particulier par (23, b) et (23, d).

Nous allons maintenant appliquer aux *conducteurs* les résultats que nous venons d'obtenir. Il convient, pour cela, de faire une hypothèse nouvelle, qui, à vrai dire, est assez singulière. Toutes les formules précédentes reposent essentiellement sur la loi de Coulomb, c'est-à-dire sur les formules (10) et

(11), qui n'ont de sens *que pour les diélectriques*; par suite, nous n'avons pas le droit d'appliquer aux conducteurs les résultats que nous en avons déduits. *Nous admettrons cependant que les formules* (10), (20, *b*), (22, *a*), (23, *e*) *et autres analogues sont aussi applicables aux conducteurs.* La seule chose qui plaide en faveur d'une telle hypothèse, c'est que les conséquences qui en découlent correspondent parfaitement à la réalité.

Nous avons vu à la page 24 que l'état d'équilibre électrique, c'est-à-dire l'état de repos de l'électricité sur un conducteur, n'est possible qu'à la condition que la force électrique F soit nulle à l'intérieur de ce conducteur et qu'à la surface même la force soit partout normale. Si l'on s'appuie sur la première condition ($X = Y = Z = 0$), l'équation (20, *b*) donne, pour tous les points intérieurs du conducteur, la relation

$$(24) \qquad \rho = 0.$$

En tous les points d'un conducteur, la densité de volume de l'électricité est nulle; il ne peut y avoir d'électricité qu'à la surface. La deuxième condition d'équilibre montre que les composantes normales des forces que nous avons envisagées précédemment, sont précisément les forces elles-mêmes agissant sur les points correspondants.

Occupons-nous maintenant des formules établies plus haut. La surface d'un conducteur est naturellement fermée et n est la direction de la normale *extérieure*. La force étant nulle à l'intérieur du conducteur, nous devons poser $F_{2,n} = 0$. Soit F la force à la surface même, F_s la force *sur* la surface, de sorte qu'on a $F_{1,n} = F$ et $F_n = F_s$; désignons par K la constante diélectrique du milieu environnant, c'est-à-dire posons $K_1 = K$. Dans ce cas, la formule (21) nous donne la valeur

$$(24, a) \qquad F = \frac{4\pi}{K} k,$$

et *pour l'air*,

$$(24, b) \qquad F = 4\pi k.$$

Ces formules déterminent, dans l'espace extérieur, l'intensité du champ à la surface même du conducteur. Nous déduisons encore de (23, *e*)

$$(24, c) \qquad F_s = \frac{2\pi}{K} k,$$

et *pour l'air*,

$$(24, d) \qquad F_s = 2\pi k.$$

Ces formules déterminent la force sur la charge même du conducteur, ou, d'une manière plus précise, l'intensité du champ en un point quelconque de la surface. Si une partie de la couche superficielle du conducteur était mobile, elle se déplacerait vers l'extérieur, sous l'action des forces agissant sur l'électricité répandue sur cette portion de la surface. Nous appellerons *tension superficielle* et nous désignerons par P la force agissant sur la couche superficielle et rapportée à l'unité d'aire ; on a, autrement dit, pour l'élément de surface ds sur lequel s'exerce la force df,

$$(24,\ e) \qquad \mathrm{P} = \frac{df}{ds}.$$

Sur l'unité de quantité d'électricité agit la force

$$\mathrm{F}_s = \frac{2\pi}{\mathrm{K}}\,k,$$

et par suite, sur la quantité kds qui se trouve en réalité sur ds, la force $df = \mathrm{F}_s k ds = \dfrac{2\pi k^2 ds}{\mathrm{K}}$; la formule $(24,\ e)$ donne donc

$$(25) \qquad \mathrm{P} = \frac{2\pi}{\mathrm{K}}\,k^2,$$

et *pour l'air*,

$$(25,\ a) \qquad \mathrm{P} = 2\pi k^2.$$

Ces importantes formules déterminent la relation qui lie la tension superficielle P en un point donné de la surface du conducteur à la densité k de l'électricité au même point ; comme on le voit, P est proportionnel à k^2. Si on compare les formules (25) et $(25,\ a)$ à $(24,\ a)$ et $(24,\ b)$, et si on élimine k, on obtient

$$(25,\ b) \qquad \mathrm{P} = \frac{\mathrm{KF}^2}{8\pi},$$

et *pour l'air*,

$$(25,\ c) \qquad \mathrm{P} = \frac{\mathrm{F}^2}{8\pi}.$$

Ces formules déterminent la relation qui lie la tension superficielle P *à l'intensité* F *du champ à la surface même du conducteur.* On tire encore de $(24,\ a)$ et (25) la formule

$$(25,\ d) \qquad \mathrm{P} = \frac{1}{2}\,\mathrm{F}k,$$

qui est valable pour un diélectrique tout à fait quelconque environnant le conducteur.

Pour établir les différentes propriétés des *tubes de force* que nous avons indiquées à la page 18, nous allons nous servir de la formule (19) qui donne le flux d'induction traversant une surface donnée s. Comme les génératrices de la surface latérale d'un tube de force sont elles-mêmes des lignes de force, le flux de force, ainsi que le flux d'induction, à travers cette surface latérale sont nuls. Soit σ l'aire de la section transversale du tube de force en un endroit quelconque, F l'intensité du champ, K la constante diélectrique au point où se trouve l'élément $d\sigma$. La grandeur

$$(26) \qquad \psi = \iint \mathrm{KF}\,d\sigma$$

est appelée *le flux d'induction dans la section σ du tube* ; quand on a égard à cette grandeur, le tube lui-même est également nommé *tube d'induction*. L'intégrale ne s'étend naturellement qu'à l'aire σ.

Considérons d'abord une partie du tube, qui ne renferme pas d'électricité libre ; limitons-la par deux surfaces σ_1 et σ_2 (*fig.17*) orthogonales en tous leurs points aux forces électriques désignées par F_1 et F_2. Appliquons la formule (19) de la page 38 à la surface fermée de ce tronçon de tube. Comme F_n dans (19) est la composante suivant la normale extérieure, nous avons évidemment $F_n = F_2$ sur σ_2 et $F_n = -F_1$ sur σ_1. Le flux à travers la surface latérale est

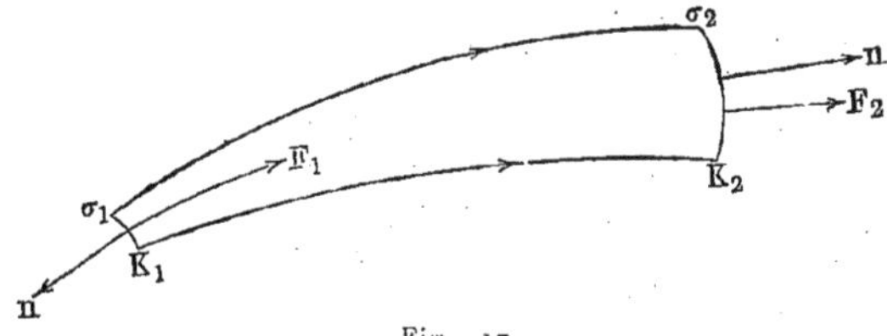

Fig. 17

partout nul ; le flux total est également nul, car, par hypothèse, on a $\eta_i = 0$ et $\bar{\eta} = 0$; il reste donc

$$(26,\ a) \qquad \iint K_2 F_2 d\sigma_2 - \iint K_1 F_1 d\sigma_1 = 0$$

ou

$$(26,\ b) \qquad \iint K_1 F_1 d\sigma_1 = \iint K_2 F_2 d\sigma_2.$$

Le flux d'induction ψ est constant le long de toute partie d'un tube qui ne renferme pas d'électricité libre, de quelque manière que varie le milieu diélectrique dans cette partie. Au lieu de (26, b), on peut écrire

$$(26,\ c) \qquad \psi_1 = \psi_2.$$

Quand, à l'intérieur du tube, se trouve la quantité d'électricité η, on a, au lieu de (26, b),

$$\iint K_2 F_2 d\sigma_2 - \iint K_1 F_1 d\sigma_1 = 4\pi\eta,$$

ou

$$(26,\ d) \qquad \psi_2 - \psi_1 = 4\pi\eta.$$

Le flux d'induction varie de la quantité $4\pi\eta$, *lorsque le tube traverse la quantité d'électricité* η. On voit facilement, en s'appuyant sur (19), que dans un milieu *homogène* ($K_1 = K_2 = K$), en l'absence d'électricité libre dans un tube, le *flux de force dans la section du tube*, que nous désignerons par φ, ne varie pas le long du tube, de sorte qu'on peut poser $\varphi_1 = \varphi_2$; mais si η n'est pas nul, la variation du flux de force est déterminée par la formule

$$(26, c) \qquad \varphi_2 - \varphi_1 = \iint F_2 d\sigma_2 - \iint F_1 d\sigma_1 = \frac{4\pi}{K} \eta.$$

Considérons maintenant un tube qui relie les surfaces de deux conducteurs M et N (*fig.* 18). Il découpe, sur les surfaces des corps M et N, deux portions s_1 et s_2 de grandeur et de forme différentes ; désignons par η_1 et par η_2 les quantités d'électricité qui se trouvent respectivement sur ces deux portions des surfaces envisagées. Prolongeons le tube dans les deux sens à l'intérieur des conducteurs et menons deux surfaces quelconques qui fermeront ce tube. Nous obtenons ainsi une surface fermée, en tous les points de laquelle la composante normale de la force F est nulle, puisqu'on a toujours à l'intérieur

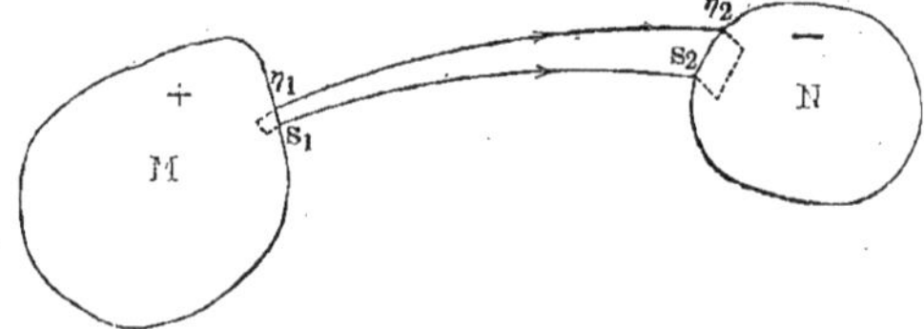

Fig. 18

des conducteurs F = o. Il s'ensuit que, pour cette surface, le flux d'induction est nul. La formule (19, *a*) montre qu'on a, dans ce cas, $\eta_i = o$, c'est-à-dire $\eta_1 + \eta_2 = o$, ou

$$(27) \qquad \eta_2 = -\eta_1.$$

Aux deux extrémités d'un tube reliant les surfaces de deux conducteurs, se trouvent des quantités égales d'électricités de signes contraires. Il est très important de remarquer que l'égalité précédente subsiste, quand M et N sont entourés de *diélectriques différents* ; cette égalité montre que les tubes de force ou d'induction ne peuvent relier que des conducteurs chargés d'électricités de signes contraires.

Envisageons maintenant seulement une partie du tube de force et supposons les sections transversales σ du tube suffisamment petites, pour qu'on puisse considérer l'intensité F du champ comme la même en tous les points d'une telle section ; supposons en outre que le tube entier ou la partie de tube considérée se trouve dans un milieu *homogène*. La relation (26, *b*) donne alors $F_1\sigma_1 = F_2\sigma_2$, ou

$$(28) \qquad F_1 : F_2 = \sigma_2 : \sigma_1,$$

puisqu'on a $K_1 = K_2$, $F_1 = const.$, et $F_2 = const.$

Dans un milieu homogène, l'intensité du champ, en différents points d'un tube de force, est inversement proportionnelle à l'aire de la section transversale du tube. En d'autres termes, la dilatation transversale d'un tube de force, dans un milieu homogène (K = *const.*) *correspond à une diminution de l'intensité du champ, sa contraction transversale à un accroissement.* Ce théorème nous permet d'introduire la notion de *nombre de lignes de force*. Considérons la figure 18 de la page 46. Nous pouvons mener par σ_1 une infinité de lignes de force, puisqu'il en passe une par chaque point. Envisageons sur la surface σ_1 un nombre ν tout à fait arbitraire de points, répartis aussi uniformément que possible, et supposons que nous ayons N_1 points dans l'unité d'aire, de sorte que $\nu = N_1\sigma_1$. Menons par tous ces points les lignes de force, qui rencontrent également la surface σ_2 en ν points. Si dans cette dernière section il y a N_2 points par unité d'aire, on aura $\nu = N_2\sigma_2$. On a $N_1\sigma_1 = N_2\sigma_2$, d'où

$$(28,\, a) \qquad\qquad N_1 : N_2 = \sigma_2 : \sigma_1.$$

Pour abréger, nous appellerons respectivement chacun des nombres N_1 et N_2 *le nombre de lignes de force dans* σ_1 *et dans* σ_2, quoique, l'un de ces nombres étant arbitraire, il serait plus exact de dire de l'autre qu'il est le nombre relatif de lignes de force par unité d'aire de la section transversale σ_2. Si on compare $(28,\, a)$ à (28), on a

$$(28,\, b) \qquad\qquad N_1 : N_2 = F_1 : F_2.$$

Dans un milieu homogène, le nombre de lignes de force (rapporté à l'unité d'aire de la section transversale) *en différents endroits d'un tube de force est proportionnel à l'intensité du champ.*

Menons une surface s_1, qui coupe partout orthogonalement les lignes de force, et, par chaque élément σ_1 de cette surface, faisons passer $\nu_1 = c\sigma_1 F_1$ lignes de force, de sorte que le nombre de lignes de force par unité d'aire sera $N_1 = cF_1$, c désignant un facteur de proportionnalité arbitraire; en d'autres termes, prenons partout sur la surface s_1 ce nombre N_1 proportionnel à l'intensité du champ. Dans ce cas, dans tout l'espace où se trouvent des lignes de force, le nombre N de lignes de force traversant s_1 est proportionnel à l'intensité F du champ, et nous avons

$$(28,\, c) \qquad\qquad N = cF.$$

Si on pose $c = 1$, c'est-à-dire si, sur la surface s_1, on prend partout les valeurs N_1 et F_1 égales entre elles, on obtient l'égalité

$$(28,\, d) \qquad\qquad N = F.$$

Au lieu de mener, par chaque élément σ_1 de la surface s_1, un nombre $\nu_1 = c\sigma_1 F_1$ de lignes de force, on peut aussi mener le même nombre de tubes de force, la somme des sections transversales de ces tubes étant, en cet endroit, égale à σ_1. Ces tubes se rétréciront ou s'élargiront en général en dehors de σ_1, mais ils ne se dilateront librement nulle part, c'est-à-dire qu'ils rempliront partout la partie de l'espace qu'ils traversent. Les lignes de force, dont nous avons parlé plus haut, représentent en quelque sorte les axes des tubes que nous considérons ici. Il est clair, par conséquent, que les formules $(28,\, c)$ et

(28, *d*) s'appliquent aussi à ces derniers. Ce qui précède conduit au résultat suivant :

Le nombre de lignes de force, aussi bien que le nombre de tubes de force, dans un milieu homogène, sont proportionnels ou même égaux à l'intensité du champ, suivant celle des formules (28, *c*) ou (28, *d*) sur laquelle repose la construction des lignes et des tubes.

Nous adopterons, dans la suite, l'égalité $N = F$, c'est-à-dire que nous choisirons la construction qui conduit à cette égalité.

Occupons-nous maintenant du *flux d'induction* et des tubes d'induction, qui sont identiques aux tubes de force dans un diélectrique homogène. Remarquons que, dans un milieu homogène, le flux d'induction, qui permet de passer facilement à l'intensité du champ, possède en général un intérêt essentiel. A la page 35, nous avons appelé flux d'induction, qui traverse l'élément de surface ds, la grandeur $KF_n ds$. Nous appellerons la grandeur

$$(28, e) \qquad\qquad B = KF$$

l'induction en un point du diélectrique ; elle est égale au flux d'induction qui traverse l'élément ds orthogonal aux lignes de force, divisé par ds ; autrement dit, elle est égale au flux d'induction rapporté à l'unité d'aire. Pour un tube d'induction *à section transversale suffisamment petite*, on déduit de (26, *b*)

$$(29) \qquad\qquad K_1 F_1 \sigma_1 = K_2 F_2 \sigma_2,$$

c'est-à-dire

$$B_1 \sigma_1 = B_2 \sigma_2,$$

ou

$$(29, a) \qquad\qquad B_1 : B_2 = \sigma_2 : \sigma_1.$$

Cette relation rappelle l'égalité (28). mais ici elle est également valable pour un milieu *non homogène* ; elle exprime que *l'induction en différents points d'un tube d'induction est inversement proportionnelle à l'aire de la section transversale de ce tube.*

Traçons de nouveau une surface s, partout orthogonale aux lignes de force. Par chacun de ses éléments σ_1, menons $v_1 = c\sigma_1 K_1 F_1 = c\sigma_1 B_1$ tubes d'induction, la somme des aires des sections transversales de ces tubes étant égale à σ_1 ; K_1, F_1 et B_1 se rapportent à un point quelconque choisi dans σ_1. Appelons $N_1 = v_1 : \sigma_1$ le *nombre de tubes d'induction* à l'endroit considéré, en sous-entendant, comme précédemment, les mots *par unité d'aire* de la surface partout orthogonale aux tubes ; on a $N_1 = cB_1$. Le long de chaque tube, on a évidemment $N_1 : N_2 = \sigma_2 : \sigma_1$, voir (28, *a*), et par suite (29, *a*) donne

$$(29, b) \qquad\qquad N_1 : N_2 = B_1 : B_2.$$

Comme $N_1 = cB_1$, on a évidemment partout $N = cB$. Si on pose $c = 1$, c'est-à-dire, si, sur la surface s_1, on prend les grandeurs N_1 et B_1 partout égales numériquement, on obtient partout

$$(29,\ c) \qquad\qquad N = B.$$

Quand on suppose les tubes d'induction construits comme il vient d'être dit, *l'induction B est en chaque point égale au nombre N de tubes d'induction.* Cela signifie que, par une surface σ orthogonale aux tubes, passent $N\sigma = B\sigma$ tubes. *Dans l'air,* on a

$$(29,\ d) \qquad\qquad N = F = B.$$

Nous supposerons dorénavant que les tubes d'induction sont construits conformément à l'égalité (29, c). Comme nous l'avons vu, voir (26, b), le flux d'induction ψ ne varie pas le long d'un tube qui ne renferme pas d'électricité libre. Construisons un seul tube sur l'élément σ, conformément à (29, c) ; on peut écrire, pour une section transversale suffisamment petite

$$\psi = KF\sigma = B\sigma = N\sigma\ ;$$

mais $N\sigma$ est le nombre des tubes qui traversent σ, et comme σ est la section transversale du tube que nous avons construit, on a $N\sigma = 1$, c'est-à-dire $\psi = 1$. *Le flux d'induction en chacun des tubes d'induction ainsi construits est égal à l'unité.* C'est la raison pour laquelle on appelle parfois un tel tube un *tube unité.*

Cherchons maintenant la relation qui existe entre la quantité η et le nombre ν de tubes unités d'induction, issus en quelque sorte de cette électricité. La formule (19) montre que le flux d'induction est égal à $4\pi\eta$ pour toute surface fermée, enveloppant la quantité d'électricité η. Il est clair qu'on obtient encore le même flux d'induction à travers une surface orthogonale à tous les tubes, quand chacun des tubes renferme le flux d'induction $\psi = 1$. Mais le flux total est égal à $4\pi\eta$; on doit donc avoir

$$(29,\ e) \qquad\qquad \nu = 4\pi\eta.$$

On en déduit, *pour le nombre ν_1 de tubes d'induction issus de l'unité de quantité d'électricité,*

$$(29,\ f) \qquad\qquad \nu_1 = 4\pi.$$

Appliquons ce qui précède à un *conducteur* entouré par un diélectrique. Sur l'élément de surface ds se trouve la quantité d'électricité $\eta = kds$; par suite, $4\pi kds$ tubes d'induction partent de ds, tous dirigés du même côté. Chaque tube renfermant un flux d'induction égal à l'unité, le flux d'induction total $KFds$ est égal au nombre $4\pi kds$ de tubes ; on en déduit, d'après (24, a), page 43, $F = 4\pi k : K$. Quand on introduit l'induction $B = KF$ dans l'expression (25, b) de la *tension superficielle* P, on obtient la formule

$$(30) \qquad\qquad P = \frac{BF}{8\pi}.$$

Nous allons démontrer, pour terminer, que *les tubes d'induction, dans le passage d'un diélectrique à un autre diélectrique, éprouvent une sorte de réfraction.* Il doit en être naturellement de même pour les *lignes de force.* Supposons que MN soit la surface de séparation de deux milieux, dont les pouvoirs inducteurs sont K_1 et K_2. Considérons un tube d'induction, qui traverse l'élément σ de la surface MN (*fig.* 19). Supposons qu'il forme avec la normale nn les

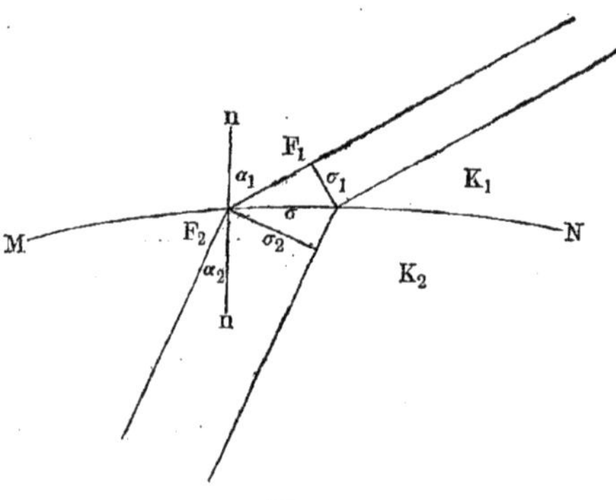

Fig. 19

angles α_1 et α_2, et que ses sections transversales des deux côtés de MN soient σ_1 et σ_2. Lorsqu'il n'y a pas d'électricité libre sur MN, on a, d'après (21), page 41,

$$(31) \qquad K_1 F_{1,n} = K_2 F_{2,n}$$

$$(31, a) \qquad K_1 F_1 \cos \alpha_1 = K_2 F_2 \cos \alpha_2.$$

Si on multiplie les deux membres de cette dernière égalité par σ, on obtient $K_1 F_1 \sigma_1 = K_2 F_2 \sigma_2$, égalité qui exprime que le flux d'induction est constant dans le tube, conformément à la relation (29). On voit facilement que les composantes tangentielles de la force doivent être identiques des deux côtés de la surface MN, quand on passe à la limite : on a donc

$$(31, b) \qquad F_1 \sin \alpha_1 = F_2 \sin \alpha_2.$$

Cette égalité jointe à (31, a) donne l'équation

$$(31, c) \qquad \frac{\operatorname{tg} \alpha_1}{\operatorname{tg} \alpha_2} = \frac{K_1}{K_2} = const.$$

Cette relation détermine la réfraction des lignes de force et des tubes d'induction, dans le passage d'un milieu à un autre.

Tous les résultats que nous venons d'obtenir ont été présentés comme des conséquences des idées fondamentales relatives à l'image A. Cela nous était imposé, car toutes nos conclusions reposent sur le théorème de GAUSS (page 38), qui a été démontré à l'aide de la formule (17), ou, ce qui revient au même, à l'aide de la formule (11); or ces formules, qui renferment la grandeur η, se rattachent complètement à l'image A.

J. BERTRAND a démontré très simplement que la loi d'attraction en raison inverse du carré de la distance, lorsque la force est dirigée vers le point attiré, est la seule qui permette l'emploi des tubes de force. Supposons que le corps attirant se réduise à un point. L'attraction étant proportionnelle à une fonction $\varphi(r)$ de la distance, les lignes de force sont nécessairement des droites partant du point attirant. Si l'on prend pour surface initiale, sur laquelle on les distribue, une sphère ayant ce point pour centre, le nombre des lignes de force partant d'un élément $d\omega$ de cette sphère sera proportionnel à $d\omega$, puisque sur la surface sphérique l'intensité est constante. A une distance r du centre d'action, la surface $r^2 d\omega$ sera traversée par les lignes de force qui traversent $d\omega$. Si N désigne le nombre de ces lignes, l'intensité sera représentée par $\dfrac{N}{r^2 d\omega}$ et, par conséquent, inversement proportionnelle au carré de la distance. Toute autre hypothèse est incompatible avec le principe de FARADAY.

Image B. — Nous avons dit à la page 19 que, dans certaines limites très larges à vrai dire, tous les phénomènes électrostatiques se passent absolument comme si les traits fondamentaux de l'image A étaient exacts. Nous pouvons être assurés que tous les résultats auxquels nous sommes arrivés jusqu'ici possèdent une réelle exactitude ; mais il reste à trouver leur signification physique dans une théorie construite d'après l'image B.

La loi de COULOMB qui, dans l'image A, apparaît comme une propriété *a priori* de l'électricité, c'est-à-dire comme se rapportant à une substance dont l'existence est réelle et indépendante, s'obtient, dans l'image B, comme résultat théorique, comme expression finale des forces qui s'exercent sur les corps électrisés. L'électrisation de ces derniers est une conséquence des tensions existant dans l'éther, de la présence des tubes de tension, dont la disposition est déterminée par l'effort de tension longitudinale, par la pression transversale qui s'exerce entre les tubes et par le degré de mobilité des extrémités de ces tubes (page 27). MAXWELL, HERTZ, BOLTZMANN et d'autres encore ont montré comment la loi de COULOMB peut être déduite des formules qui traduisent l'idée fondamentale de FARADAY sur le rôle prépondérant du milieu diélectrique. Nous verrons plus tard de quelle manière on peut établir que la loi de COULOMB est parfaitement d'accord avec l'image B.

Les tubes d'induction de l'image A, qui n'ont dans cette image qu'une signification géométrique, sont, dans l'image B, les tubes de tension, regardés dans tout leur parcours comme possédant une existence réelle dans l'éther. On peut comparer ces tubes à des fils, dont le nombre par unité d'aire de surface traversée est fini ; mais, comme nous ne savons rien sur ce nombre, nous introduisons ainsi un peu arbitrairement la notion de *tube unité de tension* : un tel tube est ce que nous avons appelé, dans l'image A, un tube unité d'induction, c'est-à-dire un tube dans toutes les sections droites σ duquel le flux d'induction satisfait à la relation

$$(32) \qquad \psi = KF\sigma = 1.$$

La formule (29, *e*), *savoir*

$$(32, a) \qquad \nu = 4\pi\eta,$$

exprime sous la forme la plus simple le lien que l'on peut établir entre les images A *et* B ; η désigne ici la quantité d'électricité libre en un endroit déterminé, ν le nombre de tubes unités de tension qui se terminent au même endroit. A la page 32, nous avons introduit l'hypothèse que η ne dépend pas de la nature du milieu ambiant. Nous devons maintenant formuler cette hypothèse de la manière suivante : *le nombre des tubes de tension, partant d'un corps donné, ne varie pas, quand on introduit ce corps dans des milieux différents.* L'égalité $\psi = 1$ reste vraie pour chaque tube, mais quand K varie, F varie aussi.

Dans l'image A, nous avons obtenu, pour la tension P sur la surface d'un conducteur (force par unité d'aire), les expressions suivantes, voir (25), (25, *b*) et (25, *d*),

$$(32, b) \qquad P = \frac{2\pi k^2}{K} = \frac{KF^2}{8\pi} = \frac{1}{2}Fk.$$

C'est dans la manière de concevoir la grandeur P, c'est-à-dire la force exercée sur une partie mobile de la couche superficielle du conducteur dans la direction de la normale *extérieure*, qu'apparaît avec une netteté particulière la différence caractéristique entre les images A et B : *dans l'image* A, P *est un effort de répulsion; au contraire, dans l'image* B, *c'est un effort de traction*, conséquence de la tension dans les tubes qui se terminent sur la partie considérée de la surface du conducteur.

Nous allons maintenant considérer de plus près les tubes de tension et tout d'abord leurs extrémités. Soit p la tension à l'extrémité d'un tube unité, σ la section de ce tube, F l'intensité du champ. L'unité d'aire uniformément électrisée renferme k unités d'électricité et sur elle, par suite, se terminent

$$(32, c) \qquad N = 4\pi k = KF$$

tubes, qui produisent la tension totale P. Il en résulte que l'aire de la section droite *à l'extrémité du tube unité* est

$$(32, d) \qquad \sigma = \frac{1}{4\pi k} = \frac{1}{KF},$$

voir (24, *a*) et (32), et que *la tension p à une telle extrémité* est

$$(32, e) \qquad p = \frac{P}{4\pi k} = P\sigma = \frac{k}{2K} = \frac{F}{8\pi} = \frac{1}{8\pi K\sigma}.$$

Les formules (32, *c*) et (32, *e*) montrent qu'en doublant l'électrisation d'un conducteur, non seulement le nombre N des tubes se trouve doublé, mais aussi la tension p dans chaque tube, comme on l'a déjà mentionné à la page 21. Toute section droite σ d'un tube peut servir d'extrémité à ce tube et, par suite, nous admettrons que *tout le long d'un tube la tension est*

$$(32, f) \qquad p = \frac{F}{8\pi} = \frac{1}{8\pi K\sigma}.$$

La tension d'un tube unité est, tout le long de ce tube, directement proportionnelle à l'intensité du champ ou inversement proportionnelle à l'aire de la section droite du tube.

La grandeur k, qui figure dans les formules (32, *b*), (32, *d*), (32, *d*), c'est-à-dire la densité de l'électricité, ne semble avoir aucune signification dans l'image B. Cependant Maxwell a introduit une certaine grandeur $\mathfrak{D}$, qu'il a appelée le *déplacement électrique* (electric displacement) et qui, appartenant entièrement à l'image B et se rapportant aux différentes sections σ du tube unité de tension, est numériquement identique à la grandeur k de l'image A, c'est-à-dire à la densité de l'électricité libre, qui se trouverait sur la surface du conducteur si l'extrémité du tube était dans la section σ. Le déplacement $\mathfrak{D}$ exprime le fait que nous avons affaire, dans les tubes, à une déformation en quelque sorte *unilatérale*, qui ne correspond pas au sens ordinaire du mot déformation (page 20). C'est ce déplacement aux extrémités du tube qui produit l'ensemble des phénomènes que manifeste une surface électrisée. Mais il existe dans toutes les sections du tube, et on obtient son expression, en posant $\mathfrak{D} = k$ dans les formules (32, *d*), (32, *e*) et (28, *e*). On a ainsi

$$(32, g) \qquad \mathfrak{D} = \frac{1}{4\pi} \text{KF} = \frac{1}{4\pi} \text{B} = 2\,\text{K}p = \frac{1}{4\pi\sigma}.$$

Le déplacement le long d'un tube *unité* de tension est proportionnel à l'induction B ou inversement proportionnel à l'aire de la section droite du tube. Le produit $\mathfrak{D}\sigma$ correspond à la quantité de substance déplacée dans la section considérée. On a, pour un tube unité,

$$(32, h) \qquad \mathfrak{D}\sigma = \frac{1}{4\pi};$$

autrement dit le produit $\mathfrak{D}\sigma$ est constant pour toutes les sections d'un tube et il est analogue au déplacement d'un liquide *incompressible*. Le rapport de l'intensité F du champ au déplacement $\mathfrak{D}$, c'est-à-dire la grandeur

$$(32, i) \qquad \frac{\text{F}}{\mathfrak{D}} = \frac{4\pi}{\text{K}},$$

a été appelé par Maxwell le *coefficient d'élasticité électrique du diélectrique*, par analogie avec les coefficients de la théorie de l'élasticité ordinaire. Comme on le voit, ce coefficient d'élasticité électrique est inversement proportionnel à la constante diélectrique K.

Nous avons pris, pour tube unité, un tube dans lequel on a

$$\psi = \sigma\text{KF} = 1\ ;$$

à l'unité de quantité d'électricité correspondent 4π tubes. Beaucoup d'auteurs, en particulier Heaviside et H. Lorentz, prennent d'ailleurs, comme tube unité, un tube issu seul de l'unité de quantité d'électricité. Au lieu de (29, *e*) ou (32, *a*), ils obtiennent la relation numérique $\nu = \eta$.

Nous indiquerons brièvement ici, sauf à y revenir plus tard, les *conditions d'équilibre des tubes de tension.* Nous avons vu que, dans toute section σ d'un tube unité, agit la tension p exprimée par les formules $(32, f)$, auxquelles on peut encore ajouter $p = \dfrac{\mathfrak{D}}{2\,\mathrm{K}}$, voir $(32, g)$. Quand on rapporte cette tension à *l'unité d'aire* de la section droite du tube, on obtient la tension P, qui est donnée par les formules $(32, b)$. En introduisant, au lieu de k, le déplacement $\mathfrak{D}$, ainsi que l'aire variable σ de la section droite du tube unité, on a finalement

$$(32,\,k) \qquad \mathrm{P} = \frac{\mathrm{K}\mathrm{F}^2}{8\pi} = \frac{\mathrm{B}\mathrm{F}}{8\pi} = \frac{\mathrm{F}\mathfrak{D}}{2} = \frac{2\pi\mathfrak{D}^2}{\mathrm{K}} = \frac{1}{8\pi\mathrm{K}\sigma^2}.$$

MAXWELL a montré, comme nous le verrons plus loin, qu'un tube de tension se trouve en équilibre si sa surface latérale est soumise à une pression transversale qui, rapportée à l'unité d'aire, est aussi égale à P. *Il existe donc, en tous les points d'un champ électrique, une tension longitudinale dans les tubes et une pression normale à leur surface latérale. Cette tension et cette pression, rapportées respectivement à l'unité d'aire de la section transversale et à l'unité d'aire de la surface latérale, sont égales entre elles et sont déterminées par les formules $(32, k)$, en fonction de l'intensité* F *du champ, de l'induction* B, *du déplacement* $\mathfrak{D}$, *de l'aire* σ *de la section droite du tube unité et de la constante diélectrique* K.

Image C. — Nous avons déjà parlé, dans l'introduction, de l'image C relative à la théorie moderne des phénomènes électriques que l'on appelle *théorie des électrons*. Nous avons vu qu'elle repose sur l'idée que l'électricité est une substance particulière, dont l'existence est réelle. Cette substance produit, dans l'éther environnant, les modifications qui sont déterminées par l'image B ; elle possède d'autre part, une *structure atomique*, c'est-à-dire qu'elle est constituée par des particules très petites, distribuées d'une manière non continue, représentant chacune la *quantité élémentaire d'électricité* ; ces atomes d'électricité s'appellent des *électrons*. Notre intention est de faire connaître d'abord *le côté extérieur* des phénomènes électriques ; pour les raisons que nous avons exposées en détail précédemment, nous devons nous borner ici à la *description* de ces phénomènes qu'on obtient avec les images A et B : l'image C ne pourrait actuellement nous être d'aucune utilité particulière et nous indiquerons simplement, pour le moment, *la grandeur absolue d'un électron*. Toute une série de recherches de natures différentes ont conduit à ce résultat que la valeur *approchée* d'un électron est la suivante :

$$(32,\,l) \qquad 1 \text{ électron} = 3.10^{-19} \text{ unités él. st. C. G. S. d'électricité,}$$

d'où résulte, voir (12), page 34, que

$$(32,\,m) \qquad 1 \text{ électron} = 10^{-19} \text{ coulomb} = 10^{-13} \text{ microcoulomb.}$$

Nous verrons que, dans les *dissolutions*, l'électron est uni à la matière et forme avec elle ce qu'on nomme un *ion*. Soit m la *quantité de matière exprimée en grammes qui est unie à un électron*. Des recherches nombreuses, que nous

ferons connaître aussi plus tard, ont donné, pour l'ion d'*hydrogène*, la relation

$$(32, n) \qquad \frac{e}{m} = 10^4,$$

e désignant la charge de l'électron exprimée en unités *él. mg.* C. G. S., voir
(12), page 34, tandis que *m* est exprimé en grammes. Lorsque *e* est exprimé
en unités él. st. C. G. S., on a approximativement pour l'ion d'*hydrogène*,

$$(32, o) \qquad \frac{e}{m} = 3.10^{14}.$$

5. Induction électrostatique. — Dans l'étude des phénomènes électrostatiques qui va suivre, nous emploierons la terminologie relative à
l'image A, non seulement dans la *description*, mais même dans l'*explication*
des phénomènes, car il ne serait pas facile dans beaucoup de cas d'adopter
une terminologie tout à fait neutre pour ainsi dire et ne dépendant d'aucune
image. Nous parlerons, par exemple, de quantité d'électricité; il ne faudra
pas cependant perdre de vue que, dans la *description d'un phénomène*, cette
expression désignera le substratum, peut-être tout à fait inconnaissable en
réalité, dont la quantité de substance appelée électricité joue le rôle dans
l'image A, tandis que dans l'image B ce rôle est attribué à la grandeur de la
tension longitudinale dans les tubes de tension et au nombre de ces tubes.

Le phénomène de l'*induction électrostatique*, que nous appellerons ici simplement *induction* (mais qu'il ne faut pas confondre avec la *grandeur* B déjà
considérée, voir (29, c), page 49), consiste en ce qui suit.

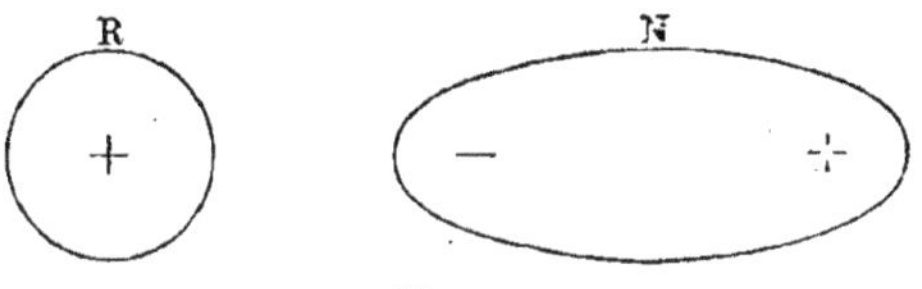

Fig. 20.

Quand on approche d'un corps électrisé R (*fig.* 20) un autre corps N, non
préalablement électrisé, ce corps N manifeste également de l'électrisation,
produite par le voisinage du corps R. La charge du corps N s'appelle la
charge induite, celle du corps R la charge inductrice. Deux électrisations
apparaissent sur N : du côté tourné vers le corps R, une électrisation de
nom contraire à celle de R, de l'autre côté une électrisation de même nom.
Si N est un conducteur, les deux électricités peuvent se séparer l'une de
l'autre. L'appareil représenté par la figure 21 peut servir à cet effet. Le corps
R est une sphère, électrisée positivement par exemple, *cd* un cylindre métallique dont les deux moitiés sont d'abord en contact; chaque moitié est en
relation avec un électroscope. Lorsqu'on approche la sphère R, qu'on sépare
les moitiés du cylindre et qu'on éloigne ensuite R, les électroscopes montrent
que les deux moitiés du cylindre sont électrisées de la manière indiquée plus

haut. Si on met alors de nouveau en contact les deux moitiés du cylindre, les feuilles retombent dans chaque électroscope. Ceci montre que *des quantités égales d'électricités induites de noms contraires sont obtenues dans l'induction.*

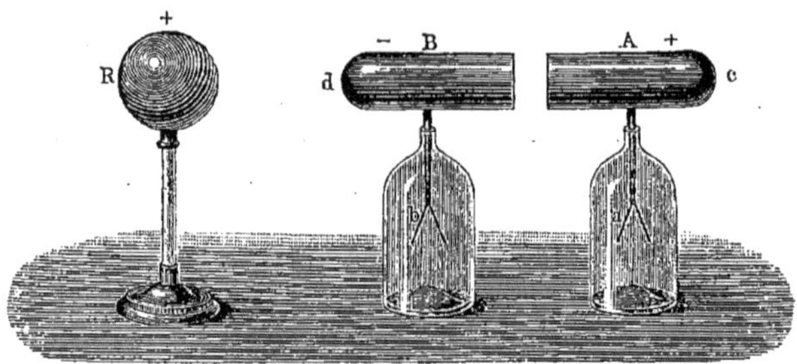

Fig. 21.

Quand les moitiés du cylindre sont en contact et quand, R étant présent, on ajoute à l'extrémité *c* un nouveau corps métallique, l'électricité de même nom que celle de R se répand sur la surface de ce dernier corps et se rassemble notamment à son extrémité la plus éloignée de R. Si on relie *c* avec la terre, l'électricité de même nom disparaît, *elle s'écoule dans la terre.* Si on interrompt la communication avec la terre et si on éloigne R, le cylindre reste électrisé et son électrisation est de nom contraire à celle de R. *Ceci constitue un moyen commode pour électriser un conducteur.*

Les corps R et N (*fig.* 20) s'attirent mutuellement, car leurs parties en regard sont chargées d'électricités de noms contraires. L'attraction augmente, quand le corps N est *mis à la terre. L'attraction des corps légers,* dont nous avons parlé à la page 15, *s'explique par ce qui vient d'être dit ;* cette attraction doit évidemment avoir lieu avec une plus grande force, quand les corps légers ne sont pas isolés.

Supposons que R soit également un conducteur. On constate dans ce cas qu'il se produit sur ce corps *un déplacement de l'électricité du côté de N.*

Chacune des deux quantités égales d'électricité induites sur N est d'autant plus grande que R et N sont *plus près* l'un de l'autre. Quand on rapproche de plus en plus R et N, les deux charges sur N augmentent progressivement, et en même temps la charge du conducteur R se concentre plus complètement sur la partie de la surface de ce corps qui est la plus voisine de N. Par un rapprochement suffisant, a lieu la disparition simultanée des électrisations de noms contraires sur R et N, cette disparition se manifestant extérieurement par une *étincelle* dans l'intervalle qui sépare R et N. Finalement, il ne reste qu'une charge positive sur R et sur N, comme si une partie de la charge du corps R était simplement passée sur le corps N. Tout passage de l'électrisation d'un conducteur sur un autre, amené en contact avec le premier, s'effectue de la manière complexe qui vient d'être décrite.

C'est sur l'induction que repose ce fait qu'il suffit, pour déceler l'état électrique d'un corps, *de l'approcher d'un électroscope par en haut :* les feuilles divergent alors sous l'action de l'électricité de même nom qui s'y trouve induite.

Si on relie le corps N avec la terre, la charge du corps R se déplace encore plus du côté du corps N, et en même temps, comme on l'a déjà dit, la charge négative, qui subsiste sur N, augmente. Toutefois, elle reste toujours inférieure à la charge du corps R, sauf dans le cas où s'applique le célèbre *théorème de* FARADAY :

Quand on introduit un corps électrisé quelconque R à l'intérieur d'un conducteur creux N :

1. les quantités égales d'électricités de noms contraires, qui apparaissent par suite de l'induction sur la surface intérieure et sur la surface extérieure du conducteur N, sont égales à la quantité totale d'électricité inductrice, qui se trouve sur le corps R, quelle que soit la position de ce corps ; 2. la position du corps R n'a aucune influence sur la distribution de l'électricité induite à la surface extérieure du corps N ; 3. si on relie le corps N avec la terre, l'intensité du champ en tous les points du corps N est nulle.

Pour démontrer ce théorème, FARADAY a fait l'expérience suivante. Un vase métallique isolé A (*fig.* 22) est mis en communication avec un électroscope E. Si on introduit dans A un corps électrisé C, en fermant A, ce qui est utile, avec un couvercle métallique, l'électroscope E décèle la présence d'une charge sur la surface extérieure du vase A. Lorsqu'on relie A avec la terre, cette charge s'y écoule et les feuilles de l'électroscope retombent. En interrompant alors la communication avec la terre et en touchant ensuite, avec le corps C, la surface intérieure du vase A, les feuilles restent en repos et aucune trace d'électrisation n'apparaît sur A. Ceci démontre que, sur la surface intérieure de A, avait été induite une quantité d'électricité égale à celle qui se

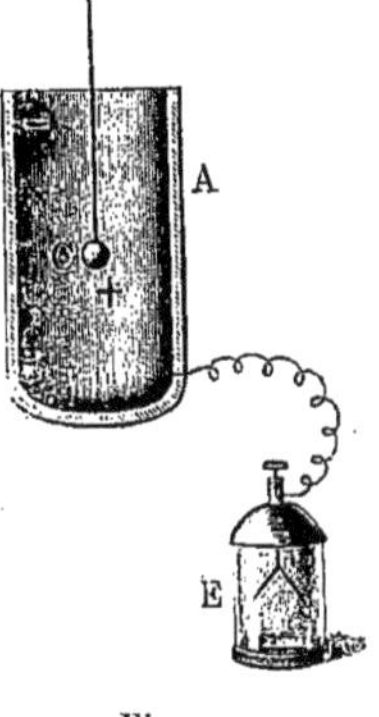

Fig. 22.

trouvait sur le corps C. L'exactitude des autres parties du théorème de FARADAY est démontrée par l'observation directe.

Il existe une relation étroite entre le théorème de FARADAY et le phénomène appelé *ombre électrique*. L'effet d'un *écran électrique* consiste en ce qu'une plaque métallique MN (*fig.* 23), qui n'est pas trop petite, reliée avec la terre T (on a coutume, dans les figures schématiques, d'indiquer la communication avec la terre comme on l'a fait ici) et placée dans le voisinage d'un corps électrisé A, annule presque totalement le champ électrique, dans la partie de l'espace PQ voisine du milieu de la plaque et située derrière elle relativement à A. Les feuilles d'un électroscope disposé dans cette région restent en repos ; on dit que l'électroscope se trouve dans l'ombre électrique de la plaque MN, qui agit comme un écran. Plus la plaque est grande et le corps électrisé près d'elle, plus l'ombre est complète, c'est-à-dire l'intensité du champ voisine de zéro.

Revenons au cas le plus simple de l'induction et supposons que *le corps N* (*fig.* 20) *soit un diélectrique.* Comme nous le verrons dans la suite, les phéno-

mènes électriques, qui se produisent alors, dépendent du temps, c'est-à-dire
que leur caractère varie avec la durée de l'action du corps R sur le diélectrique N. Nous nous bornerons actuellement à considérer l'action dont la
durée est très courte. Dans ce cas, tout se passe comme si, sur la surface du
diélectrique N, apparaissaient deux électrisations, entièrement analogues à
celles que l'on obtient quand N est un conducteur. Ces électrisations disparaissent aussitôt qu'on éloigne R, mais elles ne peuvent être séparées l'une de
l'autre, et si le cylindre AB (*fig.* 21) est constitué par un diélectrique, ses
deux moitiés ne se montrent pas électrisées lorsqu'on les a écartées et qu'on a
éloigné R. Les électrisations induites sur les diélectriques ne peuvent être
comparées à celles qu'on obtient par frottement ou par contact avec d'autres
corps électrisés, lesquelles se conservent très longtemps ; nous verrons qu'il ne
se manifeste des électrisations de cette nature sur la surface d'un diélectrique
que lorsqu'un corps électrisé a agi *pendant une longue durée* sur ce diélectrique.

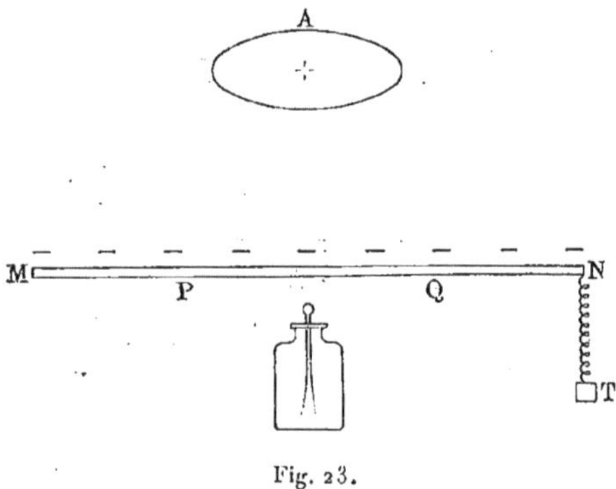

Fig. 23.

Nous allons maintenant considérer le rôle très important que jouent les
diélectriques, comme *milieux intermédiaires*, dans les phénomènes d'induction
électrostatique. Supposons que le corps R, au préalable électrisé, et le corps N,
sur lequel se produit l'induction, soient des conducteurs, et que R porte la
charge η. Les phénomènes décrits ci-après se produisent aussi bien quand N
est isolé que lorsqu'il ne l'est pas, mais ils se manifestent sous une forme plus
nette dans le second cas ; nous prendrons donc N relié avec la terre. Pour
plus de généralité, supposons que l'espace, dans lequel se trouvent les corps R
et N, soit rempli par un diélectrique dont le pouvoir inducteur est K_0. Le
corps R induit de l'électricité sur tous les corps environnants.

Remarquons d'abord que le théorème de FARADAY reste vrai, si divers que
soient les diélectriques qui se trouvent à l'intérieur d'un conducteur induit,
dans le vase A de la figure 22 par exemple : *la quantité totale d'électricité induite
ne dépend ni de la nature, ni de la distribution des diélectriques intermédiaires ;*
mais, par contre, cette distribution des diélectriques a une grande influence
sur la distribution de l'électricité induite sur la surface intérieure d'un conducteur creux. On peut formuler très simplement cette influence de la ma-

nière suivante : *l'induction se produit de préférence à travers les diélectriques de plus grand pouvoir inducteur K.*

Pour bien mettre en lumière ce fait, considérons une sphère électrisée A (*fig.* 24), à l'intérieur d'une sphère creuse concentrique BCDEB ; la charge η de la sphère A se répartit uniformément à sa surface et une charge égale η couvre également d'une manière uniforme la surface intérieure de la sphère creuse, pourvu que l'intervalle autour de la sphère A soit rempli par un diélectrique homogène, dont nous désignerons le pouvoir inducteur par K_0. Si nous remplissons maintenant la partie inférieure DEB de la sphère, par exemple, avec un diélectrique pour lequel on a $K > K_0$, la charge augmente sur la surface BED ; en même temps, la charge diminue sur la surface BCD et il se produit aussi sur la sphère A une *concentration* de la

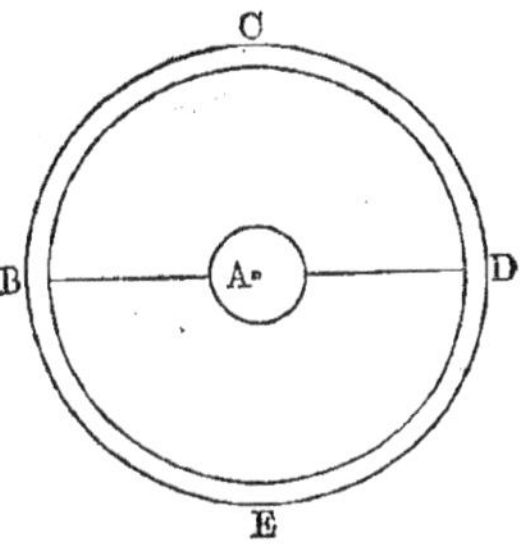

Fig. 24.

charge sur sa moitié inférieure. La quantité totale d'électricité reste cependant égale à η, aussi bien sur la sphère A que sur la surface intérieure de la sphère creuse BCDEB.

Nous pouvons maintenant revenir aux conducteurs R et N, dont l'un N est

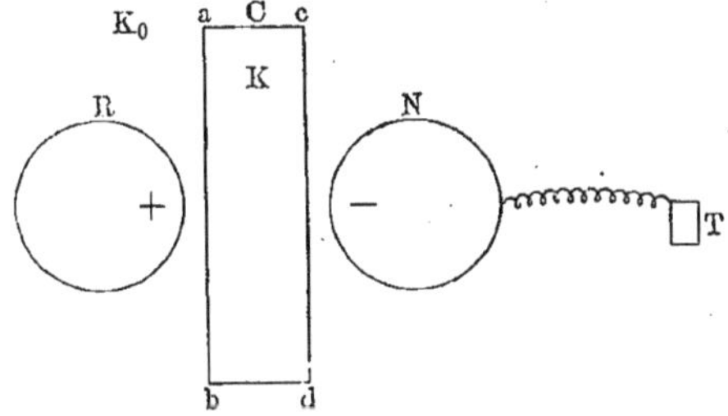

Fig. 25.

relié avec la terre (*fig.* 25). Si on interpose entre R et N un plateau C de substance diélectrique pour laquelle on a $K > K_0$:

1. la quantité d'électricité augmente sur N ; on a la même impression que si l'induction augmentait ou que si elle agissait *plus fortement* à travers le diélectrique C ; 2. la charge sur R se concentre encore plus sur le côté tourné vers C et N, c'est-à-dire qu'une partie de la charge va de la gauche vers la droite ; 3. les charges induites par le corps R sur d'autres corps environnants (murs, plafond, sol, nuages, etc.) diminuent, et au total cette diminution est exactement égale à l'accroissement de la charge sur N.

Il est très important de remarquer que *l'interposition entre R et N d'un diélectrique, pour lequel on a $K > K_0$,* produit tout à fait les mêmes phénomènes que ceux qui se manifesteraient, *si on rapprochait* R et N. FARADAY a fait une expérience célèbre qui a mis cette analogie en parfaite évidence. Les plateaux métalliques A et C sont reliés avec les feuilles d'or a et b (*fig.* 26) ; on interpose un plateau métallique B, qui est électrisé positivement par exemple, et en même temps on relie un instant A et C avec la terre.

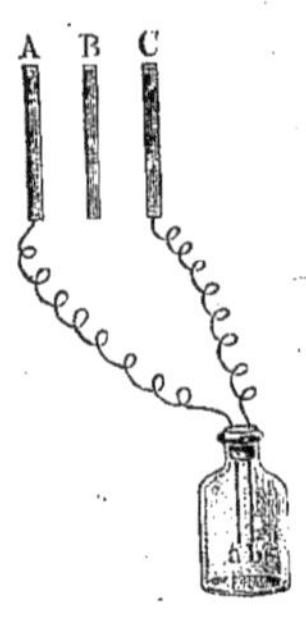

Fig. 26.

Des charges négatives se trouveront alors sur A et C, et presque entièrement sur les faces tournées vers B ; les feuilles a et b restent au repos. Lorsqu'on amène entre B et A un plateau diélectrique (verre, soufre, stéarine, etc.), la charge augmente sur A et il s'ensuit que de l'électricité positive passe sur a ; la charge sur C diminue, de sorte qu'en b apparaît de l'électricité négative : les feuilles a et b s'attirent mutuellement. Simultanément, une partie de la charge de B, qui se trouvait sur la face tournée vers C, passe de l'autre côté. Les mêmes phénomènes se produisent, si on approche A et B. On peut dire que, dans les phénomènes d'induction, une couche diélectrique de plus grand K joue le même rôle qu'une couche diélectrique plus mince de K moindre, l'air par exemple.

Passons maintenant à l'*explication* des phénomènes considérés dans ce paragraphe.

Image A. — L'électricité positive sur R (*fig.* 20) décompose le mélange neutre dans le conducteur N, attire (—) et repousse (+) (nous nous exprimerons ainsi pour simplifier) ; en outre (+) sur R est plus fortement attiré par (—) sur N qu'il n'est repoussé par (+) sur N et, pour cette raison, le corps R lui-même se déplace dans la direction de N. L'équilibre électrique est établi, quand l'intensité du champ est nulle en tous les points du corps N, c'est-à-dire quand la charge du corps N produit en tous les points de ce corps un champ égal en grandeur, mais de signe contraire, au champ produit aux mêmes points par la charge du corps R. Il n'est besoin d'aucune explication particulière pour montrer qu'on obtient ici, dans l'induction sur N, des quantités égales des deux électricités, et qu'il est possible de séparer les deux charges l'une de l'autre, voir figure 21, page 56. Si on relie N avec la terre, (+), qui est repoussé par la charge du corps R, s'écoule à la terre ; en même temps, (—) sur N doit évidemment augmenter, car seul il doit maintenant, à l'intérieur de N, annuler le champ produit par la charge du corps R. Lorsqu'on rapproche peu à peu R et N, les électricités de noms contraires se réunissent finalement, en se frayant pour ainsi dire un chemin à travers le diélectrique ; cette réunion des deux électricités est accompagnée par une incandescence des particules du diélectrique, ainsi que des métaux dont sont formés les corps R et N ; c'est en cela que consiste le phénomène de l'*étincelle*. Remarquons en passant que les hypothèses unitaires (page 19) conduisent à une conception plus simple de l'étincelle, qu'elles considèrent comme un transport unilatéral de la substance de l'un des corps sur l'autre.

Le théorème de FARADAY peut être établi à l'aide de la formule (19, b), page 38, si l'on admet, comme nous l'avons fait jusqu'ici, que cette formule peut s'appliquer à une surface située à l'intérieur d'un conducteur. Supposons qu'à l'intérieur d'un conducteur creux M (*fig.* 27), limité par les surfaces S_1 et S_2, se trouvent des corps électrisés, dont les charges ont η_1 pour somme algébrique, et qu'en outre une charge η_2 soit induite sur S_2. Menons à l'intérieur du corps M une surface fermée quelconque S et appliquons-lui la formule (19, *b*), page 38. Comme à l'intérieur d'un conducteur l'intensité du champ doit être nulle partout, on a $F_n = 0$ sur tous les éléments de la surface S, de sorte que $\Psi = 0$; il s'ensuit que $\eta_i = 0$, c'est-

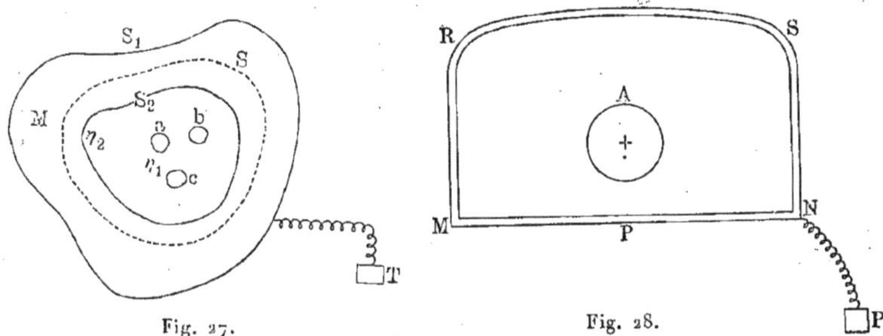

Fig. 27.   Fig. 28.

à-dire $\eta_1 + \eta_2 = 0$, ou $\eta_2 = - \eta_1$ ce qu'il fallait démontrer. Si on relie M avec la terre, l'intensité du champ doit être nulle dans tout l'espace en dehors de M, car tout point de cet espace peut être considéré comme appartenant à M ; il suffit pour cela de modifier la forme de ce dernier par une addition convenable de matière conductrice, qui n'a évidemment aucune influence sur les charges η_1 et $\eta_2 = - \eta_1$, ni par suite sur les forces qui s'exercent à l'extérieur de la surface S_2.

Pour comprendre le phénomène de l'*ombre* électrique (page 57) remplaçons le plateau MN (*fig.* 28) par un corps creux fermé MNSRM, dont le plateau MN fait partie. Dans ce cas, l'intensité du champ en P est nulle, comme nous l'avons vu. Mais si le plateau MN est grand, la charge sur la surface intérieure de la partie ajoutée MRSN, se trouvant loin de l'espace P, a une faible action sur les points de cet espace, de sorte qu'en enlevant la partie MRSN on modifie peu l'intensité du champ en P, qui reste presque nulle.

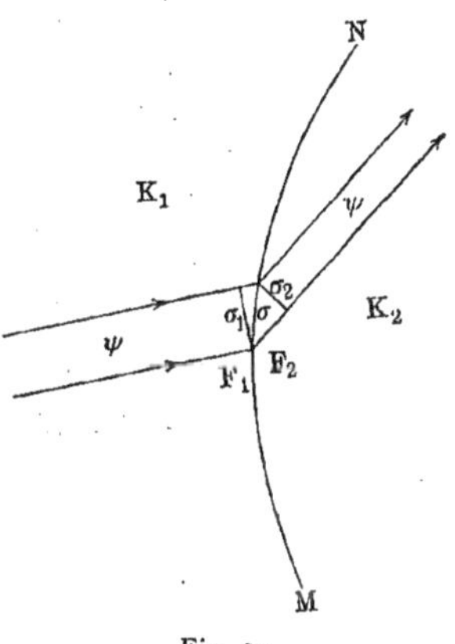

Fig. 29.

Occupons-nous maintenant de ce qui se passe, quand on approche d'un corps électrisé un diélectrique, dont la constante K_2 diffère de la constante K_1 du milieu ambiant. Comme nous le savons, le flux d'induction ψ ne varie pas, quand un tube d'induction pénètre d'un milieu dans un autre ; au voisinage de la surface MN (*fig.* 29) qui sépare les deux milieux, on a donc l'égalité, voir (29), page 48,

$$(33) \qquad \psi = K_1 F_1 \sigma_1 = K_2 F_2 \sigma_2.$$

Cela signifie que *la présence d'un diélectrique* K_2 produit, dans les intensités F_1 et F_2 et dans les directions des lignes de force *se rapportant aux deux milieux*, une modification telle qu'en tous les points de la surface de séparation MN la condition (33) est satisfaite, ou, ce qui revient au même, les conditions (31) et (32, *a*), page 52. *Mais la même modification peut être aussi produite par la présence d'une certaine charge sur la surface* MN, la constante diélectrique étant alors égale à K_1 *des deux côtés* de cette surface; en d'autres termes, cette charge équivaut à la présence d'un diélectrique K_2. Comme F_1, F_2, σ_1, σ_2 ne doivent pas varier quand le diélectrique K_2 est remplacé par une charge, il est clair qu'après cette substitution le flux d'induction sera $\psi = K_1 F_1 \sigma_1$ d'un côté de MN, $\psi' = K_1 F_2 \sigma_2$ de l'autre. Le flux d'induction augmente de

$$\psi' - \psi = K_1 F_2 \sigma_2 - K_1 F_1 \sigma_1,$$

ou, d'après (33), de

$$(33,a) \quad \psi' - \psi = K_1 F_2 \sigma_2 - K_2 F_2 \sigma_2 = (K_1 - K_2) F_2 \sigma_2 = \frac{K_1 - K_2}{K_2} \psi = - \frac{K_2 - K_1}{K_2} \psi.$$

L'accroissement du flux, voir (26, *d*) est $4\pi\eta = 4\pi k\sigma$, σ étant un élément de la surface MN et k la densité de la charge cherchée. Il en résulte que

$$(33, b) \quad k\sigma = - \frac{K_2 - K_1}{4\pi K_2} \psi = - \frac{K_2 - K_1}{4\pi K_2} K_1 F_1 \sigma_1 = - \frac{K_2 - K_1}{4\pi} F_2 \sigma_2.$$

La détermination effective de la densité k à l'aide de cette formule présente dans certains cas de grandes difficultés, parce que k dépend de F_1 ou de F_2, c'est-à-dire de l'intensité du champ en partie produite par la charge dont la densité est k. Il est important néanmoins de savoir que la non homogénéité du milieu des deux côtés de la surface MN équivaut à la présence de cette charge.

On peut passer des diélectriques aux conducteurs, en rendant infinie la constante diélectrique. Pour $K_2 = \infty$ et $\sigma = \sigma_1$ (la composante tangentielle est nulle dans un conducteur, et par suite aussi, d'après (31, *a*), dans la couche diélectrique contiguë à ce conducteur), la formule (33, *b*) donne

$$(33, c) \quad k = - \frac{K_1 F_1}{4\pi}$$

qui est d'accord avec (24, *a*), car on a $F_1 = - F$. Certains auteurs pensent que *lorsqu'on se sert de l'image* A, il faut considérer la grandeur k dans (33, *c*) comme la densité de la charge existant réellement sur la surface du conducteur, tandis que la charge $k\sigma$ à la séparation de deux diélectriques, qui est exprimée par la formule (33, *b*), désigne une charge fictive, dont l'introduction permet de ne pas tenir compte de la variation de la constante diélectrique en des points différents de l'espace.

Il ne paraît pas d'ailleurs qu'une telle conception soit bien utile. La théorie de la *polarisation des diélectriques*, déjà mentionnée à la page 26, conduit à des résultats qui permettent de considérer comme réelles aussi bien les charges sur les conducteurs que celles sur les diélectriques. Quand un diélectrique est introduit dans un champ électrique, il se produit, d'après cette théorie, une décomposition du mélange neutre dans les molécules de la substance diélectrique, les deux électricités se disposant dans des régions opposées de ces molécules. Cette décomposition se produit dans la direction des lignes de force. Supposons que, pour une certaine partie ABCD (*fig.* 3o) du diélectrique le champ soit uniforme ; dans chaque molécule *m* se produit alors une décomposition de l'électricité, les charges positives se transportant, dans toutes les molécules, d'un certain côté, les charges négatives de l'autre. *Si on suppose que les lignes de force vont dans la direction* AB, on trouve que sur le côté BD doit se trouver une charge d'électricité positive, et sur AC une charge d'électricité négative. Lorsque le champ électrique disparaît, les charges se recombinent dans toutes les molécules, et, par suite, les charges sur les côtés AC et BD disparaissent aussi ; elles ne possèdent pas, comme on le voit, l'invariabilité et l'immobilité, qui caractérisent les charges obtenues, par frottement ou transport direct, sur les diélectriques. Découpons un parallé-

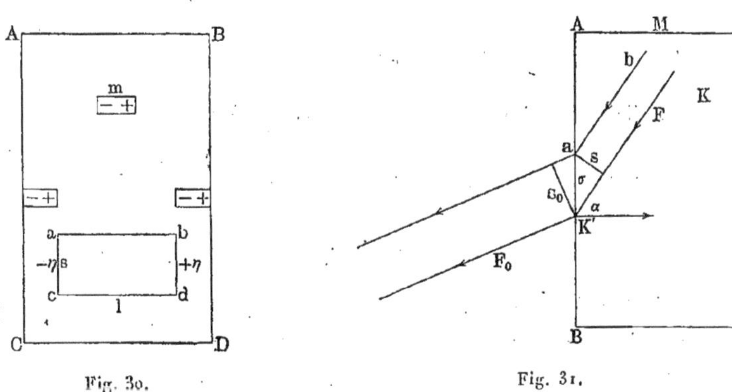

Fig. 3o.
Fig. 31.

lépipède rectangle *abcd* ayant pour base *s*, pour hauteur *l* et pour volume $v = sl$; si on le séparait réellement du reste du diélectrique, sur *bd* apparaîtrait la charge $\eta = k's$, sur *ac* la charge $-\eta = -k's$, k' désignant la densité superficielle. Le produit $m = \eta l$ s'appelle le *moment électrique* de la partie découpée, et *le moment* II *de l'unité de volume la polarisation du diélectrique.* On a

$$(33,\ d) \qquad II = \frac{m}{v} = \frac{\eta l}{v} = \frac{\eta l}{sl} = \frac{\eta}{s} = k'.$$

La polarisation d'un diélectrique est mesurée par la densité de la charge sur une surface orthogonale aux lignes de force.

Quand la surface AB du diélectrique (*fig.* 31) n'est pas orthogonale aux lignes de force *ab* à l'*intérieur* du diélectrique, mais forme avec elles l'angle 90° — α, la densité k'_1 sur AB est $k' \cos \alpha = II \cos \alpha$. En effet, le théorème sur l'invariabilité du flux d'induction conduit, si le diélectrique M est entouré par l'air, à l'égalité $KFs = F_0 s_0$ (voir *fig.* 31). Quand on remplace aussi le diélectrique M par de l'air, en introduisant la charge de densité k'_1, on obtient, sous la condition que F et F_0 n'ont pas changé,

$$F_0 s_0 - Fs = 4\pi k'_1 \sigma,$$

ou

$$(K - 1)Fs = 4\pi k'_1 \sigma,$$

et par suite

$$(33, e) \qquad k'_1 = \frac{(K - 1)F}{4\pi} \cdot \frac{s}{\sigma} = \frac{K - 1}{4\pi} F \cos \alpha.$$

Or, si la surface AB était orthogonale aux lignes de force, on aurait

$$(33, f) \qquad k' = \Pi = \frac{K - 1}{4\pi} F;$$

on a donc

$$(33, g) \qquad k'_1 = k' \cos \alpha = \Pi \cos \alpha.$$

Il est facile de déduire (33, *e*) de (33, *b*), en ayant égard à ce que dans les figures 29 et 31 les lignes de force sont dirigées dans des sens différents. La polarisation Π du diélectrique est produite par la force électrique F; si on pose

$$(33, h) \qquad \Pi = \gamma F,$$

le coefficient γ s'appelle la *susceptibilité électrique*. En comparant (33, *h*) et (33, *f*), on obtient la formule importante

$$(34) \qquad K = 1 + 4\pi\gamma,$$

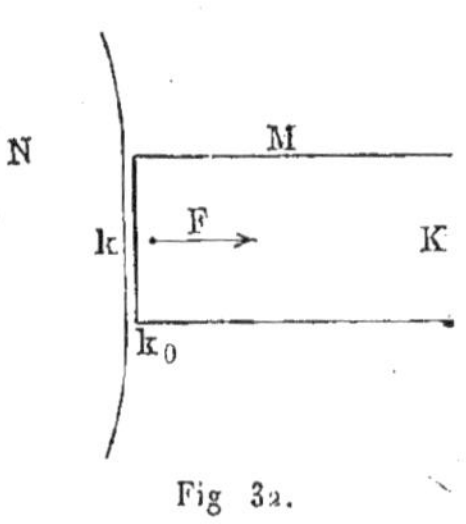

Fig 32.

qui lie la susceptibilité électrique et le pouvoir inducteur K d'un diélectrique. Pour l'air, ou plus exactement pour le vide, on a $\gamma = 0$. Il est très instructif d'établir aussi la formule (34), en supposant que le diélectrique M est en contact avec le conducteur N (*fig.* 32): soit F l'intensité du champ immédiatement contre la surface de contact, k la densité de la charge qui se trouve sur la surface du conducteur, k_0 la densité de l'électrisation sur la surface du diélectrique correspondant à la polarisation produite par la force F.

On a

$$(34, a) \qquad F = \frac{4\pi k}{K},$$

voir (24, *a*), page 43 ; en introduisant la polarisation, on obtient la densité apparente $k — k_0$ et $F = 4\pi(k — k_0)$; mais $k_0 = \gamma F$, de sorte que

$$F = 4\pi(k — \gamma F),$$

d'où

$$F = \frac{4\pi k}{1 + 4\pi\gamma}.$$

Si on compare cette expression à (34, *a*), on trouve la formule (34).

La formule (34) permet encore d'établir une autre relation très importante, qui jette un jour nouveau sur la signification physique de la grandeur K, ainsi que sur celle de l'induction B. Considérons à l'intérieur d'un diélectrique polarisé une cavité infiniment petite et désignons par F' l'intensité du champ à l'intérieur de cette cavité. Pour simplifier, nous dirons que F' est *l'intensité du champ à l'intérieur du diélectrique*. L'intensité F' dépend de la forme de la cavité ; aussi supposerons-nous que cette cavité a une forme déterminée, qu'elle est limitée par deux plans parallèles infiniment voisins, perpendiculaires aux lignes de force du champ F. Sur ces plans se trouveront des charges, dont les densités sont k' et $— k'$, produisant en un point quelconque de l'espace vide une force parallèle à F et égale à

$$2\pi k' — 2\pi(— k') = 4\pi k',$$

comme cela se voit sur la formule (22, *a*), page 41, dans laquelle, pour un plan, on a par raison de symétrie $F_{2,n} = — F_{1,n}$. La force cherchée est donc

$$F' = F + 4\pi k',$$

ou, voir (33, *d*), (33, *h*) et (34),

$$F' = F + 4\pi\gamma F = F(1 + 4\pi\gamma) = KF,$$

et par conséquent

(34, *b*) $$\frac{F'}{F} = K.$$

La constante diélectrique (pouvoir inducteur) *que l'on pourrait, par analogie avec le terme employé dans la théorie du magnétisme, appeler la perméabilité électrique, est égale au rapport de l'intensité du champ dans le diélectrique à l'intensité du champ polarisant extérieur.* Si on compare (34, *a*) à (28, *e*) page 48, c'est-à-dire à la formule $B = KF$, on voit que l'on a

(34, *c*) $$B = F'.$$

L'induction B n'est pas autre chose que l'intensité du champ, dans une fente infiniment étroite à l'intérieur du diélectrique.

Nous avons déjà parlé à la page 26 de la théorie de CLAUSIUS et de MOSSOTTI ; on suppose, dans cette théorie, qu'il se trouve dans les diélectriques un grand nombre de petites particules conductrices noyées dans une substance parfaite-

ment isolante. Nous nous bornerons à indiquer un seul résultat particulièrement intéressant de cette théorie. Soit g le rapport du volume v occupé par
les particules conductrices au volume total V du diélectrique ; on a

$$(35) \qquad g = \frac{v}{V}.$$

On obtient, dans ce cas,

$$(35,\,a) \qquad \gamma = \frac{3g}{4\pi(1-g)}.$$

En portant cette valeur dans (34), il vient

$$(35,\,b) \qquad K = \frac{1+2g}{1-g},$$

d'où

$$(35,\,c) \qquad g = \frac{K-1}{K+2}.$$

Supposons que les particules conductrices soient les molécules elles-mêmes
qui constituent le diélectrique, et que le rôle de la substance non conductrice
soit joué par le vide intermoléculaire ; soit d la densité de la substance, D la
densité des molécules, c'est-à-dire la densité maxima limite que l'on obtiendrait si on comprimait le diélectrique jusqu'à ce qu'il n'occupe plus que le
volume v. On a évidemment $g = v : V = d : D$; par suite (35, c) donne

$$(35,\,d) \qquad \frac{K-1}{(K+2)d} = \frac{1}{D} = const.$$

SAGNAC (1907) a établi d'une manière très simple la formule (35, b). Nous
donnerons, dans la suite (§ **10**), une démonstration due à H. POINCARÉ
(1890).

Nous avons indiqué à plusieurs reprises que l'on a $K = n^2$, n désignant
l'indice de réfraction de rayons de très grande longueur d'onde (page 5) ; par
suite, d'après (35, d),

$$(35,\,e) \qquad \frac{n^2-1}{(n^2+2)d} = const.$$

Nous avons déjà considéré en détail cette formule dans l'étude de l'énergie
rayonnante (Tome II).

L'influence de la polarisation des diélectriques sur les phénomènes d'induction, que nous avons fait connaître à la page 58, peut être expliquée dans
l'image A. Il suffit d'observer qu'un diélectrique C (*fig.* 25, page 59),
amené dans le champ électrique du corps R, agit comme si la charge positive
$+\eta$ se trouvait sur la face cd, la charge négative $-\eta$ sur la face ab. Naturellement $+\eta$ sur cd augmente la charge sur N et $-\eta$ sur ab produit une
nouvelle concentration de la charge de R du côté tourné vers C et N. On peut

facilement expliquer d'une manière analogue l'expérience de Faraday (*fig.* 26,
page 60).

Image B. — Les phénomènes d'induction que nous avons considérés au
début de ce paragraphe s'expliquent, dans l'image B, d'une manière incomparablement plus simple et plus élégante que dans l'image A. Lorsqu'un nombre
N de tubes unités de tension partent d'un corps R (dans l'image A, on dit
que la charge $\eta = N : 4\pi$ est portée par R), ce nombre ne varie pas, quelles
que soient les modifications qui se produisent dans le milieu ambiant ; seules
la distribution de ces tubes autour du corps R, leur direction, etc. peuvent
changer. Comme nous l'avons vu, les deux extrémités d'un tube correspondent respectivement à des charges égales en grandeur, mais de signes contraires, en entendant par le mot *charge* la cause quantitativement mesurable
des phénomènes déterminés que l'on observe ; ainsi que nous l'avons dit
aussi, il existe entre les tubes un effort latéral de pression P, exprimé par les
formules (32, *k*), page 54, et les extrémités des tubes possèdent à la surface
des conducteurs une mobilité parfaite.

Si on se pénètre bien de ces idées, on peut facilement voir ce qui se passe
quand on introduit un *conducteur* N (*fig.* 33) dans le champ électrique du

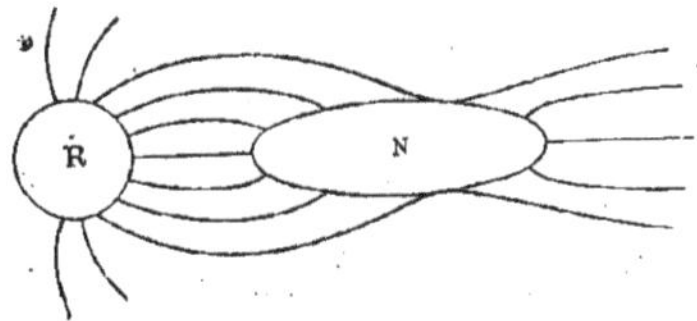

Fig 33.

corps R. Un tube de tension, qui est *tangent* à la surface du corps N, éprouve
une rupture quand on continue à rapprocher N de R, et les deux extrémités
qui se forment alors glissent sur la surface du corps N jusqu'à une nouvelle
position d'équilibre. Finalement, les tubes, et par suite aussi les lignes de
force, se distribuent comme le montre la figure 33. On peut s'en convaincre
facilement, en remarquant que les pressions transversales, auxquelles les
tubes étaient soumis en l'absence du conducteur N, disparaissent pour ainsi
dire de l'espace occupé par le corps N. On voit que, sur le conducteur R, les
extrémités des tubes passent en grande partie sur le côté droit et on saisit
immédiatement pourquoi on obtient sur le conducteur N des charges de noms
contraires, quantitativement égales. Quand on relie N avec la terre, toutes les
parties des tubes qui s'étaient écartées pour faire place au corps N, s'éloignent
sous l'influence des pressions transversales et vont se perdre sur l'énorme surface de la sphère terrestre. La figure 33 montre que par suite beaucoup de
tubes, qui étaient auparavant entiers, se rapprochent de nouveau de N par
l'effet des pressions transversales et se brisent, la partie qui s'éloigne *s'écoulant
à la terre*. On a définitivement la distribution des tubes représentée sur la
figure 34 ; en même temps, la charge du corps R passe encore plus du côté
tourné vers N. Plus R et N se rapprochent, plus les tubes de tension se con-

centrent dans l'intervalle entre ces corps. Mais nous avons vu à la page 52 que, d'après la formule (32, *e*), quand le nombre des tubes, qui sortent d'une surface donnée, augmente, la tension longitudinale dans chaque tube, ainsi que la pression mutuelle P entre les tubes, augmentent dans le même rapport. Il se produit donc à la fin une rupture des tubes dans le diélectrique, c'est-à-dire une disparition de la tension longitudinale correspondante dans l'éther.

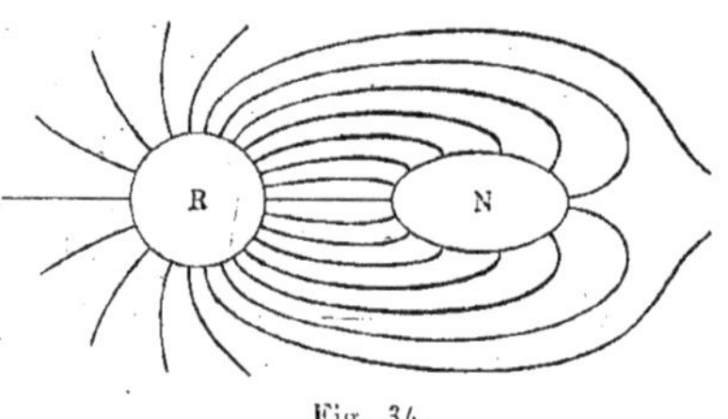

Fig. 34.

C'est ce phénomène que nous percevons dans *l'étincelle électrique* ; il consiste en une transformation de l'énergie potentielle de déformation de l'éther en énergie cinétique, qui se manifeste, dans l'étincelle, sous la forme d'énergie calorifique, d'énergie rayonnante, d'énergie sonore et d'énergie de mouvement de l'air.

L'explication du théorème de FARADAY est, en particulier, d'une grande simplicité. Si on introduit progressivement, dans l'intérieur d'un conducteur creux, des corps dont nous désignerons la charge totale par η, et si on ferme finalement l'ouverture avec un couvercle conducteur, tous les tubes de tension se brisent, les extrémités des parties détachées se disposant sur la surface extérieure du corps creux, comme le montre la figure 35 pour le corps R. Quand

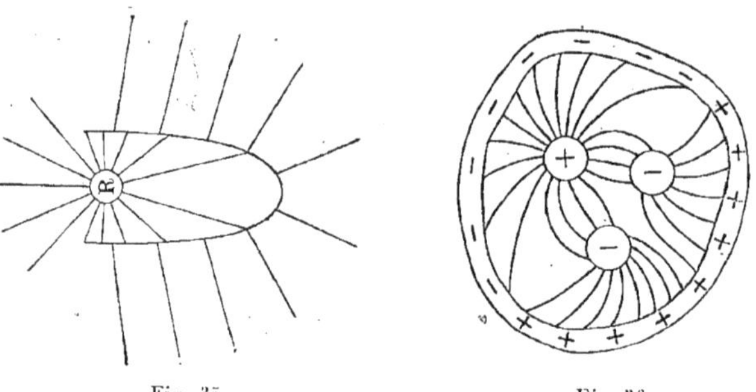

Fig. 35.　　　　　　　　　　　Fig. 36.

le corps R est entièrement introduit dans le vase et ce dernier fermé par un couvercle, tous les tubes de tension sont divisés en deux parties : une partie va du corps R à la surface intérieure du conducteur creux, l'autre prend son origine sur la surface extérieure de ce dernier. Les charges induites sont naturellement égales à $\pm\,\eta$. Si, à l'intérieur du conducteur creux, se trouvent plusieurs corps électrisés d'une manière différente (*fig.* 36), les tubes qui relient ces corps entre eux et avec le conducteur correspondent à une charge *totale* nulle. Il est clair, par suite, que les extrémités des tubes, qui se trouvent sur la surface intérieure du corps creux, correspondent prises ensemble à une charge égale à la charge totale des corps introduits. Les tubes extérieurs ont leurs extrémités disposées sur la surface extérieure du conducteur creux, exactement comme elles le seraient en l'absence des corps électrisés à l'intérieur du conducteur, les tubes de tension qui partent de ces derniers ne parvenant pas en effet à l'extérieur. Quand on relie le corps creux avec la terre, tous les tubes, qui partent de la surface extérieure de ce corps, s'en vont à la terre ; l'intensité du champ extérieur devient évidemment nulle. Lorsqu'on produit, à l'intérieur d'un conducteur creux, par frottement par exemple, l'électrisation de deux corps, la somme des charges sur ces corps et sur la surface intérieure du corps creux est nulle. Pas un seul tube ne pénètre dans l'espace extérieur, et cela signifie que l'intensité du champ dans cet espace est nulle.

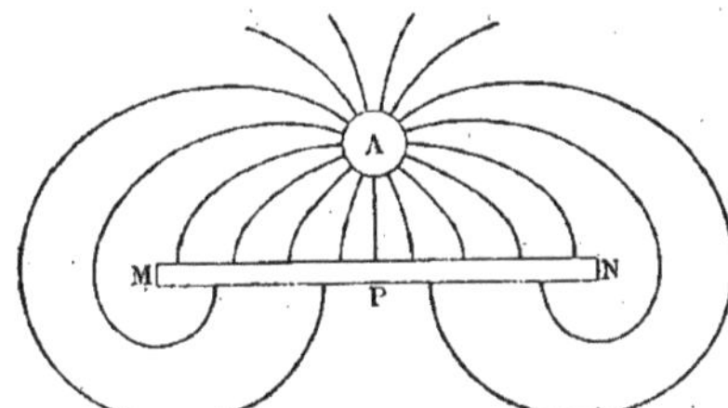

Fig. 37.

Le phénomène de l'*ombre électrique* n'exige aucune explication spéciale ; quand le plateau MN (*fig.* 37) se trouve en communication avec la terre, les tubes de tension vont de A à la face du plateau MN la plus voisine et aux autres corps environnants et très peu parviennent dans l'espace P.

Lorsqu'on approche un *diélectrique* N d'un corps électrisé R, les tubes de tension partant de R traversent librement N. La polarisation d'un diélectrique signifie ici que les tubes de tension se divisent en un nombre considérable de petits segments, dont chacun relie les surfaces de deux molécules conductrices voisines.

L'image B conduit immédiatement à la conclusion que le diélectrique doit agir sur les phénomènes d'induction, dans lesquels il joue seulement le rôle de milieu intermédiaire, et il n'est pas surprenant que les propriétés des tubes de tension dans l'éther du diélectrique doivent dépendre de la substance entre les molécules de laquelle ces tubes se trouvent. Plus les tensions longitudinales et les pressions *transversales* sont faibles dans les tubes, plus ces tubes se distribuent profondément dans le diélectrique considéré.

Le phénomène auquel se rapporte la figure 24, page 59, s'explique par le fait que les tubes de tension se concentrent sur le côté inférieur de la sphère A ; il en est de même pour la figure 25 et pour l'expérience de FARADAY (*fig.* 26). Nous voyons maintenant plus nettement que des diélectriques différents doivent posséder une *susceptibilité électrique* différente, qui est liée au pouvoir inducteur K par la formule (34).

La formule (34, *a*) fait particulièrement ressortir l'effet de concentration des diélectriques sur les tubes d'induction qui, dans le vide, sont identiques aux tubes de force, et nous verrons qu'à cet égard, K *sert de mesure au pouvoir de concentration du diélectrique.* Ce pouvoir est d'autant plus grand que le diélectrique est plus perméable pour les tubes d'induction. On comprend maintenant pourquoi K a été appelé (page 65) la *perméabilité électrique.*

Nous arrêterons ici l'explication des phénomènes électrostatiques fondamentaux que l'on peut déduire des images A et B. Ce que nous avons dit à la page 8 de l'image A, nous mettra en état de poursuivre notre exposition et en particulier d'entreprendre quelques calculs, en partant des conceptions fondamentales de cette image ; ainsi que nous l'avons fait observer à la page 19, la terminologie adoptée depuis longtemps et non encore modifiée aujourd'hui nous forcera même à nous en tenir en partie à cette image. Il ne sera pas difficile de passer par la pensée de celle-ci à l'image B ; lorsque cela aura une importance particulière, nous traduirons d'ailleurs nos résultats dans le langage de cette image B.

6. Le potentiel électrique. — Nous avons fait connaître, dans le Tome I, les éléments de la théorie du potentiel et son application à la gravitation universelle ; nous l'avons employée, par exemple, pour calculer le travail de formation et de condensation progressive d'une sphère et cela nous a permis de résoudre le problème important de la production de l'énergie calorifique du Soleil, cette source première de presque toutes les manifestations d'énergie à la surface de la Terre. L'analogie profonde qui existe entre la loi de

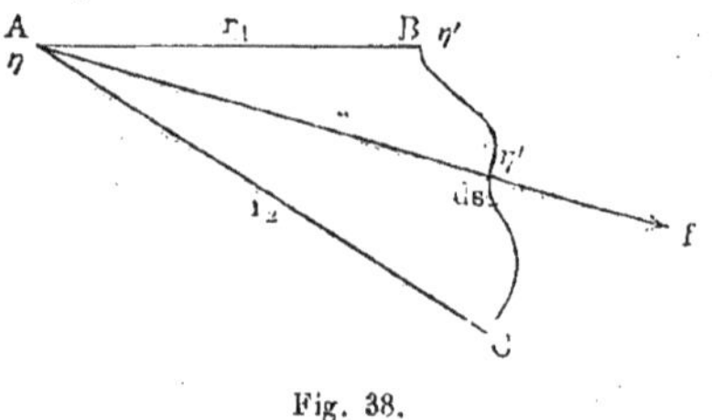

Fig. 38.

l'attraction universelle et la loi de Coulomb nous conduit à appliquer aussi la théorie du potentiel aux phénomènes électrostatiques. Nous ne renverrons pas cependant à ce que contient le Tome I au sujet de cette théorie ; il nous paraît nécessaire de répéter ici tout ce dont nous aurons besoin plus loin ; nous le ferons, non seulement pour la commodité du lecteur, mais aussi parce qu'il y a, entre le potentiel dont il a été parlé dans le Tome I et le potentiel électrique, une différence importante provenant de l'existence entre les masses électriques de forces attractives et répulsives, ces dernières étant considérées comme des forces positives.

Supposons d'abord que nous ayons un *milieu homogène*, dont la constante diélectrique est K, et qu'au point A se trouve la quantité d'électricité η ; calculons le travail R des forces électriques, lorsque la quantité d'électricité η' est transportée de B en C par un chemin quelconque. Soit $AB = r_1$, $AC = R_2$. Décomposons le chemin BC en éléments ds, à chacun desquels correspond le travail élémentaire

$$dR = f\,ds \cos(f, ds) ;$$

on a $f = \dfrac{\eta\eta'}{Kr^2}$, voir (11), page 33, et $ds \cos(f, ds) = dr$. En substituant et en intégrant, on trouve pour le travail cherché

$$(36) \qquad R = \int_{r_1}^{r_2} \frac{\eta\eta'}{Kr^2}\,dr = \frac{\eta\eta'}{K}\left(\frac{1}{r_1} - \frac{1}{r_2}\right) = \eta'\left(\frac{\eta}{Kr_1} - \frac{\eta}{Kr_2}\right).$$

On peut s'assurer facilement que la formule précédente est valable, quels que soient les signes des grandeurs η et η' : si $r_2 > r_1$, et si η et η' ont des signes différents, on a $R < 0$; dans ce cas, en effet, le travail de la force électrique attractive doit être négatif. Le travail R est indépendant de la forme du chemin parcouru, comme dans le cas des forces centrales (Tome I) parmi lesquelles se rangent évidemment les forces électriques envisagées au point de vue où l'on se place dans l'image A. Si on pose $r_2 = \infty$ et $r_1 = r$, on trouve, pour *l'énergie potentielle* $W = R_\infty$ de deux quantités d'électricité η et η', dont la distance mutuelle est r, l'expression

$$(36, a) \qquad R_\infty = W = \frac{\eta\eta'}{Kr}.$$

Pour $\eta' = 1$, on obtient le *travail de transport de l'unité de quantité d'électricité*

$$(36, b) \qquad R_1 = \frac{\eta}{Kr_1} - \frac{\eta}{Kr_2}.$$

Si $r_2 = \infty$ et $r_1 = r$, on trouve

$$(36, c) \qquad R_{1,\infty} = \frac{\eta}{Kr}.$$

Supposons qu'en A (*fig.* 39), à la distance r du point géométrique B, se trouve la quantité d'électricité η. Nous conviendrons d'appeler la grandeur

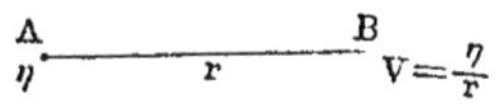

$$(37) \qquad V = \frac{\eta}{Kr}$$

Fig. 39.

le potentiel du point B ou *le potentiel de la quantité d'électricité* η *au point* B (les deux expressions sont également usitées) ; l'électrité η en A est, pour ainsi dire, la cause de l'existence d'un potentiel au point B. On peut maintenant écrire les dernières formules de la manière suivante

$$(37, a) \qquad \begin{cases} R = \eta'(V_1 - V_2) \\ W = R_\infty = \eta'V \\ R_1 = V_1 - V_2 \\ R_{1,\infty} = V. \end{cases}$$

Nous ne traduirons pas en langage courant ce qu'expriment ces équations, car nous les retrouverons sous une forme encore plus générale.

Considérons des masses électriques quelconques, c'est-à-dire un système de corps électrisés de manières différentes. Pour plus de généralité, supposons que ces masses soient en partie des couches superficielles de densité k, en partie des masses dont la densité de volume est ρ. Décomposons-les en éléments $d\eta$ et soit r la distance de l'un de ces éléments à un certain point B. *Nous appellerons la somme des potentiels produits en B par les différentes masses élémentaires, le potentiel du point B ou le potentiel de toutes les masses électriques au point* B. Si on désigne cette grandeur par V, on a

$$(37, b) \qquad V = \frac{1}{K} \int \frac{d\eta}{r} = \frac{1}{K} \iint \frac{kds}{r} + \frac{1}{K} \iiint \frac{\rho dv}{r},$$

ds et dv étant respectivement des éléments de surface et de volume, K la constante diélectrique *au point* B. Calculons le travail R qui est effectué par les forces électriques, quand la quantité d'électricité η' passe d'un certain point B (*fig.* 40) en un autre point C, les deux points étant situés dans le champ

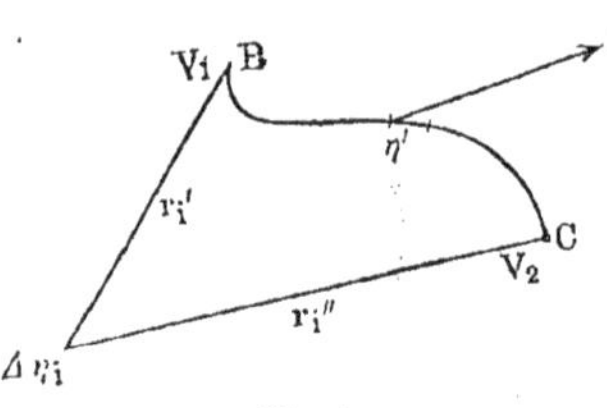

Fig. 40.

électrique des masses dont le potentiel est déterminé par la formule (37, *b*); soient V_1 et V_2 les potentiels aux points B et C. Décomposons de nouveau toutes les masses électriques en éléments, que nous désignerons maintenant, pour simplifier notre exposition, par $\Delta\eta_1$, $\Delta\eta_2$, $\Delta\eta_3$,... $\Delta\eta_i$, etc. Soit r'_i la distance de l'élément $\Delta\eta_i$ au point B, r''_i la distance du même élément au point C ; on a dans ce cas

$$V_1 = \Sigma \frac{\Delta\eta_i}{Kr'_i}, \qquad V_2 = \Sigma \frac{\Delta\eta_i}{Kr''_i}.$$

Les signes de sommation s'étendent à tous les éléments dans lesquels nous avons décomposé la charge totale. La force f qui, en un point quelconque du chemin BC, agit sur η', est la résultante de toutes les forces f_i qu'exercent les éléments $\Delta\eta_i$ sur η'. Si η' se déplace d'une très petite partie du chemin, la force f effectue un travail ΔR qui, d'après un théorème connu (Tome I) est égal à la somme des travaux ΔR_i effectués par les forces f_i dues aux éléments $\Delta\eta_i$. Ceci s'applique à tous les éléments du chemin BC ; le travail total cherché R est donc égal à la somme des travaux R_i effectués par les forces f_i sur toute la longueur du chemin BC

$$(37, c) \qquad\qquad R = \Sigma R_i.$$

Mais le travail R_i de la force f_i due à une quantité élémentaire d'électricité $\Delta \eta_i$ est, d'après la formule (36),

$$R_i = \eta' \left(\frac{\Delta \eta_i}{K r'_i} - \frac{\Delta \eta_i}{K r''_i} \right).$$

Si on substitue dans $(37, c)$, on trouve

$$R = \eta' \left(\Sigma \frac{\Delta \eta_i}{K r'_i} - \Sigma \frac{\Delta \eta_i}{K r''_i} \right),$$

c'est-à-dire

$$(38) \qquad\qquad R = \eta' (V_1 - V_2).$$

Le travail effectué par les forces électriques, pour le transport d'une certaine quantité d'électricité dans le champ électrique, est égal au produit de cette quantité par la différence des potentiels V_1 *à l'origine et* V_2 *à l'extrémité du chemin.* Il existe des cas où des *forces extérieures* déplacent un corps électrisé, un conducteur ou un diélectrique (une petite sphère, par exemple) d'un point à un autre. Il est évident qu'ici *le travail des forces extérieures est mesuré par le produit de la quantité d'électricité transportée et de la différence des potentiels* V_2 *à l'extrémité et* V_1 *à l'origine du chemin,* c'est-à-dire qu'il est égal à $\eta'(V_2 - V_1)$. La formule (38) montre que le travail R est indépendant de la forme du chemin suivant lequel η' passe de B en C. On peut se rendre compte facilement que la formule (38) reste valable, quels que soient les signes respectifs de la charge transportée et de la charge agissante.

Lorsque η' *revient à l'origine du chemin, le travail total des forces électriques est nul.*

Si on mesure les distances r en centimètres et toutes les quantités d'électricité en unités él. st. C. G. S. (page 33), le travail R est exprimé en ergs (10^6 ergs = 1 mégaerg = 0,0102 kilogrammètre, Tome I). Supposons que le point C s'éloigne à une distance infinie des masses électriques considérées. On a dans ce cas $V_2 = 0$; en posant $V_1 = V$, on obtient, pour *le travail des forces électriques, quand* η', *partant d'un point dont le potentiel est* V, *va à l'infini en suivant un chemin quelconque,* ou, ce qui revient au même, pour *le travail des forces extérieures dans le transport de* η', *suivant un chemin quelconque, de l'infini en un point dont le potentiel est* V, l'expression

$$(38, a) \qquad\qquad R_\infty = V \eta'.$$

En faisant $\eta' = 1$, il vient

$$(38, b) \qquad\qquad R_1 = V_1 - V_2$$

$$(38, c) \qquad\qquad R_{1,\infty} = V$$

La différence $V_1 - V_2$ de potentiel en deux points est égale au travail des forces électriques, dans le passage de l'unité de quantité d'électricité ($\eta = 1$), par un chemin quelconque, du premier point (V_1) au second (V_2), ou égale au travail des forces extérieures, dans le transport de $\eta = 1$ du second point (V_2) au premier (V_1).

La dernière formule (38, *c*) nous révèle la signification mécanique de la grandeur V, voir (37, *b*) : *Le potentiel d'un point à l'intérieur d'un champ électrique est égal au travail des forces électriques, dans le passage, suivant un chemin quelconque, de l'unité de quantité d'électricité ($\eta = 1$) de ce point à l'infini, ou égal au travail des forces extérieures, dans le transport de $\eta = 1$ de l'infini en ce point.*

Le potentiel en un point varie évidemment avec la position du point ; c'est une *fonction de point* (Tome I), c'est-à-dire une fonction des coordonnées du point auquel il se rapporte. Si ces coordonnées sont x, y, z, on peut écrire

$$(39) \qquad V = \varphi(x, y, z).$$

La formule (37, *b*) montre qu'en présence de corps chargés d'électricités de noms contraires, il doit se trouver des points à distance finie en lesquels $V = o$, ainsi que des points à potentiel négatif ; il n'en est pas ainsi dans la théorie du potentiel de l'attraction universelle. Pour la distinguer du potentiel d'un conducteur que nous envisagerons plus tard, on appelle souvent la grandeur V *la fonction potentielle au point* B.

Le lieu géométrique des points, où la fonction potentielle (37, *b*) a une même valeur, est une certaine surface appelée *surface de niveau de la fonction potentielle*. Par chaque point de l'espace passe une de ces surfaces, dont l'équation est

$$(39, a) \qquad V = \varphi(x, y, z) = const.$$

On peut démontrer que V est une fonction uniforme, continue et finie en tous les points de l'espace.

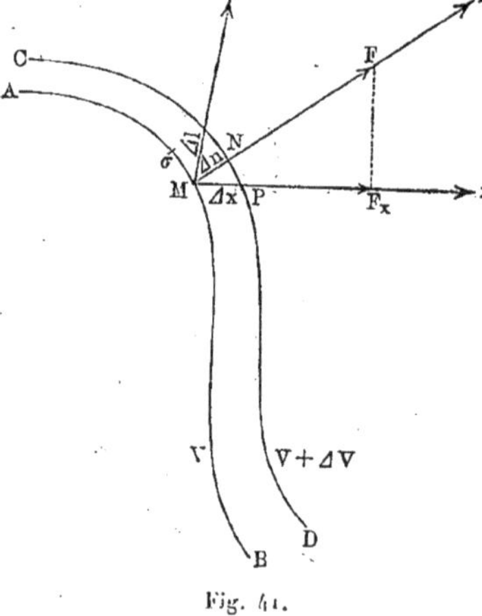

Fig. 41.

Soit AB (*fig.* 41) la surface de niveau passant par un point M, et F la force, c'est-à-dire l'intensité du champ au point M. Si la quantité d'électricité η' est concentrée en M et si on déplace cette quantité d'électricité dans une direction quelconque sur la surface AB de la petite quantité σ, le travail R de la force F est nul d'après (38), puisque $V_1 = V_2 = V$. Il en résulte que la force F est perpendiculaire à toutes les directions σ sur la surface ; autrement dit, la force F a pour direction la normale n à cette surface.

La force électrique (intensité du champ) est dirigée, en chaque point de l'espace, suivant la normale à la surface de niveau de la fonction potentielle qui passe par ce point.

Soit CD une surface de niveau voisine de AB, $V + \Delta V$ la valeur du potentiel sur cette surface, F_m la valeur moyenne de la force aux points du segment $MN = \Delta n$ de la normale n à AB. Lorsque l'unité de quantité d'électricité se déplace de M en N, le travail R de la force électrique est $R = F_m \Delta n$; mais d'après (38, b), on a ($V_1 = V$, $V_2 = V + \Delta V$)

$$R = F_m \Delta n = V - (V + \Delta V) = - \Delta V ;$$

on en déduit

$$F_m = - \frac{\Delta V}{\Delta n}.$$

Si Δn est infiniment petit, on obtient

$$(39, b) \qquad F = - \lim. \frac{\Delta V}{\Delta n} = - \frac{\partial V}{\partial n}.$$

La grandeur $\dfrac{\partial V}{\partial n}$ s'appelle, comme on sait, *la dérivée de la fonction* V *suivant la direction* n, ou plus simplement dans le cas actuel, *la dérivée suivant la normale*. Ainsi que nous l'avons dit, V est une fonction de point, par exemple une fonction de x, y, z, voir (39). Soit un nouveau système de coordonnées ξ, η, ζ, tel que l'axe ξ ait la direction de la normale n ; V se présente alors sous la forme d'une certaine fonction $\Phi(\xi, \eta, \zeta)$ et la dérivée $\dfrac{\partial V}{\partial n}$ est identique à la dérivée $\dfrac{\partial \Phi}{\partial \xi}$. On peut aussi expliquer cette notion de *dérivée suivant une direction* de la manière qui suit : menons Mx parallèle à l'axe des x ; alors $MP = \Delta x$ étant un accroissement de la variable x qui produit l'accroissement ΔV de la fonction V, on a :

$$\frac{\partial V}{\partial x} = \lim. \frac{\Delta V}{\Delta x} = \lim. \left(\frac{\Delta V}{\Delta n} \cdot \frac{\Delta n}{\Delta x} \right) = \lim. \frac{\Delta V}{\Delta n} \cdot \lim. \frac{\Delta n}{\Delta x} = \frac{\partial V}{\partial n} \cdot \lim. \frac{\Delta n}{\Delta x}.$$

Mais à la limite l'angle MNP devient égal à un droit, et par suite $\lim. \dfrac{\Delta n}{\Delta x} = \cos NMP = \cos (n, x)$; on a donc

$$(39, c) \qquad \frac{\partial V}{\partial x} = \frac{\partial V}{\partial n} \cos (n, x).$$

On obtient de même

$$(39, d) \qquad \frac{\partial V}{\partial y} = \frac{\partial V}{\partial n} \cos (n, y), \qquad \frac{\partial V}{\partial z} = \frac{\partial V}{\partial n} \cos (n, z).$$

Ces dernières formules donnent

$$(39, e) \quad \begin{cases} \dfrac{\partial V}{\partial n} = \dfrac{\partial V}{\partial x} \cos(n, x) + \dfrac{\partial y}{\partial y} \cos(n, y) + \dfrac{\partial V}{\partial z} \cos(n, z) \\[2mm] \left(\dfrac{\partial V}{\partial n}\right)^2 = \left(\dfrac{\partial V}{\partial x}\right)^2 + \left(\dfrac{\partial V}{\partial y}\right)^2 + \left(\dfrac{\partial V}{\partial z}\right)^2. \end{cases}$$

L'axe des x pouvant être mené suivant une direction l quelconque (*fig.* 41), on a d'une manière générale d'après (39, c)

$$(39, f) \qquad \frac{\partial V}{\partial l} = \frac{\partial V}{\partial n} \cos(n, l) ;$$

or $\cos(n, l) = \cos(n, x)\cos(l, x) + \cos(n, y)\cos(l, y) + \cos(n, z)\cos(l, z)$; on a donc, à l'aide de (39, c), (39, d),

$$(39, g) \qquad \frac{\partial V}{\partial l} = \frac{\partial V}{\partial x} \cos(l, x) + \frac{\partial V}{\partial y} \cos(l, y) + \frac{\partial V}{\partial z} \cos(l, z).$$

Les formules (39, c), (39, d), (39, e) montrent que le vecteur $\dfrac{\partial V}{\partial n}$ est la somme géométrique des vecteurs $\dfrac{\partial V}{\partial x}$, $\dfrac{\partial V}{\partial y}$, $\dfrac{\partial V}{\partial z}$ (Tome I). Après avoir expliqué la signification de la dérivée qui entre dans l'équation (39, b), nous pouvons dire :

L'intensité du champ en un point donné est égale à la dérivée changée de signe de la fonction potentielle, suivant la normale à la surface de niveau passant en ce point. La force f qui agit sur la quantité η' au point considéré est

$$(40) \qquad f = -\eta' \frac{\partial V}{\partial n}.$$

Le signe — dans les seconds membres de (39, b) et (40) indique que les forces F et f, qui agissent sur l'électricité *positive*, sont dirigées du côté où la fonction potentielle V *décroît* ; quand V est négatif, F et f sont également dirigées du côté de V décroissant (mais croissant en valeur absolue). La composante f_l de la force f suivant la direction arbitraire l est

$$f \cos(f, l) = f \cos(n, l) = -\eta' \frac{\partial V}{\partial n} \cos(n, l),$$

ou, voir (39, f)

$$(40, a) \qquad f_l = -\eta' \frac{\partial V}{\partial l}.$$

On a, en particulier,

$$(40, b) \qquad f_x = -\eta' \frac{\partial V}{\partial x}, \qquad f_y = -\eta' \frac{\partial V}{\partial y}, \qquad f_z = -\eta' \frac{\partial V}{\partial z}.$$

La projection de l'intensité F du champ sur la direction l est

$$(40, c) \qquad F_l = -\frac{\partial V}{\partial l}.$$

Si on introduit les anciennes notations $F_x = X$, $F_y = Y$, $F_z = Z$ (page 39),
on obtient

$$(40, d) \qquad X = -\frac{\partial V}{\partial x}, \qquad Y = -\frac{\partial V}{\partial y}, \qquad Z = -\frac{\partial V}{\partial z};$$

on en déduit les équations extrêmement importantes

$$(40, e) \qquad \left\{ \begin{aligned} \frac{\partial Y}{\partial z} &= \frac{\partial Z}{\partial y} \\ \frac{\partial Z}{\partial x} &= \frac{\partial X}{\partial z} \\ \frac{\partial X}{\partial y} &= \frac{\partial Y}{\partial x}. \end{aligned} \right.$$

Considérons la famille de surfaces dont l'équation est $\psi(x, y, z) = C$, où C,
qui est une constante pour une surface donnée, varie d'une manière continue
d'une surface à une autre. On peut, en général, mener par chaque point de
l'espace une courbe rencontrant ces surfaces à angle droit, c'est-à-dire telle
qu'en chaque point la tangente à la courbe est normale à la surface passant
par ce point. De telles courbes s'appellent des *trajectoires orthogonales* des surfaces $\psi(x, y, z) = C$.

Comme nous l'avons vu, la force, qui agit en un point du champ électrique,
est normale à la surface de niveau $V = const.$ qui passe par ce point. Si on
se rappelle que la même force est tangente aux lignes de force, on obtient
l'importante proposition qui suit : *les lignes de force sont les trajectoires orthogonales des surfaces de niveau de la fonction potentielle.*

Nous sommes parti, dans l'établissement de toutes les formules de ce paragraphe, de la formule (11), page 33, qui se rapporte à un *milieu homogène* ;
cette formule nous a conduit à l'expression (37, b) pour le potentiel V en un
point et aux formules (38, a), (38, b), (38, c) qui lient le travail à la
fonction V.

Passons au cas d'un milieu *non homogène*. Nous savons qu'alors les forces,
qui agissent aux différents points de l'espace, peuvent être obtenues en ajoutant aux charges données certaines charges complémentaires, réparties sur les
surfaces séparatives des parties du milieu qui sont homogènes. La densité k
d'une charge complémentaire est déterminée par la formule (33, b), page 62.
Si donc on forme la fonction potentielle V de toutes les charges données et
des charges complémentaires, une telle fonction V doit avoir toutes les propriétés que possède la fonction potentielle dans un milieu homogène et qui
sont exprimées par les formules établies dans le présent paragraphe. L'expression générale de V, dans le cas de *deux* milieux dont les constantes diélectriques sont K_1 et K_2 et dans lesquels sont distribuées les charges η, a la forme
suivante :

$$(40, f) \qquad V = \int \frac{d\eta}{Kr} + \int \frac{k\,d\sigma}{r},$$

$d\sigma$ étant l'élément de la surface séparative des deux milieux et K celle des grandeurs K_1 ou K_2 que l'on a choisie, dans le calcul de la densité k, comme se rapportant à tous les points de l'espace.

Nous pouvons maintenant introduire la fonction potentielle V dans quelques-unes des formules établies au § 4. Occupons-nous d'abord de la formule (19), page 38. La grandeur F_n est la composante de la force électrique (intensité du champ) suivant la direction de la normale n à l'élément ds de la surface arbitraire considérée. D'après la formule (40, d), nous devons poser $F_n = -\dfrac{\partial V}{\partial n}$, de sorte qu'on a

$$(41) \qquad \int K \frac{\partial V}{\partial n}\, ds = -4\pi\eta_{ii} - 2\pi\bar{\eta}_{i}.$$

Il ne faut pas perdre de vue que la grandeur $\dfrac{\partial V}{\partial n}$, qui entre dans cette relation, n'est pas identique à la grandeur $\dfrac{\partial V}{\partial n}$ que l'on rencontre dans les formules (39, b, c, d, e, f) et (40) ; dans ce dernier cas, n est *la normale à la surface de niveau* de la fonction potentielle, et, comme cela ressort de (39, f), $\dfrac{\partial V}{\partial n}$ repré-sente la plus grande de toutes les dérivées de la fonction V suivant toutes les directions possibles ; *dans* (41), n *est la normale à une surface en général arbitraire*. Dans un diélectrique *homogène*, nous avons

$$(41, a) \qquad \int \frac{\partial V}{\partial n}\, ds = -\frac{4\pi\eta_{ii}}{K} - \frac{2\pi\bar{\eta}_{i}}{K}.$$

L'équation (20) de la page 40 devient

$$(41, b) \qquad \frac{\partial\left(K\frac{\partial V}{\partial x}\right)}{\partial x} + \frac{\partial\left(K\frac{\partial V}{\partial y}\right)}{\partial y} + \frac{\partial\left(K\frac{\partial V}{\partial z}\right)}{\partial z} = -4\pi\rho,$$

ρ désignant la densité de volume ; si le diélectrique est *homogène*, on a :

$$(41, c) \qquad \frac{\partial^2 V}{\partial x^2} + \frac{\partial^2 V}{\partial y^2} + \frac{\partial^2 V}{\partial z^2} = -\frac{4\pi}{K}\rho.$$

En dehors des masses qui possèdent une densité de volume, l'équation (41, b) se réduit à

$$(41, d) \qquad \frac{\partial\left(K\frac{\partial V}{\partial x}\right)}{\partial x} + \frac{\partial\left(K\frac{\partial V}{\partial y}\right)}{\partial y} + \frac{\partial\left(K\frac{\partial V}{\partial z}\right)}{\partial z} = 0,$$

et, dans un diélectrique *homogène* à

$$(41, e) \qquad \frac{\partial^2 V}{\partial x^2} + \frac{\partial^2 V}{\partial y^2} + \frac{\partial^2 V}{\partial z^2} = 0.$$

Cette équation est identique à celle que doit satisfaire la température dans un équilibre thermique (Tome III) ; *à d'autres points de vue encore, il y a analogie entre la température et la fonction potentielle, comme nous le verrons plus loin.*

Considérons la relation (21), page 41, dans laquelle k désigne la densité superficielle sur la surface S qui sépare deux diélectriques de constantes K_1 et K_2, n la normale à S du côté du diélectrique K_1. Soient V_1 et V_2 les valeurs de la fonction potentielle des deux côtés de la surface S ; on a $V_1 = V_2$ sur la surface elle-même, car V est une fonction continue. La relation (21) nous donne

$$(42) \qquad K_1 \frac{\partial V_1}{\partial n} - K_2 \frac{\partial V_2}{\partial n} = - 4\pi k.$$

Si la surface S se trouve dans un milieu *homogène*, on a

$$(42, a) \qquad \frac{\partial V_1}{\partial n} - \frac{\partial V_2}{\partial n} = - \frac{4\pi}{K} k.$$

Nous avons établi les équations générales les plus importantes auxquelles satisfait la fonction potentielle V ; avant de passer aux applications particulières, nous allons envisager la question de l'*unité*, pour le potentiel ou plus exactement pour la fonction potentielle. Les formules (37), (38, c) et (38) conduisent aux définitions suivantes de l'unité absolue de potentiel (ce qui se rapporte à l'unité él. st. C. G. S. a été mis entre parenthèses).

Le potentiel en un point est égal à l'unité él. st. absolue (unité él. st. C. G. S.) *de potentiel :*

1. Si ce point se trouve dans l'air à l'unité de distance (1 centimètre) d'un autre point où est placée l'unité él. st. (unité él. st. C. G. S.) de quantité d'électricité.

2. Si dans le passage de l'unité él. st. (unité él. st. C. G. S.) de quantité d'électricité du point considéré à l'infini, les forces électriques effectuent l'unité absolue de travail (1 erg de travail) ou si les forces extérieures font le même travail dans le transport inverse.

En outre, la différence des potentiels en deux points est égale à l'unité él. st. si, dans le transport de l'unité él. st. (él. st. C. G. S.) de quantité d'électricité du premier point (au plus haut potentiel) au second, l'unité absolue de travail (1 erg de travail) est effectuée par les forces électriques, ou si, dans le transport inverse, le même travail est accompli par les forces extérieures.

L'équation de dimension de l'unité de potentiel est, voir (37), page 71 et (13, a) page 34,

$$(43) \qquad [V] = \frac{[\eta]}{[K] L} = \frac{[K]^{\frac{1}{2}} M^{\frac{1}{2}} L^{\frac{3}{2}} T^{-1}}{[K] L} = [K]^{-\frac{1}{2}} M^{\frac{1}{2}} L^{\frac{1}{2}} T^{-1}.$$

Le produit $V\eta$ a pour équation de dimension

$$[V\eta] = [V][\eta] = [K]^{-\frac{1}{2}} M^{\frac{1}{2}} L^{\frac{1}{2}} T^{-1} . [K]^{\frac{1}{2}} M^{\frac{1}{2}} L^{\frac{3}{2}} T^{-1} = ML^2 T^{-2},$$

c'est-à-dire l'équation de dimension du travail, ainsi que cela doit être d'après (38).

Dans la pratique, on se sert d'une unité de potentiel, ou ce qui revient au même naturellement, d'une unité de différence de potentiel, qui a reçu le nom de *volt* et qui est définie par l'égalité suivante :

$$(43, a) \qquad 1 \text{ volt} = \frac{1}{300} \text{ un. él. st. C. G. S. de potentiel.}$$

Quand la différence de potentiel en deux points A et B est égale à 1 volt et lorsqu'une unité él. st. C. G. S. de quantité d'électricité passe de A en B, un travail de $\frac{1}{300}$ erg se trouve réalisé. Si 1 *coulomb* (page 33) passe de A en B, un travail R est effectué qu'on pourrait appeler un *volt-coulomb* ; on a

$$(43, b) \qquad R = \frac{1}{300} \cdot 3 \cdot 10^9 \text{ ergs} = 10^7 \text{ ergs} = 10 \text{ mégaergs} = 1 \text{ joule.}$$

1 *volt-coulomb est égal à* 1 *joule* $= 0,102$ *kilogrammètre* $= 0,24$ *petite calorie* (Tome I). Nous voyons apparaître ici, pour la première fois, la raison pour laquelle on a introduit dans la science l'unité de travail ou d'énergie, que nous avons souvent employée déjà dans les Tomes I et III et qu'on a nommée le *joule*. *Pour qu'il s'écoule dans chaque seconde* 1 *coulomb de A en B, il faut une source d'énergie (moteur) dont la puissance soit* 1 *watt* $= \frac{1}{736}$ *cheval* (Tome I).

Appliquons maintenant les formules générales que nous avons obtenues aux *conducteurs*, dans lesquels l'électricité possède une mobilité parfaite, et cherchons d'abord quelle est la *direction* du mouvement de l'électricité. Nous avons vu (page 76) qu'une force agissant sur l'électricité positive est dirigée du côté où le potentiel décroît. Nous concluons de là que *l'électricité positive s'écoule toujours des endroits où le potentiel est plus élevé à ceux où il est plus bas* ; l'électricité négative s'écoule en sens inverse. La formule (38) conduit aussi à la même conclusion car le travail R des forces électriques, dans un mouvement accompli sous leur action, ne peut être évidemment qu'une grandeur positive. Il est très important de remarquer que l'écoulement de l'électricité dans la direction indiquée est non seulement possible, mais doit forcément se produire dans la substance conductrice, quand la force électrique n'est pas nulle. Ainsi que nous l'avons vu (page 24), l'équilibre de l'électricité sur les conducteurs n'est possible qu'à la condition que l'intensité du champ soit nulle en tous les points de la substance conductrice et que la force ait en tous les points de la surface la direction de la normale. Nous avons montré à la page 43 comment ces conditions et la loi de Coulomb conduisent à établir que l'électricité ne peut se trouver qu'à la surface des conducteurs.

La condition $F = 0$, et par suite $F_t = 0$, conduit, d'après (40, c) à *l'équation fondamentale*

$$(44) \qquad\qquad V = const.$$

La fonction potentielle a la même valeur en tous les points d'un conducteur: il faut tenir compte, dans la détermination de cette valeur par la formule (37, b), de toutes les quantités d'électricité présentes, et pas seulement de celles qui se trouvent sur la surface du conducteur considéré. La valeur constante de V s'appelle le *potentiel du conducteur*; on dit qu'un conducteur est porté ou électrisé (chargé) à un certain potentiel.

La surface même d'un conducteur est évidemment une surface de niveau de la fonction potentielle; en tous les points de la surface extérieure de ce conducteur, la force est donc dirigée suivant la normale (page 75). Nous voyons ainsi que des deux conditions précédentes pour l'équilibre de l'électricité sur les conducteurs, la seconde est une conséquence directe de la première. *La condition analytique de l'équilibre de l'électricité sur un conducteur est par suite épuisée dans* (44).

Le potentiel extérieur et la densité k de l'électricité sont liés par la relation suivante, voir (24, *a*), page 43 :

$$(44, a) \qquad \frac{\partial V}{\partial n} = - \frac{4\pi}{K} k,$$

et *dans l'air* :

$$(44, b) \qquad \frac{\partial V}{\partial n} = - 4\pi k ;$$

n est ici la normale à la surface de niveau de la fonction V, de sorte que $\frac{\partial V}{\partial n}$ a la même signification que dans (39, *b*) et (39, *e*).

Quand on relie deux conducteurs (on sous-entend par un autre conducteur, un fil métallique par exemple), qui se trouvent à des potentiels différents, *l'électricité positive s'écoule du conducteur dont le potentiel est plus élevé au conducteur dont le potentiel est plus bas. Il est nécessaire, pour l'équilibre électrique, que tous les conducteurs reliés entre eux soient au même potentiel.* Ces propriétés du potentiel des conducteurs sont analogues aux propriétés de la température dans les corps reliés par des conducteurs de la chaleur.

Pour calculer le potentiel vrai d'un corps, il faudrait avoir égard à toutes les charges, quelle que soit leur situation, dont l'action n'est pas nulle sur les points de ce corps, par exemple les charges électriques répandues sur la surface de la Terre, les charges cosmiques (sur le Soleil, la Lune etc.). La distribution de ces charges nous est inconnue, et par suite nous ne pouvons pas déterminer les potentiels réels des conducteurs, mais seulement les différences de potentiel des divers conducteurs, le potentiel d'un corps déterminé quelconque étant pris *conventionnellement* égal à zéro, et *on convient*, en effet, *de prendre le potentiel de la sphère terrestre égal à zéro.* Le potentiel d'un conducteur est une grandeur positive ou négative, selon que l'électricité positive s'écoule du conducteur à la terre, ou inversement, quand on les relie ensemble. *Tout conducteur relié avec la terre (mis à la terre) se trouve au potentiel zéro.* D'après ce qui a été dit sur la direction de l'écoulement de l'électricité positive et sur les conditions de l'équilibre électrique dans plusieurs conducteurs reliés entre eux, on voit que *le potentiel V d'un conducteur peut mesurer le degré d'électrisation de ce conducteur.* Il ne faut pas confondre le potentiel d'un conducteur avec sa charge; deux conducteurs reliés ensemble, dont l'un est grand et l'autre petit, possèdent des charges très différentes, mais cependant le même potentiel. Un électroscope, mis en communication avec un conducteur électrisé, s'électrise à un potentiel égal à celui de ce conducteur. C'est pourquoi *les indications d'un électroscope ne dépendent pas du point du conducteur auquel il est relié.* On reconnaît facilement qu'il y a une analogie profonde entre le potentiel, qui mesure le degré d'électrisation, et la température, qui mesure le degré d'échauffement d'un corps.

Considérons un conducteur M qui, par un procédé quelconque, est maintenu à un potentiel invariable V, de sorte que tout autre conducteur mis en communication avec lui se trouve aussi au même potentiel V. Nous appellerons un tel conducteur M une *source d'électricité* ; tels sont, comme l'apprend la physique élémentaire, le conducteur d'une machine électrique dans un état permanent de fonctionnement, l'une des électrodes d'une batterie de piles, l'autre électrode étant à la terre, etc. Indiquons encore que si, dans un élément DANIELL (étudié en Physique élémentaire), on relie le zinc avec la terre, le potentiel du cuivre sera de un peu plus d'un volt.

Soit une *sphère* conductrice recouverte d'une couche superficielle d'électricité, dont la densité k est uniforme ; la charge totale de cette sphère est $\eta = 4\pi R^2 k$, R étant le rayon de la sphère. D'après les formules établies dans le Tome I, on trouve, pour le potentiel intérieur V_i, qui est aussi *le potentiel* V *de la sphère*, l'expression

$$(45) \qquad V = V_i = \frac{\eta}{KR} = \frac{4\pi Rk}{K}.$$

Le potentiel extérieur V_e *dans l'air*, à la distance x du centre de la sphère, est :

$$(45,\ a) \qquad V_e = \frac{\eta}{x} = \frac{4\pi R^2 k}{x};$$

dans un autre diélectrique que l'air on a :

$$(45,\ b) \qquad V_e = \frac{\eta}{Kx} = \frac{4\pi R^2 k}{Kx}.$$

Ces formules s'établissent facilement d'une autre manière. Nous savons (Tome I) qu'une couche sphérique n'a pas d'action sur les points intérieurs, mais agit sur les points extérieurs comme si toute sa masse était concentrée au centre de la sphère. Il s'ensuit que $V_i = const. = V_c$, V_c désignant le potentiel au centre ; or on a au centre :

$$V_c = \int \frac{kds}{r} = \int \frac{kds}{R} = \frac{1}{R} \int kds = \frac{\eta}{R}.$$

Dans l'espace extérieur, le potentiel doit satisfaire à l'équation

$$\frac{\partial V}{\partial n} = \frac{dV}{dx} = -\frac{\eta}{Kx^2},$$

d'où $V = \dfrac{\eta}{Kx}$, car pour $x = \infty$ on doit avoir $V = o$. Vérifions la formule (44, b) pour la dérivée normale à la surface même ; la formule (45, a) donne

$$\frac{\partial V}{\partial n} = \left(\frac{dV_c}{dx}\right)_{x=R} = \left\{ -\frac{4\pi R^2 k}{x^2} \right\}_{x=R} = -4\pi k.$$

Tous nos raisonnements reposent, dans ce paragraphe, sur la loi de Coulomb exprimée sous la forme qui correspond à l'image A. Les résultats que nous avons obtenus, pour la grandeur du travail des forces électriques ou extérieures dans les différents cas, sont exacts sans restriction et ne dépendent d'aucune

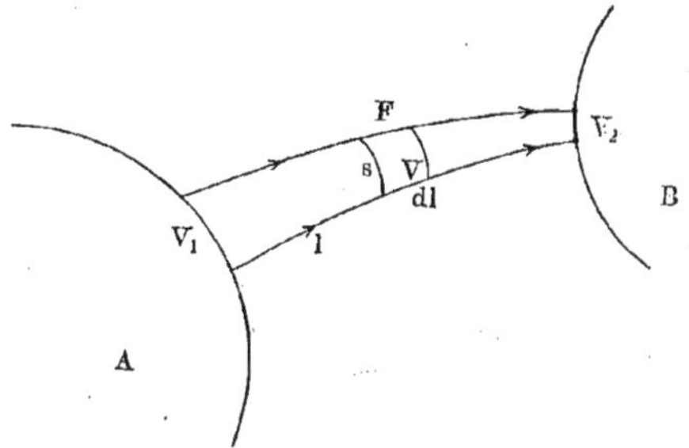

Fig. 42.

image. Nous allons cependant établir encore une formule remarquable, qui a une importance spéciale *dans l'image* B. Considérons un tube de force (non unité), réunissant la surface de deux conducteurs A et B (*fig.* 42), dont les potentiels sont V_1 et V_2.

Nous appellerons la grandeur $V_1 - V_2$ *la force électromotrice qui agit sur ce tube de force*. Le flux d'induction $\psi = K\sigma F$ est une grandeur constante tout le long du tube, voir (29), page 48.

Nous avons dit à la page 65 qu'on peut appeler K la *perméabilité électrique* ; nous nommerons la grandeur inverse $\frac{1}{K}$ la *résistance diélectrique du milieu*. Découpons le tube en segments, et soit dl la longueur de l'un de ces segments, s sa section transversale ; nous pouvons appeler la grandeur $\frac{dl}{Ks}$ la résistance diélectrique du segment, et la grandeur :

$$(46) \qquad\qquad r = \int \frac{dl}{Ks},$$

où l'intégrale s'étend à toute la longueur du tube, *la résistance diélectrique du tube entier*. On a $F = -\dfrac{\partial V}{\partial l}$, l étant la direction des lignes de force, c'est-à-dire la direction de la normale à la surface de niveau de la fonction V. L'égalité $\psi = KsF = -Ks\dfrac{\partial V}{\partial l} = const.$ donne

$$\frac{\partial V}{\partial l}\, dl = -\frac{\psi dl}{Ks} ;$$

·on a par suite

$$\int \frac{\partial V}{\partial l}\, dl = - \psi \int \frac{dl}{K s},$$

$$V_2 - V_1 = - \psi r,$$

$$(47) \qquad\qquad \psi = \frac{V_1 - V_2}{r}.$$

Le flux d'induction dans un tube est égal à la force électromotrice agissant sur ce tube divisée par la résistance diélectrique du tube. La formule (47) rappelle la formule d'Ohm, bien connue en Physique élémentaire ; elle montre que la résistance diélectrique r_1 d'un tube unité d'induction ($\psi = 1$) est égale à la différence de potentiel $V_1 - V_2$ à ses extrémités :

$$(47, a) \qquad\qquad r_1 = V_1 - V_2.$$

Avant de terminer ce paragraphe sur le potentiel, nous introduirons encore la notion de *double couche électrique.* Jusqu'ici nous n'avons envisagé que des *couches simples,* mais considérons deux surfaces S_1 et S_2 parallèles, dont la première est couverte d'une manière uniforme d'électricité positive, la seconde

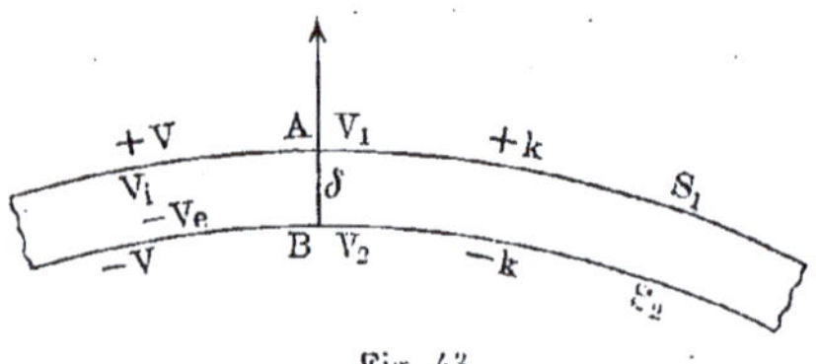

Fig. 43.

d'électricité négative ; désignons par $+ k$ et $- k$ les densités égales en valeur absolue de ces deux couches superficielles simples, et par δ la distance mutuelle des surfaces S_1 et S_2. Soit en outre ω le produit de la quantité d'électricité k répandue sur l'unité d'aire par la distance δ, de sorte que

$$(47, b) \qquad\qquad \omega = k\delta.$$

Supposons que δ décroisse indéfiniment, mais que k augmente de façon que le produit $\omega = k\delta$ reste invariable. *Quand δ est infiniment petit,* on obtient ce qu'on appelle une *double couche électrique* ; le produit $\omega = k\delta$ est le *moment* de cette double couche. Soient V_1 et V_2 les potentiels en deux points A et B situés respectivement sur les surfaces S_1 et S_2 et sur une normale n commune AB ; $+ V$ et $- V$ les potentiels en un point *dus respectivement aux surfaces* S_1 *et* S_2, dans le cas où chacune de ces surfaces existerait seule. Nous désignerons par V_e et $- V_e$ la valeur des potentiels de simple couche du côté où est dirigée la normale n, et par V_i et $- V_i$ du côté opposé. Le potentiel de double couche V_1 au point A se compose du potentiel $+ V$ dû à la simple couche S_1

et de la valeur au point A du potentiel dû à la simple couche S_2. On a évidemment :

$$V_1 = V + \left[-V + \frac{\partial(-V_e)}{\partial n}\, \delta \right] = -\frac{\partial V_e}{\partial n}\, \delta.$$

Le potentiel de double couche V_2 au point B se compose du potentiel $(-V)$ dû à la simple couche S_2 et de la valeur au point B du potentiel dû à la simple couche S_1, de sorte que

$$V_2 = -V + \left[+V + \frac{\partial V_i}{\partial(-n)}\, \delta \right] = -\frac{\partial V_i}{\partial n}\, \delta.$$

On en déduit

$$V_1 - V_2 = -\left(\frac{\partial V_e}{\partial n} - \frac{\partial V_i}{\partial n} \right) \delta,$$

ou, voir (42, *a*) et (47, *b*).

$$(47,\ c) \qquad\qquad V_1 - V_2 = \frac{4\,\pi k \delta}{K} = \frac{4\,\pi\omega}{K}.$$

On trouve *pour l'air*

$$(47,\ d) \qquad\qquad V_1 - V_2 = 4\,\pi\omega.$$

Quand on traverse une double couche électrique, le potentiel fait pour ainsi dire un saut, dont la grandeur est égale à $4\pi\omega : K$, ω étant le moment de la double couche; nous voyons que la valeur de cette variation brusque est la même en tous les points de la double couche.

Il y a un remarquable contraste entre les propriétés des potentiels de simple couche et de double couche. Appelons *fonction harmonique*, toute fonction finie et continue ainsi que ses dérivées, satisfaisant à l'équation de LAPLACE et s'annulant à l'infini. Considérons une surface S fermée. Supposons d'abord une certaine quantité de substance attirante répandue sur cette surface; son potentiel au point x, y, z aura pour expression

$$V = \iint \frac{k'}{r}\, ds',$$

où ds' est un élément de la surface S ayant pour centre de gravité x', y', z' et où k' est la densité de la substance attirante, de telle sorte que la quantité de substance attirante contenue dans l'élément ds' soit égale à $k'ds'$; enfin r est la distance des points x, y, z et x', y', z'. C'est ce qu'on appelle le *potentiel d'une simple couche.*

Ce potentiel est harmonique dans tout l'espace, sauf sur la surface S; quand on franchit S, V est continu, mais ses dérivées ne le sont pas. Considérons la dérivée $\frac{\partial V}{\partial n}$ suivant la normale *extérieure* à la surface S. Désignons par V_i la valeur du potentiel V en un point intérieur à S et infiniment voisin du point (x, y, z) de S, et par V_e sa valeur en un point extérieur à S et infiniment voisin du même point (x, y, z) de S. La fonction V étant continue, on aura

$$V_i = V_e.$$

De même, nous distinguerons d'une part la valeur de $\dfrac{\partial V}{\partial n}$ en un point intérieur à S et infiniment voisin du point (x, y, z) de S; nous l'appellerons $\dfrac{\partial V_i}{\partial n}$.
Nous distinguerons d'autre part la valeur de $\dfrac{\partial V}{\partial n}$ en un point extérieur à S et
infiniment voisin du même point (x, y, z) de S; nous l'appellerons $\dfrac{\partial V_e}{\partial n}$.
Comme nous l'avons vu, voir (42), page 79, on a alors entre $\dfrac{\partial V_i}{\partial n}$ et $\dfrac{\partial V_e}{\partial n}$
une relation que nous écrirons ici

$$(47, e) \qquad \frac{1}{2}\left(\frac{\partial V_i}{\partial n} - \frac{\partial V_e}{\partial n}\right) = 2\pi k.$$

A cette relation, on peut en ajouter une seconde, qui a été établie par
J. PLEMELJ (1904) et depuis plus simplement par E. PICARD (1905). On a

$$(47, e') \qquad \frac{1}{2}\left(\frac{\partial V_i}{\partial n} + \frac{\partial V_e}{\partial n}\right) = -\iint k' \frac{\cos \psi}{r^2}\, ds'.$$

Dans cette dernière intégrale le point (x, y, z) est supposé sur la surface,
et ψ est l'angle que fait la normale extérieure à la surface en (x, y, z) avec la
droite joignant ce dernier point au point (x', y', z') de ds'. Telles sont les propriétés du potentiel d'une simple couche. Nous en ferons plus loin ($\S$ **10**)
des applications très importantes.

Le potentiel d'une double couche, dont l'introduction est due surtout à
HELMHOLTZ, a pour expression

$$V = -\iint \omega' \frac{\cos \varphi}{r^2}\, ds',$$

ds' étant l'élément de surface, et φ l'angle que fait la direction, allant de
l'élément ds' au point (x, y, z) pour lequel on prend le potentiel, avec la
normale extérieure à la surface en ds'; on peut encore dire que $\dfrac{\cos \varphi}{r^2}\, ds'$ est
l'angle solide sous lequel l'élément ds' est vu du point (x, y, z), cet angle
solide étant regardé comme positif, quand l'élément ds' est vu par le côté extérieur. Quant à ω', c'est une certaine fonction de x', y', z' que l'on appelle,
comme nous l'avons dit plus haut, le moment ou encore la densité de la
double couche.

On dit que V est le potentiel d'une double couche et cette expression est
justifiée, parce qu'on a

$$\frac{\partial \left(\frac{1}{r}\right)}{\partial n} = -\frac{\cos (r, n)}{r^2} = -\frac{\cos \varphi}{r^2}.$$

et qu'on peut ainsi regarder V comme le potentiel dû à deux couches attirantes infiniment rapprochées l'une de l'autre et telles qu'en deux points correspondants de ces deux couches les densités soient égales et de signes contraires et d'ailleurs très grandes. Nous conserverons aux notations V_i, V_e, $\frac{\partial V_i}{\partial n}$, $\frac{\partial V_e}{\partial n}$ le même sens que plus haut. Le potentiel V jouit des propriétés suivantes : il est harmonique dans tout l'espace, sauf sur la surface S ; on a sur la surface S

$$\frac{\partial V_i}{\partial n} = \frac{\partial V_e}{\partial n},$$

mais V est discontinu pour le passage par la surface ; en désignant par V_s le potentiel en un point de la surface, et par V_i et V_e les limites des potentiels intérieur et extérieur, on a les deux relations

$$(47, f) \qquad \begin{cases} V_i = V_s + 2\pi\omega_s \\ V_e = V_s - 2\pi\omega_s. \end{cases}$$

Ces relations s'établissent d'une manière analogue aux formules (23), page 42, et nous renverrons pour une démonstration régulière au *Traité d'Analyse* de E. PICARD.

Le contraste entre les potentiels de simple et de double couche est donc le suivant ; dans un cas, c'est $\frac{\partial V}{\partial n}$ qui est discontinu, et dans l'autre c'est V lui-même.

Nous allons montrer tout de suite l'importance de ces notions. Comme nous le verrons plus tard (§ **10**), la question suivante est fondamentale dans l'Electrostatique : trouver une fonction harmonique dans un certain domaine, prenant des valeurs données sur la frontière de ce domaine ; c'est ce qu'on appelle le problème de DIRICHLET.

Soit Φ une fonction donnée en tous les points d'une surface S, et λ un paramètre dont la valeur pourra varier. H. POINCARÉ s'est proposé, en vue de résoudre le problème de DIRICHLET, de trouver une double couche dont le potentiel V satisfasse à la condition suivante :

$$(47, g) \qquad V_i - V_e = \lambda (V_i + V_e) + 2\Phi;$$

il a donné à ce problème le nom de NEUMANN. Si, dans l'équation (47, g), on fait $\lambda = -1$, elle se réduit à

$$V_i = \Phi;$$

à l'intérieur de la surface S, le potentiel V est une fonction harmonique, et la limite de cette fonction, quand on se rapproche de la surface S, est la fonction donnée Φ. Faisons maintenant $\lambda = 1$, l'équation (47, g) deviendra

$$V_e = -\Phi;$$

à l'extérieur de S, la fonction V est harmonique et sa limite, quand on se rapproche de la surface S, est la fonction donnée $-\Phi$. Le problème de

DIRICHLET, soit pour un domaine intérieur à S, soit pour un domaine extérieur à S, n'est donc qu'un cas particulier du problème de NEUMANN.

Cela posé, on peut résoudre le problème de NEUMANN par des séries procédant suivant les puissances entières positives croissantes de λ. Soit

$$(47, h) \qquad V = V^{(0)} + \lambda V^{(1)} + \lambda^2 V^{(2)} + \ldots,$$

et de même

$$V_i = V_i^{(0)} + \lambda V_i^{(1)} + \lambda^2 V_i^{(2)} + \ldots,$$
$$V_e = V_e^{(0)} + \lambda V_e^{(1)} + \lambda^2 V_e^{(2)} + \ldots,$$

soit enfin

$$V_i^{(n)} + V_e^{(n)} = 2\, U^{(n)}.$$

En égalant, dans $(47, g)$, les coefficients des puissances semblables de λ, il viendra

$$V_i^{(0)} - V_e^{0} = 2\, \Phi,$$
$$V_i^{(1)} - V_e^{(1)} = V_i^{(0)} + V_e^{(0)} = 2\, U^{(0)},$$
$$V_i^{(2)} - V_e^{2} = V_i^{(1)} + V_e^{(1)} = 2\, U^{(1)},$$

$$\cdots \cdots \cdots \cdots \cdots \cdots$$

cela montre que $V^{(0)}$ est le potentiel d'une double couche dont la densité est $\dfrac{\Phi}{2\pi}$, que $V^{(1)}$ est le potentiel d'une double couche dont la densité est $\dfrac{U^{(0)}}{2\pi}$, que $V^{(2)}$ est le potentiel d'une double couche dont la densité est $\dfrac{U^{(1)}}{2\pi}$, etc.

On peut donc calculer successivement les différents termes de la série $(47, h)$. Il reste à savoir si cette série est convergente. *Dans le cas où la surface S est convexe*, NEUMANN a démontré cette convergence, ou plutôt, il a montré qu'on peut toujours trouver une constante C telle que la série

$$(47, h') \qquad (V^{(0)} - C) + \lambda\, (V^{(1)} - C) + \lambda^2\, (V^{(2)} - C) + \ldots$$

converge pour toutes les valeurs de λ telles que $|\lambda| \leqslant 1$. Soit G_n la plus grande et H_n la plus petite valeur de $U^{(n)}$; il est clair d'abord que

$$(47, i) \qquad G_n > G_{n+1} > H_{n+1} > H_n;$$

NEUMANN a montré de plus que

$$(47, i') \qquad G_{n+1} - H_{n+1} < \alpha\, (G_n - H_n),$$

α étant une constante plus petite que 1, qui ne dépend que de la configuration de S. Il est aisé d'en conclure que l'on peut déterminer la constante C de façon que la série $(47, h')$ converge.

La méthode de NEUMANN est-elle encore applicable, quand la surface S n'est pas convexe ? On pourrait d'abord être tenté de répondre négativement. Les inégalités $(47, i)$, qui semblent jouer un rôle essentiel, ne sont plus vraies en effet quand la surface cesse d'être convexe. Contrairement à cette prévision,

H. Poincaré (1896) a établi que la méthode de Neumann est encore applicable, quand même la surface S n'est pas convexe. La démonstration de H. Poincaré suppose que la surface S est simplement connexe, que la surface a partout un plan tangent et deux rayons de courbure principaux déterminés, que la fonction donnée Φ a des dérivées de tous les ordres. Toutes ces restrictions sont probablement inutiles et tout porte à penser que le théorème est vrai dans des cas plus généraux.

La fonction (47, h) de λ est une fonction uniforme; elle ne peut avoir de points singuliers que sur l'axe des quantités réelles; sous certaines conditions, elle n'a que des pôles et un seul point singulier essentiel à l'infini; autrement dit, c'est une fonction *méromorphe*. Nous reviendrons sur ce point plus loin, dans les indications que nous donnerons sur l'équation de Fredholm et ses applications à la Physique. Si l'on considère l'un des pôles de la fonction (47, h) de λ, le résidu correspondant, regardé comme fonction de x, y, z, est ce que H. Poincaré a appelé une *fonction fondamentale*. Soit F une fonction quelconque des coordonnées d'un point sur S; F peut être développée en série procédant suivant les fonctions fondamentales. Nous avons déjà fait connaître les développements analogues obtenus par H. Poincaré dans le problème général de l'Acoustique et dans le problème de Fourier (T. 1 et III).

Au problème de Neumann se rattachent, sans lui être identiques, les méthodes dues à G. Kirchhoff, G. Robin et W. Stekloff.

7. La capacité d'un conducteur unique. — Considérons d'abord un conducteur unique M (*fig.* 44) (nous entendons par là un conducteur dont on a éloigné tout autre conducteur) chargé de la quantité d'électricité η et soit V son potentiel ; ce potentiel est le même en tout point intérieur A et s'exprime par la formule

$$(48) \qquad V = \iint \frac{k\,ds}{K r},$$

où k est la densité superficielle sur l'élément de surface ds qui se trouve à la distance r du point

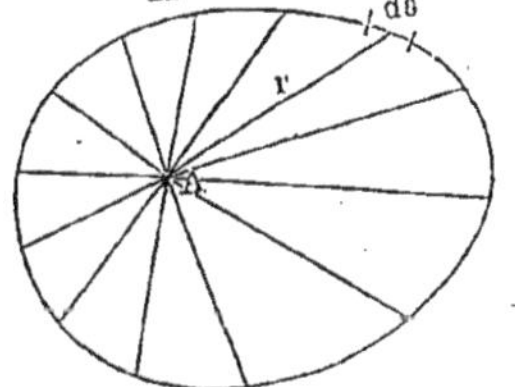

Fig. 44.

A. Le potentiel V est évidemment proportionnel à la charge η, de sorte qu'on peut poser

$$(49) \qquad \eta = qV$$

d'où

$$(49,\ a) \qquad q = \frac{\eta}{V}.$$

La grandeur q, qui dépend de la forme et des dimensions du conducteur, ainsi que du milieu ambiant, s'appelle la *capacité du conducteur* M. Pour $V = 1$, on a $\eta = q$. Il en résulte que *la capacité d'un conducteur est mesurée par la charge qui porte ce conducteur à un potentiel égal à l'unité, ou qui aug-*

mente son *potentiel d'une unité.* Lorsqu'un conducteur est entouré par un diélectrique homogène, (48) donne $V = V_0 : K$, où V_0 est le potentiel du même conducteur dans l'air, pour la même charge η. Dans ce cas, on déduit de (49, *a*)

$$(49,\ b) \qquad\qquad q = \frac{\eta}{V_0} K.$$

La capacité d'un conducteur est proportionnelle à la constante diélectrique du milieu ambiant.

La formule (49, *a*) donne $q = 1$ pour $V = 1$ et $\eta = 1$; par conséquent, *l'unité él. st. absolue de capacité est égale à la capacité d'un conducteur tel qu'une charge d'une unité él. st. C. G. S. de quantité d'électricité porte ce conducteur à l'unité él. st. C. G. S. de potentiel.*

L'unité él. st. C. G. S. de capacité est la capacité d'un conducteur, qui est porté par une charge d'une unité él. st. C. G. S. de quantité d'électricité à l'unité él. st. C. G. S. de potentiel.

Nous avons indiqué aux pages 33-34 et 80, comme unité de quantité d'électricité, le *coulomb* $= 3.10^9$ unités él. st. C. G. S. et, comme unité de potentiel, le *volt* $= \dfrac{1}{300}$ unité él. st. C. G. S. *La capacité d'un conducteur, qui est porté par un coulomb d'électricité à un potentiel d'un volt, s'appelle farad.* Cherchons la relation entre un farad et l'unité él. st. C. G. S. de capacité, qui est portée à 300 volts par $\dfrac{1}{3.10^9}$ coulomb. Puisqu'un farad n'est porté par un coulomb qu'à un volt on a

$$(49,\ c) \qquad 1\ farad = 300.3.10^9 = 9.10^{11}\ \textit{unités él. st. C. G. S. de capacité.}$$

Un millionième de farad s'appelle un microfarad ;

$$(49,\ d) \qquad 1\ microfarad = 10^{-6}\ farad = 900.000\ \textit{unités él. st. C. G. S de capacité.}$$

Un microfarad est porté par un microcoulomb à un volt. La formule (49, *a*) nous donne *l'équation de dimension* de l'unité électrostatique de capacité, voir (13), page 34 et (43), page 79,

$$(49,\ e) \qquad [q] = \frac{[\eta]}{[V]} = \frac{[K]^{\frac{1}{2}} M^{\frac{1}{2}} L^{\frac{3}{2}} T^{-1}}{[K]^{-\frac{1}{2}} M^{\frac{1}{2}} L^{\frac{1}{2}} T^{-1}} = L\,[K].$$

Si on considère K comme une grandeur de dimension zéro, l'unité él. st. de capacité ne dépend que de l'unité fondamentale de longueur et lui est proportionnelle.

On obtient la capacité d'une sphère à l'aide des formules (45) et (49, *a*) ; on peut se servir de la première, la charge d'une sphère unique couvrant évidemment la surface de cette sphère d'une manière uniforme. Si on substitue $V = \eta : RK$ dans (49, *a*), on trouve la *capacité d'une sphère* en unités él. st.

$$(49,\ f) \qquad\qquad q = RK.$$

Dans l'air, on a

$$(49, g) \qquad q = \text{R}.$$

La capacité d'une sphère en unités él. st. est, dans l'air, numériquement égale à son rayon.

Une sphère de 1 centimètre de rayon possède l'unité él. st. C. G. S. de capacité; une unité él. st. C. G. S. de quantité d'électricité porte cette sphère à l'unité él. st. C. G. S. de potentiel. L'égalité (49, g) confirme la formule (49, e). La formule (49, e) montre qu'un *farad* est la capacité d'une sphère dont le rayon $= 9.11^{11}$ cm. $= 9.10^{9}$ m. $= 9.10^{6}$ km. $= 9\,000\,000^{\text{km}}$. *Une sphère a une capacité de un microfarad, quand son rayon est égal à* 9^{km}. La capacité de la sphère terrestre est de 708 microfarads.

Considérons un système de conducteurs, à des distances les uns des autres telles que leurs actions électriques mutuelles soient négligeables et communiquant entre eux par de longs fils minces. Il est facile de trouver comment se répartit sur ces conducteurs une charge électrique η. Soient q_1, q_2, $q_3, \dots$ les capacités des conducteurs, η_1, η_2 $\eta_3, \dots$ les charges cherchées. En négligeant les charges des fils de communication, on a $\eta = \Sigma \eta_i$. Nous savons que des conducteurs reliés entre eux doivent se trouver au même potentiel V. La formule (49) donne donc

$$(49, h) \qquad V = \frac{\eta_1}{q_1} = \frac{\eta_2}{q_2} = \frac{\eta_3}{q_3} = \text{etc.}$$

Une charge se répartit, sur un système de conducteurs à grande distance les uns des autres, mais reliés par des fils minces, proportionnellement à la capacité de ces conducteurs. Dans le cas d'un système de sphères placées dans un milieu homogène, les charges sont proportionnelles aux rayons.

La formule (49, h) donne

$$(49, i) \qquad V = \frac{\Sigma \eta_i}{\Sigma q_i} = \frac{\eta}{\Sigma q_i} = \frac{\eta}{q}.$$

Nous voyons donc que *la capacité q d'un système de conducteurs, communiquant entre eux et suffisamment éloignés les uns des autres, est égale à la somme des capacités de ces conducteurs.*

Le problème qui consiste à déterminer la capacité d'un conducteur, dans des circonstances données, se confond avec le problème général de l'équilibre électrique que nous étudierons plus loin. Nous nous bornerons donc ici à indiquer, sans démonstration, les formules qui donnent la capacité de quelques corps :

Pour un ellipsoïde de révolution allongé, dont le demi-axe de révolution est a, ou a

$$(50, a) \qquad q = \frac{2\,a e \text{K}}{\log \dfrac{1 + e}{1 - e}},$$

où e désigne l'excentricité de la section méridienne.

Pour un ellipsoïde de révolution aplati, dont la section équatoriale a un rayon b, on a

$$(5o, b) \qquad q = \frac{b e \mathrm{K}}{\operatorname{arc\ sin} e}.$$

Ces deux formules donnent pour une *sphère* ($a = b = \mathrm{R}$, $e = 0$)

$$q = \mathrm{RK}.$$

Pour un cylindre circulaire, dont la longueur l est très grande relativement au rayon r de la section transversale, on trouve l'expression approchée

$$(5o, c) \qquad q = \frac{l\mathrm{K}}{2 \log \dfrac{l}{r}}.$$

Pour un plateau mince circulaire de rayon r, on a approximativement,

$$(5o, d) \qquad q = \mathrm{K}\,\frac{2\,r}{\pi} = \frac{\mathrm{K}r}{1{,}5708}.$$

Pour deux sphères égales de rayon R qui se touchent, on a :

$$(5o, e) \qquad q = 2\,\mathrm{RK} \log 2 = 1{,}38630\,\mathrm{RK}.$$

Le mot *capacité* a été emprunté, par analogie, à la théorie de la chaleur ; mais il est important de remarquer que, tandis que la capacité calorifique d'un corps ne dépend que de la nature et du poids de ce corps, la capacité électrique d'un conducteur ne dépend ni de sa nature, ni de son poids, mais seulement de sa forme extérieure.

La notion de capacité paraît s'introduire plus simplement, quand on part de l'image A. Cependant, en adoptant le point de vue de l'image B, en se rappelant la signification du mot *charge* dans cette image et en considérant le potentiel comme un travail, il est également facile de construire la notion de capacité d'un conducteur.

8. L'énergie de la charge d'un conducteur unique. — Un conducteur, sur la surface duquel est répartie une charge η, possède une certaine provision d'énergie, qu'on appelle énergie *électrostatique* ou simplement énergie *électrique*. La réponse que l'on peut donner à la question de savoir en quel endroit il faut chercher cette énergie et quelle est sa forme, dépend des idées fondamentales que l'on adopte sur la nature même des phénomènes électriques, autrement dit de l'image que l'on choisit. Si on part de l'image A, on doit admettre l'existence d'une énergie potentielle de la charge elle-même, égale au travail qui peut être effectué par les forces répulsives entre les *parties élémentaires d'électricité* dans lesquelles on peut imaginer la charge décomposée. Soient η la charge, V le potentiel, q la capacité, W l'énergie cherchée, qu'on appelle ordinairement l'*énergie du conducteur*. Lorsqu'on augmente la charge de la quantité $d\eta$, en transportant la quantité d'électricité $d\eta$

de l'infini sur la surface du conducteur de potentiel V, on doit effectuer un travail contre les forces répulsives dues à la charge η, qui est égal à $V d\eta$, voir (38, a), page 73 : comme résultat de ce travail doit apparaître un accroissement égal dW de la provision d'énergie électrique du conducteur. On a donc $dW = V d\eta$, ou, d'après (49).

$$dW = \frac{\eta\, d\eta}{q}.$$

On en déduit, pour l'accroissement d'énergie $W_2 - W_1$, dans une augmentation de la charge de η_1 à η_2,

$$(51) \qquad W_2 - W_1 = \frac{\eta_2{}^2 - \eta_1{}^2}{2q}.$$

Quand il n'y a pas de charge, l'énergie est nulle et par suite $W_1 = 0$ pour $\eta_1 = 0$; si on introduit ces valeurs, en posant $W_2 = W$ et $\eta_2 = \eta$, et en ayant égard à l'égalité (49), on obtient les expressions suivantes pour l'énergie électrique d'un conducteur, dont la charge est η, le potentiel V et la capacité q :

$$(51,\, a) \qquad W = \frac{\eta^2}{2q} = \frac{1}{2} q V^2 = \frac{1}{2} \eta V.$$

Nous voyons par là que, *pour un conducteur donné (q donné), l'énergie croît proportionnellement au carré de la charge ou au carré du potentiel.* Nous allons encore établir la formule (51, a) par une autre voie, qui nous donnera l'énergie d'un système, c'est-à-dire d'un nombre arbitraire de conducteurs disposés d'une manière quelconque, dont les charges sont η_1, η_2,... η_m..., les potentiels V_1, V_2,... V_n..., et les capacités q_1, q_2,... q_m,... *Tout le système se trouve dans un milieu homogène.* Décomposons toutes les charges en éléments et soient $\Delta\eta_m$ et $\Delta\eta_k$ deux éléments, dont le premier appartient au n^e conducteur et le second au k^e, k pouvant être égal à n : soit r la distance entre ces deux éléments. La formule (36, a) montre que l'énergie potentielle de ces deux parties élémentaires d'électricité est égale à

$$(51,\, b) \qquad \frac{\Delta\eta_n \Delta\eta_k}{K r}.$$

Si on forme toutes les combinaisons possibles des éléments de charge deux à deux, et si on ajoute les expressions telles que (51, b) correspondant à chacune de ces combinaisons, on obtient l'énergie cherchée W. En combinant *chaque* élément de charge avec *tous* les autres, il est clair que tout couple d'éléments apparaît deux fois ; en désignant la somme de toutes ces combinaisons par Ω, on a donc $W = \frac{1}{2}\Omega$. Pour trouver l'expression de Ω, on doit prendre d'abord tous les éléments de charge $\Delta\eta_1$ du premier conducteur et combiner chacun d'eux avec tous les éléments $\Delta\eta_k$ de tous les conducteurs, sauf le premier ; on procède de la même manière avec les éléments $\Delta\eta_2$ du second conducteur, puis du troisième $\Delta\eta_3$, etc.

On a ainsi

$$\Omega = \Sigma\Delta\eta_1 \Sigma \frac{\Delta\eta_k}{Kr} + \Sigma\Delta\eta_2 \Sigma \frac{\Delta\eta_k}{Kr} + \Sigma\Delta\eta_3 \Sigma \frac{\Delta\eta_k}{Kr} + \ldots$$

D'après la signification de r, on voit que $\Sigma \dfrac{\Delta\eta_k}{Kr}$ représente la grandeur du potentiel électrique du système au point où se trouve un élément $\Delta\eta_1$, $\Delta\eta_2$, etc. On trouve de cette manière, en tenant compte d'ailleurs de $W = \frac{1}{2}\Omega$,

$$(51, c) \qquad W = \frac{1}{2}\Sigma\Delta\eta_1 . V_1 + \frac{1}{2}\Sigma\Delta\eta_2 . V_2 + \frac{1}{2}\Sigma\Delta\eta_3 . V_3 + \ldots$$

Le potentiel V_n est le même en tous les points du n^e conducteur et représente le potentiel de ce conducteur, de sorte que

$$W = \frac{1}{2} V_1\Sigma\Delta\eta_1 + \frac{1}{2} V_2\Sigma\Delta\eta_2 + \frac{1}{2} V_3\Sigma\Delta\eta_3 + \ldots$$

mais on a

$$\Sigma\Delta\eta_1 = \eta_1, \qquad\qquad \Sigma\Delta\eta_2 = \eta_2, \text{ etc.,}$$

d'où

$$W = \frac{1}{2} V_1\eta_1 + \frac{1}{2} V_2\eta_2 + \frac{1}{2} V_3\eta_3 + \ldots,$$

et par suite l'énergie cherchée est :

$$(51, d) \qquad\qquad\qquad W = \frac{1}{2} \Sigma V\eta,$$

où le signe de sommation s'étend à tous les conducteurs. Dans le cas d'un conducteur *unique*, on retrouve la formule (51, a).

Calculons d'après ce qui précède l'énergie d'une *sphère* électrisée. Soit k la densité superficielle de l'électricité ; la charge est $4\pi R^2 k$ et la capacité $q = RK$ voir (49, f). La formule (51, a) donne :

$$(51, e) \qquad\qquad\qquad W = \frac{\eta^2}{2\,RK} = \frac{8\pi^2 R^3 k^2}{K}.$$

Pour une charge donnée, l'énergie d'une sphère est inversement proportionnelle au rayon de cette sphère.

Quand, dans les formules (51, a) et (51, d), on mesure les grandeurs η, V et q en unités él. st. C. G. S., l'énergie potentielle W est exprimée en ergs. Mais si η est exprimé en coulombs, V en volts et q en farads, on obtient *en joules* le travail que peut fournir cette énergie potentielle ; nous rappelons que le joule $= 0,102$ kilogrammètres $= 0,24$ cal. gr.

Les formules que nous avons établies permettent de résoudre différents problèmes et en particulier de déterminer la *répartition nouvelle* des charges qui s'établit entre conducteurs éloignés les uns des autres, lorsqu'on les met en communication. Nous laisserons au lecteur le soin de traiter la question suivante ; n conducteurs éloignés les uns des autres possèdent respectivement les capacités q_1, q_2, ... q_n et les charges η_1, η_2, ... η_n ; toute l'énergie perdue dans la nouvelle répartition des charges qui se produit quand on met ces conducteurs en communication, apparaît sous forme de chaleur dans les conducteurs de jonction ; il s'agit de déterminer cette quantité de chaleur, lorsque tous les conducteurs sont reliés par des fils longs et minces ; on pourra considérer le cas particulier de deux sphères et le cas encore plus spécial où la charge primitive de l'une des sphères est nulle. Quand on n'a que deux conducteurs (η_1, η_2, q_1, q_2), l'énergie *perdue* est :

$$\Delta W = \frac{1}{2} \frac{(\eta_1 q_2 - \eta_2 q_1)^2}{q_1 q_2 (q_1 + q_2)}.$$

La formule (51, *d*) montre que des conducteurs mis à la terre ($V = o$) et des conducteurs isolés, électrisés seulement par induction ($\eta = o$), ne peuvent participer directement à la provision d'énergie désignée par W ; les termes de la somme (51, *d*) qui leur correspondent, disparaissent. Cependant la présence de ces corps influe sur la grandeur W, car les charges qu'ils portent modifient les potentiels des autres corps.

Nous nous en sommes tenu, dans nos calculs, à l'image A, d'après laquelle l'énergie électrostatique est l'énergie potentielle de particules électriques qui se repoussent ou s'attirent.

Image B. Les notions qui sont à la base de l'image B conduisent à la conclusion que l'énergie électrostatique, c'est-à-dire *l'énergie d'un champ électrique est l'énergie d'un milieu déformable, l'éther* ; c'est l'énergie des tubes étendus longitudinalement et comprimés transversalement, que nous avons appelés des tubes de tension. S'il en est ainsi, cette énergie doit être répartie dans tout le champ électrique, et tout volume élémentaire du diélectrique, y compris les espaces vides, doit renfermer une certaine quantité d'énergie.

La vraie valeur de l'énergie est *certainement déterminée d'une manière exacte au point de vue quantitatif* par les formules que nous avons établies dans ce

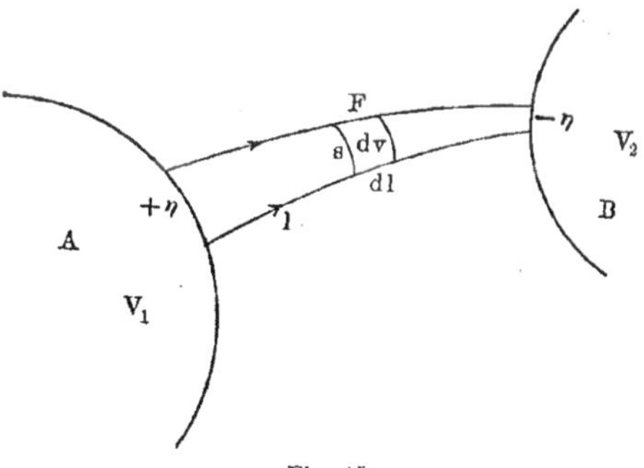

Fig. 45.

paragraphe. Pour obtenir une expression de l'énergie qui réponde à l'image B, nous devons chercher à transformer les expressions trouvées précédemment, de façon qu'elles représentent une provision d'énergie distribuée dans tout le volume des diélectriques que contient le champ électrique. Considérons un tube d'induction (non unité), qui relie les deux conducteurs A et B, dont les potentiels sont respectivement V_1 et V_2. Aux extrémités de ce tube se trouvent des quantités égales $+ \eta$ et $- \eta$ d'électricités de noms contraires, qui sont liées au flux d'induction ψ et au nombre n des tubes unités, par les égalités suivantes :

$$(52) \qquad n = \psi = KFs = 4\pi\eta.$$

La constante diélectrique K, l'intensité F et l'aire s de la section transversale se rapportent dans ces égalités à un endroit quelconque du tube considéré. D'après la formule (51, c), ce tube, qui renferme les électricités $+ \eta$ et $- \eta$, possède l'énergie,

$$(52,\, a) \qquad W = \frac{1}{2}\,\eta V_1 + \frac{1}{2}\,(-\eta)\,V_2 = \frac{1}{2}\,\eta\,(V_1 - V_2).$$

Mais $\eta\,(V_1 - V_2)$ est le travail effectué dans le transport de l'électricité η du commencement du tube à son extrémité, c'est-à-dire :

$$(52,\, b) \qquad W = \frac{1}{2}\,\eta\,(V_1 - V_2) = \frac{1}{2}\int \eta F \, dl.$$

Si on substitue la valeur (52) de η il vient :

$$W = \int \frac{KF^2}{8\pi}\, s\,dl,$$

et $s\,dl$ étant le volume dv d'un segment du tube, nous pouvons écrire :

$$(52,\, c) \qquad W = \iiint \frac{KF^2}{8\pi}\, dv.$$

On trouve donc que l'énergie relative au tube considéré est répartie dans tout le volume de ce tube, le volume dv renfermant la quantité d'énergie

$$(52,\, d) \qquad dW = \frac{KF^2}{8\pi}\, dv.$$

Le résultat obtenu est valable pour tous les tubes, et par suite pour tout le volume du champ électrique rempli par des diélectriques ; il est valable en outre pour tout élément de volume du conducteur, car on a dans celui-ci $F = 0$ et $dW = 0$.

Nous appellerons, pour abréger, la grandeur $dW : dv$, c'est à-dire l'énergie en un point rapportée à l'unité de volume, *l'énergie de l'unité de volume* et nous la désignerons par W_1 ; la formule (52, d) donne :

$$(53) \qquad W_1 = \frac{KF^2}{8\pi}.$$

En comparant cette expression avec (32, *k*), on voit que l'énergie de l'unité de volume du diélectrique est égale à la tension longitudinale P (rapportée à l'unité d'aire) ou à la pression transversale qui est aussi égale à P. On obtient ainsi les expressions nouvelles suivantes pour *l'énergie* W_1 *de l'unité de volume*

$$(53, a) \qquad W_1 = P = \frac{KF^2}{8\pi} = \frac{BF}{8\pi} = \frac{F\mathfrak{D}}{2} = \frac{2\pi\mathfrak{D}^2}{K}.$$

On trouve l'énergie totale W du champ électrique considéré, en faisant la somme, pour tous les éléments dv de l'espace infini, des expressions telles que (52, *d*) qu'on peut maintenant écrire

$$(53, b) \qquad dW = Pdv.$$

L'énergie du champ est donc

$$(53, c) \qquad W = \iiint Pdv,$$

P *étant donné par* (53, *a*), et l'intégrale s'étendant à tout l'espace infini ou, ce qui revient évidemment au même, à la partie de cet espace dans laquelle l'intensité F du champ donné est sensible.

Pour un tube *unité*, on a $n = \psi = 1$, c'est-à-dire $\eta = 1 : 4\pi$, voir (52). En portant cette valeur dans (52, *b*), on obtient l'énergie w_1 d'un tube unité

$$(53, d) \qquad w_1 = \int \frac{F}{8\pi} \, dl.$$

Dans un tube unité d'induction, l'énergie rapportée à l'unité de longueur est égale à F : 8π.

En remplaçant η par $\dfrac{n}{4\pi}$ dans (52, *a*) et (52), on a encore, d'après (47), page 84, pour l'énergie totale w contenue dans un tube d'induction quelconque, les expressions suivantes

$$(53, e) \qquad w = \frac{(V_1 - V_2)\, n}{8\pi} = \frac{(V_1 - V_2)^2}{8\pi r} = \frac{n^2 r}{8\pi},$$

r désignant la résistance diélectrique du tube. On trouve, pour l'énergie totale w_1 contenue dans un tube unité d'induction, voir (47, *a*),

$$(53, f) \qquad w_1 = \frac{V_1 - V_2}{8\pi} = \frac{r_1}{8\pi}.$$

L'hypothèse la plus simple que l'on puisse faire pour expliquer les actions de l'éther diélectrique est d'attribuer ces actions à l'élasticité d'un fluide répandu entre les conducteurs et de chercher à appliquer à ce fluide les principes ordinaires de la théorie de l'élasticité. Malheureusement, les conséquences de cette hypothèse ne sont pas conformes aux faits expérimentaux. En effet, dans un milieu élastique au sens habituel du mot, les efforts résultant de déplacements très petits sont des fonctions linéaires des composantes de la déformation, qui sont ici les *électric displacements* de MAXWELL : on serait donc conduit à admettre que la force qui s'exerce entre deux conducteurs électrisés est une fonction linéaire des charges des conducteurs. Il en résulterait qu'en doublant les charges de chaque conducteur on devrait avoir une force double ; or, si les charges de deux conducteurs viennent à être doublées la force qui s'exerce entre eux est quadruplée. Bien d'autres hypothèses ont été proposées, comme nous l'avons dit, mais elles ont l'inconvénient d'être compliquées, et nous nous bornerons à exposer la théorie que MAXWELL a proposée.

Prenons un élément de volume $dxdydz$ et soit ρ la densité de l'électricité au centre de gravité de cet élément, dont la masse électrique sera $\rho dxdydz$. Si V est la valeur du potentiel au centre de gravité, la force qui s'exerce sur cette masse électrique a pour composantes $- \rho \dfrac{\partial V}{\partial x} dxdydz$, $- \rho \dfrac{\partial V}{\partial y} dxdydz$, $- \rho \dfrac{\partial V}{\partial z} dxdydz$. *L'expérience nous apprend que la force qui agit sur l'élément matériel lui-même est égale à celle qui agit sur l'électricité qui y est contenue et par conséquent que cet élément ne pourra se maintenir en équilibre que si on lui applique une force destinée à contrebalancer l'attraction électrostatique.* Si on appelle $Xdxdydz$, $Ydxdydz$, $Zdxdydz$ les composantes de cette force, on devra avoir :

$$(53, i) \qquad X = \rho \frac{\partial V}{\partial x}. \qquad Y = \rho \frac{\partial V}{\partial y}, \qquad Z = \rho \frac{\partial V}{\partial z}.$$

MAXWELL admet avec FARADAY que les répulsions et les attractions des conducteurs sont dues à des efforts sur la matière pondérable se transmettant à travers la substance diélectrique. L'effort qui s'exerce sur un élément de surface n'est pas nécessairement normal à cet élément. Désignons par $p_{xx}dydz$, $p_{xy}dydz$, $p_{xz}dydz$ les composantes suivant les trois axes de l'effort qui s'exerce sur un élément perpendiculaire à l'axe des x ; par $p_{yx}dzdx$, $p_{yy}dzdx$, $p_{yz}dzdx$ les composantes de l'effort sur un élément perpendiculaire à Oy ; enfin par $p_{zx}dxdy$, $p_{zy}dxdy$, $p_{zz}dxdy$, les composantes sur un élément perpendiculaire à Oz. Ces neuf éléments suffisent pour déterminer l'effort sur un élément de surface orienté d'une manière quelconque. D'ailleurs ces neuf quantités se réduisent à six, par les relations $p_{xy} = p_{yx}$, $p_{yz} = p_{zy}$, $p_{xz} = p_{zy}$ que fournit la théorie de l'élasticité (Tome I), et nous avons de plus les relations :

$$(53, j) \qquad \begin{cases} \dfrac{\partial p_{xx}}{\partial x} + \dfrac{\partial p_{yx}}{\partial y} + \dfrac{\partial p_{zx}}{\partial z} = - \rho \dfrac{\partial V}{\partial x}, \\[2mm] \dfrac{\partial p_{xy}}{\partial x} + \dfrac{\partial p_{yy}}{\partial y} + \dfrac{\partial p_{zy}}{\partial z} = - \rho \dfrac{\partial V}{\partial y}, \\[2mm] \dfrac{\partial p_{xz}}{\partial x} + \dfrac{\partial p_{yz}}{\partial y} + \dfrac{\partial p_{zz}}{\partial z} = - \rho \dfrac{\partial V}{\partial z}. \end{cases}$$

Ce système de trois équations contient six inconnues; il admet donc une infinité de solutions. MAXWELL prend la suivante :

$$(53, m) \begin{cases} p_{xx} = \dfrac{K}{8\pi}\left[\left(\dfrac{\partial V}{\partial x}\right)^2 - \left(\dfrac{\partial V}{\partial y}\right)^2 - \left(\dfrac{\partial V}{\partial z}\right)^2\right], \\[2mm] p_{yy} = \dfrac{K}{8\pi}\left[\left(\dfrac{\partial V}{\partial y}\right)^2 - \left(\dfrac{\partial V}{\partial z}\right)^2 - \left(\dfrac{\partial V}{\partial x}\right)^2\right], \\[2mm] p_{zz} = \dfrac{K}{8\pi}\left[\left(\dfrac{\partial V}{\partial z}\right)^2 - \left(\dfrac{\partial V}{\partial x}\right)^2 - \left(\dfrac{\partial V}{\partial y}\right)^2\right], \\[2mm] p_{yz} = p_{zy} = \dfrac{K}{4\pi}\dfrac{\partial V}{\partial y}\dfrac{\partial V}{\partial z}, \\[2mm] p_{zx} = p_{xz} = \dfrac{K}{4\pi}\dfrac{\partial V}{\partial z}\dfrac{\partial V}{\partial x}, \\[2mm] p_{xy} = p_{yx} = \dfrac{K}{4\pi}\dfrac{\partial V}{\partial x}\dfrac{\partial V}{\partial y}. \end{cases}$$

Montrons que ce système de solutions satisfait bien aux équations (53, j). On a

$$\frac{\partial p_{xx}}{\partial x} = \frac{K}{4\pi}\left(\frac{\partial V}{\partial x}\frac{\partial^2 V}{\partial x^2} - \frac{\partial V}{\partial y}\frac{\partial^2 V}{\partial x\partial y} - \frac{\partial V}{\partial z}\frac{\partial^2 V}{\partial x\partial z}\right),$$

$$\frac{\partial p_{yx}}{\partial y} = \frac{K}{4\pi}\left(\frac{\partial V}{\partial x}\frac{\partial^2 V}{\partial y^2} + \frac{\partial V}{\partial y}\frac{\partial^2 V}{\partial x\partial y}\right),$$

$$\frac{\partial p_{zx}}{\partial z} = \frac{K}{4\pi}\left(\frac{\partial V}{\partial x}\frac{\partial^2 V}{\partial z^2} + \frac{\partial V}{\partial z}\frac{\partial^2 V}{\partial x\partial z}\right),$$

et le premier membre de la première équation devient, après réduction,

$$\frac{K}{4\pi}\frac{\partial V}{\partial x}\left(\frac{\partial^2 V}{\partial x^2} + \frac{\partial^2 V}{\partial y^2} + \frac{\partial^2 V}{\partial z^2}\right) = \frac{K}{4\pi}\frac{\partial V}{\partial x}\Delta V.$$

Or on a vu, (41, o), page 78, que dans un milieu diélectrique homogène, on a

$$K\Delta V = -4\pi\rho;$$

par conséquent le premier membre de l'équation considérée peut s'écrire $-\rho\dfrac{\partial V}{\partial x}$, ce qui montre que cette équation est satisfaite. On s'assurerait de même que les deux dernières équations (53, j) sont vérifiées par la solution adoptée par MAXWELL.

Prenons pour axe des x *la direction de la force électrique en un point* et pour axes des y et des z deux droites rectangulaires perpendiculaires à cette direction. En désignant par F la valeur absolue de la force électrique, nous avons dans ce nouveau système d'axes $\dfrac{\partial V}{\partial x} = -F$, $\dfrac{\partial V}{\partial y} = \dfrac{\partial V}{\partial z} = 0$. En portant ces valeurs dans les relations (53, m), nous obtenons

$$p_{xx} = \frac{KF^2}{8\pi}, \quad p_{yy} = p_{zz} = -\frac{KF^2}{8\pi}, \quad p_{yz} = p_{zy} = p_{zx} = p_{xz} = p_{xy} = p_{yx} = 0.$$

Il résulte de ces égalités que l'effort sur un élément de surface perpendiculaire à la direction de la force électrique ou parallèle à cette direction est normal à cet élément. Sur un élément oblique par rapport à cette direction, l'effort est oblique; la composante suivant la direction de la force électrique étant positive, il y a *tension* suivant cette direction; pour une direction normale l'effort est négatif, il y a donc d'après la notation adoptée par MAXWELL, *pression* suivant cette direction. En outre la tension qui s'exerce sur un élément perpendiculaire à la force électrique et la pression qui s'exerce sur un élément parallèle à cette force sont égales en valeur absolue.

9. Condensateurs. — Nous nous sommes occupé dans le § **7** de la capacité q d'un conducteur unique; quand un tel conducteur est porté par la charge η au potentiel V, sa capacité q est exprimée numériquement par la formule, voir (49, *a*),

$$(53) \qquad q = \frac{\eta}{V}.$$

Nous allons démontrer que la capacité q change, lorsque, dans le voisinage du conducteur A considéré (*fig.* 46), se trouvent d'autres conducteurs B, C, etc. Supposons d'abord que ces derniers conducteurs soient isolés et qu'il

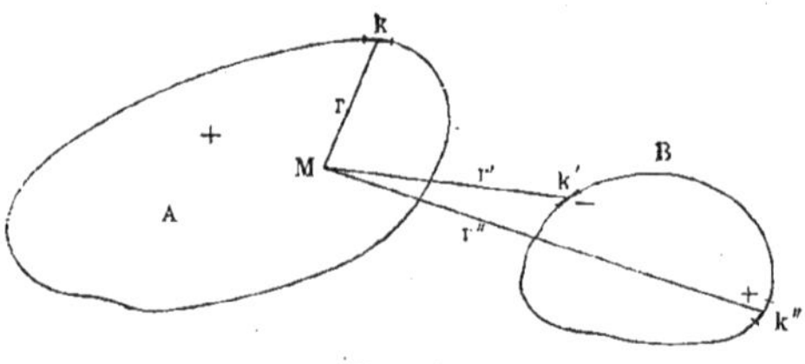

Fig. 46.

n'existe à l'origine aucune charge sur chacun d'eux. Sur A se trouve une charge positive par exemple; le potentiel de A est V, quand les corps B, C, etc., ne sont pas encore dans son voisinage, et ce potentiel se calcule, comme toujours, par la formule

$$(53, h) \qquad V = \frac{1}{K} \int \frac{k\,ds}{r},$$

r étant la distance de l'élément ds de surface à un point intérieur quelconque M de A. Lorsqu'on amène le conducteur B à distance finie de A, deux charges apparaissent sur B, dont nous désignerons les densités par $-k'$ et $+k''$. Le potentiel en M est maintenant exprimé par la formule

$$V' = \frac{1}{K} \int \frac{k\,ds}{r} - \frac{1}{K} \int \frac{k'ds'}{r'} + \frac{1}{K} \int \frac{k''ds''}{r''},$$

ds' et ds'' étant des éléments de la surface de B chargés d'électricités de noms contraires, qui se trouvent respectivement aux distances r' et r'' du point M.

Comme $r'' > r'$, et les quantités d'électricités de noms contraires sur B égales, il est clair que $V' < V$; autrement dit, le potentiel du corps A a diminué par la présence du corps B. Mais, si, la charge η restant la même sur A, le potentiel V a diminué, cela signifie que la capacité du conducteur A a augmenté. Cette capacité augmente plus encore, quand on fait communiquer le corps B avec la terre; la troisième intégrale disparaît alors et en outre, comme nous le savons, k' augmente, de sorte que le corps A prend un certain potentiel V'' encore plus petit que V'. La capacité d'un conducteur dépend donc non seulement du nombre, de la forme et de la position des conducteurs environnants, mais aussi de ce que certains de ces conducteurs sont isolés ou mis à la terre, ainsi que de la nature du milieu ambiant. D'après cela, la notion de capacité renferme une certaine indétermination, que l'on peut faire disparaître en adoptant la définition suivante : *la capacité d'un conducteur est mesurée par la charge, qui porte le potentiel de ce conducteur à l'unité, quand tous les autres conducteurs voisins sont à la terre.* Suivant cette définition, la capacité d'un conducteur dépend de la forme qui lui est propre et de sa grandeur, du nombre, de la forme et de la position des conducteurs voisins, ainsi que du milieu intermédiaire.

Bornons-nous au cas où les calculs sont particulièrement simples et ont un intérêt pratique, dans lequel en dehors du conducteur A considéré *il n'y a qu'un conducteur voisin B mis à la terre.* Supposons que le corps A communique avec une source d'électricité (page 82), qui le maintient, dans toutes les circonstances, au même potentiel V propre à cette source; soit $V > 0$. Désignons par η_0 la charge du corps A pris isolément; la capacité de ce corps

$$(53,\ 1) \qquad\qquad q = \frac{\eta_0}{V}$$

ne dépend alors que de sa grandeur, de sa forme et du milieu ambiant. Si maintenant on sépare le corps A de la source de potentiel V et si on en approche le corps B (*fig.* 47) mis à la terre T, sur ce dernier apparaît une charge négative, de sorte que le potentiel de A diminue. Lorsqu'ensuite on

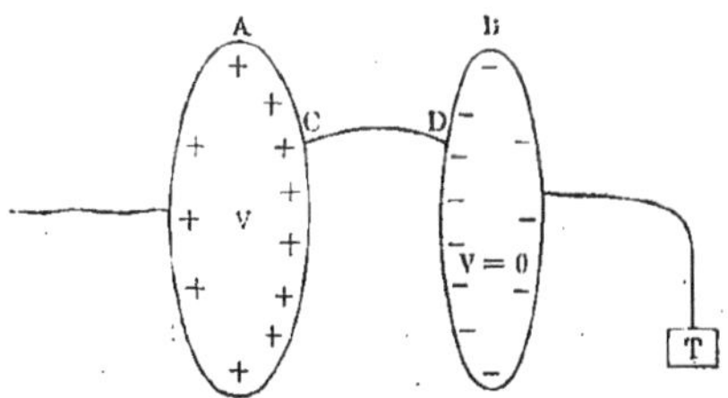

Fig. 47.

fait communiquer de nouveau A avec la source, une nouvelle quantité d'électricité passe de la source sur A, dont la charge croît. L'équilibre s'établit, quand le potentiel de A devient de nouveau égal à V, malgré la présence de B; en outre la charge η de A est $> \eta_0$. La charge négative de B doit être telle que, malgré la présence de A et l'accroissement de sa charge positive, le potentiel de B reste nul. Au lieu de q, nous avons maintenant la capacité

$$(53,\,k) \qquad\qquad Q = \frac{\eta}{V}.$$

Le système formé par les deux corps A et B, dont le premier A peut être mis en communication avec une source d'électricité, et le second B avec la terre, se nomme un *condensateur*; on peut dire en effet que l'électricité se condense sur le corps A, car la charge de ce corps augmente de la quantité $\eta - \eta_0$ par la présence de B. La capacité Q, calculée d'après la formule $(53, k)$, qui dépend par suite de la position des corps A et B dans un milieu donné ou, en d'autres termes, de la construction du condensateur, est appelée la *capacité du condensateur*. Le rapport

$$(53,\,d) \qquad\qquad \alpha = \frac{Q}{q}$$

de la capacité du condensateur à la capacité du conducteur pris isolément, qui est mis en communication avec une source d'électricité, se nomme la *force condensante du condensateur*; ce nombre indique de combien de fois s'est accrue la capacité du conducteur A par la présence du conducteur B mis à la terre.

Nous ferons connaître plus loin quelques formes de condensateurs. Ordinairement, on prend pour les corps A et B des plateaux métalliques minces, dont la forme peut d'ailleurs varier. Dans la pratique, les charges se trouvent sur les surfaces en regard des corps A et B; c'est pour cette raison qu'on parle souvent, non pas des deux corps constituant le condensateur, mais de ses deux *surfaces* communiquant, l'une avec une source d'électricité, l'autre avec la terre. Le plus simple de tous les condensateurs est le *condensateur plan*; la figure 48 indique la forme que lui a donnée Kohlrausch. Il se compose de deux plateaux métalliques verticaux, vissés aux extrémités de deux tiges horizontales, qui portent à leurs autres extrémités des vis de pression. Le montage de tout l'appareil est le suivant. Le long de la règle prismatique horizontale ab, qui repose sur deux pieds, se déplacent deux prismes creux en cuivre, que l'on peut fixer au moyen de vis disposées à leur partie inférieure. Sur ces patins s'élèvent des colonnettes verticales en bois ou en verre, dont les parties supérieures sont traversées par les tiges horizontales des plateaux; ces dernières sont soigneusement isolées avec de la gomme laque ou d'autres substances isolantes. Pour établir le parallélisme des plateaux, on se sert des vis r et t; la vis et l'écrou r et la lamelle s formant ressort permettent de faire tourner le plateau de droite du condensateur, autour d'un axe horizontal parallèle aux faces des plateaux; la vis et l'écrou t, ainsi qu'une lamelle située derrière la tige et, permettent de faire tourner la colonnette de gauche et en même temps le plateau de gauche qui lui est solidaire, autour d'un axe vertical. Les têtes de vis o et p servent à amener plus rapidement les plateaux à une distance déterminée l'un de l'autre; l'un des plateaux du condensateur communique avec une source d'électricité, l'autre avec la terre.

On se sert en particulier du condensateur plan, pour renforcer les indications des électroscopes. *L'électroscope condensateur* se compose habituellement
d'un plateau métallique horizontal verni, qui remplace la sphère de l'électros-

Fig. 48.

cope ordinaire; sur ce plateau repose un second plateau identique, muni d'une
tige en verre servant de poignée. Les deux plateaux sont isolés l'un de l'autre
par la couche de vernis et forment par suite
un condensateur plan. Pour charger ce condensateur, on met l'un des plateaux à la terre
en le touchant avec le doigt, tandis qu'on
relie l'autre au corps trop peu électrisé ou à
la source d'électricité trop faible pour produire une action suffisamment sensible sur
l'électroscope ordinaire. Dans le condensateur, s'accumulent, sur les faces en regard
des deux plateaux, deux quantités d'électricité
relativement grandes. Quand on interrompt
la communication des plateaux avec la terre
et avec l'objet étudié et lorsqu'on enlève ensuite le plateau supérieur, l'électricité con-
densée sur la surface supérieure du plateau
inférieur passe en partie sur la tige métal-

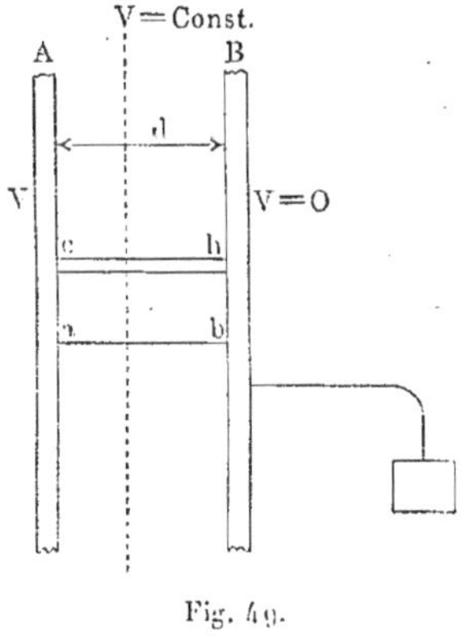

Fig. 49.

lique et les feuilles de l'électroscope, dont elle provoque la divergence, qui se
trouve relativement grande.

L'électricité ne se répand pas uniformément sur les deux surfaces d'un
condensateur plan, de sorte que l'étude d'un tel condensateur présente de

grandes difficultés. C'est pourquoi, lorsqu'on étudie la question au point de vue théorique, on considère *un condensateur plan avec des plateaux* A *et* B *infiniment grands* (*fig.* 49). La densité *k* de l'électricité est constante en tous les points de la surface d'un tel plateau ; les surfaces de niveau du potentiel sont des plans parallèles aux plateaux ; les lignes de force *ab* et les tubes de force *ch* sont rectilignes et perpendiculaires à ces plateaux. Comme aux deux extrémités d'un tube doivent se trouver des quantités égales d'électricité, les densités des électricités de noms contraires sur les deux plateaux sont égales en valeur absolue. L'espace compris entre les plateaux représente un champ électrique uniforme. Lorsqu'on passe au cas d'un condensateur plan avec des plateaux finis, on peut dire que, si les rayons des plateaux sont très grands comparativement à leur distance, *la partie centrale de l'espace compris entre les plateaux* possède les mêmes propriétés.

Considérons maintenant *la dépendance qui existe entre la capacité d'un condensateur et le milieu dans lequel il se trouve*. Nous avons déjà vu à la page 90 que la capacité d'un conducteur *unique* est proportionnelle à la constante diélectrique K du milieu qui l'entoure. On peut se convaincre facilement qu'il en est de même pour la capacité d'un condensateur. Soit $Q_0 = \eta : V$ la capacité d'un condensateur *dans l'air*. Si on remplace l'air par un autre diélectrique, sans changer la charge, le potentiel devient K fois plus petit ; pour revenir à l'ancien potentiel, il faut rendre la charge K fois plus grande, de sorte que la nouvelle capacité est $Q = KQ_0$. Répétons le même raisonnement, avec des termes un peu différents, pour le condensateur plan (*fig.* 49). Le potentiel V du plateau A est égal au travail *r* effectué dans le transport de l'unité de quantité d'électricité de A en B, suivant un chemin quelconque. Lorsqu'on remplace l'air entre les plateaux par un autre diélectrique, l'intensité du champ en tous les points du chemin devient, d'après la loi de Coulomb, K fois plus petite ; le travail *r* diminue d'autant et par suite aussi le potentiel V du plateau A, en supposant que la charge de ce plateau reste invariable. Si A communique avec une source d'électricité, la charge doit être rendue K fois plus grande pour conserver le potentiel V. Ces considérations s'étendent facilement au cas général, auquel se rapporte la figure 46, et l'égalité :

$$(54) \qquad\qquad Q = KQ_0$$

se trouve ainsi démontrée.

Un condensateur entre les surfaces duquel se trouve de l'air, s'appelle un *condensateur à air*. La formule (54) montre que *la capacité d'un condensateur avec un autre diélectrique que l'air est* K *fois plus grande que la capacité du condensateur à air identique*. Nous avons introduit la constante diélectrique, lorsque nous avons formulé la loi de Coulomb (page 32) et nous sommes arrivé ainsi à la formule (54). On procède parfois d'une manière inverse et on part de la définition suivante : *la constante diélectrique ou le pouvoir inducteur d'un diélectrique est le rapport entre la capacité d'un condensateur avec ce diélectrique et la capacité du même condensateur à air*. Nous nous sommes servi de cette définition dans le Tome II, et si on la prend pour point de départ, on peut arriver à la loi de Coulomb exprimée par la formule (11), page 33.

L'influence du diélectrique, intermédiaire entre les surfaces conductrices, sur la capacité d'un condensateur a été découverte par Cavendish en 1770; mais les recherches remarquables de ce savant sont restées ignorées pendant près d'un siècle, jusqu'à la publication en 1879 par Cl. Maxwell des manuscrits restés inédits de Cavendish; dans ces manuscrits se trouvaient même contenues des déterminations de la valeur de K pour différents diélectriques. J.-J. Borgman a construit un appareil qui met en évidence l'influence du diélectrique dont nous venons de parler, par une méthode rappelant celle de Cavendish.

L'influence sur la capacité des condensateurs du diélectrique intermédiaire a été retrouvée en 1838 par Faraday; c'est là une des plus importantes découvertes de ce physicien de génie, aussi bien au point de vue de la profondeur des idées qu'à celui de leur mise en œuvre. Faraday s'est servi de deux condensateurs sphériques, dont l'un est représenté par la figure 50. Il se compose d'une sphère creuse A, formée de deux hémisphères rodés l'un sur l'autre.; l'un de ces hémisphères présente un tube muni d'un robinet, qui sert à enlever l'air au moyen d'une pompe et à le remplacer par un autre gaz. A l'intérieur de la sphère A se trouve la sphère B, à laquelle aboutit l'extrémité inférieure d'un fil, muni à son autre extrémité d'une petite sphère K et très soigneusement isolé par une couche épaisse de gomme laque; la sphère B est mise en communication avec une source d'électricité, la sphère A avec la terre.

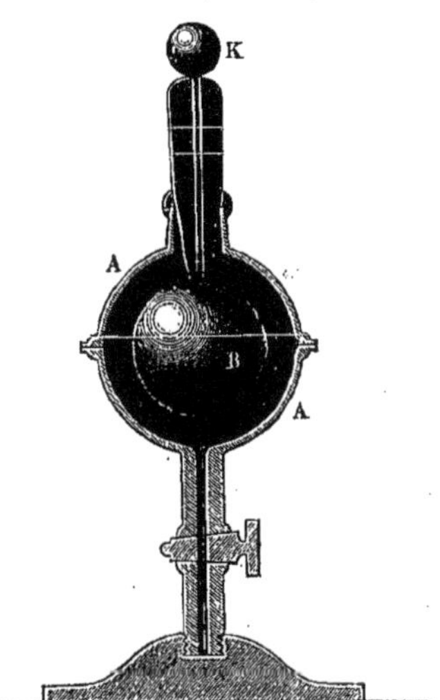

Fig. 50.

Les surfaces du condensateur sont ici la surface de la sphère B et la surface intérieure de la sphère A; le diamètre de B était de $5^{cm},92$, le diamètre intérieur de A de $9^{cm},07$. Faraday plaçait l'un auprès de l'autre deux tels condensateurs, aussi identiques que possible, et reliait d'abord la petite sphère K de l'un avec le conducteur d'une machine électrique, tandis que A était à la terre; le condensateur se trouvait ainsi chargé et la sphère B prenait une certaine charge $\eta = VQ_1$, V étant le potentiel de la sphère B et Q_1 la capacité du condensateur rempli d'air. Le degré d'électrisation de la sphère B est évidemment déterminé aussi bien par la grandeur V que par la grandeur η. Pour obtenir une mesure de ce degré d'électrisation, Faraday amenait une petite sphère, fixée à une tige de verre (la sphère immobile d'une balance de torsion, voir plus loin), en contact avec K, de sorte que cette petite sphère recevait une certaine charge η', dont la grandeur était évaluée, au moyen de la balance de torsion, en unités quelconques. On peut prendre la charge q' proportionnelle à la charge η, et par suite aussi au potentiel V, c'est-à-dire qu'on peut supposer que FARADAY mesurait les potentiels des sphères intérieures de ses condensateurs et que la mesure précédente donnait le potentiel V. FARADAY reliait ensuite un instant les sphères K des deux condensateurs et mesurait, suivant la même méthode, les potentiels V_1 et V_2 des sphères B des deux condensateurs, entre lesquelles la charge η s'était répartie ; il introduisait en outre une certaine correction relative à ce qu'on appelle la charge résiduelle dont il sera parlé plus loin, et qui était produite par la couche de gomme laque entre A et B. Comme des conducteurs en communication doivent avoir le même potentiel, il aurait dû trouver $V_1 = V_2$. Mais, en réalité, il n'obtenait pas tout à fait les mêmes valeurs pour V_1 et V_2, et prenait pour la valeur commune des potentiels la grandeur $V' = \frac{1}{2}(V_1 + V_2)$. Soit Q_2 la capacité du second condensateur. Au moment de leur réunion, les condensateurs représentent en quelque sorte un condensateur unique, dont la capacité est $Q_1 + Q_2$, la charge η et le potentiel V', de sorte que $\eta = V'(Q_1 + Q_2)$. En tenant compte de l'égalité $\eta = VQ_1$, on a :

$$VQ_1 = V'(Q_1 + Q_2),$$

d'où

$$(55)\qquad \frac{Q_2}{Q_1} = \frac{V - V'}{V'}.$$

Comme FARADAY avait une mesure pour les grandeurs V et V', il pouvait ainsi trouver le rapport des capacités des deux condensateurs.

Quand les deux condensateurs étaient remplis d'air, il obtenait approximativement $V' = \frac{1}{2}V$, c'est-à-dire $Q_2 = Q_1$. Mais lorsque la *moitié* inférieure de l'intervalle entre A et B était remplie, dans le second condensateur, de gomme laque par exemple, on avait en moyenne $Q_2 = 1,5\ Q_1$, c'est-à-dire que la capacité du condensateur rempli à moitié de gomme laque était une fois et demie plus grande que celle du condensateur ne renfermant que de l'air. La grandeur de K pour la gomme laque se trouve ainsi déterminée, bien que d'une manière peu rigoureuse. Soit q la capacité de la moitié du condensateur rempli d'air ; on a

$$Q_1 = q + q = 2q, \qquad Q_2 = q + Kq = (1 + K)q,$$

et par suite

$$(55,\,a)\qquad \frac{K + 1}{2} = \frac{Q_2}{Q_1}.$$

Pour la gomme laque, $Q_2 : Q_1 = 1,5$: on en déduit $K = 2$. FARADAY a trouvé, par la même méthode, que pour le spermaceti K oscille entre 1, 3 et 1, 6, que pour le soufre $K = 2,24$ et que pour le verre $K = 1,76$.

Passons maintenant à la description de divers autres condensateurs.

I. Condensateur plan. — Nous considérerons d'abord le condensateur plan à plateaux indéfinis ou, ce qui revient au même, la partie centrale d'un condensateur plan fini, la distance entre les plateaux étant petite relativement au rayon de ces plateaux. Cherchons la capacité de la partie d'un tel condensateur correspondant à une même aire S sur chacun des deux plateaux plans ; soit d la distance entre les plateaux. Pour plus de généralité, supposons que les potentiels des plateaux A et B soient respectivement V_1 et V_2 (*fig.* 51). Soit $\pm k$ la densité de l'électricité sur les deux plateaux (voir page 104) ; la charge est $\eta = kS$. L'intensité F du champ est partout la même, car les lignes de force sont parallèles, et par suite cette intensité a la valeur relative aux points infiniment voisins de la surface des plateaux, c'est-à-dire

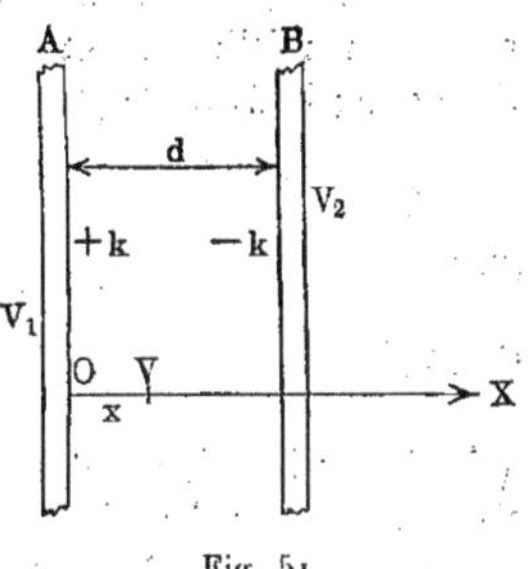

Fig. 51.

$$F = \frac{4\pi k}{K}.$$

La différence de potentiel $V_1 - V_2$ entre les deux plateaux est égale au travail Fd effectué dans le transport de l'unité de quantité d'électricité d'un plateau sur l'autre. On a donc.

$$V_1 - V_2 = Fd = \frac{4\pi k d}{K},$$

et on en déduit

(55, *b*)
$$\frac{\eta}{V_1 - V_2} = \frac{KS}{4\pi d}.$$

En faisant $V_2 = 0$, on obtient la capacité cherchée

(56)
$$Q = \frac{\eta}{V_1} = \frac{KS}{4\pi d}.$$

La formule (55, *b*) montre qu'on peut prendre, pour mesure de la capacité d'un condensateur plan, la charge de l'un des plateaux, quand la différence de potentiel des deux plateaux est égale à l'unité.

La capacité d'un *condensateur plan à air* est

(56, *a*)
$$Q = \frac{S}{4\pi d}.$$

Si d est exprimé en centimètres, S en centimètres carrés, on trouve, par la formule précédente, Q en unités él. st. de capacité ; comme nous l'avons vu, $9 \cdot 10^5$ telles unités égalent un microfarad, voir (49, *d*), page 90. Il en résulte que

(56, *b*)
$$Q = \frac{KS}{36 \cdot 10^5 \, \pi d} \text{ microfarads,}$$

d devant être exprimé en centimètres, S en centimètres carrés. Déterminons le rayon R des plateaux circulaires d'un condensateur plan à air (ou plus exactement le rayon de la partie centrale de très grands plateaux), quand on a $d = 1$ millimètre et $Q = 1$ microfarad. Nous avons $K = 1$, $d = 0,1$, $S = \pi R^2$; la formule (56, b) donne

$$\pi R^2 = 36 . 10^3 . 0, 1 \pi,$$

d'où

(56, c) $$R = 600^{\text{cm}} = 6.^{\text{m}}$$

La formule (56) montre que *la capacité d'un condensateur plan est inversement proportionnelle à la distance d des plateaux.*

En raison de son importance, nous établirons encore la formule (56) d'une autre manière. Prenons l'origine des coordonnées sur la surface du plateau A (*fig.* 51) et l'axe des x perpendiculaire à cette surface. Le potentiel V ne dépend que de la variable x et l'équation (41, c), page 78, se réduit à $\frac{d^2 V}{dx^2} = 0$: on a donc $V = Ax + B$, A et B étant des constantes déterminées par les conditions $V = V_1$ pour $x = 0$, $V = V_2$ pour $x = d$; par suite

$$V_1 = B, \qquad V_2 = Ad + B.$$

Ayant déterminé A et B, on trouve

$$V = V_1 - \frac{V_1 - V_2}{d} x,$$

La formule (44, a) donne

(56, d) $$k = - \frac{K}{4\pi} \frac{\partial V}{\partial n} = - \frac{K}{4\pi} \left(\frac{dV}{dx} \right)_{x=0} = \frac{K(V_1 - V_2)}{4\pi d}.$$

On en déduit la capacité

$$Q = \frac{\eta}{V_1 - V_2} = \frac{KS}{V_1 - V_2} = \frac{KS}{4\pi d},$$

c'est-à-dire la formule (56). On aurait obtenu le même résultat en faisant $V_2 = 0$. La densité k_1 sur la surface B est

$$k_1 = - \frac{K}{4\pi} \left\{ \frac{dV}{d(-x)} \right\}_{x=d} = - \frac{KV_1}{4\pi d} = - k;$$

nous avons trouvé plus haut le même résultat, en nous appuyant sur les propriétés des tubes de force.

Nous avons obtenu, pour la tension superficielle P, c'est-à-dire pour la force sur l'unité d'aire, l'expression (25), page 44; cette dernière nous donne la force f qui agit sur la surface S, autrement dit la force avec laquelle s'attirent mutuellement les parties des plateaux d'un condensateur plan, l'aire de chacune de ces parties étant S et leur distance d. On a

$$f = PS = \frac{2\,\pi k^2 S}{K}.$$

En substituant la valeur (56, d) de k, il vient

$$(57) \qquad f = \frac{(V_1 - V_2)^2 KS}{8\,\pi d^2}.$$

Tous nos raisonnements sont basés sur l'hypothèse que la densité k est la même en tous les points des plateaux ; mais ceci ne peut être considéré comme vrai que pour les parties centrales d'un grand condensateur, dont l'une au moins doit être rendue *mobile*. Lord Kelvin a construit un condensateur de ce genre : dans le plateau circulaire A (*fig.* 52) est découpée une

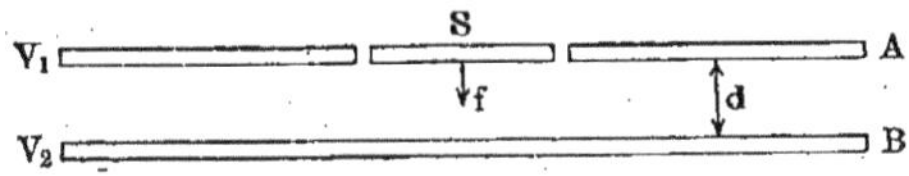

Fig. 52.

ouverture également circulaire, qui est presque exactement remplie par le plateau S ; celui-ci est maintenu dans sa position par un ressort ou tout autre procédé analogue. La partie du plateau A qui entoure le plateau S est appelée *plateau* ou *anneau de garde*, car elle préserve en quelque sorte le plateau S d'une distribution non uniforme de l'électricité. La formule (57) donne l'expression de la force qui agit sur la plaque mobile S dans la direction du plateau B. Ordinairement, on appelle la force f *la force d'attraction mutuelle entre les plateaux du condensateur plan*. La formule (57) montre que *la force f est proportionnelle au carré de la différence de potentiel des plateaux du condensateur, inversement proportionnelle au carré de leur distance et directement proportionnelle à la constante diélectrique du milieu intermédiaire*. Kirchhoff et Maxwell ont donné une formule plus exacte pour la capacité Q, dans laquelle il est tenu compte de la fente circulaire qui sépare le plateau mobile de l'anneau de garde. Si on exprime $V_1 - V_2$ en unités él. st. C. G. S., d en centimètres, et S en centimètres carrés, f est exprimé en dynes (1 dyne = 1^{mg},02). On a, par exemple, d'après la formule (57), dans le cas où S = 10^{cmq}, d = 1^{mm} = 0^{cm},1, K = 1 (air), $V_1 - V_2$ = 100 volts = $\frac{1}{3}$ unité él. st. C. G. S., voir (43, a), page 80, f = 4,42 dynes = 4^{mg},51.

La formule (56) se rapporte au cas où le diélectrique remplit complètement l'espace entre les plateaux, c'est-à-dire forme une couche d'épaisseur d. Cherchons la capacité Q, *dans le cas où l'épaisseur de la couche diélectrique est $d' < d$*. La somme des épaisseurs des couches d'air est $d - d'$. Le travail r, dans le transport de l'unité de quantité d'électricité d'un plateau sur l'autre, suivant la direction des lignes de force, est

$$r = V_1 - V_2 = F(d - d') + \frac{F}{K} d' = 4\pi k\left(d - d' + \frac{d'}{K}\right),$$

car F, intensité du champ dans l'air, est égal à $4\pi k$. La capacité cherchée est

$$(57, a) \quad Q = \frac{\eta}{V_1 - V_2} = \frac{kS}{4\pi k\left(d - d' + \frac{d'}{K}\right)} = \frac{S}{4\pi\left(d - d' + \frac{d'}{K}\right)}.$$

On voit que l'introduction d'une couche diélectrique d'autre que l'air équivaut à une diminution $d'\frac{K - 1}{K}$ de la distance d. L'introduction d'une couche conductrice isolée $(K = \infty)$ d'épaisseur d' correspond à une diminution $d - d'$ de la distance d. Il existe cependant une différence importante entre les effets sur la capacité Q de couches diélectriques ou conductrices; l'action d'une couche conductrice est la même qu'elle soit pleine ou creuse, tandis qu'une couche diélectrique donne, dans ces deux cas des résultats tout à fait différents.

La *capacité d'un condensateur plan fini*, dont les deux plateaux circulaires ont b pour épaisseur, r pour rayon, et sont distants de d, a été déterminée par KIRCHHOFF et CLAUSIUS. Cette capacité est

$$(57, b) \quad Q = \frac{Kr^2}{4d} + \frac{rK}{4\pi}\left\{ 1 + \log\frac{16\pi(d + b)r}{d^2} + \frac{b}{d}\log\frac{b + d}{b}\right\}.$$

Quand d est très petit comparativement à r, on peut se borner au premier terme, qui est identique à (56). La formule (53, d) donne, pour la force condensante d'un condensateur plan, si on adopte la valeur (50, d) de q, page 92,

$$(57, d) \qquad \alpha = \frac{Q}{q} = \frac{Kr^2}{4d} : \frac{2rK}{\pi} = \frac{\pi r}{8d}.$$

Lorsque r est grand et d petit, on obtient une grande force condensante α.

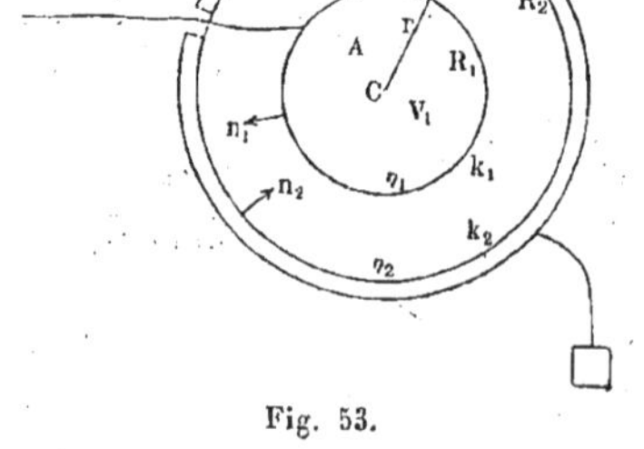

Fig. 53.

D'autres recherches sur les condensateurs plans sont dues à MAXWELL et à MAGINI et KAUFMANN (1907).

II. CONDENSATEUR SPHÉRIQUE. — Il se compose d'une sphère creuse B (*fig.* 53), dans laquelle se trouve une seconde sphère concentrique A ; la sphère A est mise en communication avec une source d'électricité, par une petite ouverture ménagée dans la sphère extérieure, laquelle est mise à la terre. Soient R_1 le rayon de la sphère A, R_2 le rayon de la surface intérieure de la sphère B, V_1 le potentiel, η_1 la charge et $k_1 = \eta_1 : 4\pi R_1^2$ la densité superficielle sur la sphère A, $V_2 = 0$, η_2 et $k_2 = \eta_2 : 4\pi R_2^2$ les grandeurs correspondantes sur la sphère B. D'après les formules (45) et (45, b) pour le potentiel intérieur et le potentiel extérieur d'une sphère, on a

$$V_1 = \frac{\eta_1}{KR_1} + \frac{\eta_2}{KR_2},$$

$$V_2 = 0 = \frac{\eta_1}{KR_2} + \frac{\eta_2}{KR_2}.$$

La seconde équation donne $\eta_2 = -\eta_1$, comme cela doit être d'après le théorème de FARADAY (page 57). La première équation donne alors

$$V_1 = \frac{\eta_1}{K}\left(\frac{1}{R_1} - \frac{1}{R_2}\right) = \frac{\eta_1}{K} \cdot \frac{R_2 - R_1}{R_1 R_2}.$$

On en déduit, pour la *capacité d'un condensateur sphérique,*

$$(58) \qquad Q = \frac{\eta_1}{V_1} = \frac{KR_1 R_2}{R_2 - R_1}.$$

Dans l'air, on a

$$(58, a) \qquad Q = \frac{R_1 R_2}{R_2 - R_1}.$$

La capacité q de la sphère intérieure seule est KR_1; on en déduit, pour la *force condensante d'un condensateur sphérique,* l'expression

$$(58, b) \qquad \alpha = \frac{q}{Q} = \frac{R_2}{R_2 - R_1}.$$

Pour $R_2 = 10^{cm}$ et $R_2 - R_1 = 2^{mm} = 0^{cm},2$, on a $\alpha = 50$. Supposons $R_2 - R_1 = d$ très petit relativement à R et à R_2; on peut alors remplacer $R_1 R_2$ par R^2, R étant le rayon moyen, et on obtient

$$(58, c) \qquad Q = \frac{KR^2}{d} = \frac{4\pi R^2 K}{4\pi d} = \frac{KS}{4\pi d},$$

S étant la surface du condensateur; la formule (58, c) est de forme identique à (56).

Nous allons encore indiquer une autre manière d'établir la formule (58, a).

Pour plus de généralité, supposons que le potentiel V_2 de la sphère B ne soit pas nul. Si on introduit des coordonnées polaires ayant pour origine le centre C, le potentiel V en un point M quelconque entre A et B est évidemment une fonction de r seulement ($r^2 = x^2 + y^2 + z^2$) et on peut écrire $V = f(r)$. La grandeur V doit satisfaire au point M à l'équation de LAPLACE

$$\frac{\partial^2 V}{\partial x^2} + \frac{\partial^2 V}{\partial y^2} + \frac{\partial^2 V}{\partial z^2} = 0;$$

cette équation se transforme comme on sait, par l'introduction de la variable indépendante r, dans la suivante

$$\frac{d^2V}{dr^2} + \frac{2}{r}\frac{dV}{dr} = 0.$$

qu'il est facile d'intégrer, en posant d'abord $\frac{dV}{dr} = Z$; on obtient finalement V sous la forme

$$(58, d) \qquad V = A + \frac{B}{r}.$$

Des équations de condition

$$V_1 = A + \frac{B}{R_1}, \qquad V_2 = A + \frac{B}{R_2}.$$

on déduit les valeurs des constantes A et B, et on a ensuite

$$(59) \qquad V = \frac{R_2 V_2 - R_1 V_1}{R_2 - R_1} + \frac{R_1 R_2 (V_1 - V_2)}{R_2 - R_1} \cdot \frac{1}{r}.$$

On trouve pour les densités

$$k_1 = -\frac{K}{4\pi}\frac{\partial V}{\partial n_1} = -\frac{K}{4\pi}\left(\frac{dV}{dr}\right)_{r=R_1} = \frac{KR_2(V_1 - V_2)}{4\pi R_1(R_2 - R_1)},$$

$$k_2 = -\frac{K}{4\pi}\frac{\partial V}{\partial n_2} = -\frac{K}{4\pi}\left(\frac{dV}{d(-r)}\right)_{r=R_2} = -\frac{KR_1(V_1 - V_2)}{4\pi R_2(R_2 - R_1)}.$$

Les quantités d'électricité sont donc

$$(59, a) \qquad \left\{ \begin{array}{l} \eta_1 = 4\pi R_1^2 k_1 = \dfrac{KR_1 R_2}{R_2 - R_1}(V_1 - V_2), \\[2mm] \eta_2 = 4\pi R_2^2 k_2 = -\dfrac{KR_1 R_2}{R_2 - R_1}(V_1 - V_2), \end{array} \right.$$

d'où $\eta_2 = -\eta_1$. On obtient pour la capacité

$$Q = \frac{\eta_2}{V_1 - V_2} = \frac{KR_1 R_2}{R_2 - R_1},$$

ce qui concorde avec (58). Nous voyons ici que Q est mesuré par la charge correspondant à $V_1 - V_2 = 1$, sans qu'on ait forcément $V_2 = 0$. La capacité d'un condensateur sphérique exprimée en microfarads est, voir (49, d), page 90 et (56, b), page 107,

$$Q = \frac{KR_1 R_2}{9 \cdot 10^5 (R_2 - R_1)} \text{ microfarads,}$$

ou, quand $R_2 - R_1 = d$ est petit, voir (58, c),

$$Q = \frac{KR^2}{9 \cdot 10^5 d} \text{ microfarads.}$$

Si on fait $K = 1$, $d = 1^{mm} = 0^{cm},1$ et $Q = 1$ microfarad, on trouve $R = 300^{cm} = 3^{m}$.

III. CONDENSATEUR CYLINDRIQUE. — Soient deux cylindres circulaires conducteurs de longueur indéfinie ayant AB pour axe commun (*fig.* 54), R_1 le rayon de la section droite du cylindre intérieur, R_2 le rayon de la surface intérieure du cylindre extérieur, V_1 et V_2 les potentiels des cylindres, k_1 et k_2 les densités des charges. Supposons qu'on détache du condensateur ainsi constitué un tronçon de longueur L et cherchons la capacité Q de ce tronçon ; soient η_1 et η_2 les charges sur les parties détachées dans les deux cylindres.

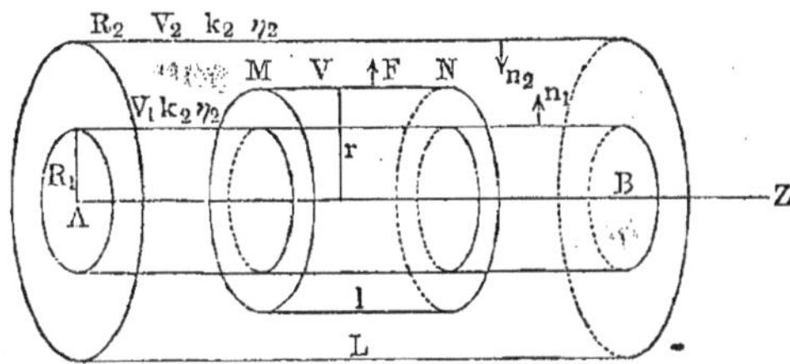

Fig. 54

Par raison de symétrie, les surfaces de niveau du potentiel doivent être des surfaces cylindriques ayant pour axe AB ; autrement dit, le potentiel V en un point entre les cylindres est une fonction de la distance r de ce point à l'axe AB. Considérons une partie MN de longueur l d'une telle surface cylindrique de niveau ; les lignes de force, qui sont orthogonales à cette surface, sont rectilignes et dirigées suivant r. Appliquons à la surface du cylindre MN le théorème sur le flux d'induction (page 45) ; la surface latérale est égale à $2\pi rl$, et si F est l'intensité du champ, le flux ψ à travers la surface totale du cylindre MN est $\psi = 2\pi rl$FK, le flux à travers les bases étant évidemment nul ; d'autre part, la quantité d'électricité contenue à l'intérieur de ce cylindre est $\eta_0 = 2\pi R_1 l k_1$; or on doit avoir $\psi = 4\pi\eta_0$, et en substituant les valeurs précédentes de ψ et de η_0, on trouve

$$F = \frac{C}{r},$$

où C est une constante, c'est-à-dire une quantité indépendante de r. L'égalité $F = -\dfrac{\partial V}{\partial n}$, dans laquelle n désigne la normale à la surface de niveau considérée, donne

$$F = -\frac{\partial V}{\partial n} = -\frac{dV}{dr} = \frac{C}{r}.$$

Il en résulte que le potentiel V est une fonction de r de la forme

(60) $$V = A + B \log r,$$

A et B étant des constantes, et log le signe des logarithmes *naturels*. On peut encore établir cette formule autrement. On a $V = f(r)$, où $r^2 = x^2 + y^2$, quand on prend l'axe du condensateur pour axe des z. L'équation de LA-PLACE, transformée par l'introduction de la variable indépendante r, donne

$$\frac{d^2 V}{dr^2} + \frac{1}{r}\frac{dV}{dr} = 0;$$

cette dernière équation s'intègre facilement et donne pour V une expression de la forme (60). Déterminons les constantes A et B par les équations de condition $V = V_1$ pour $r = R_1$ et $V = V_2$ pour $R = R_2$; nous avons

$$V_1 = A + B \log R_1, \qquad V_2 = A + B \log R_2.$$

On en déduit

$$V = \frac{V_1 \log R_2 - V_2 \log R_1}{\log R_2 - \log R_1} - \frac{V_1 - V_2}{\log R_2 - \log R_1} \log r.$$

On a pour les densités k_1 et k_2 les expressions

$$(60,a) \begin{cases} k_1 = -\frac{K}{4\pi}\frac{\partial V}{\partial n_1} = -\frac{K}{4\pi}\left(\frac{dV}{dr}\right)_{r=R_1} = -\frac{K(V_1 - V_2)}{4\pi(\log R_2 - \log R_1)}\cdot\frac{1}{R_1}, \\[2ex] k_2 = -\frac{K}{4\pi}\frac{\partial V}{\partial n_2} = -\frac{K}{4\pi}\left(\frac{dV}{d(-r)}\right)_{r=R_2} = -\frac{K(V_1 - V_2)}{4\pi(\log R_2 - \log R_1)}\cdot\frac{1}{R_2}. \end{cases}$$

et pour les charges

$$(60,b) \begin{cases} \eta_1 = 2\pi R_1 L k_1 = \frac{K(V_1 - V_2) L}{2 \log \dfrac{R_2}{R_1}}, \\[3ex] \eta_2 = 2\pi R_2 L k_2 = -\frac{K(V_1 - V_2) L}{2 \log \dfrac{R_2}{R_1}}. \end{cases}$$

On trouve $\eta_2 = -\eta_1$, comme cela doit être d'après le théorème de FARA-DAY. On voit qu'ici aussi la charge, qui sert de mesure à la capacité Q, s'obtient en faisant soit $V_1 - V_2 = 1$, soit $V_2 = 0$ (cylindre extérieur mis à la terre) et $V_1 = 1$. On se rend facilement compte qu'on doit toujours arriver à un résultat analogue, lorsque l'un des corps formant le condensateur entoure complètement l'autre, et lorsque le potentiel V_1 de l'autre corps dépend exclusivement de la charge qui se trouve sur la surface *extérieure*. On obtient, *pour la capacité d'un tronçon L de condensateur cylindrique*,

$$(60,c) \qquad Q = \frac{\eta_1}{V_1 - V_2} = \frac{KL}{2 \log \dfrac{R_2}{R_1}} = \frac{0,2172\,KL}{\mathrm{Log}\,\dfrac{R_2}{R_1}},$$

Log étant le signe des logarithmes ordinaires (de BRIGGS); en exprimant cette capacité en *microfarads*, on a

$$(60,d) \qquad Q = \frac{KL}{18.10^5 \log \dfrac{R_2}{R_1}}.$$

Si $R_2 - R_1 = d$ est petit relativement à R_1, on peut poser

$$\log \frac{R_2}{R_1} = \log\left(1 + \frac{R_2 - R_1}{R_1}\right) = \log\left(1 + \frac{d}{R_1}\right) = \frac{d}{R_1},$$

et on a par suite

$$(60,\ e) \qquad Q = \frac{KLR_1}{2d} = \frac{2\pi LR_1 K}{4\pi d} = \frac{KS}{4\pi d}.$$

Cette expression est identique à (56) et (58, c). Les câbles télégraphiques sous-marins peuvent être considérés comme des condensateurs cylindriques, dans lesquels l'âme métallique joue le rôle de cylindre intérieur, l'armature ou simplement l'eau de mer le rôle de cylindre extérieur et enfin la couche isolante le rôle du diélectrique intermédiaire auquel se rapporte la constante K.

Quand les axes des deux cylindres ne coïncident pas parfaitement, mais se trouvent à une *petite* distance d l'un de l'autre, on a, comme J. J. Thomson l'a montré, l'expression plus compliquée suivante

$$(60,\ f) \qquad Q = \frac{KL}{2 \log \frac{R_2}{R_1}} \left\{ 1 + \frac{d^2}{(R_2^2 - R_1^2)\log \frac{R_2}{R_1}} \right\}.$$

Dans le cas de *deux cylindres parallèles égaux*, si d est la distance des axes, R le rayon de la section droite des cylindres, L la longueur de la *portion* des deux cylindres que l'on considère, la capacité est donnée par la formule

$$(60,\ g) \qquad Q = \frac{KL}{4 \log \frac{d}{R}}.$$

IV. Condensateur de forme quelconque. — Nous supposerons que la distance d entre les deux surfaces du condensateur est *petite*, cette distance

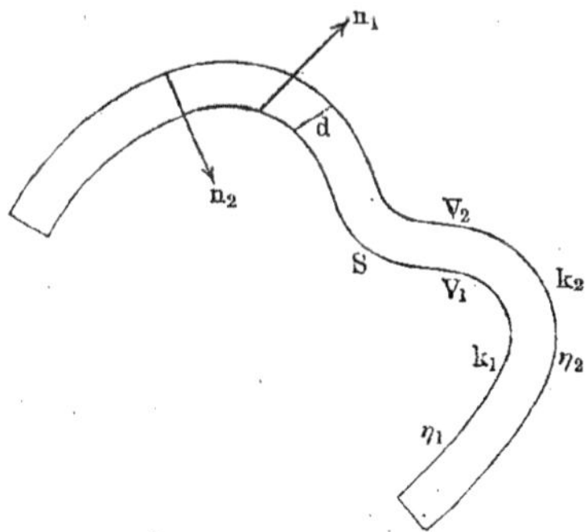

Fig. 55

pouvant d'ailleurs varier aux différents points du condensateur. Conservons à V_1, V_2, k_1, k_2, η_1, η_2 leur précédente signification (*fig.* 55); soit S l'aire du condensateur, qui est sensiblement la même pour les deux surfaces, en raison de la petitesse de d. On obtient une valeur approchée de la capacité Q, en remplaçant $\frac{\partial V}{\partial n}$, dans les formules qui expriment k_1 et k_2, d'abord par $\Delta V : \Delta n$ et en prenant ensuite $\Delta n = d$ et par conséquent $\Delta V = V_1 - V_2$. On a alors

$$k_1 = \frac{K}{4\pi} \frac{\partial V}{\partial n_1} = \frac{K (V_1 - V_2)}{4\pi d},$$

$$k_2 = -\frac{K}{4\pi} \frac{\partial V}{\partial n_2} = -\frac{K (V_1 - V_2)}{4\pi d},$$

et pour les charges

$$\eta_1 = \int k_1 ds = \frac{K (V_1 - V_2)}{4\pi} \int \frac{dS}{d},$$

$$\eta_2 = \int k_2 ds = -\frac{K (V_1 - V_2)}{4\pi} \int \frac{dS}{d},$$

d'où $\eta_2 = -\eta_1$, comme cela doit être d'après le théorème de Faraday (page 57). On trouve pour la capacité

$$Q = \frac{\eta_1}{V_1 - V_2} = \frac{K}{4\pi} \int \frac{dS}{d}.$$

Si l'épaisseur d de la couche diélectrique est partout la même, on a

$$(61) \qquad\qquad Q = \frac{KS}{4\pi d}.$$

Cette formule généralise les expressions (56), (58, c) et (60, c). En partant de ce résultat approché, on voit que la capacité d'un condensateur est en général proportionnelle à la surface totale de ce condensateur ainsi qu'au pouvoir inducteur du diélectrique intermédiaire et inversement proportionnelle à la distance des surfaces conductrices.

Clausius (1852) a montré comment ou pouvait obtenir une seconde approximation. Soit S_1 l'une des surfaces et V_1 son potentiel; de même soit S_2 l'autre surface et V_2 son potentiel. Entre ces deux surfaces, le potentiel est variable et nous le représenterons simplement par V. Prenons un point sur la surface S_1 pour origine d'un système de coordonnées rectangulaires, dont l'axe des z soit la normale en ce point (comptée comme positive vers l'extérieur), et dont les axes des x et des y soient deux droites rectangulaires quelconques situées dans le plan tangent. Comme cette origine appartient à la surface S_1, le potentiel V y a la valeur V_1. Mais si nous partons de ce point dans la direction de l'axe des z, le potentiel variera, et, au point où l'axe des z coupera la surface S_2, il aura la valeur V_2. Nous pourrons donc, en désignant par d la distance des deux surfaces, écrire d'après la formule de Taylor

$$V_2 = V_1 + \left(\frac{\partial V}{\partial z}\right)_1 d + \left(\frac{\partial^2 V}{\partial z^2}\right)_1 \frac{d^2}{2} + \dots$$

Or, comme par hypothèse la distance d est une quantité très petite, si on la rapporte à une unité comparable aux dimensions de l'espace limité par la surface S_1, nous pourrons nous borner aux premiers termes de cette série ordonnée suivant les puissances croissantes de d; nous conviendrons de négliger les termes supérieurs au second ordre, et nous ne prendrons, en conséquence, que les trois premiers termes du second membre. En faisant passer V_1 dans le premier membre, nous pourrons donc écrire

$$(61, a) \qquad V_2 - V_1 = \left(\frac{\partial V}{\partial z}\right)_1 d + \left(\frac{\partial^2 V}{\partial z^2}\right)_1 \frac{d^2}{2}.$$

En nous servant de l'équation

$$(61, b) \qquad \frac{\partial^2 V}{\partial x^2} + \frac{\partial^2 V}{\partial y^2} + \frac{\partial^2 V}{\partial z^2} = 0,$$

qui a lieu pour tout l'espace situé entre les deux surfaces, nous allons réduire à une seule les deux dérivées du second membre. Imaginons que nous avancions de l'origine des coordonnées, qui est située sur la surface S_1, dans le plan des xz, vers un autre point infiniment voisin situé à l'extérieur de la surface ou sur elle, et dont les coordonnées sont δx et δz. La variation infiniment petite, qui en résultera pour le potentiel V, sera représentée par

$$\delta V = \left(\frac{\partial V}{\partial x}\right)_1 \delta x + \left(\frac{\partial V}{\partial z}\right)_1 \delta z + \left(\frac{\partial^2 V}{\partial x^2}\right)_1 \frac{\delta x^2}{2} + \left(\frac{\partial^2 V}{\partial x \partial z}\right)_1 \delta x \delta z + \left(\frac{\partial^2 V}{\partial z^2}\right)_1 \frac{\delta z^2}{2} + \cdots$$

Pour particulariser davantage, admettons que cet autre point soit, comme l'origine des coordonnées, sur la surface S_1; le potentiel aura alors la valeur V_1 et la variation δV dans le premier membre sera nulle. En même temps, on peut, dans ce cas, déduire de la forme de la courbe suivant laquelle le plan des xz coupe la surface du corps, une relation entre δx et δz. Comme l'axe des x est la tangente à la courbe au point considéré, nous obtiendrons, en désignant par R le rayon de courbure de celle-ci en ce point, l'équation suivante

$$\delta z = \mp \frac{1}{2R} \delta x^2 + \text{etc.},$$

dans laquelle on devra prendre le signe supérieur ou inférieur, suivant que la courbe est convexe ou concave du côté des z positifs, c'est-à-dire du côté extérieur de la surface. En substituant cette valeur de δz dans l'équation qui précède, et en posant en même temps le premier membre égal à zéro, nous aurons :

$$0 = \left(\frac{\partial V}{\partial x}\right)_1 \delta x + \frac{1}{2}\left[\left(\frac{\partial^2 V}{\partial x^2}\right)_1 \mp \frac{1}{R}\left(\frac{\partial V}{\partial z}\right)_1\right]\delta x^2 + \text{etc.}$$

Comme cette équation doit être vraie pour toutes les valeurs de δx, il en résulte que les coefficients des différentes puissances de δx doivent être séparément nuls, ce qui donne

$$\left(\frac{\partial V}{\partial x}\right)_1 = 0, \quad \left(\frac{\partial^2 V}{\partial x^2}\right)_1 \mp \frac{1}{R}\left(\frac{\partial V}{\partial z}\right)_1 = 0 \quad \text{ou} \quad \left(\frac{\partial^2 V}{\partial x^2}\right)_1 = \pm \frac{1}{R}\left(\frac{\partial V}{\partial z}\right)_1.$$

. On obtiendra de même pour le plan des yz, en appelant R' le rayon de courbure de la courbe suivant laquelle il coupe la surface, $\left(\dfrac{\partial^2 V}{\partial y^2}\right)_1 = \pm \dfrac{1}{R'}\left(\dfrac{\partial V}{\partial z}\right)_1$. En substituant dans (61, b) ces valeurs de $\left(\dfrac{\partial^2 V}{\partial x^2}\right)_1$ et $\left(\dfrac{\partial^2 V}{\partial y^2}\right)_1$, on aura

$$\left(\frac{\partial^2 V}{\partial z^2}\right)_1 = \left(\mp \frac{1}{R} \mp \frac{1}{R'}\right)\left(\frac{\partial V}{\partial z}\right)_1.$$

Cette valeur de $\left(\dfrac{\partial^2 V}{\partial z^2}\right)_1$ substituée dans l'équation (61, a) donnera

$$V_2 - V_1 = d\left[1 \mp \frac{d}{2}\left(\frac{1}{R} + \frac{1}{R'}\right)\right].$$

On peut encore donner, dans cette équation, une autre expression à la dérivée $\left(\dfrac{\partial V}{\partial z}\right)_1$. En effet, en désignant par k_1 la densité de l'électricité au point considéré de la surface S_1, on peut poser $\left(\dfrac{\partial V}{\partial z}\right)_1 = 4\pi k_1$, ce qui transformera l'équation précédente en

$$V_2 - V_1 = 4\pi k_1 d\left[1 \mp \frac{d}{2}\left(\frac{1}{R} + \frac{1}{R'}\right)\right];$$

il s'ensuit pour la capacité ($K = 1$)

$$Q = \frac{S_1}{4\pi d} \pm \frac{1}{8\pi}\int\!\!\int\left(\frac{1}{R} + \frac{1}{R'}\right) ds_1.$$

La notion de capacité s'élargit, lorsqu'on considère non plus deux conducteurs en présence, comme dans le condensateur ordinaire, mais un nombre quelconque de conducteurs. Si on se borne au cas simple de trois conducteurs en présence S_1, S_2, S_3 et si on suppose, en généralisant ce qui a lieu pour le condensateur ordinaire, que la charge totale (algébrique) du système soit nulle, on peut alors envisager six capacités différentes, définies toutes comme le rapport d'une charge à une différence de potentiel. Ces capacités sont les suivantes : 1° Capacité Q_i du conducteur S_i par rapport à l'ensemble des conducteurs S_j et S_k supposés réunis par une communication conductrice ($i \gtrless j \gtrless k = 1, 2, 3$); 2° Capacité Q'_i de S_j par rapport à S_k, S_i étant supposé isolé ($i \gtrless j \gtrless k = 1, 2, 3$). A. POTIER a énoncé le théorème suivant : *si l'on construit un triangle dont les trois côtés sont* $\sqrt{Q_1}$, $\sqrt{Q_2}$, $\sqrt{Q_3}$, *les hauteurs du triangle abaissées respectivement sur ces trois côtés sont* $\sqrt{Q'_1}$, $\sqrt{Q'_2}$, $\sqrt{Q'_3}$. Un mode de représentation géométrique analogue (avec un tétraèdre) peut être étendu au cas de quatre conducteurs. Le théorème de A. POTIER trouve son application dans les câbles armés des canalisations électriques souterraines.

Nous allons maintenant nous occuper des *systèmes de condensateurs*. On peut réunir ensemble plusieurs condensateurs, de manière à former ce qu'on appelle une *batterie*. Ce groupement peut être fait de différentes façons ; nous considérerons les deux groupements qui sont les plus simples.

A. GROUPEMENT EN PARALLÈLE OU EN SURFACE. — Nous représenterons schématiquement sur nos figures les deux surfaces d'un condensateur, par deux petits traits parallèles. Le groupement en parallèle est indiqué par la figure 56.

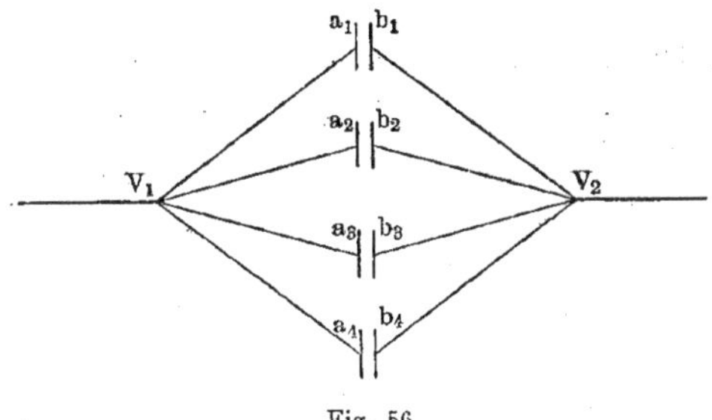

Fig. 56

On relie entre elles d'une part toutes les surfaces extérieures a_1, a_2, a_3, ..., et d'autre part toutes les surfaces intérieures b_1, b_2, b_3, ... Soient Q_1, Q_2, Q_3, ... les capacités des condensateurs, $\pm \eta_1$, $\pm \eta_2$, $\pm \eta_3$, ... leurs charges. Toutes les surfaces a_i se trouvent au même potentiel V_1, toutes les surfaces b_i à un même autre potentiel V_2. On a $\eta_i = Q_i (V_1 - V_2)$; la charge totale est $\eta = \Sigma \eta_i$; d'un autre côté $\eta = Q (V_1 - V_2)$, Q désignant la capacité de la batterie. En substituant il vient :

$$\eta = Q (V_1 - V_2) = \Sigma \eta_i = \Sigma Q_i (V_1 - V_2) = (V_1 - V_2) \Sigma Q_i,$$

d'où

(62) $$Q = \Sigma Q_i.$$

Dans le groupement en parallèle, la capacité d'une batterie est égale à la somme des capacités des différents condensateurs. Il est clair que tous les condensateurs n'en forment en quelque sorte qu'un seul, dont la surface est égale à la somme des surfaces des condensateurs groupés en parallèle.

Lorsque n condensateurs identiques de même capacité Q' sont associés en surface, on a

$$Q = nQ'.$$

B. GROUPEMENT EN SÉRIE OU EN CASCADE. — Ce mode de groupement est représenté schématiquement par la figure 57. L'une des surfaces a_1 du premier condensateur communique avec une source d'électricité et prend, par exemple le potentiel V_1 ; l'autre surface b_1 est reliée à son tour avec l'une des surfaces a_2 du second condensateur, dont l'autre surface b_2 est reliée à son tour avec l'une des surfaces a_3 du troisième condensateur, etc. Soit V' le potentiel des surfaces b_1 et a_2, V'' celui des surfaces b_2 et a_3, etc ; soit enfin V_2 le potentiel de la seconde surface du dernier condensateur, qui est ordinairement à la terre, de sorte que $V_2 = 0$. Lorsque a_1 reçoit la charge η, sur b_1 reste la charge $(-\eta)$ et la charge $(+\eta)$ passe sur a_2; par suite la charge $(-\eta)$

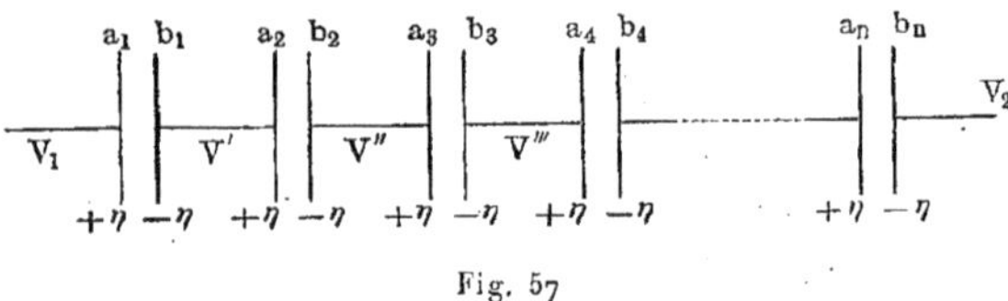

Fig. 57

apparait sur b_2 et $(+\eta)$ passe sur a_3, etc. Tous les condensateurs reçoivent de cette manière des *charges égales*. On a maintenant

$$V_1 \quad - V' = \frac{\eta}{Q_1},$$

$$V' \quad - V'' = \frac{\eta}{Q_2},$$

$$V'' \quad - V''' = \frac{\eta}{Q_3},$$

$$\cdot \quad \cdot \quad \cdot \quad \cdot \quad \cdot \quad \cdot$$

$$V^{(n-1)} - V_2 = \frac{\eta}{Q_n}.$$

En ajoutant ces égalités membre à membre, il vient :

$$V_1 - V_2 = \eta \, \Sigma \frac{1}{Q_i}.$$

On a d'autre part, pour toute la batterie,

$$V_1 - V_2 = \frac{\eta}{Q},$$

et on en déduit

$$(63) \qquad \qquad \frac{1}{Q} = \Sigma \frac{1}{Q_i}.$$

Dans les condensateurs groupés en cascade, l'inverse de la capacité de la batterie est égale à la somme des inverses des capacités des différents condensateurs. Quand n condensateurs de même capacité Q' sont groupés en série, on a, d'après (63)

$$(63, a) \qquad \qquad Q = \frac{Q'}{n}.$$

L'un des avantages du groupement en cascade réside dans la grande différence de potentiel $V_1 - V_2$ qui peut être ainsi réalisée ; les différents condensateurs acquièrent des différences de potentiel beaucoup moindres (s'ils sont en nombre suffisamment grand), alors qu'un seul de ces condensateurs pourrait ne pas supporter la différence $V_1 - V_2$.

Une forme de condensateur très employée en pratique est la *bouteille de Leyde*. Elle consiste en une bouteille ou un cylindre en verre (*fig.* 58), dont les deux faces intérieure et extérieure sont recouvertes jusqu'à une certaine hauteur de lames d'étain. La couche intérieure d'étain est en communication métallique avec une petite sphère, le bouton de la bouteille, qui émerge de celle-ci. Les lames d'étain intérieure et extérieure s'appellent ordinairement les *armatures* de la bouteille ; elles correspondent aux deux corps dont se compose, comme nous l'avons vu, tout condensateur. Les deux surfaces que que nous avons envisagées dans les condensateurs sont ici la surface extérieure de l'armature intérieure et la surface intérieure de l'armature extérieure, c'est-à-dire les surfaces d'étain tournées vers le verre, qui joue le rôle du diélectrique intermédiaire. Le bouton, et par suite aussi l'armature intérieure, est ordinairement en communication avec une source d'électricité, l'armature extérieure avec la terre. Si on veut relier l'armature extérieure avec la source d'électricité, il faut isoler la bouteille.

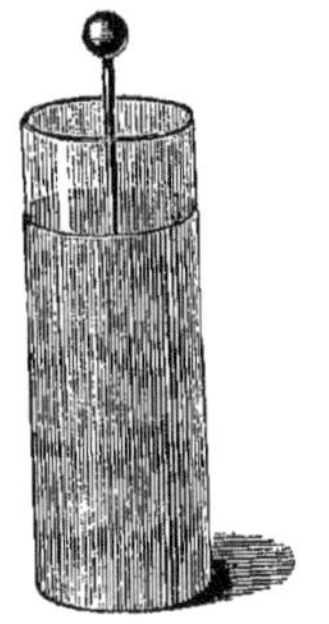

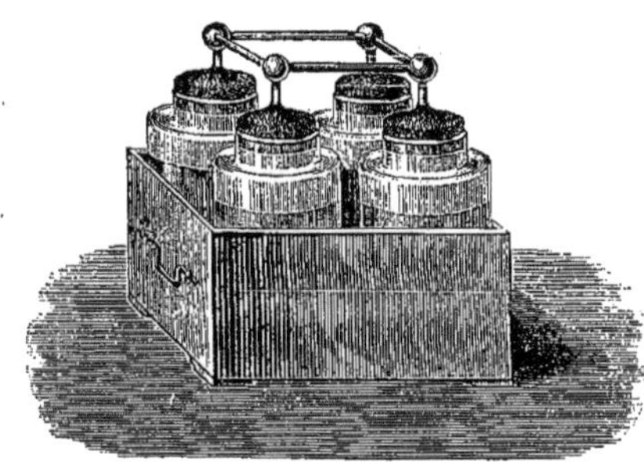

Fig. 58   Fig. 59

Quoique l'armature intérieure ne soit pas complètement entourée par l'armature extérieure, on peut cependant déterminer la *capacité* de la bouteille de *Leyde* par la formule (61)

(64)
$$Q = \frac{KS}{4\pi d},$$

dans laquelle d est l'épaisseur moyenne de la paroi en verre, K le pouvoir inducteur du verre et S l'aire de l'une des faces recouvertes d'étain. La figure 59 représente l'un des modes de groupement *en surface* ; toutes les bouteilles sont placées dans une caisse tapissée d'étain à l'intérieur, tandis que les boutons sont réunis entre eux par des tiges métalliques. Quand les bouteilles sont identiques, la capacité de la batterie est $Q_n = nQ$.

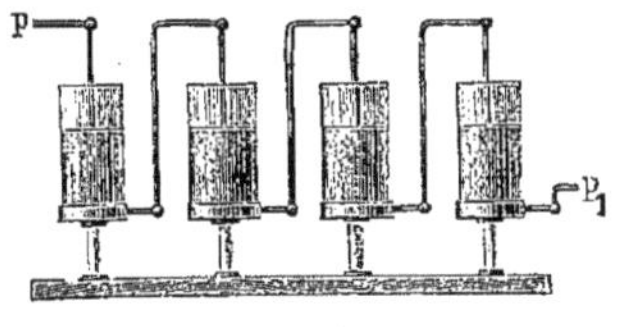

Fig. 60

La figure 60 représente le groupement des bouteilles *en cascade* ; la capacité de la batterie est alors $Q_n = Q : n$.

Lorsqu'on relie les armatures d'une *bouteille de Leyde* par un conducteur métallique, les charges de noms contraires se détruisent mutuellement; en d'autres termes, les tensions existant dans le verre disparaissent. Ce phéno-

Fig. 61

mène s'appelle la *décharge* de la bouteille et se manifeste, plus généralement, dans tout condensateur. Pour produire une telle décharge, on se sert d'appareils de différentes sortes, nommés *excitateurs*. L'excitateur très simple, représenté par la figure 61, se compose d'un manche en verre *m*, fixé à une charnière *c*, autour de laquelle peuvent tourner deux tiges métalliques légèrement courbées, terminées par de petites boules *a* et *b*. On applique une de ces boules contre l'armature extérieure et on approche ensuite l'autre du bouton de la bouteille. Le phénomène de la décharge est accompagné d'une étincelle qui se produit entre le bouton et la boule voisine de l'excitateur. La décharge est un phénomène dynamique et comme telle sera considérée plus en détail dans la suite.

Il nous reste encore à considérer *l'énergie d'un condensateur*, c'est-à-dire la grandeur W de l'énergie potentielle électrique (plus exactement électrostatique) emmagasinée dans le condensateur chargé. Nous avons trouvé, pour l'énergie W d'un système de conducteurs électrisés, la formule (51, *d*), page 94

$$(65) \qquad W = \frac{1}{2} \sum V \eta,$$

les V désignant les potentiels, les η les charges des conducteurs. Dans le condensateur, on a affaire seulement à deux corps, de sorte que

$$W = \frac{1}{2} V_1 \eta_1 + \frac{1}{2} V_2 \eta_2.$$

Dans tous les cas d'intérêt pratique, on a $\eta_2 = - \eta_1$; si on supprime par suite les indices des charges, il vient

$$(65, a) \qquad W = \frac{1}{2} \eta (V_1 - V_2);$$

d'un autre côté la capacité a pour expression $Q = \eta : (V_1 - V_2)$; on a donc

$$(65, b) \qquad W = \frac{1}{2} \eta (V_1 - V_2) = \frac{\eta^2}{2Q} = \frac{1}{2} Q (V_1 - V_2)^2.$$

Nous supposerons en outre que le condensateur est à la terre; en faisant $V_2 = 0$ et $V_1 = V$, on trouve

$$(65, c) \qquad W = \frac{1}{2} \eta V = \frac{\eta^2}{2Q} = \frac{1}{2} QV^2.$$

Ces expressions sont identiques à (51, a) page 93. D'après la formule (61)

$$(65, d) \qquad\qquad Q = \frac{SK}{4\pi d},$$

et on a

$$(65, e) \qquad\qquad W = \frac{1}{2}\,\eta V = \frac{2\pi\eta^2 d}{KS} = \frac{KSV^2}{8\pi d} = \frac{2\pi d\eta k}{K},$$

où $k = \eta : S$ désigne la densité de la charge. Ces formules montrent que *l'énergie d'un condensateur est proportionnelle au produit de la charge par la densité de la charge, ou encore proportionnelle au carré de la charge, ou enfin proportionnelle au carré du potentiel; pour une charge donnée, l'énergie est inversement proportionnelle à la surface du condensateur.* Pour comprendre le sens de cette dernière loi, il est nécessaire de remarquer qu'un accroissement de la surface, sur laquelle la charge est distribuée, correspond à une déperdition de charge; en même temps les forces intérieures répulsives effectuent un travail et il en résulte une diminution correspondante de la provision d'énergie. Les formules (65, e) font voir en outre que, η, S et d *étant données, l'énergie est inversement proportionnelle à la constante diélectrique du milieu intermédiaire.*

Calculons maintenant *l'énergie d'une batterie* formée de condensateurs égaux; soit Q_1 la capacité *d'un seul* condensateur, n le nombre des condensateurs.

Considérons d'abord n condensateurs associés *en surface*, c'est-à-dire formant un condensateur unique dont la capacité est $Q_n = nQ_1$; soit V le potentiel, W_n l'énergie, η_n la charge de la batterie. La formule (65, e) nous donne alors

$$(66) \qquad\qquad W_n = \frac{1}{2}\,\eta_n V = \frac{\eta_1^2}{2\,Q_n} = \frac{1}{2}\,Q_n V^2.$$

Chargeons *chaque* condensateur associé jusqu'au potentiel V, et soit W_1 son énergie, η_1 sa charge; on a

$$(66, a) \qquad\qquad W_1 = \frac{1}{2}\,\eta_1 V.$$

Mais dans le groupement en surface, $\eta_n = n\eta_1$ et $Q_n = nQ_1$, voir page 119; par suite (66) donne

$$(66, b) \qquad\qquad W_n = \frac{1}{2}\,n\eta_1 V = \frac{\eta_n^2}{2\,nQ_1} = \frac{1}{2}\,nQ_1 V^2.$$

On déduit de (66, a) et (66, b)

$$(66, c) \qquad\qquad W_n = nW_1.$$

L'énergie d'une batterie formée de n condensateurs (de bouteilles de Leyde, par exemple) associés en surface est n fois plus grande que l'énergie de chacun des condensateurs; pour une charge donnée, elle est inversement proportionnelle *au nombre n; pour un potentiel donné, elle est directement proportionnelle à ce nombre n.*

Supposons maintenant que l'on ait n condensateurs associés en cascade. Reportons-nous à la figure 57, page 120, en supposant que le dernier condensateur soit à la terre, c'est-à-dire que $V_2 = o$: supposons en outre que $V_1 = V$. Le système considéré de corps conducteurs est le suivant : a_1, b_1, a_2, b_2, a_3, ..., le dernier corps b_n étant à la terre ; mais on peut aussi envisager le système comme formé des corps a_1', $b_1 a_2$, $b_2 a_3$, ... ; les corps $b_1 a_2$, $b_2 a_3$, ..., sont isolés et par suite les termes qui leur correspondent dans la somme (65) sont nuls ; en effet, b_1 par exemple, donne le terme $\frac{1}{2}(-\eta)V'$ et a_2 le terme $\frac{1}{2}(+\eta)V'$, dont la somme est nulle ; quant au corps b_n il est au potentiel zéro. Il ne reste évidemment qu'un terme, qui se rapporte au premier corps a_1, de sorte que si on écrit η_n à la place de η, l'énergie totale est

$$(67) \qquad W_n = \frac{1}{2}\,\eta_n\,V = \frac{\eta_n^2}{2\,Q_n} = \frac{1}{2}\,Q_n V^2.$$

Pour un seul condensateur, dont l'une des surfaces est portée au potentiel V, tandis que l'autre surface se trouve au potentiel zéro, on aurait

$$(67,\,a) \qquad W_1 = \frac{1}{2}\,\eta_1 V = \frac{1}{2}\,Q_1 V^2.$$

Dans le groupement en cascade, on a $Q_n = Q_1 : n$, voir page 120, et par suite $\eta_n = \eta_1 : n$. Les formules (67) donnent donc

$$(67,\,b) \qquad W_n = \frac{n\eta_1^2}{2 Q_1} = \frac{Q_1 V^2}{2n} = \frac{W_1}{n}.$$

L'énergie d'une batterie de n condensateurs (de bouteilles de Leyde, par exemple) associés en cascade est n fois plus petite que l'énergie d'un seul condensateur chargé au même potentiel ; pour une charge donnée, l'énergie est proportionnelle au nombre n ; pour un potentiel donné, elle est inversement proportionnelle à ce nombre n.

Il est facile de déterminer l'énergie d'une batterie formée de groupes de condensateurs en cascade, qui sont associés en surface.

Sans aborder ici d'une manière complète l'étude du phénomène complexe de la décharge, nous pouvons cependant indiquer le résultat final auquel elle conduit, en nous appuyant sur le principe de la conservation de l'énergie.

L'énergie électrique W du condensateur disparaît dans la décharge et à sa place apparaît une quantité équivalente d'autres formes d'énergie. Ordinairement, presque toute l'énergie W se transforme en énergie *calorifique*, et on peut évaluer facilement cette dernière en joules ou en calories-grammes. Lorsque, dans (65, c) et (65, e), on exprime η, V, Q, S et d en unités C.G.S., W est exprimé en ergs ; si on exprime η, V et Q respectivement en coulombs, volts et farads, on obtient W en joules (1 joule $= 10^7$ ergs $= 0^{kgm},102 = 0,24$ cal. gr.). On a donc les égalités suivantes :

1. η, V, Q, S (cmq.) et d (cm.) sont donnés en unités C. G. S. :

$$(68) \qquad W = \frac{1}{2}\eta V = \frac{\eta^2}{2Q} = \frac{1}{2}QV^2 = \frac{2\eta^2\pi d}{KS} = \frac{KSV^2}{8\pi d}\ \text{ergs},$$

$$(68,\ a) \qquad W = 0,12.10^{-7}\eta V = \frac{0,12\,\eta^2}{10^7 Q} = 0,12.10^{-7}QV^2$$

$$= \frac{0,48\pi\eta^2 d}{10^7 KS} = \frac{0,03\,KSV^2}{10^7\pi d}\ \text{cal. gr.}$$

2. V est donné en volts, Q en microfarads et η en microcoulombs :

$$(68,\ b) \qquad W = \frac{1}{2}10^{-6}\eta V = \frac{1}{2}\frac{\eta^2}{10^6 Q} = 10^{-6}QV^2\ \text{joules}$$

$$(68,\ c) \qquad W = 0,12.10^{-6}\eta V = \frac{0,12\,\eta^2}{10^6 Q} = 0,12.10^{-6}QV^2\ \text{cal. gr.}$$

Dans la décharge d'un condensateur, d'une batterie de bouteilles de *Leyde* par exemple, on peut interposer entre l'excitateur et la batterie une série de liaisons conductrices, des fils par exemple. L'ensemble de ces liaisons forme le *circuit de décharge*, par lequel passe, comme on a coutume de dire, la décharge. La quantité de chaleur W se répartit sur ces liaisons et *la quantité totale* W *de chaleur libérée ne dépend pas de la constitution du circuit*, pourvu qu'il ne se produise pas, dans la décharge, de transformation de l'énergie électrique en d'autres formes que l'énergie calorifique. Chaque conducteur possède une *résistance* déterminée r ; cette grandeur est l'inverse de la conductibilité électrique, qui est connue en physique élémentaire et que nous rencontrerons de nouveau dans l'étude du courant électrique, la décharge d'un condensateur devant d'ailleurs être considérée au fond comme étant un tel courant.

La résistance d'un fil est proportionnelle à la longueur de ce fil, inversement proportionnelle à sa section droite et directement proportionnelle à la résistance spécifique (*résistivité*) de la substance du fil, laquelle dépend elle-même de la constitution chimique et de l'état physique de cette substance.

La théorie, qui sera développée plus tard, montre, comme l'expérience le confirme d'ailleurs, que *la chaleur* W *se répartit dans les différents éléments du circuit de décharge proportionnellement à la résistance de ces éléments, de sorte que la chaleur* W_i *dégagée dans le i^e élément du circuit est*

$$(69) \qquad W_i = \frac{r_i}{\Sigma r_i}\,W.$$

Riess a déterminé d'une manière particulièrement soignée comment la chaleur W_i dépend des diverses circonstances dans lesquelles peut avoir lieu la décharge ; il s'est servi à cet effet d'un appareil appelé *thermomètre électrique*, qui est représenté par la figure 62. Cet appareil se compose d'une sphère de verre présentant quatre ouvertures. En a et b sont fixées, dans des montures métalliques, les extrémités d'un fil de platine ; l'ouverture c porte, dans une monture métallique, un bouchon que l'on enlève pendant un instant avant chaque expérience, en vue d'égaliser la pression à l'intérieur de la sphère avec la pression atmosphérique. À la quatrième ouverture aboutit un tube en verre presque capillaire, courbé à angle droit à son autre extrémité où il s'élargit en forme d'entonnoir ; au-dessous du tube se trouve une échelle graduée.

Fig. 62

Le tube et une partie de l'entonnoir renferment un liquide coloré, qui doit, avant l'expérience, presque atteindre l'extrémité supérieure de l'échelle. Tout l'appareil est installé, comme on le voit sur la figure, de façon que le tube soit légèrement incliné sur l'horizon. Les expériences sont effectuées de manière à faire passer la décharge par le fil de platine. Il se dégage dans le fil une certaine quantité de chaleur w, qui se transmet à l'air ; celui-ci se dilate et le niveau du liquide baisse dans le tube. Il est facile, à l'aide des lois de MARIOTTE et de GAY-LUSSAC, d'établir une formule permettant de calculer w. Cette formule est la suivante :

$$(69, a) \qquad w = Gs \frac{n}{\alpha} \left(\frac{v}{V} + \frac{\delta}{p_0} \cos \varphi \right) \left\{ 1 + \frac{V}{v(1 + \alpha t_0)} \frac{p_0}{760} \frac{\gamma \sigma}{Gs} \right\} ;$$

G désigne le poids du fil, s sa capacité calorifique, n le nombre de divisions de l'échelle dont s'est abaissé le niveau du liquide après le passage de la décharge α le coefficient de dilatation de l'air, V le volume de la sphère, v le volume d'une division du tube, p_0 la pression en millimètres de mercure, t_0 la température de l'air dans la sphère avant le passage de la décharge, δ le rapport de la densité du liquide contenu dans le tube à la densité du mercure, φ l'angle d'inclinaison du tube sur l'horizon, γ le poids de l'air dans le volume v à $0°$ et sous la pression de 760^{mm}, σ la capacité calorifique de l'air.

Riess a déduit, en premier lieu, de ses expériences, comment la quantité de chaleur w dépend de la batterie déchargée ; il a trouvé que w est proportionnel au carré de la charge et inversement proportionnel à la grandeur de la surface sur laquelle cette charge était distribuée ; ce résultat est parfaitement d'accord avec (65, e). Riess a en outre cherché comment la quantité de chaleur w_i, dégagée par la décharge dans un fil déterminé, dépend des autres éléments (fils) du circuit de décharge, qui se trouve à l'extérieur du thermomètre ; il a reconnu que cette dépendance était exprimée par la formule (69). Le grand mérite de Riess a été de découvrir les lois, qui régissent le dégagement de chaleur dans la décharge d'un condensateur, à une époque (1837-1838) où la doctrine de l'énergie n'existait pas encore et où il ne pouvait encore être question d'établir théoriquement les lois que nous avons fait connaître plus haut. Après Riess, les effets calorifiques de la décharge ont été étudiés par Knochenhauer, Villari, Dove, Blavier, Schwédoff et d'autres encore. Schwédoff a montré que η, S et K étant donnés, l'effet calorifique de la décharge est proportionnel à l'épaisseur d de la couche intermédiaire, et que, η, S et d étant donnés, l'échauffement produit est inversement proportionnel au pouvoir inducteur K. Le premier point a été démontré en employant des plateaux de différentes épaisseurs en verre ou en ébonite dans des condensateurs plans, le second par comparaison de condensateurs en verre et en ébonite.

Bien entendu, toutes les lois relatives à l'énergie des condensateurs ne sont valables, à l'égard de la quantité de chaleur libérée par la décharge dans les différentes parties du circuit de communication, que lorsque l'énergie électrique se transforme complètement en énergie calorifique, mais non en d'autres formes d'énergie. Supposons qu'un travail mécanique soit dépensé dans la décharge à perforer un diélectrique par exemple, ou à réaliser d'autres phénomènes analogues qui seront considérés dans le chapitre sur la décharge ; dans ce cas, la quantité de chaleur, libérée dans les différents éléments du circuit de décharge, diminue. Nous nous bornerons ici à indiquer cette conséquence évidente du principe de la conservation de l'énergie.

10. Distribution de l'électricité. Electrostatique ([1]).— Le problème de la *distribution de l'électricité* a été posé par les idées mêmes que l'on se fait de l'électricité dans l'image A. Comme nous le savons déjà, les résultats obtenus dans l'étude de ce problème sont certainement exacts et correspondent rigoureusement à la réalité, quelle que soit la signification des grandeurs introduites dans les raisonnements et dans les développements mathématiques. Le sens du problème n'a besoin d'aucun éclaircissement, tant qu'on s'en tient

([1]) Nous avons ajouté à ce paragraphe quelques indications sur les remarquables progrès qui ont été faits récemment dans l'étude du problème de la distribution de l'électricité (Note du Traducteur).

à l'image A ; dans le langage de l'image B, il a pour objet de *trouver la distribution des extrémités des tubes de tension dans l'éther, sous des conditions données*. Nous nous bornerons exclusivement au problème tel qu'il se formule dans l'image A, l'étude des équations fondées sur l'image B n'étant pas encore assez avancée.

La partie de l'étude des phénomènes électriques qui s'occupe de la distribution de l'électricité, ou, comme on dit parfois, de l'équilibre de l'électricité, s'appelle *l'électrostatique*. Elle comprend les questions principales suivantes :

1. Distribution d'une quantité d'électricité donnée sur un conducteur isolé ou sur plusieurs conducteurs isolés qui se touchent.

2. Distribution de l'électricité sur un conducteur, placé dans un champ électrique dont les propriétés sont données. Ce conducteur peut être ou non isolé ; le champ électrique peut être donné sans indication de son origine (on se borne à dire, par exemple, que le conducteur est dans un champ uniforme), ou bien il est produit par des charges fixes données en grandeur et en position. Il s'agit, dans ce dernier cas, du problème de l'induction de l'électricité sur un conducteur, quand des masses inductrices fixes d'électricité sont données.

3. Distribution de l'électricité sur plusieurs conducteurs, dont certains peuvent être isolés, d'autres mis à la terre ; parmi les premiers, un au moins doit avoir une charge propre, dont la grandeur est donnée, mais il peut en être également ainsi pour plusieurs conducteurs.

4. État électrique des *diélectriques*, sous différentes conditions déterminées.

5. Equipollence des masses électriques.

6. Détermination des conditions mécaniques auxquelles se trouvent soumis les corps électrisés dans les différents problèmes qui précèdent. Il s'agit de déterminer les forces et les couples qui agissent sur les corps considérés, ainsi que les mouvements que ces corps prennent ou tendent à prendre. Des forces qui ont leur origine dans les phénomènes électriques ou magnétiques, mais qui agissent sur la *matière* et, en général, tendent à produire le mouvement de corps à l'état solide, liquide ou gazeux, sont appelées des forces *pondéromotrices*. Le problème actuel consiste donc à trouver les forces pondéromotrices qui sont exercées dans le champ électrique sous différentes conditions.

Une particularité caractéristique de l'électrostatique est que les méthodes générales y sont bien définies, mais que les solutions ne peuvent prendre une forme concrète que dans un très petit nombre de cas tout à fait simples, par suite de difficultés purement mathématiques. Une seconde particularité des problèmes électrostatiques consiste en ce que les équations fondamentales sont entièrement indépendantes des idées que l'on peut adopter sur la nature intime des phénomènes. Sous ce rapport, l'électrostatique se rapproche de la théorie de la conduction de la chaleur (Tome III), et elle constitue un élément définitif de la *physique théorique* (Tome I).

D'ailleurs, lorsqu'on veut approfondir les parties les plus différentes de la Physique, il est impossible de ne pas être frappé des analogies que présentent entre eux les divers problèmes d'analyse mathématique qui sont ainsi posés. Qu'il s'agisse de l'électricité statique ou dynamique, de la propagation de la chaleur, de l'optique, de l'élasticité, de l'hydrodynamique, on est toujours conduit à des équations aux dérivées partielles de même famille, et les conditions aux limites, quoique différentes, ne sont pas pourtant sans offrir quelques ressemblances. C'est ce que H. Poincaré a fait ressortir par les exemples suivants.

Imaginons d'abord que l'on se propose de trouver la température finale d'un corps solide homogène et isotrope, lorsque les divers points de la surface de ce corps sont maintenus artificiellement à des températures données. Ce problème, traduit dans le langage analytique, s'énonce comme il suit : trouver une fonction V qui, dans une portion de l'espace, satisfasse à l'équation de Laplace

$$\Delta V = \frac{\partial^2 V}{\partial x^2} + \frac{\partial^2 V}{\partial y^2} + \frac{\partial^2 V}{\partial z^2} = 0,$$

et qui prenne des valeurs données aux divers points de la surface qui limite cet espace; c'est ce qu'on appelle le *problème de* Dirichlet.

Supposons maintenant que l'on cherche quelle est la distribution de l'électricité statique à la surface d'un conducteur donné; nous retrouverons, comme nous le verrons plus loin, le même problème analytique. Il s'agit de trouver une fonction V qui satisfasse à l'équation de Laplace, dans tout l'espace extérieur au conducteur, et qui se réduise à 0 à l'infini et à 1 à la surface du conducteur. C'est un cas particulier du problème de Dirichlet, mais on sait (par les fonctions de Green) ramener le cas général à ce cas particulier. Les deux problèmes, absolument différents au point de vue physique, sont identiques au point de vue analytique.

D'autres analogies, quoique moins complètes, sont cependant évidentes. Nous citerons d'abord le problème suivant : un liquide est contenu dans un vase qu'il remplit complètement; divers corps solides mobiles sont plongés dans ce liquide; on connaît les mouvements de ces corps et on suppose qu'il y a une fonction des vitesses; on demande quel est le mouvement du liquide. C'est le problème des sphères pulsantes de Bjerknes, imitation hydrodynamique des phénomènes électriques (Tome I). Au point de vue analytique, il s'agit de trouver une fonction V, qui satisfasse à l'équation de Laplace à l'intérieur d'un certain espace, et telle que sur la surface qui limite cet espace la dérivée normale $\frac{\partial V}{\partial n}$ ait des valeurs données. Ainsi, dans le problème hydrodynamique, nous retrouvons la même équation aux dérivées partielles que dans les problèmes thermique et électrique; les conditions aux limites seules diffèrent. Il en sera encore de même, comme nous le montrerons plus tard, dans le problème de l'induction magnétique.

Supposons un ou plusieurs aimants permanents mis en présence d'un corps magnétique parfaitement doux M. Il s'agira de trouver une fonction V (le potentiel magnétique), qui satisfait à l'équation de Laplace, dans toute la portion de l'espace qui n'est pas occupée par des aimants permanents, et qui est assujettie en outre aux conditions suivantes. Aux divers points où il y a du magnétisme permanent, ΔV n'est pas nul, mais peut être regardé comme donné. La fonction V est continue dans tout l'espace ; ses dérivées sont continues à l'intérieur du corps M et à l'extérieur de ce corps, mais elles sont discontinues à la surface du corps M. Dans le voisinage de cette surface, $\dfrac{\partial V}{\partial n}$ aura donc deux valeurs différentes selon qu'on se placera à l'intérieur ou à l'extérieur du corps M ; mais le rapport de ces deux valeurs sera une constante donnée. Ici encore, nous retrouvons la même équation aux dérivées partielles, avec des conditions aux limites analogues, quoique différentes.

Voici maintenant des cas où l'équation aux dérivées partielles est légèrement modifiée.

Supposons que l'on cherche la loi du refroidissement d'un corps solide dans l'espace. Il s'agit de trouver une fonction V satisfaisant à l'équation

$$k\Delta V = \frac{\partial V}{\partial t},$$

et qui de plus est donnée pour $t = 0$. Enfin à la surface du corps le rapport de V à $\dfrac{\partial V}{\partial n}$ est donné.

Dans les problèmes d'optique, on a trois fonctions inconnues u, v, w et quatre équations

$$k\Delta u = \frac{\partial^2 u}{\partial t^2}, \qquad k\Delta v = \frac{\partial^2 v}{\partial t^2}, \qquad k\Delta w = \frac{\partial^2 w}{\partial t^2}, \qquad \frac{\partial u}{\partial x} + \frac{\partial v}{\partial y} + \frac{\partial w}{\partial z} = 0.$$

Les conditions aux limites varient suivant les problèmes ; mais, dans les questions de diffraction principalement (Tome II), elles ne sont pas sans analogie avec celles que nous avons rencontrées jusqu'ici.

Ce sont encore les mêmes équations, avec des équations aux limites analogues, quoique différentes, que l'on rencontre dans le problème de la viscosité des liquides, traité d'après les idées de NAVIER. Les travaux de COUETTE ont rappelé l'attention sur cette question, déjà envisagée par KIRCHHOFF. La théorie de l'élasticité nous offre des équations plus compliquées, mais qui ne diffèrent pas non plus beaucoup des précédentes, comme l'ont montré les plus récentes recherches. Enfin une question importante en hydrodynamique et qui réapparaîtra plus loin consiste à trouver les composantes de la vitesse en tous les points d'un liquide, quand on connaît les composantes du tourbillon en tous les points de ce même liquide. Ce problème au point de vue analytique s'énonce comme il suit. Connaissant trois fonctions τ_1, τ_2, τ_3, trouver trois fonctions inconnues u, v, w qui satisfont à certaines conditions aux limites et de plus aux équations

$$\tau_1 = \frac{1}{2}\left(\frac{\partial w}{\partial y} - \frac{\partial v}{\partial z}\right), \qquad \tau_2 = \frac{1}{2}\left(\frac{\partial u}{\partial z} - \frac{\partial w}{\partial x}\right), \qquad \tau_3 = \frac{1}{2}\left(\frac{\partial v}{\partial x} - \frac{\partial u}{\partial y}\right),$$

$$0 = \frac{\partial u}{\partial x} + \frac{\partial v}{\partial y} + \frac{\partial w}{\partial z} = 0.$$

L'analogie avec les problèmes précédents ne paraît pas d'abord évidente, mais elle le devient si on observe que les trois premières équations précédentes (en vertu de la quatrième) en entraînent trois autres, dont la première est

$$\Delta u = 2\left(\frac{\partial \tau_2}{\partial z} - \frac{\partial \tau_3}{\partial y}\right),$$

et dont les autres peuvent s'écrire par symétrie.

Cette revue rapide des diverses parties de la Physique mathématique nous montre que tous ces problèmes, malgré l'extrême variété des conditions aux limites et même des équations aux dérivées partielles, ont, pour ainsi dire un certain air de famille qu'il est impossible de méconnaître. On doit donc s'attendre à leur trouver un grand nombre de propriétés communes et c'est ce qui justifie les détails dans lesquels nous entrerons à l'égard du problème spécial de l'équilibre électrique.

En dehors de la voie théorique, qui, comme nous l'avons dit, ne conduit immédiatement à un but pratique que dans un petit nombre de cas, il existe une méthode expérimentale pour la recherche de la distribution de l'électricité. Cette méthode est la suivante. On construit d'abord un *plan* ou une *sphère d'épreuve* ; le plan d'épreuve est un petit disque circulaire *e* (*fig.* 63), en métal ou non, mais alors doré, fixé à l'extrémité d'une tige isolante recourbée *edcb* ; la sphère d'épreuve est le plus souvent fixée à une tige droite isolante, ordinairement en verre. On touche avec le plan ou la sphère d'épreuve la surface du conducteur électrisé et on mesure ensuite en unités quelconques la quantité d'électricité η qui passe sur le corps d'épreuve. On suppose, dans cette manière d'opérer, que le contact du plan ou de la sphère d'épreuve

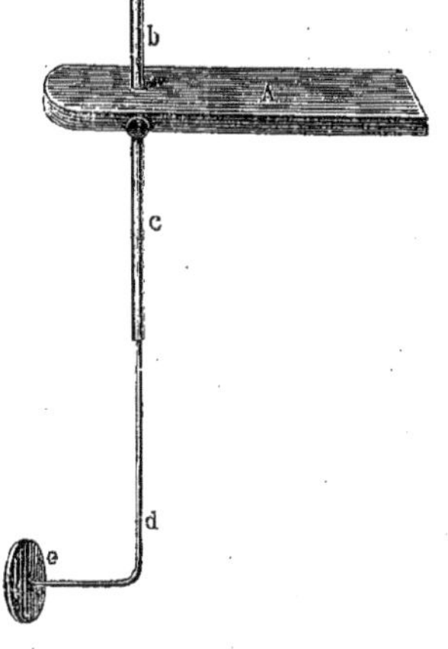

Fig. 63

avec la surface du conducteur étudié ne produit aucune variation sensible dans la distribution de l'électricité et que la quantité d'électricité η peut servir à mesurer la densité k à l'endroit touché. Les méthodes dont on se sert, pour obtenir une mesure de la grandeur η, seront considérées dans le Chapitre IV.

La distribution de l'électricité sur la surface de conducteurs de différentes formes a été étudiée, suivant la méthode que nous venons d'indiquer, par Coulomb (1787) et par Riess. Ce dernier employait parfois deux sphères d'épreuve, avec lesquelles il touchait simultanément deux points de la surface du conducteur, après quoi il déterminait le rapport des quantités d'électricité sur les deux sphères. La méthode du plan ou de la sphère d'épreuve ne peut donner de résultats précis, surtout quand on l'utilise en des points situés sur des arêtes, des angles, des parties saillantes et des pointes, car l'application du plan ou de la sphère en ces points entraîne une modification considérable de la densité k de l'électricité. Coulomb a étudié en particulier, la distribution de l'électricité sur un cylindre terminé par des hémisphères à ses extrémités, sur une plaque circulaire, sur un plateau rectangulaire et sur une série de sphères différentes ou égales en contact. Pour trois sphères identiques en contact, la charge η_2 de la sphère médiane était égale à $0,75$ des charges $\eta_1 = \eta_3$ des deux sphères extrêmes. Avec 24 sphères identiques, dont les charges η_1, η_2,... η_{24} satisfaisaient aux égalités $\eta_1 = \eta_{24}$, $\eta_2 = \eta_{23}$, etc., on avait $\eta_2 = 0,61\,\eta_1$ et $\eta_{12} = \eta_{13} = 0,57\,\eta_1$. Riess a étudié entre autres la distribution de l'électricité sur un cube, ainsi que sur différents systèmes de corps en contact ; pour les raisons indiquées plus haut, ses recherches ne peuvent posséder un grand degré d'exactitude, et nous ne nous arrêterons pas sur les résultats qu'il a obtenus.

Nous allons maintenant nous occuper exclusivement de *l'électrostatique théorique*, qui cherche par le calcul la solution des problèmes énumérés au début de ce paragraphe.

I. Distribution d'une charge donnée η sur la surface d'un conducteur isolé, dont la grandeur et la forme sont données. Méthode de Green. — Nous avons montré à la page 25 que la condition d'équilibre électrique sur un conducteur est qu'à l'intérieur la force électrique soit nulle, mais, sur la surface, soit partout dirigée suivant la normale. Nous avons vu (page 80) que *cette condition peut être remplacée par la suivante :*

$$(70) \qquad\qquad V = \text{const.}$$

Le potentiel doit avoir la même valeur en tous les points du conducteur, dont la surface forme une surface de niveau du potentiel. Le premier problème de l'électrostatique se ramène donc à la recherche d'une distribution de densité k sur la surface d'un corps, telle qu'en tout point intérieur M du conducteur, la grandeur

$$(70,\,a) \qquad\qquad V = \iint \frac{kds}{r}$$

ait la même valeur ; r désigne la distance du point M à l'élément de surface ds. Considérons d'abord quelques cas simples.

1. Sphère. — Par raison de symétrie, nous devons nous attendre à ce que la charge η soit uniformément distribuée, c'est-à-dire à ce que l'on ait $k = const$. Nous avons vu (Tome I) qu'une couche sphérique uniforme de substance attirante donne en effet, en tout point intérieur de la sphère, la même valeur pour le potentiel V ; celui-ci est numériquement égal à la masse totale de la couche divisée par le rayon de la sphère. On obtient ainsi l'égalité

$$\eta = 4\pi R^2 k.$$

On a en outre, dans l'air, $V = \eta : R$; mais, si la sphère se trouve dans un diélectrique quelconque, on a

$$V = \frac{\eta}{RK} = \frac{4\pi Rk}{K}.$$

Dans les autres cas que nous allons envisager, nous supposerons que le conducteur se trouve *dans l'air*, c'est-à-dire que l'on a $K = 1$.

2. Cylindre circulaire de longueur indéfinie. — Soit R le rayon de la section droite du cylindre, L la longueur de la partie que l'on considère, qui doit se trouver à une très grande distance des deux bases, η la charge sur cette partie. Par raison de symétrie, nous devons encore ici nous attendre à ce que l'on ait $k = const$. On démontre facilement que, dans ce cas, la force F à l'intérieur du cylindre est nulle. Considérons, en effet, à l'intérieur du cylindre donné, la surface d'un autre cylindre circulaire ayant même axe, de longueur l et de rayon $r < R$. S'il existe une force F, elle doit être normale à la surface latérale de ce cylindre et avoir la même valeur en tous les points de cette surface. Il s'ensuit que le flux de force, qui traverse la surface envisagée, est égal à $2\pi r l F$. Mais ce flux doit être aussi égal à $4\pi\eta_i$, η_i étant la quantité d'électricité contenue à l'intérieur de la surface ; comme $\eta_i = 0$, on a également $F = 0$. La charge η et la densité k sont liées par l'égalité $\eta = 2\pi RLk$.

3. Ellipsoïde. — Nous avons vu (Tome I) qu'une couche ellipsoïdale homogène, limitée par les surfaces de deux ellipsoïdes concentriques semblables, ayant des axes de même direction, n'exerce aucune action sur un point intérieur. Soient a, b, c les demi-axes de l'une des surfaces, a_1, b_1, c_1 les demi-axes de l'autre et soit

$$\frac{a_1}{a} = \frac{b_1}{b} = \frac{c_1}{c} = 1 + \alpha.$$

Supposons que α soit une grandeur très petite et désignons par δ la *densité de volume* de la substance attirante. Remplaçons la couche considérée par une

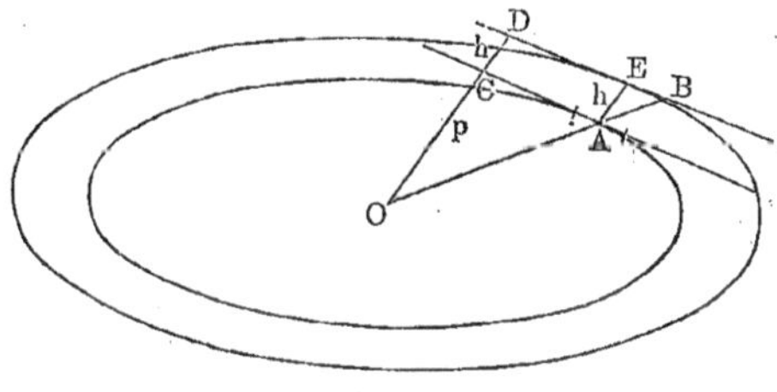

Fig. 64

couche superficielle possédant la densité superficielle k. Prenons au point A (*fig.* 64) l'élément de surface ds, menons le rayon vecteur OAB et abaissons la perpendiculaire OCD sur les plans CA et DB respectivement tangents aux deux surfaces aux points A et B. Désignons par h l'épaisseur AE $=$ CD de la couche en A, par p la longueur de OC. On a OB : OA $= 1 + \alpha$; par suite $h = $ OD $-$ OC $= p(1 + \alpha) - p = \alpha p$. En égalant la quantité de substance dans l'élément de volume de la couche ellipsoïdale qui a pour base l'élément ds, et la quantité de substance sur le même élément ds de la couche superficielle, on a $h\delta ds = k ds$, c'est-à-dire $k = h\delta = \alpha\delta p$. Mais la quantité totale de substance est

$$\frac{4}{3}\pi a_1 b_1 c_1 \delta - \frac{4}{3}\pi abc\delta = \frac{4}{3}\pi abc\delta \left\{ (1+\alpha)^3 - 1 \right\} = 4\pi abc\alpha\delta;$$

elle doit être égale à la charge totale η. De l'égalité $\eta = 4\pi abc\alpha\delta$, nous déduisons la valeur de $\alpha\delta$ et, en portant cette valeur dans l'expression $k = \alpha\delta p$, nous avons

$$(71) \qquad\qquad k = \frac{\eta}{4\pi abc}\, p.$$

La densité en un point de la couche superficielle est donc directement proportionnelle à la perpendiculaire abaissée du centre de l'ellipsoïde sur le plan tangent en ce point. Si on exprime p en fonction des coordonnées x, y, z du point de contact du plan tangent, on a

$$(71,\,a) \qquad\qquad k = \frac{\eta}{4\pi abc}\cdot\frac{1}{\sqrt{\dfrac{x^2}{a^4}+\dfrac{y^2}{b^4}+\dfrac{z^2}{c^4}}}.$$

Les densités aux trois sommets de l'ellipsoïde, c'est-à-dire aux extrémités des trois axes, sont respectivement proportionnelles à ces axes. On peut établir encore les expressions suivantes :

$$k = \frac{\eta}{2\pi\sqrt{abc}\,\sqrt[4]{\rho_1\rho_2}},$$
$$k = \frac{\eta}{4\,\sigma},$$

ρ_1, ρ_2 désignant les rayons de courbure principaux de la surface, σ l'aire de la section de l'ellipsoïde par un plan passant par le centre et parallèle au plan tangent au point auquel se rapporte k.

4. Disque elliptique et disque circulaire infiniment minces. — Si on tient compte dans $(71,\,a)$ de l'égalité évidente

$$\frac{z^2}{c^4} = \frac{1}{c^2}\left(1 - \frac{x^2}{a^2} - \frac{y^2}{b^2}\right),$$

et si on fait ensuite $c = 0$, on obtient la densité k aux différents points d'un disque elliptique

$$(71,\,b) \qquad\qquad k = \frac{\eta}{4\pi ab}\cdot\frac{1}{\sqrt{1 - \dfrac{x^2}{a^2} - \dfrac{y^2}{b^2}}}.$$

Au bord du disque on a $k = \infty$; mais cette valeur est relative à la ligne

géométrique (ellipse) qui constitue le bord. Si on fait $a = b = R$, on obtient
la distribution de l'électricité sur un disque circulaire ; on a, pour la densité
k au point M (*fig.* 65)

$$(71, c) \qquad k = \frac{\eta}{4\pi R} \cdot \frac{1}{\sqrt{R^2 - r^2}} = \frac{\eta}{4\pi R} \cdot \frac{1}{p} = \frac{k_0}{\sin \varphi},$$

r étant la distance du point M au centre du disque, $p = $ MA, $\varphi = $ ACM,
k_0 *la densité au centre, égale à la moitié*
$\eta : 2\pi R^2$ *de la densité moyenne.* Dans la partie centrale, la densité croît progressivement quand on s'éloigne du centre. Un cercle central de rayon r renferme sur ses *deux*
faces prises ensemble, la charge

$$(71, d) \qquad \tau_r = \eta \left\{ 1 - \sqrt{1 - \frac{r^2}{R^2}} \right\}.$$

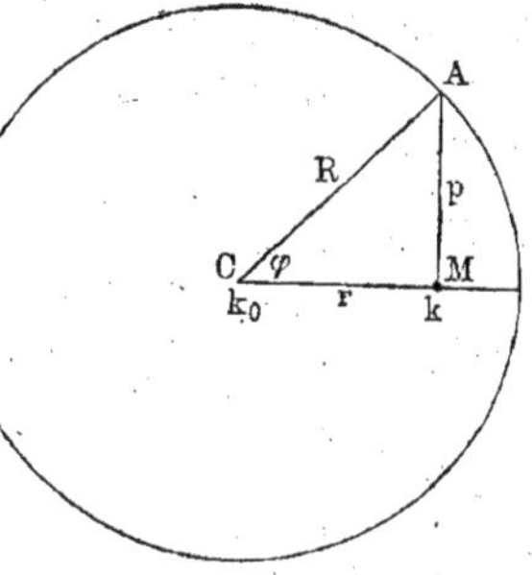

Fig. 65

Schwédoff (1895) a donné une manière
simple d'établir les formules relatives à l'ellipsoïde.

5. Deux sphères qui se touchent. — Deux sphères qui se touchent représentent évidemment un conducteur unique, dont toutes les parties se trouvent
au même potentiel. Le problème considéré est un cas particulier du problème
de la distribution de l'électricité sur deux sphères qui ne se touchent pas ; ce
dernier a été résolu pour la première fois par Poisson et nous en parlerons
plus loin, mais l'illustre géomètre a donné aussi la méthode particulière suivante pour résoudre directement le problème des sphères en contact. Prenons
pour unité le rayon de l'une des sphères, celui de l'autre étant désigné par b ;
la distance des centres est $1 + b$. Si nous nommons $\varphi(x)$ le potentiel de la
couche qui recouvre la première sphère en un point de l'axe situé à la distance x du centre, et $F(y)$ le potentiel de la seconde sur un point situé à la
distance y de son centre, en écrivant que pour un point quelconque intérieur
à l'une ou l'autre sphère le potentiel a une valeur constante h, on a

$$(71, e) \qquad \begin{cases} \varphi(x) + F(1 + b - x) = h, \\ F(y) + \varphi(1 + b - y) = h, \end{cases}$$

x pouvant varier entre -1 et $+1$ et y entre $-b$ et $+b$.

Etablissons une relation importante relative au potentiel d'une surface
sphérique. Une telle surface est le lieu des points tels que le rapport de leurs
distances à deux points fixes soit constant.

Soient P et Q deux points donnés tels que le rapport $\dfrac{\text{MP}}{\text{MQ}}$ des distances à
ces points d'un élément quelconque ds de la surface sphérique soit constant.
Les éléments correspondants des potentiels aux points P et Q, $\dfrac{kds}{\text{MP}}$ et $\dfrac{kds}{\text{MQ}}$.

auront entre eux le rapport constant $\dfrac{\mathrm{MQ}}{\mathrm{MP}}$; tel sera donc aussi le rapport des deux potentiels dont ils sont les éléments, et le potentiel relatif au point extérieur Q est ramené par là au potentiel relatif au point P. En désignant par r et r' les distances au centre des points conjugués P et Q, on a $rr' = \mathrm{R}^2$, R étant le rayon de la surface sphérique considérée ; le rapport des distances des points P et Q à un point M de la surface est $\dfrac{\mathrm{MQ}}{\mathrm{MP}} = \dfrac{r'}{\mathrm{R}} = \dfrac{\mathrm{R}}{r}$, et, par conséquent, le rapport des deux potentiels est

$$\frac{\mathrm{V_P}}{\mathrm{V_Q}} = \frac{\mathrm{MQ}}{\mathrm{MP}} = \frac{r'}{\mathrm{R}}.$$

En représentant par $\psi(r)$ le potentiel relatif à un point situé à l'intérieur de la sphère à la distance r du centre, et par $\psi'(r')$ le potentiel au point situé sur le même rayon à la distance r', on a

$$(71, f) \qquad \psi'(r') = \frac{\mathrm{R}}{r'}\,\psi(r) = \frac{\mathrm{R}}{r'}\,\psi\left(\frac{\mathrm{R}^2}{r'}\right);$$

la fonction ψ, quand elle est connue pour les valeurs de la variable plus petites que R, fait connaître la fonction ψ' pour les valeurs plus grandes que R. Le potentiel connu pour les points intérieurs fait donc connaître le potentiel pour les points extérieurs. Ce théorème contient le principe des *images électriques* de Lord Kelvin dont nous reparlerons dans la suite.

La relation que nous venons d'obtenir entre le potentiel des actions exercées par une couche sphérique sur un point extérieur et le potentiel relatif au point intérieur conjugué nous donne, dans le problème des sphères en contact, quelle que soit la loi des densités :

$$(71, g) \qquad \begin{cases} \varphi(x) = \dfrac{1}{x}\,\varphi\left(\dfrac{1}{x}\right), \\[2mm] \mathrm{F}(y) = \dfrac{b}{y}\,\mathrm{F}\left(\dfrac{b^2}{y}\right). \end{cases}$$

Les équations $(71, e)$ deviennent, en ayant égard à $(71, g)$

$$(71, h) \qquad \begin{cases} \varphi(x) + \dfrac{b}{1+b-x}\,\mathrm{F}\left(\dfrac{b^2}{1+b-x}\right) = h, \\[3mm] \mathrm{F}(y) + \dfrac{1}{1+b-y}\,\varphi\left(\dfrac{1}{1+b-y}\right) = h, \end{cases}$$

x et y pouvant être choisis arbitrairement entre les limites indiquées ; posons

$$(71, i) \qquad y = \frac{b^2}{1+b-x}.$$

On pourra éliminer la fonction F et obtenir, pour définir φ :

$$(71, j)\ \ \varphi(x) - \frac{b}{b+(1+b)(1-x)}\,\varphi\left[\frac{1+b-x}{b+(1+b)(1-x)}\right] = h - \frac{hb}{1+b-x}.$$

Nous n'indiquerons pas comment on peut trouver l'expression de la fonction qui satisfait à cette équation ; nous nous bornerons à donner le résultat sous la forme suivante. Au lieu de prendre le rayon de l'une des sphères pour unité, supposons que les rayons des sphères soient R_1 et R_2 et V leur potentiel commun. La charge η_1 de la première sphère est déterminée par la formule :

$$\eta_1 = \frac{V R_1^2 R_2}{R_1 + R_2} \sum_{n=0}^{n=\infty} \frac{1}{(n + 1)\left\{ R_2 + n(R_1 + R_2)\right\}}.$$

Si on remplace R_2 par R_1 et inversement, on obtient la charge η_2 de la seconde sphère. Les densités k_1 et k_2 ont des expressions compliquées que nous ne mentionnerons pas. PLANA, en partant des formules générales de POISSON, a calculé un tableau pour ces différentes grandeurs, en supposant donné le rapport $R_2 : R_1 = b$. Nous donnons un extrait de ce tableau :

$b = \dfrac{R_1}{R_2}$	$q_1 : R_1$	$q_2 : R_1$	$(q_1 + q_2) : R_1$	$\beta = \overline{k_2} : \overline{k_1}$
1	0,69315	0,69315	1,38629	1
0,8	0,75116	0,50496	1,25612	1,05037
0,6	0,81629	0,32831	1,14460	1,11721
0,4	0,88809	0,17228	1,06037	1,21241
0,2	0,95903	0,05214	1,01117	1,35906
0,05	0,99640	0,00387	1,00027	1,55038
0	1	0	1	1,64494

Ici q_1 et q_2 désignent les capacités des deux sphères en contact, $q_1 + q_2$ la capacité de l'ensemble des deux sphères : β est le rapport des densités *moyennes* $\overline{k_2}$ et $\overline{k_1}$ sur les deux sphères. Quand R_2 tend vers zéro, β tend vers la limite $\pi^2 : 6 = 1,644936$. Lorsque $R_1 = R_2$, c'est-à-dire $b = 1$, on a

$$q_1 : R_1 = q_2 : R_2 = \log 2 = 0,69315.$$

Le rapport des capacités q_1 et q_2 est en même temps le rapport des charges η_1 et η_2, de sorte que les nombres des deuxième, troisième et quatrième colonnes donnent les valeurs relatives des charges η_1, η_2 et $\eta_1 + \eta_2$.

6. CONDUCTEUR PORTANT UNE POINTE OU UN TRANCHANT. — L'expérience et le résultat théorique que nous avons obtenu pour l'ellipsoïde montrent que sur des corps de forme allongée le maximum de densité se trouve aux extrémités. Le calcul permet d'établir que sur une pointe mathématique pour ainsi dire, c'est-à-dire sur une pointe parfaite, non émoussée, la densité électrique croît à mesure qu'on se rapproche de l'extrémité de la pointe, où elle devient infiniment grande. Ce résultat théorique a une importance pratique très grande ; il montre que sur une pointe physique, bien qu'elle soit toujours plus ou moins émoussée, la densité électrique doit aussi atteindre une très grande valeur, et que par suite sur *un conducteur muni d'une pointe, la charge se con-*

centre en grande partie sur cette pointe. Il en est de même pour un conducteur qui porte un tranchant.

Nous considérerons le cas simple suivant. Soient deux conducteurs en forme de cônes de révolution, dont les sommets sont au même point et les axes dirigés en sens contraire. Nous supposons que ces deux conducteurs sont chargés d'électricité de noms contraires et que, sous leur influence réciproque, ils sont à des potentiels différents V_1 et V_2. Sur tout cône de révolution qui aura le même sommet et le même axe que les conducteurs, le potentiel V n'aura évidemment qu'une seule valeur et l'équation de LAPLACE $\Delta V = 0$ conduira, comme on sait, à

$$\frac{d\left(\sin\theta\,\frac{dV}{d\theta}\right)}{d\theta} = 0,$$

θ étant l'angle de la génératrice du cône avec son axe. On en conclut

$$\frac{dV}{d\theta} = \frac{C}{\sin\theta}, \qquad V = C \log \tan\frac{\theta}{2} + C',$$

C et C' étant deux constantes arbitraires. On détermine les deux constantes arbitraires C et C' d'après la condition que V se réduise à V_1 et V_2 respectivement pour $\theta = \alpha$ et $\theta = \pi - \beta$, et il en résulte

$$C = \frac{V_1 - V_2}{\log\left(\tan\frac{\alpha}{2} \tan\frac{\beta}{2}\right)}, \qquad C' = \frac{\log\left[\left(\tan\frac{\alpha}{2}\right)^{V_2}\left(\tan\frac{\beta}{2}\right)^{V_1}\right]}{\log\left(\tan\frac{\alpha}{2} \tan\frac{\beta}{2}\right)}.$$

Désignons par r la distance d'un point quelconque au sommet des cônes ; on aura, pour les densités k_1 et k_2 de l'électricité sur les deux conducteurs

$$k_1 = -\frac{1}{4\pi}\frac{1}{r}\frac{dV}{d\theta} = -\frac{1}{4\pi}\frac{C}{r\sin\alpha},$$

$$k_2 = \frac{1}{4\pi}\frac{1}{r}\frac{dV}{d\theta} = \frac{1}{4\pi}\frac{C}{r\sin\beta}.$$

Ainsi sur chaque conducteur les densités k_1 et k_2 varient en raison inverse de la distance r au sommet et elles sont infinies en ce point.

On obtient des résultats beaucoup moins simples, quand on a un seul conducteur terminé par un tranchant ou par un cône. GREEN s'est occupé du cas de la pointe conique ; A. SOMMERFELD a envisagé le problème de l'arête vive.

Dans le cas d'une distribution d'électricité sur un plan indéfini et lorsqu'on cherche l'état dans la partie moyenne, le problème ne dépend que de deux variables x et y et se trouve régi par l'équation

$$\frac{\partial^2 V}{\partial x^2} + \frac{\partial^2 V}{\partial y^2} = -2\pi k.$$

A une telle équation répond le potentiel

$$V = \iint k \log \frac{1}{r} \, ds$$

que C. Neumann a appelé *logarithmique*. Dans un domaine où $k = 0$, l'expression

$$\frac{\partial V}{\partial x} \, dy - \frac{\partial V}{\partial y} \, dx$$

est une différentielle complète et il existe une fonction *conjuguée* U telle que $V + iU$ est une fonction analytique de la variable complexe $x + iy$. Maxwell a fait d'importantes applications de cette remarque.

L'étude de la distribution de l'électricité a aussi été faite au moyen des *coordonnées curvilignes*. Nous nous bornerons à indiquer le résultat suivant dû à Max Abraham, qui est important dans la dynamique d'un électron de forme sphérique : l'énergie électrique d'un ellipsoïde où une charge est distribuée uniformément dans le volume et l'énergie de cette charge distribuée à la surface d'un conducteur de même forme sont dans le rapport 6 : 5.

Nous terminerons en indiquant la démonstration d'un théorème découvert par G. Green en 1828, puis en 1839 par Gauss et par Chasles, qui n'avaient pas eu connaissance du Mémoire, d'abord très peu lu, du géomètre anglais. Ce théorème donne un nombre infini de solutions du problème dont nous venons de nous occuper.

Un très grand nombre de propositions fondamentales de la théorie du potentiel reposent sur la transformation des intégrales de volume en intégrales de surface, qui a été systématiquement développée par G. Green. Nous supposerons qu'une telle transformation est bien connue. Si U et V sont deux fonctions partout continues dans le domaine d'intégration et satisfaisant l'une et l'autre à l'équation de Laplace, on déduit facilement de la transformation de Green que l'on a

$$(71, m) \qquad \iint \left(U \frac{\partial V}{\partial n} - V \frac{\partial U}{\partial n} \right) ds = 0.$$

Si U et V ou leurs dérivées ne sont pas partout continues dans l'espace que l'on considère, il faut retrancher les domaines de discontinuité et l'intégrale de surface doit alors être étendue aux surfaces de ces domaines exclus. En particulier si U est infini comme $\frac{1}{r}$ en un point A de coordonnées a, b, c, dont la distance au point x, y, z est r, le point A doit être exclu par une sphère. Quand le rayon de cette sphère est infiniment petit, et quand on fait $U = \frac{1}{r}$, on obtient la formule connue

$$(71, n) \qquad 4\pi V_{\scriptscriptstyle A} = \iint \left(V \frac{\partial \frac{1}{r}}{\partial n} - \frac{1}{r} \frac{\partial V}{\partial n} \right) ds.$$

Rappelons encore la formule (44, b)

$$\frac{\partial V}{\partial n} = -4\pi k \, ;$$

il faut bien entendre que $\dfrac{\partial V}{\partial n}$ représente, dans cette formule *capitale*, la limite de la dérivée relative à la normale *extérieure* pour une surface de niveau S′, quand celle-ci se rapproche indéfiniment de S.

Considérons maintenant une famille de surfaces $V(x, y, z) = const.$, la fonction V satisfaisant à l'équation $\Delta V = 0$, à l'extérieur d'un certain volume P, et s'annulant à l'infini ainsi que ses dérivées partielles comme un potentiel. Supposons de plus que, C variant depuis une certaine valeur γ jusqu'à zéro, les surfaces

$$(71, p) \qquad\qquad V(x, y, z) = C$$

soient des surfaces fermées, enveloppant entièrement le volume P. Prenons une de ces surfaces et étalons sur elle une couche dont la densité en chaque point soit inversement proportionnelle à la distance à la surface infiniment voisine. Nous allons établir que *l'action de cette couche, pour tout point qui lui est intérieur, est nulle*, et que, *pour les points extérieurs, les surfaces de niveau sont les surfaces de la famille considérée*. Tout d'abord, nous pouvons prendre, comme expression de la densité, $k = -\dfrac{1}{4\pi}\dfrac{\partial V}{\partial n}$, expression inversement proportionnelle à ∂n, puisque, quand on passe d'une surface à la surface voisine, ∂V est constant. Soit A un point intérieur à la surface S définie par l'équation (71, p) ; la formule de GREEN, appliquée au volume indéfini extérieur à cette surface, nous donne

$$\iint \left(\frac{1}{r}\frac{\partial V}{\partial n} - V\frac{\partial \frac{1}{r}}{\partial n} \right) ds = 0.$$

Or, sur la surface, V a la valeur constante C ; donc

$$C = -\frac{1}{4\pi}\iint \frac{1}{r}\frac{\partial V}{\partial n}\,ds = \iint \frac{k\,ds}{r}.$$

Ainsi, quel que soit le point A intérieur à S, le potentiel dû à l'attraction de la couche étendue sur S est égal à la constante C. L'attraction de cette couche est donc nulle sur tout point intérieur.

Appliquons encore la formule de GREEN, mais en supposant le point A extérieur à S. Nous aurons

$$V_A = -\frac{1}{4\pi}\iint \left(\frac{1}{r}\frac{\partial V}{\partial n} - V\frac{\partial \frac{1}{r}}{\partial n} \right) ds = -\frac{1}{4\pi}\iint \frac{1}{r}\frac{\partial V}{\partial n}\,ds = \iint \frac{k\,ds}{r},$$

ce qui montre que le potentiel dû à l'attraction de la couche est égal, au point A, à la valeur V_A de la fonction $V(x, y, z)$ en ce point. La famille des surfaces, dont nous sommes parti, donne donc les surfaces de niveau.

La démonstration qui précède est due à E. Picard, qui l'a complétée par celle d'un théorème qui est, en quelque sorte, l'inverse du précédent et que des considérations géométriques avaient conduit J. Bertrand à énoncer comme très vraisemblable, dans une Leçon au Collège de France. On suppose que l'on a une famille de surfaces fermées telles que, si l'on couvre une quelconque d'entre elles d'une couche dont la densité soit en chaque point inversement proportionnelle à la distance à la surface infiniment voisine, l'attraction de cette couche sur tout point intérieur soit nulle. Dans ces conditions, *les surfaces extérieures à la couche seront pour elle des surfaces de niveau.*

Une application très remarquable de la méthode de Green a été faite par Maxwell. Soient A et A' les centres de deux sphères se coupant à angle droit ; M étant un des points d'intersection, le triangle AMA' est rectangle. Soit C le point où le plan du cercle d'intersection coupe la ligne des centres ; il est aisé de voir que, par un choix convenable de trois masses placées aux points A, C, A', on peut obtenir un système attirant pour lequel l'ensemble des deux sphères forme une surface de niveau. Il suffira de prendre les trois masses placées en A, A' et C proportionnelles respectivement à R, R' et $-h$, R et R' étant les rayons des deux sphères et h la hauteur MC du triangle rectangle AMA'. On peut, pour appliquer le théorème de Green, adopter pour surface S la réunion d'une portion empruntée à chaque sphère, de manière à former une surface fermée enfermant dans son intérieur les trois points attirants A, C, A'. On pourra trouver la densité qu'il faut supposer à chaque élément de la surface de révolution engendrée par la ligne composée de deux arcs de cercle, par sa rotation autour de la ligne des centres ; pour que la surface attirante ainsi définie soit sans action sur les points intérieurs, il faut supposer en chaque point de la surface une densité proportionnelle à l'intensité de l'attraction exercée par les trois masses concentrées en A, A' et C.

II. **Induction sur un conducteur qui se trouve dans un champ électrique donné. Equation fonctionnelle de Fredholm. Equation fonctionnelle de G. Robin.** — Le champ peut être donné immédiatement ou par des masses électriques *fixes* η_0 qui le produisent. Soient F_0 la force, V_0 le potentiel en un point quelconque du champ. Lorsque les masses η_0 sont données, F_0 et V_0 sont connus ; mais si la force F_0 est donnée directement, il entre dans l'expression du potentiel V_0 une constante indéterminée.

On doit distinguer deux cas : le conducteur peut être à la terre ou isolé. Soient, dans le premier cas, η sa charge, $V = o$ son potentiel, et, dans le second, $\eta = o$ sa charge et V son potentiel ; désignons par q la capacité du conducteur. Cherchons la relation qui existe entre les deux problèmes correspondant à ces deux cas, où nous désignerons les densités de l'électricité respectivement par k_1 et k_2. Supposons le *premier* problème résolu, c'est-à-dire η et k_1 trouvés, le potentiel V étant égal à zéro. On obtient alors la solution du *second* problème, en ajoutant à la charge η, distribuée conformément à la condition $V = o$, la charge $(-\eta)$ répartie comme elle le serait si le conducteur était isolé et non soumis à l'action d'un champ extérieur, c'est-à-dire conformément au problème I (page 132) ; si nous désignons, dans ce dernier cas, la densité par k, on a $k_2 = k_1 + k$, la charge totale est nulle et le potentiel $V = (- \eta) : q$. Si, au contraire, le second problème est déjà résolu, c'est-à-dire si k_2 et V sont connus, $\iint k\,ds$ étant nul, on détermine la grandeur $\eta = V : q$ et on distribue sur la surface la charge $(- \eta)$ abandonnée à elle-même ; soit dans ce dernier cas $- k$ la densité, on a $k_1 = k_2 - k$ et le potentiel est évidemment égal à zéro.

Nous allons d'abord considérer quelques problèmes simples.

1. SPHÈRE CONDUCTRICE ISOLÉE DANS UN CHAMP UNIFORME D'INTENSITÉ F. — Nous avons indiqué dans le Tome I le champ de force uniforme suivant. Considérons deux sphères de même rayon R, dont les centres c_1 et c_2 (*fig.* 66) sont distants de a. Supposons l'une des sphères remplie d'une substance de densité $+ \delta$, l'autre d'une substance de densité $- \delta$. L'ensemble des deux

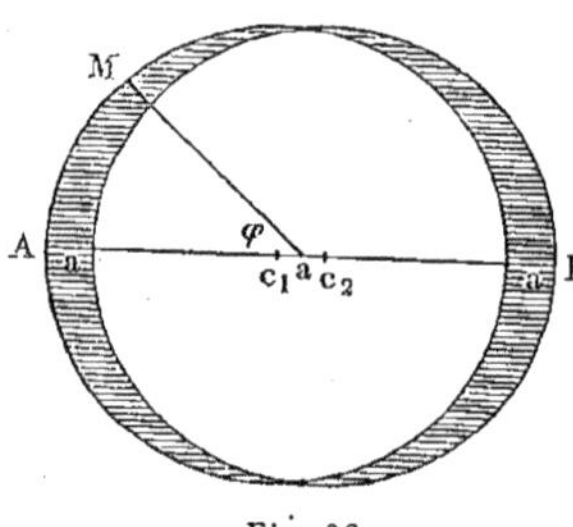

Fig. 66

sphères comprendra un espace sensiblement sphérique vide de substance, limité par deux couches de densité $+ \delta$ et $- \delta$. La droite AB, qui passe par les centres c_1 et c_2, rencontre ces couches en des endroits où l'épaisseur est maximum et égale à a. Lorsque a est petit, on peut poser $c = a \cos \varphi$ pour l'épaisseur c de la couche en un point quelconque M, φ désignant l'angle compris entre la droite AB et le rayon mené de M à un point quelconque choisi entre c_1 et c_2.

Plus a est petit, plus l'égalité $c = a \cos \varphi$ est approchée. Comme nous l'avons vu, l'espace à l'intérieur de ces couches est un champ uniforme, dont l'intensité ψ est parallèle à AB et a pour grandeur

$$(72) \qquad \psi = \frac{4}{3} \pi \delta a.$$

Remplaçons les couches précédentes, dont la densité de volume est δ, par des couches superficielles de densité k. Nous devons poser à cet effet $c\delta\,ds = k\,ds$, ou $k = c\delta$; à la limite, lorsque a décroit indéfiniment, $c = a \cos \varphi$, et on a

$$(72, a) \qquad k = a\delta \cos \varphi.$$

L'intensité du champ à l'intérieur de la couche sphérique superficielle considérée est déterminée par la formule (72). Proposons-nous de recouvrir la surface de la sphère d'électricité, de façon que l'intensité du champ à l'intérieur de la sphère soit nulle, c'est-à-dire de sorte qu'on ait $F + \psi = 0$. Ceci donne $\psi = - F$, ou

$$\frac{4}{3} \pi \delta a = - F.$$

On en déduit $a\delta = - \dfrac{3}{4\pi}\mathrm{F}$ et on obtient, par suite, *dans l'air*

$$(72,\,b) \qquad\qquad k = - \frac{3}{4\pi}\,\mathrm{F}\cos\varphi.$$

Dans un diélectrique, on a

$$(72,\,c) \qquad\qquad k = - \frac{3}{4\pi}\,\mathrm{KF}\cos\varphi.$$

Il est visible que l'angle φ doit être compté à partir du rayon qui passe par le point A, quand la force F a la direction AB. La formule (72, *b*) résout complètement le problème posé ; les plus grandes densités aux points A et B sont numériquement égales à $\pm\,3\,\mathrm{F} : 4\pi$.

2. INDUCTION SUR UN DISQUE CONDUCTEUR PLAN INDÉFINI. — Soit MN (*fig.* 67) la surface d'un disque plan indéfini ; en A se trouve une charge fixe η d'électricité positive ; soit $\mathrm{AO} = h$ la distance de A à MN. Il s'agit de déterminer la densité k de l'électricité induite sur le plan MN ; la densité k doit avoir

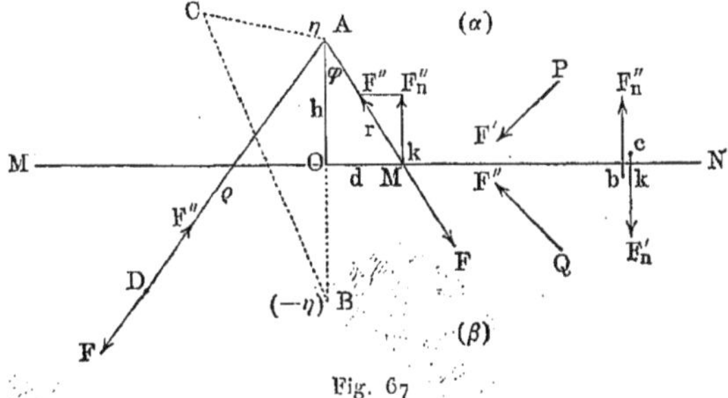

Fig. 67

évidemment la même valeur en tous les points de ce plan qui se trouvent à la même distance $\mathrm{MO} = d$ de O. Le plan MN partage l'espace en deux parties (α) et (β) ; par raison de symétrie, il est clair que la charge de MN produit des forces égales dans (α) et (β), c'est-à-dire que les forces F′ et F″ en deux points P et Q symétriques sont égales en grandeur et ont des directions symétriques par rapport à MN. Prenons deux points b et c, situés des deux côtés du plan MN, à une distance infiniment petite de ce plan et sur une même normale (dans la figure, les points ont été un peu écartés pour plus de clarté). Si F'_n et F''_n sont les composantes normales des forces en b et c dues *seulement* à la charge sur MN, on a évidemment $\mathrm{F}'_n = -\,\mathrm{F}''_n$. Il est nécessaire pour l'équilibre qu'en tous les points de l'espace (β) l'intensité du champ soit nulle, c'est-à-dire qu'en chaque point D on ait $\mathrm{F}'' = \mathrm{F}$, F désignant la force $\mathrm{F} = \eta : \rho^2$ avec laquelle la charge η en A agit au point D distant de $\rho = \mathrm{AD}$. En appliquant la formule (22, *a*), page 41, on a $4\pi k = \mathrm{F}_n'' - \mathrm{F}_n' = 2\mathrm{F}_n''$; on en déduit

$$(73) \qquad\qquad k = \frac{1}{2\pi}\,\mathrm{F}_n''.$$

Soit M un point infiniment voisin de MN, situé dans l'espace (β); posons MA $= r$, MO $= d$, OAM $= \varphi$, on a

$$F''_n = F'' \cos \varphi = - F \cos \varphi = - \frac{\eta}{r^2} \cos \varphi\,;$$

par suite

$$(73,\, a) \quad k = \frac{1}{2\pi} F''_n = - \frac{\eta}{2\pi r^2} \cos \varphi = - \frac{\eta}{2\pi h^2} \cos^3\varphi = - \frac{\eta h}{2\pi} \cdot \frac{1}{r^3}.$$

La densité k en un point du disque est inversement proportionnelle au cube de la distance entre ce point et A. On peut se rendre compte facilement (en introduisant la variable indépendante φ) que la charge totale sur MN est égale à $- \eta$. Elle agit en (β) de la même façon qu'une charge $(- \eta)$ qui se trouverait en A; il s'ensuit qu'elle agit en (α) comme une charge $(- \eta)$ placée en B. Le champ en C est le même que si le disque MN n'existait pas et s'il se trouvait en B la charge $(- \eta)$ et en A la charge $(+ \eta)$. On comprend pourquoi on a appelé le point B *l'image électrique* du point A; cette image coïncide ici avec l'image optique.

3. PARALLÉLÉPIPÈDE RECTANGLE CONDUCTEUR SOUS L'INFLUENCE D'UN POINT ÉLECTRISÉ SITUÉ A SON INTÉRIEUR. — Pour obtenir la distribution de l'électricité sur les faces internes d'un parallélépipède rectangle conducteur soumis à l'influence d'un point électrisé situé à son intérieur, il suffit de chercher le potentiel de l'électricité des faces (supposées au potentiel zéro) et de la charge du point donné sur un point quelconque intérieur au parallélépipède. Ce problème, traité pour la première fois par RIEMANN, a été résolu de la manière très élémentaire suivante par G. ROBIN, en appliquant purement et simplement le principe des images.

Plaçons l'origine en l'un des sommets du parallélépipède donné P et les axes des x, y, z, suivant les trois arêtes a, b, c issues de ce sommet. Considérons les faces internes de P comme réfléchissantes, et prenons toutes les images du point électrisé, de coordonnées α, β, γ, par rapport au système de miroirs formé par ces faces. Soit $+ 1$ la charge du point électrisé, et convenons que l'image directe d'un point dont la charge est $+ 1$ sera affectée de la charge $- 1$, et inversement.

Si l'on construit le réseau de parallélépipèdes égaux à P, réseau dont les sommets ont pour coordonnées ma, nb, pc, les images se grouperont autour des sommets d'ordre pair $(2ma, 2nb, 2pc)$ en coïncidence avec les sommets des parallélépipèdes Ⅱ ayant pour centres ces sommets et pour dimensions 2α, 2β, 2γ.

Si l'on appelle r_1, r_2, r_3, r_4, r_5, r_6, r_7, r_8 les distances des images appartenant à un même parallélépipède Ⅱ à un point quelconque (x, y, z) intérieur à P, le potentiel du réseau des images sur le point (x, y, z) est

$$(73,\, b) \quad V = \sum \left(\frac{1}{r_1} - \frac{1}{r_2} + \frac{1}{r_3} - \frac{1}{r_4} + \frac{1}{r_5} - \frac{1}{r_6} + \frac{1}{r_7} - \frac{1}{r_8} \right),$$

la sommation s'étendant à tous les centres $(2ma, 2nb, 2pc)$ des parallélépipèdes Π. C'est le potentiel cherché. En effet V se réduit à zéro sur l'une quelconque des faces de P, car, à toute image $+ 1$ correspond évidemment une image $- 1$, symétrique de la première par rapport à cette face. La série (73, b) est convergente. Pour le montrer, désignons par λ, μ, ν les cosinus directeurs de la distance r du point (x, y, z) au centre d'un parallélépipède Π. Si l'on transporte l'origine au point (x, y, z), les coordonnées des huit sommets de ce parallélépipède, qui doivent être affectés alternativement des charges $+ 1$ et $- 1$, sont :

$$\begin{aligned}
&\lambda r + \alpha, \ \mu r + \beta, \ \nu r + \gamma, &\quad &\lambda r + \alpha, \ \mu r + \beta, \ \nu r - \gamma, \\
&\lambda r + \alpha, \ \mu r - \beta, \ \nu r + \gamma, &\quad &\lambda r + \alpha, \ \mu r - \beta, \ \nu r - \gamma, \\
&\lambda r - \alpha, \ \mu r - \beta, \ \nu r + \gamma, &\quad &\lambda r - \alpha, \ \mu r - \beta, \ \nu r - \gamma, \\
&\lambda r - \alpha, \ \mu r + \beta, \ \nu r + \gamma, &\quad &\lambda r - \alpha, \ \mu r + \beta, \ \nu r - \gamma.
\end{aligned}$$

La partie v du potentiel fournie par les huit sommets de Π peut s'écrire

$$v = \left(\frac{1}{r_1} - \frac{1}{r_7} \right) - \left(\frac{1}{r_2} - \frac{1}{r_8} \right) + \left(\frac{1}{r_3} - \frac{1}{r_5} \right) - \left(\frac{1}{r_4} - \frac{1}{r_6} \right).$$

En posant $\alpha^2 + \beta^2 + \gamma^2 = \delta^2$, on a

$$r_1^2 = (\lambda r + \alpha)^2 + (\mu r + \beta)^2 + (\nu r + \gamma)^2 = r^2 \left[1 + 2 \left(\lambda \frac{\alpha}{r} + \mu \frac{\beta}{r} + \nu \frac{\gamma}{r} \right) + \frac{\delta^2}{r^2} \right].$$

Supposons la distance r très grande, et évaluons $\frac{1}{r_1}$ jusqu'aux *termes du troisième ordre inclusivement*, en négligeant ceux d'ordre supérieur :

$$\frac{1}{r_1} = \frac{1}{r} \left[1 + 2 \left(\lambda \frac{\alpha}{r} + \mu \frac{\beta}{r} + \nu \frac{\gamma}{r} \right) + \frac{\delta^2}{r^2} \right]^{-\frac{1}{2}}$$

$$= \frac{1}{r} \left[1 - \left(\lambda \frac{\alpha}{r} + \mu \frac{\beta}{r} + \nu \frac{\gamma}{r} \right) - \frac{\delta^2}{2r^2} + \frac{3}{2} \left(\lambda \frac{\alpha}{r} + \mu \frac{\beta}{r} + \nu \frac{\gamma}{r} \right)^2 \right].$$

On déduit de là

$$\frac{1}{r_1} - \frac{1}{r_7} = \frac{2}{r} \left(\lambda \frac{\alpha}{r} + \mu \frac{\beta}{r} + \nu \frac{\gamma}{r} \right), \qquad \frac{1}{r_3} - \frac{1}{r_5} = \frac{2}{r} \left(- \lambda \frac{\alpha}{r} + \mu \frac{\beta}{r} + \nu \frac{\gamma}{r} \right),$$

$$\frac{1}{r_2} - \frac{1}{r_8} = \frac{2}{r} \left(\lambda \frac{\alpha}{r} + \mu \frac{\beta}{r} + \nu \frac{\gamma}{r} \right), \qquad \frac{1}{r_4} - \frac{1}{r_6} = \frac{2}{r} \left(- \lambda \frac{\alpha}{r} + \mu \frac{\beta}{r} + \nu \frac{\gamma}{r} \right);$$

d'où l'on conclut que v ne contient *que des termes du quatrième ordre* $kr^{-4} + \ldots$, k étant une quantité variable finie.

Considérons maintenant un parallélépipède de très grandes dimensions, ayant pour centre l'origine et homothétique à P. A tout parallélépipède Π dont le centre est situé sur une de ses faces, et qui fournit au point (x, y, z) le potentiel kr^{-4}, correspond sur la face opposée le centre d'un parallélépipède Π' symétrique, qui fournit au même point le potentiel $- kr'^{-4}$. La somme de ces deux potentiels est évidemment un infiniment petit du cinquième ordre. On peut alors, à une très grande distance de l'origine, ne conserver que les parallélépipèdes Π situés dans le premier angle des coordonnées. Leur action est évidemment du même ordre de grandeur, au point (x, y, z), que celle d'une substance continue de densité variable, mais finie, agissant en raison inverse de la cinquième puissance de la distance. Dès lors si, de l'origine comme centre, on décrit dans le premier angle un quart d'hémisphère de rayon R suffisamment grand, la somme des termes de la série (73, b) sera, à partir d'un certain rang, comparable à l'intégrale

$$\int_R^\infty \frac{\pi r^2}{2} \frac{dr}{r^5} = \int_R^\infty \frac{\pi dr}{2r^3} = \frac{\pi}{4R^2},$$

qui tend vers zéro. Donc la série (73, b) est convergente.

4. INDUCTION SUR UNE SPHÈRE CONDUCTRICE. — Supposons que la sphère soit à la terre ; nous avons indiqué à la page 142, comment on passe au cas où la sphère est isolée. Soit R (*fig.* 68) le rayon de la sphère, η une charge fixe au point A et $AO = a$. Les trois grandeurs R, a et η étant données, il s'agit de trouver la densité k de l'électricité induite en un point quelconque M de la surface sphérique, le potentiel V de cette surface étant nul. Déterminons

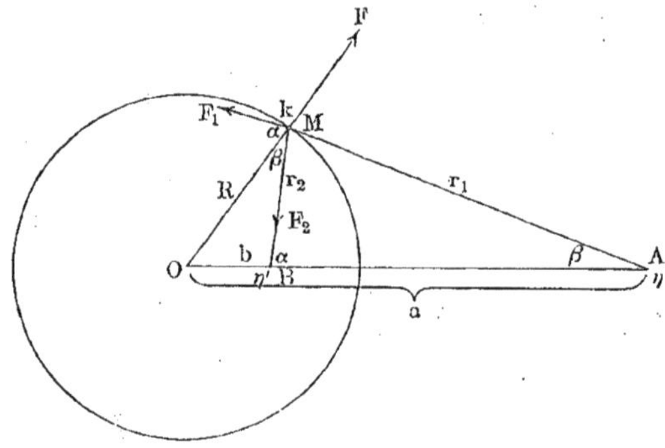

Fig. 68

sur OA un point B tel que $OB = b$ satisfasse à la condition $ab = R^2$, c'est-à-dire que $b : R = R : a$; joignons M à A et à B et posons $MA = r_1$, $MB = r_2$. De la similitude des triangles OMB et OMA, on déduit

$$(74) \qquad \frac{r_2}{r_1} = \frac{b}{R} = \frac{R}{a} ;$$

autrement dit, comme nous l'avons déjà fait remarquer à la page 135, pour tous les points de la surface sphérique le rapport $r_2 : r_1$ est une grandeur constante. Soit $F_1 MO = MBA = \alpha$ et $OMB = MAO = \beta$. On a évidemment $r_1 \cos \beta + r_2 \cos \alpha = a - b$; si on substitue les valeurs de r_2 et de b déduites de (74), on obtient

$$(74, a) \qquad a \cos \beta + R \cos \alpha = \frac{a^2 - R^2}{r_1}.$$

Quand on amène en B la quantité d'électricité

$$(74, b) \qquad \eta' = - \eta \, \frac{R}{a}$$

et lorsqu'on détermine le potentiel V des charges η et η' en M, on trouve d'après (74),

$$V = \frac{\eta}{r_1} + \frac{\eta'}{r_2} = \frac{\eta}{r_1} - \frac{\eta R}{a r_2} = \frac{\eta}{r_1} - \frac{\eta}{r_1} = 0.$$

Il en résulte que la distribution cherchée est telle que son action dans l'espace *extérieur* est égale à celle d'une masse η' qui se trouve en B. Dans ce cas, en effet, le potentiel V dû à la charge η en A ainsi qu'à la charge cherchée (k) sur la sphère est nul en tous les points de la surface sphérique et par suite en tous les points intérieurs ; cette dernière conséquence est évidente si l'on remarque que V étant nul sur toute la surface de la sphère, cette surface est une surface de niveau du potentiel et par conséquent les lignes de force lui sont normales, ce qui suffit pour l'équilibre.

Quand on connaît l'action extérieure de la charge, on trouve la densité k par la formule

$$(74, c) \qquad k = \frac{1}{4\pi} \, F,$$

où F est la force en un point extérieur, qui se trouve infiniment près de la surface et du côté de la normale *extérieure*. Au point M agissent deux forces, voir figure 68 :

$$F_1 = \frac{\eta}{r_1^2} \qquad \text{et} \qquad F_2 = - \frac{\eta'}{r_2^2} = \frac{\eta R}{a} \cdot \frac{1}{r_2^2} = \frac{\eta a}{R} \cdot \frac{1}{r_1^2} ;$$

leur résultante a pour direction MO, de sorte que

$$(74, d) \qquad F = - (F_1 \cos \alpha + F_2 \cos \beta),$$

la composante F' étant perpendiculaire à MO et, comme nous allons le démontrer, égale à zéro. On a

$$(74, e) \qquad \pm F' = F_1 \sin \alpha - F_2 \sin \beta ;$$

si on substitue F_1 et F_2 dans $(74, d)$ et $(74, e)$, il vient

$$- F = \frac{\eta}{r_1^2} \cos \alpha + \frac{\eta a}{R r_1^2} \cos \beta = \frac{\eta}{R r_1^2} (R \cos \alpha + a \cos \beta),$$

$$F' = \frac{\eta}{r_1^2} \sin \alpha - \frac{\eta a}{R r_1^2} \sin \beta = \frac{\eta}{R r_1^2} (R \sin \alpha - a \sin \beta) ;$$

mais $R \sin \alpha = a \sin \beta$, par suite $F' = 0$. En outre $(74, a)$ donne

$$- F = \eta \, \frac{a^2 - R^2}{R} \cdot \frac{1}{r_1^3},$$

et enfin, d'après (74, c),

$$(74, f) \qquad k = - \frac{\eta(a^2 - R^2)}{4\pi R} \cdot \frac{1}{r_1^3}.$$

La densité cherchée k est inversement proportionnelle au cube de la distance au point inducteur A. La charge totale sur la sphère est η' ; elle est plus petite que η dans le rapport R : a.

On voit facilement comment (74, f) conduit à la solution du problème de l'*induction intérieure* sur une sphère, c'est-à-dire comment on peut déterminer la densité k' sur la surface d'une cavité sphérique, quand la charge η' se trouve en B et lorsque R, b et η' sont donnés. On obtient évidemment k' en introduisant dans (74, f) les grandeurs η', b et r_2 à la place de η, a et r_1, η' étant maintenant considéré comme une grandeur positive. On a

$$(74, g) \qquad k' = - \frac{\eta'(R^2 - b^2)}{4\pi R} \cdot \frac{1}{r_2^3}.$$

La charge totale est η' ; elle agit dans l'espace *extérieur* comme la charge $(+ \eta')$ au point B, mais dans l'espace intérieur comme une charge $\eta = - \dfrac{R}{b} \eta'$ placée au point A.

Nous allons maintenant nous placer à un point de vue plus général, et il convient pour cela que nous disions quelques mots de la théorie de l'équation de Fredholm, à laquelle nous avons déjà fait allusion dans le Tome III. Nous emprunterons à un mémoire de E. Picard publié en 1906, l'exposition sommaire suivante de cette théorie. Le travail fondamental de Fredholm remonte seulement à 1903 ; il avait été précédé d'une Note dans les Comptes rendus de l'Académie de Stockholm (janvier 1900). Une équation de Fredholm est une équation fonctionnelle de la forme

$$(74, h) \qquad \varphi(x) + \lambda \int_0^1 f(x, s)\varphi(s)ds = \psi(x),$$

où $f(x, s)$ et $\psi(x)$ sont des fonctions données, λ un paramètre et $\varphi(x)$ la fonction inconnue. La remarquable solution que Fredholm a donnée de cette équation et que nous allons indiquer a été le point de départ de très nombreux travaux, en particulier de ceux de D. Hilbert et de Plemelj. D. Hilbert, en développant d'une façon systématique, dans un brillant exposé, les applications variées de l'équation (74, h) et de sa généralisation pour un plus grand nombre de variables, a mis en lumière toute la portée de la théorie de Fredholm. En adoptant en principe une belle méthode due à W. Stekloff, il a étendu les résultats obtenus précédemment par W. Stekloff, Korn, Kneser et S. Zaremba, dans leurs recherches sur certaines séries analogues à la série de Fourier et dont la théorie a été fondée par les travaux célèbres de H. Poincaré mentionnés à plusieurs reprises dans cet ouvrage.

Supposons d'abord que $f(x, s)$ reste finie, quand x et s restent entre o et 1. Introduisons, avec Fredholm, la fonction

$$f\begin{pmatrix} x_1, x_2, \ldots, x_n \\ y_1, y_2, \ldots, y_n \end{pmatrix} = \begin{vmatrix} f(x_1, y_1) & f(x_1, y_2) \ldots f(x_1, y_n) \\ f(x_2, y_1) & f(x_2, y_2) \ldots f(x_2, y_n) \\ \cdot \cdot \cdot \cdot \cdot \cdot \cdot \cdot \cdot \cdot \cdot \cdot \cdot \\ f(x_n, y_1) & f(x_n, y_2) \ldots f(x_n, y_n) \end{vmatrix}.$$

On forme la série *entière* en λ

$$D(\lambda) = 1 + \lambda \int_0^1 f(x_1, x_1)\,dx_1 + \ldots$$

$$+ \frac{\lambda_n}{1.2.\ldots n} \int_0^1 \cdots \int_0^1 f\begin{pmatrix} x_1, x_2, \ldots, x_n \\ x_1, x_2, \ldots x_n \end{pmatrix} dx_1 dx_2 \ldots dx_n + \ldots,$$

puis la fonction de (ξ, η), *entière* en λ, représentée par le développement

$$D_1(\xi, \eta) = f(\xi, \eta) + \lambda \int_0^1 f\begin{pmatrix} \xi, x_1 \\ \eta, x_1 \end{pmatrix} dx_1 + \ldots$$

$$+ \frac{\lambda_n}{1.2.\ldots n} \int_0^1 \cdots \int_0^1 f\begin{pmatrix} \xi, x_1, \ldots, x_n \\ \eta, x_1, \ldots, x_n \end{pmatrix} dx_1 \ldots dx_n + \ldots .$$

Avec les deux équations précédentes, on obtient la solution de l'équation (74, *h*), pour λ *non singulier*, au moyen de la formule

$$\varphi(x) = \psi(x) - \lambda \int_0^1 \frac{D_1(x, t)}{D(\lambda)}\, \psi(t)\,dt.$$

Les valeurs *singulières* de λ sont les racines de l'équation

$$(74, i) \qquad\qquad D(\lambda) = 0.$$

Nous avons donc le résultat très remarquable que *la solution de l'équation* (74, *h*) *envisagée comme fonction de λ est une fonction méromorphe dans tout le plan.*

Une discussion approfondie des valeurs singulières a été faite par Fredholm. A chaque racine λ_0 de l'équation (74, *i*) correspond un nombre entier $n (n \geqslant 1)$, tel que l'équation sans second membre en Φ

$$(74, h') \qquad \Phi(x) + \lambda_0 \int_0^1 f(x, s)\Phi(s)ds = 0$$

a n solutions linéairement indépendantes. [Si λ_0 est une racine simple de $D(\lambda)$, on a $n = 1$, et, d'une manière générale, si λ_0 est une racine multiple d'ordre ν, on a $n \leqslant \nu$].

Une autre question très intéressante a aussi été résolue par Fredholm ; c'est de savoir à quelles conditions l'équation

$$(74, j) \qquad \varphi(x) + \lambda_0 \int_0^1 f(x, s)\varphi(s)ds = \psi(x)$$

a une solution. Il est nécessaire et suffisant que la fonction $\psi(x)$ satisfasse aux conditions suivantes, différant un peu par la forme de celles de FREDHOLM.

Appelons équation *associée* d'une équation fonctionnelle du type qui nous occupe l'équation où la fonction $f(x, s)$ est remplacée par $f(s, x)$. Il résulte immédiatement de la loi de formation de la fonction entière $D(\lambda)$ et des fonctions analogues qu'*une équation et son associée ont les mêmes valeurs singulières avec le même nombre correspondant n*. Ceci posé, envisageons l'équation

$$(74, h'') \qquad \Psi(x) + \lambda_0 \int_0^1 f(s, x)\Psi(s)\,ds = 0.$$

Elle aura n solutions distinctes Ψ_1, Ψ_2, ..., Ψ_n.

Les conditions nécessaires et suffisantes pour que l'équation $(74, j)$ ait une solution [$\varphi(x)$ étant toujours l'inconnue] *s'expriment par les n égalités*

$$\int_0^1 \Psi_i(x)\psi(x)\,dx = 0 \qquad (i = 1, 2, ..., n).$$

Il est clair que si l'équation $(74, j)$ a une solution, elle en aura une infinité que l'on obtiendra en ajoutant la solution générale de l'équation sans second membre.

Il a été supposé, dans ce qui précède, que la fonction $f(x, s)$ restait finie. L'intégrale, qui figure dans l'équation fonctionnelle, aura souvent un sens, même quand f devient infinie. FREDHOLM a aussi examiné ce cas dans son mémoire, et sa méthode revient au fond à substituer à l'équation proposée des équations équivalentes où il pourra arriver que la fonction jouant le rôle de $f(x, s)$ ne devienne plus infinie. Reprenons l'équation $(74, h)$; en remplaçant sous le signe d'intégration $\varphi(x)$ par

$$\psi(x) - \lambda \int_0^1 f(x, s')\varphi(s')\,ds',$$

et posant

$$f_1(x, s') = \int_0^1 f(x, s)f(s, s')\,ds,$$

on obtient l'équation

$$(74, k) \quad \varphi(x) - \lambda^2 \int_0^1 f_1(x, s')\varphi(s')\,ds' = \psi(x) - \lambda \int_0^1 f(x, s)\psi(s)\,ds,$$

que l'on démontre facilement être équivalente à $(74, h)$, et qui est du type de FREDHOLM.

Il pourra arriver que $f_1(x, s')$ reste finie ; nous sommes alors ramené au cas précédent. S'il n'en est pas ainsi, on peut recommencer l'opération en partant cette fois de $(74, k)$. On est ainsi conduit à envisager une suite de fonctions

$$f(x, s), f_1(x, s), ..., f_n(x, s), ...$$

où on a d'une manière générale

$$f_n(x, s) = \int_0^1 f_{n-1}(x, s') f(s', s) ds'.$$

Dans les applications les plus usuelles, il arrivera que, pour une certaine valeur de n, la fonction $f_n(x, s)$ restera finie, et alors la réduction cherchée se trouvera effectuée après n opérations. Ainsi supposons que $f(x, s)$ devienne infinie seulement pour $x = s$, et comme $\dfrac{1}{|x-s|^\alpha}$ ($0 < \alpha < 1$). Il est facile de voir que $f_n(x, s)$ restera finie à un certain moment. Si, par exemple, α est inférieur à $\dfrac{1}{2}$, $f_1(x, s)$ restera finie. Le cas de $\alpha < \dfrac{1}{2}$ a été traité d'une manière extrêmement élégante par D. Hilbert, en se plaçant à un autre point de vue. Il montre que l'on peut, dans ce cas, conserver la solution de Fredholm pour f finie, à condition de remplacer par zéro dans tous les déterminants les termes des diagonales principales qui sont nécessairement infinis.

Il est évident que tous les résultats précédents sont susceptibles d'extension au cas de plusieurs variables.

D. Hilbert a démontré que dans le cas où la fonction $f(x, s)$ *est symétrique en x et s, les valeurs singulières de λ sont nécessairement réelles.* Il déduit ce résultat de la méthode même de Fredholm, où l'équation fonctionnelle intégrale est considérée comme la limite d'une équation fonctionnelle finie.

On peut aussi le démontrer directement avec E. Picard, comme il suit. Supposons que l'équation

$$\varphi(x) + \lambda_0 \int_0^1 f(x, y)\varphi(y)dy = 0 \qquad [f(x, y) \text{ symétrique}]$$

ait une solution différente de zéro pour $\lambda_0 = \lambda_1 + i\lambda_2$ ($\lambda_2 \not\gtrless 0$); on aura

$$\varphi(x) = \varphi_1 + i\varphi_2.$$

En substituant, on a de suite

$$\varphi_1(x) + \lambda_1 \int_0^1 f(x, y)\varphi_1(y)dy - \lambda_2 \int_0^1 f(x, y)\varphi_2(y)dy = 0,$$

$$\varphi_2(x) + \lambda_2 \int_0^1 f(x, y)\varphi_1(y)dy - \lambda_1 \int_0^1 f(x, y)\varphi_2(y)dy = 0.$$

En multipliant la première équation par $\varphi_1(x)dx$ et la seconde par $\varphi_2(x)dx$, puis ajoutant et intégrant, on aura

$$(\alpha) \quad \int_0^1 [\varphi_1^2(x) + \varphi_2^2(x)]\,dx + \lambda_1 \int_0^1 \int_0^1 f(x, y)[\varphi_1(x)\varphi_1(y) + \varphi_2(x)\varphi_2(y)]dxdy = 0.$$

Multipliant ensuite les équations respectivement par $\varphi_2(x)dx$ et $\varphi_1(x)dx$, puis retranchant et intégrant, nous avons

$$(\beta) \quad \lambda_2 \int_0^1 \int_0^1 f(x, y)[\varphi_1(x)\varphi_1(y) + \varphi_2(x)\varphi_2(y)]dxdy = 0.$$

L'équation (α) montre que le multiplicateur de λ_2 dans (β) n'est pas nul. Nous aurions donc $\lambda_2 = 0$ contre l'hypothèse faite ; la remarque est établie.

Nous arrivons maintenant aux applications de l'équation de FREDHOLM que nous avions en vue.

Le problème de DIRICHLET relatif aux fonctions harmoniques à l'intérieur d'une surface a été ramené par FREDHOLM à l'intégration d'une équation fonctionnelle. Ce problème se résout en effet par un potentiel de double couche, l'inconnue étant la densité ω qui est donnée par la première des équations $(47, f)$, page 87, où V_i est la fonction connue sur la surface. On peut écrire cette équation fonctionnelle sous la forme

$$(74, l) \quad \omega + \frac{1}{2\pi} \iint \omega \frac{\cos \varphi}{r^2} \, ds = F \qquad \text{(F fonction donnée sur la surface).}$$

On démontre aisément que l'on ne se trouve pas dans un cas singulier en s'appuyant sur le théorème important suivant, qui a été démontré d'une manière très précise par PLEMELJ. On dit souvent que la dérivée normale d'un potentiel de double couche est continue pour le passage par la surface. Cet énoncé en lui-même est mauvais, comme le fait remarquer E. PICARD, car la dérivée normale en un point de la surface pourrait ne pas exister. Ce qui est exact sans restriction, c'est que si l'on prend, sur une normale en un point A_0 de la surface, la dérivée suivant cette droite du potentiel V en deux points situés de part et d'autre de A_0 à la même distance ε, la différence des dérivées tend vers zéro avec ε.

Il importe ici que nous rappelions bien les notations. Nous appellerons dorénavant m le point variable de la surface pour lequel on prend le potentiel ; l'angle φ est l'angle que fait avec la droite joignant ds à m la normale extérieure à la surface en ds.

Si nous introduisons le paramètre λ, nous considérons, au lieu de l'équation $(74, l)$, l'équation

$$(74, m) \qquad \omega + \lambda \iint \omega \frac{\cos \varphi}{2\pi r^2} \, ds = F.$$

L'équation *associée* à l'équation $(74, m)$ est également très intéressante et conduit, comme l'a indiqué E. PICARD, à l'équation fonctionnelle de ROBIN, dont nous nous occuperons plus loin ; elle se présente aussi dans le problème de l'aimantation par influence que nous étudierons dans la suite. Pour obtenir cette équation associée, il faut faire une permutation de m et de ds ; on obtiendra donc l'équation

$$(74, m') \qquad \omega + \lambda \iint \omega \frac{\cos \psi}{2\pi r^2} \, ds = F,$$

où ψ (qu'il ne faut pas confondre avec φ) représente l'angle que fait la droite joignant m à ds avec la normale extérieure à la surface en m.

D'après ce que nous avons dit plus haut, les deux équations associées $(74, m)$ et $(74, m')$ ont les mêmes valeurs singulières. Nous avons dit que $\lambda = 1$

n'était pas une valeur singulière ; il est immédiat au contraire, sur l'équation (74, m), que $\lambda = -$ 1 est une valeur singulière, puisque l'équation

$$\omega - \frac{1}{2\pi} \iint \omega \, \frac{\cos \frac{\varphi}{i}}{r'^2} \, ds = 0$$

est vérifiée par $\omega = const.$ Plemelj a établi que les pôles de la solution ω de l'équation (74, m') (envisagée comme fonction de λ) *étaient tous simples et au moins égaux à* 1 *en valeur absolue.* Il ne faudrait pas conclure du fait que les pôles λ_0 sont simples, que l'équation sans second membre

$$\omega + \lambda_0 \iint \omega \, \frac{\cos \frac{\varphi}{i}}{2\pi r'^2} \, ds = 0$$

n'a qu'une seule solution, c'est-à-dire que le nombre n dont il a été question plus haut est nécessairement égal à 1. Il y a là une erreur que l'on serait tenté de commettre ; mais il suffit de supposer que S se réduit à une sphère pour voir que les choses peuvent se passer tout autrement. Supposons donc que la surface S soit une sphère de rayon 1 (dans ce cas $\varphi = \psi$). On montre aisément que les valeurs singulières sont

$$\lambda_0 = - (2n + 1),$$

n étant un entier positif ou nul. De plus, pour la valeur singulière $-(2n+1)$ l'équation sans second membre

$$\omega - (2n + 1) \iint \omega \, \frac{\cos \frac{\varphi}{i}}{2\pi r'^2} \, ds = 0$$

a, comme solutions distinctes en ω, les $2n + 1$ fonctions Y_n de Laplace correspondant à l'entier n. D'une manière générale, on peut seulement affirmer que, pour la valeur singulière $\lambda = -$ 1, il y a une seule solution de l'équation sans second membre,

$$\omega - \frac{1}{2\pi} \iint \omega \, \frac{\cos \frac{\varphi}{i}}{r'^2} \, ds = 0,$$

solution qui se réduit à une constante.

E. Picard a donné l'exemple suivant, qui conduit, pour un cas singulier, à une équation avec second membre. Il s'agit du problème qui a pour objet de trouver une fonction harmonique V continue dans le volume limité par une surface S, avec des valeurs données F pour $\frac{\partial V_i}{\partial n}$ à la surface. En se servant des formules (47, e), (47, e'), page 86, l'équation

$$\frac{\partial V_i}{\partial n} = F$$

devient

$$2\pi k - \iint k\,\frac{\cos\psi}{r^2}\,ds = F,$$

c'est-à-dire

$$k - \iint k\,\frac{\cos\psi}{2\pi r^2}\,ds = \frac{F}{2\pi}.$$

C'est donc une équation de la forme (74, m'), pour $\lambda = -1$, qui est une valeur singulière. Le problème n'est par conséquent pas possible en général, et nous trouverons la condition en appliquant la règle que nous avons donnée à la page 150. Il faut prendre l'équation *associée*

$$\Psi - \iint \Psi\,\frac{\cos\varphi}{2\pi r^2}\,ds = 0,$$

qui, comme nous l'avons dit, a la seule solution $\Psi = const$. On trouve donc la condition

$$(\alpha) \qquad\qquad \iint F\,ds = 0,$$

comme il devait être.

Ces considérations sont appliquées par E. Picard au problème de la distribution de l'électricité sur un conducteur, en présence de masses électriques *fixes* qui l'influencent. Soit U le potentiel dû aux masses électriques fixes, et soit V le potentiel dû à la couche électrique cherchée de densité k sur S ; on aura ici

$$F = \frac{\partial U}{\partial n}$$

et la condition (α) est bien remplie. La solution dépendra d'une constante arbitraire, puisque l'on peut ajouter une solution de l'équation sans second membre

$$k - \iint k\,\frac{\cos\psi}{2\pi r^2}\,ds = 0,$$

qui est l'équation fonctionnelle de Robin dont nous allons parler maintenant. Cette constante arbitraire correspond manifestement à la charge électrique donnée du conducteur.

Avant de passer à l'équation de Robin, nous mentionnerons que E. Picard a aussi appliqué la théorie de l'équation de Fredholm au problème de l'équilibre de température avec rayonnement (Tome III) et au problème de la membrane vibrante (Tome I).

G. Robin (1886) a établi directement son équation fonctionnelle de la manière suivante. Considérons un point M de la surface d'un conducteur où la densité électrique a pour valeur k. Ce point subit les actions des divers éléments électrisés $k'ds'$ du reste de la surface S et des charges $\eta_i(i = 1, 2, \ldots, p)$ des points électrisés extérieurs, que nous supposerons au nombre de p. Le potentiel au point M a pour valeur

$$V = \iint \frac{k'ds'}{r} + \overset{p}{\underset{1}{S}} \frac{\eta_i}{r_i},$$

r et r_i désignant les distances au point M de l'élément ds' et du point de charge η_i. Si l'on prend la dérivée de V suivant la normale extérieure n, on sait que la valeur de la fonction $\dfrac{\partial V}{\partial n}$ en un point de la surface est la moyenne arithmétique des valeurs o et $-4\pi k$ de cette même fonction en deux points, l'un intérieur, l'autre extérieur, infiniment voisins du premier : c'est donc $2\pi k$; et comme $\dfrac{\partial}{\partial n}\dfrac{1}{r} = \dfrac{\cos\psi}{r^2}$, on aura

$$(74, n) \qquad k = \frac{1}{2\pi}\iint \frac{k'\cos\psi}{r^2}\,ds' + \frac{1}{2\pi}\overset{p}{\underset{1}{S}}\frac{\eta_i\cos(r_i, n)}{r_i^2}.$$

Nous allons faire quelques applications très simples de cette équation fonctionnelle, qui en feront ressortir l'intérêt.

Reprenons le problème de l'*induction d'un point électrisé sur une sphère conductrice*. En appelant R le rayon de la sphère, V son potentiel constant, η_1 la charge du point, d_1 sa distance au centre de la sphère, on a visiblement

$$\frac{\cos\psi}{r} = \frac{1}{2R}, \qquad d_1^2 = R^2 + r_1^2 - 2Rr_1\cos(r_1, n),$$
$$V = \iint \frac{k'ds'}{r} + \frac{\eta_1}{r_1}.$$

Si, dans l'équation $(74, n)$, on porte les valeurs des cosinus tirées des deux premières relations et qu'on tienne compte de la troisième, on obtient

$$k = \frac{V}{4\pi R} - \frac{\eta_1}{4\pi R}\frac{d_1^2 - R^2}{r_1^3}.$$

On retrouve ainsi, par la voie la plus directe, le résultat que Lord Kelvin a obtenu par des procédés détournés si ingénieux.

Voici une autre application facile. Un corps d'épreuve est, comme on sait, un conducteur de très petite dimension qu'on met en contact avec un autre conducteur de dimension finie. La charge prise par le corps d'épreuve ne dépend pas de la forme de la surface touchée ; elle est proportionnelle à la densité électrique au point touché, avant le contact. La difficulté, insurmontable dans la plupart des cas, consiste à trouver le coefficient de proportionnalité. Lorsqu'il s'agit d'une petite sphère, Poisson a pu déterminer le rapport de sa densité électrique moyenne à la densité au point de contact : ce rapport a pour valeur $\dfrac{\pi^2}{6}$. L'équation fonctionnelle de G. Robin permet de faire aussi la théorie du corps d'épreuve, dans le cas où il est le *corps de plus grande attraction*, dont l'équation polaire est

$$\frac{\cos\psi}{r^2} = \frac{1}{a^2}.$$

La constante a est *le diamètre* ; le corps, qui est de révolution autour de son diamètre, présente au pôle un aplatissement infini. Imaginons qu'on mette en contact par leurs pôles deux corps de plus grande attraction ; on les suppose tous deux conducteurs et l'on communique à leur ensemble une charge électrique M. Exprimons que toutes les répulsions électriques se font équilibre au point de contact : en affectant de l'indice 1 toutes les quantités relatives au deuxième corps, nous aurons

$$\iint \frac{k' \cos\psi}{r^2}\, ds' = \iint \frac{k_1{}' \cos\psi_1}{r_1^2}.$$

ou, en vertu des équations des deux corps, en désignant par η, η_1 leurs charges,

$$(74,\, o) \qquad\qquad \frac{\eta}{a^2} = \frac{\eta_1}{a_1^2}.$$

Ainsi, la charge totale se partage proportionnellement aux carrés des diamètres, c'est-à-dire aux surfaces. Supposons maintenant le second corps isolé et possédant à lui seul la charge $M = \eta + \eta_1$. L'équation $(74,\, n)$, appliquée au pôle, donne

$$k_1 = \frac{1}{2\pi} \iint \frac{k_1{}' \cos\psi_1}{r_1^2}\, ds_1{}' = \frac{\eta + \eta_1}{2\pi a_1^2}.$$

En combinant cette relation avec la relation $(74,\, o)$, on trouve

$$k_1 = \frac{\eta}{2\pi}\left(\frac{1}{a^2} + \frac{1}{a_1^2}\right),$$

et, si le premier corps est très petit par rapport au second,

$$\eta = 2\pi a^2 k_1.$$

D'après la théorie du corps d'épreuve, ce résultat subsiste lorsqu'on remplace le second corps de plus grande attraction par un conducteur quelconque. Le rapport cherché est $2\pi a^2$. L'aplatissement du corps d'épreuve au pôle fait qu'une erreur de contact assez grande n'influe pas sensiblement sur la distribution électrique du système.

G. ROBIN a encore donné une application de son équation fonctionnelle à l'équilibre électrique de l'ellipsoïde, qui permet de retrouver analytiquement le résultat obtenu par le procédé synthétique des ellipsoïdes homothétiques.

Soit, en effet, $d\sigma = \dfrac{\cos(r,\, n')}{r^2}\, ds'$ l'angle solide sous lequel, de l'élément de surface ds, on voit l'élément ds' dont la normale est n'. Au cas où il n'existe pas de masses inductrices, l'équation fonctionnelle pourra s'écrire

$$(74,\, p) \qquad \iint \frac{k'}{k} \frac{\cos (r,\, n)}{\cos (r,\, n')} \, d\sigma = 2\pi.$$

Pour un ellipsoïde, on a

$$\frac{\cos (r,\, n)}{\cos (r,\, n')} = \frac{p}{p'},$$

p et p' étant les distances du centre aux plans tangents à ds et à ds' ; on le voit tout de suite en remarquant que la parallèle à r, menée par le centre, est divisée par ce point et les deux plans tangents en deux parties égales. On satisfait donc à l'équation $(74,\, p)$ en prenant k proportionnel à p.

A l'équation fonctionnelle de ROBIN se rattache une expression intéressante de l'énergie électrique. Généralement, l'expression de la densité sur un conducteur comporte un facteur arbitraire, que l'on détermine en se donnant, soit la charge η, soit le potentiel V. Chacune de ces opérations conduit à une double intégration, de sorte que l'énergie $W = \frac{1}{2} \eta V$, voir $(51,\, a)$, page 93, se présente sous la forme du produit de deux intégrales doubles. On va voir qu'une seule intégrale double suffit à exprimer l'énergie électrique d'un conducteur fermé. Nous pouvons d'ailleurs supposer qu'un nombre quelconque de conducteurs, non influencés par des charges fixes, sont en présence. Soient M un point de l'un d'eux, $m = kds$ la charge en ce point, M' un autre point du système, m' sa charge, ρ et ρ' les distances des points M et M' à une origine fixe O. Les divers éléments M' exercent en M une répulsion totale dirigée suivant la normale extérieure n, et dont la valeur est $2\pi k$. En projetant les répulsions composantes sur la direction ρ, on a donc

$$S \, \frac{m'}{\overline{M'M}^2} \cos (M'M,\, \rho) = 2\pi k \cos (n,\, \rho).$$

Multipliant les deux membres de cette égalité par $m\rho = k\rho d\sigma$, puis intégrant sur toute l'étendue des p surfaces conductrices, il vient

$$SS \, \frac{mm'}{\overline{MM'}^2} \, \rho \cos (M'M,\, \rho) = \sum_p \iint 2\pi k^2 \rho \cos (n,\, \rho) \, ds.$$

On peut, dans le premier membre, grouper les termes deux à deux de manière à mettre en évidence la somme partielle

$$\frac{mm'}{\overline{M'M}^2} \left[\rho \cos (M'M,\, \rho) + \rho' \cos (M'M,\, \rho') \right].$$

On reconnaît aisément que la parenthèse se réduit à M'M, en sorte que le premier membre de notre équation, $SS \dfrac{mm'}{MM'}$, représente l'énergie électrique W de tout le système. Nous avons donc la formule

$$(74, q) \qquad W = 2\pi \sum_p \iint k^2 \rho \cos(n, \rho)\, ds.$$

Elle est susceptible d'une légère transformation. Appelons $d\sigma$ l'élément de surface sphérique décrite du point O comme centre avec l'unité pour rayon ; suivant que le **rayon** vecteur ρ sort du conducteur ou y pénètre, on aura

$$\cos(n, \rho)\, ds = \pm\, \rho^2 d\sigma,$$

et, en regardant comme négatifs les rayons vecteurs qui entrent dans le conducteur, comme positifs ceux qui en sortent, l'équation (74, q) devient

$$(74, r) \qquad W = 2\pi \sum_p \iint k^2 \rho^3 d\sigma.$$

Pour une sphère de rayon R, la formule (74, r) donne immédiatement l'expression connue $W = 8\pi^2 R^3 k^2$.

III. Distribution de l'électricité sur un système de conducteurs. Méthode de Murphy. Méthode de G. Darboux pour un système de deux sphères — Parmi les conducteurs, un au moins doit être isolé et un au moins des conducteurs isolés doit avoir sa charge donnée en grandeur.

Il est nécessaire pour l'équilibre que le potentiel à l'intérieur de chacun des conducteurs ai la même valeur en tous les points, ce potentiel devant être considéré comme produit par toutes les charges électriques présentes.

Le célèbre *problème de la distribution de l'électricité sur deux sphères* a été résolu pour la première fois par Poisson (1811); après lui, Plana (1845), Murphy, Hankel, F. Neumann, W. Thomson, Liouville, B. Riemann, Cayley, Kirchhoff (1861), C. Neumann, Bobyleff (1874), G. Darboux (1907), etc., s'en sont occupés.

Nous avons déjà donné une idée de la voie que Poisson a suivie pour traiter le problème des deux sphères. W. Thomson (Lord Kelvin) a appliqué à ce problème la méthode des *images électriques* (1853), combinée avec la méthode des influences successives de Murphy. Soient S_a et S_b les deux sphères, a et b leurs rayons. La méthode de Murphy consiste à déterminer une série de couches successives de la manière suivante. On met sur la sphère S_a une couche capable de donner un potentiel 1, c'est-à-dire une couche uniforme dont nous désignerons la masse par a. Cette couche agit à l'extérieur comme si elle était concentrée au centre A de la sphère S_a. On la fixe et on détermine la couche induite sur la surface de la seconde sphère S_b non isolée, ce qui revient à déterminer l'image A' par rapport à S_b d'une masse $+ a$ en A. On fixe ensuite la couche équivalente à A' et on détermine son influence sur la sphère S_a non isolée, c'est-à-dire la nouvelle image A" de A', et ainsi de suite. On répète la même opération, en commençant par la sphère S_b et on multiplie par des coefficients convenables toutes les masses ainsi déterminées. Chacune des masses et des densités pouvant être calculée exactement, on en déduit la loi de distribution finale.

Soit x la distance AB des centres; x_1, x_2, x_3,... les distances des images A_1, A_2, A_3,... au point B; x', x'', x''',... celles des images A', A'', A''',... au point A. La charge primitive de la première sphère étant $q = a$, on a, pour l'image A', $q' = - \dfrac{qb}{x}$, $BA' = \dfrac{b^2}{x}$, $x' = x - \dfrac{b^2}{x}$. Les images successives A', A'',.., donneront, de même, $q_1 = - \dfrac{q'a}{x'}$, $q^v = - \dfrac{q_1 b}{x_1}$, $q_2 = - \dfrac{q''a}{x''}$,... et $x_1 = x - \dfrac{a^2}{x^1}$, $x'' = x - \dfrac{b^2}{x^1}$, $x_2 = x - \dfrac{a^2}{x^1}$,... En posant $C_a = q + q_1 + q_2 + \cdots$, $C'_a = q' + q'' + q''' + \cdots$, on voit que C_a représente la capacité du conducteur A isolé, en présence du conducteur B réuni au sol et $- C'_a$ le coefficient d'électricité induite sur B. Le même procédé déterminera les coefficients C_b et C'_b relatifs à une charge primitive b sur la seconde sphère, et on aura $C'_a = C'_b = C_{ab}$. Si l'on désigne par A et B les charges respectives des deux sphères pour les potentiels U et V, on obtient finalement des expressions de la forme

$$A = C_a U - C_{ab} V, \qquad B = C_b V - C_{ab} U.$$

La méthode précédente donne ainsi la distribution de l'électricité sur les deux conducteurs, puisque la densité finale en chaque point est la somme des densités relatives aux différentes couches superposées. Quant à l'action réciproque des deux sphères, on peut l'évaluer directement par la résultante des actions que chacune des charges situées dans l'une des sphères exerce sur toutes celles que renferme l'autre sphère, ou encore par l'énergie du système (voir plus loin, page 182). Lord Kelvin a donné une table des valeurs des coefficients qui entrent dans l'expression de cette action réciproque et E. Mascart a établi des formules approchées.

Bien que la méthode de Lord Kelvin que nous venons d'exposer donne une solution particulièrement simple du problème de la distribution de l'électricité sur un système de deux sphères, la méthode si originale de Poisson a continué à être étudiée par les géomètres. G. Darboux (1907) lui a ajouté récemment un complément essentiel, par lequel elle acquiert toute la simplicité que l'on peut désirer. Poisson, voulant déterminer la distribution de l'électricité sur les deux sphères, admet que cette distribution est symétrique autour de la ligne des centres des deux sphères. Partant de cette hypothèse, il montre que les potentiels des deux sphères sont développables suivant des séries, dont les coefficients seront entièrement connus, si seulement on peut déterminer les valeurs des potentiels pour tous les points de la ligne des centres des deux sphères. Or, ces valeurs des potentiels, qui deviennent ainsi des fonctions d'une seule variable, sont liées par des relations que Poisson met en évidence et qui le conduisent à l'équation fonctionnelle constituant le grand intérêt de ses deux célèbres mémoires de 1811. G. Darboux a montré que l'hypothèse de Poisson sur la symétrie de la distribution électrique est tout à fait inutile et il a donné la méthode directe suivante, qui repose elle aussi sur la résolution d'une équation fonctionnelle, mais qui conduit immédiatement à la valeur du potentiel pour un point quelconque de l'espace, et non plus seulement pour les points de la ligne des centres des deux sphères.

Rappelons d'abord une relation fondamentale que nous avons déjà considérée précédemment (page 136). Considérons une sphère de centre O et une couche électrique distribuée d'une manière quelconque sur la surface. Soient A et B deux points conjugués par rapport à la sphère. Pour un point quelconque M de cette surface, on a $\overline{AM} : \overline{BM} = R : \overline{OB} = \overline{OA} : R$. Si donc on désigne par V_A, V_B les potentiels de l'action que la couche exerce sur A et B, potentiels définis par des intégrales telles que les suivantes :

$$V_A = \iint \frac{k\,dS}{\overline{AM}}, \qquad V_B = \iint \frac{k\,dS}{\overline{BM}},$$

on aura

$$(74'a) \qquad\qquad V_A = \frac{R}{\overline{OA}} V_B = \frac{\overline{OB}}{R} V_B.$$

Cela posé, considérons deux sphères électrisées de centres A et B (*fig.* 68 *bis*) extérieures l'une à l'autre. Désignons par a et par b respectivement les rayons

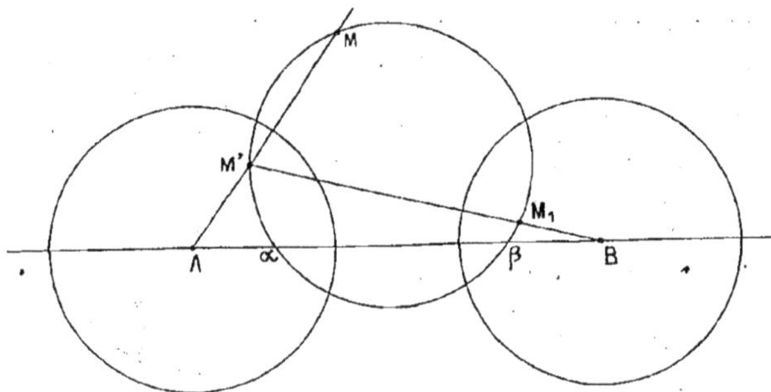

Fig. 68 bis

des deux sphères, par c la distance des centres, et soient α, β les deux points réels qui sont conjugués à la fois par rapport aux deux sphères (A) et (B), et par lesquels passent, comme on sait, toutes les sphères qui sont en même temps orthogonales à (A) et à (B).

Étant pris un point quelconque M dans l'espace extérieur aux deux sphères, désignons par M' son conjugué par rapport à (A) et par M_1 le conjugué de M' par rapport à (B). Les points M' et M_1 sont évidemment sur le cercle qui passe par les points M, α, β. Si nous désignons par I_A, I_B les inversions qui admettent pour sphères principales (A) et (B), M' se déduira de M par l'inversion I_A ; M_1 se déduira de M' par l'inversion I_B et il se déduira de M par la substitution $I_A I_B$, qui est le produit des deux inversions I_A et I_B.

Si nous désignons par V_M, V'_M respectivement les potentiels de (A) et de

(B), nous devons exprimer que la somme de ces potentiels est constante pour les points situés à l'intérieur des deux sphères. Nous devons donc avoir deux équations telles que les suivantes :

$$V_{M'} + V'_{M'} = \lambda, \qquad V_{M_1} + V'_{M'_1} = \mu,$$

λ et μ étant des constantes qui dépendront de la charge primitivement attribuée aux deux sphères. Or, d'après l'équation fondamentale $(74'_a)$, on a

$$V_{M'} = V_{M} \frac{\overline{AM}}{a}, \qquad V'_{M_1} = V'_{M'} \frac{b}{\overline{BM_1}};$$

donc, les équations précédentes deviendront

$$(74'_b) \qquad V_M \frac{\overline{AM}}{a} + V'_{M'} = \lambda, \qquad V_{M_1} + V'_{M'} \frac{b}{\overline{BM_1}} = \mu,$$

et, en éliminant $V'_{M'}$, on sera conduit à l'équation

$$V_{M_1} \overline{BM_1} - V_M \frac{b}{a} AM = \mu . \overline{BM_1} - \lambda b.$$

Telle est l'équation fonctionnelle à laquelle devra satisfaire le potentiel de (A) à *l'extérieur de cette sphère*. G. Darboux la transforme comme il suit.

D'après les propriétés élémentaires de l'inversion, on a

$$(74'_c) \qquad \frac{\overline{AM}}{\overline{\alpha M}} = \frac{\overline{A\beta}}{\overline{BM'}}, \qquad \frac{\overline{\alpha M_1}}{\overline{\beta M'}} = \frac{\overline{BM_1}}{\overline{B\beta}};$$

d'où l'on déduit, en éliminant $\overline{\beta M'}$,

$$\frac{\overline{AM}}{\overline{BM_1}} = \frac{\overline{A\beta}}{\overline{B\beta}} \frac{\overline{\alpha M}}{\overline{\alpha M_1}}.$$

Donc, si l'on remarque que l'on a, par définition,

$$a^2 = \overline{A\alpha} . \overline{A\beta}, \qquad b^2 + \overline{B\alpha} . \overline{B\beta}$$

et si l'on pose

$$q^2 = \frac{\overline{A\alpha}}{\overline{A\beta}} \frac{\overline{B\beta}}{\overline{B\alpha}};$$

on aura

$$\frac{b}{a} \frac{\overline{AM}}{\overline{BM_1}} = \frac{1}{q} \frac{\overline{\alpha M}}{\overline{\alpha M_1}};$$

l'équation à résoudre se présentera donc sous la forme

$$(74'_d) \qquad V_M \overline{\alpha M} - q V_{M_1} \overline{\alpha M_1} = \frac{\lambda a}{\overline{A\beta}} \overline{\beta M'} - \mu q . \alpha M_1,$$

où l'on a utilisé la seconde des relations $(74'_c)$.

Le point M_1 étant, comme le point M, extérieur à (A), appliquons-lui les mêmes substitutions qu'au point primitif : d'abord l'inversion I_A qui donnera un point M'_1, puis à M'_1 l'inversion I_B qui donnera M_2 ; et ainsi de suite indéfiniment. Nous aurons de nouveaux points formant deux suites indéfinies M, M_1, M_2, … et M', M'_1, M',… et tous ces points seront sur le cercle primitif $\alpha\beta M$. La construction met en évidence (et cela sera prouvé analytiquement plus loin) que les points M_i tendent vers le point-limite β et, de même, que les points M'_i tendent vers α. La figure montre même que la convergence sera assez rapide.

Celà étant admis, appliquons l'équation $(74'_d)$ aux groupes de points ainsi obtenus successivement. Nous aurons des équations telles que les suivantes :

$$V_{M_1}\overline{\alpha M_1} - q V_{M_2}\overline{\alpha M_2} = \frac{\lambda\alpha}{\overline{A\beta}}\,\overline{\beta M'} - \mu q\overline{\alpha M_2},$$

$$\cdots \cdots \cdots \cdots \cdots$$

$$V_{M_{i-1}}\overline{\alpha M_{i-1}} - q V_{M_i}\overline{\alpha M_i} = \frac{\lambda\alpha}{\overline{A\beta}}\,\overline{\beta M'_{i-1}} - \mu q\overline{\alpha M_i}.$$

Ajoutant toutes ces équations à la première $(74'_d)$ après les avoir multipliées respectivement par q, q^2, …, q^{i-1}, il vient

$$V_M\overline{\alpha M} - q^i V_{M_i}\overline{\alpha M_i} = \frac{\lambda a}{\overline{A\beta}}\Big[\overline{\beta M'} + q\,\overline{\beta M'_1} + \ldots + q^{i-1}\beta M'_{i-1}\Big]$$

$$- \mu\Big[q\,\overline{\alpha M_1} + q^2\overline{\alpha M_2} + \ldots + q^i\overline{\alpha M_i}\Big].$$

Nous avons déjà remarqué que les points M_i tendent vers le point β, pour lequel le potentiel V_M *ne peut manquer d'être fini et continu*. D'autre part, la quantité q est essentiellement plus petite que 1. Donc, le terme $q^i V_{M_i}\overline{\alpha M_i}$ tend vers zéro, et l'on obtient la solution du problème sous la forme très simple

$$(74'_e)\qquad V_M = \frac{\lambda a}{\overline{A\beta}\,.\,\overline{\alpha M}}\Big[\overline{\beta M'} + q\,\overline{\beta M'_1} + q^2\overline{\beta M'_2} + \ldots\Big]$$

$$- \frac{\mu}{\overline{\alpha M}}\Big[q\,\overline{\alpha M_1} + q^2\overline{\alpha M_2} + q^3\overline{\alpha M^3} + \ldots\Big].$$

Il est d'ailleurs facile de vérifier que les deux séries entre parenthèses, dont le terme général tend vers $q^i\overline{\alpha\beta}$, convergent comme des progressions arithmétiques dont la raison serait égale à q.

Une fois obtenue la solution, il ne reste plus qu'à la transformer et à la développer ; et, pour cela, il faut établir les relations entre les points M_i, M'_i. A cet effet, aux coordonnées ordinaires x, y d'un point du plan, G. Darboux substitue les coordonnées *symétriques* imaginaires $z = x + iy$, $z_0 = x - iy$. L'inversion étant définie par une formule de la forme suivante

$$z = \frac{A z'_0 + B}{C z'_0 + D},$$

il est facile de voir que, si l'on prend pour axe des x la ligne des centres, et si l'on désigne par α, β les abscisses des points α et β, l'inversion I_A sera définie par une formule telle que la suivante

$$(I_A) \qquad \frac{(z - \alpha)(z'_0 - \alpha)}{(z - \beta)(z'_0 - \beta)} = s^2.$$

Cette formule fait, en effet, correspondre le point α au point β, et réciproquement. Pour avoir s^2, il suffit de remarquer que, dans l'inversion, le point A doit correspondre au point situé à l'infini : cela donne la relation

$$s^2 = \frac{\overline{A\alpha}}{\overline{A\beta}}$$

qui fera connaître s^2. On remarquera que s^2 est inférieur à l'unité.

De même, l'inversion I_B sera définie par la formule

$$(I_B) \qquad \frac{(z'_0 - \beta)(z_1 - \beta)}{(z'_0 - \alpha)(z_1 - \alpha)} = t^2,$$

où l'on aura

$$t^2 = \frac{\overline{B\beta}}{\overline{B\alpha}};$$

t^2 sera aussi plus petit que l'unité. Enfin, la substitution $I_A I_B$ sera définie par la formule

$$(I_A I_B) \qquad \frac{z_1 - \beta}{z_1 - \alpha} = q^2 \frac{z - \beta}{z - \alpha},$$

obtenue en multipliant les deux précédentes (I_A), (I_B). Remarquons l'identité $q = st$, qui relie les trois fractions q, s, t.

La dernière relation, mise sous forme canonique, permet de déduire, de l'affixe de M, celle de M_i. Elle la donnera immédiatement sous la forme

$$\frac{z_i - \beta}{z_i - \alpha} = q^{2i} \frac{z - \beta}{z - \alpha},$$

qui montre, comme nous l'avons dit, que le point M_i tend vers le point β.

Posons $\overline{\alpha\beta} = D$. On déduira de la formule précédente

$$\frac{z_i - \beta}{(z - \beta)q^i} = \frac{z_i - \alpha}{(z - \alpha)q^{-i}} = \frac{D}{(z - \alpha)q^{-i} - (z - \beta)q^i};$$

et par conséquent

$$(74r') \qquad \frac{\overline{\alpha M_i}}{\overline{\alpha M}} = \frac{Dq^{-i}}{\text{Mod}[(z - \alpha)q^{-i} - (z - \beta)q^i]},$$

le signe Mod indiquant le module de la quantité qui lui est soumise.

Or, si V désigne l'angle $\alpha M \beta$, on a évidemment

$$\text{Mod}[(z - \alpha)q^{-i} - (z - \beta)q^i] = \sqrt{\overline{\alpha M}^2 q^{-2i} + \overline{\beta M}^2 q^{2i} - 2\overline{\alpha M} \cdot \overline{\beta M} \cos V}.$$

La seconde série qui figure dans la formule $(74_e')$ aura donc pour expression définitive

$$-\mu \sum_1^\infty q^i \frac{\overline{\alpha M_i}}{\overline{\alpha M}} = -\sum_1^\infty \frac{D\mu}{\sqrt{\overline{\alpha M}^2 q^{-2i} + \overline{\beta M}^2 q^{2i} - 2\overline{\alpha M} \cdot \overline{\beta M} \cos V}}.$$

Faisons un calcul analogue pour la première série. On a, entre M_i et M_i', la relation établie par la formule (I_A), c'est-à-dire

$$\frac{(z_i - \alpha)\,(z_{0i}' - \alpha)}{(z_i - \beta)\,(z_{0i}' - \beta)} = s^2,$$

qui nous donne

$$\frac{z_{0i}' - \beta}{z_{0i}' - \alpha} = \frac{1}{s^2}\frac{z_i - \alpha}{z_i - \beta} = \frac{1}{s^2 q^{2i}}\frac{z - \alpha}{z - \beta}.$$

De là encore on déduit

$$\frac{z_{0i}' - \beta}{(z - \alpha)s^{-1}q^{-i}} = \frac{z_{0i}' - \alpha}{(z - \beta)sq^i} = \frac{D}{(z - \beta)sq^i - (z - \alpha)s^{-1}q^{-i}},$$

et par conséquent

$$\frac{\overline{\beta M_i'}}{\overline{\alpha M}} = \frac{Ds^{-1}q^{-i}}{\mathcal{M}[(z - \beta)sq^i - (z - \alpha)s^{-1}q^{-i}]}$$

$$= \frac{Ds^{-1}q^{-i}}{\sqrt{\overline{\beta M}^2 s^2 q^{2i} + \overline{\alpha M}^2 s^{-2}q^{-2i} - 2\overline{\alpha M} \cdot \overline{\beta M} \cos V}}.$$

Donc, si nous tenons compte de la formule

$$\alpha = \sqrt{\overline{A\alpha} \cdot \overline{A\beta}} = \overline{A\beta}\, s,$$

la première série de la formule $(74_e')$ deviendra

$$\frac{\lambda a}{\overline{A\beta}} \sum_0^\infty q^i \frac{\overline{\beta M_i'}}{\overline{\alpha M}} = \sum_0^\infty \frac{hD}{\sqrt{\overline{\beta M}^2 s^2 q^{2i} + \overline{\alpha M}^2 s^{-2}q^{-2i} - 2\overline{\alpha M} \cdot \overline{\beta M} \cos V}}.$$

On aura donc, pour le potentiel V_M, l'expression définitive

$$(74_g')\quad \left\{ \begin{aligned} V_M =\ & \lambda \sum_0^\infty \frac{D}{\sqrt{\overline{\beta M}^2 s^2 q^{2i} + \overline{\alpha M}^2 s^{-2}q^{-2i} - 2\overline{\alpha M} \cdot \overline{\beta M} \cos V}} \\ & -\mu \sum_1^\infty \frac{D}{\sqrt{\overline{\beta M}^2 q^{2i} + \overline{\alpha M}^2 q^{-2i} - 2\overline{\alpha M} \cdot \overline{\beta M} \cos V}} \end{aligned} \right.$$

à laquelle on pourra joindre, en échangeant les deux sphères, l'expression suivante pour le potentiel de la sphère (B)

$$V'_{\text{M}} = \lambda \sum_{0}^{\infty} \frac{D}{\sqrt{\overline{\alpha\text{M}}^2 t^2 q^{2i} + \overline{\beta\text{M}}^2 t^{-2} q^{2i} - 2\overline{\alpha\text{M}} \cdot \overline{\beta\text{M}} \cos V}}$$

$$- \mu \sum_{1}^{\infty} \frac{D}{\sqrt{\overline{\alpha\text{M}}^2 q^{2i} + \overline{\beta\text{M}}^2 q^{-2i} - 2\overline{\alpha\text{M}} \cdot \overline{\beta\text{M}} \cos V}}.$$

Il est aisé de voir que ces deux expressions vérifient les relations $(74_b')$. Il est aisé aussi de vérifier que ce sont effectivement des potentiels, car la formule $(74_f')$ nous donne, en introduisant le point A_i dont l'affixe est définie par l'équation

(A_i)
$$\frac{z - \alpha}{z - \beta} = q^{2i}$$

la relation

$$\frac{\overline{\alpha\text{M}_i}}{\overline{\alpha\text{M}}} = \frac{D}{(1 - q^{2i})} \frac{1}{\overline{A_i\text{M}}},$$

et, de même, si nous introduisons le point A_i' défini par l'équation

(A_i')
$$\frac{z - \alpha}{z - \beta} = s^2 q^{2i},$$

nous obtenons la relation

$$\frac{\overline{\beta\text{M}_i}}{\overline{\alpha\text{M}}} = \frac{Ds^{-1}q^{-i}}{\text{M}_0 [(z - \beta)sq^i - (z - \alpha)s^{-1}q^{-i}]} = \frac{D}{1 - s^2 q^{2i}} \frac{1}{\overline{A_i'\text{M}}},$$

de sorte que nous arrivons pour V_{M} à l'expression

$$V_{\text{M}} = \lambda D \sum_{0}^{\infty} \frac{sq^i}{1 - s^2 q^{2i}} \frac{1}{\overline{A_i'\text{M}}} - \mu \sum_{1}^{\infty} \frac{q^i}{1 - q^{2i}} \frac{1}{\overline{A_i\text{M}}},$$

qui définit évidemment un potentiel.

Si l'on définissait de même les points B_i, B_i', par les relations

(B_i)
$$\frac{z - \beta}{z - \alpha} = q^{2i}, \qquad (B_i') \qquad \frac{z - \beta}{z - \alpha} t^2 q^{2i},$$

on aurait également

$$V'_{\text{M}} = \mu D \sum_{0}^{\infty} \frac{tq^i}{1 - t^2 q^{2i}} \frac{1}{\overline{B_i'\text{M}}} - \lambda D \sum_{1}^{\infty} \frac{q^i}{1 - q^{2i}} \frac{1}{\overline{B_i\text{M}}}.$$

Les points A_i, A_i', B_i, B_i', sont ceux que donnerait la méthode des *images* appliquée aux centres des deux sphères. Le point A_0', par exemple, coïncide avec A, le point B_0' avec B. Des inversions successives par rapport à (B) et à (A) font dériver de A successivement B_1, A_1', B_2, A_2', etc. Des inversions par rapport à (A) et à (B) font dériver de B successivement A_1,, puis B_1', A_2, B_2', etc.

Les expressions obtenues par G. Darboux par sa méthode sont très appropriées au calcul numérique. Remarquons que l'on a

$$(74_h') \quad \frac{\overline{\alpha M}}{\sqrt{\overline{\beta M}^2 q^{2i} + \overline{\alpha M}^2 q^{-2i} - 2\overline{\alpha M} \cdot \overline{\beta M} \cos V}} \sum_{\nu=0}^{\nu=\infty} \left(\frac{\overline{\beta M}}{\overline{\alpha M}}\right)^\nu q^{i(2\nu+1)} P_\nu(\cos V)$$

ou

$$(74_i') \quad \frac{\overline{\alpha M}}{\sqrt{\overline{\beta M}^2 s^2 q^{2i} + \overline{\alpha M}^2 s^{-2} q^{-2i} - 2\overline{\alpha M} \cdot \overline{\beta M} \cos V}} \sum_{\nu=0}^{\nu=\infty} \left(\frac{\overline{\beta M}}{\overline{\alpha M}}\right)^\nu s^{2\nu+1} q^{i(2\nu+1)} P_\nu(\cos V)$$

$P_\nu(\cos V)$ désignant le polynome de Legendre de degré ν. Les séries qui figurent dans le second membre sont convergentes pour tous les termes de l'expression $(74_g')$, car, les équations des deux sphères (A) et (B) étant respectivement

$$\frac{\overline{\beta M}}{\overline{\alpha M}} = \frac{1}{s}, \qquad \frac{\overline{\beta M}}{\overline{\alpha M}} = l,$$

on voit que, dans l'espace extérieur aux deux sphères, le rapport $\dfrac{\overline{\beta M}}{\overline{\alpha M}}$ sera toujours compris entre $\dfrac{1}{s}$ et l. Or, dans les formules précédentes, ce rapport est toujours multiplié par s^2 ou par q^2 au moins. Donc, les séries seront toujours convergentes, et leur convergence deviendra extrêmement rapide quand i croîtra.

Si l'on applique ces relations à tous les termes des formules $(74_g')$, sauf au premier, on aura

$$V_M - \frac{\lambda a}{\overline{AM}} = \frac{D}{\overline{\alpha M}} \sum_{\nu=0}^{\nu=\infty} q^{2\nu+1} \left(\frac{\overline{\beta M}}{\overline{\alpha M}}\right)^\nu P_\nu(\cos V) \frac{\lambda s^{2\nu+1} - \mu}{1 - q^{2\nu+1}}.$$

On trouverait de même

$$V_M' - \frac{\mu b}{\overline{BM}} = \frac{D}{\overline{\beta M}} \sum_{\nu=0}^{\nu=\infty} q^{2\nu+1} \left(\frac{\overline{\alpha M}}{\overline{\beta M}}\right)^\nu P_\nu(\cos V) \frac{\mu l^{2\nu+1} - \lambda}{1 - q^{2\nu+1}}.$$

On peut aussi n'employer les formules $(74_h')$ et $(74_i')$ que pour obtenir une

évaluation très approchée du reste que l'on néglige, quand on borne les séries
à leurs premiers termes. On aurait, par exemple,

$$
\begin{aligned}
V = {} & \lambda \sum_{0}^{-1} \frac{D}{\sqrt{\overline{\beta M}^2 s^2 q^{2i} + \overline{\alpha M}^2 s^{-2} q^{-2i} - 2\alpha M \cdot \beta M \cos V}} \\[1em]
& - \mu \sum_{0}^{i-1} \frac{D}{\sqrt{\overline{\beta M}^2 q^{2i} + \overline{\alpha M}^2 q^{-2i} - 2\alpha M \cdot \beta M \cos V}} \\[1em]
& + \frac{D}{\overline{\alpha M}} \sum_{\nu=0}^{\nu=\infty} \left(\frac{\overline{\beta M}}{\overline{\alpha M}}\right)^{\nu} P_{\nu}(\cos V)\, q^{i(2\nu+1)} \frac{\lambda s^{2\nu+1} - \mu}{1 - q^{2\nu+1}} .
\end{aligned}
$$

Il ne reste plus, pour terminer, qu'à indiquer comment on calculera s, t, q,
D, α, β en fonction des rayons a, b des deux sphères et de la distance des
centres c. Posons $a + b + c = 2P$, $c + b - a = 2A$, $c + a - b = 2B$,
$c - a - b = 2C$; on aura

$$
s = \frac{\sqrt{\overline{PB}} - \sqrt{\overline{AC}}}{\sqrt{\overline{PB}} + \sqrt{\overline{AC}}}, \qquad
t = \frac{\sqrt{\overline{PA}} - \sqrt{\overline{BC}}}{\sqrt{\overline{PA}} + \sqrt{\overline{BC}}}, \qquad
q = \frac{\sqrt{\overline{AB}} - \sqrt{\overline{PC}}}{\sqrt{\overline{AB}} + \sqrt{\overline{PC}}},
$$

$$
\overline{A\alpha} = as = \frac{1}{c}\left(\sqrt{\overline{PB}} - \sqrt{\overline{CA}}\right)^2, \qquad
\overline{B\alpha} = \frac{b}{t} = \frac{1}{c}\left(\sqrt{\overline{PA}} + \sqrt{\overline{CB}}\right)^2,
$$

$$
\overline{A\beta} = \frac{a}{s} = \frac{1}{c}\left(\sqrt{\overline{PB}} + \sqrt{\overline{CA}}\right)^2, \qquad
\overline{B\beta} = bt = \frac{1}{c}\left(\sqrt{\overline{PA}} - \sqrt{\overline{CB}}\right)^2,
$$

$$
D = \frac{4}{c}\sqrt{\overline{ABCP}} .
$$

**IV. État électrique des diélectriques placés dans un champ électrique.
Théorie de Mossotti et de Clausius.** — Nous savons (page 26) que les non
conducteurs sont soumis, dans un champ électrique, à ce qu'on appelle la
polarisation. Le flux total d'induction ne change pas au passage d'un diélectrique dans un autre. La formule (21), page 41, dans laquelle $k = 0$, ou
(31), page 50, montre qu'il suffit que la composante du flux d'induction, qui
est normale à la surface de séparation S des deux diélectriques, ne varie pas.
Soient K_1 et K_2 les constantes diélectriques, Φ_1 et Φ_2 les forces électriques
dans deux diélectriques, $\Phi_{1,n}$ et $\Phi_{2,n}$ les composantes de ces forces dans la
direction de la normale n à la surface S dirigée du côté du diélectrique K_2. On
doit avoir $K_1 \Phi_{1,n} = K_2 \Phi_{2,n}$ ou

$$
(75) \qquad \frac{\Phi_{1,n}}{\Phi_{2,n}} = const. = \frac{K_2}{K_1} .
$$

Nous avons vu d'autre part qu'on peut satisfaire à la condition (75), en
supposant que tout le milieu est homogène et possède par exemple le pouvoir inducteur K_1, et qu'alors sur la surface S est distribuée une certaine
charge électrique, dont nous désignerons la densité par k. Soient F_1' et F_2' l'intensité du champ produit par cette charge des deux côtés de la surface

S, $F'_{1,n}$ et $F'_{2,n}$ les composantes normales de cette dernière intensité, F l'intensité donnée du champ avec un milieu homogène. Les valeurs F_1 et F_2 de cette dernière intensité sont identiques en tous les points de la surface S, et il en est de même des composantes normales $F_{1,n} = F_{2,n} = F_n$. La force Φ est la résultante des forces F et F' et on a par suite

$$(75, a) \qquad \begin{cases} \Phi_{1,n} = F'_{1,n} + F_n, \\ \Phi_{2,n} = F'_{2,n} + F_n. \end{cases}$$

Nous considérerons le problème simple suivant.

Sphère diélectrique dans un champ uniforme d'intensité F. — Soit R le rayon de la sphère (*fig.* 69), K_2 le pouvoir inducteur de cette sphère, K_1 celui

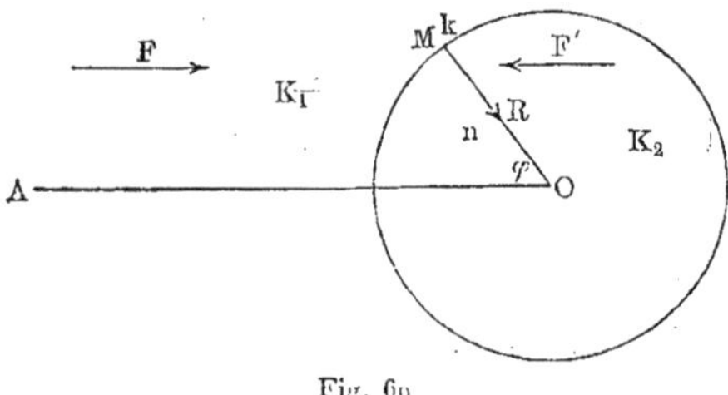

Fig. 69

du milieu. Nous avons vu que lorsqu'on recouvre la surface d'une sphère conductrice, qui se trouve dans un milieu K_1, d'une couche d'électricité de densité

$$(75, b) \qquad k_o = -\frac{3K_1}{4\pi} F \cos \varphi,$$

voir (72, c), page 143, cette couche produit à l'intérieur de la sphère un champ uniforme, dont l'intensité $F' = -F$. La formule (75, b) résout le question de la distribution de l'électricité sur une sphère *conductrice*, placée dans un champ uniforme d'intensité F, et de plus, dans un milieu dont le pouvoir inducteur est K_1. L'intensité du champ à l'intérieur de la sphère est $F + F' = F - F = 0$, comme cela doit être pour un conducteur.

Pour une sphère formée d'une substance diélectrique K_2, nous devons trouver une charge fictive de densité k, qui donne à l'intérieur et à l'extérieur de la sphère les intensités F'_1 et F'_2 satisfaisant aux conditions (75) et (75, a). Voyons ce que donne une telle distribution sur la surface d'une sphère, quand la densité de la charge est

$$(75, c) \qquad k = \alpha k_o = -\frac{3\alpha K_1}{4\pi} F \cos \varphi,$$

où α est un coefficient constant et où, comme précédemment, $\varphi = AOM$. Tout d'abord, il est clair que *cette charge produit, à l'intérieur de la sphère, un champ électrique uniforme*, dont l'intensité est

$$(75, d) \qquad F'_2 = -\alpha F.$$

La densité k est négative pour toutes les valeurs de φ entre -90° et $+90^\circ$, c'est-à-dire pour l'hémisphère de gauche, et il est évident par suite que la force F_2' a la direction indiquée sur la figure. Cherchons les valeurs de $\Phi_{1,n}$ et $\Phi_{2,n}$ pour un point quelconque M, en supposant que n est la direction de la normale *intérieure* à la surface de la sphère. Rappelons qu'en introduisant la charge k, on doit supposer un seul milieu homogène de constante diélectrique K_1. A l'intérieur de la sphère et à une distance infiniment petite du point M, on a

$$F_n = F \cos \varphi$$

$(75, e)$
$$F_{2,n}' = F_1' \cos \varphi = - F\alpha \cos \varphi.$$

On en déduit

$(75, f)$
$$\Phi_{2,n} = F_{2,n}' + F_n = (1 - \alpha)\, F \cos \varphi.$$

Pour trouver $F_{1,n}'$, nous nous servirons de la formule (22), page 41, dans laquelle cependant n désignera la normale *extérieure*,

$$F_{1,n}' - F_{2,n}' = - \frac{4\pi k}{K_1}.$$

Si on substitue la valeur $(75, c)$ de k, on obtient

$$F_{1,n}' = F_{2,n}' - \frac{4\pi k}{K_1} = - \alpha F \cos \varphi + 3\alpha F \cos \varphi = 2\alpha F \cos \varphi$$

On a en outre

$(75, g)$
$$\Phi_{1,n} = F_{1,n}' + F_n = 2\alpha F \cos \varphi + F \cos \varphi = (1 + 2\alpha)\, F \cos \varphi.$$

En divisant $(75, g)$ par $(75\, f)$, il vient

(76)
$$\frac{\Phi_{1,n}}{\Phi_{2,n}} = \frac{1 + 2\alpha}{1 - \alpha} = const.$$

La densité $(75, c)$ donne donc un rapport constant entre les composantes normales des forces électriques des deux côtés de la surface sphérique, comme l'exige en premier lieu l'équation (75).

Pour satisfaire complètement à cette équation, on doit poser

$(76, a)$
$$\frac{1 + 2\alpha}{1 - \alpha} = - \frac{K_2}{K_1},$$

c'est-à-dire

$(76, b)$
$$\alpha = \frac{K_2 - K_1}{K_2 + 2K_1}.$$

Si on porte α dans $(75, c)$, il vient

(77)
$$k = - \frac{3K_1}{4\pi} \cdot \frac{K_2 - K_1}{K_2 + 2K_1}\, F \cos \varphi.$$

Cette formule résout complètement le problème posé, car elle détermine la densité k de la charge, dont nous devons supposer la surface de la sphère couverte, pour obtenir les forces qui s'exercent dans l'hypothèse où tout l'espace considéré est homogène et possède partout le même pouvoir inducteur K_1.

Pour $K_2 = K_1$, on obtient naturellement $k = 0$; pour $K_2 > K_1$, k est négatif; pour $K_2 < K_1$, il est positif, c'est-à-dire que *dans ce cas, l'électrisation apparente de la sphère est contraire à celle que l'on observe sur une sphère conductrice*. Pour $K_2 = \infty$, on a $k = k_0$, voir (75, b). Il est facile de démontrer que l'égalité (31, b) de la page 50 est satisfaite.

A l'intérieur de la sphère, on a, pour toutes les valeurs de K_2, un champ électrique uniforme, dont l'intensité Φ_2 [voir (75, d) et (76, b)] est

$$(78) \qquad \Phi_2 = F'_2 + F = -\alpha F + F = (1 - \alpha)F = \frac{3K_1}{K_2 + 2K_1} F.$$

Pour $K_2 = K_1$, $\Phi_2 = F$ et pour $K_2 = \infty$, $\Phi_2 = 0$, comme cela doit être aussi. La constance de la force Φ_2 montre *qu'une sphère diélectrique, dans un champ uniforme, est soumise en tous ses points à une même polarisation*, voir (33, h), page 64. Lorsque la sphère se trouve *dans l'air*, on a $K = 1$; en posant $K_2 = K$, il vient

$$(78, a) \qquad\qquad k = -\frac{3}{4\pi} \frac{K - 1}{K + 2} F \cos \varphi.$$

A l'aide de la formule (33, d), on obtient, pour la polarisation Π, l'expression

$$(78\ b) \qquad\qquad \Pi = \frac{3}{4\pi} \frac{K - 1}{K + 2} F.$$

L'intensité du champ à l'intérieur de la sphère est

$$(78, c) \qquad\qquad \Phi_2 = \frac{3}{K + 2} F.$$

Si on pose $\Pi = \gamma \Phi_2$, on obtient, pour la susceptibilité électrique γ, l'ex-

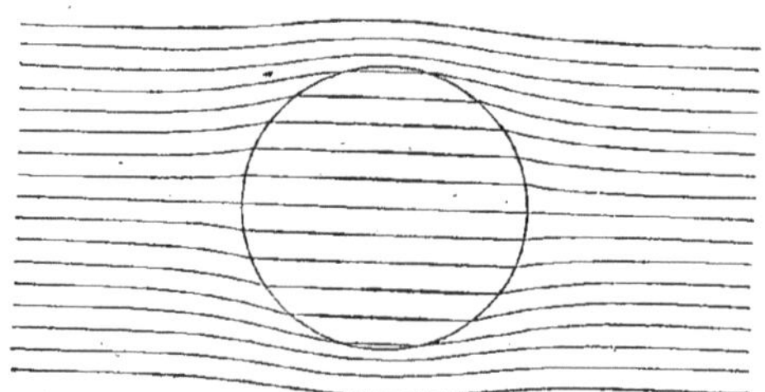

Fig. 70

pression $(K - 1) : 4\pi$, d'accord avec la formule (34), page 64.

On a représenté sur les figures 70, 71 et 72, la distribution des lignes de force pour $K_2 = 0{,}48\ K_1$, $K_2 = 2{,}8 K_1$ et $K_2 = \infty$ (sphère conductrice).

Nous allons revenir sur la théorie de Clausius et de Mossotti, dont nous avons déjà parlé pages 26 et 66. Cette théorie ne fait que reproduire, comme nous le verrons plus tard, la théorie du magnétisme de Poisson. Cette dernière a donné lieu à des objections, qui ont été exposées avec une très

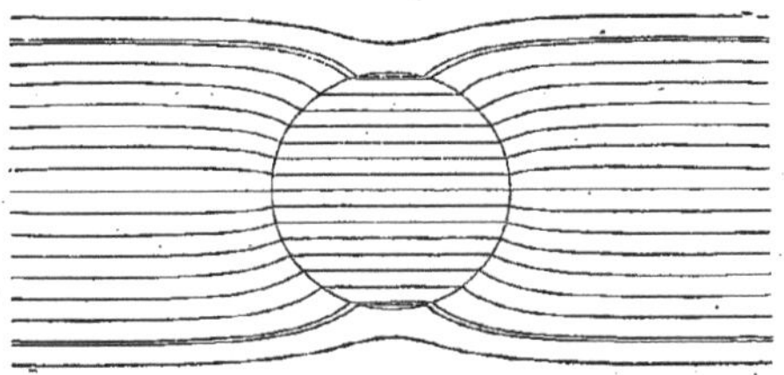

Fig. 71

grande clarté par P. Duhem (1886). Elle a été reprise par H. Poincaré (1890), qui l'a rendue tout à fait rigoureuse de la manière suivante.

On dit qu'une sphère conductrice est *polarisée*, quand la distribution électrique sur cette sphère est la même que si elle était placée dans un champ uniforme (page 142). Considérons maintenant un diélectrique constitué comme le supposent Clausius et Mossotti. Chacune des sphères qu'il contient se polarise sous l'action des corps électrisés extérieurs, car les dimensions de ces sphères étant très petites, le champ peut être regardé comme uniforme

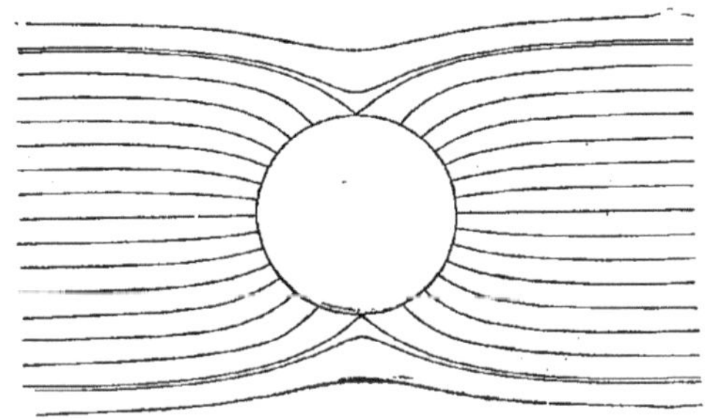

Fig. 72

dans le voisinage de chacune d'elles. Nous dirons qu'un diélectrique dont toutes les sphères sont polarisées est lui-même polarisé.

Nous pouvons trouver facilement la valeur du potentiel de la sphère polarisée de la page 142, en un point P extérieur à cette sphère, dont nous désignerons le rayon par R. En supposant la densité $\delta = \pm 1$, en appelant φ l'angle de la direction OP avec la ligne des centres prise pour axe des x,

ce potentiel est $FR^3 \dfrac{\cos \varphi}{r^2}$ ou $-\dfrac{3}{4\pi} uF \dfrac{\partial \frac{1}{r}}{\partial x}$, u étant le volume de la sphère.

En prenant des axes de coordonnées quelconques et en désignant par Ψ le potentiel du champ, par x, y, z les coordonnées du centre de la sphère, le potentiel de la sphère polarisée est

$$- \frac{3u}{4\pi} \left(\frac{\partial \Psi}{\partial x} \frac{\partial \frac{1}{r}}{\partial x} + \frac{\partial \Psi}{\partial y} \frac{\partial \frac{1}{r}}{\partial y} + \frac{\partial \Psi}{\partial z} \frac{\partial \frac{1}{r}}{\partial z} \right).$$

Imaginons maintenant un élément de volume $dxdydz$ du diélectrique, contenant un nombre très grand n de sphères, et cependant assez petit pour que le champ puisse y être regardé comme uniforme. Posons $nu = gdxdydz$, de sorte que g soit le rapport du volume des sphères au volume total du diélectrique, et en outre $A = -\frac{3g}{4\pi} \frac{\partial \Psi}{\partial x}$, $B = -\frac{3g}{4\pi} \frac{\partial \Psi}{\partial y}$, $C = -\frac{3g}{4\pi} \frac{\partial \Psi}{\partial z}$; il viendra pour le potentiel dû à l'élément polarisé $dxdydz$

$$\left(A \frac{\partial \frac{1}{r}}{\partial x} + B \frac{\partial \frac{1}{r}}{\partial y} + C \frac{\partial \frac{1}{r}}{\partial z} \right) dxdydz.$$

Les trois quantités A, B et C sont les *composantes de la polarisation*, et le potentiel V dû au diélectrique entier s'écrira

$$V = \iiint \left(A \frac{\partial \frac{1}{r}}{\partial x} + B \frac{\partial \frac{1}{r}}{\partial y} + C \frac{\partial \frac{1}{r}}{\partial z} \right) dxdydz,$$

ou, en intégrant par parties

$$(78,d) \quad V = \iint \frac{ds}{r} (lA + mB + nC) - \iiint \left(\frac{\partial A}{\partial x} + \frac{\partial B}{\partial y} + \frac{\partial C}{\partial z} \right) \frac{1}{r} dxdydz,$$

l, m, n étant les cosinus directeurs de la normale à la surface qui limite le diélectrique.

Soit maintenant V_1 le potentiel dû aux corps électrisés extérieurs et s une quelconque des petites sphères conductrices ayant pour centre un certain point O ; exprimons les conditions de l'équilibre électrique sur cette sphère. Décomposons le volume du diélectrique en deux volumes partiels v' et v'', le second étant très petit et contenant la sphère s. Une molécule électrique en O devra être en équilibre sous l'action des corps électrisés extérieurs, du volume v' du diélectrique, des sphères autres que s situées à l'intérieur de v'', enfin de la sphère s. Nous supposerons que le volume v'', quoique contenant un très grand nombre de sphères, est assez petit pour que les composantes A, B, C puissent y être regardées comme constantes et nous choisirons les axes de façon que B et C soient nuls. Soient a, b, c les coordonnées du point attiré, de sorte que $r^2 = (x - a)^2 + (y - b)^2 + (z - c)^2$. Rappelons en outre que Ψ est le potentiel du champ uniforme qui produirait la polarisation de chaque sphère conductrice, et que le potentiel actuel est $V + V_1 = U$.

La composante due aux corps extérieurs sera $-\dfrac{\partial V_1}{\partial a}$. La composante due à la sphère s sera $+\dfrac{\partial \Psi}{\partial x}$ puisque, par hypothèse, la sphère est polarisée comme elle le serait sous l'action d'un champ uniforme d'intensité $-\dfrac{\partial \Psi}{\partial x}$. Si la surface S qui sépare les deux volumes partiels v' et v'' est convenablement choisie, l'action des sphères autres que s et intérieures à v'' sera nulle ; en effet, soient ξ, η, ζ les coordonnées du centre d'une de ces sphères, le point O étant pris pour origine ; la force électrostatique exercée par cette sphère au point O aura pour composante suivant l'axe des x :

$$-\frac{3u}{4\pi}\frac{\partial \Psi}{\partial x}\frac{\partial^2 \frac{1}{r}}{\partial x^2} = \frac{3u}{4\pi}\frac{\partial \Psi}{\partial x}\frac{\xi^2 + \eta^2 + \zeta^2 - 3\xi^2}{(\xi^2 + \eta^2 + \zeta^2)^{\frac{5}{2}}} ;$$

il résulte de là que les actions des trois sphères qui ont respectivement pour centres les points $(\xi,\ \eta,\ \zeta)$, $(\eta,\ \zeta,\ \xi)$, $(\zeta,\ \xi\ \eta)$ se détruisent. Si donc la surface S possède la symétrie cubique et ne change pas quand on permute les trois axes de coordonnées, les actions des différentes sphères contenues à l'intérieur de cette surface se neutraliseront. *C'est faute d'avoir fait cette hypothèse que* Poisson *n'a pas été rigoureux.*

Nous supposerons, pour fixer les idées, que la surface S est une sphère ayant son centre en O. Il nous reste à évaluer l'action du volume v'. En appelant V' l'intégrale V étendue seulement au volume v', et V'' la même intégrale étendue au volume v'', on a, pour l'action du volume v'

$$\frac{\partial V'}{\partial a} = \frac{\partial V}{\partial a} - \frac{\partial V''}{\partial a} ;$$

or

$$\frac{\partial V''}{\partial a} = \iint (l\text{A} + m\text{B} + n\text{C})\,\frac{x}{r^3}\,ds - \iiint \left(\frac{\partial \text{A}}{\partial x} + \frac{\partial \text{B}}{\partial y} + \frac{\partial \text{C}}{\partial z}\right)\frac{x}{r^3}\,dx\,dy\,dz,$$

la première intégrale étant étendue à la surface S et la seconde au volume v''. Si le rayon de la sphère S est infiniment petit, il en sera de même de la seconde des intégrales de cette dernière formule, mais non de la première. D'ailleurs si ce rayon est très petit, A, B et C sont des constantes et nous avons supposé que B et C sont nuls ; de plus l est le cosinus directeur de la normale à la sphère, c'est-à-dire $\dfrac{x}{r}$; on a donc

$$\frac{\partial V''}{\partial a} = \text{A} \iint \frac{x^2}{r^4}\,ds = \frac{4}{3}\pi\text{A}.$$

L'équation d'équilibre s'écrit donc

$$-\frac{\partial V_1}{\partial a} + \frac{\partial \Psi}{\partial x} - \frac{\partial V}{\partial a} + \frac{4}{3}\pi\text{A} = 0,$$

ou

$$\frac{\partial(V + V_1)}{\partial a} = \frac{\partial U}{\partial a} = \frac{4}{3}\pi\left(1 - \frac{1}{g}\right)\text{A}.$$

Au lieu de prendre pour axe la direction de la polarisation au point considéré, prenons des axes quelconques, et au lieu de a, b, c revenons à la notation x, y, z, aucune confusion n'étant plus à craindre ; nous aurons les trois équations

$$(1 - K)\,\frac{\partial U}{\partial x} = 4\pi A, \qquad (1 - K)\,\frac{\partial U}{\partial y} = 4\pi B, \qquad (1 - K)\,\frac{\partial U}{\partial z} = 4\pi C,$$

en posant pour abréger $K - 1 = \dfrac{3g}{1 - g}$, ou $g = \dfrac{K - 1}{K + 2}$. En différentiant ces trois équations respectivement par rapport à x, y, z et ajoutant, on a

$$-\frac{\partial}{\partial x}\left(K\,\frac{\partial U}{\partial x}\right) - \frac{\partial}{\partial y}\left(K\,\frac{\partial U}{\partial y}\right) - \frac{\partial}{\partial z}\left(K\,\frac{\partial U}{\partial z}\right) + \Delta U = 4\pi\left(\frac{\partial A}{\partial x} + \frac{\partial B}{\partial y} + \frac{\partial C}{\partial z}\right).$$

Or V_1 est le potentiel des corps extérieurs ; on a donc $\Delta V_1 = 0$. D'autre part, l'équation (78, d) montre que V peut être regardé comme le potentiel dû à une couche de densité $lA + mB + nC$ répandue à la surface du diélectrique, moins le potentiel d'une quantité d'électricité répandue dans tout ce volume et ayant pour densité $\dfrac{\partial A}{\partial x} + \dfrac{\partial B}{\partial y} + \dfrac{\partial C}{\partial z}$. Il en résulte que

$$\Delta U = \Delta V = 4\pi\left(\frac{\partial A}{\partial x} + \frac{\partial B}{\partial y} + \frac{\partial C}{\partial z}\right),$$

et par conséquent

$$\frac{\partial}{\partial x}\left(K\,\frac{\partial U}{\partial x}\right) + \frac{\partial}{\partial y}\left(K\,\frac{\partial U}{\partial y}\right) + \frac{\partial}{\partial z}\left(K\,\frac{\partial U}{\partial z}\right) = 0.$$

Or, $U = V + V_1$ désignant le potentiel, la comparaison de l'équation à laquelle nous venons de parvenir avec l'équation fondamentale (20, c), page 40, ou (41, d), page 78, montre que K n'est autre chose que le pouvoir inducteur.

Ainsi, dans un diélectrique, constitué comme se l'imagine Mossotti et de pouvoir inducteur K, le rapport du volume occupé par les sphères au volume total est $g = \dfrac{K - 1}{K + 2}$, voir formule (35, c), page 66. On trouve d'ailleurs $(1 - K)\,\dfrac{\partial U}{\partial x} = 4\pi A = -3g\,\dfrac{\partial \Psi}{\partial x}$. Le déplacement $\mathfrak{D}$ de Maxwell s'écrit alors,

$$\mathfrak{D} = -\frac{K}{4\pi}\,\frac{\partial U}{\partial x} = -\frac{3g}{4\pi}\,\frac{K}{K - 1}\,\frac{\partial \Psi}{\partial x} = -\frac{3}{4\pi}\,\frac{K}{K + 2}\,\frac{\partial \Psi}{\partial x} = \frac{3}{4\pi}\,\frac{K}{K + 2}\,F,$$

les deux autres composantes du déplacement électrique étant nulles, si l'on prend pour axe des x la direction de la polarisation au point considéré, et F étant l'intensité du champ uniforme qui polariserait nos petites sphères comme elles le sont réellement. D'après ce que nous avons vu page 142, tout se passe comme s'il existait deux sphères de même rayon que la sphère conductrice, l'une remplie de fluide positif de densité 1, l'autre de fluide négatif de densité 1, et si la sphère négative, coïncidant dans l'état d'équilibre normal avec la sphère positive, subissait sous l'influence du champ uniforme d'intensité F un déplacement x_0 donné par la formule $F = -\dfrac{4}{3}\pi x_0$. Tout se passera donc comme s'il y avait déplacement en bloc des fluides électriques de chacune des petites sphères. Mais, les sphères conductrices n'occupent pas le volume entier du diélectrique ; elles sont séparées entre elles par un milieu isolant jouissant des mêmes propriétés que l'air, et la somme de leurs volumes est au volume total du diélectrique dans le rapport de g à 1. La somme des charges positives qui se trouvent sur ces sphères est donc g fois plus petite que la somme de ces mêmes charges, dans l'hypothèse où tout le volume du diélectrique serait occupé par des sphères conductrices. Comme il en est de même des charges négatives, on peut admettre ou bien que chacun des fluides est répandu dans tout le diélectrique avec une densité g, ou bien que chacun d'eux n'occupe qu'une fraction g du volume du diélectrique avec une densité 1. La valeur du déplacement moyen sera évidemment la même dans les deux cas, c'est-à-dire $g x_0$ ou $-g\dfrac{3F}{4\pi}$, et par suite le déplacement du fluide positif par rapport au fluide négatif, qui ne diffère que par le signe du précédent, sera

$$\mathscr{D}' = g\,\frac{3F}{4\pi} = \frac{3}{4\pi}\,\frac{K-1}{K+2}\,F.$$

Le rapport du déplacement dans la théorie de Poisson au déplacement de Maxwell est donc $\dfrac{\mathscr{D}'}{\mathscr{D}} = \dfrac{K-1}{K}$. Dans l'air, le déplacement est nul, quand on adopte les idées de Poisson, puisque pour l'air $K = 1$. Avec Maxwell, le déplacement dans l'air a pour valeur $\dfrac{F}{4\pi}$. C'est là la différence essentielle entre les deux théories. Mais on peut faire concorder ces théories, en remarquant que la différence que nous venons d'indiquer tient à ce que nous avons pris l'unité pour le pouvoir inducteur de la substance isolante qui sépare les sphères conductrices. Il est facile de vérifier que si nous désignons par K_1 le pouvoir inducteur de cette substance, on a

$$g = \frac{K-K_1}{K+2K_1}, \qquad \frac{\mathscr{D}'}{\mathscr{D}} = \frac{K-K_1}{K}.$$

Cette dernière formule montre que si K_1 est très petit, le rapport des déplacements est voisin de l'unité. Les deux déplacements auraient donc sensiblement la même valeur si K_1 était infiniment petit, ce qui exige que g diffère infiniment peu de l'unité, c'est-à-dire que l'espace non conducteur qui sépare les sphères conductrices soit infiniment petit. Or, nous n'avons introduit l'hypothèse de la forme sphérique des conducteurs disséminés dans le diélectrique que pour avoir plus de simplicité dans les calculs ; les conséquences restant vraies pour une forme quelconque des conducteurs, nous pouvons nous représenter un diélectrique comme formé de *cellules* conductrices séparées par des cloisons non conductrices. Il suffit alors, pour faire concorder la théorie de Poisson avec celle de Maxwell, de supposer que ces cloisons ont une épaisseur infiniment petite, puisqu'alors g diffère infiniment peu de l'unité et qu'elles sont formées d'une substance isolante de pouvoir inducteur K_1 infiniment petit. H. Poincaré a montré que cette concordance se retrouve dans toutes les conséquences de la théorie de Maxwell et qu'au point de vue mathématique cette dernière théorie est identique à celle de Poisson ainsi modifiée. Mais il a fait observer qu'une telle constitution hétérogène paraissait difficile à admettre pour les diélectriques liquides ou gazeux et *surtout pour le vide interplanétaire*, et il ne pense pas que Maxwell regardait le déplacement électrique comme le véritable déplacement d'une véritable substance. Le fond de la pensée de Maxwell est bien différent, comme cela ressort de la théorie que nous avons exposée à la page 98, et comme cela est expliqué plus complètement dans les Notes de E. et F. Cosserat ajoutées à cet ouvrage.

V. **Equipollence des masses électriques. Méthode de balayage de H. Poincaré.** — Soit S une surface *fermée* quelconque; à l'intérieur de S se trouvent des corps quelconques, qui contiennent ensemble la quantité d'électricité M. Les éléments de M peuvent avoir des signes différents, et il peut par conséquent arriver que $M = 0$. Nous dirons que nous avons affaire ici à une *distribution intérieure de masse*. Nous allons maintenant montrer qu'il est impossible, par l'étude de l'espace *extérieur* à la surface S, d'avoir aucune indication sur la manière dont la masse M est distribuée à l'*intérieur* de S. Nous nous appuierons sur ce théorème *qu'il y a une infinité de distributions de la masse M à l'intérieur de S, qui engendrent le même champ de force à l'extérieur de S*. La démonstration repose sur le théorème connu qu'une couche sphérique homogène exerce *à l'extérieur* la même action qu'une sphère homogène concentrique de même masse. Supposons qu'un élément $d\mathrm{M}$ de la masse M soit remplacé par une distribution uniforme à l'intérieur d'une couche sphérique de densité quelconque, au centre de laquelle se trouve M; le rayon de cette couche est arbitrairement choisi, mais de manière pourtant que la couche sphérique soit entièrement à l'intérieur de S. Le champ à l'extérieur de S n'a pas ainsi changé, quoique la distribution intérieure de la masse ait déjà éprouvé une certaine modification. Une telle substitution de couches sphériques aux éléments de masse peut être répétée aussi souvent qu'on veut, et on obtient de cette manière une nouvelle distribution intérieure, qui produit *à l'extérieur* de S le même champ que la distribution primitive donnée. Il est clair qu'il y a une infinité de distributions intérieures *équivalentes* de la masse M, engendrant le même champ extérieur, de sorte que l'étude de ce champ ne peut rien nous révéler sur la distribution intérieure à S.

Ce théorème s'applique non seulement à des charges électriques qui se trouvent à l'intérieur de S, mais reste évidemment vrai dans le cas où il s'agit de la *matière pondérable* ordinaire qui est contenue dans S. Nous l'emploierons plus tard aussi pour les masses magnétiques.

Nous nous proposons de faire voir maintenant que *parmi les distributions intérieures de masse qui sont équivalentes, il en existe une dans laquelle la masse entière M se trouve sur la surface S*, de sorte qu'on peut transporter des masses intérieures sur une surface fermée d'une manière équipollente. Une démonstration, qui n'est pas parfaitement rigoureuse, est la suivante : remplaçons chaque élément dM par une distribution uniforme sur la surface d'une sphère choisie chaque fois de manière à être tangente à la surface S en un point quelconque, de telle sorte qu'une partie de dM soit transportée sur la surface ·S. Par la répétition indéfinie de cette opération, la masse intérieure toute entière se trouvera finalement sûr la surface S.

Voici une démonstration qui est meilleure. De quelque nature que soient les masses intérieures M, nous pouvons imaginer qu'on les remplace par des charges électriques, contenant une quantité totale d'électricité M. Supposons que S soit la surface *intérieure* d'un conducteur creux de forme extérieure quelconque, qui est mis à la terre. Il reprend naissance, dans ce cas, sur la surface S, une charge induite de distribution bien déterminée, que nous désignerons symboliquement par (— N). Nous savons déjà que l'on a *quantitativement* M = N. La masse intérieure M et la charge induite (— N) engendrent en tous les points extérieurs à la surface S, un potentiel nul ; elles produisent donc des champs de force de même intensité, mais dirigés en sens contraires. Si maintenant nous changeons le signe de la charge induite, nous obtenons une distribution de masse sur la surface S, qui est quantitativement égale à la masse intérieure M et qui agit à l'extérieur de S exactement comme la masse intérieure M. Nous avons donc ce théorème :

Des masses intérieures peuvent être transportées d'une manière équipollente sur une surface fermée. On obtient la distribution de masse équipollente en déterminant la charge induite sur S par les masses intérieures et en changeant son signe.

La distribution donnée par (74, g), page 148, peut être regardée comme le résultat d'un transport équipollent de la masse η' en B (*fig.* 68, page 146) sur la surface de la sphère, en prenant — k' au lieu de k.

Lorsque les masses M se trouvent à *l'extérieur* de la surface S, on peut de même modifier leur distribution d'une infinité de manières, sans que le champ soit changé à *l'intérieur* de S. Si nous voulons transporter les masses d'une manière équipollente sur la surface S, comme il a été expliqué ci-dessus dans la première démonstration, il arrivera qu'une partie des masses ira à l'infini et, en désignant la distribution de masse sur S par (+ N), on aura N $<$ M. La masse N est ici la charge (— N) induite sur S par M changée de signe, S étant maintenant regardé comme la surface *extérieure* d'un conducteur mis à la terre. La formule (74, f), page 148, donne, en prenant le signe contraire, la distribution sur la surface de la sphère qui est équivalente à la masse η en A (*fig.* 68). On obtient le rapport des grandeurs qui sont désignées ici par M et N au moyen de la formule (74, b), page 147; on a M : N = a : R.

Ce sont ces idées qui ont été mises en œuvre par H. Poincaré, dans l'application de sa célèbre *méthode de balayage* au problème de Dirichlet. Le problème de Dirichlet peut d'abord se ramener à la recherche de ce qu'on appelle la *fonction de Green*. Soit à trouver une fonction V qui, à l'intérieur d'une surface S, satisfasse à l'équation de Laplace, et sur cette surface prenne des valeurs données. Supposons qu'on ait trouvé une fonction U qui soit finie, qui satisfasse à l'équation $\Delta U = 0$, continue à l'intérieur de S sauf en un point P intérieur à S où la fonction U sera infinie de telle façon que la différence $U - \frac{1}{r}$ soit finie, r étant la distance du point (x, y, z) au point P. Pour achever de définir la fonction U, nous l'assujettirons à s'annuler en tous les points de S. On démontre alors que la valeur de V au point P est égale à l'intégrale étendue à toute la surface S

$$V_p = \frac{1}{4\pi} \iint V \frac{\partial U}{\partial n}\, ds.$$

Quand on saura trouver la fonction de GREEN, on saura donc résoudre le problème de DIRICHLET. D'autre part, la recherche de la fonction de GREEN se ramène, à l'aide de la méthode des images de LORD KELVIN, au problème de la distribution électrostatique à la surface d'un conducteur. Ce problème de la distribution électrostatique n'est qu'un cas particulier du problème de DIRICHLET, et cependant nous voyons que le cas général s'y ramène. La méthode de MURPHY permet d'ailleurs de ramener le problème de la distribution à la surface de plusieurs conducteurs isolés, au cas d'un conducteur unique, où il suffit par conséquent de se placer.

La fonction de GREEN U relative à une sphère S et à un point P s'obtient de la façon suivante. Soit R le rayon de la sphère et O son centre; prenons sur la droite OP une longueur $OQ = \frac{R^2}{OP}$; la fonction U sera le potentiel de deux masses, l'une égale à 1 et placée au point P, l'autre égale à $-\sqrt{\frac{OQ}{OP}}$ et placée au point Q. La valeur de $\frac{\partial U}{\partial n}$ correspondant à un élément quelconque de la sphère S est en raison inverse du cube de la distance de cet élément au point P; elle est égale à $\frac{R^2 - OP^2}{R} \frac{1}{MP^3}$, M désignant le centre de gravité de l'élément envisagé. Si l'on considère une sphère S et un point P intérieur à cette sphère, le potentiel d'une masse électrique égale à 1 et placée au point P sera égal à $\frac{1}{MP}$ au point M. Imaginons ensuite que cette même masse électrique égale à 1 se répartisse sur la surface de la sphère S de telle façon que la densité sur un élément quelconque de cette sphère soit en raison inverse du cube de la distance de cet élément au point P. Le potentiel V' de cette masse ainsi distribuée sera égal à $\frac{1}{MP}$ en tout point M extérieur à la sphère et *plus petit que* $\frac{1}{MP}$ *si le point* M *est intérieur à la sphère.* En effet, considérons une fonction qui soit égale à la fonction de GREEN U à l'intérieur de la sphère et nulle à l'extérieur. Cette fonction satisfait partout à l'équation de LAPLACE; elle est continue sauf au point P et sur la surface de la sphère. Au point P la fonction devient infinie et sa différence avec $\frac{1}{MP}$ reste finie; sur la surface de la sphère, la fonction elle-même reste continue, mais sa dérivée normale subit un saut brusque égal à $\dfrac{R^2 - OP^2}{R \cdot MP^3}$. Nous devons en conclure que cette fonction est égale au potentiel de diverses masses électriques distribuées comme il suit : une masse égale à 1 au point P, une masse de densité $-\dfrac{R^2 - OP^2}{4\pi R \cdot MP^3}$ aux divers points de la surface de S. Cette seconde masse n'est autre chose que la masse définie plus haut et dont le potentiel était V', *mais changée de signe.* On a donc $\dfrac{1}{MP} - V' = 0$ à l'extérieur de S et $\dfrac{1}{MP} - V' = U > 0$ à l'intérieur de S.

Dans les méthodes que nous avons mentionnées précédemment, on obtient la solution du problème de DIRICHLET en cherchant une suite de fonctions satisfaisant à l'équation $\Delta V = 0$, qui remplissent chacune mieux que la précédente les conditions à la frontière. H. POINCARÉ, dans la méthode de balayage, cherche des fonctions satisfaisant toutes aux conditions à la frontière et dont chacune satisfait mieux que la précédente à l'équation $\Delta V = 0$. On peut évidemment toujours trouver une sphère Σ telle que le conducteur soit contenu tout entier à l'intérieur de cette sphère. On peut ensuite trouver un système dénombrable de sphères en nombre infini S_1, S_2, S_3 ..., jouissant des deux propriétés suivantes : chacune des sphères sera tout entière extérieure au conducteur ; tout point de l'espace extérieur au conducteur appartient au moins à une des sphères du système. Cette proposition est presque évidente *à priori.* Soit O le centre et R le rayon de la sphère Σ ; imaginons une certaine quantité d'électricité positive distribuée uniformément à la surface de cette sphère avec une densité $\dfrac{1}{4\pi R}$. Soit V_0 le potentiel dû à cette électrisation ; nous aurons $V_0 = 1$ à l'intérieur de la sphère Σ et en particulier à l'intérieur du conducteur et $V_0 = \dfrac{R}{OM}$, lorsque le point M (x, y, z) est extérieur à Σ. On a, dans tous les cas $0 < V_0 \leqslant 1$, et V_0 tend vers zéro, quand le point M s'éloigne indéfiniment. Nous allons faire maintenant la série suivante d'opérations. Nous avons vu plus haut que si une masse électrique P se trouve à l'intérieur d'une sphère S, on peut la remplacer par une masse égale distribuée à la surface de la sphère de façon que la densité en chaque point de cette surface soit en raison inverse du cube de la distance de ce point au point P. Le potentiel par rapport à un point extérieur à S n'est pas changé, le potentiel par rapport à un point intérieur est *diminué.* On peut appeler cette couche électrique répandue à la surface de S la *couche équipollente* à la masse unique P. Cela posé, supposons qu'on remplace toutes les masses électriques, qui peuvent exister à l'intérieur d'une sphère S_i, par la couche équipollente répandue à la surface de cette sphère. Le potentiel en un point extérieur à S_i ne changera pas et le potentiel en un point intérieur à S_i diminuera. Cette opération pourra s'appeler : *balayer la sphère* S_i.

Nous partons de la masse électrique répandue sur Σ et dont le potentiel est V_0. Chacun des points de Σ appartenant à l'une des sphères S_i, quelques-unes de ces sphères contiendront de l'électricité; soit S_1 une de celles qui en contiennent; *balayons cette sphère;* balayons ensuite la sphère S_2, si cette sphère contient de l'électricité, et ainsi de suite. Il faut diriger les opérations de façon que chaque sphère soit balayée une infinité de fois. On peut, par exemple, balayer les sphères dans l'ordre suivant :

$$S_1 S_2 S_1 S_2 S_3 S_1 S_2 S_3 S_4 S_1 S_2 S_3 S_4 S_5 S_1 S_2 S_3 S_4 S_5 S_6 \dots$$

Il est aisé de constater que de cette manière chaque sphère est balayée une infinité de fois.

Soit ensuite V_1 ce que devient le potentiel V_0 après la première opération, V_2 ce que devient V_1 après la seconde opération; soit enfin V_n, ce que devient le potentiel après n opérations. Supposons que la n^e opération consiste à balayer la sphère S_k. On aura

$$V_n = V_{n-1} \text{ à l'extérieur de } S_k$$
$$V_n < V_{n-1} \text{ à l'intérieur de } S_k.$$

On aura donc dans tous les cas,

$$V_n \leqslant V_{n-1}.$$

Cette inégalité montre qu'en un point quelconque de l'espace, V_n est toujours décroissant (ou du moins toujours non-croissant), quand on fait croître l'indice n.

Il importe de remarquer qu'il n'y a à aucun moment de masse électrique négative. Au début, nous avons sur la sphère Σ une couche électrique uniforme et positive. Aucune des opérations subséquentes ne peut introduire de masses négatives. En effet, le balayage d'une sphère quelconque consiste à remplacer les masses électriques *positives* situées à l'intérieur de cette sphère par des couches équipollentes *positives* répandues à la surface de cette sphère. On a donc $V_n > 0$. Ainsi, en un point quelconque de l'espace, V_n est toujours positif et décroissant. Donc, quand n croît indéfiniment, V_n tend vers une limite finie et déterminée V; la fonction V ainsi définie en tous les points de l'espace est la solution du problème.

VI. **Forces pondéromotrices dans le champ électrique.** — L'action mutuelle entre les charges suivant la loi de Coulomb (ou bien les efforts de tension et de pression entre les tubes) produit des forces pondéromotrices, c'est-à-dire des forces qui agissent sur les corps portant les différentes charges, placés dans le champ électrique. Le calcul de ces forces ne présente aucune difficulté spéciale, quand la distribution de toutes les charges est donnée et quand, par conséquent, on connaît toutes les forces composantes qui s'exercent sur chaque corps.

Dans certains cas simples, les forces pondéromotrices se déterminent très facilement. Nous allons le montrer sur quelques exemples.

1. Déterminer la force f avec laquelle une charge η, distribuée uniformément sur la surface d'une petite sphère non conductrice par exemple, est *attirée par un très grand plateau conducteur mis à la terre.* Comme nous l'avons

vu (p. 144), le plateau agit, dans la partie de l'espace où se trouve la charge η, comme une charge $-\eta$ portée par l'image électrique de la charge η, laquelle image, dans le cas considéré, coïncide avec l'image optique. Si la distance de la charge η (centre de la sphère) à la surface du plateau est h, on a $f = \eta^2 : 4h^2$.

2. Déterminer la force f avec laquelle une charge η, distribuée uniformément sur la surface d'une petite sphère non conductrice, est attirée *par une sphère conductrice mise à la terre.* Nous désignerons par R le rayon de la sphère, par a la distance de la charge η (centre de la petite sphère) au centre O de la sphère conductrice. Comme nous le savons, la charge induite sur la sphère conductrice agit, dans l'espace extérieur, comme une charge $\eta' = -\eta\dfrac{R}{a}$ placée en un point situé sur la droite ηO à la distance $b = R^2 : a$ du centre. On en déduit

$$f = \frac{\eta\eta'}{(a-b)^2} = \frac{\eta^2 Ra}{(a^2 - R^2)^2} = \frac{\eta^2 Ra}{c^4},$$

c étant la longueur de la tangente menée du centre de la petite sphère à la surface de la sphère conductrice donnée. Si η se trouve à l'intérieur d'une sphère creuse, à la distance b du centre O, on a

$$f = \frac{\eta^2 Rb}{(R^2 - b^2)^2} = \frac{\eta^2 Rb}{c^4},$$

c étant la demi-corde menée par η normalement au rayon ηO.

3. La force f, qui agit sur la partie mobile de l'un des plateaux d'un très grand condensateur plan, est, ainsi que nous l'avons vu, exprimée par la formule (57), p. 109.

4. Comparons les forces qui agissent sur une sphère diélectrique et sur une sphère conductrice isolée, dans un champ uniforme. Supposons que f soit la force qui agit sur la sphère diélectrique de pouvoir inducteur K_2, et f_0 la force exercée sur une sphère conductrice isolée de même dimension, placée au même endroit. Soit, dans les deux cas, K_1 le pouvoir inducteur du milieu environnant. Le champ étant uniforme, les charges sont distribuées avec des densités respectivement données par les formules (72, c), p. 143, et (77), p. 169. Ces deux densités se distinguent par le facteur constant α que donne (76, b). Pour des circonstances identiques, ce facteur est égal au rapport cherché des forces, de sorte qu'on a

$$(79) \qquad f = \frac{K_2 - K_1}{K_2 + 2 K_1} f_0.$$

Dans l'air, $K_1 = 1$; si on pose de plus $K_2 = K$, on obtient

$$(80) \qquad f = \frac{K - 1}{K + 2} f_0.$$

Occupons-nous maintenant, *d'une manière générale, du calcul des forces pondéromotrices,* qui agissent dans un champ électrique. Il faut distinguer deux cas, suivant que la charge ou le potentiel du conducteur considéré doit ou non rester constant.

Cas I. *Les charges des conducteurs ne changent pas*, dans les mouvements qu'ils exécutent sous l'influence des forces agissant sur eux. Considérons un système de corps A_1, A_2, A_3, ...; soit η_1 la charge constante de l'un de ces corps A_1. Désignons par W l'énergie électrique de tout le système et par dR le travail infiniment petit effectué par les forces électriques, quand le corps A_1 exécute un mouvement infiniment petit, possible sous les conditions mécaniques auxquelles ce corps A_1 est soumis. Il est évident que si ce mouvement est dû aux forces électriques, le travail dR est une grandeur positive; il ne peut être effectué qu'aux dépens de l'énergie potentielle W, de sorte que nous avons l'équation

$$(81) \qquad dR = - dW.$$

Soit f_x la force qui agit sur le corps A_1 dans la direction de x; quand le corps A_1 se déplace dans cette direction, W varie, et on peut considérer, entre autres, W comme fonction de x; pour un déplacement dx, on a $dR = f_x dx$, de sorte que $f_x dx = - \dfrac{\partial W}{\partial x} dx$, d'où

$$(81,a) \qquad f_x = - \frac{\partial W}{\partial x}.$$

Supposons que M_p soit le moment du couple, qui tend à faire tourner le corps A_1 autour d'un certain axe, et soit φ l'angle qui mesure cette rotation à partir d'une position initiale quelconque. On peut alors considérer W comme étant aussi fonction de l'angle φ. Lorsque le corps A_1 tourne autour de l'axe p de l'angle $d\varphi$, on a $dR = M_p d\varphi$, par suite

$$(81,b) \qquad M_p = - \frac{\partial W}{\partial \varphi}.$$

Nous avons pour W l'expression générale (51, *d*), p. 94.

$$(81, c) \qquad W = \frac{1}{2} \sum V \eta_i.$$

Supposons que la disposition des corps éprouve un changement infiniment petit sous l'influence des forces électriques, qui effectuent ainsi un certain travail positif. L'égalité (81) subsiste; or (81, *c*) nous donne en général

$$dW = \frac{1}{2} \sum V d\eta_i + \frac{1}{2} \sum \eta_i dV;$$

par hypothèse, tous les $d\eta_i$ sont nuls, et il reste

$$(81, d) \qquad dW = \frac{1}{2} \sum \eta_i dV.$$

La grandeur dW est négative; on voit donc que *le système tend à effectuer des mouvements dans lesquels les potentiels diminuent.* Le système tend vers le minimum de l'énergie possible sous les conditions données.

Cas II. *Les potentiels des conducteurs ne varient pas.* Considérons un système de conducteurs A_1, A_2, A_3, .., maintenus aux potentiels constants V_1, V_2, V_3, ... par communication avec les sources d'électricité B_1, B_2, B_3, ... On peut envisager ces dernières comme des conducteurs dont les capacités q_1, q_2, q_3, ... sont infiniment grandes, de sorte que leurs potentiels ne varient pas, quand une certaine quantité finie d'électricité leur est enlevée. Supposons d'abord que les capacités q_i des corps B_i sont des grandeurs finies. Désignons par η_i les charges des corps A_i. Si les corps A_i du système considéré se déplacent infiniment peu sous l'action du champ électrique dans lequel ils se trouvent, les forces électriques effectuent un certain travail dR, qui prend sa source dans l'énergie W_A de ces corps et dans l'énergie W_B des sources B_i avec lesquelles ils communiquent, de sorte qu'on a

$$(82) \qquad\qquad dR = -\,(dW_A + dW_B).$$

Prenons pour W_A et W_B les expressions

$$W_A = \frac{1}{2} \sum V\eta, \qquad W_B = \frac{1}{2} \sum q V^2 ;$$

nous avons

$$(82,\,a) \qquad \begin{cases} dW_A = \dfrac{1}{2} \sum V d\eta + \dfrac{1}{2} \sum \eta\, dV. \\[2mm] dW_B = \sum q V dV. \end{cases}$$

La somme des charges des corps A_i et B_i mis en communication doit rester constante; autrement dit, on a, en supprimant les indices, pour chaque couple de corps A et B, $\eta + qV = const.$, c'est-à-dire

$$(82,\,b) \qquad\qquad d\eta + qdV = 0,$$

$$Vd\eta + qVdV = 0.$$

On en déduit, pour tous les couples A_i et B_i,

$$(82,\,c) \qquad\qquad \sum V d\eta + \sum q V dV = 0.$$

Si on tient compte de cette relation dans $(82,\,a)$, on trouve

$$dW_A = \frac{1}{2} \sum \eta\, dV - \frac{1}{2} \sum q V dV = \frac{1}{2} \sum \eta\, dV - \frac{1}{2}\, dW_B,$$

ou

$$2\,dW_A + dW_B = \sum \eta\, dV.$$

En substituant la valeur de dV déduite de (82, b) et en introduisant, pour plus de clarté, les notations η_A au lieu de η et q_B au lieu de q, on a

$$(82,\ d) \qquad 2\,dW_A + dW_B = -\sum \frac{\eta_A\,d\eta_A}{q_B} ;$$

W_A est l'énergie du système considéré de conducteurs A_i, dont les charges sont η_A; W_B est l'énergie des corps B_i avec lesquels ils communiquent et dont les capacités sont q_B. Si on passe au cas où les corps B_i sont des sources réelles d'électricité, capables de maintenir sur les corps A_i des potentiels constants, on doit considérer les grandeurs q_B comme infiniment grandes. On obtient à la limite

$$(83) \qquad 2dW_A + dW_B = 0.$$

En comparant cette expression à (82), on a

$$dW_A - dR = 0,$$

c'est-à-dire

$$(84) \qquad dR = dW_A$$

$$(85) \qquad - dW_B = dW_A + dR = 2dW_A = 2dR ;$$

dR est le travail positif effectué dans le déplacement des corps A_i. On voit que, *si les potentiels des corps formant un système doivent rester constants, le travail dR des forces électriques est égal à l'accroissement d'énergie de ce système. Les sources, qui maintiennent les potentiels constants, perdent une quantité d'énergie deux fois plus grande que le travail dR ; une moitié est employée à produire ce travail, l'autre à accroître l'énergie du système de conducteurs considéré.*

Le système tend vers le *maximum* de l'énergie possible sous les conditions données.

En réunissant les deux cas envisagés, on peut dire que *les charges restant constantes, le système tend vers une diminution de l'énergie et des potentiels, mais que les potentiels restant constants, il tend vers un accroissement de l'énergie et des charges.*

11. Premières indications sur la déperdition de l'électricité — En étudiant dans ce Chapitre les propriétés fondamentales du champ électrique nous avons en même temps fait connaître les phénomènes les plus simples, qui se produisent continuellement, pour ainsi dire, quand on a affaire à l'électricité statique. Aux phénomènes de cette nature, on peut réunir la déperdition de l'électricité, quoique cette déperdition ne puisse pas être comptée à la rigueur parmi les phénomènes électrostatiques, puisqu'elle représente une variation continue du champ, c'est-à-dire une variation tant en grandeur qu'en direction des forces qui agissent dans ce champ. Le phénomène dont il s'agit a donc un *caractère dynamique* et appartient plutôt au *champ électrique variable* que nous étudierons dans la suite ; mais, comme il est extrêmement important et, on peut le dire, tout à fait élémentaire, nous estimons nécessaire d'en parler déjà ici brièvement. Cela est d'autant plus légitime que la déperdition de l'électricité, c'est-à-dire la diminution graduelle de l'intensité des forces électriques, est une *propriété du champ* qu'on observe effectivement presque toujours en pratique.

Le phénomène de la déperdition de l'électricité consiste en ce que tout corps électrisé, abandonné à lui-même, perd peu à peu sa charge. Nous remettrons à plus tard l'étude détaillée de toutes les causes d'une telle perte ; nous nous bornerons actuellement à la simple indication des causes fondamentales de la déperdition, sans entrer dans aucun détail.

L'une des causes principales de la déperdition graduelle des charges réside dans le fait que l'*isolement* d'un corps électrisé n'est jamais parfaite dans la plupart des cas. L'électricité s'échappe par les supports, les pieds, etc., qui servent d'isolateurs ; autrement dit. les extrémités des tubes de tension qui, dans l'image B, exercent l'un sur l'autre des pressions transversales, glissent lentement le long de la surface des isolateurs. De telles pertes de charge sont très favorisées par les couches d'humidité qui se trouvent à la surface des isolateurs ; par suite, la déperdition de l'électricité est particulièrement grande dans l'air humide. On croyait autrefois que l'air humide était un conducteur de l'électricité ; les expériences de Warburg ont montré la vraie raison pour laquelle la déperdition augmente, quand l'humidité de l'air est grande. La paraffine est très peu hygroscopique ; elle peut par conséquent servir de bon isolateur, même avec une grande humidité de l'air ; on l'utilise beaucoup aujourd'hui.

Une seconde cause de déperdition réside dans la *convection*, c'est-à-dire dans le transport de l'électricité par le gaz ambiant, l'air par exemple. L'électricité passe sur les particules d'air en contact immédiat avec la surface du corps électrisé, ces particules subissant probablement une modification de nature particulière (l'ionisation) sur laquelle nous ne nous étendrons pas actuellement. La couche d'air est chargée d'électricité de même nom que la surface du corps et repoussée par ce corps ; à sa place, vient de l'air nouveau, qui s'électrise à son tour et se trouve repoussé, etc. Il se forme de cette manière, autour du corps électrisé, un courant d'air continu. Comme nous l'avons vu, la tension superficielle P de l'électricité est proportionnelle au carré de la densité k, voir (25, *a*), page 44. La tendance de l'électricité à passer de la surface d'un conducteur dans l'espace environnant étant déterminée par la tension P, il est clair que la déperdition doit en général croître en même temps que la densité k. Mais nous savons d'autre part que l'électricité est distribuée à la surface des conducteurs de telle sorte que la densité k prend des valeurs particulièrement grandes sur les parties saillantes, par exemple sur les arêtes vives et surtout sur les pointes. Il en résulte qu'en de tels endroits la déperdition doit être plus grande ; c'est ce qu'on observe dans la réalité. Un conducteur isolé, qui est muni d'une pointe, ne peut pas en général être électrisé, tellement la déperdition ou, comme on dit parfois, l'écoulement de l'électricité par la pointe est intense. Si on fait communiquer une pointe disposée horizontalement avec une machine électrique, un courant d'air sort, pour ainsi dire, de la pointe, avec tant de violence qu'on le sent à la main et qu'il peut éteindre la flamme d'une bougie.

Considérons un conducteur A électrisé positivement et une pointe métallique B, c'est-à-dire un corps en forme de cône à angle très petit au sommet. Si on applique B par sa base contre le corps A, la charge de ce dernier disparaît ; la même chose a lieu, quand on met le corps B à la terre et lorsqu'on le rapproche de A, en tournant la pointe vers la surface de A. Dans ce cas, il s'écoule de la pointe de l'électricité négative induite, qui est transportée par un courant d'air sur la surface du corps A, où elle annule la charge positive existante. Supposons maintenant que B soit un conducteur isolé, une sphère munie d'une pointe horizontale par exemple. Quand on approche B de A, la pointe tournée du côté *opposé à* A, et qu'on écarte ensuite B de A, on trouve que B s'est électrisé négativement ; l'électricité positive (de même nom) induite s'écoule par la pointe, de sorte que celle-ci agit comme une mise à la terre. Lorsqu'on approche B du corps A, en tournant la pointe vers A, et qu'on éloigne la pointe en écartant les corps, on trouve que la charge du corps A a diminué, mais que B s'est électrisé positivement ; dans ce cas, l'électricité négative (de nom contraire) induite sur B s'est écoulée par la pointe et a passé sur A, tandis que l'électricité positive induite est restée sur B. Le résultat est le même que si une certaine partie de la charge avait passé de A par la pointe sur B, c'est-à-dire *si la pointe avait soustrait ou aspiré une certaine partie de la charge du corps A*. C'est pour cette raison qu'on parle quelque fois d'une action aspirante des pointes, qui sont dans le voisinage de la surface des conducteurs électrisés.

La vitesse de déperdition de l'électricité dépend, comme nous le verrons, de la nature du gaz environnant et de son état physique, autrement dit de sa tension et de sa température.

Le phénomène de la déperdition de l'électricité a acquis un intérêt tout particulier, depuis la découverte de l'influence de l'énergie rayonnante sur ce phénomène, non pas tant des formes d'énergie rayonnante considérées dans le Tome II que des nouveaux rayons qui seront étudiés à la fin de cet ouvrage, les rayons de RÖNTGEN, les rayons de BECQUEREL (uranium), et en général les rayons émis par les corps *radioactifs*. Tout ce qui se rattache à ce sujet se lie étroitement à la question de l'*ionisation* des gaz et ne peut être traité en ce moment. Nous nous bornerons à cette indication que de toutes les formes d'énergie rayonnante considérées dans le Tome II (rayons électriques, infrarouges, visibles et ultraviolets), seuls les *rayons ultraviolets* agissent sur la déperdition de l'électricité et, plus exactement, de l'électricité *négative*, dont la vitesse de déperdition *croît* très fortement sous l'action de ces rayons ; les rayons ultraviolets n'excercent aucune influence appréciable sur la vitesse de déperdition des charges positives.

Nous aurons à parler dans le Chapitre V (électricité atmosphérique) de la conductibilité électrique de l'air, qui dépend du degré d'ionisation ; cette ionisation exerce une très grande influence sur la déperdition de l'électricité à la surface des conducteurs isolés.

BIBLIOGRAPHIE

—

1. — Faits fondamentaux.

FRANKLIN. — Voir PRIESTLEY, *Histoire de la physique*, p. 166 ; GEHLERS *Wörterbuch*, chapitre « Electricité ».

EDLUND. — *Arch. sc. phys. et natur.*, (2), **43**, p. 209, 1871 ; *Pogg. Ann. Ergbd.*, **6**, p. 95, 1873 ; **148**, p. 421, 1873 ; **149**, p. 87, 1873 ; **156**, p. 590, 1875 ; *W. A.*, **2**, p. 347, 1877 ; **15**, p. 165, 1882.

2. — Conducteurs et diélectriques.

M. FARADAY. — *Experimental researches in electricity*, 3 vol., London, 1839-1855. Traduction allemande dans OSTWALD's *Klassikern d. exackten Wiss.*, n° 81, Leipzig, 1896.

POISSON. — *Mém. de l'Ac. de France*, **5**, 1826 ; **6**, 1827.

MOSSOTTI. — *Bibl. Univ. de Genève*, **6**, p. 193, 1847 ; *Atti della Soc. Italiana della Scienze*, **26**.

CLAUSIUS. — *Mechanische Wärmetheorie*, **2**, p. 62, Braunschweig, 1879.

3. — Electroscopes, électromètres à quadrants, isolateurs.

E. MASCART et J. JOUBERT. — *Leçons sur l'électricité et le magnétisme*, Tome II, 2ᵉ éd., Paris, 1897.

4. — Loi de Coulomb.

COULOMB. — *Mém. de l'Acad. royale des Sc.*, 1784, 1785, p. 563 ; 1787, p. 421 ; *Collection de Mém. relatifs à la physique*, publiée par la Soc. française de physique, **1**, pp. 67, 107, 1884.

W. WEBER. — *Elektrodynamische Massbestimmungen*, **1**, 1846 ; 2ᵉ éd., Leipzig, 1890 ; *Pogg. Ann.*, **73**, p. 229, 1848.

G. GREEN. — *Essay on the application of mathematical analysis to the theories of electricity and magnetism*, Nottingham, 1828 ; réimprimé dans le *J. f. Math.*, **39, 44, 47**, 1850-54 ; *Papers*, London, 1871 ; trad. allem. de A. WANGERIN, OSTWALDS *Klass.*, n° 61.

G.-F. GAUSS. — *Allgem. Theorie des Erdmagnetismus (Beob. d. magn. Vereins für 1838, Leipz., 1839).* OSTWALDS *Klass.* n° 2 ; trad. franç. *J. de Math.*, **7**, 1842 ; trad. angl. TAYLOR's *scientif. mém.*, avril, 1842.

W. THOMSON. — *Reprint of papers on electrostatics and magnetism*, London, 1872.

J.-C. MAXWELL. — *On* FARADAY's *lines of force* (1855, 1856), *Transactions of the Cambridge Phil. Soc.*, **10**, 1864, p. 27 (*Scientific papers*, Cambridge, **1**, 1890, p. 155), trad. allem. dans OSTWALD's *Klassikern*, n° 69, Leipzig, 1895. *On physical lines of force*, *Phil. Mag.*, (4), **21**, 1861, pp. 161, 281, 338 ; **23**, 1862, pp. 12, 85.(*Scientific papers*, **1**, p. 451). *A treatise on electricity and magnetism*, 2 vol., Oxford, 1ʳᵉ éd., 1873, 2ᵉ éd., 1881, 3ᵉ éd., 1892 ; traduction allemande de B. WEINSTEIN, Berlin, Springer, 1883 ; traduction française de SELIGMANN-LUI, Paris, Gauthier-Villars, 1885.

J. BERTRAND. — *Leçons sur la théorie mathématique de l'électricité*, Paris, 1890.

P. Duhem. — *Leçons sur l'électricité et le magnétisme*, Tome I, Paris, 1891 ; *Les théories électriques de J.-C. Maxwell, étude historique et critique*, Paris, 1902.

5. — Induction électrostatique.

Sagnac. — *Journ. de phys.*, 1907, p. 273.
H. Poincaré. — *Électricité et Optique*, Paris, 1ʳᵉ éd., 1890, 2ᵉ éd., 1901.

6. — Potentiel électrique.

E. Picard. — *Traité d'analyse*, Tome I, 1ʳᵉ éd., Paris, 1891, 2ᵛ éd., 1901.
J. Plemelj. — *Monatshefte für Math. und Physik*, **15**, 1904.
H. Poincaré. — *La méthode de Neumann et le problème de Dirichlet*, Acta mathematica, **20**, p. 59, 1896 ; *Théorie du potentiel newtonien*, Paris, 1899.
C. Neumann. — *Leipz. Ber.*, 1870, p. 50 (*Math. Ann.*, **11**, p. 264) ; *Untersuchungen über das logarithmische und Newton'sche Potential*, Leipz., 1877 ; *Leipz. Abh.*, **13**, 1887, p. 707.
G. Kirchhoff. *Acta math.*, **14**, 1890, p. 180.
G. Robin. — *C. R.*, **104**, 1887, p. 1834 ; voir Picard, *Traité d'analyse*, Tome I, p. 188 ; A. Korn, *Lehrbuch der Potentialtheorie*, Berlin, 1899 ; Liapounoff, *J. de math.*, (5), **4**, 1898, p. 241 ; W. Stekloff, *C. R.*, **128**, 1899, p. 580.
W. Stekloff. — *C. R.*, **125**, 1897, p 1026.

9. — Condensateurs.

Cavendish. — *The Electrical Researches of the Honourable Henry Cavendish*, édit. by J.-C. Maxwell, 1879.
Borgmann. — *Journ. de la Soc. russe phys.-chim*, **13**, p. 117, 1881.
Faraday. — *Exper. Researches*, **11**, §§ **1189-1294**, 1838 ; *Pogg. Ann.*, **46**, pp. 537, 581, 1839.
W. Thomson (Lord Kelvin). — *Reprint of Papers on Electrost. and Magnetism*, p. 287.
Kirchhoff. — *Berl. Ber.*, 1877, p. 144 ; *Ges. Abhandl.*, p. 101, Leipzig, 1882 ; *Vorles. über theoretische Physik*, **3**, p. 93.
Clausius. — *Pogg. Ann.*, **86**, p. 161, 1852 ; *Mechanische Wärmetheorie*, **2**, p. 62, Braunschweig, 1879.
Maxwell. — *Electricity and Magnetism*, **1**, § **202**.
Magini. — *Physik. Zeitschr.*, **7**, p. 844, 1906 ; **8**, pp. 39, 136, 1907.
Kauffmann. — *Physik. Zeitschr.*, **8**, p. 75, 1907.
A. Potier. — *L'énergie d'un système électrisé et les capacités entre conducteurs*, Éclairage électrique, **11**, p. 250.
P. Janet. — *Leçons d'électrotechnique générale*, Tome I, 3ᵉ éd., Paris, 1909.
J.-J. Thomson. — *Phil. Trans.*, **174**, p. 707, 1883.
Riess. — *Pogg. Ann.*, **48**, p. 335, 1837 ; **49**, p. 49, 1838 ; **80**, p. 316, 1852 ; **91**, p. 355, 1854 ; *Reibungselektrizität*, **1**, p. 391 ; **2**, p. 170, Berlin, 1853 ; Doves *Repertor.*, **6**, p. 307, 1842 ; *Berl. Ber.*, 1853, p. 606.
Schwédoff. — *Pogg. Ann.*, **135**, p. 418, 1868 ; **137**, p. 566, 1869.
Knochenhauer. — *Wien. Ber.*, **39**, p. 701, 1880.
Villari. — *Atti d. Acc. dei Lincei*, **7**, p. 297, 1883.
Blavier. — *J. de phys.*, **4**, p. 161, 1875.
Dove. — *Pogg. Ann.*, **72**, p. 406, 1847 ; **80**, p. 316, 1852 ; **91**, p. 355, 1854.

10. — Electrostatique.

Voir les indications bibliographiques détaillées dans WIEDEMANN, *die Lehre von der Elektrizität*, **1**, pp. 61-96, Braunschweig, 1893, et dans R. GANS, *Elektrostatik und Magnetostatik, Encyklop. der math. Wiss.* V$_2$, p. 289, oct. 1906.

COULOMB. — *Mém. de l'Acad. de Paris*, 1786, p. 74 ; 1787, p. 425 ; 1788, p. 620.

BIOT. *Traité de Physique*, **2**, p. 273, 1816.

RIESS. — *Reibungselektrizität*, **1**, p. 126, Berlin, 1853 ; *Abhandl. Berl. Akad.*, 1844.

SCHWÉDOFF. — *Journ. de la Soc. russe phys.-chim.*, **27**, p. 25, 1895.

POISSON — *Mém. de l'Institut*, **12**, pp. 1, 87, 163, 197, 1811.

PLANA. — *Mém. di Torino*, **7**, p. 325, 1845 ; **16**, p. 57, 1860.

G. GREEN. — *Essay* ; voir *Ostw. Klassiker*, n° 61, p. 66.

A. SOMMERFELD. — *Proc. Lond. Math. Soc.*, **28**, 1897, p. 395.

E. MATHIEU. — *Théorie du potentiel*, 2ᵉ Partie, Paris, 1886.

J. BERTRAND. — *Leçons sur la théorie math. de l'électricité*, p. 41.

E. PICARD. — *Traité d'analyse*, Tome I, 2ᵉ éd., p. 177.

IVAR FREDHOLM. — *Sur une nouvelle méthode pour la résolution du problème de* DIRICHLET, *Översigt of Köngl. Vatenskaps-Akademiens Förhandlingar*, Stockholm, 1900 ; *Sur une classe d'équations fonctionnelles, Acta mathematica*, **27**, 1903, pp. 365-390.

D. HILBERT. — *Grundzüge einer allgemeinen Theorie der linearen Integralgleichungen Göttinger Nachr.*, 1904, 1905.

J. PLEMELJ. — *Über die Anwendung der* FREDHOLM' *schen Funktionalgleichungen, in der Potentialtheorie, Sitzungsberichte*, Wien, 1903 ; *Zur theorie der* FREDHOLM' *schen Funktionalgleichung ; Über lineare Rendwertaufgaben der Potentialtheorie, Monatshefte für Math. und Physik*, **15**, pp. 93, 337.

E. PICARD. — *Rend. del Circ. mat. di Palermo*, **22**, 1906.

G. ROBIN. — *Sur la distribution de l'électricité à la surface des conducteurs fermés et des conducteurs ouverts*, Thèse, Paris, 1886 ; OEuvres scientifiques publiées par L. RAFFY, *Physique Mathématique*, Paris, 1899.

BOBYLEFF. — *Math. Annalen*, **7**, p. 396, 1874 ; *Journ. de la Soc. russe phys.-chim.*, **6**, pp. 37, 89, 1874 ; **7**, p. 64, 1875 ; **8**, p. 412, 1876 ; **9**, pp. 61, 103, 1877.

MURPHY. — *Elementary Principles of the theories of Electricity, Heat and Molekular Actions*, **1**, Cambridge, 1833.

HANKEL. — *Abhandl. k. sächs Ges. d. Wiss.*, **3**, p. 44, 1857 ; *Pogg. Ann.*, **103**, p. 209, 1858.

W. THOMSON. — *Journ. de Liouville*, **10**, p. 364, 1845 ; **12**, p. 256, 1847 ; *London and Dublin math. J.*, 1848 ; *Reprint of Papers*, p. 52.

CAYLEY. — *Phil. Mag.*, (4), **18**, pp. 119, 193, 1859 ; (5), **5**, p. 54, 1878.

KIRCHHOFF. — *Crelles Journ.*, **59**, p. 89, 1861 ; *W. A.*, **27**, p. 673, 1886.

E. MASCART et J. JOUBERT. — *Leçons sur l'électricité et le magnétisme*, Tome I, 2ᵉ édit., Paris, 1896.

G. DARBOUX. — *Bull. des Sciences mathém.* (2) **31**, pp. 17-28, Janv. 1907.

H. POINCARÉ. — *Electricité et Optique*, Paris, 1ʳᵉ éd., 1890, 2ᵉ éd., 1890 ; *Sur les équations aux dérivées partielles de la physique mathématique, Amer. J. of Math.*, **12**, 1890.

11. — Déperdition de l'électricité.

WARBURG. — *Pogg. Ann.*, **145**, p. 578, 1872.

CHAPITRE II

—

LES SOURCES DU CHAMP ÉLECTRIQUE

1. Introduction. — Nous avons appelé sources du champ électrique ou, comme on dit plus ordinairement, sources d'électricité, les opérations ou les phénomènes qui sont accompagnés de l'apparition d'un champ électrique ou, en d'autres termes, de l'électrisation de certains corps. La question des sources d'électricité exige une analyse très complète des phénomènes tels qu'on les observe d'une manière immédiate ; elle présente de grandes difficultés et on est encore éloigné d'une solution définitive. Elle a donné lieu à des théories nombreuses et très diverses ; la *thermodynamique* permet bien de trouver certaines lois, reliant entre elles les grandeurs qui jouent un rôle dans les phénomènes directement observés, *mais elle ne peut donner aucune indication sur les éléments, dont l'action combinée constitue l'origine d'un phénomène déterminé.*

Nous nous efforcerons d'exposer le plus complètement possible l'état de cette question et de présenter les différentes théories auxquelles elle a donné naissance sous la forme qu'elles possèdent actuellement. Mais, au préalable, nous jugeons nécessaire de rassembler quelques notions préliminaires que nous avons déjà fait connaître en partie dans ce volume ou dans les précédents.

1. Nous avons donné à la page 33 la définition de l'unité électrostatique (él.-st.) C. G. S. de quantité d'électricité ; nous avons exprimé, à l'aide de cette unité, voir (12), l'unité électromagnétique (él.-mg.) C. G. S. et le coulomb. Nous reviendrons plus loin sur les unités él.-st. et él.-mg., *en sous-entendant qu'il s'agit des unités C. G. S.*

2. Nous avons donné à la page 79 une définition de l'unité él.-st. C. G. S. de potentiel ou, ce qui est la même chose, de différence de potentiel ; nous en avons rencontré une autre définition plus claire (avec une sphère de rayon égal à 1 centimètre) à la page 80. Nous avons vu en outre à la page 91, voir (43, *a*), que l'unité pratique de potentiel, le *volt*, est égale à $\frac{1}{300}$ unité él.-st. C. G. S. de potentiel, et que le travail volt-coulomb est égal à un joule = 0,24 calor. gr.

3. Le phénomène du *courant électrique* sera étudié en détail dans le second Livre de ce Tome. Nous nous bornerons ici aux indications suivantes. Comme

nous le savons, l'équilibre (*repos*) de l'électricité sur un conducteur n'est possible qu'à la condition que le potentiel ait en tous les points du conducteur la même valeur. Supposons que le long d'un conducteur quelconque, par exemple le long du fil AB, figure 73, le potentiel décroisse constamment dans la direction de B ; si on relie respectivement deux points M et N du conducteur, au moyen de fils suffisamment longs, avec des sphères identiques m et n, on trouvera que les charges η_1 et η_2 de ces sphères sont différentes et que $\eta_1 > \eta_2$; on aura évidemment $\eta_1 : \eta_2 = V_1 : V_2$, V_1 et V_2 étant les potentiels des points M et N. Il s'établit dans un tel fil un courant électrique, que l'on peut considérer comme un écoulement continu de l'électricité positive de M vers N et de l'électricité négative dans la direction contraire. On dit alors qu'il y a une *chute de potentiel* le long du conducteur AB ; la grandeur de la chute entre M et N est égale à $V_1 - V_2$. Lorsque la distance MN est égale à l'unité, $V_1 - V_2$ représente la chute de potentiel par unité de longueur, qu'on appelle encore le *gradient* du potentiel. Quand il existe un champ électrique dans un diélectrique, par exemple dans l'air, on parle également d'un

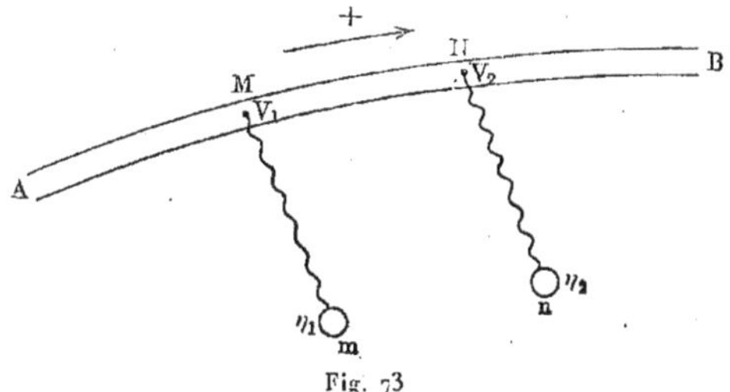

Fig. 73

gradient du potentiel, qu'on exprime notamment en volts par centimètre. Il est visible que le gradient peut servir à mesurer l'intensité du champ en un point donné, voir (40), page 76.

4. On attribue aux atomes des divers éléments chimiques une *valence*, qui est définie par le nombre d'atomes d'hydrogène auxquels ils peuvent s'unir ou qu'ils peuvent remplacer. On introduit également la notion de valence d'un groupe de plusieurs atomes, comme on le voit dans les exemples suivants :

Sont monovalents : H, K, Na, Li, Ag, Cl, Br, I, Fl, AzH^4, OH, CAz, AzO^3, ClO^3, BrO^3, IO^3, CHO^2, $C^2H^3O^2$, etc.

Sont bivalents : Ba, Sr, Ca, Mg, Zn, Cd, Cu, O, S, SO^4, CrO^4, CO^3, SiO^3, etc.

La valence peut aussi changer dans des combinaisons différentes ; ainsi, dans $CuCl^2$ le cuivre est bivalent, dans Cu^2Cl^2 il est monovalent.

Le *poids moléculaire* d'une combinaison est déterminé par la somme des poids atomiques de tous les atomes, qui entrent dans la composition de la molécule. En posant $O = 16$, $H = 1,008$, $Az = 14,04$, $Cl = 35,45$, $S = 32,06$, $Cu = 63,6$, on a, par exemple, les poids moléculaires suivants : $O^2 = 32$, $H^2O = 18$, $AzH^4Cl = 53,5$, $Cu^2Cl^2 = 198,1$, $CuCl^2 = 134,5$,

$SO^4H^2 = 98,1$, $SO^4Cu = 159,66$, etc. On appelle *molécule-gramme* d'une substance donnée le nombre de grammes de cette substance qui est égal à son poids moléculaire ; ainsi, 1 mol.-gr. d'hydrogène est égale à $2^{gr},016$, d'oxygène à 32 grammes, de sel ammoniac à $53^{gr},5$, d'acide sulfurique (anhydre) à 98 grammes de la substance correspondante.

5. La molécule peut, dans beaucoup de cas, se diviser en deux parties déterminées qu'on appelle *ions* ; ceci s'applique, par exemple, aux molécules des sels et des acides et même, sous certaines conditions, aux molécules qui renferment deux atomes identiques (H^2, Cl^2). Nous avons déjà eu à plusieurs reprises l'occasion de mentionner la théorie d'après laquelle des substances dissoutes dans l'eau sont en partie dissociées, c'est-à-dire décomposées en ions (*ionisées*) ; quand la solution est très diluée, cette décomposition peut être complète. De telles substances se nomment des *électrolytes*.

6. *L'équivalent d'un élément monovalent est égal à son poids atomique.* L'équivalent d'un *groupe atomique monovalent* est égal à la somme des poids atomiques des atomes de ce groupe. Ainsi, l'*équivalent* de $AzH^4 = 18,04$, de $OH = 17,01$, de $AzO^3 = 62,04$, etc. *L'équivalent d'un composé, qui se dissocie en ions monovalents, est égal à son poids moléculaire.* Par exemple, les équivalents des composés HCl, $NaCl$, KBr, NaI, $TlFl$, AzH^4Cl, AzO^3H, AzO^3Ag, ClO^3K, $C^2H^3O^2Na$, $NaOH$, ClO^4Ag, IO^3K, MnO^4K, AzO^2K, AsO^2Na, etc. sont égaux aux poids moléculaires de ces composés.

L'équivalent

d'un élément dont la valence est k		du poids atomique de l'élément.
d'un groupe atomique dont la valence est k	est égal à la fraction $\frac{1}{k}$	de la somme des poids atomiques des atomes du groupe.
d'un composé qui se dissocie en ions dont la valence est k		du poids moléculaire du composé.

Ainsi, on a les équivalents suivants : $\frac{1}{2}\,O = 8$, $\frac{1}{2}\,Ca = 20,02$, $\frac{1}{2}\,SO^4 = 48,03$, $\frac{1}{2}\,CO^3 = 30,0$, $\frac{1}{2}\,SO^4H^2 = 49,04$, $\frac{1}{2}\,SO^4Cu = 78,83$; en outre, $\frac{1}{2}\,CO^3Na^2$, $\frac{1}{2}\,MgCl^2$, $\frac{1}{2}\,K^2S$, $\frac{1}{2}\,Az^2O^6Ba$, $\frac{1}{2}\,(C^2H^3O^2)^2Ca$, $\frac{1}{2}\,CrO^4Mg$, $\frac{1}{2}\,(MnO^4)^2Ca$, $\frac{1}{3}\,PO^4H^3$, $\frac{1}{3}\,AsO^3Na^3$, $\frac{1}{4}\,P^2O^7Na^4$, $\frac{1}{5}\,IO^6Na^5$, $\frac{1}{6}\,Al^2Cl^6$, $\frac{1}{6}\,(SO^4)^3Cr^2$, $\frac{1}{6}\,Fe^2Cl^6$, etc.

En résumé l'équivalent est toujours calculé pour *un* atome monovalent (H, Cl, etc.) ou pour un groupe monovalent. Pour $CuCl$, par exemple, l'équivalent est égal au poids moléculaire, tandis que pour $CuCl^2$ il n'en est que la moitié ; il en est de même dans le cas où l'on écrit la formule du premier composé sous la forme Cu^2Cl^2.

7. On appelle *équivalent-gramme* d'une substance donnée le nombre de grammes de cette substance qui est égal à l'équivalent. On voit, par ce qui précède, que l'équivalent-gramme n'est égal à la molécule-gramme que pour les composés qui se dissocient en ions monovalents, par exemple pour HCl,

KBr, AzH^{4}Cl, AzO^{3}H, ClO^{3}Li, etc. L'équivalent-gramme de l'oxygène pèse 8 grammes, du sulfate de cuivre 79^{gr},83, et ainsi de suite selon l'équivalent.

8. D'après la *loi* d'AVOGADRO, des volumes égaux de gaz à la même température et à la même pression renferment le même nombre de molécules. Soit n le nombre des molécules contenues dans 1 centimètre cube à 0° et sous une pression de 760 millimètres ; nous avons indiqué dans le Tome I le nombre

$$(1) \qquad n = 2.10^{19},$$

mais certains auteurs donnent des nombres qui diffèrent notablement du précédent. Comme la densité des gaz est proportionnelle au poids moléculaire, il est clair qu'une molécule-gramme de gaz, par exemple 2 grammes de H^2, 32 grammes de O^2, 30 grammes de AzO, 44 grammes de CO^2, occupe toujours le même volume à la même température et à la même pression, et par suite renferme le même nombre de molécules que nous désignerons par N. Puisque 1 gramme de H^2 possède à 0° et sous 760 millimètres un volume égal à 11165 centimètres cubes, *une molécule-gramme de gaz, et par suite aussi de toute substance, renferme*

$$(2) \qquad N = 4,5.10^{23}$$

molécules. Ce nombre indique aussi *combien d'atomes, c'est-à-dire d'ions, sont contenus dans un équivalent-gramme d'hydrogène* (1 gramme) et en général de tout groupe monovalent ou de tout composé formé d'ions monovalents. *Dans l'ionisation d'un équivalent-gramme d'un composé formé d'ions monovalents, on obtient N ions de chaque sorte.* Mais, pour l'oxygène en particulier, on arrive à un autre résultat : une molécule-gramme c'est-à-dire 32 grammes d'oxygène, renferme N molécules ; par suite, un équivalent-gramme ou 8 grammes renferme $\frac{1}{2}$ N atomes ou ions O. Les exemples donnés plus haut montrent que, dans l'ionisation d'un équivalent-gramme de SO^{4}Cu, Az^{2}O^{6}Ba, CrO^{4}Mg, etc., on obtient $\frac{1}{2}$ N ions de chaque sorte. L'ionisation d'un équivalent-gramme de CO^{3}Na^2, ou de $\frac{1}{2}$ CO^{3}Na^2, donne N ions Na et $\frac{1}{2}$ N ions CO^3 ; AsO^{3}H^3 donne N ions H et $\frac{1}{3}$ N ions AsO^3 ; Al^{2}Cl^6 donne $\frac{1}{3}$ N ions Al et N ions Cl.

On obtient donc, dans l'ionisation d'un équivalent-gramme d'un composé ou d'un élément chimique (par exemple, H^2, O^2, Cl^2, etc.), $\frac{1}{k}$ *N ions de nature déterminée, quand chaque ion a une valence égale à* k, *c'est-à-dire N ions monovalents,* $\frac{1}{2}$ *N ions bivalents, etc.*

2. Propriétés électriques des ions. Électrons. — Comme nous l'avons déjà mentionné, beaucoup de substances dissoutes se décomposent en ions. Il n'est pas douteux que les gaz éprouvent également une ionisation dans différentes circonstances. Enfin un grand nombre de savants admettent que les molécules des corps solides, des métaux par exemple, peuvent aussi se dissocier en ions ; cette idée a été développée pour la première fois par GIESE (1889).

L'ionisation d'une substance dissoute dépend à un haut degré du dissolvant. NERNST et J.-J. THOMSON (1894) ont trouvé que le pouvoir ionisant d'un dissolvant est d'autant plus grand que la constante diélectrique K de ce dissolvant est plus grande ; la valeur la plus élevée de K appartient à l'eau ($K = 80$) et la plus grande ionisation a lieu dans les solutions aqueuses.

La théorie moderne des ions repose sur l'hypothèse que chaque ion est lié à une certaine quantité d'électricité. Si un ion a une charge positive, il s'appelle *cathion*, et, si sa charge est négative, *anion*. Aux *anions* appartiennent Cl, Br, I, Fl, OH, AzO^2, CAz, AzO^3, ClO^3, ClO^4, SO^4, SeO^4, etc., et aux *cathions*, l'hydrogène, les métaux, AzH^4, PH^4, quelques dérivés organiques de AzH^4, PH^4, etc. Dans l'ionisation d'une molécule, se forment toujours un anion et un cathion, qui possèdent des charges égales. Si les ions d'une substance dissoute se déplacent, leurs charges électriques se déplacent aussi avec eux. On admet qu'*en dehors du mouvement de l'électricité résultant du déplacement des ions, il n'existe dans les solutions aucun autre mouvement de l'électricité.* Le déplacement des ions dans les solutions ne peut donc être regardé comme la *conséquence* d'un écoulement de l'électricité à travers la solution, la nature propre d'un tel écoulement résidant précisément dans le déplacement des ions.

Remarquons encore que les anions et les cathions se meuvent toujours dans des directions opposées, si, naturellement, en dehors du mouvement irrégulier des ions dans tous les sens, existe une direction déterminée prédominante dans le mouvement des ions. Les recherches expérimentales, dont nous parlerons dans la suite, ont conduit à la proposition fondamentale suivante :

Tout équivalent-gramme d'un ion quelconque renferme une même quantité F d'électricité positive ou négative, qui est égale à

$$(3) \quad \begin{cases} F = 96\,540 \text{ coulombs,} \\ F = 9\,654 \text{ unit. él.-mg. C. G. S.} = 2,896.10^{14} \text{ unit. él.-st. C. G. S.} \end{cases}$$

Cette quantité F pourrait s'appeler l'*unité électrochimique de quantité d'électricité.* Par exemple, $1^{gr},008$ de H, $35^{gr},45$ de Cl, $17^{gr},01$ de OH, $62^{gr},04$ de AzO^3, 8^{gr} de O, etc. sont liés à F, si H, Cl et O ne se composent que d'ions.

La quantité en poids de la substance d'un ion, qui est liée à un coulomb, s'appelle l'équivalent électrochimique de l'ion ; elle est évidemment égale à $\dfrac{1}{96\,540}$ équivalent-gramme. Pour plus de commodité, elle s'exprime en milligrammes ; ainsi, l'équivalent électrochimique de $H = 0^{mg},01044$, $Ag = 1^{mg},118$, $Cl = 0^{mg},3673$, $OH = 0^{mg},1762$, $\frac{1}{2} Cu = 0^{mg},3294$, $\frac{1}{2} Zn = 0^{mg},3388$, $\frac{1}{2} O = 0^{mg},08288$, $\frac{1}{2} SO^4 = 0^{mg},4976$, etc.

Nous avons déjà mentionné qu'un équivalent-gramme de tout ion mono-valent renferme un même nombre N d'ions ; mais, comme le même équiva-lent-gramme est lié à la quantité d'électricité F, *tout ion monovalent pris iso-lément*, par exemple H, K, Na, Ag, Cl, OH, AzO³, etc., *renferme une même quantité d'électricité* $e = F : N$. Si on pose $N = 4,4.10^{23}$, on a $e = \dfrac{F}{N} = 2,2.10^{-10}$ coulomb $= 2,2.10^{-20}$ unité él.-mg. C. G. S. $= 6,6.10^{-10}$ unité él.-st. C. G. S. Toutefois, de nombreuses recherches, que nous indiquerons plus tard, conduisent à penser que le nombre

$$(4)\quad e = \frac{F}{N} = 10^{-10}\,\text{coulomb} = 10^{-20}\,\text{unit.él.-mg.C.G.S.} = 3.10^{-10}\,\text{unit.él.-st.C.G.S.}$$

est plus voisin de la réalité. On en déduit inversement $N = 10^{24}$, nombre qui reste dans les limites trouvées par différents auteurs, en s'appuyant sur la théorie cinétique des gaz (Tome I). La charge e représente la *quantité élé-mentaire* ou *l'atome d'électricité* ; c'est *l'électron*, dont nous avons déjà parlé à la page 54. Richarz, Stoney, J.-J. Thomson et Planck ont trouvé pour e des valeurs, qui diffèrent plus ou moins de celle indiquée ici. Le premier essai de détermination de cette grandeur est dû, semble-t-il, à Budde (1885). Planck (1902) a obtenu

$$(4,a)\qquad e = 4,69.10^{-10}\ \text{unit. él.-st. C. G. S.}$$

Il est clair qu'un ion bivalent, tel que Ba, Zn, SO⁴, CO³, etc., est lié à deux électrons ; un ion trivalent, par exemple PO⁴ (de PO⁴H³,) à trois élec-trons, etc. *La valence d'un ion est déterminée par le nombre d'électrons, qui sont liés à cet ion.* Si l'on désigne par m la masse de l'ion exprimée *en grammes*, par e la *charge* exprimée *en unités él.-mg.* C. G. S., on obtient, *pour un atome d'hydrogène*, l'expression $m = 1 : N = 10^{-24}$ gr., d'où approximativement

$$(5)\qquad\qquad \frac{e}{m} = 10^{4}.$$

On désigne parfois l'électron positif par le signe $\oplus$, l'électron négatif par $\ominus$. *On peut considérer un ion comme une combinaison d'un atome de matière avec un électron.* Werner a indiqué des cas où, dans un groupe déterminé d'atomes, un atome peut être remplacé par un électron, un atome électroné-gatif, par exemple Cl, étant remplacé par un électron positif et inversement ; dans la combinaison Cl$\ominus$, l'atome Cl remplace en effet, pour ainsi dire, l'électron positif de la molécule neutre $\oplus\ominus$, qui ne contient pas du tout de substance pondérable. D'après cela, un ion représente un atome ou un groupe d'atomes, dont les valences sont saturées par des électrons, de sorte qu'on pourrait même écrire

$$\mathrm{Cl} - \ominus, \qquad \mathrm{Ca} \Big\langle {\overset{\oplus}{\oplus}}, \qquad \mathrm{SO^4} \Big\langle {\overset{\ominus}{\ominus}}, \qquad \mathrm{AsO^3} {\Big\langle}{\overset{\ominus}{\underset{\ominus}{\ominus}}}.$$

Dans ces derniers temps, la question a été posée de savoir quelle est la masse et même le poids d'un électron ; les premiers essais pour résoudre cette question sont dus à Lieben (1900).

Quand les ions se trouvent sous l'influence de forces électriques, c'est-à-dire quand un champ électrique s'établit dans une solution, les ions commencent à se mouvoir dans la direction des forces agissantes. Il n'est pas douteux que les ions éprouvent, dans ce mouvement, une résistance considérable, que l'on peut attribuer à une sorte de frottement des ions sur les molécules du dissolvant et sur les autres ions. Pour cette raison, la vitesse des ions n'est pas en général très grande. C'est l'ion d'hydrogène qui possède la plus grande vitesse ; parmi les cathions, les métaux se meuvent à peu près cinq fois plus lentement que H. Parmi les anions, l'hydroxyle OH possède la plus grande vitesse ; elle est environ 0,6 de celle de H ; Cl, Br, I sont animés approximativement de la même vitesse que K et Na. Des valeurs absolues des vitesses ont été déterminées pour la première fois par F. Kohlrausch, Lodge, Cattaneo et d'autres encore. Si la chute de potentiel est de 1 volt par centimètre, les vitesses des ions (dans H^2O à 18°) sont

Cathions	$\dfrac{\text{cm.}}{\text{sec.}}$	Anions	$\dfrac{\text{cm.}}{\text{sec.}}$
H	0,00300	OH	0,00157
K	0,00057	Cl	0,00059
AzH^4	0,00055	AzO^3	0,00053
Ag	0,00046	ClO^3	0,00046
Mg	0,00029	$C^2H^3O^2$	0,00029

Comme on connaît la charge d'un ion, on peut calculer facilement les forces sous l'action desquelles se produit le mouvement des ions. On trouve que ces forces sont très grandes. Pour transporter 1 gramme d'ions d'hydrogène avec une vitesse de 1 centimètre par seconde, il faut une force de 330 millions de kilogrammes. Ce nombre est du même ordre que celui que nous avons obtenu dans le Tome III pour les forces agissant dans la diffusion. Pour chaque ion d'hydrogène pris isolément, on trouve une force égale à 7.10^{-10} mg. environ.

Nous avons déjà mentionné qu'il est nécessaire d'admettre aussi l'existence d'ions *dans les gaz*. L'ionisation des gaz augmente sous l'influence des forces électriques, par le passage à travers les gaz des rayons ultra-violets et *nouveaux*, ainsi que dans certaines autres circonstances. Les ions constituent pour ainsi dire, dans un gaz qui n'est pas très raréfié, des noyaux autour desquels se rassemblent les molécules non ionisées du gaz, les particules de vapeur d'eau, de poussière, etc., de sorte que la mobilité des ions se trouve par là considérablement diminuée. Dans les couches supérieures de l'atmosphère, l'air est plus fortement ionisé que dans les couches inférieures. Il semble que les ions négatifs sont plus propres que les ions positifs à constituer des centres d'agglomération de particules, gouttelettes d'eau, etc.

Dans le champ électrique, se produit un mouvement des ions des gaz, les ons négatifs se mouvant en général plus rapidement que les ions positifs.

Pour une chute de potentiel de 1 volt par centimètre, les ions d'air non raréfié se meuvent avec des vitesses comprises entre 1 et 2 centimètres par seconde. La vitesse des ions d'hydrogène (sous une pression de 760 millimètres) est d'environ 5 centimètres par seconde.

Nous ferons connaître plus complètement dans la suite toute une série de phénomènes, dans lesquels on a affaire à des *courants d'électrons qui se meuvent avec rapidité*. Tels sont certains phénomènes électriques observés dans les gaz raréfiés (les rayons cathodiques, par exemple), ainsi que certains rayons émis par les substances radioactives. La question de savoir quelle est la grandeur de la charge que possède une particule, prise isolément dans un tel courant, et quelle est la grandeur de la masse m de substance pondérable à laquelle cette charge est liée, présente un très grand intérêt. Les recherches de J.-J. Thomson et d'autres savants ont donné ce résultat extrêmement important que *la grandeur de la charge considérée est précisément égale à la quantité élémentaire d'électricité que nous avons désignée précédemment par e*, voir (4), *c'est-à-dire égale à la quantité nommée électron qui est liée à un ion d'un électrolyte dissous*. De là découle le rôle pour ainsi dire universel de cette grandeur ; elle représente réellement l'élément de quantité d'électricité, auquel correspond peut-être une sorte d'unité de tension dans l'éther.

Le rapport $\dfrac{e}{m}$, pour un *courant d'électrons*, a été déterminé par de nombreux physiciens, dont nous considérerons également les travaux plus tard. Ils ont trouvé, pour $\dfrac{e}{m}$, exprimé *en unités él.-mg.* (page 34), des valeurs qui se trouvent autour de

$$(6) \qquad \frac{e}{m} = 10^7.$$

Mais nous avons vu que lorsque l'électron est lié dans une solution à un atome d'hydrogène, on a $e : m = 10^4$, voir (5). Comme la grandeur e est la même dans les deux cas, il s'ensuit que *dans un courant d'électrons, chaque électron est lié à une quantité de substance pondérable, dont la masse est environ 1 000 fois plus petite que la masse d'un atome d'hydrogène*. Les difficultés que soulève une telle conception ont encore augmenté, lorsqu'on a trouvé que le rapport $\dfrac{e}{m}$ *dépend de la vitesse v* avec laquelle se meuvent les électrons ; plus v est grand, plus est grande aussi la masse m. Cette circonstance a conduit quelques savants à penser que la masse m, à laquelle l'électron est lié dans les radiations, est une *masse apparente*. La théorie donnée par Abraham et les expériences de Kaufmann (1903) ont apporté une confirmation à cette idée, d'après laquelle l'inertie manifestée par les particules du courant d'électrons est due à la réaction du champ magnétique, produit par le mouvement des électrons, sur ces électrons eux-mêmes. La grandeur m ne serait donc pas une masse pondérable, mais une *masse électromagnétique*. Peut-on considérer une masse quelconque m comme possédant exclusivement un caractère électromagnétique et comme une simple apparence ; est-il possible de construire toute la mécanique sur des principes électromagnétiques et d'en faire une dépendance de la théorie de l'électricité ? Le simple fait qu'une telle question a pu être posée montre quelle évolution profonde subissent actuellement nos conceptions du monde extérieur. Nous reviendrons, comme nous l'avons déjà dit, sur tous ces problèmes que nous nous bornons ici à mentionner ; nous donnerons alors la bibliographie des travaux originaux.

3. Remarques générales sur le contact des corps. — *Le contact des corps chimiquement ou physiquement différents constitue une source d'électricité.* La question de savoir si ce contact, pour devenir une source de l'état électrique, doit être accompagné d'un autre phénomène quelconque, par exemple d'une réaction chimique, d'une diffusion mutuelle des substances en présence, etc., ne peut être encore aujourd'hui (1910) considérée comme résolue. Nous laisserons provisoirement de côté cette question et nous nous bornerons à exposer ce qui est immédiatement accessible à l'observation ou ce qui est le résultat direct de l'expérience. Nous n'envisagerons d'abord que le contact des *conducteurs*, c'est-à-dire surtout le contact des métaux et des solutions de sels et d'acides ; nous avons appelé ces dernières solutions des *électrolytes*. Nous admettrons, dans de telles solutions, l'existence des ions dont nous avons fait connaître les propriétés dans le paragraphe précédent.

Quand deux conducteurs formés de substances A et B sont en contact, tous deux s'électrisent et en sens contraire. Leurs potentiels sont inégaux, c'est-à-dire que tous les points du corps A se trouvent à un potentiel, tous ceux du corps B à un autre. En d'autres termes, en tous les points de la surface S de contact des corps A et B a lieu un *saut de potentiel*. La grandeur de ce saut ne dépend ni de la forme, ni des dimensions des corps A et B, ni de la grandeur ou de la forme de la surface S de contact. Elle ne résulte pas non plus de l'état électrique occasionnel du système formé par les deux corps, c'est-à-dire du potentiel de l'un ou de l'autre de ces corps. Elle dépend exclusivement de la constitution chimique et de l'état physique des deux corps. Nous appellerons la cause, qui produit cette différence de potentiel, *force électromotrice*, et nous admettrons qu'elle agit seulement à la surface S de contact. Nous prendrons pour sa mesure la grandeur de la différence des potentiels des corps A et B. En désignant cette force électromotrice par E et les potentiels des corps A et B par V_1 et V_2, on a l'égalité numérique

$$(7) \qquad\qquad E = V_1 - V_2.$$

On prend comme *sens de la force électromotrice*, le sens qui va du corps de moindre potentiel au corps de potentiel plus élevé, c'est-à-dire de B vers A, si $V_1 > V_2$. Nous désignerons aussi symboliquement la grandeur de la force électromotrice par A | B, A et B pouvant être les symboles chimiques des substances en contact. Par exemple, SO^4Zn | Zn désigne la force électromotrice ou la différence de potentiel pour une solution de sulfate de zinc et pour du zinc en partie plongé dans cette solution. Le signe A | B indiquera toujours qu'on doit retrancher du potentiel du corps A le potentiel du corps B ; on a évidemment :

$$(8) \qquad\qquad A \mid B = - B \mid A.$$

Le fait de l'existence d'un saut de potentiel peut être expliqué par la présence d'une double couche électrique sur la surface de contact S. La formule (47, *d*), page 85, montre que le moment ω de cette double couche est

$$(9) \qquad \omega = \frac{1}{4\pi}(V_1 - V_2) = \frac{1}{4\pi} E.$$

On est conduit effectivement à admettre que les charges des corps A et B en contact sont presque entièrement disposées sur la surface S de contact; sur les régions libres des surfaces de A et B se trouvent des quantités relativement négligeables de ces charges.

Nous allons maintenant considérer une *chaîne de corps en contact* A, B, C ..., M, N, schématiquement représentée sur la figure 74. Nous supposerons que toutes les parties de la chaîne ont *la même température*, et nous désigne-

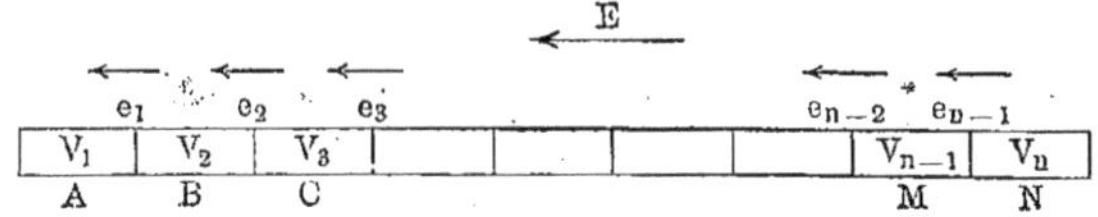

Fig. 74

rons par e_1, e_2, e_3, ..., e_{n-2}, e_{n-1} les forces électromotrices, qui agissent respectivement entre deux corps voisins, le nombre de tous les corps étant n. Soient V_1, V_2, V_3, ..., V_n les potentiels respectifs des n corps; on a alors

$$e_1 = V_1 - V_2 = A \mid B, \qquad e_2 = V_2 - V_3 = B \mid C, ...,$$
$$e_{n-1} = V_{n-1} - V_n = M \mid N.$$

Ces grandeurs peuvent être en partie positives, en partie négatives. Nous nommerons *force électromotrice de la chaîne* la somme des forces électromotrices agissant aux diverses surfaces de contact de la chaîne. Si on désigne cette somme par E, on a $E = \sum e_k$ ou, en remplaçant e_k par sa valeur

$$(10) \qquad E = A \mid B + B \mid C + ... + M \mid N = \sum e_k = V_1 - V_n.$$

La force électromotrice d'une chaîne est égale à la différence de potentiel aux extrémités de cette chaîne; elle est aussi égale à la somme des sauts de potentiel, qui se présentent dans la chaîne. Cette force électromotrice est dirigée de l'extrémité où le potentiel est le moins élevé vers celle où il est le plus élevé, de sorte qu'elle s'oppose pour ainsi dire, à l'égalisation des potentiels qui se produirait dans l'écoulement en sens inverse de l'électricité positive.

Le cas où les substances aux extrémités de la chaîne sont les mêmes, c'est-à-dire où la chaîne se compose des substances A, B, C, ..., M, N, A (*fig.* 75), *offre un intérêt particulier.* Nous appellerons une telle série de corps en contact une *chaîne régulièrement ouverte.* Désignons par V_1 et V_2 les potentiels des extrémités, c'est-à-dire des deux corps A; on a alors

$$(11) \qquad E = V_1 - V_2 = A \mid B + B \mid C + ... + M \mid N + N \mid A.$$

Une combinaison de ce genre doit évidemment comprendre au moins *trois* substances (A, B, C) et quatre corps (A, B, C, A), ou trois couples A | B + B | C + C | A, puisqu'une chaîne ABA, qui ne renferme que deux substances, donne toujours A | B + B | A = o, voir (8).

L'étude des chaînes régulièrement ouvertes montre que *tous les conducteurs doivent être partagés en deux classes.*

I. *Les conducteurs de la première classe* possèdent la propriété suivante : *la*

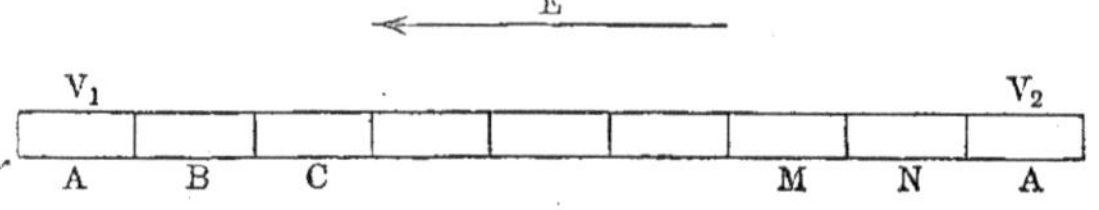

Fig. 75

force électromotrice d'une chaîne régulièrement ouverte, formée de conducteurs de la première classe, est nulle. La formule (11) donne $V_1 = V_2$; les extrémités formées de substances identiques ont le même potentiel, quels que soient le nombre et la nature des conducteurs intermédiaires, pourvu qu'ils soient tous de la première classe.

Aux conducteurs de la première classe appartiennent tous les métaux, ainsi que d'autres conducteurs solides : le charbon, certains minéraux solides, des oxydes tels que le peroxyde de manganèse, etc. On a, par exemple.

$$\text{Fe} \mid \text{Cu} + \text{Cu} \mid \text{Al} + \text{Al} \mid \text{Sn} + \text{Sn} \mid \text{Ag} + \text{Ag} \mid \text{Zn} + \text{Zn} \mid \text{Fe} = \text{o}.$$

Dans le cas de trois substances, on a

(11, *a*) $$\text{A} \mid \text{B} + \text{B} \mid \text{C} + \text{C} \mid \text{A} = \text{o}.$$

On en déduit, voir (8)

(12) $$\text{A} \mid \text{B} + \text{B} \mid \text{C} = \text{A} \mid \text{C},$$

par exemple

$$\text{Zn} \mid \text{Fe} + \text{Fe} \mid \text{Cu} = \text{Zn} \mid \text{Cu}.$$

La formule (12) exprime la loi de VOLTA : *la somme des forces électromotrices* A | B + B | C *est égale à la force électromotrice* A | C.

Comme $E = \text{o}$, l'expression générale (11) donne, pour les conducteurs de la première classe

(12, *a*) $$\text{A} \mid \text{B} + \text{B} \mid \text{C} + \text{C} \mid \text{D} + \ldots + \text{M} \mid \text{N} = \text{A} \mid \text{N},$$

ce qui s'obtient d'ailleurs aussi immédiatement à l'aide de la formule (12) puisqu'on a A | B + B | C = A | C, A | C + C | D = A | D, etc., par exemple

$$\text{Zn} \mid \text{Ag} + \text{Ag} \mid \text{Mg} + \text{Mg} \mid \text{Fe} + \text{Fe} \mid \text{Cu} = \text{Zn} \mid \text{Cu}.$$

La formule (12, *a*) montre que la différence de potentiel de deux conducteurs de la première classe, obtenue par le contact direct de ces conducteurs ne change pas, quand on interpose entre eux un nombre quelconque d'autres conducteurs de la première classe. On a, par exemple, dans le premier cas, les potentiels V_1 et V_2, et, dans le second cas, les potentiels V_1, V', V'', V''', ..., V_2, où V', V'', V''', ... sont les potentiels respectifs des corps intermédiaires, ces potentiels pouvant être aussi bien supérieurs qu'inférieurs aux potentiels V_1 et V_2.

Supposons que A | B et A | C soient des grandeurs positives. La formule (12) montre que lorsque A | B est plus petit que A | C, B | C doit être une grandeur positive; autrement dit, dans la série A, B, C, chaque corps prend un potentiel plus élevé, quand il est en contact avec un de ceux qui le suivent : B | C $>$ o, mais B | A $<$ o ; de plus, la différence de potentiel est d'autant plus grande que les corps sont plus distants l'un de l'autre dans la série : A | C $>$ A | B et A | C $>$ B | C. Il est facile de généraliser ce résultat.

Tous les conducteurs de la première classe peuvent être rangés dans un ordre tel que chacun d'eux mis en contact avec un de ceux qui le suivent ait un plus grand potentiel et mis en contact avec un corps qui le précède un plus petit potentiel. Si on amène un corps déterminé en contact avec différents corps, la différence de potentiel est d'autant plus grande que le second corps est plus éloigné du premier dans la série. Une telle série s'appelle une *série de* VOLTA. En désignant symboliquement la série de VOLTA de la manière suivante :

$$A, B, C, D, ..., M, N, P. ..., X, Y, Z,$$

on a, par exemple, C | D $<$ C | M $<$ C | P $<$ C | X $<$ C | Z : de plus D | B $<$ o, D | M $>$ o, D | Y $>$ o, N | D $<$ o, N | X $>$ o, etc.

11. *Les conducteurs de la seconde classe n'obéissent pas à la loi de* VOLTA *et ne peuvent former une série de* VOLTA. Aux conducteurs de la seconde classe appartiennent *tous les électrolytes*, par exemple les solutions d'acides et de sels, les sels fondus et les acides, etc. Nous admettons qu'ils renferment des ions et nous avons vu qu'en dehors du mouvement de l'électricité liée à ces ions, il ne peut exister en eux aucun autre mouvement de l'électricité.

Désignons les conducteurs de la seconde classe par S_1, S_2, S_3, etc., les conducteurs de la première par A, B, C, etc. La propriété fondamentale des électrolytes s'exprime par les formules suivantes :

$$(13) \quad \begin{cases} A \mid S + S \mid B \lesseqgtr A \mid B, \\ E = V_1 - V_2 = A \mid S + S \mid B + B \mid A \lesseqgtr o, \\ E = V_1 - V_2 = A \mid S_1 + S_1 \mid S_2 + S_2 \mid B + B \mid A \lesseqgtr o. \end{cases}$$

Dans cette dernière, V_1 et V_2 sont les potentiels des deux corps identiques A, qui se trouvent aux deux extrémités d'une chaîne régulièrement ouverte; naturellement les grandeurs E, V_1, V_2 ne sont pas les mêmes dans les deux séries écrites symboliquement. Les formules (13) conduisent au résultat suivant :

Dans une chaîne régulièrement ouverte, où entrent des conducteurs de la seconde classe, c'est-à-dire des électrolytes, agit une force électromotrice E *différente de zéro ; cette force électromotrice est égale à la différence de potentiel des extré-mités de la chaîne.* Son *sens* coïncide avec le sens dans lequel dominent les sauts positifs de potentiel, c'est-à-dire le sens où le potentiel *s'élève* ; en d'autres termes, E est dirigé de V_1 vers V_2, si $V_2 < V_1$.

Le symbole $S_1 \mid S_2$ correspond au cas du contact de deux électrolytes ; en pratique, ces électrolytes sont ordinairement séparés par une *cloison poreuse*, en argile non glacée par exemple. On se sert habituellement d'un vase poreux disposé dans un vase en verre plus grand ; on place à l'intérieur du premier l'un des électrolytes, dans le second, c'est-à-dire autour du vase poreux, l'autre électrolyte.

Une chaîne *régulièrement* ouverte, formée d'un ou deux conducteurs A, B de la première classe et d'un ou deux électrolytes S, ou de trois électrolytes, s'apppelle un *élément voltaïque* ou un *élément de pile*. Un tel élément peut être constitué d'après l'un des schémas suivants :

1. Un conducteur de la première classe et deux électrolytes :

$$(14, a) \qquad E = A \mid S_1 + S_1 \mid S_2 + S_2 \mid A.$$

2. Deux conducteurs de la première classe et un électrolyte :

$$(14, b) \qquad E = A \mid S + S \mid B + B \mid A.$$

4. Deux conducteurs de la première classe et deux électrolytes :

$$(14, c) \qquad E = A \mid S_1 + S_1 \mid S_2 + S_2 \mid B + B \mid A.$$

1. Trois électrolytes :

$$(14, d) \qquad E = S_1 \mid S_2 + S_2 \mid S_3 + S_3 \mid S_1.$$

Les deux électrolytes en contact peuvent être représentés par deux solutions d'une même substance, mais de concentrations différentes. La chaîne se nomme alors un *élément de concentration* ; dans le type $(14, a)$, cet élément ne se compose, pour ainsi dire, que de deux substances.

Dans les combinaisons précédentes, E n'est pas égal à zéro, ce qui montre que les électrolytes ne suivent pas la loi de VOLTA. On peut cependant donner, pour la combinaison $(14, b)$, une formule qui exprime une loi *analogue* à celle de VOLTA. Soient trois conducteurs A, B et C plongeant deux à deux dans un même liquide S et désignons par (A, B), (B, C) et (A, C) les forces électromotrices de ces combinaisons de conducteurs. Nous aurons :

$$\begin{aligned}
(A, B) &= A \mid S + S \mid B + B \mid A, \\
(B, C) &= B \mid S + S \mid C + C \mid B, \\
(A, C) &= A \mid S + S \mid C + C \mid A.
\end{aligned}$$

Si on additionne les deux premières expressions et si on tient compte de ce que $B \mid S + S \mid B = 0$ et de ce que $C \mid B + B + A = C \mid A$, on obtient

$$(15) \qquad (A, B) + (B, C) = (A, C),$$

ce qui exprime *une loi analogue à celle de* VOLTA, *pour un système composé de deux conducteurs de la première classe et d'un électrolyte.* Quelque chose de semblable a lieu aussi pour une combinaison de deux conducteurs de la première classe avec deux électrolytes, voir (14, c), si on suppose que *les trois conducteurs A, B, C sont respectivement plongés dans des électrolytes* S_1, S_2, S_3, et si on néglige dans chaque cas la très petite force électromotrice, qui existe entre les électrolytes. Nous avons

$$(A, B) = A \mid S_1 + S_1 \mid S_2 + S_2 \mid B + B \mid A,$$
$$(B, C) = B \mid S_2 + S_2 \mid S_3 + S_3 \mid C + C \mid B,$$
$$(A, C) = A \mid S_1 + S_1 \mid S_3 + S_3 \mid C + C \mid A.$$

Si on ajoute les deux premières grandeurs et si on admet que tous les $S_i \mid S_k$ sont très petits, ou que l'on a approximativement $S_1 \mid S_2 + S_2 \mid S_3 = S_1 \mid S_3$, on obtient de nouveau l'égalité (15).

Revenons à la combinaison la plus importante, formée de deux conduc-

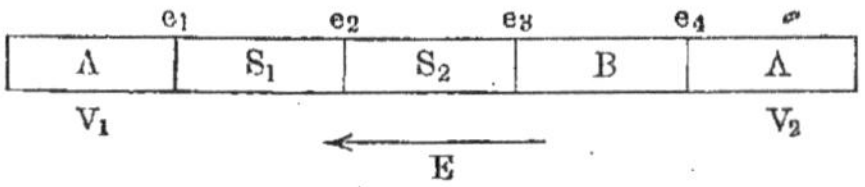

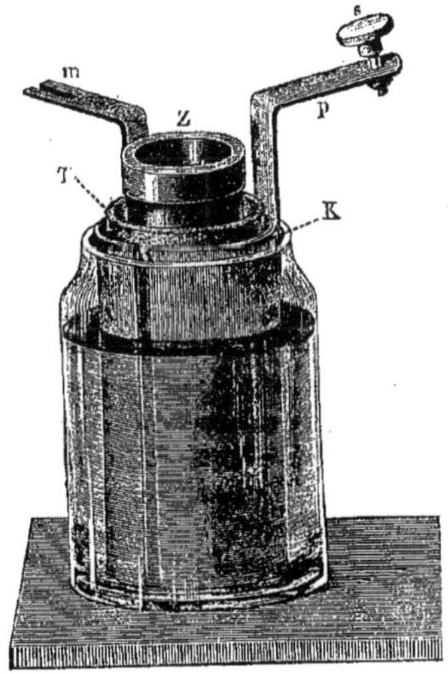

Fig. 76

teurs A et B de la première classe et de deux électrolytes S_1 et S_2 ; une telle combinaison est schématiquement représentée par la figure 76. Si on pose $A \mid S_1 = e_1$, $S_1 \mid S_2 = e_2$, $S_2 \mid B = e_3$, $B \mid A = e_4$, il vient

$$(16) \quad E = V_1 - V_2 = e_1 + e_2 + e_3 + e_4 = A \mid S_1 + S_1 \mid S_2 + S_2 \mid B + B \mid A.$$

On peut citer comme exemple d'une telle combinaison l'*élément* ou *couple* Daniell, représenté par la figure 77. Un vase en verre est séparé en deux compartiments par une cloison poreuse T ; on verse, dans le compartiment intérieur, une solution diluée d'acide sulfurique, de sorte qu'en toute circonstance il ne se trouve dans ce compartiment intérieur que du *sulfate de zinc* lequel peut en général remplacer l'acide. Dans le même compartiment, est placé un cylindre ou une tige de zinc Z, auquel est soudée une *lame de cuivre m*. On verse, dans le compartiment extérieur, une solution de *sulfate de cuivre* où plonge une feuille de cuivre K enroulée en cylindre, à laquelle est soudée aussi une bande de cuivre p. On a, pour l'élément Daniell,

Fig. 77

$$e_1 = Cu \mid CuSO^4, \quad e_2 = CuSO^4 \mid ZnSO^4, \quad e_3 = ZnSO^4 \mid Zn, \quad e_4 = Zn \mid Cu,$$
$$(17) \quad E = V_1 - V_2 = Cu \mid CuSO^4 + CuSO^4 \mid ZnSO^4 + ZnSO^4 \mid Zn + Zn \mid Cu \, ;$$

V_1 et V_2 sont les potentiels des deux extrémités en cuivre p et m, le potentiel V_1 de l'extrémité p étant plus grand que le potentiel V_2 de l'extrémité m. Quand on parcourt l'élément à partir de l'extrémité m, la somme des sauts de potentiel est une grandeur positive et la force E agit dans le sens qui va du zinc Z vers le cuivre K, ou plus exactement du cuivre m vers le cuivre Kp. La figure 78 représente la distribution des substances dans l'élément Daniell, sous la forme d'une chaîne régulièrement ouverte correspondant au schéma

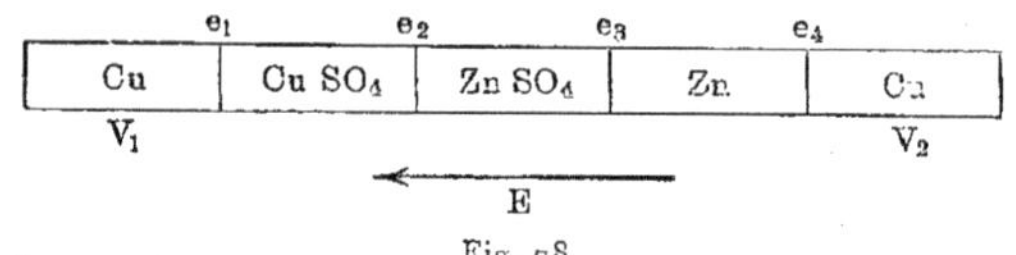

Fig. 78

de la figure 76. Mentionnons que E est égal à environ un volt pour l'élément Daniell et que, dans les éléments de pile usuels, E oscille en général entre un et deux volts.

Pour simplifier, *nous parlerons simplement de métaux dans la suite, quand il s'agira à proprement parler de conducteurs de la première classe*, à laquelle appartiennent aussi, comme on l'a dit, d'autres conducteurs solides.

De tout ce qui précède résulte que, dans une chaîne *régulièrement* ouverte formée de deux métaux A et B et de deux électrolytes, agissent quatre forces électromotrices e_1, e_2, e_3, e_4, voir (16), aux quatre surfaces de contact des corps de la chaîne ; la somme de ces forces électromotrices est égale à E et en même temps à la différence des potentiels V_1 et V_2 des extrémités de la chaîne. Il existe un grand nombre de méthodes pour mesurer E et la différence de potentiel $V_1 - V_2$; nous les indiquerons plus tard. Nous dirons tout de suite que *l'existence de la différence de potentiel $V_1 - V_2$ est un fait expérimental démontré et solidement établi ;* la grandeur de cette différence peut être mesurée très exactement.

Deux questions fondamentales se présentent :

I. — *Quelles sont les circonstances dont dépend la grandeur* $E = V_1 - V_2$?

II. — *Quelle est, en particulier, la grandeur de chacune des composantes* $e_1 = A \mid S_1$, $e_2 = S_1 \mid S_2$, $e_3 = S_2 \mid B$, $e_4 = B \mid A$ *de la grandeur* E, *qui est égale à* $V_1 - V_2 = e_1 + e_2 + e_3 + e_4$?

Les deux mêmes questions se posent évidemment aussi pour les chaînes plus simples, auxquelles se rapportent les formules (14, a), (14, b) et (14, d).

A la première question, relative à la grandeur de la somme E, qui est facile à observer et à mesurer directement, *il y a une réponse bien déterminée et parfaitement nette*, que nous ferons connaître dans le paragraphe suivant.

A la seconde question, aucune réponse définitive n'a encore été donnée jusqu'ici (1910). Nous savons quelle est la grandeur de la somme E, de quoi elle dépend, avec quelles autres grandeurs elle se trouve liée par des lois ; *mais nous ne pouvons rien dire de complètement concluant sur les composantes qui forment cette somme.*

Il est très probable que, dans la formule (16), la grandeur $e_2 = S_1 \mid S_2$ est petite comparativement à E, pourvu que les substances A, B, S_1 et S_2 soient choisies de façon que la grandeur E elle-même ne soit pas petite, égale par exemple à une faible fraction de volt. Il reste deux sortes de composantes de la grandeur E, d'une part celles de même nature $e_1 = A \mid S_1$ et $e_3 = S_2 \mid B$, d'autre part la grandeur $e_4 = B \mid A$. Il s'agit de savoir comment la somme E se répartit entre ces deux sortes de composantes. L'une est-elle prépondérante ou ont-elles à peu près la même valeur, ou l'une est-elle peut-être même nulle ? En d'autres termes, où *faut-il chercher la source qui produit la différence des potentiels aux extrémités d'une chaîne régulièrement ouverte ? Se trouve-t-elle là où les métaux se touchent, ou au contact de ces métaux avec les électrolytes, ou aux deux endroits ?*

Un assez grand nombre d'auteurs très autorisés sont d'avis que e_4 est très petit en comparaison de e_1 et de e_3 et que cette composante n'entre que pour quelques millièmes dans la somme E, que par suite *le contact des métaux avec les électrolytes représente la source principale de la force électromotrice d'un élément de pile*, la seule que l'on doive avoir en vue. Ainsi pense l'école allemande d'électrochimistes : Ostwald, Nernst, Jahn, Le Blanc, Lüpke et d'autres encore. Il y a des savants, en Angleterre notamment, (Lodge, par exemple), qui pensent que $e_4 = 0$, c'est-à-dire que le contact entre les métaux ne donne par lui-même aucune force électromotrice. *Mais on voit en même temps des physiciens non moins distingués* effectuer des mesures de la grandeur e_4, pour différentes combinaisons de métaux, et trouver que e_4 *peut être égal à la moitié, aux trois quarts et à une plus grande fraction encore de la grandeur* E, que e_4 peut atteindre des valeurs allant jusqu'à un volt. On voit des expériences et des mesures innombrables dues aux partisans de l'une ou l'autre manière de voir et en même temps une critique de ces expériences, qui paraît parfois ne présenter qu'une relation tout à fait étrangère au sujet et dénote presque l'ignorance de ce que les contradicteurs s'efforcent de démontrer. Nous n'avons pas à prendre ici parti pour un camp ou pour l'autre, ni à retenir une opinion plutôt qu'une autre sur la grandeur e_4 ; nous devons uniquement donner un tableau de l'état actuel de la science et indiquer seulement par suite ce qui a été fait des deux côtés. Bien que la question fondamentale même ne soit pas encore résolue, cela ne nous empêchera pas de poursuivre notre exposé, car le rôle principal appartient à la grandeur E, somme des composantes litigieuses, c'est-à-dire à la grandeur pour laquelle aucune controverse ne peut exister.

On comprendra que nous nous attachions avant tout à la première des deux questions fondamentales posées à la page 204, celle de la loi suivant laquelle la grandeur E dépend des autres grandeurs physiques, car on peut en partie faire reposer cette loi sur le fondement vraiment solide de la Physique moderne, les *deux principes de la thermodynamique.* Au lieu de déterminer synthétiquement, comme on le fait d'ordinaire, la grandeur E, après avoir considéré *au préalable* les grandeurs e, nous suivrons la voie inverse : *nous envisagerons d'abord ce qui s'observe immédiatement*, ce qui est établi sans conteste, et nous passerons ensuite seulement à la considération de ce qui a été fait jusqu'à présent, pour résoudre la question controversée des composantes de la force électromotrice d'une chaîne régulièrement ouverte, formée d'une série de conducteurs de la première classe en contact et d'électrolytes.

4. Force électromotrice d'un élément de pile. Elément de pile réversible. — Nous avons, voir (16), la relation suivante

$$(18)\ E = V_1 - V_2 = e_1 + e_2 + e_3 + e_4 = A\ |\ S_1 + S_1\ |\ S_2 + S_2\ |\ B + B\ |\ A.$$

Nous appellerons les conducteurs A et B *électrodes* ou *pôles*, l'électrode A, qui possède le potentiel V_1 le plus élevé, étant l'*électrode positive* ou le *pôle positif*, et l'autre B, dont le potentiel $V_2 < V_1$, l'*électrode négative* ou le *pôle négatif*.

Nous avons vu en outre que la force électromotrice, qui agit à la surface de deux corps dans une chaîne, ne dépend que de la nature et de l'état physique de ces corps. Il en est ainsi pour chacune des quatre composantes de la grandeur E, et par suite pour la somme E elle-même. On a donc la loi suivante :

La force électromotrice de tout élément de pile ne dépend que de la nature et de l'état physique des substances, dont se compose l'élément. En d'autres termes, la grandeur E dépend du choix des conducteurs A et B de la première classe et des électrolytes S_1 et S_2 ; elle dépend en outre de la température, de la pression, de la concentration des solutions S_1 et S_2 et des autres facteurs physiques. D'un autre côté, *la force électromotrice d'un élément est indépendante de la forme et des dimensions de l'élément, ainsi que de sa construction intérieure,* c'est-à-dire de l'arrangement spécial qu'y reçoivent les conducteurs solides et liquides.

Sans faire aucune hypothèse sur les *composantes* de la grandeur E, nous pouvons déterminer quelle est la *force électromotrice* E d'un nombre quelconque d'éléments associés entre eux, ou de ce qu'on appelle une *batterie d'éléments*. Supposons que nous ayons n éléments égaux, dont chacun possède la force électromotrice E_0. Comme nous le verrons dans la suite, il existe différentes manières de grouper les éléments en batterie ; nous ne considérerons que les deux plus importantes : le *groupement en série* ou *en cascade* et le *groupement en parallèle* ou *en surface*.

Dans le *groupement en série*, les éléments forment une série continue,

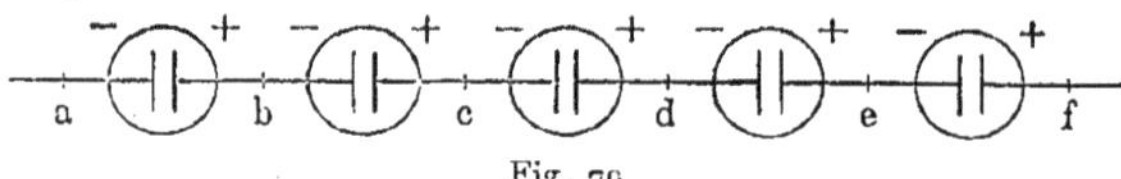

Fig. 79

comme celle représentée schématiquement par la figure 79 ; le pôle positif d'un élément est relié au pôle négatif de l'élément voisin. Si on désigne par V_a, V_b, V_c, etc. les potentiels respectifs des points a, b, c, etc., on a $V_b - V_a = E_0$, $V_c - V_b = E_0$, $V_d - V_c = E_0$, etc. La grandeur cherchée est donc, dans ce cas,

$$(19)\qquad\qquad E = nE_0.$$

La force électromotrice d'une batterie de n éléments en série est n fois plus grande que la force électromotrice d'un seul élément. La grandeur E est égale

à la différence $V_n - V_a$ des potentiels aux extrémités de la batterie ouverte.
Avec de grandes valeurs de n, on peut réaliser des différences de potentiel assez
considérables, par suite aussi des électrisations assez élevées des extrémités.
Il s'ensuit que *les extrémités d'une batterie ouverte d'éléments en série peuvent
être employées comme sources de charges électriques importantes.* Si on réunit
ces extrémités à deux corps (de même substance conductrice), ces derniers
s'électrisent et la différence de leurs potentiels est $E = nE_0$.

Dans le *groupement en parallèle*, tous les n pôles positifs des éléments sont
réunis entre eux et tous les n pôles négatifs sont également reliés, comme le
montre la figure schématique 80. On a, dans ce cas, $V_a - V_b = E_0$,
$V_c - V_d = E_0$, $V_e - V_f = E_0$, etc; en outre, $V_a = V_c = V_e = \ldots$
$= V_A$ et $V_b = V_d = V_f = \ldots = V_n$ puisque les conducteurs de même na-

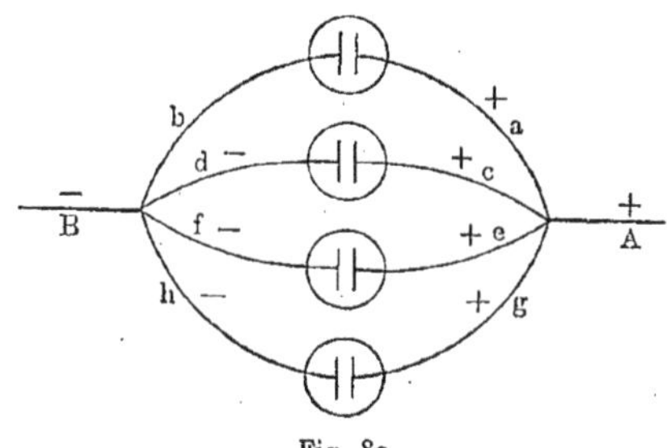

Fig. 80

ture mis en communication doivent avoir le même potentiel. De là résulte
que la grandeur E, qui est égale à $V_A - V_n$, doit être aussi égale à E_0 :

$$(19, a) \qquad E = E_0.$$

*La force électromotrice d'une batterie de n éléments groupés en parallèle
est égale à la force électromotrice d'un seul élément.* Tous les n éléments forment
en quelque sorte un élément unique d'une construction plus compliquée.

Nous admettrons, dans ce qui suit, que l'un des deux ions de l'électrolyte S_1
est identique à la substance A, et de même que l'un des deux ions de l'électrolyte S_2 est identique à la substance B. Un tel cas se présente, par exemple,
quand S_1 et S_2 sont des solutions de sels des métaux A et B. Pour des raisons
que nous indiquerons plus tard, on dit que l'élément de pile ainsi constitué
est un élément *réversible*; nous appellerons en outre *électrode réversible*, toute
électrode dont les ions se trouvent dans l'électrolyte avec lequel elle est en
contact. L'élément DANIELL, voir (17), est évidemment un élément réversible ;
cela reste vrai, quand on remplace la solution de sulfate de zinc par une solution de SO_4H_2, car il se forme alors aussitôt une certaine quantité de
SO_4Zn.

Voyons ce qui doit se passer, *quand une certaine quantité d'électricité s'écoule
à travers un élément réversible.* Nous laisserons de côté la question de l'origine
de cette électricité. La figure 81 donne de nouveau le schéma d'une chaîne
régulièrement ouverte ; au-dessous, à titre d'exemple, sont indiquées

les parties constituantes de l'élément DANIELL. Soit $V_1 > V_2$, de sorte que N est l'électrode positive, M l'électrode négative. La force électromotrice de l'élément est

$$(19,\, b) \qquad\qquad E = V_1 — V_2.$$

Supposons que la quantité d'électricité η soit transportée de M vers N, c'est-à-dire du *potentiel le plus bas vers le potentiel le plus élevé*. Le mouvement de l'électricité dans les électrolytes consiste, comme nous l'avons vu, dans un déplacement des ions. Pour plus de commodité, nous désignerons la composition des électrolytes par AS_1 et BS_2, A et B étant les cathions, qui transportent de l'électricité positive et se meuvent dans le sens qui va de M vers N, tandis que les anions S_1 et S_2 se déplacent dans le sens contraire. Un *tel*

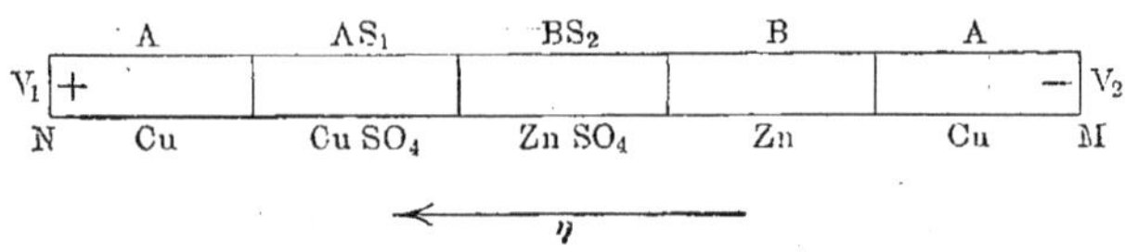

Fig. 81

déplacement d'ions est accompagné de réactions chimiques, dont l'ensemble représente toujours une *réaction exothermique*, c'est-à-dire une réaction dans laquelle se dégage de la chaleur. Les ions S_2 se meuvent vers la droite et s'unissent au métal de l'électrode B, qui *se dissout*. On peut supposer que B contient également des ions et que ces ions sont de deux sortes. Dans ce cas, le phénomène de dissolution revient à l'émission d'un courant d'ions électrisés positivement venant de B, qui s'unissent aux ions négatifs S_2. Les ions positifs B de l'électrolyte BS_2 s'unissent aux ions S_1 ; les ions positifs A de l'électrolyte AS_1 se meuvent vers l'électrode A, sur laquelle ils se déposent ou, comme on a l'habitude de dire, *se séparent*, en cédant leur charge qui s'écoule vers N. Comme résultat, l'électrode B se dissout, l'électrolyte AS_1 est décomposé et le métal A se dépose sur l'électrode A. Ainsi, dans l'élément DANIELL, Zn se dissout, tandis que Cu se dépose sur l'électrode de cuivre. La formation de $ZnSO_4$ s'effectue avec dégagement de chaleur, la décomposition de $CuSO_4$ avec absorption de chaleur ; mais le dégagement de chaleur est prépondérant, de sorte qu'on obtient finalement une réaction exothermique. Les processus chimiques, qui se réalisent dans le cas considéré, c'est-à-dire quand les électrolytes renferment les ions A et B, sont évidemment *réversibles* : si une quantité d'électricité η traverse l'élément de pile dans le sens contraire, l'électrode A (Cu) se dissout et sur B (Zn) se dépose le métal dont cette électrode est formée. On comprend maintenant la signification des expressions électrodes-réversibles et élément de pile réversible.

Désignons par q la quantité de chaleur exprimée en *joules* (0,24 cal. gr.) qui se dégage dans l'élément et qui provient des réactions chimiques accompagnant le passage d'*un coulomb*, c'est-à-dire le transport de $\dfrac{1}{96540}$ équivalent-gramme d'ions de chaque sorte. Désignons en outre par q'_0 et q''_0 les données *thermochimiques*, habituellement fournies par les tables, correspondant aux deux réactions qui se produisent respectivement aux électrodes, en supposant que ces deux réactions s'effectuent dans le sens positif, c'est-à-dire avec dégagement de chaleur, comme ce serait le cas si l'une et l'autre électrodes se dissolvaient. Les grandeurs q_0 et q_0'' sont données dans les tables en *calories-grammes*, rapportées à *un gramme* du métal qui se dissout. Nous désignerons par σ' et σ'' les *équivalents-grammes* des électrodes, par ε' et ε'' leurs *équivalents électrochimiques* exprimés en *milligrammes* (page 194). On a alors

$$(20) \qquad q = \frac{q_0'\sigma' - q_0''\sigma''}{96540 \cdot 0{,}24} = \frac{q_0'\varepsilon' - q_0''\varepsilon''}{1000 \cdot 0{,}24} \text{ joules.}$$

Appliquons *les deux principes de la thermodynamique* au processus réversible infiniment petit, qui se réalise quand la quantité d'électricité $d\eta$ passe de M en N ; si on exprime $d\eta$ en coulombs, $E = V_1 - V_2$ en volts, on obtient le travail de transport de l'électricité en joules et nous devons, par suite, exprimer aussi les quantités de chaleur en joules. Supposons qu'en même temps que s'écoule $d\eta$ se produise un échauffement de dt degrés de l'élément de pile et désignons la capacité calorifique de l'élément de pile par c. On détermine facilement la variation dc de la capacité calorifique, dans le passage de la quantité d'électricité $d\eta$. Soit par exemple c_1 la capacité calorifique de toutes les substances qui prennent part à la réaction, un équivalent électrochimique de chacune d'elles étant considéré, c_2 la capacité calorifique des substances prises sous la même quantité qui se sont formées après la réaction. Il est évident que $c_2 - c_1$ est la variation de la capacité calorifique de l'élément de pile, dans le passage d'un coulomb, et par suite

$$(21) \qquad dc = (c_2 - c_1)\, d\eta.$$

Soit $d\,Q$ la quantité de chaleur (exprimée en joules) qui vient de l'extérieur ; à l'intérieur de l'élément de pile se dégage la chaleur $qd\eta$. La quantité totale de chaleur $dQ + qd\eta$ est employée à échauffer l'élément et à transporter la quantité d'électricité $d\eta$ du potentiel V_2 au potentiel V_1. Il faut, pour le premier effet, la chaleur cdt, pour le second la chaleur $(V_1 - V_2)\, d\eta = E\, d\eta$. On en déduit

$$(22) \qquad dQ = cdt + (E - q)\, d\eta.$$

Une perte d'énergie chimique $qd\eta$ et un échauffement ont lieu dans l'élément de pile. L'énergie U de l'élément varie par suite de la quantité

$$(23) \qquad dU = cdt - q\, d\eta.$$

Appliquons les deux principes de la thermodynamique aux *équations fondamentales* (22) et (23). La grandeur dU doit être une différentielle exacte ; on a donc

$$(24) \qquad \frac{\partial c}{\partial \eta} = -\frac{\partial q}{\partial t}.$$

. La grandeur $\dfrac{dQ}{T}$, T désignant la température absolue, doit en outre être aussi une différentielle exacte ; par suite

$$\frac{\partial \dfrac{c}{T}}{\partial \eta} = \frac{\partial \dfrac{E - q}{T}}{\partial t}$$

ce qui donne

$$T \frac{\partial c}{\partial \eta} = T \left(\frac{\partial E}{\partial t} - \frac{\partial q}{\partial t} \right) - E + q.$$

En simplifiant les deux membres à l'aide de l'équation (24), il vient

$$(25) \qquad E = q + T \frac{\partial E}{\partial t}.$$

C'est la célèbre *formule* d'Helmholtz, qui donne la relation liant la force électromotrice E d'un élément réversible et l'effet thermochimique q. Sir W. Thomson (Lord Kelvin) et Helmholtz lui-même avaient d'abord pensé que l'on a simplement

$$(25, a) \qquad E = q,$$

égalité qui est connue sous le nom de *règle de Thomson* (E est exprimé en volts, q en joules par équivalent électrochimique de la substance des électrodes). *L'équation (25) montre que E peut être aussi bien supérieur qu'inférieur à q, suivant que E décroît ou croît avec la température.*

Si on compare (24) à (21), on voit que

$$(26) \qquad \frac{\partial q}{\partial t} = c_1 - c_2.$$

En différentiant (25) par rapport à t, on a

$$(27) \qquad T \frac{\partial^2 E}{\partial t^2} = - \frac{\partial q}{\partial t} = c_2 - c_1.$$

Nous avons établi, dans le Tome III, Chap. v, une formule de laquelle on déduit facilement (26). L'équation (27) donne

$$(28) \qquad \frac{\partial E}{\partial t} = \int \frac{c_2 - c_1}{T} \, dt + K,$$

K désignant une constante ; en portant cette valeur dans (25), il vient

$$(29) \qquad E - q = T \int \frac{c_2 - c_1}{T} \, dt + KT.$$

On peut trouver facilement une expression générale de E en fonction de q. Ecrivons (25) sous la forme

$$\frac{TdE - EdT}{T^2} = -\frac{qdT}{T^2};$$

on en déduit

$$\frac{E}{T} = -\int\frac{qdT}{T^2} + K$$

(30)
$$E = -T\int\frac{qdT}{T^2} + KT.$$

En intégrant par parties, on passe facilement de (30) à (29), en tenant compte de (26). Rappelons que q se calcule à l'aide de la formule (20).

La formule (25) montre que *dans les cas où la règle de* Thomson $E = q$, *voir* (25, *a*), *est applicable*, E *et* q *ne dépendent pas de* T, et par suite $c_1 = c_2$, voir (26); la capacité calorifique d'un élément ne varie pas alors par suite des réactions qui s'y produisent. *Cependant, on ne peut pas affirmer la réciproque*; si l'on a $c_1 = c_2$, q ne dépend pas de T, mais E *peut être une fonction linéaire de la température absolue*.

Le second terme de l'expression (25) de E n'est pas grand en général, et on peut poser, pour beaucoup d'éléments de pile, $E = q$, c'est-à-dire calculer E à l'aide de la formule (20). Ainsi, pour l'élément Daniell, q'_0 est la chaleur de dissolution (en calories-grammes) d'un gramme de zinc dans SO^4H^2, q''_0 la même grandeur pour un gramme de cuivre, ε' et ε'' sont les équivalents électrochimiques du zinc et du cuivre en milligrammes; sachant que $q'_0 = 1635$, $q''_0 = 881$, $\varepsilon' = 0,337$, $\varepsilon'' = 0,328$, on trouve $q = 1,09$ joule par coulomb qui s'écoule. En laissant de côté le second terme dans (25), on a $E = 1,09$ volt, ce qui est très voisin de la réalité. Gockel, Czapski, Jahn, Bugarski, Chrouschtscheff, Sitnikoff et d'autres encore ont démontré l'exactitude de la formule (25) d'Helmholtz par des mesures directes. Nous reviendrons plus tard sur ces travaux.

Le fait que l'équation d'Helmholtz peut être immédiatement déduite de la théorie de l'*énergie libre* exposée dans le tome III, présente un très grand intérêt. Si on désigne par U l'énergie chimique de l'élément de pile, qui disparaît quand un coulomb traverse l'élément, on a évidemment $U = q$. Le travail ainsi obtenu est compris dans le travail de transport d'un coulomb du potentiel V_2 au potentiel V_1. En exprimant le travail en volts-coulombs, on a $V_1 - V_2$ pour sa valeur, c'est-à-dire E. De la notion même d'énergie libre, dans les processus isothermiques, il ressort que ce travail est effectué aux dépens de l'énergie libre, de sorte qu'on doit avoir $E = F$, F étant l'énergie libre qui correspond à la provision d'énergie U. Mais, d'après la théorie de l'énergie libre, nous avons

$$F = U + T\frac{\partial F}{\partial T}.$$

Si on substitue les valeurs $F = E$ et $U = q$, on obtient la formule (25) d'HELMHOLTZ.

BRONIEWSKI (1908) a montré qu'on obtient en première approximation la formule (25), en supposant que la formule (25, a) simplifiée est valable quand la température absolue est nulle.

La théorie de l'énergie libre permet de trouver *comment la force électro-motrice* E *d'un élément réversible dépend de la pression extérieure.* Supposons que la réaction chimique, qui a lieu dans le passage d'un coulomb à travers l'élément, soit accompagnée d'une *augmentation de volume* et que l'énergie libre F et le volume v aient au début les valeurs F_1 et v_1 et, après le passage du coulomb, les valeurs F_2 et v_2. Soit p la pression extérieure; le passage du coulomb s'effectue isothermiquement et sous la pression constante p. L'énergie libre perdue $F_1 - F_2$ a été employée au transport du coulomb et à l'accroissement du volume de v_1 à v_2. Il faut dépenser E joules, comme nous l'avons vu, pour le transport d'un coulomb; pour l'accroissement de volume, $Ap\,(v_2 - v_1)$ joules sont nécessaires, A étant l'équivalent thermique du travail. Nous avons donc l'équation

$$F_1 - F_2 = E + Ap\,(v_2 - v_1),$$

qui donne

$$(30, a) \qquad \frac{\partial F_1}{\partial p} - \frac{\partial F_2}{\partial p} = \frac{\partial E}{\partial p} + Ap\left(\frac{\partial v_2}{\partial p} - \frac{\partial v_1}{\partial p}\right) + A\,(v_2 - v_1).$$

Mais nous avons trouvé, tome III,

$$F = U - TS,$$

d'où (pour $T = const.$)

$$\frac{\partial F}{\partial p} = \frac{\partial U}{\partial p} - T\frac{\partial S}{\partial p}.$$

On a maintenant, tome III,

$$dS = \frac{dU + Apdv}{T},$$

par suite

$$T\frac{\partial S}{\partial p} = \frac{\partial U}{\partial p} + Ap\frac{\partial v}{\partial p}.$$

On en déduit

$$\frac{\partial F}{\partial p} = -Ap\frac{\partial v}{\partial p},$$

c'est-à-dire

$$\frac{\partial F_1}{\partial p} - \frac{\partial F_2}{\partial p} = Ap\left(\frac{\partial v_2}{\partial p} - \frac{\partial v_1}{\partial p}\right).$$

Si on porte cette valeur dans (30, a), on obtient, pour le cas d'une contraction *isothermique* de l'élément, l'équation remarquable

$$(31) \qquad \frac{\partial E}{\partial p} = A\,(v_1 - v_2).$$

Elle exprime que *lorsque la réaction chimique dans l'élément est accompagnée d'un accroissement du volume $v (v_2 > v_1)$, la force électromotrice* E *diminue quand la pression extérieure p augmente*; *si, au contraire, le volume v diminue,* E *augmente quand p augmente*. Ceci est tout à fait d'accord avec le principe de LE CHATÉLIER-BRAUN (tome III).

Les équations remarquables (25) et (31) résolvent la question de savoir comment la force électromotrice E d'un élément réversible dépend de la température T et de la pression p. Ces équations indiquent le rôle joué par une variation de la capacité calorifique et une variation du volume de l'élément, dans les réactions chimiques qui accompagnent le déplacement des ions dans les électrolytes, ou, ce qui revient au même, le passage de l'électricité à travers l'élément. C'est un fait très important que nous ayons pu établir ces équations, en n'ayant pas du tout égard aux composantes e_1, e_2, e_3, e_4 de la grandeur E. L'exactitude des formules que nous avons établies ne peut être mise en doute, car elles ont été obtenues par voie thermodynamique. On peut en dire autant des déductions du paragraphe suivant.

5. Le phénomène de Peltier. — Le savant français PELTIER a découvert le phénomène suivant : lorsqu'on fait passer une certaine quantité d'électricité par la surface de contact S (*fig. 82*) ou la soudure de deux corps M et N,

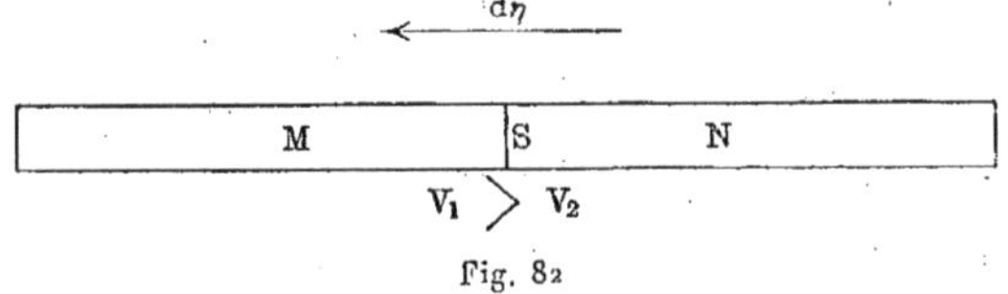

Fig. 82

il se produit, suivant le sens de ce courant, un dégagement ou une absorption de chaleur à la surface S, c'est-à-dire un *échauffement* ou un *refroidissement particulier* sur cette surface. La thermodynamique permet d'établir une relation entre la grandeur de cet effet thermique et la grandeur de la force électromotrice e, qui est mesurée par la différence $V_1 - V_2$ des potentiels des deux corps. Considérons un processus réversible infiniment petit, dans lequel la température (absolue) T des corps M et N augmente de dT et où en même temps la quantité d'électricité $d\eta$ s'écoule de N vers M, c'est-à-dire du potentiel le plus petit vers le plus grand. Soit dQ la quantité de chaleur infiniment petite qui provient de l'extérieur dans ce processus. On peut alors poser

$$(32) \qquad\qquad dQ = cdT + hd\eta.$$

La quantité c a ici le caractère d'une capacité calorifique, h le caractère d'une *chaleur latente*; cette dernière est la chaleur nécessaire pour maintenir la soudure à une température constante, quand cette soudure est traversée par l'unité de quantité d'électricité. Soit q ce qu'on appelle la *chaleur* PELTIER, c'est-à-dire la quantité de chaleur qui est *dégagée* ou *absorbée* à la soudure, quand cette soudure est traversée par l'unité de quantité d'électricité. On a évidemment

$$(32, a) \qquad\qquad q = \pm h.$$

La chaleur dQ est dépensée pour l'accroissement de l'énergie U et dans le travail de transport de la quantité d'électricité $d\eta$ du potentiel V_2 au potentiel V_1 ; ce dernier travail est $(V_1 - V_2)\,d\eta = ed\eta$. Nous avons donc

$$(32, b) \qquad\qquad dQ = dU + ed\eta.$$

Si on compare (32) à $(32, b)$, on obtient

$$h = \frac{\partial U}{\partial \eta} + e, \qquad c = \frac{\partial U}{\partial T}.$$

On en déduit

$$(32, c) \qquad\qquad \frac{\partial h}{\partial T} = - \frac{\partial c}{\partial \eta} = \frac{\partial e}{\partial T}.$$

Le second principe de la thermodynamique donne

$$\frac{\partial \left(\frac{c}{T}\right)}{\partial \eta} = - \frac{\partial \left(\frac{h}{T}\right)}{\partial T}$$

ou

$$32, d) \qquad\qquad \frac{\partial h}{\partial T} = - \frac{\partial c}{\partial \eta} = \frac{h}{T}.$$

On a donc, d'après les équations $(32, c)$ et $(32, d)$,

$$(32, e) \qquad\qquad h = T \frac{\partial e}{\partial T}.$$

On a enfin, d'après $(32, a)$

$$(33) \qquad\qquad q = \pm T \frac{\partial e}{\partial T}.$$

Cette formule détermine la chaleur PELTIER *qui est absorbée à la soudure, quand cette soudure est traversée par l'unité de quantité d'électricité.* Si la grandeur e ne dépendait pas de T, on aurait $q = 0$. Si e en fonction de la température avait la forme $e = CT$, on aurait $q = \pm e$.

6. La théorie de Nernst. — Le physicien allemand NERNST a donné vers 1889 une théorie nouvelle de la production des forces électromotrices dans les systèmes de conducteurs en contact. Accueillie au début avec méfiance, cette théorie, dans son développement ultérieur, a permis d'expliquer un grand nombre de phénomènes divers et d'établir complètement les lois quantitatives auxquelles ils sont soumis, en même temps qu'elle a servi de fil conducteur dans beaucoup de recherches récentes. Une école importante de savants, surtout allemands, l'a prise pour base de toute l'électrochimie. Partant d'une représentation définie du mécanisme de la production des forces électromotrices dans les éléments de pile, elle ne se limite pas seulement à la détermination de la somme de ces forces, c'est-à-dire de la grandeur E, mais conduit aussi à une solution du problème controversé des quatre composantes de cette grandeur. Eu égard à un trait particulièrement caractéristique de la théorie de NERNST, on peut l'appeler la *théorie osmotique des éléments de pile*.

La théorie de la pression osmotique a été considérée dans le Tome I et ensuite, beaucoup plus en détail, dans le Tome III, où nous avons présenté, entre autres, la théorie de la diffusion, construite également par NERNST sur la notion de pression osmotique. Nous rappellerons que cette théorie identifie les propriétés des substances dissoutes à celles des gaz ; la pression osmotique d'une substance dissoute est égale à la pression que la même substance exercerait, si elle remplissait sous forme de gaz l'espace occupé par la solution. Pour des solutions diluées, les lois de MARIOTTE et de GAY-LUSSAC sont applicables, par suite aussi la formule

$$(33, a) \qquad pv = RT,$$

dans laquelle R est ce qu'on appelle la constante relative à l'état gazeux.

Avant de développer la théorie de NERNST, *nous dirons quelques mots sur les unités à l'aide desquelles nous mesurerons les différentes grandeurs considérées,* et nous déterminerons la valeur numérique correspondant à ces unités de la constante R, pour les ions contenus dans une solution diluée d'un électrolyte quelconque, ce dernier étant regardé comme complètement dissocié. Nous prendrons pour unité de longueur le *centimètre*, pour unité de potentiel, et par conséquent de force électromotrice, le *volt*. L'unité d'intensité de champ sera donc le *volt-centimètre*, c'est-à-dire l'intensité d'un champ dans lequel le potentiel varie d'un volt sur une distance d'un centimètre. Nous prendrons le *coulomb* pour unité de quantité d'électricité. Il s'ensuit que l'unité de travail sera le volt-coulomb = 1 *joule* = 10 *mégaergs*. Un tel travail est effectué dans le transport d'un coulomb à une distance *d'un centimètre*, dans un champ dont l'intensité est égale à l'unité, c'est-à-dire égale à un volt-centimètre. On voit par là que l'unité de force est égale à 10 *mégadynes* = 10^7 dynes, et que l'*unité de pression* est égale à 10^7 *dynes par centimètre carré*. L'unité de masse, c'est-à-dire l'unité de quantité d'ions, sera alors une masse telle que l'unité de force s'exerce sur elle dans le champ unité. Il est clair que cette masse doit être liée à un coulomb ; on doit donc prendre pour unité de nombre d'ions, un nombre d'ions liés à un coulomb, c'est-à-dire l'*équivalent électrochimique*. Si n est le nombre d'ions monovalents (H, Cl, Br, I, K, Na, Ag, Cu de Cu^2Cl^2, AzO^3, etc.) liés à un coulomb, le nombre d'ions bivalents (O, S, Ba, Zn, Cu de $CuCl^2$ ou de $CuSO^4$, SO^4, CO^3, etc.) liés à un coulomb est égal à $\frac{1}{2} n$, puisque chaque ion pris parmi les premiers est lié à un électron, et chaque ion pris parmi les seconds à deux électrons. D'une manière générale, le nombre d'ions de valence k liés à un coulomb est égal à $\frac{1}{k}$ n. Il en résulte que les volumes occupés par l'unité de quantité d'ions, à une température et sous une pression données, sont inversement proportionnels à la valence k. Réciproquement, *l'unité de quantité d'ions exerce, sous un volume et à une température donnés, une pression osmotique inversement proportionnelle à la valence k.*

Nous allons maintenant déterminer la valeur numérique de la constante R de la formule (33, *a*). En posant $T = 273$ et $v = 1$ centimètre cube, on a $R = p$; R est donc numériquement égal à la pression (mesurée en 10^7 ergs par centimètre carré) d'un équivalent électrochimique d'ions, contenus à $0°$ dans 1 centimètre cube. Si on désigne cette pression par p_0 pour les ions monovalents, pour H, par exemple, on a, pour *un ion de valence k*,

$$(33, b) \qquad\qquad R = \frac{p_0}{k}.$$

Déterminons p_0, pour l'hydrogène par exemple. Nous savons que 1 litre d'hydrogène à $0°$ et sous une pression d'une atmosphère pèse $0^{gr},08955$. On en déduit, par un calcul facile, que 2 grammes d'hydrogène à $0°$ dans 1 centimètre cube exercent une pression de 22420 atmosphères. De la loi d'AVO-GADRO (Tome I) résulte que telle est aussi la pression d'un équivalent-gramme, c'est-à-dire d'un ion-gramme de H, contenu à $0°$ dans un volume égal à un centimètre cube. L'équivalent électrochimique est 96540 fois plus petit que l'équivalent-gramme; par suite la pression cherchée est

$$p_0 = \frac{22420}{96540}\, atm. = \frac{22420 \times 1033,3}{96540}\, \frac{gr.}{cmq} = \frac{22420 \times 1033,3 \times 981}{96540}\, \frac{dyn.}{cm\,q} =$$

$$\frac{22420 \times 1033,3 \times 981}{96540 \times 10^7}\, \frac{10^7\,dyn.}{cmq} = 0,861.10^{-4}\, \frac{10^7\,dyn.}{cmq}.$$

On a donc

$$(34) \qquad\qquad R = \frac{0,861.10^{-4}}{k},$$

k étant la valence de l'ion ($k = 1$ pour H par exemple, mais $k = 2$ pour O).

Faisons encore quelques remarques sur le *mouvement des ions.* Nous avons désigné par v et u les vitesses absolues des ions et des cathions sous l'influence de l'unité de force. Telles sont par suite les vitesses des ions, en premier lieu quand l'unité d'intensité de champ (volt-centimètre) règne dans la solution et en second lieu sous l'action de l'unité de pression osmotique (10^7 dynes par centimètre carré). Toutefois, il existe entre ces deux cas une différence importante : dans le premier, les vitesses u et v ont des sens différents, dans le second le même sens. Supposons qu'à travers l'électrolyte s'écoule la quantité d'électricité η; cela veut dire qu'à travers toute section transversale S de l'électrolyte sont transportées par les anions et les cathions, dans des sens opposés, deux quantités d'électricité de noms contraires, dont la somme, *si on ne tient pas compte du signe,* est égale à η. Ces deux quantités d'électricité doivent être proportionnelles aux vitesses v et u; par conséquent, quand la quantité d'électricité η s'écoule à travers l'électrolyte, la section S est traversée *dans des sens opposés* par

$$(34, a) \quad \begin{cases} \text{la quantité d'électricité positive } \eta \dfrac{u}{u + v}, \\[2mm] \text{la quantité d'électricité négative } \eta \dfrac{v}{u + v}. \end{cases}$$

Nous indiquerons enfin comment NERNST conçoit le mécanisme de la *diffusion* dans les électrolytes ionisés. Supposons que la concentration de la solution varie dans une direction quelconque x, par exemple diminue du bas vers le haut. Dans ce cas, la pression osmotique p est aussi une fonction de x et, sous l'influence de cette pression, se produit une diffusion, c'est-à-dire un déplacement des deux genres d'ions *dans le même sens*. Toutefois, sous l'action de forces égales, les deux sortes d'ions acquièrent des vitesses différentes, et les uns doivent se mouvoir plus vite que les autres. Supposons, par exemple, $u > v$; les cathions se meuvent alors plus vite que les anions, et il tend à se produire en quelque sorte une séparation des ions de noms contraires. Mais une telle séparation doit aussitôt créer dans la solution un champ électrique, qui tend à retarder le mouvement des cathions et à accélérer celui des anions. En raison de l'énormité des charges électriques des ions, une prépondérance excessivement faible, échappant à toute mesure, des uns sur les autres fait naître une telle différence de potentiel, et par suite aussi une telle intensité du champ, qu'elle est suffisante pour égaliser en grandeur les vitesses des ions, déjà dirigées dans le même sens. Ainsi s'effectue la diffusion de la substance dissoute, sous l'action combinée de la pression osmotique et du champ électrique qui prend naissance avec la diffusion, les deux sortes d'ions se mouvant avec la même vitesse des endroits de plus forte concentration de la solution vers ceux de moindre concentration.

La théorie de NERNST que nous allons maintenant aborder repose sur les notions qui précèdent. Nous considérerons en premier lieu les cas particuliers, puis le cas général où l'on applique cette théorie au calcul des forces électromotrices.

1. FORCE ÉLECTROMOTRICE DE CONTACT ENTRE DES SOLUTIONS QUI NE DIFFÈRENT QUE PAR LEUR DEGRÉ DE CONCENTRATION. — Entre des solutions d'une même substance, qui ne diffèrent que par leur degré de concentration, prend naissance une certaine force électromotrice E, c'est-à-dire une différence de potentiel $V_1 - V_2$; pour calculer cette différence, NERNST a indiqué deux méthodes.

Première méthode. Soit c la concentration de la solution dans une section transversale quelconque S, dont la coordonnée est x ; c est le nombre d'équivalents-grammes de la substance dissoute dans un centimètre cube. Désignons par c_1 et c_2 les concentrations dans les plans où règnent les potentiels V_1 et V_2, et supposons $c_1 > c_2$, l'axe des x étant pris dans la direction des concentrations décroissantes, c'est-à-dire dans la direction de la diffusion. Menons deux plans de coordonnées x et $x + dx$; ils limitent une couche, dans laquelle se trouvent $cSdx$ molécules-grammes de l'électrolyte. Sur le plan x

agit la pression SP, sur le plan $x + dx$ la pression $S\left(P + \dfrac{dP}{dx}\,dx\right)$; il en résulte que la quantité de substance $cSdx$ se trouve soumise à une force égale à $-S\,\dfrac{dP}{dx}\,dx$, le second facteur étant évidemment négatif, et que sur un équivalent-gramme s'exerce la force $-\dfrac{1}{c}\dfrac{dP}{dx}$. Sous l'action de cette force, la section S est traversée dans le temps τ par les quantités suivantes :

$$(34,\,b) \qquad \begin{cases} \text{de cathions} \ldots\ldots - cSu\tau\,.\,\dfrac{1}{c}\dfrac{dP}{dx} = -S\tau\,\dfrac{dP}{dx}\,u, \\[2mm] \text{d'anions} \ldots\ldots - cSv\tau\,.\,\dfrac{1}{c}\dfrac{dP}{dx} = -S\tau\,\dfrac{dP}{dx}\,v. \end{cases}$$

Par suite de l'inégalité des vitesses, naît un champ électrique, dont l'intensité est égale à $-\dfrac{dV}{dx}$, V désignant le potentiel. Sous l'action de cette force, la section S est traversée dans le temps τ par les quantités suivantes

$$34,\,c \qquad \begin{cases} \text{de cathions} \ldots - cSu\tau\,\dfrac{dV}{dx}, \\[2mm] \text{d'anions} \ldots\ldots + cSv\tau\,\dfrac{dV}{dx}. \end{cases}$$

Par l'effet combiné de la pression osmotique et du champ électrique, les deux sortes d'ions traversent la section S en quantités égales M, de sorte qu'on a

$$(35) \qquad M = -S\tau u \left(\dfrac{dP}{dx} + c\,\dfrac{dV}{dx}\right) = -S\tau v \left(\dfrac{dP}{dx} - c\,\dfrac{dV}{dx}\right).$$

Cette même grandeur détermine la quantité de substance dissoute, diffusée dans le temps τ à travers la section S. La formule (35) donne

$$(35,\,a) \qquad \dfrac{dV}{dx} = \dfrac{1}{c}\,\dfrac{v - u}{v + u}\,\dfrac{dP}{dx}.$$

Si on porte cette valeur dans (35), il vient

$$(35,\,b) \qquad M = -\dfrac{2uv}{u + v}\,S\tau\,\dfrac{dP}{dx}.$$

Supposons la solution assez diluée pour que les lois de Mariotte et de Gay-Lussac soient applicables à chaque sorte d'ions. Le volume occupé par un équivalent-gramme est égal à $\dfrac{1}{c}$ et nous pouvons par suite écrire la formule (33, a) de la manière suivante

$$(35,\,c) \qquad P = cRT.$$

Si on introduit cette valeur dans (35, a) et (35, b), on a

$$(36) \qquad \frac{dV}{dx} = - \frac{u - v}{u + v} \frac{RT}{c} \frac{dc}{dx},$$

$$(37) \qquad M = - \frac{2uv}{u + v} RST\tau \frac{dc}{dx}.$$

En considérant les phénomènes de diffusion, nous avons été conduit à une formule (Tomes I et III) qui, en tenant compte de nos notations actuelles, s'écrit

$$M = - KS\tau \frac{dc}{dx},$$

K représentant le coefficient de diffusion. Si on compare cette formule avec (37), on obtient, d'après la théorie de NERNST, l'expression suivante pour le coefficient de diffusion

$$(38) \qquad K = \frac{2uv}{u + v} RT,$$

où la valeur numérique du facteur R est donnée dans (34) ; u et v sont les vitesses en centimètres par seconde, pour une chute de potentiel de un volt-centimètre ou pour une pression de 10 mégadynes par centimètre carré. L'équation principale (36) donne l'expression de la force électromotrice cherchée *entre les sections dans lesquelles les concentrations sont c_1 et c_2 ($c_1 > c_2$)* :

$$(39) \qquad E = V_1 - V_2 = - \frac{u - v}{u + v} RT \log \frac{c_1}{c_2} \text{ volts.}$$

La valeur numérique du facteur R est, comme précédemment, donnée par (34). Nous avons supposé $u > v$ et obtenu pour E une valeur négative, comme cela doit être, le potentiel le plus élevé correspondant à l'endroit où la concentration est moindre. Si on introduit, à la place des logarithmes naturels log, les logarithmes ordinaires Log, on doit diviser le nombre R par 0,4343 et on a alors

$$(40) \qquad E = V_1 - V_2 = - 0,0002 \frac{u - v}{u + v} \cdot \frac{1}{k} T \log \frac{c_1}{c_2} \text{ volts,}$$

k étant la valence des ions.

Si on pose $k = 1$ et $T = 273 + 18$ (*température ordinaire*), on a

$$(41) \qquad E = V_1 - V_2 = - 0,0578 \frac{u - v}{u + v} \log \frac{c_1}{c_2} \text{ volts.}$$

Deuxième méthode. — Nous avons montré, dans le Tome I, que si l'unité de quantité de gaz à la température T se dilate, en passant de la pression P_1 à la pression P_2, le gaz effectue un travail

$$r = RT \log \frac{P_1}{P_2},$$

où la constante R se rapporte à l'unité choisie de quantité de gaz. Supposons que η coulombs passent de la section de concentration c_1 à la section de concentration c_2 et que l'on ait $c_1 > c_2$; P_1 et P_2 sont ici les pressions osmotiques. Le travail des forces électriques est $r = (V_1 - V_2)\,\eta$; mais comme résultat de ce travail, $\eta\,\dfrac{u}{u+v}$ unités de quantité de cathions passent de la pression P_1 à la pression P_2 et $\eta\,\dfrac{v}{u+v}$ unités de quantité d'anions de la pression P_2 à la pression P_1, puisque nous avons pris, pour unité de quantité d'ions, celle qui est liée à l'unité de quantité d'électricité. Le passage des anions de la pression P_2 à la pression P_1 est accompagné d'une dilatation, c'est-à-dire d'un travail effectué par les ions eux-mêmes égal à

$$\eta\,\frac{u}{u+v}\,RT \log \frac{P_1}{P_2},$$

de sorte que le travail total effectué dans la solution est égal à

$$\eta\,(V_1 - V_2) + \eta\,\frac{u}{u+v}\,RT \log \frac{P_1}{P_2}.$$

Il est employé à comprimer les cathions, qui passent de la pression P_2 à la pression P_1 ; on a donc

$$\eta\,(V_1 - V_2) + \eta\,\frac{u}{u+v}\,RT \log \frac{P_1}{P_2} = \eta\,\frac{v}{u+v}\,RT \log \frac{P_1}{P_2}.$$

Si on tient compte de ce que $P_1 : P_2 = c_1 : c_2$, on en déduit

$$E = V_1 - V_2 = -\,\frac{u-v}{u+v}\,RT \log \frac{c_1}{c_2}\ \text{volts},$$

c'est-à-dire la formule (39). Cette formule montre que E est proportionnel à T. Remarquons encore que l'équation (25) d'Helmholtz, page 210, conduit au même résultat, car on a évidemment ici $q = 0$, de sorte qu'il reste $E = T\,\dfrac{dE}{dt}$, d'où résulte facilement $E = CT$, C étant une constante, c'est-à-dire un facteur indépendant de la température.

Nernst (1892), Planck et Loven (1896) ont étendu la théorie que nous venons d'exposer au contact d'électrolytes quelconques différents, ne réagissant pas chimiquement l'un sur l'autre. Couette avait proposé une autre théorie ; mais, quand il mesura lui-même (1900) la différence de potentiel entre deux solutions d'acide sulfurique différemment concentrées, il se manifesta une concordance complète des résultats des mesures non pas avec sa théorie, comme il l'espérait, mais avec la théorie de Nernst.

II. Force électromotrice entre une électrode et une solution d'un de ses sels. — Nous nous bornerons au cas d'une électrode métallique plongée dans une solution d'un des sels du même métal (Cu et $CuSO_4$, Ag et $AgAzO_3$, etc.). Nous avons dit plus haut qu'une telle électrode était appelée électrode *réversible*. Il s'agit de trouver la grandeur $E = V_m - V_s$, V_m désignant le potentiel de l'électrode, V_s celui de la solution. Quelques savants, PELLAT, par exemple, pensent que l'on a $E = 0$. NERNST a déterminé E de la manière suivante. Soit p la pression osmotique, c la concentration de la solution, qui renferme des cathions. Le passage du métal dans la solution consiste en ce que les ions *positifs* de ce métal se séparent de lui, de sorte que le métal s'électrise *négativement*. On a évidemment $V_m < V_s$. Lorsque l'unité d'électricité passe de l'électrode dans la solution, les forces électriques accomplissent un travail $E = V_m - V_s$, qui est négatif. Une quantité de cathions liée avec cette électricité passe en même temps du métal dans la solution, c'est-à-dire prend la pression p. Si on augmente la concentration de la solution jusqu'à la pression $p + dp$, E devient $E + dE$. Supposons que les cathions *passés dans la solution* occupent sous la pression p le volume v et sous la pression $p + dp$ le volume $v + dv$, dv étant une grandeur *négative*. Le travail effectué par les cathions est, dans le second cas, plus grand de la quantité pdv. Nou devons donc avoir l'équation

$$dE + pdv = 0,$$

ou

$$dE = d(V_m - V_s) = - pdv = RT \frac{dp}{p},$$

ce qui donne

$$E = V_m - V_s = RT \log p + C.$$

En posant $C = - RT \log P$, où P est une nouvelle constante, on a

$$V_m - V_s = RT \log \frac{p}{P}$$

ou

(42) $$V_s - V_m = RT \log \frac{P}{p} \text{ volts.}$$

Comme nous l'avons dit, V_s *est le potentiel de la solution*, V_m *celui du métal; la valeur numérique de* R *est donnée par* (34). *Pour* Ag *on a* $k = 1$; *pour* Zn *et* Cu, *il faut poser* $k = 2$.

NERNST a déterminé la signification physique de la grandeur P de la façon suivante. L'ensemble des ions, dans le cas présent des cathions, qui se séparent de l'électrode possède une certaine tension de dissolution, entièrement analogue à la pression osmotique ; NERNST la nomme *Lösungstension* et OSTWALD *Lösungsdruck*. Si l'on a $P > p$, il se produit, quand on plonge le métal dans la solution, un passage des cathions dans cette solution, qui acquiert ainsi un excédent d'électricité positive. Les cathions se distribuent sur la surface de l'électrode, où se rassemble d'autre part la charge négative qui reste dans l'électrode. Il se produit ainsi une *double couche électrique*, qui correspond à une différence de potentiel déterminée $V_s - V_m$, voir (47, c) page 85, et qui donne naissance à une force dirigée de la solution vers le métal. L'équilibre a lieu, quand cette force est égale à la différence de pression $P - p$. Une séparation très faible (non mesurable) des cathions de la cathode suffit pour qu'il y ait formation d'une double couche. Pour $P = p$, on a $V_s — V_m = 0$. Si $P < p$, des cathions se précipitent de la solution sur l'électrode, jusqu'à ce que la double couche, *qui est positive du côté de l'électrode*, fasse équilibre à la différence de pression $p — P$. Si on désigne par C la concentration qui correspondrait à la pression osmotique P, on peut écrire l'équation (42) sous la forme suivante

$$(43) \qquad V_s — V_m = RT \log \frac{C}{c}.$$

On doit considérer comme encore ouverte la question de savoir si la grandeur P a réellement la signification physique que lui attribue Nernst. Nous nous bornerons à la remarque très importante qui suit. Les mesures directes de la grandeur $V_s — V_m$, dont il sera parlé plus loin, donnent pour la grandeur P des valeurs numériques, les unes d'une grandeur peu admissible, les autres beaucoup trop petites, pour différents métaux. Mais Lehfeldt (1900) a montré que lorsqu'on admet que les solutions suivent non la loi de Mariotte, mais la loi de Van der Waals (Tomes I et III), on obtient, pour le zinc par exemple, au lieu du nombre 10^{19} atm. invraisemblablement grand, le nombre 20000 atm., qui est lui une valeur parfaitement possible.

III. — Force électromotrice d'un élément de concentration. — Considérons un élément formé de deux métaux M *identiques*, plongés dans deux solutions du même sel du métal M, dont les concentrations c_1 et c_2 sont différentes. Soit $c_1 > c_2$; les solutions peuvent être séparées l'une de l'autre par une cloison poreuse. En désignant les potentiels par V_1, V_1', V_2', V_2, on a le schéma suivant

$$\begin{array}{cccc} \text{M} & \text{solution } c_1 & \text{solution } c_2 & \text{M} \\ V_1 & V_1' & V_2' & V_2. \end{array}$$

Les formules (39) et (43) donnent

$$V_1' — V_2' = — \frac{u — v}{u + v} RT \log \frac{c_1}{c_2},$$

$$V_1 — V_1' = — RT \log \frac{C}{c_1},$$

$$V_2' — V_2 = RT \log \frac{C}{c_2}.$$

Si on ajoute ces trois égalités, on obtient, pour la *force électromotrice d'un élément de concentration*,

$$(44) \qquad V_1 — V_2 = \frac{2v}{u + v} RT \log \frac{c_1}{c_2} \text{ volts},$$

la constante R étant donnée par (34). Pour la force électromotrice de ce qu'on appelle un élément de concentration de *seconde espèce*, où la substance des deux électrodes émet les *anions* de la solution (Hg^2Cl^2 dissous dans HCl, par exemple), on obtient une formule qui ne diffère de (44) que par la substitution de $2u$ à $2v$ au numérateur du premier facteur.

Il est remarquable qu'Helmholtz (1877) ait établi, bien longtemps avant Nernst, une expression de la force électromotrice pour un élément de concentration, en s'appuyant sur ce que la tension de la vapeur n'est pas la même au-dessus de solutions de concentration différente, et en appliquant les principes de la thermodynamique à un certain cycle auquel on peut soumettre un tel élément. Nernst a montré que la formule (44) peut être déduite de la formule d'Helmholtz (dans l'hypothèse de solutions très diluées). Dans le Chapitre v, § 10 du second Livre (Champ magnétique constant), nous exposerons la théorie qu'Helmholtz a donnée de l'élément de concentration.

Brunhes et Guyot (1908) ont montré qu'on peut établir les formules de Nernst, sans introduire la notion d'effort de dissolution.

On se trouve en présence d'un cas tout à fait distinct d'élément de concentration, *quand, dans une solution partout homogène d'un sel du métal M, se trouvent deux amalgames du même métal M, différents par leur degré de concentration.* La force électromotrice est alors évidemment

$$(44, a) \qquad V_1 - V_2 = RT \log \frac{P}{p} - RT \log \frac{P_1}{p} = RT \log \frac{P}{P_1} \text{ volts.}$$

Ici P et P_1 désignent les tensions de dissolution du métal M dans ses deux amalgames, p la pression osmotique des cathions dans l'électrolyte. Si on admet que les tensions P et P_1 sont proportionnelles aux concentrations C et C_1 du métal M dans les deux amalgames, on obtient l'expression

$$(45) \qquad V_1 - V_2 = RT \log \frac{C}{C_1}.$$

IV. Cas de deux métaux plongés dans des solutions de leurs sels (type de l'élément Daniell). — Quand on néglige la force électromotrice de contact des deux solutions, la formule (42) donne

$$(46) \qquad V_2 - V_1 = R_1 T \log \frac{P_1}{p_1} - R_2 T \log \frac{P_2}{p_2},$$

où P_1 et P_2 sont les tensions de dissolution des deux métaux, p_1 et p_2 les pressions osmotiques des cathions dans les deux solutions, R_1 et R_2 les valeurs de la constante R, qui peuvent différer l'une de l'autre par le facteur k.

La théorie osmotique de Nernst s'applique encore à beaucoup d'autres questions, par exemple au calcul de la force électromotrice des éléments à gaz, dont nous parlerons plus tard; etc. Nous nous bornerons cependant aux exemples précédents ; nous aurons d'ailleurs, dans le paragraphe suivant, à indiquer encore un cas où l'on peut employer cette théorie très remarquable et très ingénieuse.

Notre exposition serait incomplète, si nous ne faisions pas mention que beaucoup de physiciens autorisés se refusent à admettre la théorie de Nernst ; à ces savants appartiennent Bancroft, Pellat, Carhart, Guyot et d'autres encore. Bancroft, par exemple, a fait remarquer que la formule de Nernst, pour la force électromotrice de l'élément de concentration, n'est identique à celle d'Helmholtz que dans le cas de solutions extrêmement diluées, tandis que cette dernière est valable pour toutes les concentrations. Carhart (1908) a montré que la formule (44) de Nernst n'est exacte que si on peut négliger la chaleur de dilution (Tome III) de la solution, ce qui n'est pas possible dans tous les cas. Enfin Pellat (1908), par la mesure de la différence de potentiel entre le mercure et des solutions de chlorure mercurique à différentes concentrations, a trouvé des résultats, qui contredisent la théorie de Nernst. Hésénous a cherché à expliquer ces résultats, en s'appuyant sur sa théorie de l'électricité de contact (§ **14** de Chapitre).

7. Notions préliminaires sur la polarisation électrolytique. — Ce phénomène, dont il est nécessaire que nous disions dès maintenant quelques mots, est d'habitude simplement appelé *polarisation* ; nous avons adopté une dénomination plus complète, afin d'indiquer qu'il n'a rien de commun avec la *polarisation* des radiations que nous avons étudiée dans le Tome II.

Le phénomène de la polarisation électrolytique, sur lequel nous reviendrons plus en détail dans la suite, consiste en ce qui suit. Considérons un élément ouvert, pour lequel la différence de potentiel aux pôles ou la force électromotrice est égale à $E = V_1 - V_2$. On peut avoir en particulier $E = 0$, quand, par exemple, deux électrodes identiques sont plongées dans le même électrolyte. Lorsqu'on fait passer par l'élément une certaine quantité d'électricité et qu'on *trouble ainsi l'équilibre existant*, il se manifeste dans l'élément *une nouvelle force électromotrice e*, qui s'oppose au mouvement primitif de l'électricité, autrement dit, la différence de potentiel $V_1 - V_2$ subit une certaine variation $V_1' - V_2' = e$, *qui tend à produire à l'intérieur de l'élément un mouvement d'électricité ayant un sens contraire à celui du mouvement existant*. Ce phénomène est appelé polarisation, et la grandeur *e* force électromotrice de polarisation.

Sans toucher à la question du mécanisme qui produit la grandeur *e*, nous pouvons dire que l'apparition de cette grandeur est une conséquence nécessaire du principe de Le Châtelier-Braun (Tome III). Nous avons vu que ce principe consiste en ce que *toute action sur un système, qui trouble son équilibre, donne naissance à une réaction, qui tend à diminuer cette action*. Le passage de l'électricité à travers l'élément de pile, c'est-à-dire le déplacement à l'intérieur de l'électrolyte des ions dans deux sens contraires, représente une telle rupture d'équilibre. La force électromotrice *e* est la réaction qui tend à diminuer le déplacement des ions, c'est-à-dire à donner à ce mouvement un sens contraire au sens primitif.

Suivant la composition de l'élément et le sens du courant d'électricité, toute une série de cas différents sont possibles ; les deux suivants présentent un intérêt particulier.

1. Deux électrodes différentes, toutes deux réversibles ; par exemple, deux métaux dans des solutions de leurs sels. Dans ce cas, un courant électrique ne trouble pas du tout l'équilibre, puisque la dissolution de l'un des métaux et le dépôt sur l'autre électrode métallique de particules de même

métal ne produit qu'une certaine variation de la concentration de la solution. *Dans le cas idéal d'une réversibilité parfaite, la polarisation est nulle, autrement dit $e = 0$.*

2. DEUX ÉLECTRODES IDENTIQUES, DANS UN LIQUIDE. — Dans ce cas, la force électromotrice primitive E est nulle. Le passage d'un courant électrique, c'est-à-dire le déplacement des ions, est accompagné de l'apparition d'une différence de potentiel $V'_1 - V'_2 = e$, qui tend à déplacer les ions en sens contraire. Tel est l'exemple classique de deux électrodes de platine dans une solution d'acide sulfurique ; tel est aussi le cas de deux lames de plomb, recouvertes de minium ou de litharge et plongées dans une solution d'acide sulfurique (accumulateur ordinaire). La théorie de la polarisation électrolytique peut servir d'exemple caractéristique dans les controverses auxquelles donnent lieu actuellement diverses doctrines scientifiques. Lorsqu'on compare entre elles les théories d'HELMHOLTZ, de WARBURG et de NERNST, surtout dans leur application à des cas particuliers, il est facile de reconnaître qu'elles reposent sur des principes et des conceptions qui ont peu de chose en commun. Il faut dire d'ailleurs que le mécanisme qui produit la force électromotrice de polarisation varie beaucoup suivant les cas. En envisageant le côté purement extérieur du phénomène, on peut dire que, par suite de l'apparition des cathions et des anions sur les surfaces des électrodes, il se produit des modifications équivalant au remplacement de ces électrodes par d'autres, de sorte qu'au lieu de la force électromotrice primitive E, on en obtient une autre, qui diffère de E de la quantité e. Ceci est particulièrement net dans le second des deux cas précédents, où l'on prend des électrodes identiques, de sorte que $E = 0$; l'apparition des ions rend les électrodes différentes, et ainsi les deux forces électromotrices aux surfaces de contact des électrodes avec l'électrolyte cessent d'être égales en grandeur et de signes contraires.

Les modifications produites par l'apparition des ions peuvent être très diverses. Dans l'exemple précédent de l'accumulateur au plomb, apparaissent les cathions H^2 et les anions SO^4 sur l'oxyde de plomb, de sorte que la cathode est désoxydée, tandis que l'anode se change en peroxyde de plomb ou qu'à sa surface se forme $PbSO^4$. Dans d'autres cas, les ions s'arrêtent à la surface de l'électrode, sans céder leurs charges, et sur cette surface se forme alors une *double couche électrique*, autrement dit apparaît un saut de potentiel. Parfois, une double couche déjà existante est modifiée par le déplacement des ions.

Le fait que la modification aux surfaces des électrodes ne peut dépasser une certaine limite, ce qui correspond à un *maximum de polarisation possible*, est très important. Si on a affaire à une double couche électrique, cette limite est atteinte au moment où d'autres ions s'avançant commencent à céder leurs charges aux électrodes, de sorte que le moment de la double couche, page 85, cesse de croître, et par suite aussi le saut de potentiel qui correspond à cette double couche.

Il serait prématuré de développer ici plus amplement la théorie dans ces différents cas ; aussi nous bornerons-nous à quelques indications sommaires.

Supposons que l'élément se compose de deux électrodes en mercure, entre lesquelles se trouve une solution d'acide sulfurique, et par suite aussi des ions de mercure ou une solution *très diluée*, complètement dissociée, de sulfate de mercure. NERNST considère la polarisation d'un tel élément comme le résultat du déplacement des ions de mercure vers la cathode, de sorte que la *concentration* de la solution cesse d'être partout la même et que par suite une force électromotrice d'élément de concentration prend naissance, voir page 222. NERNST envisage aussi d'une manière analogue le cas de deux électrodes de platine dans une solution d'acide sulfurique, en admettant que ces électrodes contiennent à leur surface de l'oxygène, dont la concentration varie, quand sur une électrode apparaît de l'oxygène, sur l'autre de l'hydrogène. Les théories d'HELMHOLTZ et de WARBURG diffèrent essentiellement d'une telle conception. La formation des doubles couches mentionnée ci-dessus joue, dans la théorie de la polarisation proposée par HELMHOLTZ, le rôle principal.

Nous reviendrons de nouveau sur les phénomènes de polarisation, dans le Chapitre qui sera spécialement consacré à l'électrolyse.

8. Electromètre capillaire et électrodes à gouttes. — Avant de passer à l'étude expérimentale de l'électrisation au contact de corps différents, nous devons faire connaître l'une des *méthodes* employée dans cette étude : quoique beaucoup de physiciens aient fondé de grandes espérances sur cette méthode, la question de savoir si elle peut être admise et si elle est applicable dans cette recherche, a soulevé de très longues et très vives discussions.

Il s'agit de ce qu'on appelle les phénomènes *électrocapillaires* et de la possibilité de les appliquer à la mesure des forces électromotrices, au moyen de l'électromètre capillaire imaginé par LIPPMANN et de la méthode des *électrodes à gouttes*, perfectionnée en particulier par OSTWALD et PASCHEN.

Nous allons d'abord séparer du phénomène effectivement observé les essais que l'on a faits pour en donner l'explication théorique.

Considérons du mercure et un électrolyte, une solution d'acide sulfurique par exemple, qui sont mis en contact. Entre le mercure et l'électrolyte, s'établit une différence de potentiel que nous désignerons par V_o. La surface du mercure possède une certaine tension superficielle α_o (Tome I). Supposons que, par un procédé quelconque, on modifie la différence de potentiel entre le mercure et l'électrolyte et soit V cette *modification*. On trouve alors que la tension superficielle du mercure prend une nouvelle valeur α, c'est-à-dire varie d'une quantité $\alpha - \alpha_o$ qui est fonction de V, de sorte qu'on peut poser

$$(47) \qquad\qquad \alpha - \alpha_o = f(V).$$

Pour déterminer comment α dépend de V, on peut se servir de l'appareil très simple de LIPPMANN, modifié par QUINCKE. Cet appareil (*fig.* 83) se compose de deux tubes communicants, l'un large, l'autre capillaire, renfermant du mercure. Le tube capillaire contient au-dessus du mercure une solution d'acide sulfurique ; son extrémité est coudée et plonge dans une solution identique renfermée dans un vase en verre ; au fond de ce vase se trouve du mercure. Deux fils permettent d'établir une différence de potentiel déterminée V entre le mercure dans le tube capillaire et celui dans le vase. A cet effet, on peut, par exemple, réunir les deux fils aux pôles d'un élément de pile.

L'apparition de la nouvelle différence de potentiel est accompagnée d'un déplacement de quantités équivalentes d'ions de H et de O vers les deux surfaces de mercure dans le tube capillaire et dans le vase en verre. Ces ions se distribuent d'une part sur la très petite aire de mercure dans le tube capillaire, d'autre part sur la surface relativement très grande du mercure dans le vase en verre. Quel que soit le rôle que l'on attribue à ces ions, que l'on admette qu'ils déterminent une double couche électrique ou que leur présence modifie la pression osmotique, dans tous les cas le saut de potentiel qu'ils produisent à la grande surface doit être très petit comparativement à celui qui a lieu à la surface de mercure dans le tube capillaire. Nous pouvons par suite admettre que *toute la différence de potentiel V, qui a été réalisée, se produit exclusivement à la surface du mercure qui se trouve dans le tube capillaire.*

Nous supposerons que le mercure dans le tube *capillaire* joue le rôle de *cathode*, de sorte qu'il se produit à sa surface une *polarisation par l'hydrogène*. On trouve que le niveau du mercure *baisse* dans le tube capillaire, quand V augmente; il en résulte que *la tension superficielle α du mercure croît en même temps que la différence de potentiel V*. En insufflant de l'air, par un tube en caoutchouc muni d'un robinet, dans la large branche des tubes communicants, on fait monter le niveau du mercure dans le tube capillaire et on peut ramener ce niveau à son ancienne position. La grandeur de la pression de l'air insufflé,

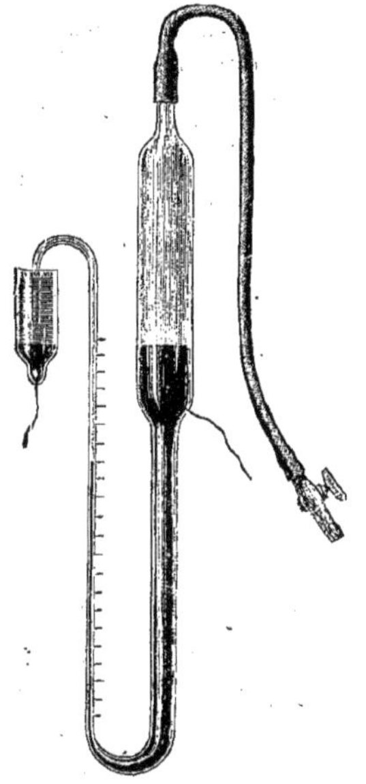

Fig. 83

nécessaire pour arriver à ce résultat, peut servir de mesure de la grandeur $\alpha - \alpha_0$.

L'*électromètre capillaire* de LIPPMANN, qui est représenté par la figure 84, repose sur le même principe. C'est un instrument de mesure d'une grande sensibilité et d'un emploi très commode; il permet de mesurer les dix-millièmes de volt et ses indications sont sensiblement instantanées. L'index de mercure qui en constitue la partie essentielle n'oscille jamais; il s'arrête immédiatement dans la position d'équilibre qui correspond à la différence de potentiel que l'on se propose de mesurer. L'électromètre capillaire de LIPPMANN, dont la construction remonte à 1873, se compose essentiellement d'un tube très fin A contenant une colonne de mercure en contact avec de l'eau acidulée. L'extrémité inférieure du tube vertical A est étirée en un tube capillaire très effilé, dont la section diminue vers cette extrémité qui se trouve dans le vase en verre B. Le tube A renferme le mercure, qui descend dans le tube capillaire jusqu'à une section telle que la pression normale à la surface soit assez forte pour équilibrer tout le poids de la colonne de mercure; en employant un tube de $\frac{1}{100}$ de millimètre de diamètre, comme on le fait d'ordinaire, la pression, avec la différence de potentiel d'un élément DANIELL, atteint une demi-atmosphère, et comme, d'autre part, l'index mobile a un poids de quelques millièmes de milligramme seulement, son inertie est presque nulle ; de là, la rapidité des indications. Le reste du tube capillaire, ainsi que le vase en verre B, au fond duquel se trouve du mercure, renferment une solution d'acide sulfurique. Le mercure en A et B communique avec des vis de pression α et β, d'où partent des fils allant à une source quelconque de différence

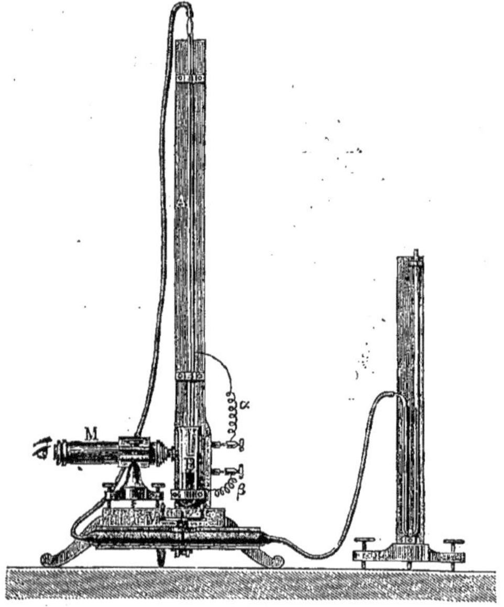

Fig. 84

de potentiel. Le microscope M sert à l'observation du ménisque de mercure. Le réservoir en caoutchouc T rempli d'air, communique avec l'extrémité supérieure du tube A et avec le manomètre H. On peut, en faisant tourner une vis, comprimer le réservoir à l'aide des deux planchettes entre lesquelles il se trouve. Quand on relie α avec le pôle *négatif*, β avec le pôle positif de la source de la différence de potentiel, le niveau du mercure monte dans le tube capillaire jusqu'à un endroit plus large où, malgré la moindre convexité du ménisque, la pression normale reprend son ancienne valeur. En comprimant le réservoir T, on ramène le mercure dans le tube capillaire à sa position primitive ; le manomètre H indique alors de combien la pression normale, et par suite aussi la tension superficielle, ont augmenté.

LIPPMANN (1874) a montré que si l'électricité modifie les forces capillaires, celles-ci peuvent inversement servir à produire de l'électricité. Étant données deux masses de mercure pur placées sous de l'eau, si l'on déforme l'une d'elles mécaniquement, elle devient négative ou positive par rapport à l'autre, suivant que sa surface a augmenté ou diminué.

En réunissant les deux masses par un fil métallique, on constate que ce fil est parcouru par un courant. La quantité d'électricité mise en liberté est proportionnelle à la variation de la surface mercurielle. Quant à la force électromotrice créée, elle peut atteindre $\frac{9}{10}$ d'un DANIELL. Le phénomène est considérable, aisé à mettre en évidence avec des instruments même grossiers, et l'on peut s'étonner qu'il n'ait pas été remarqué plus tôt.

Si l'on veut produire de cette manière un courant électrique d'une durée indéfinie, on peut employer un petit *appareil à entonnoir* disposé de la manière suivante : un entonnoir en verre contenant du mercure est muni d'un bec effilé qui plonge dans de l'eau ; le mercure qui s'écoule tombe au fond du vase, où se trouve déjà une couche de mercure. Si l'on réunit ce dernier mercure au mercure de l'entonnoir par un circuit métallique dont fasse partie un galvanomètre, on constate que le galvanomètre est dévié et que la déviation dure autant que l'écoulement, c'est-à-dire indéfiniment, à condition, bien entendu, que l'on reprenne de temps en temps avec une pipette le mercure tombé au fond du vase et qu'on le remette dans l'entonnoir. L'expérience réussit avec du mercure très pur et avec de l'eau distillée et bouillie, ou même bouillante, et par conséquent privée d'air. Le courant, en effet, n'est pas d'origine chimique, mais mécanique : c'est le travail effectué en remontant le mercure depuis le fond du vase jusqu'à l'entonnoir, qui se transforme indéfiniment en énergie électrique par l'intermédiaire des forces capillaires qui tendent à s'opposer à la sortie du mercure.

Afin de rendre encore plus visible aux yeux la corrélation entre les deux séries de phénomènes indiquées précédemment, LIPPMANN a construit un *moteur capillaire* qui peut à volonté transformer de l'électricité en travail ou du travail en électricité. Deux verres remplis de mercure sont placés dans une auge remplie d'eau acidulée ; dans chaque verre plonge un faisceau de tubes capillaires que la dépression capillaire tend à soulever. Les deux poussées sont égales et se font équilibre aux extrémités d'une sorte de balancier. Mais vient-on à faire passer un courant, le balancier s'incline et transmet son mouvement à un volant qui se met à tourner. L'appareil met lui-même en mouvement un distributeur d'électricité, grâce auquel le mouvement se continue indéfiniment. Il suffit donc de mettre les bornes de l'appareil en communication avec les pôles d'un élément DANIELL pour voir le volant se mettre à tourner, soit dans un sens, soit dans l'autre, suivant le sens du courant. Ce même appareil peut inversement engendrer un courant électrique. Il suffit de supprimer la pile, de mettre à sa place un galvanomètre et de faire tourner le volant à la main pour voir l'aiguille du galvanomètre dévier indéfiniment, et le sens de la déviation de l'aiguille changer en même temps que le sens de la rotation du volant.

On pourrait fonder sur le même principe des moteurs électrocapillaires présentant les formes les plus diverses. La théorie de ces appareils montre qu'ils jouissent de cette propriété singulière que le travail fourni dépend non de leur volume, mais d'une aire, à savoir l'aire de la surface de contact entre les deux liquides. On peut donc assigner à leurs organes des dimensions telles que la machine électrocapillaire soit plus puissante qu'une machine à vapeur de même volume ; il suffit de diviser le mercure en portions suffisamment nombreuses pour que sa surface totale atteigne la grandeur nécessaire.

Plusieurs physiciens, notamment Root, Hansen et Bouty ont appliqué l'électromètre capillaire de Lippmann à des recherches qu'on n'eût pu aborder sans son secours. Les physiologistes s'en sont également servi. Marey l'a employé pour saisir et pour fixer, à l'aide de la photographie, les fluctuations rapides que subit soit le courant de la torpille, soit le courant fourni par le cœur ou par les muscles pendant leur contraction. Loven, Christiani et Fleischl ont imaginé successivement divers modèles d'électromètres capillaires, les uns verticaux, les autres horizontaux, d'une construction simplifiée, mais d'une précision suffisante pour les recherches de Physiologie.

Ostwald a construit un appareil relativement simple, dont la figure 85 montre la disposition. La loupe L sert à observer l'extrémité d'une colonne de

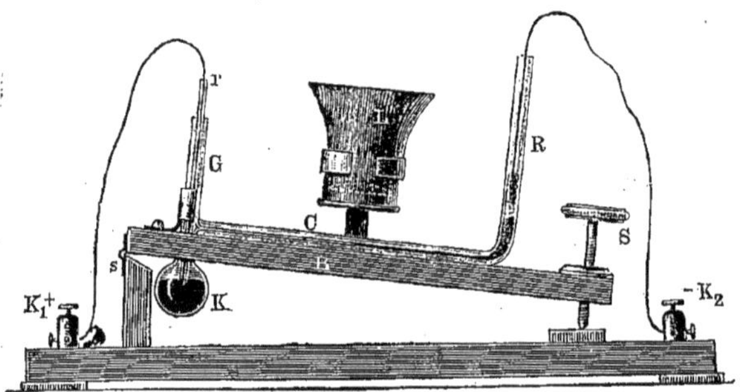

Fig. 85

mercure dans le tube capillaire C, qui renferme, ainsi que le petit ballon K, une solution d'acide sulfurique. Le fil isolé r réunit la vis de pression K_1 au mercure de K. La sensibilité de l'appareil diminue, quand l'inclinaison du petit tube C, sous lequel se trouve une échelle, augmente. Différentes variantes de cet appareil ont été construites par Berget, Chervet, Claverie, etc. S. W. Smith (1903) a construit un électromètre *portatif*.

Nous avons dit qu'à chaque valeur de V correspond une position d'équilibre exactement invariable du mercure dans un verre fin et que de cette expérience et d'autres analogues on conclut que $\alpha - \alpha_0$ est une fonction de V. Lippmann a vérifié cette déduction avec une précision atteignant parfois $\dfrac{1}{30000}$ et il a construit la courbe qui représente les valeurs de $\alpha - \alpha_0$ en fonction de V. Il est à remarquer qu'antérieurement, lorsqu'on ne tenait pas compte des conditions électriques de l'expérience, les mesures des constantes capillaires se faisaient fort mal, parce que ces constantes subissaient des variations en apparence irrégulières, variations que l'on attribuait à des impuretés accidentelles ou à des changements moléculaires lents, mais qui sont en réalité d'origine électrique. Dès que l'on a soin, par des communications appropriées, de rendre constantes les différences de potentiel entre les deux liquides, ces perturbations apparentes disparaissent absolument et la mesure des constantes capillaires comporte une grande précision.

L'étude détaillée que LIPPMANN a faite le premier des phénomènes d'électrocapillarité a donné les résultats suivants. *Quand la différence de potentiel* V *(ajoutée à celle déjà existante* V_0*) croît peu à peu à partir de zéro, l'accroissement de tension* $\alpha - \alpha_0$ *augmente d'abord rapidement, ensuite plus lentement et, pour* V $= 0,9$D (D *étant la force électromotrice de l'élément* DANIELL), *c'est-à-dire pour* V *égal à* 1 *volt environ, atteint un maximum* $\alpha_m - \alpha_0 = 0,47\,\alpha_0$, *de sorte que* $\alpha_m = 1,47\,\alpha_0$; *si* V *continue à croître, la tension superficielle diminue, et, pour* V $= 2$D, *la valeur de* α *ne diffère plus guère de* α_0. On détermine facilement comment la grandeur $\alpha - \alpha_0$ dépend de V, en prenant du *mercure pur*. Il résulte de ce qui précède que l'électromètre capillaire peut servir à effectuer des mesures très précises des forces électromotrices, pourvu que celles-ci restent *inférieures à un volt*.

Lorsqu'une goutte large de mercure se trouve en équilibre sous de l'eau pure, il suffit d'ajouter en petite quantité un métal tel que le zinc pour la voir se contracter vivement. H. DAVY, qui connaissait cette expérience, admirait l'énergie avec laquelle une trace d'un métal soluble secouait, dans ces conditions, plusieurs livres de mercure. On obtient également des mouvements énergiques en ajoutant à l'eau pure de l'acide chlorhydrique, de l'acide chromique, etc. Tout changement de composition d'un des liquides change la forme de la goutte en altérant la valeur de ses constantes capillaires. On pourrait croire que le changement de composition chimique des deux liquides exerce sur les constantes capillaires une action qui vient se superposer à celle que peut exercer d'autre part l'électricité. Il n'en est rien.

Soient, en effet, deux tubes fins égaux, remplis d'eau pure, et communiquant avec un même réservoir de mercure ; la dépression capillaire, et par conséquent le niveau du mercure, sont les mêmes dans les deux tubes. Vient-on à ajouter d'un côté de l'acide chlorhydrique, de l'autre de l'acide chromique, ces substances produisent aussitôt leur effet : le niveau baisse d'un côté, il s'élève de l'autre. Mais il suffit de mettre les deux masses aqueuses en communication électrique l'une avec l'autre au moyen d'un fil mouillé pour que les deux colonnes de mercure rebroussent chemin et se remettent au même niveau ; si l'on supprime le fil mouillé, l'inégalité de niveau reparaît de nouveau. C'est qu'en effet les substances ajoutées n'agissent que parce qu'elles modifient les forces électromotrices et l'état électrique du système ; en ramenant, par des communications électriques appropriées, les différences de potentiel des deux parts à être les mêmes, la composition chimique devient indifférente. Par cette méthode et par d'autres plus précises, LIPPMANN s'est assuré que ce fait est général : *la tension superficielle est fonction seulement de la différence de potentiel entre les deux liquides en contact ; elle ne dépend pas de leur composition chimique.* Lorsqu'on change la concentration de la solution d'acide sulfurique dans l'électromètre capillaire, ou lorsqu'on remplace cet électrolyte par d'autres, on trouve que *la valeur maxima* α_m *de la tension superficielle est indépendante de l'électrolyte ; mais la valeur V, pour laquelle* $\alpha = \alpha_m$, *varie suivant les électrolytes.* Les amalgames, ainsi que l'alliage fondu (à 90°) de WOOD, manifestent des phénomènes entièrement analogues.

En abordant l'explication des phénomènes électrocapillaires que nous venons de mentionner, nous devons faire observer que la lutte très vive qui a eu lieu à ce sujet, porte sur les conceptions essentiellement différentes qui ont été adoptées pour le mécanisme des phénomènes qui se passent à la surface du mercure, quand varie la différence de potentiel entre le mercure et l'électrolyte. Si on désigne cette différence par φ, on a

$$(48) \qquad \varphi = V_0 + V,$$

de sorte qu'on peut écrire (47) sous la forme suivante :

$$(48, a) \qquad \alpha - \alpha_0 = f(V) = f(\varphi - V_0).$$

L'explication d'HELMHOLTZ (1881) repose, dans ses traits essentiels, sur la conception suivante. À la surface de contact du mercure et de l'électrolyte se forme une double couche électrique, dont l'une des couches composantes se trouve sur la surface du mercure et dont l'autre est constituée par les charges des ions rassemblés autour de cette surface. La tension superficielle α du mercure *diminue* par suite de l'électrisation, la répulsion mutuelle des éléments de la charge agissant à l'encontre des forces de cohésion qui tendent à diminuer l'aire de la surface du mercure. Cette tension α *devenant plus grande*, quand le mercure sert de cathode et que les cathions chargés positivement (hydrogène) parviennent à sa surface, il en résulte que l'électrisation primitive du mercure, qui se trouve en contact avec l'électrolyte, est *positive* et que cette électrisation *diminue*, lorsque les anions s'éloignent de la surface de mercure. Le *maximum* α_m de la tension superficielle α a lieu, lorsque la double couche disparaît complètement, c'est-à-dire quand $\varphi = 0$, $V = - V_0$. Si V augmente encore, le mercure reçoit une électrisation négative, à sa surface se forme une couche de cathions et la tension α commence à décroître. On s'explique ainsi non seulement l'existence même du maximum α_m, mais aussi le fait mentionné plus haut que α_m est indépendant de la nature de l'électrolyte.

Avant de considérer les autres explications des phénomènes électrocapillaires qui ont été proposées, nous allons établir les équations obtenues à l'aide de *considérations thermodynamiques* par LIPPMANN (1875), et nous considérerons ensuite une application intéressante de la théorie d'HELMHOLTZ dont nous venons de parler.

LIPPMANN a donné une théorie mathématique complète des phénomènes de l'électrocapillarité, sans avoir recours à aucune hypothèse sur le jeu des forces moléculaires. On évite toute hypothèse en remarquant qu'un système électrocapillaire peut parcourir un cycle fermé, c'est-à-dire passer par une infinité de formes et d'états électriques différents pour revenir finalement à sa forme et à son état initial. Dans ce cas, on écrira qu'il y a équivalence entre le travail mécanique recueilli et le travail électrique dépensé. Il n'entre donc dans cette théorie que des éléments vérifiables par l'expérience, à savoir : le principe de l'équivalence, la formule de Gauss αds pour le travail mécanique recueilli, ds étant la variation de l'aire de la surface de contact, la relation établie par l'expérience entre la tension superficielle et la différence de potentiel, enfin l'hypothèse, également vérifiable par l'expérience, que le système, en revenant à son état initial, restitue toute l'électricité qu'on lui avait primitivement fournie. Le calcul conduit à des résultats très simples. La variation de la tension superficielle α et du potentiel φ étant un phénomène *réversible*, si on modifie par voie mécanique la grandeur de l'aire de la surface du mercure et par suite aussi la tension α, une variation de φ se produit ; désignons par s l'aire de la surface du mercure, par η la charge de cette surface, par $k = \eta : s$ la densité superficielle de la charge, et supposons que s et η aient varié de ds et de $d\eta$; l'énergie U du système subit dans ce cas les variations suivantes : l'énergie due à la tension superficielle augmente de αds, l'énergie de la charge augmente de $k\varphi ds$ en raison de l'accroissement de l'aire de la surface et de $s\varphi dk$ par suite de l'accroissement de la charge elle-même. On a donc

$$dU = (\alpha + k\varphi)\,ds + s\varphi\,dk.$$

Cette grandeur doit être la différentielle exacte d'une certaine fonction de s et de k ; par conséquent

$$\frac{\partial(\alpha + k\varphi)}{\partial k} = \frac{\partial(s\varphi)}{\partial s}.$$

Les grandeurs α et φ ne dépendent que de k ; on a par suite

$$\frac{d\alpha}{dk} + \varphi + k\frac{d\varphi}{dk} = \varphi,$$

$$\frac{d\alpha}{dk} + k\frac{d\varphi}{dk} = 0$$

ou

$$(49) \qquad\qquad \frac{d\alpha}{d\varphi} = -k.$$

C'est l'équation célèbre de LIPPMANN et d'HELMHOLTZ. *Elle établit une relation entre la tension superficielle α, le saut de potentiel φ et la densité k de la charge électrique.* PLANCK est arrivé à cette équation en partant du second principe de la thermodynamique et, comme LIPPMANN, d'une manière absolument indépendante de toute représentation particulière des phénomènes qui se passent à la surface de séparation du mercure et de l'électrolyte.

Dans un travail publié en 1881, HELMHOLTZ a montré que sa théorie de la double couche est qualitativement d'accord avec les phénomènes électrocapillaires. LIPPMANN (1882) est allé plus loin, en intégrant une équation différentielle qu'HELMHOLTZ s'était borné à discuter, et il a pu, par suite, montrer que l'hypothèse de la double couche est numériquement d'accord avec l'expérience. La double couche est entièrement analogue à un condensateur chargé ; si on désigne par q la capacité de l'*unité* d'aire de ce condensateur, de sorte que $\eta = qs\varphi$, on obtient, puisque $\eta = ks$, $k = q\varphi$, $dk = qd\varphi$, c'est-à-dire $q = dk : d\varphi$. L'équation (49) donne maintenant

$$(50) \qquad \frac{d^2\alpha}{d\varphi^2} = -\frac{dk}{d\varphi} = -q.$$

Les observations, dont il a été parlé plus haut, montrent que la relation $\alpha = f(\varphi)$ peut être présentée sous la forme $\alpha = A + B\varphi + C\varphi^2$. Supposons que α prenne sa valeur maxima α_m pour $\varphi = \varphi_m$. On a alors, comme il est facile de s'en assurer

$$(50, a) \qquad -\frac{d^2\alpha}{d\varphi^2} = \frac{2(\alpha_m - \alpha)}{(\varphi_m - \varphi)^2} = q.$$

Mais nous avons vu (page 107) que la capacité q de l'*unité* d'aire est égale à $1 : 4\pi d$. Les grandeurs $\alpha_m - \alpha$ et $\varphi_m - \varphi$ s'observent directement et par suite Lippmann a pu calculer la valeur des grandeurs q et d ; il a trouvé $d = 1,4.10^{-7}$ mm. (en corrigeant une faute de copie dans ses calculs). Or, d'après la définition même de la double couche, d est la distance moléculaire qui sépare le mercure de l'eau, lors même que le mercure est touché et mouillé par l'eau. Il est bon de rappeler qu'autrefois Lord Kelvin a trouvé, par une voie toute différente, lorsque du zinc et du cuivre se touchent, un résultat du même ordre de grandeur. Sans doute l'existence des intervalles moléculaires comme celle des molécules elles-mêmes est et demeure une hypothèse ; mais, lorsqu'on peut aboutir à calculer *numériquement* la valeur de paramètres dont l'interprétation première est hypothétique, ces paramètres ont une utilité indépendante de toute interprétation, et ils reprennent leur place dans toutes les hypothèses. On en trouverait de fréquents exemples en Physique. La grandeur d, en particulier, qu'elle représente ou non une distance intermoléculaire, peut servir à exprimer simplement plusieurs des propriétés des surfaces pour lesquelles on l'a déterminée.

Passons maintenant à l'intéressante application que l'on peut faire de la théorie d'Helmholtz à ce qu'on appelle les *électrodes à gouttes* (Tropfelektroden). La formation d'une double couche électrique exige un certain temps ; Helmholtz en a conclu que si on force le mercure à s'écouler rapidement par une petite ouverture dans l'électrolyte, ce qui le divise en un grand nombre de gouttelettes très fines, *la différence de potentiel φ entre le mercure et l'électrolyte devient égale à zéro*. Lorsqu'une différence de potentiel s'est déjà établie, la charge du mercure est emportée par les gouttelettes jusqu'à ce qu'elle disparaisse, c'est-à-dire que l'on ait $\varphi = 0$. On peut donc réunir l'électrolyte à un appareil servant à mesurer le degré d'électrisation (électroscope sensible, électromètre, voir plus loin), sans introduire ainsi une nouvelle force électromotrice dans la chaîne.

Ostwald (1887) a utilisé le premier cette circonstance, en construisant une électrode à gouttes où l'ouverture servant à l'écoulement du mercure se

trouvait *à l'intérieur* de l'électrolyte. L'emploi d'une telle électrode par différents physiciens (EXNER et TUMA, PELLAT, BRAUN, MIESLER, etc.) n'a donné
que des résultats contradictoires jusqu'à ce que PASCHEN (1890) ait modifié la
construction de l'électrode à gouttes, en plaçant l'ouverture *au-dessus* de la
surface de l'électrolyte, de telle façon que l'endroit où le filet continu de mercure se divise en très fines gouttelettes se trouve à cette surface même. L'électrode de PASCHEN est représentée par la figure 86 ; B est un vase en verre
renfermant l'électrolyte E ; il est posé sur
une plaque d'ébonite *m* ; *h* est l'ouverture
par laquelle s'écoule le mercure ; *k* est une
tige en métal (ou en une autre substance) ;
p est une vis de serrage fixée à un fil, lequel
traverse la paroi du tube en verre S et est en
contact avec le mercure. On admet que la
différence de potentiel entre *k* et E est égale
à la différence de potentiel entre *k* et le
mercure dans S, c'est-à-dire entre *k* et *p*. *La
question de savoir si cette supposition est justifiée a une grande importance.* Si elle est fondée, l'électrode à gouttes que l'on vient de
décrire permet de mesurer une différence de
potentiel entre un métal ou un autre corps
solide et un électrolyte, autrement dit de *résoudre la question déjà séculaire de la grandeur des composantes de la force électromotrice
d'un élément.* Il y a actuellement toute une
école de savants, qui tient cette question pour
résolue ; mais, comme nous le verrons plus
tard, l'application de la méthode des élec-

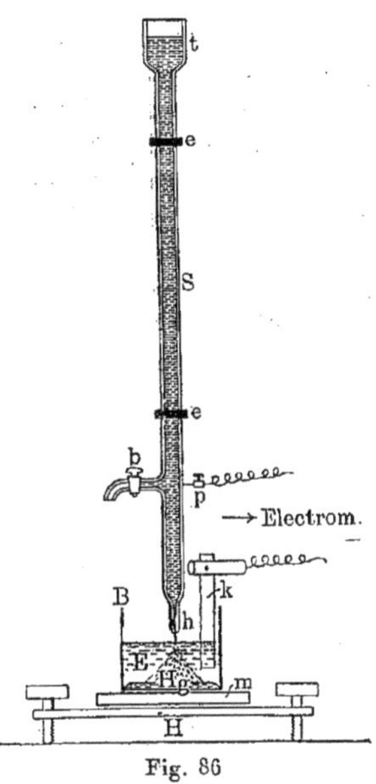

Fig. 86

trodes à gouttes soulève à son tour de nombreuses difficultés, sans parler de
la valeur de l'explication des phénomènes électrocapillaires proposée par
HELMHOLTZ, qui est contestée par beaucoup de physiciens. Nous mentionnerons dans la suite les recherches effectuées avec les électrodes à gouttes.

WARBURG (1890) a proposé une explication tout autre des phénomènes
électrocapillaires. Il a montré (1889) que quand la solution d'acide sulfurique
en contact avec le mercure renferme de l'oxygène de l'air dissous, il se forme
un sulfate de mercure. A la surface même du mercure la concentration de la
solution qui contient ce sel dépasse la concentration dans le reste du liquide
d'une certaine grandeur Γ. Dans l'électromètre capillaire, cette grandeur est
la même sur les deux surfaces de mercure, et $\Gamma = 0$ lorsqu'on a une surface
propre de mercure ($k = 0$, d'après la théorie d'HELMHOLTZ). Quand le mercure, dans le tube capillaire, devient la cathode, les ions H se séparent du
sel de Hg, de sorte que la concentration de la solution du sel diminue ; en
même temps, elle augmente sur l'autre surface de mercure (dans le vase en
verre). Il se forme par suite un élément de *concentration*. Si on rapporte Γ à
l'unité d'aire et si on désigne par *c* l'équivalent électrochimique du mercure,

la grandeur $\Gamma : c$ joue, comme WARBURG et PLANCK l'ont montré, le même rôle que k dans la théorie d'HELMHOLTZ et, au lieu de (49), on obtient l'équation

$$(51) \qquad \frac{d\alpha}{d\varphi} = -\frac{\Gamma}{c}.$$

Les théories d'HELMHOLTZ et de WARBURG diffèrent essentiellement dans leurs résultats. Les grandeurs $\Gamma : c$ et k sont de même nature, ce sont des quantités d'électricité rapportées à l'unité d'aire ; mais ces grandeurs sont d'un ordre tout à fait différent : k est un nombre extrêmement grand, puisque c'est la densité de la charge d'un condensateur dont les surfaces se trouvent à distance moléculaire, tandis que $\Gamma : c$ correspond à la charge des ions de mercure qui sont distribués dans une couche de l'électrolyte, dont l'épaisseur peut parfaitement ne pas être très petite. La production même des charges est aussi différente : dans la théorie d'HELMHOLTZ, nous avons des déplacements des charges dans l'électrolyte et le mercure, lesquelles ne parviennent qu'aux deux surfaces de la double couche ; autrement dit, nous avons affaire à un *courant de charge* (Ladungsstrom) ; il est question, au contraire, dans la théorie de WARBURG, d'un courant d'électricité qui va de l'électrolyte au mercure sans interruption, c'est-à-dire d'un courant de conduction (Leitungsstrom). WARBURG s'appuie sur ce que la tension superficielle α du mercure augmente, quand la concentration de la solution diminue dans le tube capillaire ; ce fait a été confirmé par les observations directes de G. MEYER (1892) ; ainsi s'explique l'accroissement de α, lorsque φ augmente et que le mercure sert de cathode. G. MEYER (1894) explique la présence d'un maximum et la décroissance consécutive de la grandeur α par la formation, pour de grandes valeurs de φ, d'amalgames de métaux, dont les sels sont dissous dans l'électrolyte ; mais, dans le cas où cet électrolyte est une solution d'acide sulfurique, G. MEYER n'a pu découvrir le processus chimique qui pourrait être considéré comme la cause de la décroissance de la grandeur α. Il n'a pas réussi à démontrer la formation d'un amalgame d'hydrogène, auquel il cherchait d'abord à attribuer la décroissance de la tension superficielle.

Beaucoup de savants se sont efforcés de trouver des démonstrations expérimentales de l'une ou l'autre des théories que nous venons de faire connaître, ainsi que de la légitimité de l'emploi des électrodes à gouttes. G. MEYER, BEHN (1897) et d'autres encore ont donné des preuves en faveur de la théorie de WARBURG. Toutefois WARBURG a reconnu de nouveau en 1898 que sa théorie ne peut pas expliquer la décroissance de α, pour le cas de la solution d'acide sulfurique.

Un travail de ROTHMUND (1894) plaide en particulier pour la théorie d'HELMHOLTZ et les conséquences qui s'en déduisent. ROTHMUND a trouvé cependant que l'électrolyte doit être saturé avec le sel de mercure qui lui correspond, pour que l'électromètre capillaire donne un maximum de α pour $\varphi = o$; quand il se trouve un amalgame dans l'électromètre, l'électrolyte doit être saturé avec le sel du métal dissous dans le mercure.

S. W. SMITH (1900) et St. MEYER (1896) ont fait une étude critique de la théorie d'Helmholtz. Schreber (1894) a établi théoriquement la dépendance qui existe entre la tension superficielle α et la différence de potentiel φ ; il a trouvé

$$\frac{d\alpha}{d\varphi} = -\,\mathrm{A}\varphi e^{\mathrm{B}\varphi},$$

A et B étant deux constantes.

Nernst a donné en 1896 une *nouvelle explication de l'action des électrodes à goutles*, basée sur la théorie osmotique des forces électromotrices exposée au § 5. Cette explication est la suivante : quand du mercure est en contact avec la solution d'un sel de mercure, par exemple avec une solution de calomel, un certain nombre d'ions du mercure s'unissent immédiatement avec le mercure et lui cèdent leur charge positive; les anions négatifs du chlore se rassemblent sur la surface, jusqu'à ce que la double couche formée corresponde à la différence de potentiel, voir (42),

$$\mathrm{E} = \mathrm{RT}\,\log\frac{\mathrm{P}}{p}\,;$$

p est la pression osmotique du sel dissous, P une certaine constante caractéristique du mercure, mais dépendant de l'électrolyte (tension de dissolution). La goutte T (voir la figure 87 due à Palmaer), qui tombe de l'ouverture du petit tube B, se meut en même temps que les anions. Aussitôt que la goutte atteint la surface du mercure en C, qui est déjà recouverte d'une quantité suffisante d'anions, elle élimine les cathions de mercure qui, avec les anions, reconstituent le sel. Dans un écoulement continu des gouttes, on obtient une diminution de la concentration autour de B et une augmentation autour de C, de sorte que tout le système forme un élément de concentration, comme le suppose aussi la théorie de Warburg. Sans entrer dans plus de détails, indiquons seulement que Palmaer a démontré dans trois intéressants mémoires (1898, 1899 et 1901) que l'électrode à gouttes produit effectivement les variations de concentration de la solution, dont il est question dans la théorie de Nernst. Cependant, avant l'apparition du second mémoire de Palmaer, G. Meyer

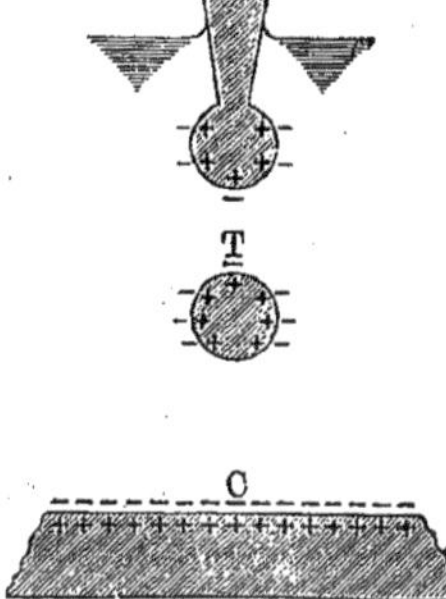

Fig. 87

(1899) avait montré que la théorie de Warburg explique aussi les variations de concentration observées, et Palmaer le reconnaît également dans son second travail. Dans son troisième mémoire (1901), Palmaer a entrepris de nouveau une comparaison des théories d'Helmholtz, de Warburg et de Nernst. Il arrive à ce résultat que la théorie de Nernst est la plus capable d'expliquer les phénomènes électrocapillaires, mais qu'aucune des théories proposées ne peut rendre compte de tous les détails de ces phénomènes, par exemple de la dissymétrie des deux branches de la courbe qui exprime la dépendance entre la tension superficielle et la différence de potentiel. Remarquons que, dans les expériences de Palmaer, l'ouverture du tube, comme on le voit sur la figure schématique 87, se trouvait *à l'intérieur* de l'électrolyte. Nernst et Palmaer laissent complètement de côté la question de la polarisation et de son influence sur la tension superficielle du mercure. D'autres recherches ont encore été faites par Bernstein (1901), van Laar (1902), v. Lerch (1902), Kučera (1903), Gouy (1903), Krueger (1903), Lenkewitz (1904), Billitzer (1904), Krüger (1904), Christiansen (1905), Vinning (1906) et Reboul (1908, 1909). Van Laar a cherché à expliquer théoriquement l'asymétrie de la courbe capillaire ; il est arrivé à ce résultat important que le maximum de la tension superficielle peut ne pas coïncider avec le moment où la différence de potentiel entre le mercure et le liquide devient nulle ; la différence peut aller jusqu'à 0,04 volt. Il en a conclu que l'électromètre capillaire ne peut en général servir pour des mesures précises de la différence de potentiel entre un métal et un électrolyte.

Gouy a étudié très en détail la forme de la courbe capillaire en fonction de la composition et de la concentration de l'électrolyte ; il a également trouvé que le maximum de la courbe ne coïncide pas avec la disparition de la différence de potentiel entre le mercure et l'électrolyte. Il a encore reconnu que pour les *amalgames*, la tension superficielle ne dépend que de l'électrolyte et de la différence de potentiel, mais non de la nature du métal dissous dans le mercure. Cette loi a été confirmée par Christiansen. Enfin Gouy (1906) a étudié l'influence de l'addition de divers composés organiques sur la forme de la courbe, dans un très grand nombre de cas.

Reboul a publié de très intéressantes recherches. Il a remplacé l'eau acidulée par des liquides faiblement conducteurs (alcool, éther) et il a trouvé ici également un déplacement du ménisque sous l'action d'une force électromotrice. Les liquides très mauvais conducteurs ne donnent aucun déplacement sensible ; mais, aussitôt qu'on les expose à l'action ionisante des rayons X, un déplacement lent et durable du mercure commence qui, après extinction des rayons X, persiste longtemps encore. Ce qu'il y a de plus remarquable, c'est que Reboul a observé le même phénomène en remplaçant le liquide par l'*air* et en produisant entre le mercure du tube et celui du vase une différence de potentiel (jusqu'à 440 volts). Dès que l'air a été exposé à l'action des rayons X, un déplacement du ménisque dans le tube capillaire a lieu. Dans son dernier travail (1909), Reboul a étudié le phénomène dans les gaz raréfiés, où l'ionisation était produite par des décharges électriques.

Nous répéterons encore une fois que *nous avons insisté sur les phénomènes électrocapillaires et sur les électrodes à gouttes en raison des espérances qu'on avait fondées sur eux ; on avait pensé qu'ils conduiraient à résoudre le problème séculaire et fondamental pour la théorie des phénomènes électriques de la force électromotrice de contact entre les métaux et les électrolytes, et par suite à résoudre aussi la question de la grandeur respective des composantes de la force électromotrice d'un élément.*

9. État actuel de la question de la force électromotrice de contact. — Nous avons parlé dans les paragraphes précédents du phénomène où apparaît une différence de potentiel aux extrémités d'une suite de substances en contact. Cette différence est égale à la somme des forces électromotrices $e_1 + e_2 + e_3 + \ldots$ agissant aux surfaces de contact des différentes substances, et est appelée la force électromotrice de la série donnée de substances ou de l'élément considéré ; nous la désignerons par E.

Dans la combinaison particulièrement intéressante de deux conducteurs A et B de la première classe avec deux électrolytes S_1 et S_2, on a, voir (16), page 203,

$$(52) \quad E = A \mid S_2 + S_1 \mid S_2 + S_2 \mid B + B \mid A = e_1 + e_2 + e_3 + e_4 ;$$

par exemple, pour l'élément DANIELL,

$$e_1 = Cu \mid CuSO^4, \quad e_2 = CuSO^4 \mid ZnSO^4, \quad e_3 = ZnSO^4 \mid Zn, \quad e_4 = Zn \mid Cu,$$

et

$$(52, a) \quad E = Cu \mid CuSO^4 + CuSO^4 \mid ZnSO^4 + ZnSO^4 \mid Zn + Zn \mid Cu.$$

Nous nous sommes posé à la page 204 deux questions : 1. de quelles circonstances dépend la grandeur E? 2. quelle est la valeur respective des composantes de la grandeur E? Nous avons vu au § **4** jusqu'à quel point il est possible, en s'appuyant en partie sur les principes de la thermodynamique, de donner une réponse à la première question. Nous avons en outre considéré l'une des nouvelles théories, à savoir la théorie de NERNST, qui cherche aussi à résoudre le second problème, mais ne peut donner une solution complète et précise que dans quelques cas particuliers, par exemple pour les éléments de concentration.

Nous avons déjà mentionné à la page 204 que la grandeur $e_2 = S_1 \mid S_2$ est en tout cas très petite comparativement à E et qu'on se trouve ramené à une comparaison de la grandeur $e_4 = B \mid A$ avec les grandeurs $e_1 = A \mid S_1$ et $e_3 = S_2 \mid B$, c'est-à-dire à la question de savoir où réside précisément la source de E, à l'endroit du contact des métaux entre (e_4) ou à l'endroit du contact des métaux avec les électrolytes (e_3 et e_1). Nous considérerons brièvement, dans les paragraphes suivants, quelques-unes des très nombreuses tentatives qui ont été faites pour résoudre ce problème par voie *expérimentale*.

Si nous avions encore plus abrégé l'exposition suivante et si même nous l'avions tout à fait supprimée, le lecteur aurait très peu perdu. En effet, lorsqu'on n'a pas de parti pris et qu'on considère objectivement l'état présent de la question, on est amené à reconnaître que le résultat des nombreuses recherches expérimentales qui ont été faites est nul ou à peu près. Dans les travaux les plus récents, on voit encore que les uns prétendent que e_4 est une grandeur que l'on peut négliger vis-à-vis de e_1 et de e_3, les autres au contraire que e_4 est la partie principale de E, les composantes e_1 et e_3 étant petites ou même nulles. Toute recherche nouvelle donne lieu à une critique du camp adverse, qui s'efforce de démontrer ou que la méthode adoptée est mauvaise ou que l'interprétation des résultats obtenus est inexacte. Un grand nombre de mémoires, que l'on considérait, il n'y a pas longtemps, comme classiques, ne présentent même plus aujourd'hui d'intérêt historique ; aussi n'en parlerons-nous pas. Pour confirmer ce que nous venons de dire, nous avons rassemblé dans le tableau suivant les résultats obtenus par différents auteurs, dans la *mesure des composantes e_1, e_2, e_3 et e_4 de la force électromotrice E de l'élément* DANIELL. Nous n'avons pas cherché à présenter un tableau complet, nous bornant aux valeurs les plus caractéristiques. Toutes les grandeurs sont exprimées en *volts* ; comme la valeur relative approchée des nombres offre seule ici de l'intérêt, nous avons pris E égal à 1 volt, lorsque les résultats n'étaient pas donnés en volts par les auteurs eux-mêmes. Pour que la somme des quatre composantes soit une grandeur positive, nous allons du pôle positif Cu au pôle négatif Cu, en passant par CuSO⁴, ZnSO⁴, Zn. Le signe (o) signifie que l'auteur cité tient la grandeur considérée pour très petite (égale à 0,01 volt, par exemple) ou même nulle.

Auteurs	Année	e_1 Cu | CuSO⁴	e_2 CuSO⁴ | ZnSO⁴	e_3 ZnSO⁴ | Zn	e_4 Zn | Cu
CLIFTON	1877	—	—	—	0,85
STREINTZ	1878	—	—	—	0,93
HALLWACHS	1886	—	—	—	0,84
KOHLRAUSCH.	1850	+ 0,028	— 0,033	0,358	0,75
AYRTON et PERRY . . .	1880	+ 0,07	—	0,28	0,43
EXNER et TUMA	1888	— 0,406	—	1,275	—
GOURÉ DE VILLEMONTÉE. .	1890	+ 0,287	(o)	0,231	0,692
OSTWALD.	1887	+ 0,38	—	0,73	(o)
PASCHEN	1891	+ 0,02	+ 0,464	0,58	(o)
MIESLER	1887	— 0,22	+ 0,22	1,06	(o)
PELLAT	1890	(o)	+ 0,547	(o)	0,664
NEUMANN	1894	+ 0,585	(o)	0,524	(o)
ROTHMUND.	1894	+ 0,445	(o)	0,587	(o)

Tout commentaire serait superflu ; la comparaison des trois dernières lignes est particulièrement intéressante. On voit quelle discordance complète existe entre les résultats obtenus jusqu'à ce jour ; lorsqu'on envisage la question impartialement et d'une manière tout à fait objective, on doit reconnaître que *nous ne savons actuellement rien des composantes de la force électromotrice d'un élément*, et le problème se pose encore, tout comme il y a un siècle, de savoir si la source de l'électricité doit être recherchée dans le contact des métaux entre eux ou dans le contact des métaux avec les électrolytes. Il est clair qu'il est inutile de décrire en détail les différentes mesures et d'en mentionner les résultats ; nous nous bornerons à ce qui est indispensable.

10. Recherche expérimentale de l'électrisation au contact des conducteurs de la première classe. — Il sera surtout question ici du contact des *métaux*. Le fait suivant ne peut souffrir le moindre doute : *quand deux métaux* M *et* N *se touchent, deux charges électriques de noms contraires et* *quantitativement égales apparaissent sur eux. Supposons* qu'en même temps ces métaux acquièrent une certaine différence de potentiel $M \mid N = V_1 - V_2$, égale à la force électromotrice que nous désignerons maintenant par e. Nous verrons plus loin que quelques physiciens nient l'existence d'une telle différence de potentiel.

L'historique de la découverte des phénomènes fondamentaux est en quelques mots le suivant. En 1789, la femme du professeur L. GALVANI remarqua que les muscles des pattes d'une grenouille fraîchement écorchée se contractaient, quand des décharges électriques se produisaient dans le voisinage. En étudiant ce phénomène, GALVANI découvrit que des contractions analogues avaient également lieu quand on touchait les muscles en deux points avec des métaux *différents*, mis d'autre part en contact l'un avec l'autre. Il expliqua ce phénomène par la décharge d'un fluide nerveux ou vital particulier, accumulé dans les nerfs et dont la distribution s'uniformisait à travers les métaux. A. VOLTA indiqua le premier que le rôle principal dans ce phénomène est joué par le contact de corps différents, lequel apparaît comme l'origine de l'électrisation de ces corps. On peut donc regarder VOLTA comme ayant créé la *théorie du contact*, c'est-à-dire la théorie qui admet que le contact de corps différents constitue déjà par lui-même une source d'électrisation.

Nous allons décrire quelques-unes des expériences fondamentales, à l'aide desquelles on démontre le fait que des métaux mis en contact s'électrisent.

Sur un électroscope suffisamment sensible, on visse un disque de cuivre non verni (*fig.* 88) et sur ce dernier on pose avec précaution un plateau de

Fig. 88

zinc isolé et également non recouvert de vernis. Lorsqu'on enlève ensuite ce second plateau, l'électroscope décèle l'apparition dans le disque de cuivre d'une charge d'électricité négative. Si on échange les disques, on obtient une charge positive.

Pour renforcer la charge, on procède de la façon suivante. On visse sur l'électroscope un disque de laiton b recouvert de vernis (*fig.* 89) et on pose sur celui-ci un disque a identique muni d'une poignée isolante A. Ces deux plateaux, séparés par les couches isolantes de vernis, forment un *condensateur* plan de très grande capacité. Le plateau b est relié avec un disque de cuivre k;

de a part un fil, dont l'extrémité h est fixée dans une position invariable. On pose sur k un plateau de zinc z, muni d'une poignée en verre B. Si on lève alors le disque z assez haut pour que sa face supérieure vienne toucher l'extrémité h du fil, les deux charges passent sur le condensateur ab. On répète un grand nombre de fois (environ 50) l'opération consistant à poser z sur k et à le mettre ensuite en contact avec h. Le condensateur ab reçoit dans ces conditions des charges relativement grandes, qui se rassemblent

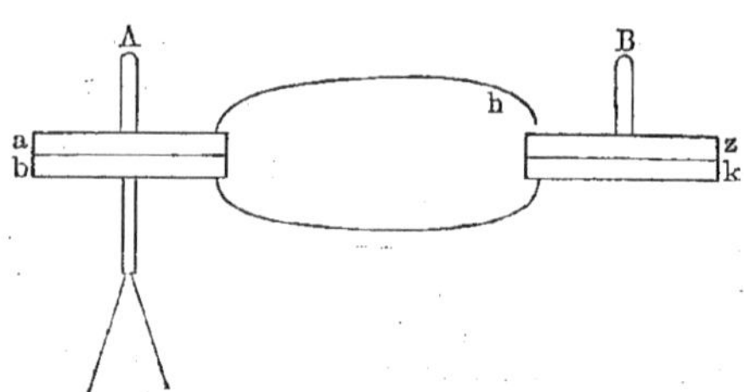

Fig. 89

presque entièrement des deux côtés de la couche de vernis qui sépare les disques a et b. Si on enlève ensuite le disque a, la charge b se manifeste facilement grâce à l'électroscope. Lord Kelvin (W. Thomson) a montré que la réussite de l'expérience dépend à un haut degré de la façon dont on enlève le disque z. Il est nécessaire que le contact des disques k et z ait lieu autant que possible simultanément en tous les points. C'est pourquoi l'expérience réussit particulièrement bien, quand le disque z est relié à un mécanisme quelconque ne lui permettant de se déplacer que dans une direction normale à sa surface.

Pour montrer que l'électrisation ne dépend pas de la surface de contact, on recouvre la face supérieure du disque de cuivre k (*fig.* 90) vissé sur l'électros-

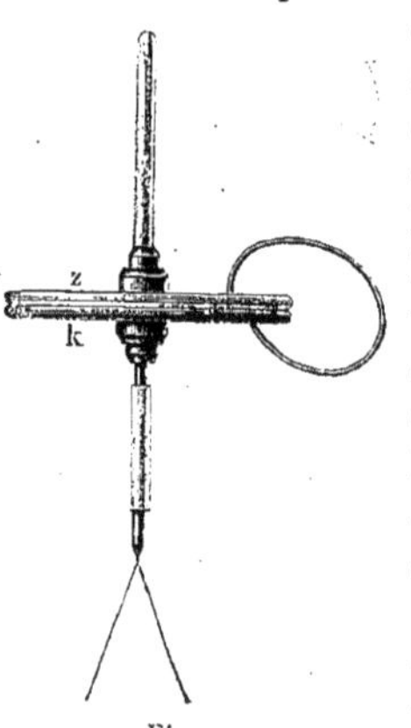

Fig. 90

cope, ainsi que la face inférieure du disque de zinc z, d'une couche de vernis. Après avoir posé z sur k, on relie les deux autres faces non vernissées de k et de z au moyen d'un fil de cuivre, comme le montre la figure. En éloignant ensuite ce fil et en enlevant le plateau z, on observe la même action sur l'électroscope que dans la première des expériences précédentes. Pour éviter tout frottement entre des corps de nature différente, ce qui, comme nous le verrons, est également une source d'électricité, on peut prendre un fil dont une moitié est en cuivre, l'autre en zinc, et toucher le disque k avec l'extrémité en cuivre, le disque z avec celle en zinc. L'action est la même que dans le cas précédent.

Nous ne nous arrêterons pas sur les expériences dans lesquelles on touche l'un des plateaux avec le doigt, car le contact d'un doigt toujours plus ou moins humide complique les circonstances du phénomène et introduit un élément tout à fait nouveau, le contact d'un métal avec un liquide.

L'expérience qui suit est très probante. Avec deux disques plats en cuivre et en zinc, on forme un anneau (*fig.* 91), dont les deux moitiés sont soudées le long de la ligne *a* tandis que l'anneau reste ouvert en *b*. Au-dessus de l'anneau disposé horizontalement est suspendue une aiguille plate horizontale, dont la position d'équilibre est représentée en pointillé sur la figure. Si on électrise cette aiguille positivement, elle tourne vers la moitié de l'anneau qui est en cuivre, si elle est électrisée négativement, du côté de la moitié en zinc. W. Thomson a modifié cette expérience en construisant un électromètre à quadrants (page 28), dans lequel une paire des quadrants disposés *en croix* est en cuivre, l'autre paire en zinc. En reliant deux à deux les quadrants (de nature différente) placés *l'un auprès de l'autre*, il observait, quand l'aiguille de l'électromètre était électrisée, les mêmes déviations de cette dernière, dans un sens ou dans l'autre, que dans l'expérience décrite ci-dessus avec l'anneau. Une autre de ses expériences était la suivante : dans un cylindre en

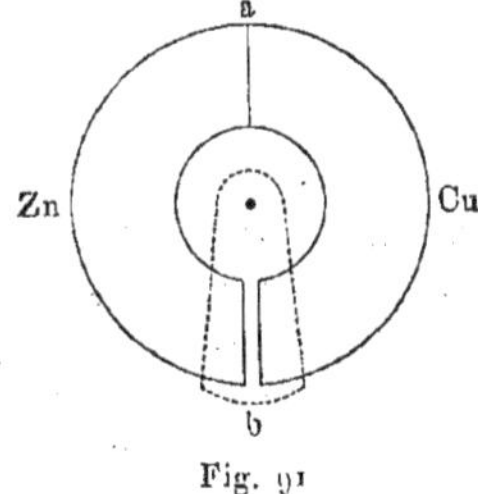

Fig. 91

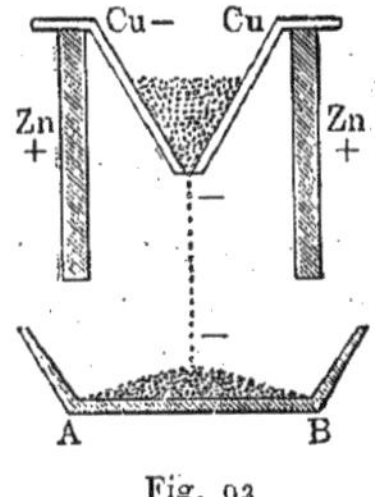

Fig. 92

zinc (*fig.* 92) est placé un entonnoir en cuivre, d'où s'écoule de la limaille [de cuivre dans un vase AB relié avec un électroscope ; ce dernier manifeste une électrisation négative.

Il n'est donc pas douteux qu'*on observe une électrisation dans le contact des conducteurs de la première classe*; à ces conducteurs appartiennent non seulement les métaux, mais aussi d'autres conducteurs solides, tels que le charbon, différents oxydes, les pyrites, etc.

Il n'y a non plus aucun doute qu'on puisse ranger les conducteurs de la première classe dans une *série de* Volta et qu'ils obéissent à la *loi de* Volta.

Beaucoup de physiciens se sont occupés de la distribution des corps en une *série de* Volta, dans laquelle chaque corps mis en contact avec le suivant s'électrise positivement, et avec le précédent négativement. On peut citer entres autres Volta, Ritter, Seebeck, Péclet, Munk, Pfaff. Ces recherches ont montré que la position d'un corps dans la série de Volta dépend à un haut degré de son état physique et en particulier de l'état de sa surface. Une propreté imparfaite, un poli plus ou moins fini et en particulier des couches d'oxyde ont une grande influence. Il n'est donc pas étonnant que l'ordre des corps dans les séries de Volta établies par divers physiciens diffère, comme le montrent les exemples suivants :

Volta : (+) Zn, Pb, Sn, Fe, Cu, Ag, Au, C (graphite), MnO^2 (—).
Seebeck : (+) Zn, Pb (poli), Sn, Pb (non poli), Sb, Bi, Fe, Cu, Pt, Ag (—).
Pfaff : (+) Zn, Cd, Sn, Pb, Wo, Fe, Bi, Sb, Cu, Ag, Au, Pt, Pd (—).
Péclet : (+) Zn, Pb, Sn, Bi, Sb, Fe, Cu, Au (—).

Auerbach tient la série suivante pour la plus probable : (+) Al, Zn, Sn, Cd, Pb, Sb, Bi, Hg, Fe, Acier, Cu, Ag, Au, Charbon, Ur, Pt, Pd, MnO^2, PbO^2 (—).

N. A. Héséhous trouve que les métaux se succèdent dans la série de Volta de (+) vers (—), suivant *leur densité croissante*.

Nous avons déjà parlé à la page 200 de la loi de Volta ; nous avons vu qu'elle est exprimée par la formule A | B + B | C = A | C, par exemple Zn | Fe + Fe | Cu = Zn | Cu. On en déduit

$$A \mid B + B \mid C + C \mid D + \dots + M \mid N = A \mid N.$$

La différence de potentiel de deux métaux (A et N) est la même, qu'ils soient en contact direct l'un avec l'autre, ou qu'ils se trouvent aux extrémités d'une chaîne quelconque de métaux. On a en outre

$$A \mid B + B \mid C + C \mid D + \dots + M \mid A = 0.$$

La force électromotrice, qui agit dans une chaine de métaux dont les extrémités (A) sont les mêmes, est nulle. Nous avons déjà fait remarquer à la page 199 que ces lois ne se rapportent qu'au cas où toutes les parties de la série de corps en contact se trouvent à *la même température*.

Avant de passer aux diverses déterminations des forces électromotrices $e = M \mid N$, nous allons considérer ce qui a paru aux différents auteurs être la source des électrisations qui se manifestent *indubitablement* au contact des métaux. Volta croyait que non seulement le contact des métaux entre eux, mais aussi le contact d'un métal avec un électrolyte, est par lui-même, c'est-à-dire indépendamment de toute réaction chimique, la cause des électrisations observées. Aux partisans de la théorie du contact, dans le cas du contact entre métaux, appartenait aussi Helmholtz, qui expliquait l'apparition des charges par l'hypothèse que les *différents métaux* attirent inégalement l'électricité ; de plus un même métal attirerait avec une force inégale les électricités positive et négative ; par exemple, le cuivre attirerait plus fortement l'électricité négative, le zinc l'électricité positive, ce qui expliquerait leur électrisation au contact. Helmholtz supposait que ces attractions ne s'exercent qu'à des distances extrêmement petites.

Remarquons que l'idée, parfois exprimée, que la théorie du contact est en contradiction avec le principe de la conservation de l'énergie, n'est pas fondée. On constate en effet, dans tous les cas où le contact de deux métaux apparaît comme une source continue et en quelque sorte inépuisable de formes quelconques d'énergie, que la source réelle est tout autre. Par exemple, l'énergie électrique du condensateur chargé *ab* de la figure 89, page 242, se manifeste aux dépens du travail supplémentaire qu'il faut dépenser dans le soulèvement du plateau de zinc z, pour vaincre l'attraction mutuelle des plateaux k et z chargés d'électricités de noms contraires.

Après la naissance de la théorie du contact est apparu très rapidement ce qu'on appelle la *théorie chimique*, qui a éprouvé dans le cours du temps un grand nombre de modifications diverses. Déjà en 1800, FABRONI avait émis l'idée que l'électrisation au contact des métaux avec les électrolytes avait pour origine l'action chimique des corps en présence. On peut regarder DE LA RIVE (1837) comme le fondateur de la théorie chimique ; c'est lui qui, le premier, a mis en avant d'une manière précise cette idée qu'il faut chercher la cause de l'électrisation au contact des métaux dans la couche d'air humide existant toujours entre deux plaques métalliques. Nous ne reproduirons pas ici l'explication un peu forcée qu'il a donnée du fait qu'au contact du cuivre avec le zinc par exemple, on observe juste l'électrisation contraire de celle qui se manifeste, quand le cuivre et le zinc sont plongés l'un auprès de l'autre dans de l'eau. Il est important de remarquer que *la théorie chimique a admis dans tous les stades de son développement qu'il faut rechercher la cause de l'électrisation au contact des métaux dans l'action de l'air ambiant sur les métaux en contact*. On considérait d'ordinaire cette action comme purement chimique ; on croyait, par exemple, que l'électrisation est une conséquence de l'*oxydation* à laquelle sont soumises à l'air les surfaces des métaux. Il a été entrepris un très grand nombre de recherches en vue de résoudre la question du rôle du milieu ambiant dans le phénomène considéré. Mais, la plupart de ces recherches ne pouvaient conduire à une solution ; par exemple, les expériences sur le contact des métaux dans le vide ne pouvaient donner de résultats satisfaisants, car ce qu'on appelait le *vide* n'était au fond qu'un espace rempli d'air plus ou moins raréfié, dans lequel l'action de l'air pouvait ne pas différer essentiellement de celle exercée sous la pression atmosphérique.

D'un intérêt beaucoup plus grand sont les expériences faites dans un espace rempli d'un gaz quelconque, après qu'on en a soigneusement retiré l'air et la vapeur d'eau ; telles sont les expériences de W. ZAHN, effectuées dans de l'azote pur et sec. Les expériences de J. BROWN, qui plaçait l'électromètre à quadrants de W. THOMSON, décrit à la page 29, dans un espace qu'on pouvait remplir de différents gaz, sont particulièrement importantes. Il a été ainsi constaté que le cuivre en contact avec le fer, par exemple, devient négatif dans l'air, mais positif dans l'hydrogène sulfuré. La formation de couches de sulfures et l'apparition de nouvelles forces électromotrices entre ces couches et les métaux ne peut être la cause du phénomène, car, après un certain temps, quand les couches de sulfures avaient atteint une épaisseur suffisante, la déviation de l'aiguille de l'électromètre cessait. On observe également un changement de signe, quand Cu et Ni sont en contact dans l'air (Cu $+$) et dans HCl gazeux (Cu $-$). Entres autres observateurs, mentionnons encore SPIERS et SCHULTZE-BERGE ; ce dernier a trouvé que la présence de l'ozone rend Au, Pt et le laiton plus fortement négatifs et que Pt devient fortement positif dans l'hydrogène.

En outre, CHRISTIANSEN a reconnu que la différence de potentiel entre du charbon et un amalgame d'étain liquide croît de 0,2 à 0,74 volt, quand la durée de leur contact avec l'air augmente de 0,002 à 0,02 seconde. Lorsqu'on remplace l'air par de l'hydrogène, la différence diminue de 0,8 volt. Si on prend, au lieu de charbon, du mercure pur, on obtient, pour amalgame de de zinc | Hg, dans l'hydrogène (un peu humide), $e = + 0,88$ volt, etc. ; dans l'oxygène sec, $e = - 0,76$ volt : la différence est donc de 1,64 volt.

Les expériences de PELLAT et d'ERSKINE-MURRAY, qui ont mis en évidence l'influence considérable de modifications même très légères de l'état de la surface des métaux en contact, offrent un grand intérêt. PELLAT a trouvé que la différence de potentiel entre des plaques de Cu et Au variait, quand Cu se trouvait pendant un certain temps sous l'action d'une plaque de plomb *très voisine*.

Les expériences de GROVE, GASSIOT et J. BROWN, qui ont montré qu'on observe aussi une différence de potentiel dans le cas où deux plaques métalliques se trouvent *très près* l'une de l'autre, sans se toucher, plaident également en faveur de la grande influence du milieu ambiant sur la grandeur e. PELLAT a constaté (1881) que la pression de l'air agit sur la grandeur e ; mais les expériences de BOTTOMLEY (1885) n'ont pas confirmé ce fait. Il est clair, d'après ce qui précède, que le milieu ambiant agit sur la grandeur e ; les faits sur lesquels s'appuie cette conclusion paraissent donc contredire la théorie du contact. Mais l'*ancienne théorie chimique*, qui admettait que dans tous les cas de contact entre des corps quelque réaction chimique déterminée apparaît comme source d'électricité, ne résiste pas non plus sous cette forme à la critique ; elle est presque entièrement abandonnée et nous ne considérerons pas les tentatives d'EXNER pour y revenir sous une forme un peu modifiée.

On construit actuellement une nouvelle théorie dite de l'*anticontact*, qu'on aurait tort d'appeler une théorie chimique. Les partisans de cette théorie de l'anticontact admettent que, dans une chaîne régulièrement ouverte (métal A, un ou deux électrolytes, métal B, métal A, page 199), la grandeur A | B est très petite ou même nulle ; mais, dans le cas où deux métaux se touchent, par exemple dans l'expérience de W. THOMSON (page 243, figure 91), *l'air ambiant joue le rôle d'un électrolyte*. Nous avons vu quel est le rôle des ions dans les électrolytes liquides ; la nouvelle théorie de l'anticontact est basée sur ce que les gaz sont aussi sujets à une ionisation, qui existe toujours à un degré plus ou moins grand. S. ARRHENIUS avait déjà montré en 1888 que, si de l'air ionisé artificiellement (à l'aide de rayons cathodiques, par exemple) se trouve entre deux fils de Zn et de Pt, une différence de potentiel apparaît entre ces fils qui va jusqu'à 0,86 volt.

LODGE et d'autres encore ont récemment développé la théorie de l'anticontact, d'après laquelle l'air doit être considéré comme un électrolyte. LODGE (1900) pense qu'entre tout métal et l'air environnant existe une différence de potentiel, qui est, par exemple, de 1,8 volt pour le zinc, de 0,8 volt pour le cuivre. Les divers métaux se trouvent donc déjà *avant leur contact* à des potentiels différents, en général *inférieurs* à celui de l'air environnant. Lorsqu'on met le métal Zn et le métal Cu en contact, *leurs potentiels deviennent égaux*, une certaine quantité d'électricité négative passant du zinc sur le cuivre, de sorte qu'après séparation des métaux et eu égard à leurs actions extérieures, le cuivre paraît négatif, le zinc positif, comparativement au zinc et au cuivre qui n'ont pas été en contact et qui ne manifestent pas d'électrisation, puisqu'ils sont entourés alors par des charges d'électricité positive résidant dans les couches d'air contiguës. Si V est le *potentiel commun du zinc et du cuivre*, l'air a autour du zinc le potentiel $V = + 1,8$ volt, et autour du cuivre le potentiel $V = + 0,8$ volt. Dans l'air même, se produit une *chute* lente de potentiel de 1 volt, qui est égale au *saut* de potentiel qu'on rapporte ordinairement à la surface de contact des métaux.

Riecke (1898) a appliqué le premier la nouvelle théorie des électrons en mouvement à l'explication des phénomènes qui se passent au contact des métaux.

Nous allons indiquer une autre circonstance, dont l'importance est également grande, quelle que soit la cause à laquelle on attribue la production de la grandeur e. Il s'agit de ce qu'on appelle la *liaison des corps avec la terre*. On prend habituellement le potentiel de la terre égal à zéro et on admet que tout corps relié avec la terre (*à la terre*) est aussi au potentiel zéro. Une telle hypothèse est possible, tant qu'il s'agit de phénomènes électrostatiques, dans lesquels on a en général affaire à des potentiels très grands relativement à un volt. Mais il n'en va pas de même, quand il s'agit de potentiels de 1 ou 2 volts, et à plus forte raison d'une fraction parfois petite de volt. Dans ce cas, il ne faut pas perdre de vue que la *mise à la terre* d'un corps, même lorsque ce corps et tous les conducteurs intermédiaires sont constitués par une même substance, revient à la communication du corps avec un sol plus ou moins humide, c'est-à-dire indubitablement avec un électrolyte. Il est clair que le corps prend alors un potentiel différent de celui de la terre. En réalité, les choses sont encore plus compliquées, parce que les corps intermédiaires, par exemple les conduites d'eau et de gaz, sont formées de substances autres que celle du corps considéré ; entre ces corps intermédiaires, de même qu'entre le premier d'entre eux et le corps donné apparaissent de nouvelles forces électromotrices. On peut admettre que tout corps métallique a été en communication avec la terre ; il en résulte que les divers corps peuvent déjà se trouver à des potentiels différents avant leur contact. En tout cas, il faut se rappeler que la mise à la terre d'un corps l'amène à un potentiel, qui dépend de la nature de ce corps, de celle des corps intermédiaires, et peut être aussi du caractère du sol en un endroit donné.

Nous allons donner un court aperçu des différentes recherches entreprises en vue de mesurer la grandeur de la force électromotrice e, c'est-à-dire de la différence de potentiel des métaux en contact. Ce que nous avons dit dans le paragraphe précédent et dans celui-ci explique pourquoi nous ne nous arrêterons pas sur les résultats numériques de ces recherches.

R. Kohlrausch (1853) s'est servi du condensateur représenté par la figure 48, page 103. Pour mesurer la charge prise par le condensateur dans une expérience donnée, il écartait les plateaux l'un de l'autre et reliait l'un d'eux avec un électromètre sensible (de Dellmann). Les indications de cet appareil servaient à mesurer la charge et par suite aussi la différence de potentiel des plateaux du condensateur. Par exemple, pour mesurer la différence Zn | Pt, il prenait des plateaux en Zn et Pt. Après les avoir fait communiquer d'une manière immédiate, il effectuait la mesure par la méthode précédente et obtenait tout de suite sur l'électromètre la valeur $A = Zn \mid Pt$ de la grandeur cherchée. Il déterminait une autre valeur de cette grandeur et en même temps le rapport de $Zn \mid Pt$ à la force électromotrice D d'un élément DANIELL de la manière suivante. Il prenait un élément DANIELL *irrégulièrement* ouvert, c'est-à-dire la combinaison $Cu - CuSO^4 - ZnSO^4 - Zn$, dans laquelle la différence de potentiel aux extrémités était évidemment égale à $D - Zn \mid Cu$. Ayant relié le zinc avec le plateau de zinc du condensateur et le cuivre avec le plateau de platine, il obtenait sur l'électromètre la mesure de la grandeur

$$B = D - Zn \mid Cu + Pt \mid Cu = D - (Zn \mid Cu + Cu \mid Pt) = D - Zn \mid Pt.$$

Reliant inversement le zinc avec le plateau de platine, le cuivre avec celui de zinc, il obtenait la mesure de la grandeur

$$C = D - Zn \mid Cu + Cu \mid Zn + Zn \mid Pt = D + Zn \mid Pt.$$

Les grandeurs B et C donnent les valeurs cherchées de $Zn \mid Pt$ et de D, par suite aussi le rapport de ces valeurs. KOHLRAUSCH a trouvé, par exemple, $Zn \mid Cu = 0,48 D$. Nous n'indiquerons pas les autres particularités de cette méthode. GERLAND (1868) et CLIFTON (1877) se sont servis d'une méthode analogue; le dernier a trouvé $Zn \mid Cu = 0,852$ volt. Nous ne citerons pas d'autres nombres.

HANKEL (1861 — 1865) a déterminé les valeurs de $e = A \mid B$ de la manière suivante. Sur un plateau horizontal en cuivre K mis à la terre, il posait un autre plateau métallique A. Il approchait ensuite, venant d'en haut, un second plateau de cuivre K_1, jusqu'à une certaine distance δ du plateau A; cette distance était égale à $0^{mm},94$ et devait être la même dans toutes les expériences. Le plateau K_1 était mis en communication avec la terre pendant un court instant, élevé ensuite à une très grande hauteur et relié à un électromètre (de HANKEL). L'indication S de ce dernier servait de mesure à la charge du plateau K_1 au moment de sa mise à la terre. En remplaçant A par un plateau B d'un autre métal, HANKEL obtenait une autre indication S_1 de l'électromètre. Il est facile de démontrer que $S - S_1 = \beta . A \mid B$, β représentant un certain facteur de proportionnalité. On pouvait de cette manière trouver le *rapport* entre différentes valeurs de e ou ces valeurs numériques elles-mêmes, en posant $Zn \mid Cu = 100$. Nous ne mentionnerons pas de résultats.

HALLWACHS (1886) s'est servi de l'électromètre à quadrants décrit à la page 28. Nous verrons plus tard que la déviation S de l'aiguille de cet appareil est déterminée par la formule

$$(53) \qquad S = C (V_1 - V_2) \left[V - \frac{1}{2} (V_1 + V_2) \right],$$

où V désigne le potentiel de l'aiguille, V_1 et V_2 ceux des deux paires de quadrants placés en croix et réunis entre eux. HALLWACHS s'est servi d'un électromètre, dont les quadrants étaient en laiton. Il a fabriqué en outre une série d'aiguilles en Cu, Ag, Pt, Al et Zn. Il mettait l'une des paires de quadrants en communication avec la terre, l'autre avec l'aiguille et en même temps avec l'un des pôles d'une batterie, dont l'autre pôle était à la terre. Soit E le potentiel ainsi pris par les quadrants, et e la différence de potentiel de l'aiguille et des quadrants en laiton. On a $V_1 = E$, $V_2 = o$, $V = E + e$ et la formule (53) donne pour la déviation de l'aiguille

$$S_1 = CE \left(\frac{1}{2} E + e \right).$$

Si on intervertit les pôles de la batterie, on obtient $V_1 = - E$, $V_2 = o$, $V = - E + e$ et la déviation

$$S_2 = CE \left(\frac{1}{2} E - e \right).$$

On en déduit

$$(53,\, a) \qquad\qquad e = \frac{1}{2}\, E\, \frac{S_1 - S_2}{S_1 + S_2}.$$

En introduisant des corrections de diverses natures, HALLWACHS a réussi à trouver ainsi les valeurs relatives des grandeurs A | laiton, et par suite aussi des grandeurs A | B. Parmi ses résultats, ceux qui ont un caractère *négatif* présentent un intérêt particulier. Il a constaté que la grandeur Cu | Q (où Q désigne le laiton) croît dans le cours de 18 heures de 0,018 à 0,056 ; que Zn | Q, dans le cours de 4 heures, décroît de 0,825 à 0,755 ; que la grandeur Al | Q, après être tombée au bout d'une demi-année de 0,94 à 0,2, remontait de nouveau, après nettoyage de l'aiguille, à 0,94. Tous les nombres ci-dessus désignent des volts. HALLWACHS a trouvé Zn | Cu = 0,843 volt.

AYRTON et PERRY opéraient de la manière suivante : ils disposaient deux plateaux métalliques horizontaux A et B aux extrémités d'une planche horizontale, mobile autour d'un axe vertical passant par son milieu. Sur A et B étaient placés deux plateaux horizontaux en laiton M et N, qui pouvaient être reliés entre eux ou avec les quadrants d'un électromètre. Les plateaux M et N étaient d'abord réunis entre eux, ensuite le plateau A avec B ; sur M et N apparaissaient alors des charges induites par les charges des plateaux A et B. Cela fait, si on reliait M et N avec les quadrants de l'électromètre, l'aiguille, qui était maintenue à un potentiel élevé, restait immobile. On faisait ensuite tourner de 180° la planche avec les plateaux, et on reliait alors seulement les plateaux M et N avec l'électromètre. La déviation de l'aiguille pouvait servir de mesure pour la grandeur cherchée $e =$ A | B. AYRTON et PERRY ont trouvé Zn | Cu = 0,75 volt.

D'autres recherches ont été faites par CHRISTIANSEN (1893), EXNER (1882-1887), OULIANINE (1887), EXNER et TUMA (1888), PELLAT (1880, 1887), SCHULZE-BERGE (1881), J. BROWN (1887, 1899), SPIERS (1900), MAJORANA (1899), ERSKINE-MURRAY (1898), LORD KELVIN (1897), GRIMSEHL (1902), LODGE, HÉSÉHOUS, BROWN (1903), WARBURG (1904) et d'autres encore. Nous allons parler de quelques-uns de ces travaux ; des indications sur leurs résultats ont déjà été données en partie dans la première moitié de ce paragraphe. La première des deux méthodes, dont s'est servi PELLAT, est très intéressante. Il amenait la différence de potentiel e des deux métaux à zéro, en la compensant par une autre différence de potentiel e', qu'on pouvait modifier à volonté et mesurer très exactement. Il prenait pour grandeur e' la différence de potentiel d'un point fixe et d'un point variable sur un fil parcouru par un courant électrique ; entre ces points s'établissait une chute de potentiel, comme cela a déjà été mentionné à la page 191 et sera considéré plus loin en détail. SPIERS (1900) s'est servi d'une variante de la méthode de PELLAT, dans l'étude de l'influence exercée par le gaz environnant sur la grandeur e. D'ailleurs, W. THOMSON avait déjà employé auparavant (1861) une méthode de compensation analogue.

MAJORANA a effectué une série d'expériences extrêmement instructives. Deux plateaux métalliques verticaux, en zinc et en cuivre par exemple, sont d'abord mis à la terre, tandis qu'ils se trouvent à une grande distance l'un de l'autre, de sorte qu'ils prennent des charges inégales. Si on les rapproche ensuite (jusqu'à $0^{mm},5$), des *charges de rapprochement* apparaissent sur eux par suite de l'induction et on peut les mettre en évidence au moyen de l'électromètre. Quand on met les plateaux à la terre, alors qu'ils sont très voisins l'un de l'autre, on peut, après les avoir éloignés, manifester et mesurer des *charges d'éloignement*. MAJORANA est en outre arrivé à observer une *attraction mutuelle de métaux* reliés entre eux. Un fil de quartz argenté est suspendu devant une plaque métallique polie, placée dans une position légèrement inclinée, de sorte que, si on l'approche peu à peu du fil, elle doit d'abord toucher son extrémité inférieure. L'extrémité supérieure du fil et la plaque sont reliés entre elles. En observant à travers un microscope l'extrémité inférieure du fil et son image spéculaire produite par la plaque, MAJORANA a remarqué un rapprochement brusque entre cette extrémité et la surface de la plaque (en zinc), quand leur distance était égale à $0^{mm},1$. Plus tard (1900) MAJORANA a observé une attraction entre deux plateaux horizontaux, dont le supérieur était relié au fléau d'une balance très sensible. Le déplacement du fléau était mesuré par la méthode de FIZEAU-PULFRICH (Tome III). La grandeur e était compensée d'après la méthode de PELLAT et on pouvait alors mesurer la grandeur $e = $ M | Ag, où M désigne le métal du plateau. MAJORANA a trouvé Zn | Ag $= 0,9$ volt, Cu | Ag $= 0,4$ volt ; on en déduit Zn | Cu $= 0,5$ volt.

Enfin, MAJORANA a encore mesuré les valeurs de e pour les combinaisons Zn | Au, Al | Au et Fe | Au à $— 180°$ (température de l'air liquide) et a trouvé qu'à *une température aussi basse la grandeur e est évanouissante* ; par exemple, elle tombe pour Zn | Au de $0,88$ à la température ordinaire à $0,05$ à $— 180°$.

Une polémique intéressante s'est élevée entre LORD KELVIN et LODGE : le premier défendait la théorie du contact, le second soutenait que e est égal à zéro (voir ci-dessus). LORD KELVIN se référait entre autres aux travaux d'ERSKINE-MURRAY (1898) qui, par la méthode de compensation, a trouvé qu'en recouvrant les surfaces des métaux d'une couche isolante (cire, verre), leurs points de contact restant seuls à découvert, on n'influe pas sur la valeur de e, qui dépend cependant à un haut degré de l'état de la surface, du degré de son poli par exemple.

J. Brown (1903) a trouvé que la grandeur $e = $ Zn | Cu devient nulle, quand de l'huile à 145° se trouve entre ces métaux ; il explique ce fait par la dissolution dans l'huile de la pellicule électrolytique, qui recouvre les métaux et doit être considérée comme la cause de la production de la grandeur e. Warburg (1904) a confirmé ce résultat. Il a constaté que e ne dépend pas de la nature du gaz environnant et devient presque nul dans un gaz parfaitement sec ; il tient la théorie du contact pour complètement réfutée.

La question reste donc ouverte. Il faut d'ailleurs se rappeler que toutes les expériences, qui manifestent l'existence de charges sur les métaux en contact, ne démontrent rien par elles-mêmes, car il ne s'agit pas de prouver l'existence des charges, dont personne n'a jamais douté, mais de chercher où est leur source.

Nous devons encore signaler une définition inexacte de la grandeur e, sur laquelle on s'est appuyé parfois. Comme, dans le passage de l'*unité* de quantité d'électricité d'un métal sur un autre, le travail $\pm e$ est dépensé, on admettait qu'à la surface de contact doit se dégager une quantité de chaleur $q = \pm e$. Edlund (1869-1871) tenait pour possible de trouver la grandeur e en mesurant q et il a trouvé qu'elle était très petite pour différents couples de métaux. Mais cette méthode est contestable ; nous avons établi à la page 214 la formule (33), qui montre que q est une fonction de e tout autre, plus compliquée ; *ce n'est que dans le cas où e est proportionnel à la température absolue* qu'on a la formule $q = \pm e$.

Les *isolants* (diélectriques) s'électrisent également, semble-t-il, à leur contact entre eux ou avec les conducteurs. Les premières expériences dans cette voie ont été faites par Davy, Fechner, Munk et A.-C. Becquerel. Des recherches plus précises sont dues à J. Thomson (1876), Ayrton et Perry (1878), Hoorweg (1880), Knoblauch (1901) et Hésénous (1901). On trouve, par exemple, que la cire en contact avec le soufre s'électrise positivement, et négativement en contact avec le caoutchouc, la gomme laque, le laiton, etc. Les isolants ne peuvent être ordonnés suivant une série de Volta et par suite, naturellement, ils ne suivent pas la loi de Volta. A. Coehn (1898) est arrivé à cette conclusion que celui des deux corps en contact, qui possède la plus grande constante diélectrique, s'électrise positivement. Comme l'a montré Heydweiller, cette règle ne s'applique en tout cas qu'aux isolants.

11. Recherche expérimentale de l'électrisation au contact des électrolytes avec les conducteurs de la première classe. — Nous avons parlé au § **6** de la théorie de Nernst qui, dans toute une série de cas particuliers, donne d'une manière bien définie la grandeur de la force électromotrice agissant au contact des électrolytes entre eux et avec les conducteurs de la première classe.

Nous avons en outre fait connaître au § **8** les méthodes de l'électromètre capillaire et des électrodes à gouttes qui, suivant quelques auteurs, permettent de mesurer la différence de potentiel au contact d'un métal avec un électrolyte. Nous allons considérer ici dans leur ordre historique, comme nous l'avons fait dans le paragraphe précédent, les résultats des différentes mesures de cette différence de potentiel.

L'existence d'une électrisation au contact d'un métal avec un électrolyte liquide peut être démontrée de la manière suivante. Sur un électroscope sensible (*fig.* 93) est vissé un plateau horizontal du métal à étudier, en zinc par exemple ; ce plateau n'est pas visible sur la figure, il a même grandeur que le disque a et l'extrémité inférieure du fil d est en contact avec lui. On pose sur le plateau de zinc une plaque b de verre ou de mica, d'un diamètre un peu plus grand, et sur celle-ci une feuille de papier brouillard a imprégnée du liquide étudié, d'eau par exemple. On peut aussi étendre avec un pinceau une couche de liquide sur la surface de b. On touche ensuite, avec le fil de zinc isolé d, simultanément le disque inférieur et la couche de liquide en c ; les charges se rassemblent des deux côtés de la plaque b. Si on éloigne le fil d et si on enlève la plaque b en même temps que le liquide, on obtient dans l'électroscope

Fig. 93

une déviation, produite par la charge du plateau métallique inférieur. Lorsqu'on remplace l'électroscope par un électromètre, on peut, en outre du signe, déterminer aussi la grandeur de la charge. L'un et l'autre dépendent de la nature du métal et du liquide.

Cette méthode a été en particulier appliquée par Buff (1842). Il a trouvé que tous les métaux s'électrisent négativement dans l'eau et dans une solution de potasse caustique ; Pt et Au seuls s'électrisent positivement dans de l'acide sulfurique très dilué ; dans l'acide azotique concentré, le zinc devient très faiblement négatif, Pt, Au, Cu, Fe positifs, etc.

Les liquides en contact avec les métaux ne suivent pas la loi de Volta, comme le montre l'exemple suivant : $H^2O \mid Zn > H^2O \mid Cu$, c'est-à-dire $Cu \mid H^2O + H^2O \mid Zn > o$; si H^2O en contact avec Zn et Cu suivait la loi de Volta, nous aurions $Cu \mid H^2O + H^2O \mid Zn = Cu \mid Zn$, et par suite $Cu \mid Zn > o$, tandis que l'expérience donne $Zn \mid Cu > o$, et par suite $Cu \mid Zn < o$.

Hankel (1865) a comparé les valeurs de $M \mid H^2O$, où M désigne un métal quelconque, avec la grandeur $Zn \mid Cu$, par une méthode analogue à celle qui vient d'être décrite. Le plateau de cuivre inférieur était remplacé par un large entonnoir rempli d'eau et communiquant avec un tube vertical, renfermant également de l'eau ; dans ce dernier, plongeait le métal M mis à la terre. Sans entrer dans plus de détails, remarquons que les expériences de Hankel ont manifesté une influence extraordinairement grande de l'état de la surface du métal. Selon que la plaque polie, fraîchement préparée, était seulement plongée dans le liquide ou qu'elle y séjournait quelque temps (10 à 30 minutes), ou qu'elle était conservée un certain temps à l'air avant d'être plongée dans l'eau, des nombres extrêmement différents étaient obtenus : les mêmes différences étaient observées, en comparant des métaux polis avec des métaux travaillés à la lime. En posant Zn | Cu = 100, HANKEL a trouvé des nombres qui oscillaient, par exemple pour Pt entre + 14 et — 16, pour Au entre 10 et — 19, pour Pd entre + 3 et — 23, pour le laiton entre + 8 et — 116, pour Fe entre + 27 et — 23, pour Zn entre — 16 et — 45, pour Al entre — 25 et — 78, pour Hg entre — 6 et — 30, etc.

GERLAND (1868, 1885) s'est servi d'une méthode analogue à celle de KOHLRAUSCH décrite à la page 247 ; l'un des plateaux horizontaux d'un condensateur était remplacé par une plaque de verre, sur laquelle reposait une feuille de papier brouillard imprégnée d'eau. Les valeurs numériques obtenues par HANKEL et GERLAND ne concordent pas, ce qui n'est pas étonnant d'après ce qui vient d'être dit sur l'influence de l'état de la surface du métal.

KOHLRAUSCH a déterminé d'une manière analogue la grandeur e, dans le cas du contact des métaux avec les solutions de sels et d'acides. Quelques-uns de ses résultats sont indiqués dans le tableau de la page 240. Des expériences du même genre ont en outre été faites par CLIFTON, AYRTON et PERRY (1878), EXNER et TUMA (1888), GOURÉ DE VILLEMONTÉE (1890), PELLAT (1889) et d'autres encore. AYRTON et PERRY se sont servis de la méthode décrite à la page 252, dans laquelle l'un des plateaux métalliques est remplacé par une soucoupe plate en porcelaine, remplie du liquide étudié.

Nous avons décrit au § **8**, page 226, l'*électromètre capillaire* et la *méthode des électrodes à gouttes*, et nous avons énuméré les auteurs qui les ont employés et les raisons qui s'opposent à ce qu'on les applique à la détermination de la différence de potentiel entre les métaux et les électrolytes. Il nous reste maintenant à indiquer brièvement les résultats obtenus par les auteurs que nous avons mentionnés.

OSTWALD (1887) a trouvé que Zn et Cd sont négatifs dans tous les acides, Cu, Sb, Bi, Ag et Hg positifs. Dans tous les oxacides dilués (acides sulfurique, azotique, phosphorique, formique, acétique, oxalique, etc.), l'électrisation d'un métal donné est la même. PASCHEN et ROTHMUND ont mesuré la différence de potentiel e entre le mercure (ainsi qu'entre les amalgames liquides) et les électrolytes. Il a été constaté que, pour une faible teneur en métal dissous dans le mercure (0,01 $^0/_0$), les amalgames donnent les mêmes valeurs pour e que les métaux purs eux-mêmes. PASCHEN a trouvé, pour le mercure et l'acide sulfurique faible, $e = 0,840$ volt ; ROTHMUND, qui saturait l'acide avec du sulfure de mercure, a obtenu $e = 0,926$ volt. Pour l'amalgame de cuivre, ROTHMUND a trouvé $e = 0,445$ volt ; pour l'amalgame de zinc, $e = — 0,587$ volt.

On a fait la remarque récemment qu'on obtient des liquides parfaitement déterminés, quand on part de solutions *normales* qui renferment un équivalent-gramme de la substance dissoute par litre d'eau ; on écrit, pour abréger, solutions n.

OSTWALD a proposé de comparer les forces électromotrices de différentes *électrodes*, c'est-à-dire de différentes combinaisons de conducteurs de la première classe et d'électrolytes, avec une *électrode normale* et de construire celle-ci de la façon suivante. Dans un flacon en verre (*fig.* 94), on verse du mercure qu'on recouvre d'une couche de calomel ; on remplit ensuite le vase d'une solution n (ou d'une solution $\frac{1}{10} n$) de chlorure de potassium. Le bouchon du flacon est traversé par un fil de platine, isolé par un tube de verre et allant jusqu'au mercure, ainsi que par un tube de verre avec raccord en caoutchouc, rempli de la même solution. La force électromotrice de cette électrode s'élève,

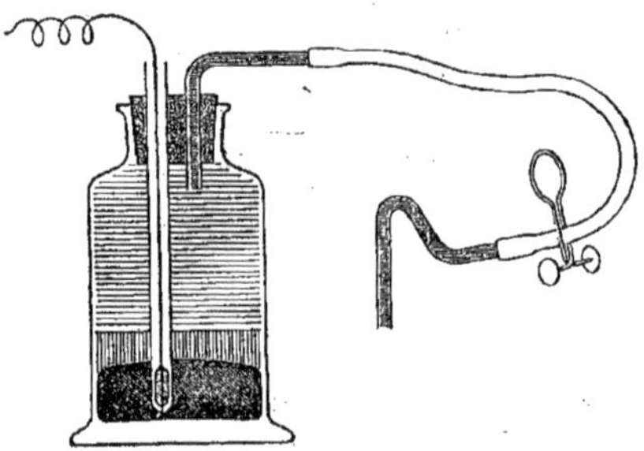

Fig. 94

d'après les mesures de PALMAER (1907) à 0,5732 volt. Le travail de PALMAER contient une bibliographie complète sur les phénomènes électrocapillaires et les électrodes à gouttes depuis 1875 jusqu'en 1906.

Après avoir considéré les résultats des expériences relatives au contact des métaux avec les électrolytes, nous allons passer aux recherches faites dans le cas où *deux métaux A et B se trouvent l'un auprès de l'autre dans un électrolyte* S. La force électromotrice d'une telle combinaison est égale à A | S + S | B. Désignons cette grandeur par (A, B). Si on place deux à deux trois conducteurs A, B et C de la première classe *dans un même électrolyte* S, on obtient trois grandeurs : (A, B) = A | S + S | B, (B, C) = B | S + S | C et (A, C) = A | S + S | C ; comme S | B + B | S = 0, on a évidemment (A, B) + (B, C) = (A, C). C'est du reste la combinaison suivante A | S + S | B + B | A, qui est plus compliquée et représente une *chaîne régulièrement ouverte*, que l'on a soumise aux recherches expérimentales. Nous avons vu au § 3 qu'une telle combinaison satisfait à la même formule

$$(54) \qquad (A, B) + (B, C) = (A, C),$$

si on introduit la notation symbolique A | S + S | B + B | A = (A, B).

La formule (54) montre que les métaux peuvent être ordonnés, par rapport à un *électrolyte déterminé*, suivant une série analogue à celle de VOLTA, de sorte que chaque métal combiné *à l'intérieur de cet électrolyte* avec un des précédents s'électrise négativement, et avec un des suivants positivement. La distribution des métaux dans une telle série dépend de la nature de l'électrolyte S. Beaucoup de physiciens se sont occupés de la question de cette distribution des métaux, par exemple Fechner (solution aqueuse de NaCl), Davy (solutions de H^2SO^4, KOH, K^2S), Faraday (solutions de H^2SO^4, $HAzO^3$, HCl, KOH, K^2S), Poggendorff (solutions de H^2SO^4, AzH^4Cl, KCy), De la Rive ($HAzO^3$), Schœnbein ($HAzO^3$), etc. Voici quelques-unes de ces séries :

Eau. Fechner : Zn, Pb, Sn, Fe, Sb, Bi, Cu, Ag, Au ; Matthiessen : K, Na, Ca, Mg.

Solution de H^2SO^4. Faraday : Zn, Cd, Sn, Pb, Fe, Ni, Bi, Sb, Cu, Ag.

Solution de KOH. Faraday : Zn, Sn, Cd, Sb, Pb, Bi, Fe, Cu, Ni, Ag.

Solution de K^2S. Faraday : Cd, Zn, Cu, Sn, Sb, Ag, Pb, Bi, Ni, Fe.

Solution de KCy. Poggendorff : Zn, Cu, Cd, Sn, Ag, Ni, Sb, Pb, Hg, Pd, Bi, Fe, Pt, C.

Acide azotique concentré. De la Rive : Sn, Zn, Fe, Cu, Pb, Hg, Ag, Fe.

Il va de soi que ces séries doivent aussi dépendre à un haut degré de l'état physique et chimique des surfaces des métaux.

De nombreuses études détaillées ont en outre été faites sur la combinaison de deux conducteurs et d'un électrolyte. Nous allons indiquer ici quelques-uns des résultats obtenus.

Les *peroxydes* se trouvent en général à l'extrémité des séries, c'est-à-dire sont négatifs, quand on les combine à l'intérieur d'un électrolyte quelconque avec des métaux ; les oxydes de Cu, Fe et Pb sont également négatifs en combinaison avec les métaux purs. Les *sels fondus*, ainsi que le verre et le mica chauffés, peuvent jouer le rôle de l'électrolyte S et donnent même des différences de potentiel remarquables. Oberbeck et Edler (1891) ont étudié la combinaison Hg — S — Am, où Am désigne un *amalgame*, qui renferme en général de petites quantités d'un autre métal M. On a constaté que, pour un très grand nombre de solutions S de sels et d'acides, l'ordre de succession des métaux M, dont les amalgames donnent des différences de potentiel décroissantes avec le mercure, est le même, savoir : Zn, Cd, Sn, Pb, Bi. Le métal du sel, lorsqu'il n'est pas identique au métal M, n'a presque aucune influence ; mais quand le métal du sel est le métal M lui-même, la différence de potentiel diminue. Par exemple, l'amalgame de cadmium donne dans les solutions de NaBr, KBr, et $ZnBr^2$ les valeurs 0,630, 0,641 et 0,624 volt, et dans une solution de $CdBr^2$ la valeur plus petite 0,561 volt.

Le charbon et le sodium métallique donnent des forces électromotrices extraordinairement grandes qui, pour quelques liquides, atteignent jusqu'à 4,5 volts, comme l'a montré Corminas. Hoorweg et Righi ont trouvé qu'en remplaçant l'électrolyte par de très mauvais conducteurs liquides, tels que la cire, la stéarine, la laque, le soufre fondus ou différentes huiles, on obtient également parfois des forces électromotrices assez importantes.

Au type considéré appartiennent encore les éléments de *concentration* d'espèce particulière, *composés d'un liquide et de deux amalgames*, qui se distinguent les uns des autres par le degré de concentration du métal dissous. La théorie de Nernst nous a donné pour ces éléments la formule (45), page 223. G. Meyer (1891) a étudié les combinaisons Zn et $ZnSO^4$, Cd et CdI^2, Sn et $SnCl^2$, Cu et $CuSO^4$, Na et NaCl, Na^2CO^3, Na^2SO^4, Pb et acétate de plomb, les métaux se trouvant dans deux amalgames de concentration différente. Les mesures ont donné des résultats, qui concordent parfaitement avec la formule de Nernst (45).

Aux combinaisons du type considéré appartient aussi la célèbre *pile de* Volta, dans laquelle, pour la première fois, on a obtenu une *multiplication* de la force électromotrice en groupant à la suite l'une de l'autre une série de combinaisons identiques de corps différents. La pile de Volta, que nous supposerons placée *verticalement*, se compose d'un grand nombre de disques de cuivre et de zinc empilés, une rondelle de drap imprégnée d'eau ou mieux d'une solution diluée d'acide sulfurique, de sel de cuisine, de sel ammoniac, etc., étant interposée entre chaque paire de disques métalliques; nous désignerons le liquide par S. Tous les disques doivent être disposés dans le même ordre; sur la rondelle de drap doit, par exemple, se trouver toujours un disque de cuivre ou toujours un disque de zinc. On obtient ainsi, en particulier, l'ordre suivant

$$(55) \quad Cu - Zn - S - Cu - Zn - S - Cu - Zn - S - Cu - \text{etc.}$$

Le potentiel peut croître ou décroître de bas en haut; cela ne dépend pas du tout des disques (Cu, Zn ou S), *qui se trouvent aux extrémités de la pile*, mais seulement de leur ordre de succession, c'est-à-dire de la nature du disque (Zn ou Cu) qui repose directement sur S. Le potentiel croît toujours dans la direction de S vers Cu ou, ce qui est la même chose, de Cu vers Zn, ou de Zn vers S. Avec la distribution (55), de même que, par exemple, dans la suivante S — Cu — Zn — S — Cu — Zn — S — etc., le potentiel *croît* de bas en haut. Dans la distribution

$$(55, a) \quad Cu - S - Zn - Cu - S - Zn - Cu - S - Zn - Cu - \text{etc.},$$

ou, par exemple, dans la suivante Zn — Cu — S — Zn — Cu — S — Zn — etc., le potentiel *décroît* de bas en haut. Une pile régulièrement construite doit commencer et finir par le même disque, S étant également considéré comme un tel disque. Si on appelle *couple* l'ensemble de deux disques métalliques et d'une rondelle de drap mouillé, une pile formée de n couples doit comprendre $3n + 1$ disques. Le plus naturel est de commencer et de finir avec du cuivre, car ordinairement on fixe aux extrémités de la pile des fils de cuivre. Dans ce cas, la pile peut avoir en bas un disque de cuivre et en haut un disque de zinc et comprendre en tout $3n$ disques, le fil de cuivre supérieur remplaçant le disque de cuivre supérieur. Soit E la force électromotrice de la pile, c'est-à-dire la différence de potentiel entre ses extrémités. Supposons que les potentiels croissent de bas en haut, c'est-à-dire que Zn repose directement *sur* Cu. On peut considérer toute la pile comme décomposée en n parties égales, que nous appellerons *éléments*; désignons par e la force électromotrice de chacun de ces éléments; entre les éléments n'existe aucune force électromotrice, de sorte que l'on a E $= ne$. Il faut envisager la limite entre deux éléments voisins comme placée *au milieu de l'un des disques*, à savoir d'un disque dont la substance est celle avec laquelle commence et finit la pile (ordinairement Cu). Chaque élément commence et finit ainsi par la même substance et se compose, à l'exception des deux éléments extrêmes, de deux disques entiers et de deux moitiés de disque. Une pile formée par exemple de quatre éléments se décompose suivant le schéma suivant, lorsqu'aux extrémités se trouve Cu :

(55, *b*) Cu — Zn — S — Cu | Cu — Zn — S — Cu | Cu — Zn — S — Cu |
$$| \text{Cu} - \text{Zn} - \text{S} - \text{Cu}.$$

Le signe Cu | Cu représente ici un disque entier partagé par la pensée en deux moitiés. Si aux extrémités de la pile se trouve Zn ou S, on obtient les divisions suivantes :

(55, *c*) Zn — S — Cu — Zn | Zn — S — Cu — Zn | Zn — S — Cu — Zn | Zn — S — Cu — Zn,
(55, *d*) S — Cu — Zn — S | S — Cu — Zn — S | S — Cu — Zn — S | S — Cu — Zn — S.

La valeur de e, et par suite aussi de E, est dans tous les cas la même, car on a évidemment :

$$\text{Cu} | \text{Zn} + \text{Zn} | \text{S} + \text{S} | \text{Cu} = \text{Zn} | \text{S} + \text{S} | \text{Cu} + \text{Cu} | \text{Zn} = \text{S} | \text{Cu} + \text{Cu} | \text{Zn} + \text{Zn} | \text{S}.$$

Il est clair que la fixation aux extrémités de la pile de deux fils de cuivre ou de deux autres fils de même nature ne change pas la valeur de E dans les deux derniers schémas, puisqu'on a Cu | Zn + Zn | Cu = o et Cu | S + S | Cu = o. On comprend maintenant également pourquoi E ne dépend pas de la nature des disques qui se trouvent aux extrémités de la pile, mais seulement de leur distribution caractérisée comme ci-dessus. On ne doit en aucun cas considérer comme des éléments de la pile les combinaisons de disques trois à trois (par exemple Cu — Zn — S), car entre les combinaisons voisines agissent encore alors des forces électromotrices (par exemple S | Cu).

Si on admet que les potentiels croissent de bas en haut, l'extrémité inférieure de la pile est appelée *négative*, l'extrémité supérieure *positive* ; les extrémités sont aussi parfois nommées les *pôles* de la pile. Lorsqu'on met l'un des pôles à la terre, l'autre est électrisé conformément à sa dénomination. Quand on met à la terre l'un des disques du milieu, celui du bas est électrisé négativement, celui du haut positivement.

On construit quelquefois la pile de façon qu'elle renferme un nombre entier de couples ($3n$ disques), c'est-à-dire qu'on ne met pas en place le dernier disque, voir les schémas (55, *b*, *c*, *d*). Dans ce cas, le nombre des éléments n'est pas complet et on a pour les trois schémas E = ne — S | Cu, E = ne — Cu | Zn, E = ne — Zn | S. *Le signe de l'électricité aux extrémités de la pile est le même dans les trois schémas (55, b, c, d) et reste sans changement, si on enlève un ou deux disques.* Il est clair par suite que Cu et Zn peuvent, quand ils se trouvent aux extrémités de la pile, servir aussi bien de pôle positif que de pôle négatif.

Volta, Dellmann, Peltier, Péclet, Ritter, Fechner, Biot, Erman, Jäger, Branly (1873) et en particulier Angot (1874) se sont occupés de l'étude théorique et expérimentale de la pile.

Une variante de la pile de VOLTA est représentée par ce qu'on appelle les *piles sèches*, dont la dénomination n'est pas très justement choisie. Elles diffèrent de la pile de VOLTA surtout en ce que la couche liquide (drap imbibé de liquide) est remplacée par une couche sèche en apparence, mais renfermant toujours en réalité, ne serait-ce que des traces d'un liquide, par exemple des traces d'eau de l'air ambiant toujours plus ou moins humide. Des piles sèches ont été construites par BEHRENS, ZAMBONI, BOHNENBERGER, JÄGER, RIFFAULT, MARÉCHAUX, DE LUC, etc.

BEHRENS a construit sa pile avec deux métaux (Zn et Cu ou feuille d'étain et laiton) et des feuilles de papier doré, d'abord trempées dans une solution de sel de cuisine, ensuite séchées. La pile de ZAMBONI se compose de disques de papier argenté (alliage de Sn et Zn) et doré (cuivre), ainsi que de papier argenté recouvert du côté blanc par une couche de peroxyde de manganèse. Les extrémités des piles sèches, qui sont formées d'un grand nombre de ces disques (2000 par exemple), sont constamment chargées d'électricité de noms contraires. Lorsqu'on enlève ces charges, elles se rétablissent assez lentement. Si on dessèche complètement une pile dite sèche, elle cesse d'agir, comme l'ont montré ERMAN et PARROT. Dans l'air ordinaire humide, les piles sèches restent actives pendant plusieurs dizaines d'années. Nous considérerons plus loin l'emploi des piles sèches dans la construction des électroscopes sensibles. A la page 28 a déjà été décrit l'électroscope de FECHNER (*fig.* 8), qui renferme une pile sèche disposée horizontalement.

12. Étude expérimentale de l'électrisation au contact de deux électrolytes. — Nous avons appliqué la théorie de NERNST, page 217, au calcul de la force électromotrice de contact entre les solutions qui ne diffèrent que par leur degré de concentration, et nous avons mentionné qu'entre autres PLANCK a étendu l'application de cette théorie au cas le plus général du contact entre deux liquides différents, n'agissant pas chimiquement l'un sur l'autre.

Occupons-nous maintenant des résultats des études expérimentales relatives à cette question. NOBILI le premier a observé l'apparition d'une force électro-

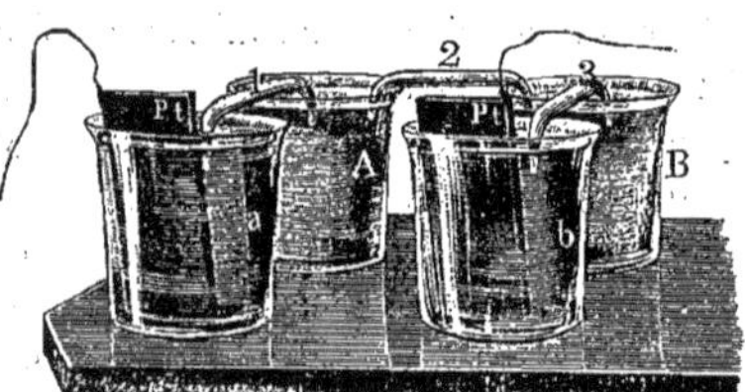

Fig. 95

motrice au contact des liquides. Plus tard FECHNER (1838) s'est servi de la méthode suivante. Il prenait quatre verres (*fig.* 95), dont deux a et b étaient remplis avec un liquide (S), A avec un liquide (S$_1$) et B avec un troisième (S$_2$). Des trois siphons qui réunissaient les verres, les siphons 1 et 3 contenaient le liquide S, remplissant a et b; le siphon 2 contenait l'un des deux liquides versés dans A et B. En outre, dans a et b, étaient plongées deux lames de platine, dont on mesurait la différence de potentiel e. Comme les deux lames se trouvaient dans un même liquide, le contact du platine avec ce liquide n'influait pas sur la valeur de e, qui se composait de trois parties : $e = S \mid S_1 + S_1 \mid S_2 + S_2 \mid S$. Lorsque les liquides agissent chimiquement l'un sur l'autre, l'une de ces trois parties doit être décomposée en deux. Quand les solutions S_1 et S_2 donnent une nouvelle solution S', $S_1 \mid S_2$ doit être remplacé par la somme $S_1 \mid S' + S' \mid S_2$; par exemple, pour $S_1 = KOH$ et $S_2 = HAzO^3$, on choisit comme couche intermédiaire $KAzO^3$. La simple existence de la grandeur e pour un grand nombre de combinaisons montre que les liquides en contact *ne suivent pas en général la loi de* VOLTA. Exception doit être faite pour quelques solutions de sels isomorphes, de constitution analogue ; on a, par exemple :

$$KCl \mid KBr + KBr \mid KI + KI \mid KCl = 0.$$

Ceci montre que les solutions de KCl, KBr et KI en contact entre elles suivent la loi de VOLTA. Il en est de même pour beaucoup de sels du type MSO^4, M^2SO^4 (à l'exception du sel d'ammonium), $MAzO^3$, $M(AzO^3)^2$, MCl et MCl^2.

WILD a évité l'emploi de siphons en se servant de l'appareil représenté par la figure 96. Au fond d'une cuvette A sont fixés deux tubes verticaux, fermés en bas par deux mêmes fonds métalliques. On verse d'abord un même liquide dans les deux tubes, puis avec précaution un autre dans le tube de droite, et enfin un troisième dans le vase A et dans la partie supérieure du tube de gauche. On mesure la différence de potentiel des fonds métalliques ; si on trouve qu'elle est nulle, cela signifie que les liquides suivent la loi de VOLTA. S. SCHMIDT a employé un appareil analogue.

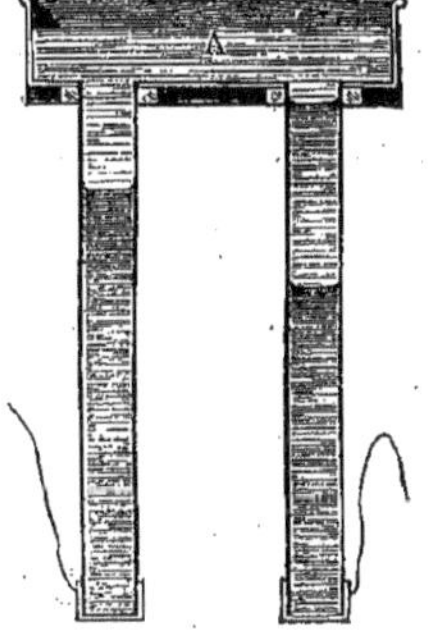

Fig. 96

Des mesures quantitatives ont été effectuées par KOHLRAUSCH (1850), E. DU BOIS-REYMOND (1867), WORM-MÜLLER (1870), BICHAT et BLONDLOT (1883, 1885), GOURÉ DE VILLEMONTÉE (1890), PASCHEN (1890), CHANOZ (1907) et d'autres encore.

WORM-MÜLLER a trouvé que la combinaison eau-acide-alcali-eau peut donner des forces électromotrices e notables, allant jusqu'à $0,5$ volt, si on prend par exemple de la soude caustique et l'un des acides HCl, $HAzO^3$, H^2SO^4. Il a constaté en outre que, pour la série formée d'un acide, d'un alcali et d'une solution de sel, de même composition et de même concentration que dans la combinaison des deux premiers, on obtient $e = 0$. Mais si on change la concentration de la solution, on trouve une valeur de e différente de zéro. L'acide s'électrise positivement au contact de l'alcali ou de la solution de sel, la solution de sel étant positive par rapport à l'alcali.

BICHAT et BLONDLOT ont mesuré par deux méthodes la différence de potentiel $e = S_1 \mid S_2$ de deux liquides S_1 et S_2 en contact. La première de ces méthodes rappelle celle de Fechner ; dans la seconde, ils ont employé l'électromètre capillaire et ont déterminé d'abord les grandeurs $S_1 \mid Hg$ et $S_2 \mid Hg$, en s'appuyant sur la théorie d'après laquelle le maximum de tension superficielle s'obtient quand les potentiels du liquide et du mercure sont égalisés par polarisation artificielle. Ils ont déterminé ensuite la grandeur $Hg \mid S_1 + S_1 \mid S_2 + S_2 \mid Hg$, en mettant dans l'électromètre le liquide S_2. On obtient de cette manière la grandeur $S_1 \mid S_2$. Les résultats trouvés par les deux méthodes ont été totalement différents ; ainsi, pour deux solutions de H^2SO^4 et Na^2SO^4, la première méthode a donné $e = H^2SO^4 \mid Na^2SO^4 = + 0,129$ volt, la seconde $e = -0,20$ volt. Bichat et Blondlot attribuent la différence à ce que, dans le premier cas, les liquides se trouvant en contact avec l'air, il apparaît de nouvelles forces électromotrices.

Paschen (1890) s'est servi de la méthode des électrodes à gouttes, que nous avons considérée en détail pages 234 et suivantes. Il a trouvé, par exemple, $CuSO^4 \mid ZnSO^4 = 0,46$ volt.

Beaucoup de physiciens ont vérifié la différence de potentiel E au contact de deux solutions de concentration différente. Paschen a mesuré la grandeur E par la méthode des électrodes à gouttes et il a trouvé que, pour les solutions de $ZnSO^4$, KCl et HCl, une solution très diluée, et pour la solution de $CuSO^4$ au contraire, une solution très concentrée manifestent un potentiel plus élevé.

Chanoz (1907) a montré que la différence de potentiel à la limite de deux liquides doit dépendre, de ce que, dans la couche intermédiaire qui se forme par diffusion, le passage d'un liquide à l'autre peut être continu ou discontinu. Il a étudié des combinaisons telles que la suivante :

$$\text{Solution 1} \mid \text{Solution 2} \mid \text{Solution 1'.}$$

Les solutions 1 et 1' étaient identiques, mais le passage était continu entre 1 et 2, discontinu entre 2 et 1'. Cette combinaison a donné dans beaucoup de cas une force électromotrice mesurable, par exemple quand 2 étant de l'eau pure, au contraire 1 = 1' était une solution qui contenait plus de deux ions (mélange), ou quand 1 et 2 se distinguant seulement par la concentration, renfermaient aussi plus de deux ions ; mais lorsque 1 et 2 contenaient seulement deux ions, aucune force électromotrice ne prenait naissance.

Nous avons exposé, page 217, la théorie de Nernst, qui conduit à la formule (39) pour la grandeur E. Des vérifications expérimentales de cette formule ont été entreprises par Nernst (1890), Negbauer (1891) et d'autres encore ; ils ont obtenu des résultats tout à fait satisfaisants. Pour deux solutions de H^2SO^4, dont les concentrations sont dans le rapport de 1 à 10, la théorie de Nernst donne la valeur $E = 0,042$ volt ; Couette a trouvé dans ses expériences $E = 0,055$ volt ; deux solutions de $ZnSO^4$ ont donné également des résultats concordants.

Après avoir considéré le cas du contact d'un électrolyte avec un métal et celui de deux électrolytes entre eux, nous pouvons maintenant passer au

contact de deux électrolytes S_1 *et* S_2 *avec un métal* A. La force électromotrice E
est alors

$$E = A \mid S_1 + S_1 \mid S_2 + S_2 \mid A.$$

Le cas où S_1 et S_2 sont des solutions de même nature, mais de *concentration
différente*, le métal A entrant dans la composition du sel dissous, présente un
intérêt particulier ; E représente alors en effet la force électromotrice d'un *élément de concentration*, dont la théorie a été développée pour la première fois par
HELMHOLTZ (1877) et ensuite par NERNST (1888). Nous avons établi à la page
222 la formule (44), qui permet de calculer la valeur de E pour un élément
de concentration. Déjà, avant les savants précédents, des études expérimentales d'éléments analogues avaient été entreprises (en partie aussi pour le cas
où A n'entre pas dans la composition du sel, ou lorsque S est la solution d'un
acide) par WALKER (1825), FARADAY (1840), BLEEKRODE (1871), ECCHER (1865,
publié en 1879), KITTLER (1881), PAGLIANI (1886) et d'autres encore. ECCHER
a trouvé que, pour des substances données, E ne dépend pas des valeurs
absolues des concentrations c_1 et c_2 des deux solutions, mais seulement du
rapport $c_1 : c_2$ de ces grandeurs, comme l'exige aussi la formule (44) de
NERNST.

La formule d'HELMHOLTZ, dont l'identité avec la formule de NERNST peut
être démontrée *pour des solutions très diluées*, a été vérifiée par HELMHOLTZ lui-
même et par MOSER (1881) ; ce dernier a fait porter ses recherches sur les
solutions de CdI^2, $ZnSO^4$ et $CuSO^4$, et une concordance parfaite des résultats
avec ceux calculés par la formule a été reconnue. La formule de NERNST a été
vérifiée par de nombreux physiciens, entre autres par NERNST lui-même, par
JAHN, LEHFELDT, etc. Comme exemple, nous citerons la chaîne formée de deux
solutions de $AgAzO^3$ entre des électrodes de Ag ($c_1 : c_2 = 10$) ; l'expérience
donne $E = 0,055$ volt ; en introduisant dans sa formule une correction pour
tenir compte de ce que le degré de dissociation diminue dans une solution
plus concentrée, NERNST a trouvé par le calcul $0,057$ volt (sans cette correction, il avait obtenu $0,0608$ volt).

Une généralisation consiste dans la combinaison de *deux métaux* ou en général
de deux conducteurs A et B de la première classe *avec deux électrolytes* S_1 *et* S_2 ;
pour une telle combinaison, la force électromotrice E est exprimée par la
somme $E = A \mid S_1 + S_1 \mid S_2 + S_2 \mid B$ ou, si on choisit une chaîne régulièrement ouverte, par la somme $E = A \mid S_1 + S_1 \mid S_2 + S_2 \mid B + B \mid A$.
Nous avons exposé au § 4 la solution théorique de quelques questions qui se
rapportent à une combinaison de ce genre, et nous avons établi les formules
importantes (25), page 210, et (31), page 212. Nous renverrons, pour l'étude
des différentes espèces d'éléments, au Chapitre consacré aux phénomènes électrochimiques. Nous indiquerons simplement ici que toute une série de
recherches expérimentales ont démontré l'exactitude complète des formules
(25) et (31) ; nous reviendrons dans la suite sur ces recherches.

13. Contact des gaz avec les conducteurs de la première et de la seconde classes. — Nous avons indiqué à la page 246 que la différence de potentiel entre des métaux en contact est expliquée par quelques auteurs, Lodge par exemple, par la différence de potentiel qui prend naissance entre les métaux et les gaz qui les entourent, l'air par exemple. Nous avons en outre mentionné une série de recherches qui démontrent l'influence du milieu ambiant sur la différence de potentiel des métaux en contact.

Kohlrausch (1850), Ayrton et Perry (1880), Bichat et Blondlot (1883), Gouré de Villemontée et Kenrick (1896) ont déduit de leurs expériences qu'*entre des gaz et des liquides* en contact apparaît également une certaine différence de potentiel. Les deux derniers des physiciens ci-dessus se sont servis de la méthode des électrodes à gouttes ; Kenrick a trouvé que la diffé-rence de potentiel est particulièrement grande, quand on ajoute aux solutions des sels inorganiques (KCl) de petites quantités de substances organiques, par exemple de l'esprit de vin, de l'éther, du camphre, etc.

Un cas plus compliqué de contact, celui *entre métaux, gaz et liquides*, est représenté par ce qu'on appelle un *élément à gaz*, formé d'un liquide dans lequel plongent deux métaux identiques, en quelque sorte saturés de gaz différents.

Grove (1839) a le premier construit et étudié un élément à gaz. Dans les tubulures latérales d'un flacon à trois tubulures V (*fig.* 97), étaient disposés des tubes fermés à leur extrémité supérieure, qui contenaient de longues lames de platine reliées en haut à des fils de platine soudés dans les tubes. Tout le flacon ainsi que les tubes étaient remplis d'une solution diluée d'acide sulfu-

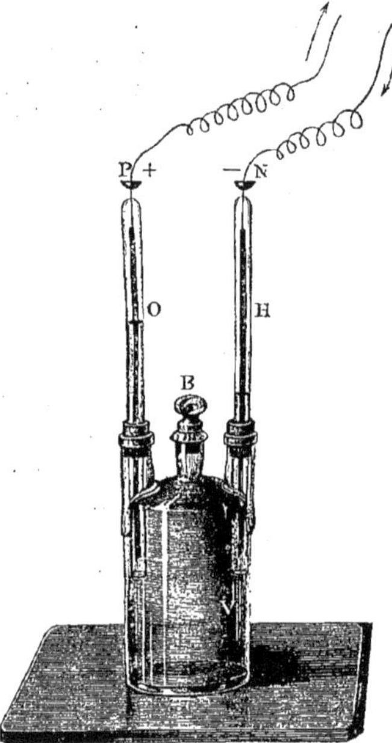

Fig. 97

rique. Au moyen d'un tube recourbé, on introduisait ensuite par l'ouverture B de l'oxygène O dans l'un des tubes latéraux, de l'hydrogène H dans l'autre. Un tel élément possédait une force électromotrice assez grande (de plus d'un volt), le platine qui se trouvait dans O jouant le rôle du pôle positif, c'est-à-dire ayant un potentiel plus élevé que le platine dans H.

Il va de soi que la source de la force électromotrice doit se trouver dans le liquide, mais non dans les parties supérieures des tubes où le platine est en contact direct avec les gaz. Ceci est démontré par le fait qu'on peut remplacer l'appareil de Grove par un autre, dans lequel les deux lames de platine plongent dans deux liquides séparés l'un de l'autre par une cloison poreuse, l'un des liquides étant saturé d'oxygène, l'autre d'hydrogène, comme l'ont montré Schönbein et d'autres. Lorsque dans l'appareil de Grove on remplit seulement un tube latéral d'hydrogène, on obtient également une force électromotrice e assez grande. Mais si on remplit seulement un tube d'oxygène, on trouve pour e une petite valeur, qui augmente toutefois rapidement, quand on ozonise l'oxygène.

Les phénomènes, qui se passent dans l'élément à gaz, montrent que du platine en quelque sorte saturé de gaz et du platine pur, plongés dans le même liquide, forment un élément qui a une force électromotrice déterminée. Ce qu'il y a d'essentiel dans l'élément à gaz ne consiste certainement pas dans le fait qu'une couche de gaz recouvre simplement et d'une manière mécanique la surface du platine, mais en ce que *le gaz pénètre (se diffuse) à l'intérieur du métal.*

Lorsqu'on prend d'autres gaz à la place de O et H, on constate que combinés entre eux et avec différents métaux, ils peuvent être intercalés dans la série même que forment les métaux quand on les combine deux à deux (page 243). La série prend la forme suivante : (Pt + Cl), (Pt + Br), (Pt + I), (Pt + O), (Pt + AzO), (Pt + CO^2), (Pt + Az), métaux qui ne décomposent pas l'eau, (Pt + C^{2}H^4), (Pt + éther), (Pt + alcool), (Pt + S), (Pt + P), (Pt + CO), (Pt + H), métaux qui décomposent l'eau. Il est remarquable que tous les métaux qui ne décomposent pas l'eau forment un groupe continu, entre les membres duquel ne s'intercale pas un seul des corps (Pt + gaz), et qu'il en est de même des métaux qui décomposent l'eau. C'est un fait très important que ces phénomènes se manifestent également, quand on prend du charbon *poreux*, mais non du charbon compact et non poreux à l'intérieur duquel les gaz ne peuvent pénétrer.

Des recherches expérimentales détaillées sur l'élément à gaz ont été faites par Beetz (1849), Peirce (1879), Markowsky (1891), Bose (1900) et Wulf (1904). Nous désignerons respectivement par Pt_H et Pt_o les lames de platine avec hydrogène et oxygène. Beetz a trouvé

$$Pt_H \mid H^2SO^4 \mid Pt = 0{,}826 \text{ volt}$$
$$Pt \mid H^2SO^4 \mid Pt_o = 0{,}190 \text{ »}$$
$$Pt_H \mid H^2SO^4 \mid Pt_o = 1{,}02 \text{ »} .$$

Markowski, dont les déterminations ont été faites avec beaucoup de soin, a obtenu

$$Pt_H \mid H^2SO^4 \mid Pt = 0{,}646 \text{ volt}$$
$$Pt \mid H^2SO^4 \mid Pt_o = 0{,}372 \text{ »}$$
$$Pt_H \mid H^2SO^4 \mid Pt_o = 1{,}02 \text{ »} .$$

Les deux observateurs ont trouvé la même valeur de 1,02 volt pour la combinaison Pt_H et Pt_o, bien que leurs valeurs pour les composantes soient différentes. On obtient aussi une force électromotrice dans le cas où les deux lames de platine sont recouvertes d'un même gaz, sous des *pressions différentes,* ce qu'on réalise facilement, en ajoutant à l'une des électrodes un gaz indifférent au gaz actif. De tels éléments ont été étudiés par Bose (1900), qui a du reste fait une étude générale et complète de l'élément à gaz envisagé à tous les points de vue ; il a trouvé entre autres que la force électromotrice produite par la présence d'un gaz dépend directement de la solubilité de ce gaz dans le métal qui forme l'électrode. Wulf (1904) a cherché comment la force électromotrice dépend de la *pression* et a reconnu que cette dépendance (jusqu'à 1 000 atm.) concorde avec la théorie d'Helmholtz.

14. Le frottement, comme source d'électricité. Triboélectricité.

— Nous avons étudié dans les §§ **3** à **13** le simple contact des corps, comme source d'électricité. Nous passons maintenant à l'examen des autres sources et nous nous occuperons d'abord du *frottement*. L'électrisation due au frottement des corps non conducteurs a fait connaître pour la première fois quelques-uns des phénomènes électriques les plus simples ; jusqu'à la fin du xviii° siècle, le frottement représentait l'unique source d'électricité, si on excepte l'*induction électrostatique*, que l'on peut également compter parmi les sources d'électrisation. La faculté que reçoit l'ambre frotté d'attirer les corps légers était déjà connue dans l'antiquité. Jusqu'en 1600, ce fait resta isolé dans le domaine illimité des phénomènes électriques qui nous sont aujourd'hui familiers. En 1600, Gilbert trouva que d'autres corps (soufre, résine, verre, pierres précieuses, etc.) acquièrent aussi par le frottement la faculté d'attirer les corps légers. Otto v. Guericke (1671) découvrit ensuite que ces corps légers, après contact avec les corps frottés, sont repoussés par ceux-ci. En 1694, Boyle observa que l'attraction est mutuelle, c'est-à-dire que de leur côté les corps frottés sont attirés par les corps environnants. Stephen Gray (1729) mit plus tard en évidence la différence entre les propriétés des conducteurs et celle des isolants et, pour la première fois, électrisa des conducteurs en les fixant à des isolateurs. En 1734, Dufay indiqua le premier qu'il y a deux sortes d'électricité et trouva les règles de leur action mutuelle. Winkler (1744) se servit le premier aussi d'un coussin en peau comme frottoir, et Canton (1762) recouvrit ce coussin d'un amalgame d'étain, que Kienmayer remplaça dans la suite par un amalgame d'étain et de zinc.

Le frottement de deux corps l'un contre l'autre les électrise tous deux, et leurs charges ont même grandeur, mais sont de signes contraires. L'électrisation due au frottement et l'apparition de charges de natures différentes peuvent être démontrées de la manière suivante : sur une pointe verticale (*fig.* 98) peut tourner librement une tige de verre, aux extrémités de laquelle sont fixés un disque de verre G et un disque de bois A, recouverts, sur une face, de cuir enduit d'amalgame. Deux disques identiques G_1 et A_1 sont fixés aux extrémités de tiges de verre. Si on frotte l'un contre l'autre A et G_1 ou G et A_1 (ou A et G, A_1 et G_1), G et G_1 s'électrisent positivement, A et A_1 négativement. En approchant à tour de rôle A_1 et G_1 de A et G, on peut se convaincre que A et A_1, G et G_1 ont des électrisations de même nom, A et G_1, A_1 et G des électrisations de noms contraires. De très nombreux physiciens ont étudié l'influence de diverses circonstances, telles que l'étendue des surfaces frottantes, la vitesse du mouvement, la grandeur de la pression dans le frottement, etc., sur l'électrisation obtenue. Ainsi, Riecke a trouvé que, les autres circonstances restant identiques, le maximum réalisable de densité de la charge est d'autant plus petit que les surfaces frottantes sont plus grandes.

Tous les corps peuvent être *rangés dans une série*, dans laquelle chacun frotté contre un des précédents s'électrise négativement, et contre un des sui-

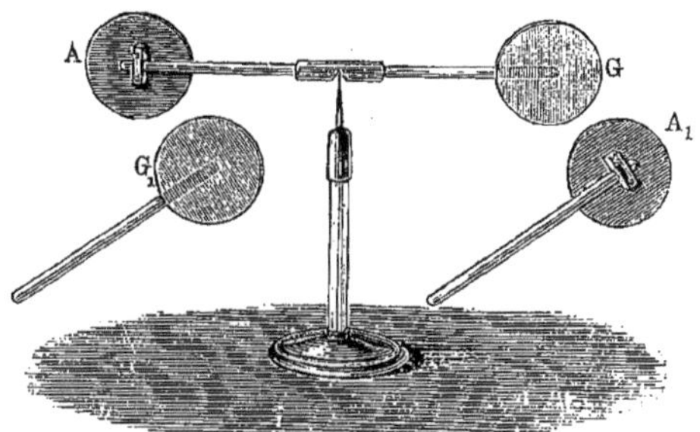

Fig. 98

vants positivement. De telles séries ont été établies par Wilcke, Young, Herbert, Faraday et d'autres encore. La série de Wilcke est la suivante : verre, laine, plumes, bois, vernis, cire blanche, verre dépoli, P, S, métaux. Faraday a donné la série suivante : fourrure de chat et d'ours, flanelle, ivoire, plumes, cristal de roche, flint-glass, coton, soie blanche, main de l'homme, bois, gomme laque, métaux (Fe, Cu, laiton, Sn, Ag, Pt), soufre. Il ne faut pas d'ailleurs perdre de vue que parfois des modifications insignifiantes dans les propriétés de la surface des corps, de même que la manière de frotter, la température, etc. influent à un haut degré sur la position d'un corps dans la série. Citons quelques exemples. Le verre dépoli frotté avec de la laine, du bois, du papier et avec la main sèche s'électrise négativement ; le verre ordinaire, au contraire, positivement. Si on frotte l'un contre l'autre du verre dépoli et du verre ordinaire, le premier devient (—), le second (+). Le verre ordinaire, après échauffement dans une flamme d'huile, d'éther, de soufre, de charbon, d'hydrogène, ainsi qu'après immersion dans H^2SO^4, HCl, $HAzO^3$, lavage et séchage, devient (—), quand auparavant il devenait (+). Frottée avec presque tous les corps, une surface fraîche de gutta-percha s'électrise (—), une surface ancienne (+). Un ruban de coton ou de soie s'électrise parfois différemment, suivant que le frottement a lieu dans le sens de la longueur ou dans le sens transversal. Il est particulièrement intéressant que des corps même identiques, tels que les deux morceaux d'un corps d'apparence homogène que l'on a brisé, se chargent d'électricités de noms contraires, quand on les frotte l'un contre l'autre. Le *coton-poudre* paraît être le plus négatif de tous les corps. La glace frottée contre beaucoup de corps solides, ainsi qu'avec l'eau, s'électrise positivement.

Hésénous (1901) a étudié à de très nombreux points de vue comment l'électrisation par le frottement dépend des propriétés des corps choisis. Il a indiqué des cas où le frottement de corps tout à fait différents ne produit aucune électrisation (métal et certaines espèces de bois). Il a en outre déduit d'expériences faites avec GEORGIEWSKI (1902) que, *dans le frottement de deux corps chimiquement identiques, le plus dense s'électrise positivement.* L'augmentation de densité pouvait être réalisée par polissage (métaux, gypse, marbre, ébonite, bois, etc.) ou par déformation (compression pour le verre, extension pour la gomme) ; un disque d'ébonite fléchi, frotté avec un autre disque non déformé, donne (+) sur la face concave, (—) sur la face convexe. La *poussière*, qui glisse sur la surface d'un corps, dont elle provient (marbre, verre, neige), s'électrise négativement.

La série, dont il a été question ci-dessus et suivant laquelle on peut ranger les *diélectriques*, coïncide avec celle qu'on obtient en rangeant les mêmes corps d'après leur degré de dureté. Comme exemple, HÉSÉHOUS donne la série suivante : (+) diamant (10), topaze (8), cristal de roche (7), verre poli (5), mica (3), spath calcaire (3), soufre (2), cire $\left(< \frac{1}{4}\right)$ (—) ; les nombres placés entre parenthèses désignent le degré de dureté d'après l'échelle employée par les minéralogistes (Tome I). Dans le *contact* des métaux, on obtient exactement le phénomène inverse (voir page 244). Pour les *diélectriques liquides*, la substance, qui possède la plus grande tension superficielle ou la plus grande constante diélectrique (voir plus loin), accuse (+). Par *échauffement*, le diélectrique devient d'abord *négatif* par rapport à la même substance non chauffée ; mais à une température plus élevée, il devient *positif*. Ainsi, le soufre à 80° manifeste (—) et à 120° un fort (+), en contact momentané avec du soufre froid.

HÉSÉHOUS a trouvé également que, *sous l'influence du radium*, le verre, le quartz et le mica acquièrent rapidement la propriété de s'électriser positivement, quand on les frotte avec les mêmes substances non soumises au préalable à l'action du radium. L'ébonite, le soufre et le sélénium deviennent d'abord négatifs, mais ensuite également positifs, sous l'action prolongée du radium.

L'électrisation des métaux par le frottement a été étudiée par CAVALLO, HAÜY, DE LA RIVE, MACFARLANE, GAUGAIN, FARADAY, DESSAIGNES et beaucoup d'autres encore. DE LA RIVE a trouvé que tous les métaux s'électrisent négativement par frottement avec la main sèche, l'ivoire, la corne, le liège, le caoutchouc et la résine. Lorsque la surface du métal est recouverte d'une couche d'oxyde, on observe parfois aussi une électrisation positive. MACFARLANE et GAUGAIN ont trouvé que tous les métaux s'électrisent positivement dans le frottement avec du soufre. Il faut dire que les résultats obtenus par les différents observateurs sont extrêmement contradictoires. Le *mercure* s'électrise aussi, quand on y plonge et qu'on en retire rapidement une tige de verre, de cire à cacheter, de spath calcaire, etc. L'électrisation des *poudres* soumises au frottement présente un intérêt pratique. Quand on fait passer une poudre à travers un tamis ou un morceau de mousseline par exemple, cette poudre s'électrise en général ; ainsi, le soufre en fleur de même que le minium en poudre, tamisés séparément à travers de la mousseline, s'électrisent négativement ; mais, si on tamise un *mélange de soufre et de minium*, par suite du frottement entre les particules des deux substances, le soufre s'électrise négativement et le minium positivement. Lorsqu'on saupoudre avec ce mélange la surface d'un corps, dont différentes régions sont chargées d'électricités de noms contraires, le soufre se rassemble aux endroits qui sont électrisés positivement et le minium dans ceux où l'électrisation est négative. Il se forme de cette manière sur la surface des configurations de taches rouges et jaunes. On appelle en général de telles configurations des *figures de* LICHTENBERG, du nom du savant qui s'est surtout servi du saupoudrage pour étudier la distribution de l'électricité à la surface des isolants. VILLARSY (1788) a employé le premier un mélange de fleur de soufre et de minium. BUERKER (1900) a montré qu'un mélange de trois poudres — carmin, lycopode et soufre en fleur — donne de très beaux résultats. Les régions positives présentent des taches rouge vif, et les régions négatives des taches jaunes, dont les détails sont bien mieux visibles qu'en employant un mélange de soufre et de minium.

EBERT et HOFFMANN (1900) ont observé que les métaux (laiton, Al, Fe, Zn, Pb, Cu, Ag, Au, Pt, Pd, Sn) ainsi que les isolants (cire à cacheter, verre, bois, résine) plongés dans l'air liquide s'électrisent fortement, leur électrisation étant d'ailleurs négative. Ils se sont convaincus que la cause de cette électrisation doit être cherchée dans le frottement des corps considérés avec les petites particules de glace contenues dans l'air liquide. Il semble donc que presque tous les corps frottés avec de la glace très froide s'électrisent négativement.

Il n'apparaît pas que *les gaz secs et les vapeurs* (surchauffées) s'électrisent par frottement sur la surface des corps solides. En ce qui concerne le *frottement des gaz sur les liquides*, on peut citer l'expérience de LORD KELVIN, d'après laquelle les gaz s'électrisent en traversant de l'eau ou des solutions de sels. Dans le *frottement d'un gaz ou d'une vapeur renfermant des particules liquides*, il se produit parfois une électrisation très forte. Ce phénomène a été étudié pour la première fois par ARMSTRONG (1844) et ensuite par FARADAY, dont les recherches ont porté en particulier sur le frottement de la vapeur humide s'écoulant sous forte pression par des tubes de différentes substances. FARADAY a trouvé que l'air, qui renferme de la vapeur d'eau, de térébenthine ou d'huile d'olive, s'électrise par frottement sur du cuivre. L'électrisation de la vapeur d'eau, qui s'échappe d'une chaudière à l'air libre par un tuyau, dépend de la nature des gouttes contenues dans cette vapeur, ainsi que de la substance du tuyau. Dans la plupart des cas, la vapeur s'électrise positivement ; l'électrisation est particulièrement forte, lorque la vapeur doit s'écouler à travers un tuyau tortueux, dont la paroi intérieure est formée de certaines sortes de bois. La construction de la machine électrique d'ARMSTRONG que nous décrirons plus loin est basée sur ce phénomène. L'*acide carbonique liquide* s'électrise fortement aussi, quand il s'échappe d'une bouteille de fer par un tuyau ; mais, si on échauffe le tuyau de façon qu'il ne soit parcouru que par de l'acide carbonique gazeux, aucune électrisation ne se manifeste.

Jusqu'à présent, la question du mécanisme, par lequel prend naissance l'électricité dans le frottement, n'est pas résolue. Le plus probable est que *le frottement représente un cas particulier du contact des corps*, où se trouve particulièrement favorisée l'action des causes qui produisent en général l'électrisation au contact.

Hésénous a donné, pour l'électrisation des corps au contact, et par suite aussi pour l'électrisation par le frottement, une explication basée sur la théorie des électrons. Au contact des corps, la tension superficielle diminue, de sorte qu'une partie des électrons devient libre. Les électrons négatifs, étant les plus mobiles, doivent sortir plus rapidement du corps que les électrons positifs. Lorsque les corps en contact ne diffèrent que par leur densité, le plus dense dégage plus d'électrons et par suite s'électrise positivement. Il en est de même pour les diélectriques chauffés, dont la densité diminue quand la température s'élève. Mais, dans un fort échauffement, l'accroissement de dissociation, c'est-à-dire le dégagement plus rapide des électrons, prend la prépondérance, de sorte que le signe de l'électrisation change (page 266). Dans les métaux, la propriété de dégager des ions, qui diminue quand la densité du métal augmente, joue le rôle principal. Plus la constante diélectrique K d'une substance est grande, plus l'intensité de l'action mutuelle entre les électrons est faible, voir (11), page 33, et leur dégagement s'effectue avec d'autant plus de facilité. Par suite, dans deux diélectriques en contact, celui qui possède le plus grand K (page 251) s'électrise positivement.

On peut appeler l'électricité obtenue par le frottement *triboélectricité*. Cette dénomination avait d'abord été donnée à l'électricité qui apparaît, dans certaines circonstances particulières de frottement, entre des corps de nature différente ; mais on a reconnu dans la suite que, dans ce cas précisément, le rôle principal échoit à l'échauffement qui a lieu dans le frottement et qu'il se produit un phénomène thermoélectrique que nous envisagerons plus tard.

Le *grattage* et le *concassage* des corps constituent également des sources d'électricité. Beaucoup d'auteurs pensent qu'on peut les identifier, dans tous les cas, avec la source d'électricité considérée plus haut, le frottement. D'autres croient au contraire que l'arrachement mécanique qui a lieu dans le grattage et le concassage produit souvent une action tout autre qu'un frottement de surface. Lorsqu'on fait tomber les petits morceaux détachés par grattage d'un corps, sur une plaque métallique reliée avec un électroscope, il est facile de mettre en évidence leur état électrique. On trouve ainsi que la glace est électrisée positivement, ce qui est d'accord avec les expériences d'Ebert et Hoffmann mentionnées à la page 267. Pour d'autres substances, le résultat varie parfois suivant que le grattage est effectué avec un couteau émoussé ou tranchant ; dans le dernier cas, l'électricité du couteau a le temps de passer sur les particules raclées. Wüllner a trouvé que les particules détachées par grattage de la cire à cacheter sont quelquefois électrisées positivement.

Nous avons mentionné à la page 251 un travail de Coehn. La règle qu'il a formulée, d'après laquelle, dans le contact de deux corps, *celui qui possède la plus grande constante diélectrique s'électrise positivement*, s'applique aussi aux électrisations qui se manifestent dans le *frottement* des diélectriques.

15. Autres sources d'électricité. — Après avoir considéré le contact et le frottement, nous allons maintenant donner un *aperçu* des autres sources d'électricité, dont quelques-unes seront étudiées plus en détail dans d'autres parties de cet ouvrage. Nous parlerons aussi de phénomènes qui ont été regardés longtemps comme des sources d'électricité et le sont encore maintenant par quelques auteurs, mais qui évidemment ne doivent pas être considérés comme tels.

I. Passage des corps d'un état d'agrégation a un autre. — Nous mentionnons cette source d'électricité, reconnue aujourd'hui comme ne possédant pas d'existence propre, à cause de l'importance historique des longues luttes suscitées par la question de savoir s'il y a électrisation dans le passage des corps d'un état d'agrégation à un autre (la cristallisation exceptée, voir II ci-dessous), en particulier dans l'évaporation et dans l'ébullition. Beaucoup de physiciens, notamment Volta et plus tard Palmieri, ont affirmé que la vaporisation de l'eau était par elle-même une source d'électricité et que la vapeur produite est électrisée positivement.

Mais les recherches faites avec beaucoup de soin par de nombreux expérimentateurs (Blake, Kalischer, Petinelli) ont montré que même la vaporisation tumultueuse de l'eau pure n'est pas une source d'électricité. Lorsqu'on verse, dans un petit creuset chauffé au rouge, une goutte d'une solution saline quelconque (solution de $CuSO^4$, en particulier), cette goutte prend, comme on sait (Tome III), d'abord la forme sphéroïdale, et ensuite, quand la température du creuset s'est suffisamment abaissée, survient le contact direct avec la paroi, la vaporisation presque instantanée de la goutte, dont une partie est projetée dans tous les sens. Un électroscope relié avec le creuset indique à ce moment une électrisation assez forte. Il n'y a aucun doute que la source de cette électrisation réside dans le frottement entre les particules du liquide et le sel déposé sur la paroi du creuset, ainsi qu'entre le sel et cette paroi. L'électrisation du creuset est presque toujours négative ; elle est positive, quand la goutte renferme Br, I ou KOH.

II. Cristallisation. — La formation des cristaux représente aussi une source d'électricité très douteuse. Dans la solidification d'une substance fondue se manifestent souvent à la surface des charges électriques ; mais elles s'expliquent facilement par le *frottement* sur la paroi du vase de la substance à demi solidifiée, qui continue à se contracter et possède un autre coefficient de dilatation que le vase (par exemple, le soufre fondu dans un vase en verre). Il y a des cas où la formation de cristaux à l'intérieur d'une solution est accompagnée d'un dégagement de lumière rappelant les décharges électriques. Un phénomène de ce genre a été observé depuis longtemps dans la cristallisation de l'acide arsénique, de la potasse, de la soude et de quelques autres sels. Bandrowski a observé une lueur très intense, parfois même de faibles étincelles, à l'intérieur de solutions dans lesquelles se produisait une cristallisation très rapide, par exemple dans une solution saturée de NaCl, dans le mélange de l'eau avec l'alcool. Il est très possible que, dans ce cas aussi, la source de l'électrisation soit le frottement à l'intérieur de la solution. Il est également possible qu'une des autres sources d'électricité, qui se manifestent précisément dans les cristaux et que nous considérerons un peu plus loin (piézoélectricité et pyroélectricité), joue ici un rôle.

III. Réactions chimiques. — Nous avons vu que l'ancienne théorie chimique plaçait la source de l'électrisation des corps en contact dans un processus chimique se produisant directement entre les corps en contact ou entre ces corps et le milieu ambiant. La question de savoir si des réactions chimiques peuvent produire une électrisation des substances réagissantes ou des substances qui se forment dans la réaction, présente par suite un très grand intérêt. Actuellement, on peut considérer comme établi que *les réactions chimiques ne représentent pas par elles-mêmes une source d'électricité*, c'est-à-dire qu'il n'y a pas de réactions, dans lesquelles les substances réagissantes ou les produits de la réaction manifestent une électrisation que l'on doit attribuer à cette réaction chimique elle-même. Il existe, il est vrai, un grand nombre de cas où l'électrisation de l'un des corps réagissants est facilement mise en évidence par un électroscope relié avec ce corps : mais, si on étudie un tel phénomène de plus près, voici les conclusions auxquelles on est conduit.

Dans quelques cas, le *frottement*, qui a lieu durant la réaction entre les différents corps en présence, constitue la source véritable d'électricité ; telles sont les réactions accompagnées d'explosions. Dans d'autres cas, il se produit, pendant la réaction, un *contact* des corps, qui constitue aussi, sans réaction marquée, une source d'électricité ; on peut citer comme exemple, la dissolution des métaux dans les acides, laquelle est accompagnée d'une électrisation négative de l'acide. Mais on observe une électrisation identique dans le contact des métaux avec les acides, les solutions de sels et en général avec les électrolytes, alors qu'il ne se produit pas de réaction chimique visible.

Il existe enfin un très petit nombre de cas, pour lesquels il est très difficile de donner une indication sur la source véritable de l'électrisation. Telle est, par exemple, la combustion du charbon sur une plaque métallique en communication avec un électroscope : celui-ci manifeste une électrisation négative, tandis qu'une plaque métallique placée au-dessus du charbon est électrisée positivement. On se trouve ici en présence d'un phénomène très complexe, contact de métaux, charbon et acide carbonique, et on ne peut affirmer que le processus de l'oxydation du charbon est la source essentielle de l'électrisation. F. Exner a fait toute une série d'expériences, par lesquelles il espérait prouver que l'oxydation des métaux, par exemple, est accompagnée de leur électrisation ; mais Schulze-Berge et d'autres encore ont montré que les expériences d'Exner ne peuvent être considérées comme concluantes.

On peut d'ailleurs commettre des méprises d'autre nature, rien qu'en posant la question de savoir si les réactions chimiques constituent des sources d'électricité. Les substances entrant en réaction possèdent une provision d'énergie qui peut prendre d'autres formes, énergie calorifique, énergie de mouvement visible, énergie rayonnante, et dans certaines circonstances aussi énergie électrique. Si un moteur à vapeur ou à gaz met en mouvement une machine de Holtz (voir plus loin) ou une dynamo, une partie de la provision primitive d'énergie chimique (combustible, gaz) se transforme à la fin en énergie électrique. Mais personne évidemment ne songera dans ce cas à regarder l'énergie chimique comme la source de l'énergie électrique au sens que nous attribuons, dans ce Chapitre, à l'expression *source d'électricité*. En partant du principe de la conservation de l'énergie, on pourrait dire que d'une manière générale toute forme d'énergie peut servir de source d'énergie électrique, quoique non directement, et qu'il ne peut y avoir aucune autre source de cette dernière.

Dans une chaîne fermée (nous considérerons plus tard une telle chaîne), l'énergie électrique du courant apparaît, mais ceci n'est exact que sous une réserve particulière, comme l'équivalent des réactions chimiques qui se produisent dans l'élément de pile générateur du courant. Mais il n'en résulte nullement que ces réactions représentent la *cause*, qu'elles sont la *source* directe de l'énergie électrique du courant. Une chaîne fermée rappelle une machine assez complexe, dans le fonctionnement de laquelle se transforme en énergie électrique ou toute l'énergie chimique ou une partie de celle-ci, ou non seulement l'énergie chimique, mais en même temps aussi une partie de l'énergie calorifique des corps environnants. Dans l'élément, il y a des ions libres en mouvement et de nouveaux ions se forment tandis que d'autres disparaissent. Les réactions chimiques et l'apparition de l'électricité marchent ici parallèlement, et on ne peut pas considérer l'un de ces phénomènes comme la cause ou la source de l'autre. L'ancienne théorie chimique devait supposer que les réactions chimiques sont *par elles-mêmes* des sources d'électricité, car elle expliquait par ces réactions l'électrisation au contact. Mais, comme on l'a dit, aucun fait n'est venu jusqu'à présent démontrer l'exactitude de cette hypothèse et nous devons dire qu'une réaction chimique ne peut par elle-même servir de source *directe* pour la production des charges électriques. La présence des ions joue un rôle prépondérant, peut-être même le rôle principal dans l'électrisation. La question se complique d'ailleurs si on se demande quel est le rôle des ions dans les réactions chimiques. On peut supposer que les déplacements chimiques et l'électrisation se produisent parallèlement sous certaines conditions, comme le résultat d'une même cause fondamentale, qui se trouve peut-être dans les ions libres.

IV. THERMOÉLECTRICITÉ. — Nous avons vu que, dans une suite de conducteurs de la première classe reliés successivement l'un à l'autre, par exemple dans une suite de métaux A, B, C, ..., M, A où le dernier métal est le même que le premier, la somme des forces électromotrices agissantes est nulle, c'est-à-dire que les métaux A placés aux extrémités de la chaîne sont au même potentiel. Mais ceci n'est vrai que dans le cas où *tous les contacts ou les soudures des métaux de différente nature se trouvent à une même température*. Lorsque ces températures ne sont pas les mêmes, par exemple quand on chauffe ou qu'on refroidit une ou plusieurs soudures, les métaux extrêmes A se trouvent à des potentiels différents. Ceci montre que, pour une température inégale des soudures, la somme des forces électromotrices agissant dans la chaîne considérée n'est pas nulle, qu'une variation de température des soudures apparaît comme la cause du phénomène ou, ce qui revient au même, comme la cause qui produit de nouvelles forces électromotrices nommées forces *thermoélectromotrices*. Les phénomènes correspondant à ces nouvelles forces sont appelés *thermoélectriques*. Il résulte de là qu'il doit y avoir un lien étroit entre les phénomènes thermoélectriques et les phénomènes électriques observés en général au contact des conducteurs de la première classe. Une étude plus détaillée des phénomènes thermoélectriques sera faite plus loin, dans le Chapitre sur le courant électrique. Nous nous bornerons pour le moment à mentionner que ces phénomènes se manifestent aussi bien aux surfaces de contact entre les métaux et les électrolytes, qu'entre les électrolytes eux-mêmes.

V. Pyroélectricité. — Les cristaux, soumis à un échauffement ou à un refroidissement, manifestent en des endroits déterminés de leur surface un état électrique. Les phénomènes correspondants sont appelés *pyroélectriques*. Ils ont été observés pour la première fois sur la *tourmaline*, qui fut connue en Europe dès la fin du xvii° siècle. Il est mentionné dans un livre daté de 1707 que le médecin militaire polonais Daum rapporta de l'île de Ceylan une pierre qui, mise dans de la cendre chaude, attire d'abord cette dernière, puis la repousse. Aepinus (dont le mémoire original a été imprimé à St-Pétersbourg en 1762) reconnut le premier le caractère électrique de ce phénomène et observa que les deux moitiés de la tourmaline possèdent des électrisations de noms contraires. Des recherches ultérieures sont dues à Wilcke, Wilson, Muschenbroeck et Bergmann. En 1759, Canton a fait cette importante découverte que les électricités de noms contraires apparaissent aux deux extrémités du cristal, non parce qu'il est amené à telle température, mais parce que sa température varie. C'est pendant *l'accroissement de température* qu'apparaissent aux deux extrémités des électrisations de noms contraires ; *durant le refroidissement se manifestent aux mêmes extrémités les électricités contraires*. L'intensité de l'électrisation est d'autant plus grande que la *variation* de température est plus rapide. Si on échauffe d'abord une moitié de cristal, qui se refroidit ensuite, tandis que l'autre s'échauffe par conduction, on obtient temporairement aux deux extrémités des électrisations de même nom. Lorsqu'on brise un cristal d'abord échauffé tout entier et qui est en train de se refroidir, on constate que chaque morceau possède les mêmes propriétés que tout le cristal, c'est-à-dire, que les extrémités d'un morceau quelconque possèdent des électrisations de noms contraires. Une tourmaline qui se refroidit étant réduite en poussière, donne des boules de petits cristaux collés les uns aux autres, qui se détachent quand la température de la poudre commence à changer.

L'extrémité, qui est électrisée *positivement* dans l'*accroissement* de température (température et potentiel augmentent ou diminuent simultanément), est appelée, suivant une proposition de Rose, le *pôle analogue*, et l'extrémité opposée le pôle *antilogue*.

Canton, Haüy, Brewster, Gaugain et d'autres encore ont retrouvé les propriétés pyroélectriques à un moindre degré sur d'autres cristaux (topaze, boracite, titanite, quartz, etc.). Les recherches les plus étendues sur les propriétés pyroélectriques des cristaux sont dues à Hankel.

Haüy a indiqué le premier que les cristaux pyroélectriques présentent, relativement à leur forme extérieure, une particularité appelée *hémimorphisme*, qui consiste essentiellement en ce que la distribution des facettes aux deux extrémités d'un certain axe cristallographique n'est pas la même. On peut citer comme exemple la calamine, dont le cristal est représenté par la figure 99; le pôle analogue, l'axe étant vertical, est défini par la facette horizontale supérieure et le pôle antilogue par les faces de l'octaèdre rhombique inférieur. HAÜY a découvert que la boracite possède quatre *axes électriques*, dont *chacun* a des pôles de noms contraires, l'asymétrie, c'est-à-dire l'hémimorphisme s'observant sur chacun de ces axes. KOLENKO et HANKEL ont trouvé que le quartz possède trois axes électriques, par suite six pôles, situés sur les six arêtes parallèles du prisme à six pans; ici l'asymétrie s'observe dans la distribution des troncatures triangulaires et polygonales, comme nous l'avons déjà indiqué dans le Tome II, au Chapitre sur la rotation du plan de polarisation des rayons lumineux.

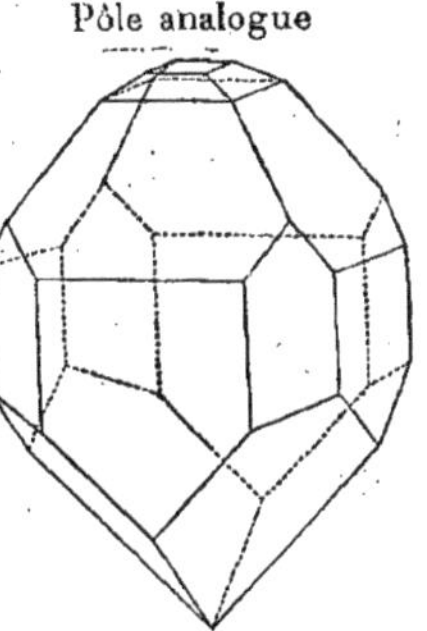

Fig. 99

On croyait autrefois que l'hémimorphisme est une condition nécessaire pour les phénomènes pyroélectriques et que les axes électriques possèdent toujours une *polarité*, c'est-à-dire que les extrémités de ces axes manifestent des électrisations de noms contraires. HANKEL a montré le premier que *tous les cristaux possèdent des propriétés pyroélectriques*, si aucune circonstance étrangère ne s'y oppose, comme par exemple une trop grande conductibilité de la couche superficielle. La seule condition qui doit être remplie est l'existence d'axes inégaux; or, il s'en trouve de tels même dans les cristaux du système régulier, car les axes qui sont menés dans les faces du cristal ne sont pas égaux à ceux qui passent par les arêtes. Ces axes électriques *ne possèdent pas cependant de polarité*, c'est-à-dire qu'aux deux extrémités de l'axe apparaissent des électricités *de même signe*; par contre les mêmes axes, pendant le refroidissement par exemple, sont alternativement positifs et négatifs aux deux extrémités. Les axes ayant une polarité constituent ainsi la même exception que l'hémimorphisme. La titanite et la boracite, d'après HANKEL, offrent cette particularité qu'aussi bien dans l'échauffement que dans le refroidissement, un changement de signe de l'électrisation se produit sur quelques pôles de la titanite et que même une électrisation est remplacée deux fois par l'électrisation contraire dans la boracite.

Dans les cristaux hémimorphes possédant un ou plusieurs axes avec polarité, on observe aussi une électrisation dans le cas où la température soumise à variation est la même dans tout le cristal. Dans les cristaux symétriques à axes sans polarité, l'électrisation ne se manifeste que par un échauffement non uniforme, lié à des efforts élastiques intérieurs dans le cristal.

L'électricité qui apparaît aux pôles d'une tourmaline peut être déterminée en couvrant les surfaces terminales par une feuille d'étain mise en communication avec le sol par un appareil de mesure. Les lois du phénomène ont été nettement établies par les expériences très délicates de GAUGAIN et peuvent se résumer de la manière suivante. La charge électrique qui se produit sur une baguette de tourmaline chauffée entre les températures t_1 et t_2 est proportionnelle à la section droite du cristal, indépendante de sa longueur, et reste la même quels que soient le mode et la durée de variation des températures. Une charge égale et de signe contraire se produit par le refroidissement de t_2 à t_1, de sorte que si, la tourmaline restant isolée, on la fait passer par un cycle fermé de températures en revenant au point de départ, elle se retrouve dans l'état initial.

KUNDT a indiqué qu'un mélange de fleur de soufre et de minium (page 266) est commode pour la recherche de la distribution des deux électricités sur la surface du cristal. Il a construit aussi un appareil bien approprié à l'étude des cristaux. Un trépied a (*fig.* 100) porte un anneau b, sur lequel est placé un vase conique creux c ; au centre du vase c se trouve le réservoir du thermomètre f ; e est une plaque de mica. En haut peuvent être enchâssés de petits tubes d de différents calibres, dans lesquels sont introduits les cristaux à étudier. Quand la température requise est atteinte, on enlève le vase c au moyen du crochet g (représenté deux fois sur la figure) que l'on enfile dans la bague h. On saupoudre du mélange de soufre et de minium le cristal en train de se refroidir.

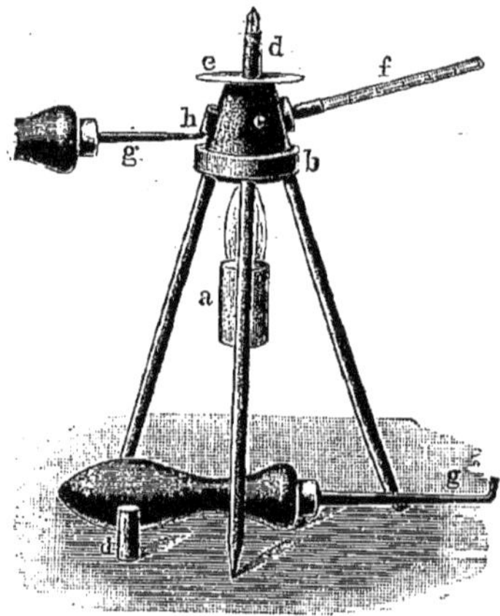

Fig. 100

RIECKE a appelé l'attention sur ce que la charge η varie pendant le refroidissement, non seulement par suite de la variation de la vitesse du refroidissement lui-même, mais aussi à cause de la conductibilité de la couche superficielle et il a cherché théoriquement comment varie la grandeur η en fonction du temps.

Lorsque l'accroissement de température est considérable, les propriétés pyroélectriques disparaissent, probablement parce que le cristal devient conducteur.

La théorie des phénomènes pyroélectriques a été développée par G. WIEDEMANN, W. THOMSON (LORD KELVIN), RIECKE, LIPPMANN, J. et P. CURIE, DUHEM et W. VOIGT.

En appliquant les deux principes de la thermodynamique aux phénomènes pyroélectriques, on établit facilement que la chaleur latente dans la variation du potentiel n'a pas une valeur nulle, c'est-à-dire que, *dans l'électrisation d'un pôle, il doit se produire un échauffement ou un refroidissement du cristal*, selon que *cette* électrisation a lieu durant le refroidissement ou l'échauffement du cristal. STRAUBEL (1902) a confirmé pour la première fois cette proposition par des expériences sur la tourmaline.

W. THOMSON (1878) et RIECKE (1885) ont établi une théorie basée sur l'hypothèse que les particules d'un cristal ont toujours une polarité électrique, c'est-à-dire qu'elles sont analogues aux cellules d'un diélectrique polarisé ou, comme nous le verrons plus tard, à un aimant permanent. Chaque particule a ses charges de noms contraires, dont l'action ne se manifeste pas toutefois, car elle est masquée par les actions des charges induites dans le milieu ambiant. Pendant une variation de température, l'équilibre initial est troublé et ne se rétablit que progressivement. Riecke a trouvé que la tourmaline chauffée et qu'on laisse ensuite se refroidir, conserve des traces d'électrisation pendant 30 heures, bien qu'au bout d'une heure sa température ne dépasse déjà plus celle du milieu ambiant que de $\frac{1}{2}$ degré.

J. et P. Curie (1880), envisageant le phénomène d'une manière un peu différente, ont assimilé chaque molécule ou chacune des tranches de la tourmaline à un couple de Volta, cuivre et zinc par exemple, dans lequel existe une force électromotrice de contact. Toutes ces tranches, étant séparées par un diélectrique isotrope équivalant à une couche d'air, formeraient une série de condensateurs superposés.

Nous parlerons un peu plus loin de la théorie de Voigt et, dans le Chapitre suivant, de la théorie de Lippmann.

VI. Piézoélectricité. — Haüy avait déjà remarqué en 1817 que le spath calcaire s'électrise, quand on le comprime. J. et P. Curie ont découvert pour ainsi dire de nouveau ce phénomène en 1880 et l'ont étudié soigneusement sur différents cristaux. L'électricité, qui apparaît *sous un effort*, est appelée *piézoélectricité*. On l'observe facilement sur la tourmaline, quand on la soumet à une compression dans la direction même que nous avons appelée ci-dessus axe électrique. *On obtient dans la compression les mêmes électrisations que dans le refroidissement ; dans l'extension*, par exemple dans la diminution de la compression, *les mêmes que dans l'échauffement*. Des variations de forme dans le même sens produisent donc des électrisations de même nature, qu'elles soient dues à des causes thermiques ou à des causes mécaniques. J. et P. Curie ont trouvé que les quantités d'électricité, qui apparaissent sur les cristaux, sont proportionnelles à la variation d'effort par unité d'aire, proportionnelles à la grandeur de la surface perpendiculaire à l'axe du cristal et indépendantes de la longueur du cristal. Il s'ensuit qu'une variation d'effort totale donnée produit l'apparition de deux quantités d'électricité égales, mais de signes contraires, absolument indépendantes des dimensions des cristaux. Sans entrer dans plus de détails, nous dirons qu'une variation de température et une déformation artificielle produisent, aux mêmes endroits d'un cristal, des électrisations, qui coïncident au point de vue du signe, lorsque la déformation artificielle correspond à celle qui est produite par la variation de température correspondante. L'étroite parenté, qui se manifeste ainsi entre les phénomènes pyroélectriques et les phénomènes piézoélectriques, devait conduire à l'idée que les phénomènes pyroélectriques sont essentiellement des phénomènes piézoélectriques, c'est-à-dire que les électrisations dans les variations de température ont pour source les déformations qui accompagnent ces variations de température. Et en effet, beaucoup d'auteurs, W. Thomson, Curie, Röntgen, Riecke, Voigt et d'autres encore, ont cherché à expliquer les deux sortes de phénomènes, en partant d'une même hypothèse fondamentale. Nous nous bornerons à indiquer la théorie de Voigt, qui suppose que l'état électrique d'une molécule du cristal dépend de la déformation qu'elle éprouve et varie en même temps que cette déformation. Soient Π_x, Π_y, Π_z les composantes de la polarisation électrique qui se produit par suite de la déformation mécanique, dont les six composantes sont en un point e_1, e_2, e_3, g_1, g_2, g_3, conformément à nos notations antérieures (Tome I) ; on peut admettre que Π_x, Π_y, Π_z sont des fonctions linéaires des six composantes de la déformation, d'où résultent les équations :

$$\Pi_x = \varepsilon_{11}e_1 + \varepsilon_{12}e_2 + \varepsilon_{13}e_3 + \varepsilon_{14}g_1 + \varepsilon_{15}g_2 + \varepsilon_{16}g_3,$$
$$\Pi_y = \varepsilon_{21}e_1 + \varepsilon_{22}e_2 + \varepsilon_{23}e_3 + \varepsilon_{24}g_1 + \varepsilon_{25}g_2 + \varepsilon_{26}g_3,$$
$$\Pi_z = \varepsilon_{31}e_1 + \varepsilon_{32}e_2 + \varepsilon_{33}e_3 + \varepsilon_{34}g_1 + \varepsilon_{35}g_2 + \varepsilon_{36}g_3.$$

Les coefficients ε sont les *constantes piézoélectriques*. D'autre part, les six composantes N_1, N_2, N_3, T_1, T_2, T_3 sont des fonctions linéaires des six composantes de la déformation, et on peut par conséquent écrire aussi

$$\Pi_x = \delta_{11}N_1 + \delta_{12}N_2 + \delta_{13}N_3 + \delta_{14}T_1 + \delta_{15}T_2 + \delta_{16}T_3,$$
$$\Pi_y = \delta_{21}N_1 + \delta_{22}N_2 + \delta_{23}N_3 + \delta_{24}T_1 + \delta_{25}T_2 + \delta_{26}T_3,$$
$$\Pi_z = \delta_{31}N_1 + \delta_{32}N_2 + \delta_{33}N_3 + \delta_{34}T_1 + \delta_{35}T_2 + \delta_{36}T_3;$$

les coefficients δ, ou *modules piézoélectriques*, sont directement accessibles à l'expérience. On peut exprimer les constantes ε en fonction des modules δ, si l'on connaît les propriétés élastiques du milieu. Dans le cas général, il existe 21 coefficients élastiques, 18 constantes ε et 18 modules δ, mais la symétrie cristalline réduit beaucoup le nombre de ces coefficients. Par exemple, la symétrie particulière du quartz conduit aux formules

$$\Pi_x = \delta_{11}(N_1 - N_2) + \delta_{14}T_1,$$
$$\Pi_y = -\delta_{14}T_2 - 2\delta_{11}T_3,$$
$$\Pi_z = 0,$$

si l'on prend pour axe des z l'axe ternaire du quartz. La polarisation est donc toujours normale à l'axe ternaire, puisque la composante Π_z est nulle, et la valeur de N_3 n'intervient pas dans le phénomène ; autrement dit, une compression uniforme parallèle à l'axe ternaire ne produit aucune électrisation. Considérons un parallélépipède rectangle, dont les côtés a, b et c sont respectivement parallèles aux axes des coordonnées. Si l'on exerce une pression $P = pbc$ sur les faces bc, on a $N_1 = -p$, $N_2 = T_1 = T_2 = T_3 = 0$, et $\Pi_x = \delta_{11}N_1 = -\delta_{11}p$; le cristal se polarise suivant l'axe des x, parallèle à la pression, et la charge électrique des faces est $\Pi_x bc = \delta_{11}P$; cette quantité d'électricité est proportionnelle à la pression et indépendante de l'étendue de la surface. Enfin si la pression $P' = p'ac$ s'exerce sur les faces ac, supposées parallèles aux axes ternaire et binaire, $N_2 = -p'$, $N_1 = T_1 = T_2 = T_3 = 0$, $\Pi_x' = -\delta_{11}N_2 = \delta_{11}p'$, $\Pi_y' = 0$; la polarisation se produit encore suivant l'axe binaire, mais dans une direction opposée à la précédente, et la charge de la même face bc est $\Pi_x'bc = -\delta_{11}\dfrac{b}{a}P'$. Les coefficients qui interviennent dans ces deux compressions sont égaux et de signes contraires, conformément à l'expérience. D'après RIECKE et VOIGT, on aurait $\delta_{11} = 6{,}45.10^{-8}$, valeur très voisine de celle qu'avaient obtenue J. et P. Curie. L'arête c du parallélépipède étant toujours dirigée suivant l'axe ternaire, supposons que le côté a fasse l'angle φ avec l'axe binaire. En exerçant une pression p par unité d'aire sur les faces latérales bc, on aura $T_1 = T_2 = N_3 = 0,\ -p = \dfrac{N_1}{\cos^2 \varphi} = \dfrac{T_3}{\sin \varphi \cos \varphi} = \dfrac{N_2}{\sin^2 \varphi}$, et par suite $\Pi_x = -\delta_{11}p \cos 2\varphi$, $\Pi_y = \delta_{11}p \sin 2\varphi$. La polarisation résultante Π et l'angle Φ qu'elle fait avec l'axe des x sont $\Pi = \delta_{11}p$, $\Phi = -2\varphi$. Cette polarisation est indépendante de l'angle φ et située du côté de l'axe binaire opposé à la compression ; ces résultats sont conformes aux expériences de Röntgen. Supposons encore que, l'arête a du parallélépipède restant dirigée suivant l'axe binaire, le côté c fasse l'angle φ' avec l'axe ternaire ; une pression $P = pab$ sur les faces ab donne alors $\Pi_y = \Pi_z = 0$ et $\Pi_x = p(\delta_{11} \sin^2 \varphi' - \delta_{14} \sin \varphi' \cos \varphi')$. Toute compression perpendiculaire à l'axe binaire produit donc une polarisation parallèle à cet axe ; la mesure de la charge électrique sur les faces normales à cet axe permet ainsi de déterminer le second module δ_{14} qui se trouve égal à $-1,45.10^{-8}$. La polarisation est nulle pour $\varphi' = 0$, ce qu'on avait déjà vu, et pour la condition $\operatorname{tg} \varphi' = \dfrac{\delta_{14}}{\delta_{11}} = -\dfrac{1,45}{6,45}$, qui correspond aux directions $\varphi' = -12°40'$ et $\varphi' = \pi - 12°40'$. La polarisation est maximum pour les deux directions rectangulaires déterminées par l'équation $\operatorname{tg} 2\varphi' = \dfrac{\delta_{14}}{\delta_{11}}$, qui correspond aux directions $\varphi' = 83°40'$ et $\varphi' = -6°20'$. Ainsi le maximum d'effet piézoélectrique ne correspond pas exactement à une pression perpendiculaire à l'axe optique et il existe une autre direction que cet axe pour laquelle la polarisation s'annule.

La symétrie de la tourmaline correspond aux équations

$$\Pi_x = \delta_{15}T_2 + 2\delta_{21}T_3,$$
$$\Pi_y = \delta_{21}(N_1 - N_2) + \delta_{15}T_1,$$
$$\Pi_z = \delta_{31}(N_1 + N_2) + \delta_{33}N_3 ;$$

quatre modules différents sont nécessaires pour représenter les phénomènes piézoélectriques. Une compression parallèle à l'axe optique donne $\Pi_x = \Pi_y = 0$, $\Pi_z = -\delta_{33}p$; la polarisation se produit alors suivant l'axe ternaire, comme pour la pyroélectricité. Une compression dans le sens de l'axe des x, c'est-à-dire perpendiculaire à l'un des plans de symétrie, produit une polarisation située dans ce plan, dont les composantes sont $\Pi_z' = \delta_{31}p'$ et $\Pi_y' = \delta_{22}p'$. Enfin une compression parallèle à l'axe des γ, c'est-à-dire dans le plan de symétrie, donne encore la même polarisation dans ce plan. On en déduirait facilement l'effet produit par une compression quelconque. Les expériences de Voigt et Riecke conduisent aux valeurs suivantes des modules et des constantes :

$$\delta_{33} = +\ 5{,}71.10^{-8}, \qquad \varepsilon_{33} = -0{,}49.10^{4},$$
$$\delta_{22} = -\ 0{,}67.10^{-8}, \qquad \varepsilon_{22} = -0{,}49.10^{4},$$
$$\delta_{31} = +\ 0{,}88.10^{-8}, \qquad \varepsilon_{31} = +3{,}03.10^{4},$$
$$\delta_{15} = +\ 11{,}02.10^{-8}, \qquad \varepsilon_{15} = +7{,}28.10^{4}.$$

Partant de l'idée de J. et P. Curie que la pyroélectricité paraît liée surtout à la déformation linéaire du cristal et que la variation de température elle-même ne semble jouer qu'un rôle secondaire, Voigt a calculé, à l'aide des modules piézoélectriques ε_{33} et ε_{31}, quelle serait la polarisation de la tourmaline pour une déformation mécanique correspondant à celle que produit dans le cristal une variation de température d'un degré. Le nombre $\Pi_z = 1,34$ ainsi obtenu est assez voisin de la valeur $1,24$ déterminée directement par Riecke, au moins d'une manière approchée, pour la pyroélectricité de la tourmaline.

Mais les recherches postérieures de Voigt (1898) l'ont convaincu que, dans les cristaux possédant des axes doués de polarité et par suite aussi l'hémimorphisme, il y a une véritable pyroélectricité produite directement par la variation de température. Il a constaté que, pour la tourmaline, 80 $^0/_0$ de la pyroélectricité observée était en réalité de la piézoélectricité apparue par suite de la déformation produite par la variation de la température ; les 20 $^0/_0$ restants constituaient la *véritable pyroélectricité* de la tourmaline. Le moment pyroélectrique vrai, c'est-à-dire celui qui ne provient pas de la déformation accompagnant le changement de température, mais possède une origine purement thermique, peut se représenter dans le cas le plus général, pour un changement de température t suffisamment petit, par les formules

$$\Pi_x = r_1 t, \qquad \Pi_y = r_2 t, \qquad \Pi_z = r_3 t.$$

Les constantes r se réduisent à deux dans le groupe cristallin monoclinique, et à une seule dans tous les groupes hémimorphes.

Le cas d'induction piézoélectrique le plus commode à observer est celui qui est produit par la déformation *homogène* due à une pression exercée aux extrémités d'un morceau de cristal prismatique. Pour se rendre compte de la manière dont un cristal se comporte au point de vue piézoélectrique, on peut donner à cette pression, supposée d'intensité constante, toutes les directions possibles et considérer la surface dont le rayon vecteur a pour grandeur la polarisation Π et pour direction celle de la pression correspondante. Cette *surface piézoélectrique* a été étudiée pour des groupes cristallins spéciaux (hémiédrie hémimorphe du système rhomboédrique et système régulier) par Riecke et Voigt (1891) et d'une manière générale par F. Bidlingmaier (1900).

Ce dernier a montré que, dans la plupart des cas, elle appartient à un type particulier de *surface de* Steiner ; elle est du 4° degré et possède 3 droites doubles, qui ont un point commun ; elle se trouve entièrement à l'intérieur du tétraèdre déterminé par les extrémités de ces droites doubles. Dans les systèmes tétraédrique et hexagonal, la surface piézoélectrique dégénère en un ellipsoïde de révolution et même en un disque circulaire (quartz).

Des recherches récentes ont été faites par P.-P. Koch (1906) sur l'action d'une déformation *non homogène* produite par un courant d'air chaud, et sur celle d'une déformation homogène obtenue par pression hydrostatique. Il a trouvé que dans un centimètre cube de tourmaline, pour une pression hydrostatique d'une dyne, le moment électrique est de $8,0.10^{-8}$ unités C. G. S. Les déformations *non homogènes* avaient déjà été envisagées par Voigt et par

C. SOMIGLIANA (1892). D'après les observations de RÖNTGEN, la *torsion* d'un cristal, par exemple d'une tige de quartz cylindrique, produit effectivement une électrisation, qui change de signe quand on détord la tige.

LORD KELVIN (1893) a construit un modèle de cristal piézoélectrique constitué par une série de plaques de cuivre et de zinc soudées entre elles et séparées par des couches d'une substance élastique; comme nous l'avons dit, J. et P. CURIE (1882) avaient déjà auparavant proposé un modèle de cette nature.

La question des phénomènes inverses de la piézoélectricité, c'est-à-dire des déformations produites par l'électrisation, sera traitée dans le Chapitre suivant.

VII. L'ÉNERGIE RAYONNANTE COMME SOURCE D'ÉLECTRICITÉ. — Dans quelques cas, une électrisation est produite plus ou moins directement par l'énergie rayonnante. Nous ne voulons pas parler à ce point de vue des phénomènes qu'on observe dans l'élément photoélectrique, qui se compose de deux plaques identiques, par exemple de deux plaques d'argent iodé dans un liquide : lorsqu'on éclaire une de ces plaques, en laissant l'autre dans l'ombre, une différence de potentiel s'établit entre elles. La nature intime de ce phénomène, sur lequel nous reviendrons plus loin, réside évidemment dans une action photochimique à laquelle est soumise la plaque sensible à la lumière.

Il y a d'autres phénomènes, dans lesquels la production d'électricité par l'énergie rayonnante est plus immédiate. HANKEL a trouvé que quelques cristaux manifestent une électrisation, quand on les éclaire par la lumière du soleil, de l'arc électrique ou d'un bec de gaz. On doit distinguer les deux cas suivants.

Dans l'éclairement du cristal de roche incolore, une électrisation apparaît sur les six arêtes latérales du prisme ; les électricités sur deux arêtes voisines sont de noms contraires. L'électrisation est identique comme signe à celle qui se manifeste dans le *refroidissement* du cristal, ce qui montre qu'on ne peut pas considérer ce phénomène comme un phénomène pyroélectrique. Le maximum d'électrisation est atteint après 40 secondes environ ; lorsqu'on interrompt l'éclairage, l'électrisation disparaît (aussi au bout de 40 secondes environ), *sans avoir changé de signe*. HANKEL a reconnu, en variant la source des radiations et sa composition, que les radiations infrarouges étaient les plus actives. Il a appelé ce phénomène un phénomène *actinoélectrique*.

HANKEL a observé un phénomène d'une tout autre nature sur les cristaux *colorés* de spath fluor, en particulier sur les cristaux verts. Ils s'électrisent aussi par éclairement, mais la distribution des électricités sur eux est la même que *dans l'échauffement*. Lorsqu'on suspend l'éclairage, l'électrisation disparaît lentement, sans changer de signe, comme cela devrait être, si la cause de l'électrisation résidait dans l'échauffement. Ce sont les radiations violettes et ultraviolettes qui agissent le plus fortement. Nous avons évidemment affaire ici à une action chimique des radiations, qui modifient peut-être la substance donnant au cristal sa couleur. Cela est confirmé par le fait qu'après un éclairement d'une longue durée, la sensibilité des cristaux à l'action des radiations diminue. HANKEL a appelé le phénomène que nous venons de considérer un phénomène *photoélectrique.*

Nous avons parlé brièvement à la page 186 de la déperdition de l'électricité négative produite par les radiations ultraviolettes. HALLWACHS et RIGHI (1888) ont découvert presque simultanément que *certains métaux s'électrisent positivement dans l'éclairement par les radiations ultraviolettes.* Ce phénomène a été, en dehors de ces deux physiciens, étudié par STOLIÉTOFF, BORGMANN, BICHAT et BLONDLOT, ELSTER et GEITEL, HOOR et d'autres encore. BICHAT et BLONDLOT ont trouvé que l'électrisation augmente, si on dirige sur la plaque métallique un fort courant d'air, qui cependant ne produit pas d'électrisation par lui-même. L'électrisation dépend de la nature du métal ; elle est particulièrement forte sur les plaques de Zn et de Al qui, comme ELSTER et GEITEL l'ont observé, s'électrisent même sous l'influence des rayons solaires.

VIII. ECOULEMENT DES LIQUIDES A TRAVERS LES CLOISONS POREUSES ET LES TUBES ÉTROITS. — QUINCKE (1859) a découvert que lorsqu'un liquide traverse sous pression une cloison poreuse, le liquide qui est sorti de la cloison, ainsi que celui qui n'est pas encore arrivé jusqu'à elle, sont électrisés, le premier l'étant dans la plupart des cas positivement, le second négativement.

Deux tubes en verre A et B (*fig.* 101) sont séparés par une cloison poreuse

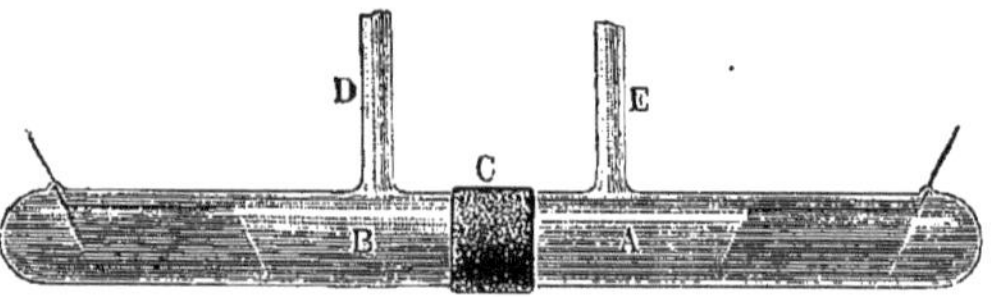

Fig. 101

et remplis d'eau, qui est introduite sous pression par le tube latéral D et sort par E. En A et B se trouvent deux plaques de platine, en communication avec des fils soudés dans les parois des tubes. En reliant ces fils avec un électromètre, on peut manifester leur électrisation.

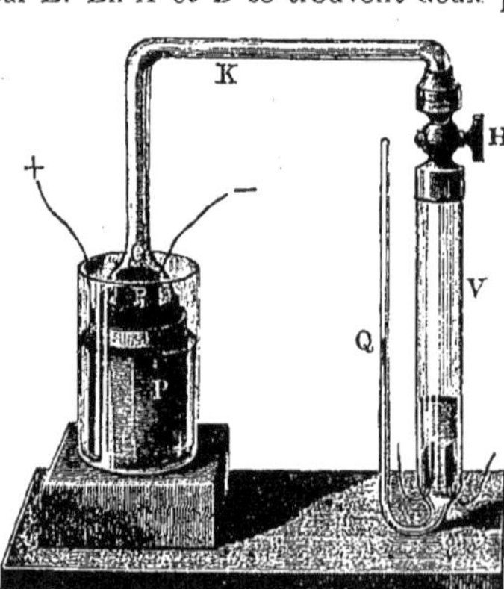

Fig. 102

La figure 102 représente un appareil, qui peut également servir à montrer ce phénomène. Sur un vase poreux en argile, placé dans un vase en verre, est luté un entonnoir G, dont le tube K est coudé deux fois, comme le montre la figure. On verse de l'eau dans les vases en verre et en argile. A l'intérieur de G ainsi qu'à l'extérieur se trouvent des feuilles de platine P enroulées en cylindre. Dans le tube V, pendant que le robinet H est fermé, on décompose de l'eau à l'aide d'un courant électrique. La pression du gaz tonnant produit est mesurée par le manomètre fermé Q. En ouvrant le robinet H, on produit une pression sur l'eau qui se trouve dans le vase en argile. Entre les deux feuilles de platine apparaît alors une différence de potentiel, le potentiel de la lame extérieure étant le plus élevé.

La différence de potentiel entre les lames dépend de la substance de la cloison ; elle est proportionnelle à la différence entre les pressions des deux côtés de cette cloison, mais elle ne dépend ni de son épaisseur, ni de la grandeur de sa surface. Pour une différence de pression d'une atmosphère, on obtient les différences de potentiel suivantes (D = force électromotrice de l'élément DANIELL)

Soufre	$9,77\,D$		Amiante	$0,22\ D$
Sable quartzeux	$6,20\ »$		Porcelaine	$0,20\ »$
Soie	$1,25\ »$		Ivoire	$0,031\ »$
Argile cuite	$0,36\ »$		Vessie	$0,015\ »$

ZÖLLNER (1872) a montré qu'un phénomène semblable a lieu, quand on remplace la cloison poreuse par un tube capillaire. La différence de potentiel est encore proportionnelle à la différence de pression et ne dépend pas de la longueur et de la section, pourvu que le tube soit assez long et assez étroit pour que l'écoulement du liquide y suive la loi de POISEUILLE (Tome I). Des recherches expérimentales ont été faites à ce sujet par HAGA, ELSTER, CLARK, DORN, EDLUND et GOURÉ DE VILLEMONTÉE (1897). Une explication théorique de de ce phénomène, qui se trouve en relation étroite avec celui de l'*endosmose électrique* que nous considérerons dans la suite, a été donnée par HELMHOLTZ (1879). Il suppose qu'entre la paroi des petits tubes capillaires que présentent les corps poreux et le liquide s'établit une différence de potentiel et par suite se forme une double couche électrique dont la face positive se trouve du côté du liquide. Lorsque le liquide se déplace, il entraîne en partie avec lui la couche d'électricité positive, qui se sépare dans le vase où le liquide s'écoule. Le liquide, qui entre dans les petits tubes capillaires, rencontre sur leurs parois de l'électricité négative, qui induit dans le liquide de l'électricité positive, tandis que de l'électricité négative sort dans le vase d'où le liquide se dirige vers la cloison poreuse. L'étude théorique d'HELMHOLTZ l'a conduit aux lois qui ont été mentionnées plus haut.

GOURÉ DE VILLEMONTÉE (1897) a trouvé que l'écoulement d'un liquide *conducteur* (mercure, solution saline) à travers un tube étroit ou l'extrémité d'un tube étiré ne produit pas de différence de potentiel.

IX. ÉLECTRICITÉ DES ANIMAUX ET DES PLANTES. — Dans les muscles, les glandes et les nerfs des animaux agissent des forces électromotrices, dont l'étude est du ressort de la physiologie. Quelques poissons (Torpedo narce, Torpedo galvaniix, Narcine brasiliensis, Gymnotus electricus, Malepterurus electricus) possèdent des organes particuliers, capables de produire des différences de potentiel considérables, par suite aussi des quantités d'électricité qui se déchargent à travers les corps voisins. Chez quelques-uns des poissons précédents (Torpedo), cet organe est placé du côté de la tête, dans d'autres (Gymnotus) il se trouve dans la queue. Dans le Torpedo, il se compose d'un grand nombre (400 à 1000) de colonnettes cylindriques ou prismatiques accolées, constituées par des feuillets superposés très minces, séparés les uns des autres par une substance visqueuse. Les décharges de cet organe sont produites volontairement dans un but de protection ou pour l'attaque d'une proie. En appliquant des plaques métalliques courbes sur le Gymnotus à la tête et à la queue, ou sur le Torpedo au dos et au ventre, on peut charger un électroscope, recevoir de fortes secousses électriques et même obtenir des étincelles.

Les combinaisons et les décompositions qui s'opèrent sans cesse dans l'intérieur des plantes, la réaction acide de certaines cellules tandis que d'autres sont alcalines, enfin les phénomènes de diffusion et d'osmose doivent donner naissance à des manifestations électriques. Ces manifestations sont encore peu connues. Tout ce qu'on sait de certain, c'est que l'intérieur du corps des plantes terrestres, des tiges et des feuilles, par exemple, est toujours électronégatif par rapport à sa surface. La racine a pourtant sa surface électronégative, mais la couche superficielle de ce membre est en réalité une couche interne devenue extérieure par exfoliation. La règle est donc observée. Si l'on explore les différents points du limbe d'une feuille, on trouve toujours, quelle que soit la feuille, que les nervures sont électro-positives par rapport au parenchyme. Les nervures étant beaucoup plus marquées chez les Dicotylédones que chez les Monocotylédones, la force électromotrice y est aussi beaucoup plus considérable. Le phénomène paraît avoir pour cause le mouvement de l'eau dans les nervures, d'après les recherches de KUNKEL (1878) qui ont été faites avec l'électromètre capillaire de LIPPMANN.

X. CHAMP MAGNÉTIQUE VARIABLE, NOUVEAUX RAYONS ET SUBSTANCES RADIOACTIVES. — Nous mentionnerons ici ces sources de force électromotrice simplement pour être complet dans notre énumération des sources d'électricité. Nous les étudierons en détail dans la suite.

16. Machines électriques. — Nous allons considérer quelques-uns des appareils dont on se sert actuellement, pour obtenir rapidement et commodément de fortes charges électriques. La dénomination de *sources d'électricité* conviendrait mieux pour ces appareils, car l'ancienne dénomination de *machines électriques* se trouve aujourd'hui trop imprécise; mais nous ne croyons pas pourtant qu'il soit nécessaire de remplacer cette dernière par une autre. Pour parler rigoureusement, le but des machines électriques est de maintenir une différence de potentiel déterminée sur deux conducteurs donnés ; on peut utiliser ces conducteurs comme des sources directes de charges électriques, ou bien on peut obtenir des décharges entre eux ou entre d'autres conducteurs avec lesquels ils ont été mis en communication.

L'énergie électrique, sous quelque forme qu'elle apparaisse dans le fonctionnement de la machine, a son origine dans le travail mécanique dépensé pour la mise en mouvement (mouvement de rotation habituellement) des parties mobiles de la machine, pour vaincre les forces d'attraction ou de répulsion qui s'exercent à chaque instant entre les organes *en marche* chargés d'électricités de noms contraires ou de même nom. Il est facile de trouver, dans chaque cas particulier, où s'effectue la dépense de travail dont il s'agit; aussi n'examinerons-nous pas plus en détail cette question

Le nombre des machines électriques, que l'on a construites à différentes époques, est très grand. On trouvera des indications à ce sujet dans l'ouvrage de JOHN GRAY, *Les machines à influence*, traduit en français par G. PELISSIER, Paris 1892, en outre dans l'ouvrage de G. WIEDEMANN, *Die Lehre von der Elektrizität*, Tome I, pages 925-982, 1893, et dans d'autres encore. Ordinairement, on distingue les *machines électriques à frottement* et les *machines à influence*. On emploie aujourd'hui presque exclusivement ces dernières.

La figure 103 représente l'une des nombreuses formes de *machine à frottement*. Le disque de verre monté sur l'axe A est mis en rotation au moyen

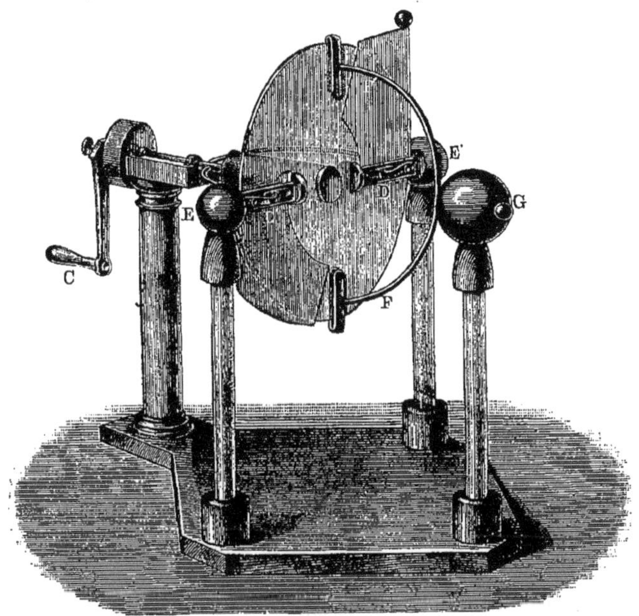

Fig. 103

de la manivelle C: sa surface est frottée par deux paires de coussins ou frottoirs D et D', recouverts de cuir amalgamé. Le conducteur G est en communication avec deux fourches métalliques, embrassant le disque de verre à sa partie supérieure et à sa partie inférieure et munies intérieurement, c'est-à-dire vers le disque de verre, de pointes (non visibles sur la figure), d'où le nom de *peignes* qu'on leur donne habituellement. Quand la surface du verre, électrisée positivement par le frottement contre les coussins, arrive dans le voisinage des peignes, elle donne naissance, dans le système métallique formé par les peignes, l'arc FF' et le conducteur G, à des électricités induites; l'électricité positive se rassemble sur le conducteur G, tandis que l'électricité négative s'échappe par les pointes des peignes et passe sur la surface du verre, dont elle neutralise la charge positive. Si on fait tourner la manivelle C dans le sens de la rotation des aiguilles d'une montre, le disque est électrisé positivement dans le quadrant situé au-dessous de D et dans celui au-dessus de D'. L'électricité négative des coussins va le long de l'arc horizontal à l'axe A qui est à la terre. Lorsqu'on tourne l'arc FF' de manière à l'amener dans la position horizontale et de façon que les peignes touchent les sphères E et E', l'autre arc étant placé verticalement, l'électricité négative des frottoirs se rassemble sur le conducteur G, tandis que l'électricité positive s'écoule à la terre.

Aux machines électriques à frottement appartient aussi la machine élec-

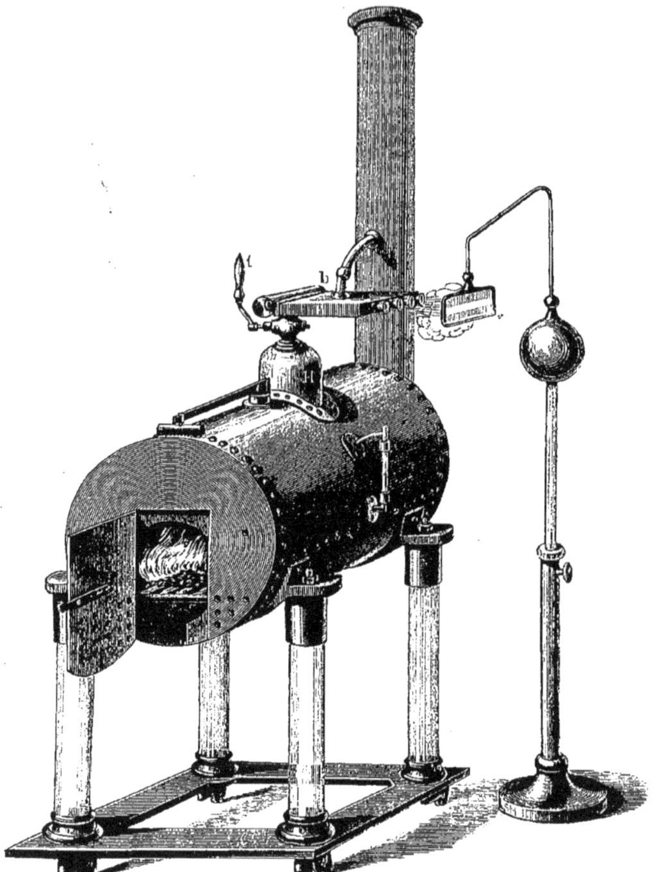

Fig. 104.

trique à vapeur d'Armstrong, représentée par la figure 104. Son fonctionnement est basé sur ce que de la vapeur sursaturée renfermant des gouttelettes d'eau s'électrise positivement, quand elle s'écoule sous pression à travers des

tubes étroits (voir page 267). L'appareil se compose d'une chaudière à vapeur,
portée par des pieds en verre. La vapeur passe par la boîte *b* et, après sa
sortie à l'extérieur, est dirigée vers les pointes du peigne B relié au conducteur A. La disposition intérieure de la boîte et des orifices de sortie est
représentée par la figure 105. La vapeur passe par les tubes parallèles placés

à l'intérieur de la boîte; la paroi intérieure des tubes est *en bois*. Au dehors
les tubes sont entourés d'une mèche
de lampe ou d'un cordon, qui est hu-
mecté par de l'eau versée dans la
boîte; il en résulte un léger refroidissement de la vapeur et la formation
de gouttelettes d'eau dans celle-ci,
La vapeur s'écoule d'autre part par

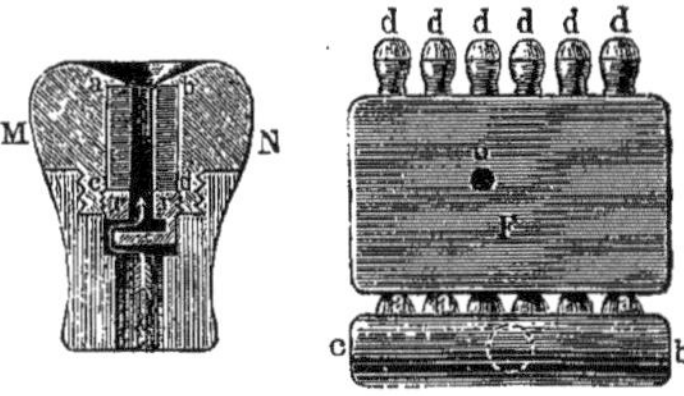

Fig. 105.

un canal sinueux (*fig.* 105, à gauche), où elle subit un frottement énergique.
Quand la machine est en fonction, le conducteur A est chargé positivement,
mais la chaudière, qu'on relie avec la terre ou un autre conducteur, est
chargée négativement.

Les *machines à influence* (ou *à induction*) sont basées sur la production de
l'électricité par induction (ou par influence). On distingue parfois parmi elles
un groupe particulier de machines, appelées *duplicateurs*; mais le fonctionnement de ces derniers repose également sur l'induction. Les duplicateurs sont
caractérisés par le fait qu'une charge donnée, *plus ou moins constante*, donne
naissance à une induction dans un conducteur mobile et que l'une des
électricités induites est transportée par le mouvement de ce conducteur mo-

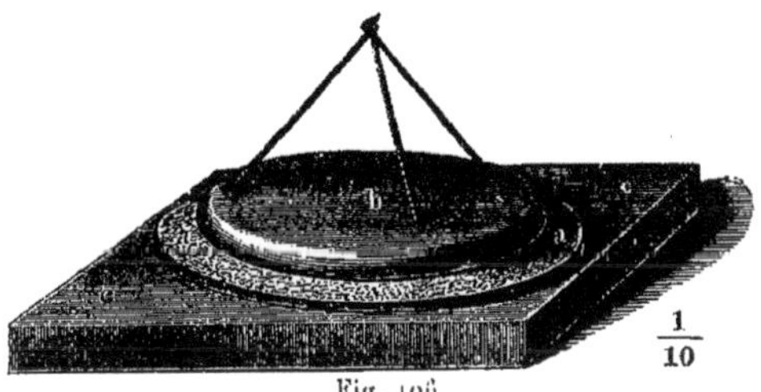

Fig. 106

bile sur un autre conducteur; cette opération se répète un grand nombre de
fois. Dans d'autres machines à influence, la charge induite primitivement
augmente peu à peu dans le fonctionnement de la machine. S'il n'y avait pas
de déperdition de l'électricité, la charge, obtenue par le fonctionnement de la
machine, croîtrait pour le duplicateur en progression arithmétique, pour les
autres machines à influence en progression géométrique, ainsi que l'a montré
MAXWELL.

Le plus simple des appareils de ce genre est l'*électrophore*; il se compose
d'un gâteau de résine solide *a* (*fig.* 106) ou d'un mélange solidifié de résine
avec certaines autres substances (cire, colophane, vernis, térébenthine, etc.)
coulé dans un moule métallique; la surface du gâteau de résine doit être

plane et lisse. Aujourd'hui, on se sert le plus souvent, au lieu d'un gâteau de résine qui est fragile, d'une simple plaque d'ébonite polie qui, le moule métallique étant supprimé, est posée sur un support bon conducteur ou est recouverte d'une feuille d'étain sur sa face inférieure. En battant la surface du gâteau avec une queue de renard ou avec une peau de chat, on électrise ce gâteau négativement. On y dépose ensuite un disque métallique isolé b, qu'on peut remplacer par un disque en bois ou un carton recouvert d'une feuille d'étain. L'électricité, qui se trouve sur la surface a, donne naissance à une induction dans b. En touchant avec le doigt la surface du disque b, l'électricité négative s'écoule, tandis que l'électricité positive se rassemble sur la surface inférieure de b: celle-ci, qui présente toujours des aspérités, ne touche la surface de a qu'en un petit nombre de points. Si on enlève alors le disque b, il emporte avec lui une charge positive, qu'on peut transporter sur un autre conducteur quelconque, ou utiliser par exemple pour charger une bouteille de *Leyde*. Si on pose de nouveau le disque b sur a, qu'on le touche avec le doigt et l'enlève ensuite, on recueille une nouvelle charge. Cette opération peut être répétée un grand nombre de fois, l'électricité négative du gâteau de résine restant fixée à la surface de ce gâteau et ne subissant d'autres pertes que celles qui sont dues à des défauts d'isolement.

Les machines à influence du type actuellement en usage, qui donnent de grandes quantités d'électricité, ont été construites pour la première fois par A. TOEPLER (1865, alors à Riga), HOLTZ (1865) et TH. SCHWÉDOFF (1868).

Le principe, sur lequel repose la construction de la première machine de TOEPLER, se comprend facilement sur la figure schématique 107, dans laquelle,

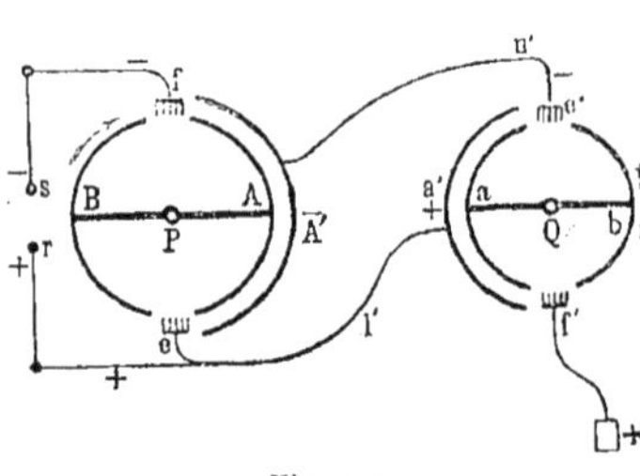

Fig. 107

pour plus de clarté les disques plans ont été remplacés par des demi-cylindres. Le disque fixe A' est électrisé négativement. Les deux plateaux A et B tournent autour de l'axe P, en frottant sur les brosses (pinceaux métalliques) f et e. Quand le plateau B se déplace vers la droite, (+) est induit sur lui tandis que (—) s'écoule par f sur la sphère s ; quand B prend la position de A, sa communication avec f et s cesse. Le plateau B arrive ensuite en contact avec la brosse e, et, avant qu'il occupe la position représentée sur la figure, toute sa charge passe par e sur la sphère r. Les mêmes phénomènes se répètent à chaque révolution complète du plateau B, aussi bien que du plateau A : l'une des électricités induites va par f sur s, l'autre, un peu plus tard, par e sur r. En vue non seulement de maintenir, mais d'accroître la charge agissante du disque A, on emploie une deuxième partie de l'appareil, qui n'est au fond qu'une répétition de la première. L'induction est produite ici par la charge *positive* du disque a'; les plateaux a et b acquièrent (—) tant qu'ils touchent la brosse f', (+) s'écoulant à la terre. Ils cèdent ensuite leur (—) à la brosse e', dès qu'ils sont sur le point d'atteindre la position occupée par b

sur la figure. L'électricité négative passe de e' sur le plateau A', dont elle augmente la charge. La charge positive du plateau a' est obtenue par une dérivation des conducteurs er. Il est clair que les charges sur A' et a' se renforcent mutuellement, jusqu'à ce que finalement soient atteintes sur r et s ou sur des conducteurs quelconques reliés avec eux les plus grandes tensions électriques possibles dans les circonstances données.

La vue d'ensemble de la machine de Toepler est donnée par la figure 108, dans laquelle, pour plus de commodité, les différentes parties sont désignées

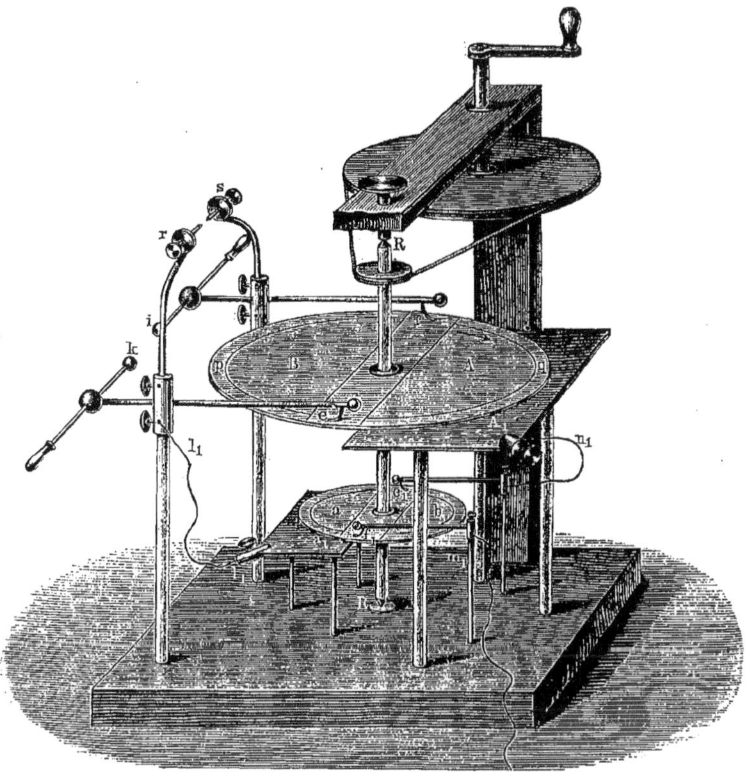

Fig. 108

par les mêmes lettres que dans la figure schématique 107. Les deux disques de verre, sur lesquels sont collées les feuilles d'étain A, B, a, b, sont mobiles autour de l'axe commun RR; les feuilles d'étain A_1 et a_1, collées sur les disques de verre fixes, ont même grandeur que a et A. Les fils n_1n_1 et l_1l_1 servent à relier e_1 avec A_1 et e avec a_1: f_1 est mis à la terre.

L'appareil que nous venons de considérer est typique; c'est le représentant d'un très grand nombre de machines à influence, totalement différentes par la forme. Dans la suite, Toepler a construit des machines, dans lesquelles sont montés sur un axe commun un grand nombre de disques, dont l'électrisation est maintenue simultanément par un *générateur* commun. La figure 109 représente une telle machine en coupe. Les disques fixes sont désignés par p, les brosses par c ; disques et brosses sont alternativement placés dans les intervalles qui séparent les disques mobiles ; ceux-ci sont représentés par des traits noirs plus courts. Nous n'entrerons pas dans une description

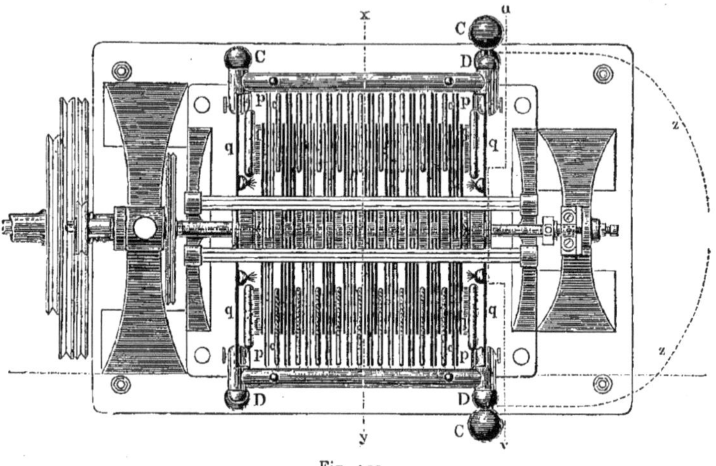

Fig. 109

plus détaillée de cette machine et nous renverrons aux indications bibliographiques.

Nous passons maintenant à la description de la machine à influence de Holtz actuellement très répandue ; l'une de ses formes est représentée par la figure 110. Le plateau de verre fixe A repose sur une plaque d'ébonite z et est maintenu, dans une position verticale, au moyen de crampons en ébonite qui ne sont pas figurés. Ce plateau est percé de deux fenêtres a et b aux extrémités d'un même diamètre, qui s'étendent parfois jusqu'au bord. Sur sa face *arrière* sont collées des bandes de papier d et f, appelées aussi armatures, qui se terminent chacune par une languette dentelée également en papier. Ces languettes sont infléchies, de manière à traverser les fenêtres et à se rapprocher de la face postérieure du disque de verre mobile B, qui n'a pas de fenêtres et est monté sur un axe horizontal, autour duquel il peut recevoir un mouvement de rotation rapide. En face des armatures, de l'autre côté de B, se trouvent deux peignes gg et ii, c'est-à-dire deux tiges métalliques munies de nombreuses pointes : ils sont portés par les pieds en verre 1 et 2 et reliés à deux conducteurs terminés par des sphères, pouvant glisser l'un vers l'autre. Sur l'axe de B est fixé ce qu'on appelle le *conducteur diamétral*, dont les extrémités t et v se trouvent en face des extrémités des armatures d et f et sont également munies de pointes. Avec les deux conducteurs mobiles antérieurs, peuvent être mises en communication les armatures intérieures de bouteilles de *Leyde* étroites, dont les armatures extérieures sont reliées entre elles par une bande métallique placée au-dessous du socle de l'appareil ; une seule des bouteilles est représentée sur la figure.

Pour mettre la machine en action, il faut amener en contact les sphères antérieures et mettre en mouvement le disque mobile, tandis qu'en même temps on électrise une des bandes de papier, par exemple *d*. Il suffit à cet effet d'appuyer contre *d* une plaque de caoutchouc frotté ou le bouton d'une petite bouteille de *Leyde* chargée. La rotation de B doit être dirigée vers les

Fig. 110

dentelures des languettes de papier, c'est-à-dire suivant la flèche. Aussitôt après que la rotation a commencé, on constate que la machine est amorcée et peut fonctionner. Si on écarte alors les sphères et que la rotation de B se poursuive, une décharge continue se produit entre ces sphères. En les reliant à d'autres conducteurs, on peut à volonté recueillir, pour les utiliser, une ou deux des électricités qui s'écoulent sans interruption vers les deux conducteurs mobiles antérieurs.

Pour expliquer le jeu de la machine et rendre les figures plus claires, nous aurons recours à une représentation schématique, qui est due à BERTIN. Le plateau antérieur mobile est représenté (*fig.* 111) par le cylindre mobile C, dont la surface intérieure correspond à la face antérieure du plateau mobile ou plus exactement à la partie annulaire de cette surface, qui passe devant les peignes *gg*. De même la surface extérieure de C correspond à la face postérieure du plateau mobile. Les peignes *g* et *i*, dont les dents sont perpendiculaires à la face avant du plateau, sont représentés tels qu'ils sont en réalité, c'est-à-dire normaux à la surface intérieure du cylindre. Le système des conducteurs et les sphères de décharge P et N sont figurés sous une forme simplifiée. Le plateau arrière fixe, qui n'a guère d'autre rôle que de porter les armatures, n'est pas représenté ; les armatures sont figurées en d et f et leurs languettes dentelées en a et b. Supposons que les sphères de décharge soient, comme il a été dit ci-dessus, rapprochées l'une contre l'autre, de manière que de g à i on n'ait plus, pour ainsi dire, qu'un seul conducteur. Donnons à la bande f une charge *négative* et commençons à faire tourner le cylindre dans la direction de la flèche ; (—) sur f donne naissance dans le système gi à une induction, en vertu de laquelle (+) s'écoule de g sur la surface *intérieure* du verre. Dans la rotation du cylindre, (+) est transporté vers db, de sorte que la bande de papier d se charge *positivement*, tandis que (—) s'échappe en quantité relativement faible par la pointe b sur la face arrière du disque (surface extérieure). Sous l'influence des deux bandes d et f se produit un écoulement plus fort de (—) de i et de (+) de g. En passant

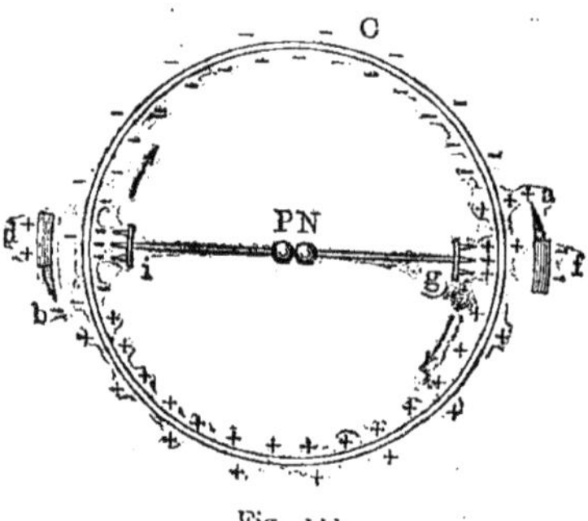

Fig. 111

devant i, la surface du verre se charge négativement ; (—), en se rapprochant de f, augmente sa charge, (+) s'échappant par la pointe a sur la face arrière du disque. Les mêmes phénomènes continuent à se reproduire ; (—) sur la moitié supérieure du disque et (+) sur la moitié inférieure augmentent rapidement les charges des bandes f et d jusqu'au maximum possible, l'écoulement maximum de (+) des pointes g et de (—) des pointes i étant atteint

en même temps. La charge du plateau s'effectue de telle façon que, pendant une demi-révolution, s'écoulent de g et de i les quantités d'électricité $+ 2e$ et $- 2e$, en désignant par $\pm e$ les quantités d'électricité qui se trouvent sur les moitiés inférieure et supérieure du disque. Quand le maximum de la charge de f et de d est atteint, il est maintenu par les charges qui se rapprochent des pointes a et b. L'écoulement de l'électricité de ces pointes sur la face arrière du disque est relativement insignifiant, ne semble jouer aucun rôle particulier et dépend de la vitesse avec laquelle les bandes f et d perdent leurs charges. Dans le système iPNg se produit continuellement une induction par les bandes de papier d et f, (+) s'écoulant vers g, (—) vers i. Lorsque, une fois la machine chargée, on écarte l'une de l'autre les sphères, l'induction a lieu séparément dans les parties iP et Ng, de sorte que (+) s'écoule sans interruption vers P et (—) vers N, et les sphères ou les conducteurs peuvent servir de sources d'électricité. Mais on rencontre en opérant ainsi l'inconvénient suivant ; si on écarte les sphères à une distance telle qu'aucune décharge ne puisse se produire entre elles, ou si les conducteurs reliés avec les sphères ne dépensent pas assez vite leurs charges, il peut arriver que toute induction (ultérieure) devienne impossible dans iP ou gN. L'écoulement de l'électricité par les pointes i et g cesse alors, de sorte que la perte des charges n'est plus réparée par les bandes de papier d et f. La machine cesse de travailler ou se

décharge, parce que, par exemple, (—) revient vers g et s'écoule sur la surface
du plateau.

Pour remédier à cet inconvénient, on se sert du *conducteur diamétral tv*
(*fig.* 112), dont il a déjà été question. Le mode d'action de ce conducteur se
comprend facilement à l'aide de la figure schématique 112. Les bandes de
papier sont beaucoup plus étendues ici que dans la figure 111 ; elles occupent
presque tout un quadrant et on voit que les peignes t et v doivent se trouver
en face de leurs extrémités les plus larges. Quand les sphères P et N se
touchent, le conducteur diamétral ne joue aucun rôle ; mais si ces sphères

sont trop écartées ou si, pour d'autres raisons, leurs charges ne sont pas
dépensées, de sorte que l'écoulement de
l'électricité par les pointes i et g cesse,
le conducteur tv commence alors à agir
exactement comme le système de conducteurs $iPNg$ de la figure 111. Le
changement de charge du plateau a
lieu en t et v ; cela suffit pour maintenir l'électrisation des bandes d et f, et,
par suite, pour conserver l'état de
charge de la machine, qui se met immédiatement à fonctionner comme
auparavant, aussitôt que commence

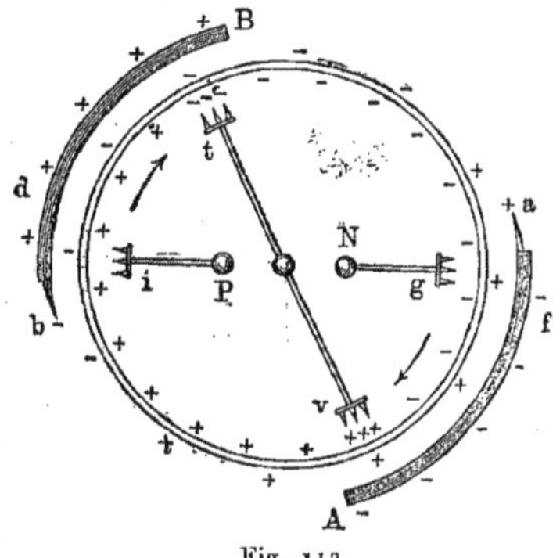

Fig. 112

une dépense des charges qui s'écoulent vers N et vers P et par conséquent
aussi un écoulement de l'électricité par les peignes i et g.

Le papier des bandes ne doit pas être remplacé par un trop mauvais conducteur ni, au contraire, par un conducteur plus parfait. Dans le premier
cas, une induction telle qu'elle a été décrite ci-dessus ne pourrait avoir lieu
sur lui ; dans le second, les charges ne se conserveraient pas pendant un arrêt
de courte durée de la machine et s'échapperaient par les pointes sur la face
arrière du disque mobile. Telle est la cause pour laquelle cette machine fonctionne mal ou même pas du tout, non seulement dans un air humide, mais
aussi dans un air trop sec. Le rôle du plateau fixe est triple, comme on peut
le voir : il porte les bandes de papier et s'oppose à la perte de leurs charges ;
en outre, sa face tournée vers le plateau mobile s'électrise peu à peu d'une
manière opposée à l'électrisation de ce dernier, c'est-à-dire, en se reportant
au schéma de la figure 111, positivement sur sa moitié supérieure et négativement sur sa moitié inférieure. La charge du plateau fixe, en agissant sur la
charge du plateau mobile, s'oppose à la déperdition de cette dernière, pendant
le temps qui s'écoule pour aller d'un peigne à l'autre.

La machine à influence de Th. Schwédoff (1868) est représentée par la
figure 113. Les deux plateaux de verre B et M sont montés sur un axe commun DD. Au-dessous de B se trouve une plaque A de caoutchouc vulcanisé,
dans laquelle sont pratiquées symétriquement deux fenêtres, dont l'une,
placée au-dessous du peigne C, est visible sur la figure. Au-dessous de M se
trouve un disque de verre fixe L, sur la face supérieure duquel sont collées

huit bandes de papier oblongues (1, 2, 3, etc.). Les bandes impaires sont réunies entre elles et avec le conducteur P ; les bandes paires sont également réunies entre elles et avec un conducteur correspondant sur l'autre face. Au-dessus des bandes impaires sont placés quatre peignes, qui se terminent à l'anneau N, tandis que leurs autres extrémités sont isolées. Les quatre autres peignes, placés au-dessus des bandes paires, sont reliés avec l'anneau R. La

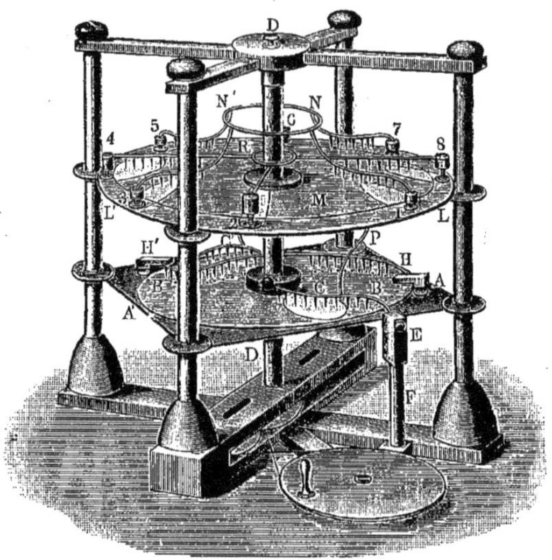

Fig. 113

plaque A et le plateau B sont embrassés par les branches des doubles peignes C et C'. La branche supérieure C, en communication avec le conducteur P, vient exactement à l'aplomb de la fenêtre de la plaque A. L'autre branche, non visible sur la figure, se trouve au-dessous de A ; elle court d'abord le long du bord du plateau B et ensuite dans la direction de la moitié de droite de HH' ; sa position est figurée en pointillé. Pour charger la machine, on tient sous la fenêtre de la plaque A, c'est-à-dire sous le peigne C, une plaque de caoutchouc frottée et on met l'axe, vu d'en haut, en rotation dans le sens inverse du mouvement des aiguilles d'une montre. Sur le plateau B s'écoule alors (+) de C, tandis que (—) passe par P *sur les bandes de papier impaires* et en outre sur la branche inférieure du peigne C, de sorte que de la moitié de droite du peigne H'H (+) s'écoule sur le plateau B et (—) va vers l'extrémité H'. Quand le plateau B avec (+) s'approche du peigne C', (—) s'écoule de celui-ci sur lui, et (+) passe *sur les bandes paires* et en outre sur la branche inférieure du peigne C', de sorte que l'écoulement de (—) de la moitié de gauche du peigne H'H est renforcé, et par suite aussi l'écoulement de (+) de la moitié de droite. Le plateau part du dessous de C' et H' avec une charge négative, qui devient positive au passage sous C et H. Sous l'action des charges des bandes de papier, (+) s'écoule, sur le plateau M, des quatre peignes du

système N et (—), des quatre peignes du système R, de sorte qu'en chaque
point de la surface de M le signe de l'électrisation change huit fois, dans un
tour complet de ce plateau. Il est clair que vers l'anneau N a lieu un écoulement continu de (—) et vers l'anneau R de (+). Ces deux anneaux servent
de conducteurs susceptibles de fournir des charges électriques de l'un et de
l'autre signes. Cette machine est visiblement supérieure à celle de HOLTZ, au
point de vue de la quantité d'électricité produite.

Il faut, pour la charge des machines de HOLTZ et de SCHWÉDOFF, un corps
étranger chargé. On emploie de préférence aujourd'hui des machines *autoexcitatrices*, dans lesquelles une charge, qui existe au début sur une des bandes
de papier ou de métal inductrices, s'accroît rapidement et produit sur les
autres bandes les charges nécessaires. La charge initiale, quoiqu'elle puisse
être excessivement faible, n'est pas à vrai dire toujours présente. Elle se
trouve réalisée cependant très souvent par des traces de charge provenant d'un
fonctionnement antérieur de la machine, par le frottement de certaines
parties de l'appareil l'une contre l'autre (des pinceaux métalliques sur les surfaces de verre), le contact de corps de natures différentes (contact des pinceaux
avec une partie métallique), par une induction due à des corps voisins électrisés fortuitement, l'électricité de l'air, etc.

Aux machines autoexcitatrices appartiennent les machines de TOEPLER (de
construction récente), de Voss, et en particulier de HOLTZ-WIMSHURST. Cette

Fig. 114

dernière a été construite pour la première fois par HOLTZ. Elle a été réinventée
dans la suite, d'une manière évidemment indépendante, par WIMSHURST, dont
elle porte en général le nom, malgré de nombreuses réclamations de priorité
de la part de HOLTZ (par exemple, dans le *Zeitschr. f. phys. und chem. Unter-
richt* **17**, p. 193, 1904); nous lui donnerons le nom de machine de HOLTZ-
WIMSHURST. Elle se compose (*fig.* 114) de deux plateaux de verre ou d'ébonite,
tournant autour d'un axe commun, mais en sens *contraires*. Sur les faces
extérieures de ces plateaux sont collées des bandes d'étain c et c′ disposées

suivant des rayons. Les peignes horizontaux doubles AA' et BB' embrassent les deux plateaux ; ils sont en communication avec les sphères de décharge N et P, qui peuvent de leur côté être rapprochées ou éloignées l'une de l'autre au moyen de poignées particulières isolées : GH et FE (la lettre E manque sur la figure, parce qu'elle se rapporte à un point qui est caché par le support antérieur de l'axe de rotation des plateaux) sont deux conducteurs diamétraux rectangulaires, faisant des angles de 45° avec la direction horizontale AB. Aux extrémités de ces deux conducteurs sont fixés de petits balais métalliques, qui frottent légèrement contre les bandes d'étain des deux plateaux.

Les conducteurs GH et FE partagent le cercle géométrique correspondant aux deux plateaux pris ensemble en quatre quadrants, qui sont désignés par les chiffres romains I à IV.

Pour comprendre le fonctionnement de cette machine, considérons la figure schématique 115. Comme dans la figure 111, les plateaux circulaires sont

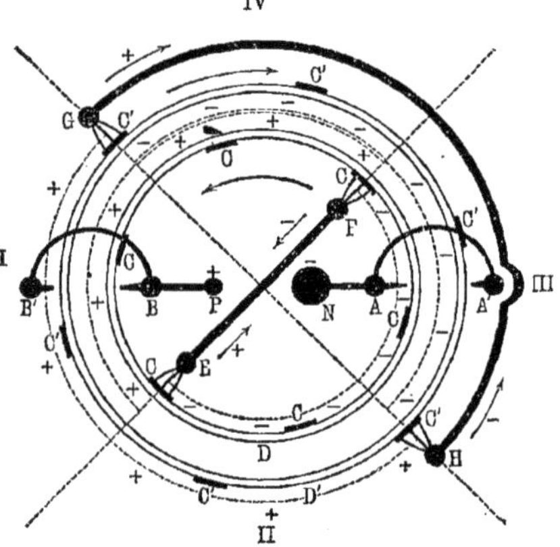

Fig. 115

encore remplacés par des cylindres concentriques D et D', dont les sens de rotation sont indiqués par des flèches ; CC... et C'C'... représentent les bandes d'étain. Le cylindre D' correspond au plateau avant de la figure 114, le cylindre D au plateau arrière. Les conducteurs diamétraux avec leurs balais sont représentés par une droite FE et par l'arc GH ; AA' et BB' sont les peignes qui embrassent, comme on l'a dit, les deux plateaux, P et N sont les sphères de décharge. D'une manière générale, les parties correspondantes sont désignées par les mêmes lettres sur les figures 114 et 115. Supposons que, par un moyen quelconque, la moitié HB'G (I, II) du plateau D' ait été électrisée positivement et la moitié GA'H (III, IV) négativement. Sous l'influence de ces deux électrisations, une induction se produira dans EF ; de E s'écoulera (—) et de F (+), de sorte que sur la moitié EAF (II, III) du plateau D en rotation, toutes les bandes C reçoivent des charges négatives et sur la moitié FBE (IV, I) des charges positives. Ces charges donnent naissance de leur côté à une induction dans le conducteur GH. De G s'écoule (—), de H (+), de sorte que sur la moitié GA'H (III, IV) du plateau D' *en rotation*, l'électrisation négative est renforcée, et, sur la moitié HB'G (I, II), l'électrisation positive. Il en résulte donc une induction renforcée sur EF, et par suite aussi un accroissement de la charge des deux moitiés du plateau D, etc. Il est clair que les plateaux en tournant renforcent chacun, par une sorte d'action mutuelle, la charge de l'autre, les conducteurs diamétraux partagent ces plateaux en deux moitiés chargées d'électricités de signes contraires. Sur les quadrants II et IV, les électrisations des plateaux sont différentes, les charges s'attirent mutuellement, ce qui s'oppose à leur déperdition. Sur les quadrants I et III, les électrisations des plateaux sont, au contraire, de même signe et les charges se repoussent. Exactement au milieu de ces quadrants se trouvent les peignes doubles AA' et BB' ; on voit facilement que, sur la sphère P, doit s'accumuler de l'électricité positive et, sur la sphère N au contraire, de l'électricité négative.

Nous n'entrerons pas dans la description d'autres machines ; nous mentionnerons seulement encore quelques-uns des types qui sont aujourd'hui particulièrement répandus ou qui présentent des dispositions spécialement intéressantes.

Parmi les duplicateurs, nous citerons les machines de Nicholson (1788), Belli (1831), Varley (1860), W. Thomson (1867), Righi (1872). On peut aussi indiquer la machine électrique à eau de W. Thomson (1860), ainsi que son *replenisher*, qui fait partie de certains appareils que nous étudierons plus loin ; il sert à maintenir sur un corps donné un certain degré d'électrisation.

La machine de Holtz a été modifiée ou des appareils semblables ont été

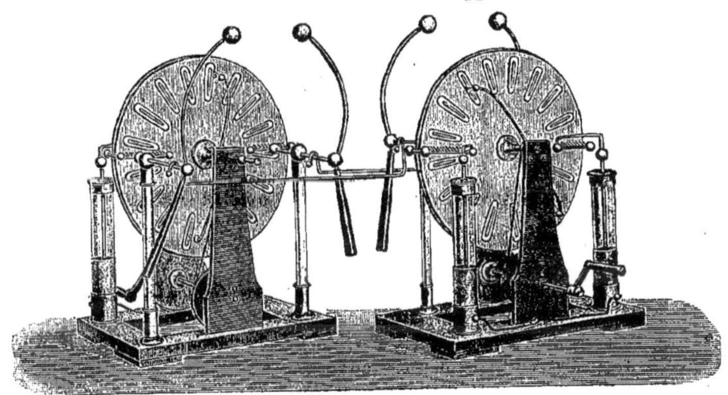

Fig. 116

construits par Téploff, Pouschkoff, Kundt (1868), Leyser (1873), Bleekrode (1871) et Holtz lui-même (1867), qui a établi une machine *double* comportant deux plateaux tournant en sens contraires.

Il faut en outre mentionner les machines de Carré (1868), Kaiser (1869), Musäus (1872) et Wommelsdorf (1902). On est arrivé récemment à construire des machines, dans lesquelles le nombre des disques mobiles va jusqu'à 30 et même au delà. Le but de ces machines est de fournir non seulement de grandes différences de potentiel, mais aussi des quantités d'électricité considérables.

Indiquons encore en terminant une circonstance remarquable. Parmi les différentes machines électriques, quelques-unes sont *réversibles*. Cela veut dire que si, dépensant du travail mécanique, on les met en mouvement comme il convient, elles deviennent des sources d'énergie électrique ; mais inversement, lorsqu'on fait écouler vers elles de l'électricité ou plus exactement de l'énergie électrique, elles se mettent en mouvement, c'est-à-dire que, dans ces machines, une dépense d'énergie électrique produit un travail mécanique. Telles sont les machines de HOLTZ, HOLTZ-WIMSHURST, etc. Lorsqu'on réunit entre elles deux machines de HOLTZ-WIMSHURST par exemple, au moyen de deux tiges ou de deux fils, comme le montre la figure 116, et qu'on fait tourner l'une d'elles, l'autre (qui peut se trouver à une certaine distance de la première) se met aussi en mouvement. Ces deux machines permettent donc d'effectuer un *transport électrique à distance de travail*. Nous ferons connaître dans la suite une méthode plus commode pour les transports de ce genre.

BIBLIOGRAPHIE

—

2. — Propriétés électriques des ions. Electrons.

GIESE. — *W. A.*, **37**, p. 576, 1889.

NERNST. — *Zeitschr. f. phys. Chem.*, **13**, p. 531, 1894.

RICHARZ. — *W. A.*, **52**, p. 397, 1894 ; *Verh. Berl. phys. Ges.*, **10**, p. 73, 1891.

J.-J. THOMSON. — *Phil. Mag.*, (5), **46**, p. 528, 1898.

PLANCK. — *Verh. d. deutsch. phys. Ges.*, **2**, p. 237, 1900 ; *Arch. Néerl.*, (2), **6**, p. 55, 1901 ; *Ann. de phys.*, (4), **9**, p. 640 ; 1902.

STONEY. — *Phil. Trans. Dubl. Soc.*, (2), **4**, p. 563, 1891.

BUDDE. — *W. A.*, **35**, p. 562, 1885.

WERNER. — *Zeitschr. f. anorg. Chem.*, **3**, p. 267, 1893 ; **8**, p. 153, 1895 ; *Zeitschr. f. phys. Chem.*, **12**, p. 35, 1893.

LIEBEN. — *Phys. Zeitschr.*, **1**, p. 237, 1900.

F. KOHLRAUSCH. — *W. A.*, **6**, p. 1906, 1879.

LODGE. — *Brit. Assoc. Report*, 1886, p. 389.

CATTANEO. — *Rendic. R. Acc. dei Lincei*, (5) **5**, p. 207, 1896 (2ᵉ sem.).

4. — Force électromotrice d'un élément. Elément réversible.

HELMHOLTZ. — *Berl. Ber.*, 1882, p. 825 ; *Ges. Abh.*, **2**, p. 958.
W. THOMSON. — *Phil. Mag.*, Déc. 1851 ; *Math. and Phys. Papers*, **1**, p. 472.
BRONIEWSKI. — *Journ. de phys.*, (4), **7**, p. 934, 1908.
GOCKEL. — *W. A.*, **24**, p. 618, 1885 ; **33**, p. 10, 1888 ; **40**, p. 450, 1890.
CZAPSKI. — *W. A.*, **21**, p. 209, 1884.
JAHN. — *W. A.*, **28**, pp. 21, 491, 1886.
BUGARSZKI. — *Zeitschr. f. anorg. Chem.*, **14**, p. 145, 1897.
CHROUSCHTSCHOFF et SITNIKOFF. — *C. R.*, **108**, p. 937, 1889.
LIPPMANN. — *C. R.*, **99**, p. 895, 1884.
JAHN. — *W. A.*, **28**, pp. 21, 491, 1886 ; **50**. p. 189, 1893.

5. — Phénomène de Peltier.

PELTIER. — *Ann. de chim. et de phys.*, (2), **56**, p. 371, 1834.

6. — Théorie de Nernst.

NERNST. — *Zeitschr. f. phys. Chem.*, **2**, p. 613 ; **4**, p. 129. 1889 ; *W. A.*, **45**, p. 360, 1892.
PLANCK. — *W. A.*, **39**, p. 161, 1890 ; **40**, p. 561, 1890 ; **44**, p. 385, 1891.
LOVEN. — *Zeitschr. f. phys. Chem.*, **20**, p. 593, 1896.
COUETTE. — *Journ. de phys.*, (3), **9**, pp. 200, 269, 652, 1900.
PELLAT. — *Ann. de chim et de phys.*, (6), **19**, p. 556, 1890.
LEHFELDT. — *Zeitschr. f. phys. Chem.*, **35**, p. 257, 1900.
BRUNHES et GUYOT. — *Journ. de phys.*, (4), **7**, p. 27, 1908.
PELLAT. — *Journ. de phys.*, (4), **7**, p. 195, 1908.
HÉSÉHOUS. — *Journ. de phys.*, (4), **7**, p. 530, 1908 ; *Journ. de la Soc. phys.-chim. russe*, 1908, p. 209.
CARHART. — *Phys. Review*, **26**, p. 209, 1908.
GUYOT. — *Journ. de phys.*, (4), **6**, p. 530, 1907.

7. — Polarisation électrolytique.

HELMHOLTZ. — *Berl. Ber.*, 1883, p. 647 ; *Wiss. Abh.*, **3**, p. 92.
WARBURG. — *W. A.*, **38**, p. 321, 1889.
NERNST. — *Theoretische Chemie*, 2e édit., p. 676, Stuttgart, 1898.

8. — Electromètre capillaire et électrodes à gouttes.

LIPPMANN. — *Pogg. Ann.*, **149**, p. 546, 1873 ; *W. A.*, **11**, p. 320, 1880 ; *C. R.*, **76**, p. 1407, 1873 ; **95**, p. 686, 1882 ; Thèse de Doctorat, Paris, 1875 ; *Ann. de chim. et de phys.*, (5), **5**, pp. 494, 515, 1875 ; **12**, p. 265, 1877 ; *Journ. de phys.*, (1), **3**, p. 41, 1874 ; (2), **2**, p. 116, 1883.
QUINCKE. — *Pogg. Ann.*, **139**, p. 70, 1870 ; **153**, p. 161, 1874.
OSTWALD. — *Zeitschr. f. phys. Chem.*, **1**, pp. 403, 583, 1887 ; **3**, p. 354, 1889 ; **4**, p. 570, 1889 ; **7**, p. 226, 1891 ; **25**, p. 188, 1898 ; *Allg. Chemie*, 2e édit., [II], **1**, p. 813, 1893 ; *Phil. Mag.*, (5), **22**, p. 70, 1886 ; *C. R.*, **108**, p. 232, 1889.
HELMHOLTZ. — *W. A.*, **7**, p. 337, 1879 ; **16**, p. 30, 1882 ; *Berl. Ber.*, 1881, p. 945.
PLANCK. — *W. A.*, **32**, p. 488, 1887 ; **40**, p. 561, 1890 ; **44**, p. 385, 1891.

WARBURG. — *W. A.*, **38**, p. 321, 1889 ; **41**, p. 1, 1890 ; **67**, p. 493, 1899 ; *Ann. d. Phys.*, (4), **6**, p. 125, 1901 ; *Verh. Berl. phys. Ges.*, **17**, p. 24, 1898.

EXNER et TUMA. — *Wien. Ber.*, **97**, p. 917, 1888 ; *Exners Repert.*, **25**, p. 597, 1889 ; **26**, p. 91, 1890.

BRAUN. — *W. A.*, **41**, p. 448, 1890 ; **44**, p. 510, 1891.

MIESLER. — *Wien. Ber.*, **96**, pp. 983, 1321, 1887.

PASCHEN. — *W. A.*, **39**, p. 43, 1890 ; **40**, p. 36, 1890 ; **41**, pp. 42, 801, 899, 1890 ; **43**, p. 576, 1891.

G. MEYER. — *W. A.*, **45**, p. 508, 1892 ; **53**, p. 846, 1894 ; **56**, p. 680, 1895 ; **67**, p. 433, 1899.

BEHN. — *W. A.*, **61**, p. 748, 1897.

ROTHMUND. — *Zeitschr. f. phys. Chem.*, **15**, p. 1, 1894.

S. W. SMYTH. — *Phil. Trans.*, 1900, p. 193 ; *Zeitschr. f. phys. Chem.*, **32**, p. 433, 1900.

St. MEYER. — *Wien. Ber.*, **105**, p. 22, 1896 ; *W. A.*, **67**, p. 433, 1899.

SCHREBER. — *W. A.* **53**, p. 109, 1894.

NERNST. — *Beilage zu W. A.*, **58**, pp. I-XVI, 1896 ; *Zeitschr. f. Elektrochem.*, **4**, p. 29, 1897-1898.

PALMAER. — *Zeitschr. f. phys. Chem*, **25**, p. 265, 1898 ; **28**, p. 257, 1899 ; **36**, p. 664, 1901.

CHERVET. — *Journ. de phys.*, (2), **3**, p. 258. 1884.

BERGET. — *Lum. élect.*, **37**, p. 83, 1890 ; *C. R.*, **114**, p. 531, 1892.

CLAVERIE. — *Journ. de phys.*, (2), **2**, p. 420, 1883.

S. W. SMYTH. — *Phil. Mag.*, (6), **5**, p. 398, 1903.

PELLAT. — *C. R.*, **104**, p. 1099, 1887 ; **108**, p. 667, 1889 ; *Ann. de chim. et de phys.*, (6), **19**, p. 568, 1890.

EINTHOVEN. — *Arch. f. d. ges. Physiol.*, **79**, pp. 1, 26, 1900.

BERNSTEIN. — *Zeitschr. f. phys. Chem.*, **38**, p. 200, 1901.

VAN LAAR. — *Zeitschr. f. phys. Chem.*, **41**, p. 385, 1902 ; *Phys. Ztschr.*, **4**, p. 326, 1903.

KUCERA. — *Ann. de phys.*, (4), **11**, pp. 529, 698, 1903.

GOUY. — *Ann. de chim. et de phys.*, (7), **29**, p. 145, 1903 ; *C. R.*, **134**, p. 1305, 1902 ; **136**, p. 653, 1903 ; *Ann. de chim. et de phys.*, (8), **8**, p. 291, 1906 ; **9**, p. 75, 1906.

VINING. — *Ann. de chim. et de phys.*, (8), **9**, p. 272, 1906.

BILLITZER. — *Wien. Ber.*, **112**, pp. 1553, 1586, 1734, 1904 ; **113**, p. 637, 1904 ; *Ann. d. Phys.*, (4), **11**, pp. 902, 937, 1903 ; **13**, p. 827, 1904 ; *Zeitschr. f. phys. Chem.*, **48**, pp. 513, 542, 1904 ; **49**, p. 709, 1904 ; **51**, p. 167, 1905.

CHRISTIANSEN. — *Ann. d. Phys.*, (4), **16**, p. 382, 1905.

KRÜGER. — *Gött. Nachr.*, 1904, p. 33 ; *Zeitschr. f. phys., Chem.*, **45**, p. 1, 1903.

10. — Electrisation au contact des métaux.

VOLTA. — *Grens Journ.*, **3**, p. 479, 1796 ; **4**, p. 129, 1797 ; *Ann. de chim.*, (1), **40**, p. 225, 1802 ; *Gilberts Ann.*, **9**, p. 380, 1801 ; **10**, p. 425, 1802 ; **12**, p. 498, 1803 ; *Phil. Trans.*, 1793, I, p. 10.

RITTER. — *Gilberts Ann.*, **16**, p. 293, 1804.

SEEBECK. — *Abh. Berl. Akad.*, 1822, p. 295.

PÉCLET. — *Ann. de chim. et de phys.*, (3), **2**, p. 243, 1841.

MUNK. — *Pogg. Ann.*, **35**, p. 55, 1835.

PFAFF. — *Pogg. Ann.* **51**, p. 209, 1840.

Auerbach. — *Handb. d. Physik v.* Winkelmann, **3**, (1), p. 113, Breslau, 1893.

Helmholtz. — *Erhaltung der Kraft.*, Berlin, 1847, p. 47 ; *W. A.*, **11**, p. 737, 1880 ; *Wiss. Abh.*, **1**, pp. 48, 910.

Fabroni. — *Journ. de phys.*, **6**, p. 384, 1800 ; *Gilberts Ann.*, **4**, p. 428, 1800.

De la Rive. — *Ann. de chim. et de phys.*, **37**, p. 225, 1828 ; **39**, p. 297, 1828 ; **62**, p. 147, 1836 ; *Pogg. Ann.*, **15**, p. 98, 1829 ; **37**, p. 506, 1836 ; **40**, p. 355, 1837.

Zahn. — *Unters. über Kontaktelektrizität*, Leipzig, Teubner, 1882.

J. Brown. — *Proc. R. Soc.*, London, **41**, p. 294, 1887 ; **64**, p. 369, 1899 ; *Phil. Mag.*, (5), **6**, p. 142, 1878 ; **7**, p. 108, 1879 ; **11**, p. 212, 1881 ; (6), **5**, p. 591, 1901.

Spiers. — *Phil. Mag.*, (5), **49**, p. 70, 1900.

Schultze-Berge. — *W. A.*, **12**, p. 290, 1881.

Christiansen. — *W. A.*, **48**, p. 726, 1893 ; **56**, p. 644, 1895 ; **57**, p. 682, 1896 ; **62**, p. 545, 1897 ; **69**, p. 661, 1899 ; *Overs. o. d. klg. danske Vidensk. Selsk. Forh.*, 1899, p. 153.

Pellat. — *Ann. de chim. et de phys.*, (5), **24**, p. 1, 1881 ; *Journ. de phys.*, (1), **9**, p. 145, 1880 ; **10**, p. 68, 1881 ; (2), **1**, p. 416, 1882 ; *C. R.*, **80**, p. 998, 1875 ; **90**, p. 990, 1880 ; **94**, p. 1247, 1882 ; *Travaux du Congrès internat. de physique*, **4**, p. 76, Paris, 1901.

Erskine-Murray. — *Phil. Mag.*, (5), **45**, p. 398, 1898 ; **46**, p. 228, 1898 ; *Proc. R. Soc.*, **63**, p. 113, 1898.

Grove. — *Literary Gazette*, 21 janv. 1843.

Gassiot. — *Phil. Mag.*, **25**, p. 283, 1844.

Bottomley. — *Brit. Ass. Report*, 1885.

Exner. — *Wien. Ber.*, **80**, 1879 ; **81**, 1880 ; **86**, p. 551, 1882 ; **95**, p. 595, 1887 ; *W. A.*, **5**, p. 388, 1878 ; **6**, p. 353, 1879 ; **9**, p. 591, 1880 ; **10**, p. 265, 1880 ; **11**, p. 1034, 1880 ; **12**, p. 280, 1881 ; **15**, p. 412, 1882 ; **32**, pp. 53, 515, 1887.

Lodge. — *Phil. Mag.*, (5), **19**, pp. 153, 340, 448, 1885 ; **49**, pp. 351, 454, 1900 ; *Proc. Phys. Soc.*, **17**, p. 369, 1901.

Sv. Arrhenius. — *W. A.*, **33**, p. 638, 1888.

Riecke. — *W. A.*, **66**, p. 545, 1898.

R. Kohlrausch. — *Pogg. Ann.*, **82**, p. 1, 1851 ; **88**, p. 472, 1853.

Gerland. — *Pogg. Ann.*, **83**, p. 513, 1868.

Clifton. — *Proc. R. Soc.*, **26**, p. 299, 1877.

Hankel. — *Elektr. Unters.*, V et VI ; *Pogg. Ann.*, **115**, p. 57, 1862 ; **126**, p. 286, 1865 ; *Abh. kgl. sächs. Ges.*, **6**, p. 1, 1861 ; **7**, p. 385, 1865.

Hallwachs. — *W. A.*, **29**, p. 1, 1886.

Ayrton et Perry. — *Phil. Trans.*, 1880, p. 1 ; *Proc. R. Soc.*, **27**, 1878.

Oulianine. — *W. A.*, **30**, p. 699, 1887.

Exner et Tuma. — *Wien. Ber.*, **97**, p. 917, 1888.

Majorana. — *Acc. dei Lincei*, (5), **8**, 1re Sem., pp. 188, 255, 302, 1899 ; 2e Sem., pp. 132, 162, 1900 ; *N. Cim.*, (4), **9**, p. 335, 1899 ; *Arch. Sc. phys. et nat.*, (4), **8**, p. 113, 1899 ; **11**, p. 266, 1901 ; *Phil. Mag.*, (5), **48**, pp. 241, 255, 292, 1899.

Lord Kelvin. — *Phil. Mag.*, (5), **46**, p. 82, 1898.

Edlund. — *Pogg. Ann.*, **137**, p. 474, 1869 ; **140**, p. 435, 1870 ; **141**, pp. 404, 534, 1871.

Grimsehl. — *Phys. Zeitschr.*, **4**, p. 43, 1902 ; *Verh. d. phys. Ges.*, 1902, p. 262.

Warburg. — *Berl. Ber.*, 1904, p. 850.

ISOLANTS.

DAVY. — *Ann. de chim.*, **63**, p. 230, 1807.

FECHNER. — *Galvanismus*, p. 21, 1829.

MUNK. — *Pogg. Ann.*, **35**, p. 57, 1835.

A. C. BECQUEREL. — *Traité d'électricité*, **2**, p. 100, 1834.

COEHN. — *W. A.*, **64**, p. 217, 1898 ; **66**, p. 1191, 1898 ; *Zeitschr. f. phys. Chem.*, **25**, p. 651, 1898.

HEYDWEILLER. — *W. A.*, **66**, p. 535, 1898.

J. THOMSON. — *Proc. R. Soc.*, London, **25**, p. 169, 1876 ; *Phil. Mag.*, (5), **3**, p. 389, 1877.

AYRTON et PERRY. — *Proc. R. Soc.*, **27**, p. 219, 1878.

HOORWEG. — *W. A.*, **11**, p. 144, 1880.

KNOBLAUCH. — *Zeitschr. f. phys. Chem.*, **39**, p. 225, 1901.

11. — Contact des électrolytes avec les conducteurs.

BUFF. — *Ann. d. Chem. u. Pharm.*, **42**, p. 5, 1842 ; **45**, p. 137, 1844.

GERLAND. — *Pogg. Ann.*, **133**, p. 513, 1868.

HANKEL. — *Abh. kgl. sächs. Ges. d. Wiss.*, **7**, 1865.

KOHLRAUSCH. — *Pogg. Ann.*, **79**, p. 177, 1850.

CLIFTON. — *Proc. R. Soc.*, **26**, p. 299, 1877.

AYRTON et PERRY. — *Proc. R. Soc.*, **27**, p. 196, 1878 ; *Phil. Trans. London*, **1**, p. 1, 1880.

EXNER et TUMA. — *Wien. Ber.*, **97**, p. 917, 1888.

GOURÉ DE VILLEMONTÉE. — *Journ. de phys.*, (2), **9**, pp. 65, 326, 1890 ; **10**, p. 76, 1891.

PELLAT. — *C. R.*, **108**, p. 667, 1889.

OSTWALD. — *Zeitschr. f. phys. Chem.*, **1**, p. 583, 1887.

PASCHEN. — *W. A.*, **41**, p. 117, 1890 ; **43**, p. 568, 1891.

ROTHMUND. — *Zeitschr. f. phys. Chem.*, **15**, p. 1, 1894.

PALMAER. — *Zeitschr. f. phys. Chem.*, **59**, p. 129, 1907.

FECHNER. — *Schweiggers Journ.*, **53**, 1828.

POGGENDORFF. — *Pogg. Ann.*, **66**, p. 597, 1845 ; **70**, p. 60, 1847 ; **73**, pp. 337, 619, 1848.

SCHÖNBEIN. — *Pogg. Ann.* **43**, p. 229, 1838.

OBERBECK et EDLER. — *W. A.*, **42**, p. 209, 1891.

CORMINAS. — *Centralbl. f. Elektrotech.*, **7**, p. 491, 1885.

HOORWEG. — *W. A.*, **11**, p. 133, 1880.

RIGHI. — *N. Cim.*, **14**, p. 131, 1876 ; *Accad. di Modena*, (3), **2**, 1876 ; *Mem. di Bologna*, (4), **8**, p. 749, 1888.

G. MEYER. — *Zeitschr. f. phys. Chem.*, **7**, p. 477, 1891.

VOLTA. — *Phil. Trans.*, 1800, p. 402 ; *Gilb. Ann.*, **6**, p. 340, 1800 ; **10**, pp. 389, 421, 1802 ; *Ann. de chim.*, **40**, p. 225, 1802.

DELLMANN. — *Pollichia*, **20**, p. 43, 1863 ; *Fortschr. d. Phys.*, 1863, p. 391.

RITTER. — *Gilb. Ann.*, **7**, p. 373 ; **8**, p. 385 ; **9**, p. 212, 1801.

FECHNER. — *Pogg. Ann.*, **41**, p. 236, 1837 ; **44**, p. 44, 1838.

JÄGER. — *Gilb. Ann.*, **13**, p. 401, 1803 ; **49**, p. 53, 1815 ; **50**, p. 214, 1815 ; **51**, p. 187, 1815.

PELTIER. — *Notice sur la vie et les travaux de* PELTIER, p. 94, Paris, 1847.

PÉCLET. — *Ann. de chim. et de phys.*, (3), **2**, p. 233, 1841.

ERMAN. — *Gilb. Ann.*, **7**, p. 485, 1801 ; **25**, p. 1, 1807.

BIOT. — *Ann. de chimie*, **47**, p. 5, 1803 ; *Gilb. Ann.*, **18**, p. 149, 1804 ; *Traité de physique*, **2**, p. 478.

BRANLY. — *Ann. de l'Ecole Norm.*, **2**, p. 201, 1873.

ANGOT. — *Ann. de l'Ecole Norm.*, **3**, p. 253, 1874 ; *C. R.*, **78**, p. 1846, 1874.

BEHRENS. — *Gilb. Ann.*, **23**, p. 1, 1806.

ZAMBONI. — *Gilb. Ann.*, **49**, p. 41, 1815 ; **51**, p. 182, 1815 ; **60**, p. 151, 1819 ; *Schweiggers Journ.*, **10**, p. 129, 1812.

BOHNENBERGER. — *Gilb. Ann.*, **53**, p. 348, 1816.

RIFFAULT. — *Ann. de chim.*, **57**, p. 61, 1806 ; *Gilb. Ann.*, **22**, p. 313, 1806.

MARÉCHAUX. — *Gilb. Ann.*, **23**, p. 224, 1806.

DE LUC. — *Gilb. Ann.*, **49**, p. 100, 1815.

PULVERMACHER. — *Dingl. Journ.* **122**, p. 29, 1851.

PARROT. — *Gilb. Ann.*, **55**, p. 165, 1817.

12. — Electrisation au contact de deux électrolytes.

NOBILI. — *Ann. de chim. et de phys.*, **38**, p. 239, 1828 ; *Pogg. Ann.*, **14**, p. 169, 1828.

FECHNER. — *Pogg. Ann.*, **48**, pp. 1, 225, 1839.

WILD. — *Pogg. Ann.*, **103**, p. 353, 1858.

L. SCHMIDT. — *Pogg. Ann.*, **109**, p. 106, 1860.

R. KOHLRAUSCH. — *Pogg. Ann.*, **79**, p. 200, 1850.

E. DU BOIS-REYMOND. — *Reicherts Arch.*, 1867, Heft 4, p. 453.

WORM-MÜLLER. — *Pogg. Ann.*, **140**, pp. 114, 380, 1870.

BICHAT et BLONDLOT. — *C. R.*, **97**, p. 1202, 1883 ; **100**, p. 791, 1885 ; *Journ. de phys.*, (2), **2**, p. 533, 1883.

GOURÉ DE VILLEMONTÉE. — *Journ. de phys.*, (2), **9**, p. 326, 1890.

PASCHEN. — *W. A.*, **41**, pp. 42, 177, 1890.

CHANOZ. — *Journ. de phys.*, (4), **6**, p. 114, 1907.

NERNST. — *Zeitsch. f. phys. Chem.*, **4**, p. 155, 1889.

NEGBAUER. — *W. A.*, **44**, p. 737, 1891.

COUETTE. — *Journ. de phys.*, (3), **9**, pp. 276, 652, 1900.

JAHN. — *Zeitschr. f. phys. Chem.*, **33**, p. 545, 1900.

LEHFELDT. — *Zeitschr. f. phys. Chem.*, **37**, p. 308, 1901.

HELMHOLTZ. — *W. A.*, **3**, p. 201, 1877 ; *Ges. Abh.*, **1**, p. 840.

WALKER. — *Pogg. Ann.*, **4**, p. 421, 1825.

FARADAY. — *Exp. Rev. Ser.*, **17**, §§ 1975 et suiv., 1840.

BLEEKRODE. — *Pogg. Ann.*, **142**, p. 611, 1871.

ECCHER. — *N. Cim.*, (5), **5**, p. 5, 1879.

KITTLER. — *W. A.*, **12**, p. 572, 1881 ; **15**, p. 391, 1882.

PAGLIANI. — *Atti della R. Accad. di Torino*, **21**, p. 518, 1886.

MOSER. — *W. A.*, **14**, p. 61, 1881.

NERNST. — *Zeitschr. f. phys. Chem.*, **2**, p. 613, 1888 ; **4**, p. 129, 1889.

13. — Elément à gaz.

KOHLRAUSCH. — *Pogg. Ann.*, **76**, p. 200, 1850.

AYRTON et PERRY. — *Phil. Trans.*, 1880, p. 16.

BICHAT et BLONDLOT. — *Journ. de phys.*, (2), **2**, p. 533, 1882 ; **3**, p. 52, 1883.

GOURÉ DE VILLEMONTÉE. — *Journ. de phys.*, (2), **10**, p. 76, 1891.

KENRICK. — *Zeitschr. f. phys. Chem.*, **19**, p. 625, 1896.

GROVE. — *Phil. Mag.*, (3), **14**, p. 129, 1839 ; **21**, p. 417, 1842 ; *Phil. Trans.*, 1843 ; *Pogg. Ann.*, **58**, p. 202, 1842.

SCHÖNBEIN. — *Pogg. Ann.*, **56**, pp. 135, 235, 1842 ; **58**, p. 361, 1843 ; **62**, p. 220, 1844.

BEETZ. — *Pogg. Ann.*, **77**, p. 493, 1849 ; **90**, p. 42, 1853 ; **132**, p. 460, 1867 ; *W. A.*, **5**, p. 1, 1877.

PEIRCE. — *W. A.*, **8**, p. 98, 1879.

MARKOWSKY. — *W. A.* **44**, p. 457, 1891.

BOSE. — *Phys. Zeitschr.*, **1**, p. 228, 1900 ; *Zeitschr. f. phys. Chem.*, **34**, p. 701, 1900.

WULF. — *Zeitschr. f. phys. Chem.*, **48**, p. 87, 1904.

14. — Triboélectricité.

GILBERT. — *De Magnete*, 1600, Lib. II, Cap. II.

OTTO V. GUERICKE. — *Exper. nova Magdeb.*, 1672, Lib. IV, Cap. XV.

BOYLE. — *De mechanica electricitatis produtione*, Genev., 1694.

St. GRAY. — *Phil. Trans.*, 1731, 1732, 1735, 1736.

DUFAY. — *Mém. Par.*, 1733, 1734.

WINKLER. — *Gedanken von den Eigenschaften der Elektrizität*, 1744.

CANTON. — *Phil. Trans.*, 1762.

KIENMAYER. — *Voigts Magazin*, (3), **6**, p. 106, 1789.

RIECKE. — *W. A.*, **49**, p. 459, 1893.

WILCKE. — *Phil. Trans.*, 1759.

YOUNG. — *Lectures on nat. philos.* London, **2**, p. 246, 1807.

RIESS. — *Reibungselektrizität*, **2**, p. 362-399, Berlin, 1853.

FARADAY. — *Exp. Res.*, §§ 2138 et suiv. ; *Pogg. Ann.*, **60**, p. 321, 1843.

HERBERT. — *Theoria phenom. electric.* Vindob., 1788, p. 163.

CAVALLO. — *Compl. treat. of electricity*, **1**, p. 21 ; **2**, p. 73 ; **3**, p. 111, 1795.

HAÜY. — *Ann. de chim. et de phys.*, **8**, 1818.

DE LA RIVE. — *Pogg. Ann.*, **37**, p. 506, 1836 ; *Bibl. univ.*, **59**, p. 13.

N. HÉSÉHOUS. — *Journ. de la soc. russe phys.-chim.*, **33**, pp. 1, 48, 77, 1991 ; **34**, pp. 1, 15, 25, 1902 ; **35**, pp. 478, 482, 575, 1903 ; **37**, p. 29, 1905 ; *Nouv. de l'Inst. technol. de St-Pétersb.*, **15** et **16**.

MACFARLANE. — *Proc. R. Soc. Edinb.*, 1883-1884, p. 412.

GAUGAIN. — *C. R.*, **59**, p. 493, 1864 ; *Ann. de chim. et de phys.*, (4), **6**, p. 25. 1865.

FARADAY. — (Métaux). *Exp. Res.*, §§ 2138 et suiv.

DESSAIGNES. — *Ann. de chim. et de phys.*, **2**, p. 59, 1816.

LICHTENBERG. — Voir RIESS, *Reibungselektrizität*, **2**, p. 205.

VILLARSY. — *Journ. général de France*, 1788 ; *Voigts Magazin*, (4), **8**, p. 176.

BÜRKER. — *Ann. de phys.*, (4), **1**, p. 474, 1900.

EBERT et HOFFMANN. — *Ann. de phys.*, (4), **2**, p. 706, 1900.

LORD KELVIN, MACBAN et GALT. — *Proc. R. Soc.*, **57**, p. 335, 1895.

ARMSTRONG. — *Mech. Mag.*, **43**, p. 64, 1845 ; *Ann. de chim. et de phys.*, (2), **75**, p. 328, 1840 ; (3), **7**, p. 401, 1843 ; **10**, p. 105, 1844.

FARADAY. — (Vapeurs). *Exp. Res. Ser.*, **18**, p. 1843 ; *Pogg. Ann.* **60**, p. 319, 1843.

WÜLLNER. — *Lehr. d. Experimentalphysik*, 5e éd., **3**, p. 189, Leipzig, 1897.

REBOUL. — *Ann. de chim. et de phys.*, (8), **14**, p. 433, 1908 ; *Journ. de phys.*, (4), **7**, p. 840, 1908 ; *C. R.*, **148**, p. 221, 1909.

15. — Autres sources d'électricité.

I. — Passage d'un état d'agrégation a un autre.

Volta. — *Phil. Trans.*, 1782 ; *Collezione dell'op.*, I, **1**, p. 270 ; *Meteorol. Briefe*, 144 et 206.

Palmieri. — *N. Cim.*, **13**, p. 236, 1861 ; *Rendic. di Napoli*, **24**, pp. 26, 194, 318, 1885 ; 1887 ; 1888.

Blake. — *W. A.*, **19**, p. 519, 1883.

Kalischer. — *W. A.*, **20**, p. 614, 1883 ; **29**, p. 407, 1886.

II. — Cristallisation.

Bandrowski. — *Phys. Chem.*, **15**, p. 324, 1892.

V. — Pyroélectricité.

Aepinus. — *Recueil sur la tourmaline*, Pétersb., 1762, p. 1 ; *Mem. Akad.*, Berlin, 1756, p. 105.

Wilcke. — *Disputatio phys. exp. de electricit. contrariis*, Rostock, 1757, p. 51 ; *Abh. schwed. Akad.*, **28**, p. 113, 1776 ; **30**, p. 3, 1768.

Wilson. — *Phil. Trans.*, 1759, p. 308.

Muschenbroek. — *Introduction ad philos. nat. Lugd.*, 1762. **1**, §§ 889-900.

Bergmann. — *Opuscula*, **5**, p. 402, 1766.

Canton. — Priestley, *History of electr.*, 1767, p. 323 ; *Phil. Trans.* London, 1759, p. 398.

Haüy. — *Traité de minéralogie*, **3**, p. 15 ; *Grundlehren d. Physik*. Weimar, 1892 ; *Mém. de l'Inst.*, An. IV, **1**, p. 49.

Brewster. — *Schweiggers Journ.*, **43**, p. 94, 1825 ; *Edinb. Journ. of. Sc.* **1**, p. 208, 1825 ; **2**, 1825 ; *Pogg. Ann.*, **2**, p. 298, 1824.

Hankel. — *Pogg. Ann.*, **49, 50, 53, 56, 61, 74** ; *W. A.*. **13, 18** ; *Abh. d. kgl. sächs. Ges. d. Wiss.*, **4, 6, 8, 15, 18, 20, 21**.

Kolenko. — *W. A.*, **29**, p. 416, 1889.

G. Wiedemann. — *Electriziltät*, 3e édit., p. 336, 1883.

W. Thomson (Lord Kelvin). — *Phil. Mag.*, (5), **5**, p. 24, 1878.

Riecke. — *W. A.*, **28**, p. 43, 1886 ; **31**. pp. 790, 889, 1887 ; **40**, p. 306, 1890 ; *Gött. Nachr.*, 1891, pp. 121, 223.

Gaugain. — *Ann. de chim. et de phys.*, (3), **57**, p. 5, 1859.

J. et P. Curie. — *C. R.*, **91**, pp. 294, 383, 1880 ; **92**, pp. 35, 186, 350, 1881 ; **93**, pp. 204, 1137, 1881 ; **95**, p. 914, 1882 ; **106**, p. 1207, 1889.

P. Duhem. — *Ann. de l'Ecole norm.*, (3), **5**, p. 263, 1886 ; **9**, p. 167, 1892.

Straubel. — *Gött. Nachr.*, 1902, Heft 2, p. 1 ; *Phil. Mag.*, (6), **4**, p. 220, 1902.

Riecke et Voigt. — *Abh. d. k. Ges. d. Wiss. Göttingen*, 1892 ; *W. A.*, **45**, p. 523, 1892.

Voigt. — *W. A.*, **41**, p. 722, 1890.

Kundt. — *W. A.*, **20**, p. 592, 1883 ; **28**, p. 145, 1886.

Riecke. — *W. A.*, **31**, p. 889, 1887.

VI. — Piézoélectricité.

Haüy. — *Mém. du Musée d'hist. nat.*, **3**, 1817 ; *Schweigg. Jahrb.* **20**, p. 383.

J. et P. Curie. — *C. R.*, **91**, pp. 294, 383, 1880 ; **92**, pp. 186, 350, 1881 ; **93**, pp. 204, 1137, 1881 ; **95**, p. 914, 1882 ; **106**, p. 1207, 1888 ; *Journ. de phys.*, (2), **1**, p. 245, 1882.

W. Thomson (Lord Kelvin). — *Phil. Mag.*, (5) **5**, p. 24, 1878 ; **36**, pp. 331, 342, 384, 1893 ; *C. R.*, **117**, p. 463, 1893.

Röntgen. — *W. A.*, **18**, pp. 213, 534, 1883 ; **19**, pp. 319, 513, 1883 ; **39**, p. 16, 1890.

Riecke et Voigt. — *W. A.*, **45**, p. 523, 1892.

Voigt. — *W. A.*, **31**, p. 721, 1887 ; **41**, p. 722, 1890 ; **51**, p. 638, 1894 ; **66**, p. 1030, 1898 ; *Abh. d. k. Ges. d. Wiss. Gött.*, **36**, 1890 ; *Gött. Nachr.*, 1905, p. 394.

F. Pockels. — *Winkelmanns Handbuch der Physik*, 2ᵉ éd., 1905, **4**, pp. 766–793 ; *N. Jahrb. f. Min.*, Beil.-Bd, **7**, 1890, p. 224 ; *Göttingen Abh. Ges. d. Wiss.*, **39**, 1894, II, § 4.

C. Somigliana. — *Ann. di mat.*, (2), **20**, 1892.

P. Koch. — *Ann. de phys.*, (4), **19**, p. 567, 1906.

Bildingmaier. — *Inaug.-Diss.*, Göttingen, 1900 (*Geometrischer Beitrag zur Piëzoelektrizität der Kristalle*).

VII. — L'énergie rayonnante comme source d'électricité.

Hankel. — *Abh. k. sächs. Ges. d. Wiss.*, **20**, pp. 203, 459, 1881.

Hallwachs. — *W. A.*, **33**, p. 301, 1888 ; **34**, p. 731, 1888 ; **37**, p. 666, 1889 ; **40**, p. 332, 1890.

Righi. — *Rendic. Acc. dei Lincei*, **4**, II, p. 16, 1888 ; **5**, I, p. 860, 1889 ; *N. Cim.*, (3), **24**, p. 256, 1888 ; **25**, pp. 11, 123, 193, 1889 ; **26**, pp. 135, 217, 1889 ; *C. R.*, **107**, p. 559, 1888 ; *W. A.*, **41**, p. 505, 1890.

Stoliétoff. — *C. R.*, **106**, pp. 1149, 1593, 1888 ; **107**, p. 91, 1888 ; **108**, p. 1241, 1889 ; *Journ. de la soc. russe phys.-chim.*, **21**, p. 159, 1889 ; *Journ. de phys.*, (2), **9**, p. 468, 1890.

Bichat et Blondlot. — *C. R.*, **106**, p. 1349, 1888 ; **107**, pp. 29, 557, 1888.

Hoor. — *Exners Repert.*, **25**, p. 91, 1889.

Elster et Geitel. — *W. A.*, **38**, pp. 40, 497, 1889.

Borgman. — *C. R.*, **108**, p. 733, 1889.

VIII. — Écoulement des liquides a travers les cloisons poreuses.

Quincke. — *Pogg. Ann.*, **107**, p. 1, 1859 ; **110**, p. 38, 1860.

Zöllner. — *Pogg. Ann.*, **148**, p. 640, 1873 ; *Ber. k. sächs. Ges.*, **24**, p. 317, 1872.

Haga. — *W. A.*, **2**, p 326, 1877 ; **5**, p. 287, 1878.

Elster. — *W. A.*, **6**, p. 553, 1879.

Clark. — *W. A.*, **2**, p. 335, 1877.

Dorn. — *Pogg. Ann.*, **160**, p. 56, 1877 ; *W. A.*, **5**, p. 29, 1878 ; **9**, p. 517, 1880 ; **10**, p. 70, 1880.

Edlund. — *Pogg. Ann.*, **156**, p. 251, 1877 ; *W. A.*, **1**, p. 184, 1877 ; **3**, p. 489, 1878 ; **8**, p. 127, 1879 ; **9**, p. 95, 1880.

Gouré de Villemontée. — *Journ. de phys.*, (3), **6**, p. 59, 1897 ; *éclair. élect.*, **8**, p. 491, 1896.

Helmholtz. — *W. A.*, **7**, p. 351, 1879 ; *Ges. Abh.*, **1**, p. 855.

IX. — Électricité des animaux et des plantes.

Kunkel. — *Arbeiten des bot. Instituts in Würzburg*, **2**, p. 1, 1878.

16. — Machines électriques.

Armstrong. — *Mech. Mag.*, **43**, p. 64, 1845 ; *Ann. de chim. et de phys.*, (2), **75**,
  p. 328, 1840 ; (3), **7**, p. 401, 1843 ; **10**, p. 105, 1844.

Toepler. — *Pogg. Ann.*, **125**, p. 469, 1865 ; **127**, p. 117, 1866 ; **130**, p. 518,
  1867 ; **131**, p. 232, 1867 ; *Berl. Ber.*, 1879, p. 950.

Holtz. — *Pogg. Ann.*, **126**, p. 157, 1865 ; **127**, p. 320, 1865 ; **130**, pp. 130, 287,
  1867 ; **136**, p. 171, 1869 ; **139**, p. 513, 1870 ; **156**, p. 627, 1875 ; *Carls Repert.*,
  17, p. 682, 1881 ; *W. A.*, **13**, p. 623, 1881 ; *Ann. de chim. et de phys.*, (4), **13**,
  pp. 195, 441, 1868.

Schwédoff. — *Pogg. Ann.*, **144**, p. 597, 1871 ; *L'importance des isolants en électricité*
  (en russe), St-Pétersbourg, 1868.

Bertin. — *Ann. de chim. et de phys.*, (4), **13**, p. 191, 1868.

Voss. — *Dingl. Journ.*, **237**, p. 476, 1880.

Wimshurst. — *Electrotechn. Zeitschr.*, **5**, p. 328, 1884.

Carré. — *Carls. Repert.*, **6**, p. 62, 1870.

Wommelsdorf. — *Ann. d. Phys.*, (4), **9**, p. 651, 1902 ; **23**, p. 609, 1907 ; **24**,
  p. 483, 1907 ; *Phys. Ztschr.*, **6**, p. 177, 1905.

Bleekrode. — *Pogg. Ann.*, **156**, p. 288, 1875.

Musäus. — *Pogg. Ann.*, **143**, p. 285, 1872 ; **146**, p. 288, 1872.

Nicholson. — *Phil. Trans.*, **16**, p. 505, 1788.

Belli. — *Annali d. Soc. del Regno Lomb. Venet.*, 1831, p. 11.

Varley. — *Specification of Patent*, 1860, n° 206.

W. Thomson (Lord Kelvin). — *Reprint of Papers*, 1872, p. 339 ; *Proc. R. Soc.*, 1867.

Righi. — *N. Cim.*, **7, 8**, p. 123, 1872.

CHAPITRE III

—

ACTION DU CHAMP ÉLECTRIQUE
SUR LES CORPS QU'IL CONTIENT

1. Introduction. — Lorsqu'on transporte un corps quelconque dans un
champ électrique, on observe certains phénomènes, dont le caractère dépend
avant tout de la nature du corps considéré. On peut envisager ces phénomènes
comme le résultat de l'action exercée par le champ sur le corps. Leur nombre
n'est pas grand ; il est incomparablement plus petit que le nombre des divers
phénomènes que l'on observe, quand un corps est amené dans un *champ ma-*

gnétique, lequel agit, d'une manière manifeste, beaucoup plus profondément sur les propriétés de la matière que le champ électrique. Il est d'ailleurs possible que cette différence ne soit qu'apparente et qu'elle vienne de ce que les actions du champ magnétique sont mieux étudiées que celles du champ électrique. Le caractère des phénomènes, auxquels nous consacrons ce Chapitre, change suivant que le corps est un conducteur ou un diélectrique.

Nous avons considéré, dans le Chapitre 1, les propriétés du champ électrique. On ne peut, bien entendu, tracer une limite précise entre les propriétés du champ et les actions qu'il exerce sur les corps qu'il contient, car évidemment ces actions ou bien se présentent comme des propriétés même du champ, ou bien découlent de ces propriétés comme des conséquences nécessaires. On ne doit donc pas s'étonner que quelques-unes de ces actions aient déjà été étudiées précédemment. Pour être complet, nous les mentionnerons encore ici.

Les actions principales du champ électrique sur les corps qu'il renferme sont les suivantes :

1. L'*induction électrostatique*, c'est-à-dire la naissance de charges électriques à la surface des conducteurs.

2. L'apparition de *forces pondéromotrices* agissant suivant la loi de Coulomb.

3. La *polarisation des diélectriques* et le phénomène, en relation étroite avec cette polarisation, de la *charge résiduelle*.

4. L'*électrostriction*, c'est-à-dire la production de déplacements (ou d'efforts) élastiques dans la substance des corps.

5. L'influence du champ sur les propriétés optiques des corps.

6. L'influence du champ sur l'*élasticité* et le *frottement intérieur* des corps.

7. L'influence du champ sur la *température* des corps.

Nous avons déjà étudié le premier des phénomènes que nous venons d'énumérer et nous avons vu comment l'apparition de charges à la surface des conducteurs placés dans un champ électrique, se présente comme une conséquence nécessaire des propositions fondamentales des deux théories que nous avons caractérisées par l'*image A* et par l'*image B*. Il n'est pas nécessaire de revenir sur ce phénomène.

2. Loi de Coulomb. — Si on amène, dans un champ électrique, un corps déjà électrisé ou qui acquiert une charge sous l'influence du champ lui-même, un tel corps est soumis à l'action d'un système de forces que l'on peut, en général, considérer comme formé par l'ensemble des forces, agissant sur les éléments infiniment petits dans lesquels la charge du corps est supposée décomposée. Désignons par V la fonction potentielle du champ électrique, par η' la charge sur un des éléments infiniment petits de volume ou de surface du corps ; sur la charge η' agit une force f égale à, voir (4o), p. 76,

$$(1) \qquad\qquad f = - \eta' \frac{\partial V}{\partial n},$$

n étant la direction de la normale à la surface de niveau du potentiel. En prenant, pour le potentiel V *dans un milieu homogène*, la formule (37, *b*), page 72,

$$(2) \qquad V = \frac{1}{K} \int \frac{d\eta}{r},$$

où K désigne la constante diélectrique du milieu, *nous partons, dans le calcul des actions pondéromotrices du champ électrique sur les corps qu'il contient, de la loi de* Coulomb, qui est exprimée par la formule

$$(3) \qquad f = \frac{\eta\eta'}{Kr^2},$$

ou *dans l'air*

$$(4) \qquad f = \frac{\eta\eta'}{r^2}.$$

L'action mutuelle de deux quantités d'électricité est : 1. *inversement proportionnelle au carré de la distance entre ces quantités*, 2. *directement proportionnelle à leur produit.* Il résulte clairement de ce qui précède que cette loi se rapporte au cas où η et η' sont pour ainsi dire concentrées en deux points, c'est-à-dire au cas où les dimensions des surfaces ou volumes occupés par les deux quantités d'électricité sont très petites comparativement à la distance r. C'est un fait très important que la seconde partie de la loi de Coulomb puisse, comme nous allons le voir, être *vérifiée* par l'expérience, tandis que pour les *forces magnétiques* cela n'est pas possible, puisque ce qu'on appelle une *quantité de magnétisme* ne peut être défini que comme une grandeur proportionnelle à la force magnétique agissant sur elle dans le champ magnétique considéré.

Voyons maintenant *comment la loi de* Coulomb *peut être vérifiée expérimentalement.* On se sert pour cela de la *balance de torsion*, qui a été employée par Coulomb lui-même pour découvrir la loi qui porte son nom. Nous avons fait connaître, dans le Tome I, la disposition et la théorie de la balance de torsion unifilaire. La figure 117 représente une telle balance appropriée aux mesures électrostatiques. A l'extrémité inférieure du fil est suspendue une petite tige cylindrique très légère de gomme laque, aux extrémités de laquelle sont collées de petites baguettes de verre. A l'une des extrémités (extrémité de droite) est fixée une petite boule de sureau dorée, à l'autre un disque de mica vertical, qui sert de contrepoids et en même temps d'amortisseur des oscillations de la tige. Nous ne décrirons pas la partie supérieure de l'appareil, car tous les détails nécessaires ont été donnés à ce sujet dans le Tome 1. Cette partie supérieure sert à amener la tige dans la position initiale voulue (la boule de sureau doit alors se trouver sous le milieu de l'ouverture *a*) et aussi surtout à mesurer l'angle de rotation β de l'extrémité supérieure du fil. Pour la mesure de l'angle de rotation α de la tige, c'est-à-dire de l'extrémité inférieure du fil, on peut se servir d'une échelle collée sur la surface extérieure de la cage cylindrique en verre, à la hauteur de la tige (cette échelle n'est pas représentée sur la figure). Les angles α et β se comptent en sens contraires, à partir de la position de repos où la boule n'est pas électrisée, de sorte que l'angle de torsion φ du fil est

$$(5) \qquad \varphi = \alpha + \beta.$$

Lorsqu'on applique à la tige un moment de torsion M, on a

$$(5, a) \qquad M = C\varphi.$$

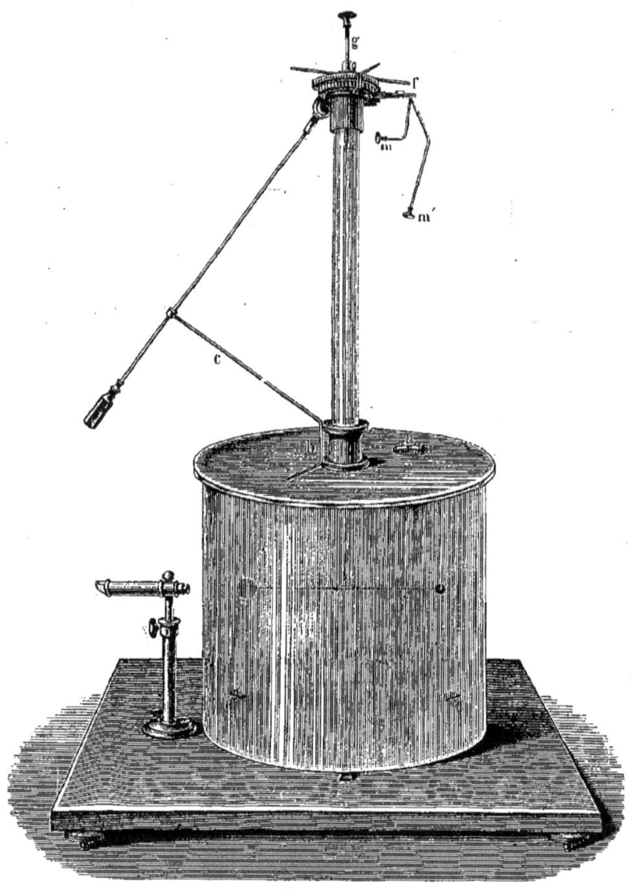

Fig. 117

La *constante de torsion* C du fil peut être déterminée au moyen de la formule (Tome I)

$$(5, b) \qquad C = \frac{\pi^2 K}{T^2},$$

où T désigne la durée des oscillations de torsion de la balance unifilaire, K le moment d'inertie du corps suspendu à l'extrémité inférieure du fil. On peut donc, s'il est nécessaire, déterminer la valeur numérique de la constante C.

Pour vérifier la *loi des carrés*, dans le cas de forces répulsives, on procède de la manière suivante. On introduit, par l'ouverture a, une tige de verre verticale, qui porte à son extrémité inférieure une sphère métallique électrisée A ; la longueur de cette tige doit être telle que le centre de la boule métallique vienne dans la position qu'occupait auparavant le centre de la boule de sureau, laquelle, après introduction de A, se trouve d'abord appliquée contre celle-ci, mais est ensuite repoussée. Désignons par η la quantité d'électricité subsistant sur A, par η' la quantité d'électricité passée sur la boule de sureau. Supposons, pour plus de généralité, que nous ayons fait tourner l'extrémité supérieure du fil d'un certain angle β, de sorte que l'angle de torsion φ est différent de l'angle de rotation α, et soit, dans la figure 118 située dans un plan horizontal, A la sphère répulsive, AB la position initiale de la tige, qui, sous l'influence de la force répulsive f,

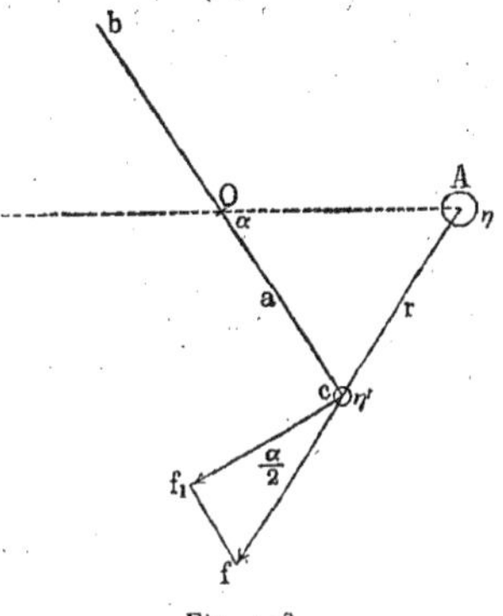

Fig. 118

a tourné de l'angle α et est venue dans la position cb. Soit f_1 la composante perpendiculaire à bc de la force f, soit en outre $OC = a$, $Ac = r$. On a évidemment

$$r = 2a\sin\frac{\alpha}{2} \qquad \text{et} \qquad f_1 = f\cos\frac{\alpha}{2} \, ;$$

le moment de torsion M est, voir (5, a),

$$(6) \qquad M = f_1 a = fa\cos\frac{\alpha}{2} = C\varphi.$$

Après avoir mesuré les angles α et φ, on fait tourner l'extrémité supérieure du fil dans un sens quelconque, de sorte que β, α et φ changent ; si on désigne les nouvelles valeurs de ces angles par β', α' et φ' et la nouvelle valeur de la force par f', on obtient, à la place de l'équation (6), la suivante

$$(6, a) \qquad f'a\cos\frac{\alpha'}{2} = C\varphi'.$$

On a ainsi *par expérience* le rapport des forces pour deux positions de la boule c :

$$(7) \qquad \frac{f}{f'} = \frac{\varphi}{\varphi'} \cdot \frac{\cos\dfrac{\alpha'}{2}}{\cos\dfrac{\alpha}{2}}.$$

D'après la loi de Coulomb, nous devons avoir

$$(7, a) \qquad \frac{f}{f'} = \left(\frac{r'}{r}\right)^2 = \left(\frac{2a \sin \dfrac{\alpha'}{2}}{2a \sin \dfrac{\alpha}{2}}\right)^2 = \frac{\sin^2 \dfrac{\alpha'}{2}}{\sin^2 \dfrac{\alpha}{2}}.$$

Si la loi de Coulomb est exacte, le rapport (7) entre les forces trouvé *par la voie de l'expérience* doit être égal au rapport (7, a) calculé *théoriquement* au moyen de cette loi. En égalant l'un à l'autre les deux rapports (7) et (7, a), on obtient

$$(7, b) \qquad \varphi \sin \frac{\alpha}{2} \, \mathrm{tg} \, \frac{\alpha}{2} = \varphi' \sin \frac{\alpha'}{2} \, \mathrm{tg} \, \frac{\alpha'}{2}.$$

Lorsqu'on fait encore, à différentes reprises, tourner l'extrémité supérieure du fil dans un sens ou dans l'autre, on obtient les nouveaux angles φ'', α'', φ''', α''', etc. La formule (7, b) montre que, quelles que puissent être les variations de ces angles, c'est-à-dire de la distance entre la boule c et A, l'égalité

$$(8) \qquad \varphi \sin \frac{\alpha}{2} \, \mathrm{tg} \, \frac{\alpha}{2} = B$$

doit toujours être remplie, B désignant une constante. Si on substitue dans (6) la valeur

$$f = \frac{\eta \eta'}{r^2} = \frac{\eta \eta'}{4a^2 \sin^2 \dfrac{\alpha}{2}},$$

on obtient

$$(8, a) \qquad \varphi \sin \frac{\alpha}{2} \, \mathrm{tg} \, \frac{\alpha}{2} = \frac{\eta \eta'}{4aC} = B,$$

c'est-à-dire une expression pour la constante B qui entre dans la formule (8). Des expériences soigneusement exécutées ont montré que l'égalité (8) est effectivement satisfaite par les différentes valeurs des angles α et φ, obtenues par la méthode de mesure indiquée. Mais il faut observer que pour avoir des nombres pouvant servir à vérifier la loi de Coulomb, on doit introduire certaines corrections, dont la plus essentielle est la *correction relative à la déperdition de l'électricité*. La formule (8, a) montre comment le nombre B varie en fonction de la grandeur des charges η et η'. Il est clair qu'au préalable, la loi de variation des grandeurs η et η' avec le temps doit être déterminée, pour les deux sphères qui se trouvent à l'intérieur de la balance de torsion. Il importe d'ailleurs de remarquer qu'en introduisant cette correction, on considère la seconde moitié de la loi de Coulomb comme déjà démontrée. Une seconde correction doit être apportée, lorsque les dimensions des sphères A et c ne sont pas très petites comparativement à la distance r. Dans ce cas, les charges ne se répartissent pas uniformément à la surface des deux sphères ; la correction nécessaire se calcule au moyen des formules de Poisson relatives à la répartition de l'électricité sur deux conducteurs sphériques voisins (page 158). Une autre correction doit être faite, quand l'enveloppe de l'appareil n'est pas en verre, mais en une substance conductrice ; de l'électricité induite apparaît alors sur la surface intérieure, qui agit sur la sphère mobile.

Pour vérifier par l'expérience la *seconde moitié de la loi de* CoULOMB, indépendamment de la première, on peut procéder de la manière suivante. Après avoir mesuré les angles α et φ, comme on l'a indiqué ci-dessus, on enlève la sphère A de l'appareil, on la touche avec une autre sphère de même grandeur qu'elle et on la ramène ensuite rapidement à son ancienne position. On diminue alors l'angle β, jusqu'à obtenir l'ancienne déviation α de la tige, et, pour arriver à une mise au point plus exacte, on se sert d'une petite lunette, représentée sur la figure 117. Nous avons maintenant les formules

$$ fa \cos \frac{\alpha}{2} = C\varphi, \qquad f'a \cos \frac{\alpha}{2} = C\varphi', $$

c'est-à-dire $f : f' = \varphi : \varphi'$. Dans la seconde mesure, la charge de A est diminuée de moitié ; nous devons donc avoir $f' = 0{,}5\,f$, et par suite aussi $\varphi' = 0{,}5\,\varphi$. La dernière formule est également confirmée par l'expérience, lorsqu'on fait une correction relative à la déperdition de l'électricité, qui rend évidemment le coefficient inférieur à $0{,}5$.

La vérification de la loi des carrés, au moyen de la balance de torsion,

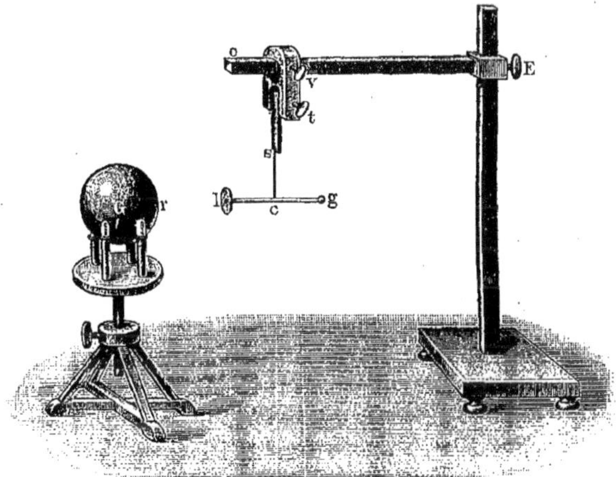

Fig. 119

présente de grandes difficultés, dans le cas de forces *attractives*, car la position d'équilibre de la sphère mobile peut facilement se trouver instable. Sans nous arrêter plus en détail sur ce cas, mentionnons simplement que CoULOMB a effectué cette vérification comme il suit. Il posait une sphère métallique] G (*fig.* 119) électrisée positivement et de 32 centimètres de diamètre sur quatre pieds en verre. A une certaine distance, il suspendait à un fil de cocon une aiguille de gomme laque gl, à l'extrémité l de laquelle se trouvait un petit disque de papier doré. Ce petit disque était mis un instant en communication avec la terre, après quoi il conservait une charge négative induite. Coulomb déterminait ensuite, pour différentes valeurs de la distance $d = Gl$, les durées T d'oscillation correspondantes de l'aiguille, qui était amenée hors de sa position d'équilibre par rotation autour de l'axe sc et était attirée par la sphère G. Les durées T d'oscillation s'expriment par la formule

$$T = \pi \sqrt{\frac{K}{fa}},$$

où K désigne le moment d'inertie de l'aiguille, a la longueur cl et f la force agissant sur le disque l. Mais la force f est inversement proportionnelle à d^2, et par suite les durées T d'oscillation sont directement proportionnelles aux distances d, ce qui a été confirmé aussi par les expériences avec une exactitude suffisante.

Après Coulomb, Egen (1825), Harris (1832), Marié-Davy (1850), Riess et d'autres encore ont recherché le degré d'exactitude de la loi qu'il a formulée. La loi, qui porte maintenant le nom de Coulomb, a été découverte, mais non publiée, 12 ans avant Coulomb, vers l'année 1773, par Cavendish. Les travaux de Cavendish n'ont été connus qu'en 1879, lorsque ses manuscrits, qui étaient conservés dans le laboratoire de physique de l'université de Cambridge, furent publiés par Maxwell. On reconnut alors que Cavendish avait effectué ses recherches, par une méthode beaucoup plus exacte que celle de Coulomb. Maxwell a repris les expériences de Cavendish sous une forme légèrement modifiée, et en se servant d'appareils plus sensibles. Supposant que l'action mutuelle de deux quantités d'électricité est inversement proportionnelle à une certaine puissance n de leur distance et en outre que $n = 2 \pm t$, Maxwell a pu déduire de ses observations que t n'est pas supérieur à $\dfrac{1}{21600}$. On peut en conclure que la loi de Coulomb, qu'il serait plus juste d'appeler la loi de Cavendish-Coulomb, est tout à fait exacte.

Il nous reste maintenant à considérer la question très importante de l'*action mutuelle entre des conducteurs électrisés plongés dans un diélectrique*. Soient η_1 et η_2 les charges, V_1 et V_2 les potentiels des conducteurs dans l'air, K le pouvoir inducteur du diélectrique, $f_0(\eta)$ la force de l'action mutuelle dans l'air, $f_K(\eta)$ la même force dans le diélectrique. Rappelons les formules générales (11) de la page 33 et (37) de la page 71

$$(9) \qquad\qquad f = \frac{\eta\eta_1}{Kr^2},$$

$$(10) \qquad\qquad V = \frac{\eta}{Kr}.$$

La première de ces formules montre que, *pour des charges données*, on a

$$(11) \qquad\qquad f_K(\eta) = \frac{f_0(\eta)}{K}.$$

Mais supposons que les conducteurs soient reliés avec des sources d'électricité, qui les maintiennent aux *potentiels constants* V_1 et V_2. La formule (10) montre que l'introduction dans un diélectrique rend les potentiels K fois plus petits ; pour qu'ils n'éprouvent aucun changement, il faut rendre la charge K fois plus grande, de sorte qu'au lieu de η_1 et η_2 on a les charges $K\eta_1$ et $K\eta_2$. Il résulte de la formule (9) que la force f doit en premier lieu devenir K^2 fois plus grande, en second lieu K fois plus petite, c'est-à-dire K fois plus grande ; nous avons par conséquent, *pour des potentiels donnés*,

$$(12) \qquad\qquad f_K(V) = K f_0(V).$$

Les formules (11) et (12) nous font voir que *l'action mutuelle de conducteurs électrisés est, pour des charges données, inversement proportionnelle et, pour des potentiels donnés, directement proportionnelle à la constante diélectrique du milieu ambiant.*

3. Polarisation des diélectriques et charge résiduelle. — Lorsqu'on transporte un diélectrique dans un champ électrique, il se polarise, comme nous l'avons vu pages 26 et 62. En partant des notions fondamentales de l'image A, nous avons admis que, sous l'action du champ, l'induction se produit dans les particules très petites du diélectrique auxquelles est attribuée une conductibilité électrique. Pour mesure de la *polarisation* Π en un point donné du diélectrique, nous avons pris le moment électrique autour de ce point, rapporté à l'unité de volume, et nous avons vu [(33, d), page 63] que la grandeur Π est numériquement égale à la densité k' de la charge sur une surface orthogonale aux lignes de force. La polarisation Π est proportionnelle à l'intensité F du champ, de sorte qu'on peut poser

$$(13) \qquad\qquad \Pi = \gamma F,$$

où γ est la *susceptibilité électrique du diélectrique*, laquelle est liée à la constante diélectrique K, que nous avons encore appelée (page 65) *perméabilité électrique*, par la relation

$$(13, a) \qquad\qquad K = 1 + 4\pi\gamma.$$

Si, conformément à la théorie de CLAUSIUS et de MOSSOTTI, on désigne par g le rapport entre le volume occupé par les particules conductrices et le volume total du diélectrique, on trouve que g et K sont liés par la relation

$$(13, b) \qquad\qquad g = \frac{K-1}{K+2},$$

voir (33, h), (34) et (35, c). Enfin, rappelons encore la formule (34, b), page 65), qui montre que la perméabilité électrique est

$$(13, c) \qquad\qquad K = \frac{F'}{F},$$

F' désignant l'*intensité du champ dans le diélectrique* (voir une définition plus précise à la page 65).

Lorsqu'on amène un diélectrique dans un champ électrique, la force qui agit sur lui est, toutes les autres circonstances restant les mêmes, d'autant plus grande que Π est plus grand, ou, ce qui revient au même, que γ ou K est plus grand.

Quand on approche un diélectrique d'un conducteur chargé, le potentiel du conducteur diminue et par suite sa capacité augmente. La capacité d'un condensateur est proportionnelle au pouvoir inducteur K du diélectrique intermédiaire.

Nous venons de rappeler une série de formules et de faits, qui ont déjà été envisagés et expliqués précédemment. Nous devons maintenant faire particulièrement remarquer que toutes nos formules et tous nos raisonnements se rapportaient à un *diélectrique parfait*, dans lequel, en premier lieu, *la polarisation s'établit instantanément* et ensuite ne varie plus, et qui, en second lieu, représentait un isolant parfait, c'est-à-dire *un isolant ne conduisant pas du tout l'électricité*. L'air, par exemple, à la pression atmosphérique ordinaire, est un tel diélectrique parfait ; PELLAT (1881) a montré qu'un condensateur à air se charge complètement en moins de 0.002 seconde.

Les diélectriques solides et liquides ont, en général, des propriétés, qui les différencient plus ou moins des diélectriques parfaits. En premier lieu, la polarisation, après avoir acquis presque instantanément une certaine valeur, aussitôt après l'apparition du champ électrique, continue ensuite à croître lentement, pendant un intervalle de temps considérable, de sorte que K se trouve dépendre de la durée de l'action du champ. En second lieu, les diélectriques solides et liquides possèdent une certaine conductibilité, quoique relativement très faible. Lorsque la conductibilité n'est pas très petite, il peut arriver que l'état électrique du diélectrique amené dans le champ électrique devienne le même, après un certain temps, que l'état électrique d'un conducteur se trouvant dans les mêmes conditions ; le caractère du phénomène est alors le même que si K prenait avec le temps une valeur infiniment grande. Cependant, la plupart des diélectriques n'acquièrent pas un tel état ; la grandeur K, en croissant à partir d'une certaine valeur initiale K_0 atteinte instantanément, se rapproche asymptotiquement d'un certain maximum. Si l'on s'en tient à l'image A, on doit dire que l'induction, dans les particules conductrices ou semi-conductrices, n'atteint pas d'un seul coup son maximum. En s'en tenant à l'image B, on peut dire que les tubes d'induction ne pénètrent pas immédiatement et en totalité à l'intérieur du diélectrique.

Le phénomène rappelle par son caractère l'*élasticité résiduelle* ; il a été étudié par GAUGAIN, WÜLLNER et d'autres encore. WÜLLNER approchait une plaque métallique horizontale électrisée, reliée à un électromètre et placée au-dessus d'un diélectrique solide ou liquide, jusqu'à une distance de $2^{mm},93$ de la surface de ce diélectrique. Le potentiel V de la plaque diminuait d'abord presque instantanément, ensuite lentement. Soit V_0 la valeur initiale du potentiel de la plaque et $\dfrac{V}{V_0} = b$. Pour l'*eau*, on obtenait instantanément la valeur

$b = 0,391$, qui ne variait plus dans la suite ; mais, pour CS^2 par exemple, on obtenait, 40 secondes après que la plaque avait été abaissée, la valeur $b = 0,828$, et au bout de 80 minutes $b = 0,405$; pour le pétrole, on avait après 20 secondes $b = 0,855$, et après 80 minutes $b = 0,597$; pour l'ébonite (épaisseur $15^{mm},3$) b décroissait de la valeur initiale $b = 0,501$ jusqu'à $b = 0,394$, etc. Romich et Nowak n'ont pas trouvé dans le soufre pur d'effet retardé de ce genre. On doit à Conn et à Arons de très intéressantes recherches (1886 et 1888), dans lesquelles ils ont réussi à séparer l'une de l'autre la polarisation et la conductibilité des diélectriques *liquides* et à mesurer simultanément ces deux grandeurs.

L'écart considéré entre les propriétés des diélectriques réels et celles des diélectriques parfaits est certainement en relation avec le phénomène de la *charge résiduelle*, qu'on a proposé d'expliquer par toute une série d'hypothèses différentes. Ce dernier phénomène consiste en ce qui suit : lorsqu'on charge un condensateur, dont les armatures métalliques sont en contact direct avec le diélectrique intermédiaire, par exemple une bouteille de *Leyde*, et qu'on le décharge ensuite en reliant entre elles les armatures, on trouve au bout d'un certain temps que les armatures sont de nouveau chargées, de sorte qu'on peut obtenir une seconde étincelle de décharge, puis une troisième après un autre intervalle de temps, etc. Dans la première décharge, toute la charge du condensateur n'a donc pas disparu ; une certaine partie est restée et cette *charge résiduelle* est ensuite passée sur les armatures, se libérant en quelque sorte peu à peu, et rendant ainsi possibles des décharges ultérieures.

Le *temps* est nécessaire pour la formation de la charge résiduelle. Si on charge pour la première fois une bouteille de *Leyde*, qui n'a pas été depuis longtemps en usage, et si on la décharge aussitôt, on ne constate pas du tout ou presque pas de charge résiduelle : on en obtient une cependant, si on n'effectue la décharge qu'un certain temps après la charge de la bouteille. La charge *libre* diminue peu à peu pendant ce temps, comme Kohlrausch (1854) l'a montré, en reliant rapidement la bouteille chargée à un électroscope ; les indications de ce dernier décroissent progressivement. Kohlrausch a pu, en introduisant une correction relative à la déperdition des deux électricités, déterminer la vitesse de formation de la charge résiduelle.

Dans la bouteille de *Leyde*, le phénomène se complique, parce qu'entre les armatures et le verre se trouve une couche de colle solidifiée, mauvaise conductrice. En outre, une partie de la charge peut passer sur la surface du verre non recouverte de colle. Mais en cela ne réside pas la cause du phénomène considéré, puisqu'on l'observe aussi quand les armatures sont remplacées par de l'eau, qui touche directement la surface du verre.

Faraday et d'autres ont admis que les deux électricités, en s'attirant mutuellement, pénètrent à l'intérieur du diélectrique et, après une décharge, reviennent peu à peu à l'extérieur. Cette explication ne saurait pourtant être admise, car la cause du mouvement inverse des charges qui s'attirent resterait inexpliquée.

On peut, d'après ce qui précède, expliquer de la manière suivante la formation de la charge résiduelle. Nous avons vu que la polarisation du diélectrique ne se produit pas soudainement, mais qu'elle n'atteint que peu à peu son maximum. De même, la polarisation ne disparaît pas non plus instantanément, quand cesse l'action des forces électriques extérieures ; en d'autres termes, après la décharge des armatures métalliques, le diélectrique reste à un certain degré polarisé. Cette polarisation produit (ou retient) sur les armatures certaines charges, qui se libèrent progressivement, à mesure que la polarisation du diélectrique disparaît. L'explication qui suit ne diffère pas essentiellement de la précédente : nous avons vu que la surface d'un diélectrique polarisé est couverte par une charge, dont nous avons désigné la densité par k' ; la charge de l'armature en contact avec le diélectrique passe en partie sur la surface de ce dernier ; si l'action dure suffisamment longtemps, il peut arriver que cette charge et la charge k' se détruisent partiellement. Après la décharge, le diélectrique reste de nouveau polarisé en partie, ce qui cause l'apparition de nouvelles charges libres sur l'armature. BELLI et HOPKINSON (1872) ont trouvé qu'en chargeant une bouteille de *Leyde*, en la déchargeant après quelque temps et en la rechargeant aussitôt avec l'électricité contraire, puis en la chargeant de nouveau comme la première fois, etc., il apparaît alors peu à peu, sur les armatures, après la dernière décharge, des charges de signe variable, qui parviennent pour ainsi dire l'une après l'autre à l'extérieur.

BEZOLD a cherché à démontrer l'exactitude de l'hypothèse de FARADAY que l'électricité pénètre simplement à l'intérieur du diélectrique. Mais les recherches de WÜLLNER (1874 et 1887), GIESE, DIETERICI, HOPKINSON, NEYRENEUF, GAUGAIN, etc. sont en faveur de la théorie, qui s'appuie sur une polarisation résiduelle du diélectrique.

TROUTON et RUSS (1907) ont cherché expérimentalement d'après quelle loi la charge résiduelle apparaît de nouveau. Ils ont trouvé que la quantité Q d'électricité, qui se libère dans le temps t, peut être représentée par une expression de la forme

$$Q = a \log (t + b).$$

Des formules analogues se présentent dans la théorie de l'élasticité.

HOPKINSON (1876), MAXWELL (*Treatise*, I) et SCHWEIDLER (1907) ont donné une théorie plus profonde de la formation de la charge résiduelle. Le premier d'entre eux a considéré ce phénomène comme un *effet retardé électrique* tout à fait analogue à l'*élasticité résiduelle*. Une telle conception conduit à considérer l'état électrique du diélectrique comme dépendant de toute son *histoire électrique antérieure*. Quelque chose d'analogue existe dans la théorie de l'élasticité résiduelle de BOLTZMANN.

MAXWELL est arrivé à la conclusion qu'une charge résiduelle ne peut se former que si le diélectrique est *hétérogène*. Les résultats des expériences faites avec des diélectriques homogènes, aussi purs que possible, concordent avec cette manière de voir. Ainsi, ROWLAND et NICHOLS ont trouvé que de bons échantillons de cristal de roche ne donnent presque pas, et le spath d'Islande pas du tout de charge résiduelle. MURAOKA a en outre observé que la paraffine, l'huile de paraffine, le pétrole, l'essence de térébenthine et le xylol parfaitement purs ne donnent pas non plus de charge résiduelle, tandis qu'il s'en forme une dans un diélectrique composé de plusieurs couches de ces substances. Hertz a aussi obtenu le même résultat pour la benzine et Arons pour la paraffine.

Il est particulièrement intéressant de noter qu'un *ébranlement* du diélectrique, quand il se trouve dans un champ électrique, favorise sa polarisation et augmente par suite sa charge résiduelle latente. Inversement, un ébranlement après la décharge augmente la vitesse avec laquelle la polarisation disparaît et par suite la vitesse avec laquelle la charge résiduelle se rassemble sur les armatures.

Un *accroissement de température* agit d'une manière analogue à un ébranlement ; plus la température est élevée, plus la charge résiduelle est grande. I. Hopkinson et E. Wilson (1897) notamment ont étudié cette influence.

Les forces, qui agissent sur un diélectrique placé dans un champ électrique, produisent en général un mouvement déterminé de ce diélectrique. Lorsqu'un isolant de constante diélectrique K_1 se trouve à l'intérieur d'un autre isolant indéfini, par exemple à l'intérieur d'un isolant liquide (K_2), il est soumis, dans le champ électrique, aux mêmes forces que s'il se trouvait dans le vide et si sa constante diélectrique était égale à $K_1 - K_2$. Quand $K_2 > K_1$, *les forces doivent changer de signe*. Nous savons, par exemple, qu'un diélectrique est attiré par un corps électrisé ; il résulte de ce qui précède que *ce diélectrique, placé dans un milieu plus fortement diélectrique, c'est-à-dire dans un milieu où K est plus grand, doit être repoussé par le corps électrisé.* Cette proposition rappelle le principe d'Archimède. Puccianti (1904) a fait l'expérience suivante, en vue de mettre en évidence cette répulsion. Dans un vase rempli d'huile de vaseline se trouvent un fil métallique aboutissant à une sphère P (*fig.* 120) et un tube de verre AB (en A se trouve de l'ouate), dans lequel est insufflé un filet de bulles d'air ; ces bulles sont repoussées, quand la sphère P est électrisée ; mais Seddig (1905) a indiqué que la conductibilité différente de l'air et de l'huile doit jouer un rôle dans cette expérience. Chaudier (1908) a repris

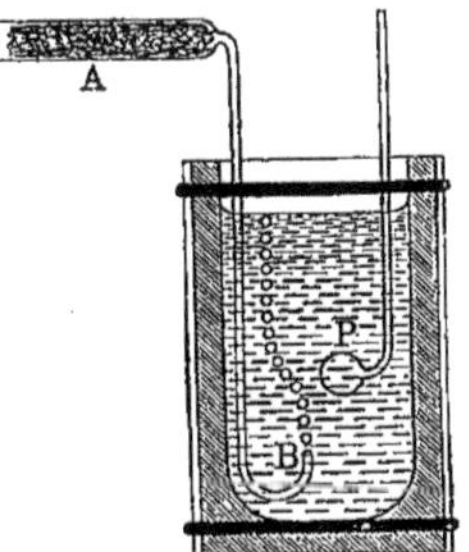

Fig. 120

la question, à propos de ses recherches sur les propriétés électro-optiques des liqueurs mixtes dont nous parlerons plus loin. En appliquant aux phénomènes d'induction électrostatique la théorie des phénomènes d'induction magnétique que nous exposerons dans la suite, on démontre que, dans un champ uniforme, une sphère est en équilibre dans toutes les régions du champ, quel que soit le signe de la différence $K_1 - K_2$, K_1 étant la constante diélectrique du corps sphérique et K_2 la constante diélectrique du milieu ambiant. Si le champ n'est pas uniforme, le diélectrique se déplace vers le point où la force est maxima lorsque $K_1 - K_2$ est positif, et vers le point où la force est minima lorsque $K_1 - K_2$ est négatif. Pour vérifier expérimentalement ces résultats dans le cas où la constante diélectrique du milieu est la plus élevée,

CHAUDIER a construit un niveau à bulle d'air, dont le liquide constituant est un isolant à constante diélectrique faible, mais cependant toujours supérieure à celle de l'air ; ce niveau est placé dans un champ électrique produit par une machine de WIMSHURST : 1. Les deux pôles de la machine sont réunis aux deux plateaux d'un condensateur plan, entre lesquels le niveau à bulle d'air occupe une position quelconque par rapport à la direction des lignes de force du champ ainsi créé ; on n'observe aucun déplacement de la bulle gazeuse, lorsque la machine est mise en activité. 2. Les pôles de la machine sont mis en communication avec deux sphères métalliques entre lesquelles est placé, perpendiculairement à la ligne axiale, le niveau à bulle d'air ; l'équilibre de la bulle étant établi, on constate, dès que la machine fonctionne, que la bulle gazeuse éprouve une répulsion et s'éloigne de la partie axiale du champ non uniforme qui a été établi ; on retrouve ainsi l'action répulsive observée par PUCCIANTI, au moyen d'un dispositif différent. On obtient des résultats particulièrement nets avec des liquides doués d'une constante diélectrique très faible (voisine de 2), comme le sulfure de carbone, la benzine, l'essence de térébenthine, l'essence et l'éther de pétrole. Si la constante diélectrique du liquide constituant augmente, le phénomène perd de sa netteté et finit par disparaître. Ainsi, le déplacement de la bulle d'air est à peine sensible avec l'éther sulfurique de constante égale à 4 environ ; il devient nul avec l'acétate d'amyle, qui possède une constante diélectrique un peu plus élevée et voisine de 5.

Quand au lieu d'une sphère, on considère un ellipsoïde isotrope dans un champ uniforme, il peut être démontré que l'équilibre de cet ellipsoïde est stable lorsque le grand axe est parallèle au champ. Cette propriété subsiste, quel que soit le signe de la différence $K_1 - K_2$ des constantes diélectriques de l'ellipsoïde et du milieu ambiant. Si l'ellipsoïde est placé dans un champ non uniforme, on doit distinguer deux cas : 1. lorsque $K_1 - K_2 > 0$, l'ellipsoïde est en équilibre en un point du champ où la force est maxima ; son grand axe est alors tangent à la ligne de force passant par ce point ; 2. lorsque $K_1 - K_2 < 0$, l'ellipsoïde est en équilibre en un point du champ où la force est minima, et son grand axe est alors dirigé suivant la normale en ce point à la ligne de force correspondante. Pour vérifier ces résultats théoriques, déjà soumis au contrôle expérimental par GROETZ et FÖMM (1895) et par BEAULARD (1906), CHAUDIER a construit de petits cylindres de faible section en ébonite et en paraffine ; il a employé aussi de très minces tubes en paraffine fermés aux extrémités et contenant de l'air. Comme il importait d'observer seulement l'orientation des diélectriques, ces cylindres étaient suspendus par leur centre de gravité à des fils de soie maintenus verticaux par un petit poids tenseur, ou encore ils reposaient par leur milieu sur des aiguilles verticales formant pivot ; ils pouvaient ainsi s'orienter dans un plan horizontal. Placés dans un champ électrique *uniforme*, ces cylindres se sont orientés parallèlement au champ, quelle que soit la valeur relative de la constante diélectrique du milieu. L'expérience prouve qu'on ne peut d'ailleurs employer des liquides de constante diélectrique supérieure à 5, car alors les courants de convection et la conductibilité du liquide empêchent toute observation du phénomène.

Bouty (1892) a démontré, en effet, que la conductibilité électrolytique des substances isolantes croît bien plus rapidement que la constante diélectrique. Dans un champ électrique *non uniforme*, les cylindres isolants s'orientaient nettement dans le sens des lignes de force, lorsque la constante diélectrique du milieu était plus faible que celle du cylindre : mais, dans le cas contraire, le phénomène était confus et la position d'équilibre des cylindres était variable, bien que la tendance générale d'orientation fût plutôt la direction des lignes de force que la direction normale à ces lignes. On peut encore attribuer ces résultats incertains à la conductibilité électrolytique du liquide employé.

Dans les corps *anisotropes*, la grandeur K, et par suite aussi la polarisation, ont des valeurs différentes suivant les directions, comme l'exige la loi de Maxwell $K = n^2$, où n est l'indice de réfraction des radiations de grande longueur d'onde. Un corps anisotrope tend, en général, à prendre une position telle que la direction de plus grande polarisation coïncide avec celle des lignes de force. Les conditions d'équilibre d'un corps anisotrope dans un champ électrique ont été étudiées par Knoblauch (1851), Root (1876), Boltzmann (1874), et Righi (1897). Dans le cas des particules cristallines des liqueurs mixtes actives étudiées par Chaudier, l'orientation est indépendante de la valeur relative des constantes diélectriques principales et de la valeur des constantes diélectriques du milieu ambiant ; ces particules se placent parallèlement aux lignes de force du champ.

Quincke (1896) a trouvé que des diélectriques, placés à l'intérieur d'un liquide non conducteur entre les plateaux d'un condensateur chargé, éprouvaient des mouvements extrêmement remarquables (rotation, répulsion et attraction mutuelles, etc.), et a attribué ces mouvements à l'action du champ électrique sur la couche d'air très mince adhérente au diélectrique. Au contraire, Heydweiller, Graetz et Schweidler ont montré que ces mouvements trouvent leur explication, quand on admet que le liquide entourant le diélectrique conduit partiellement l'électricité.

4. Electrostriction. Le principe de la conservation de l'électricité de G. Lippmann. — Les forces électriques, qui agissent sur la charge d'un corps quelconque, peuvent produire un déplacement de cette charge dans le corps ou sur sa surface. Dans ce cas, les forces sont dites *électromotrices*. Mais si un tel déplacement n'est pas possible, comme par exemple lorsque les forces agissent normalement à la surface du corps électrisé, ces forces doivent alors agir sur le corps lui-même, c'est-à-dire constituent des forces *pondéromotrices*. Tel est aussi le cas d'un diélectrique placé dans un champ électrique : les forces exercées sur les charges des particules polarisées sont équivalentes, comme nous l'avons vu, à des efforts de tension le long des tubes d'induction et à des efforts de pression sur les surfaces latérales de ces tubes. La grandeur P de l'effort de tension, aussi bien que celle de l'effort de pression, est déterminée par la formule

$$(14) \qquad\qquad P = \frac{F^2 K}{8\pi},$$

voir (32, *k*), page 54. Sous l'influence de ces efforts de tension et de pres
sion, des efforts *mécaniques* doivent apparaître dans le diélectrique, qui
entraînent en général des déformations à l'intérieur du corps. Les phénomènes de ce genre s'appellent des phénomènes d'*électrostriction*. Nous allons
d'abord indiquer les résultats obtenus dans l'étude *expérimentale* de ces
phénomènes.

Déjà Fontana (1831), Volpicelli (1856) et Govi (1866) avaient remarqué
que le volume d'une bouteille de *Leyde* ou d'appareils analogues augmente
dans l'électrisation. La première recherche précise est due à Duter (1878).
L'appareil de Duter est représenté par la figure 121 ; il consiste en une bouteille de *Leyde* de forme particulière, dont les armatures sont remplacées par

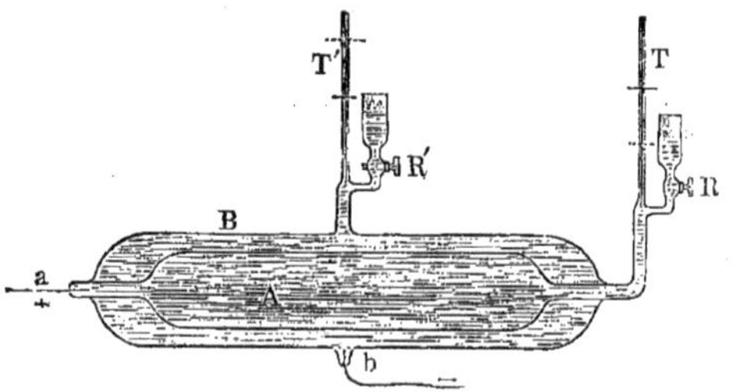

Fig. 121

des liquides. Le vase A, auquel est soudé un fil *a*, est muni d'un tube capillaire T. Il se trouve à l'intérieur d'un vase plus large B, auquel est soudé
aussi un fil *b* et qui est également muni d'un tube capillaire T'. Les deux
vases sont remplis d'eau acidulée. Si on charge cette bouteille de *Leyde*, en
reliant par exemple l'un des fils avec une source d'électricité et l'autre avec la
terre, le liquide descend dans T, tandis qu'il monte dans T'. Il s'ensuit que
le volume d'un condensateur augmente dans la charge. Quand on veut simplement déterminer la variation du volume intérieur du condensateur, on peut
se servir d'un vase ayant la forme d'un thermomètre à grand réservoir, dans
lequel est soudé un petit fil ; on le remplit d'eau acidulée et on le plonge dans
un autre vase contenant la même eau, où aboutit l'extrémité d'un second fil.
Duter a trouvé que la variation de volume est *directement proportionnelle au
carré de la différence de potentiel* et inversement proportionnelle à la première
puissance de l'épaisseur de la paroi du vase (A sur la figure 121) : le second
de ces résultats a été depuis reconnu inexact. Quincke, en particulier, a étudié
après Duter la variation de volume d'un diélectrique dans son électrisation.
Il a trouvé que cette variation est *inversement proportionnelle au carré de l'épaisseur de la paroi du vase*, résultat qui est d'accord avec les recherches théoriques. Quincke a constaté que la même loi était valable pour les corps
cristallins : il l'a vérifiée également, ainsi que Korteweg et Julius, pour le
caoutchouc. Enfin Wüllner et M. Wien (1902) ont répété les expériences de
Quincke, en suivant une méthode améliorée, qui leur permettait d'éviter beaucoup de sources d'erreurs. Ils ont reconnu que la variation de volume de con-

densateurs sphériques et cylindriques en verre est un peu *plus petite* que s'il s'agissait d'actions purement mécaniques.

RIGHI (1879), RÖNTGEN (1880), QUINCKE (1880), CANTONE (1881) et MORE (1900) ont étudié la *variation de longueur* d'un diélectrique dans la polarisation. RIGHI a montré le premier qu'un tube en verre s'allonge, quand on colle sur ses surfaces intérieure et extérieure des feuilles d'étain et qu'on chargé le condensateur cylindrique ainsi formé. RÖNTGEN a obtenu un allongement notable d'une bande de caoutchouc, en électrisant les deux faces de cette bande à l'aide de deux peignes métalliques reliés avec les pôles d'une machine de HOLTZ. QUINCKE a observé dans le verre un *allongement résiduel*, après cessation de l'électrisation.

En 1900 ont été publiées des recherches très soigneusement exécutées par MORE, qui a trouvé que *les allongements et plus généralement les déformations des diélectriques sont exclusivement produits par des charges libres*, c'est-à-dire par des charges dont la présence en un endroit donné produit une variation du flux d'induction ; des expériences plus récentes (1903) l'ont conduit au même résultat. Une polarisation du diélectrique, qui ne produit pas de variation de flux dans le passage du milieu ambiant dans ce diélectrique et qui est accompagnée cependant de certains efforts de tension et de pression P, n'agit pas du tout d'après lui sur les dimensions du diélectrique. Une longue controverse s'est engagée entre MORE et SACERDOTE au sujet de ces expériences ; M. CANTONE (1904) a de son côté fait observer que la méthode de mesure appliquée par MORE ne paraît pas sûre ; enfin F. POCKELS (1906) a aussi contredit la conclusion de MORE. La question reste donc encore ouverte.

QUINCKE et RÖNTGEN ont étudié l'électrostriction dans les liquides, mais sont arrivés à des résultats contradictoires. Le premier a trouvé que le volume de quelques liquides augmente dans un champ électrique et que celui d'autres diminue, tandis que le second a trouvé un accroissement de volume pour tous les liquides.

Les *cristaux*, qui manifestent le phénomène de la *piézoélectricité* (page 275), c'est-à-dire qui s'électrisent par compression, extension et plus généralement sous l'action d'efforts mécaniques, présentent l'électrostriction. On montre facilement en effet, comme nous le verrons plus loin en appliquant le *principe de la conservation de l'électricité* formulé par G. LIPPMANN (1881), que de tels cristaux doivent inversement éprouver une variation dans leurs dimensions par électrisation, *le signe de cette variation* (allongement ou raccourcissement) *dépendant du signe de l'électrisation*. Les expériences de J. et P. CURIE (1881), de RÖNTGEN et de KUNDT ont confirmé cette prévision théorique. J. et P. CURIE recouvraient les faces perpendiculaires à l'axe électrique d'un cristal, d'une tourmaline par exemple, de feuilles d'étain auxquelles ils donnaient des électrisations contraires. Quand l'électrisation était la même que celle produite par une *compression* du cristal dans le sens longitudinal, on observait un *allongement*. J. CURIE et Mme CURIE (1888) ont même construit un électromètre, dont nous parlerons dans la suite, basé sur la variation des dimensions d'une lame de quartz par électrisation, avec lequel ils ont étudié la radioactivité de toutes les substances radioactives connues.

CHWOLSON. — Traité de Physique IV_1.   21

La question de *l'électrostriction dans les gaz*, c'est-à-dire de l'influence du champ électrique sur le volume ou, ce qui revient au même, sur la tension d'une quantité donnée de gaz, présente un grand intérêt. Il est facile encore de prévoir qu'une telle influence doit exister. Considérons un condensateur chargé, dont le diélectrique est formé par un gaz quelconque. Si on raréfie ce gaz, son pouvoir diélectrique K diminue ; il s'ensuit que la capacité du condensateur diminue et que le potentiel auquel il est chargé augmente. Sans recourir à un raisonnement plus rigoureux, nous pouvons nous appuyer sur le principe de Le Chatelier-Braun qui, comme nous l'avons vu (Tome III), se vérifie dans les phénomènes les plus différents : toute action provoque une réaction, qui tend à affaiblir cette action. Lorsqu'on électrise un condensateur, en augmentant son potentiel, une modification doit se produire dans le gaz, qui favorise la diminution du potentiel, c'est-à-dire une augmentation de la capacité du condensateur. La contraction du gaz représente une telle modification. Nous sommes en droit de conclure de là que, *sous l'influence du champ électrique, doit se produire une contraction du gaz, c'est-à-dire un accroissement de tension ou une diminution de volume.* Nous pouvons aussi arriver au même résultat de la manière théorique suivante. Prenons le potentiel V du condensateur et la pression p du gaz intermédiaire comme variables indépendantes. Si on ajoute la quantité d'électricité $d\eta$, V et p varient ; posons

$$(15) \qquad\qquad d\eta = cdV + hdp.$$

La grandeur h est positive, car, dans la compression du gaz, $(dp > o)$, la capacité augmente et par suite, pour $V = const.$, on a $d\eta > o$. La charge η est une fonction des grandeurs V et p : la grandeur $d\eta$ est donc la différentielle totale de cette fonction, et par conséquent

$$(15, a) \qquad\qquad \frac{\partial c}{\partial p} = \frac{\partial h}{\partial V}.$$

Lorsqu'on ajoute la charge $d\eta$ et que le volume v du gaz augmente de dv, l'énergie E du système augmente de la quantité

$$dE = Vd\eta - pdv$$

ou, pour une modification isothermique $(pv = const.)$,

$$dE = Vd\eta + vdp = cVdV + (hV + v)\,dp.$$

Cette grandeur est aussi une différentielle totale ; on a donc

$$\frac{\partial\,(cV)}{\partial p} = \frac{\partial\,(hV + v)}{\partial V}$$

$$V\,\frac{\partial c}{\partial p} = V\,\frac{\partial h}{\partial V} + h + \frac{\partial v}{\partial V}.$$

Il en résulte, voir $(15, a)$,

$$(16) \qquad\qquad \frac{\partial v}{\partial V} = -h.$$

Comme on a $h > 0$, cette formule montre que le volume v du gaz diminue, quand le potentiel V augmente. Si on sait comment la constante diélectrique du gaz et par suite aussi la capacité du condensateur dépendent de la pression p, il est facile de calculer h et par conséquent la variation Δv du volume du gaz sous l'action d'un champ. On obtient finalement la formule

$$(16, a) \qquad \frac{\Delta v}{V} = - \frac{1}{8\pi} \frac{\partial K}{\partial p} F^2,$$

où Δv est la variation du volume v, lorsqu'apparaît le champ F, et K la constante diélectrique du gaz. Quincke (1880), ainsi que Warren de la Rue et Hugo Müller, n'ont pas pu déceler cette petite variation de volume Δv prévue théoriquement ; elle a été observée et mesurée pour la première fois par Mache (1898) et R. Gans (1903).

G. Lippmann a établi une théorie générale des phénomènes électriques réversibles, qui est pour l'électricité ce que la thermodynamique est pour la chaleur ; elle s'applique tout particulièrement aux phénomènes d'électrostriction. On connaissait déjà en électricité un premier principe, celui de l'équivalence ; mais il manquait un second principe qui fit pendant au principe de Carnot. Ce second principe est le suivant.

Soit un système variable, absolument quelconque, auquel affluent, par un fil conducteur, des quantités d'électricité, dont la somme algébrique est représentée par l'expression $\int dm$. Lippmann admet que, lorsque le cycle parcouru par le corps est fermé, on a toujours

$$\int dm = 0.$$

S'il ne s'agissait que d'un système de corps conducteurs isolés, de simples réservoirs électriques, il n'y aurait pas lieu à postulatum ; l'équation précédente exprimerait un fait universellement reconnu. Mais Lippmann admet que l'équation précédente s'applique même à des systèmes qui, pendant leurs variations, se comportent comme des sources d'électricité, par exemple à des cristaux hémièdres qui dégagent de l'électricité par compression. Il s'agit donc d'une proposition qu'il y a lieu de vérifier, soit directement, soit par ses conséquences.

Afin d'appliquer l'équation $\int dm = 0$ à l'étude des phénomènes réversibles, Lippmann remarque qu'elle implique que dm est une différentielle exacte. Si donc on appelle x et y les variables indépendantes qui déterminent l'état du système, et que l'on ait par conséquent

$$dm = X dx + Y dy,$$

la condition d'intégrabilité qui exprime le *principe de la conservation de l'électricité* est la suivante :

$$(16, b) \qquad \frac{\partial X}{\partial y} = \frac{\partial Y}{\partial x}.$$

Afin de traduire en outre, sous forme d'équation, le principe bien connu de la conservation de l'énergie, Lippmann emprunte à Lord Kelvin et Kirchhoff leurs artifices d'analyse, et montre qu'en appelant $dE = Adx + Bdy$ une variation infiniment petite de l'énergie totale, on a également la condition d'intégrabilité

$$(16, c) \qquad \frac{\partial A}{\partial y} = \frac{\partial B}{\partial x}.$$

Les équations $(16, b)$ et $(16, c)$ sont toujours distinctes, compatibles, et elles constituent les deux équations aux dérivées partielles les plus générales qui régissent les phénomènes électriques réversibles. Toutes les fois que l'on découvrira un phénomène qui puisse donner lieu à un cycle fermé, on pourra lui appliquer le mode d'analyse précédent, et en tirer aussi de nouvelles conséquences. C'est pourquoi le principe de la conservation de l'électricité a le même rôle et la même généralité, en électricité, que le principe de Carnot en thermodynamique.

La théorie de l'électrostriction dans les gaz que nous avons donnée plus haut est entièrement conforme, comme on voit, à la méthode générale de Lippmann que nous venons d'indiquer. Nous allons encore appliquer le principe de la conservation de l'électricité, en même temps que le principe d'équivalence, au phénomène d'électrostriction dans les solides.

Soit l la longueur de la bouteille de Leyde tubulaire qui a été employée par Righi dans ses expériences. Lorsque le potentiel du tube de verre est x et que le tube est en même temps soumis dans le sens de sa longueur à l'effort de tension exercé par un poids p, on peut prendre x et p pour variables indépendantes. Posons, m étant la charge de l'armature,

$$dm = cdx + hdp,$$

où dm est la quantité d'électricité reçue par l'armature intérieure, c la capacité du condensateur, h un coefficient qui peut être nul. Le principe de la conservation de l'électricité s'exprime en écrivant que l'expression de dm est une différentielle exacte ; on a donc

$$(16, d) \qquad \frac{\partial c}{\partial p} = \frac{\partial h}{\partial x}.$$

Exprimons maintenant le principe de l'équivalence. A cet effet, remarquons que si le tube de verre subit un allongement dl, pendant que le poids tenseur est égal à p, le travail extérieur produit par une série d'allongements et de raccourcissements est égal à $-\int p\, dl$; d'autre part, si, pendant que la charge du condensateur augmente de dm, l'armature isolée est en communication avec le réservoir dont le potentiel est x, la quantité d'énergie électrique perdue par le système des réservoirs successivement employés est égale à $-\int x dm$.

Le principe de l'équivalence exige que, pour un cycle fermé, ces deux quantités soient égales ou que l'on ait

$$\int p\,dl = \int x\,dm\,;$$

en d'autres termes, il faut qu'en posant

$$dE = -\,p\,dl + x\,dm,$$

dE soit une différentielle exacte. Afin d'exprimer dE, posons

$$-\,dl = a\,dx + b\,dp,$$

a étant un coefficient qui mesure l'allongement observé par RIGHI, b le coefficient d'élasticité du tube, dans les conditions de l'expérience. Ces deux coefficients a et b ne sont pas d'ailleurs indépendants l'un de l'autre. Nous supposerons, en effet, que le tube ne subit pas de déformations permanentes ; dès lors, toutes les fois que p et x reprennent la même valeur, l reprend également sa valeur primitive ; l est donc une fonction de x et de p, l'expression de dl est une différentielle exacte et l'on a

$$(16,\ e) \qquad\qquad \frac{\partial a}{\partial p} = \frac{\partial b}{\partial x}.$$

En substituant dl à sa valeur, il vient

$$dE = (ap + cx)\,dx + (bp + hx)\,dp\,;$$

pour que dE soit une différentielle exacte, il faut que l'on ait

$$\frac{\partial\,(ap + cx)}{\partial p} = \frac{\partial\,(bp + hx)}{\partial x}.$$

En développant cette équation et en tenant compte de l'équation $(16,\ e)$, il vient

$$a = x\left(\frac{\partial h}{\partial x} - \frac{\partial c}{\partial p}\right) + h.$$

Cette équation exprime le principe de l'équivalence. En y joignant l'équation $(16,\ d)$, elle se simplifie. On obtient donc enfin le système des deux équations distinctes et compatibles

$$(\alpha) \qquad\qquad \frac{\partial c}{\partial p} = \frac{\partial h}{\partial x}, \qquad a = h.$$

Le coefficient a étant positif, d'après les expériences de DUTER et de RIGHI, il s'ensuit que h est différent de zéro et positif. Or h est la dérivée partielle de m par rapport à p ; l'interprétation physique de ce résultat est donc la suivante : la bouteille tubulaire étant chargée à un potentiel x, il suffit d'augmenter le poids tenseur p pour produire une diminution de la quantité d'électricité libre, en d'autres termes pour diminuer la capacité électrique du condensateur. Tout se passe donc comme si le pouvoir diélectrique du tube isolant diminuait, lorsqu'on lui fait subir un effort mécanique de tension croissant. D'après les expériences de Duter et de Righi, l'allongement Δl dû au potentiel x est proportionnel à x^2 ; on a donc

$$(16, f) \qquad \Delta l = \frac{1}{2} kx^2,$$

k étant une constante. Introduisons ce résultat de l'expérience dans notre analyse. On tire de l'équation $(16, f)$

$$a = \frac{\partial l}{\partial x} = kx,$$

et comme $h = a$, on a $h = kx$; par suite $\dfrac{\partial h}{\partial x} = k$ et enfin, en vertu de la première équation (α), $c = kp + c_0$, c_0 étant la valeur de la capacité lorsque le poids tenseur est nul. Ainsi, de ce que l'allongement observé est proportionnel au carré du potentiel, on peut conclure que la capacité électrique varie proportionnellement au poids tenseur.

La dilatation électrique du verre est-elle due à la variation du coefficient d'élasticité de cette substance ou bien à une action directe de l'électrisation? Cette seconde explication est la vraie. On a vu en effet que, d'après l'expérience, $a = kx$, k étant une constante ; donc $\dfrac{\partial a}{\partial p}$ est identiquement nul ; donc enfin, d'après l'équation $(16, e)$, il en est de même de $\dfrac{\partial b}{\partial x}$, c'est-à-dire que le coefficient d'élasticité b est indépendant de l'électrisation.

Considérons maintenant le phénomène de P. et J. Curie. Supposons que les bases d'un cristal de tourmaline soient munies d'armatures métalliques, dont l'une B soit mise en communication avec la terre, tandis que l'autre A peut rester isolée ou être mise en communication avec des réservoirs d'électricité. On peut ainsi faire varier la pression p qui s'exerce sur la tourmaline et le potentiel x de l'armature A et faire parcourir à cette armature un cycle fermé. Prenons p et x pour variables indépendantes. Soit dm la quantité d'électricité reçue par l'armature A lorsque x augmente de dx et p de dp. Posons

$$dm = cdx + hdp,$$

c étant ce que l'on peut appeler la capacité de A à pression constante et h étant un coefficient négatif si, comme nous le supposons, l'armature A est appliquée à celle des bases de la tourmaline qui s'électrise positivement par la pression. Le principe de la conservation de l'électricité s'exprime par l'équation

$$\frac{\partial c}{\partial p} = \frac{\partial h}{\partial x}.$$

Afin d'exprimer le principe de l'équivalence, appelons l la longueur du cristal et posons

$$(16, g) \qquad dl = adx + bdp,$$

b étant le coefficient d'élasticité du cristal et a un coefficient que nous ne supposons pas différent de zéro. Le reste du calcul se conduit comme dans le cas de la bouteille de RIGHI, sauf un changement de signe ; p représente ici une pression, au lieu de représenter comme précédemment une tension. On trouve facilement que les deux principes de la conservation et de l'équivalence s'expriment par le système des équations

$$(\beta) \qquad \frac{\partial c}{\partial p} = \frac{\partial h}{\partial x}, \qquad a = -h.$$

Puisque h est différent de zéro et négatif, il s'ensuit que a est positif, et, par conséquent, en se reportant à l'équation (16, g), que l va croissant avec x. Donc, si l'on électrise une tourmaline, en chargeant positivement sa base A, le cristal *s'allonge*. Le sens de ce phénomène est à remarquer, car l'attraction qui se produit entre les charges contraires accumulées sur les bases, tend à produire un raccourcissement : l'allongement du cristal est donc un changement de structure produit par l'influence électrique. La quantité d'électricité dégagée par la compression d'une tourmaline est, d'après P. et J. CURIE, proportionnelle à la variation de la pression p et d'ailleurs indépendante des dimensions du cristal. On a donc

$$-\frac{\partial m}{\partial p} = k, \qquad \text{ou} \qquad -h = k,$$

k étant une constante positive. De là deux conséquences : 1. D'après (β), on a $a = -h$; par conséquent $a = k$ et, comme a, d'après l'équation (16, g), n'est autre chose que $\frac{\partial l}{\partial x}$, il s'ensuit que $l = kx + l_0$, l_0 étant la longueur de la tourmaline non électrisée ; l'électrisation produit donc un allongement proportionnel au potentiel. 2. Puisque h est une constante, il s'ensuit que la dérivée $\frac{\partial h}{\partial x}$ est nulle ; donc, d'après (β), il en est de même de la dérivée $\frac{\partial c}{\partial p}$; par conséquent c est indépendant de p. La capacité d'un condensateur à lame de tourmaline est donc indépendante de la compression qu'on fait subir au cristal.

Dans toutes les actions électriques ou mécaniques qui viennent d'être considérées, on a supposé que la température restait invariable. Nous allons envisager la théorie que LIPPMANN a donnée de la *pyroélectricité*. Nous avons vu que lorsqu'on échauffe une tourmaline, l'une de ses bases, que nous appellerons A et qui présente les angles solides les plus aigus, se charge d'électricité positive. Supposons que nous ayons muni les deux bases de la tourmaline d'armatures métalliques, l'armature A étant isolée, l'autre armature étant en communication avec le sol. Prenons pour variables indépendantes le potentiel x et la température absolue T. Posons

$$dm = cdx + hdT,$$

dm étant la quantité d'électricité reçue par A, lorsque x augmente de dx et T de dT, c étant la capacité électrique de l'armature A et h un coefficient négatif : h est la quantité d'électricité dégagée par une élévation de température égale à l'unité. Le principe de la conservation de l'électricité s'exprime par l'équation :

$$(6) \qquad \frac{\partial c}{\partial T} = \frac{\partial h}{\partial x}.$$

On peut joindre à cette équation celle qui exprime le principe de l'équivalence. Il faut montrer d'abord qu'il y a lieu de l'appliquer ici : à cet effet, il suffit de faire voir que l'on peut faire servir un cristal de tourmaline à transformer de la chaleur en énergie électrique, tout en faisant parcourir au cristal un cycle fermé. Faisons croître la température, l'armature A restant isolée et son potentiel x allant en croissant, et faisons d'autre part varier la température en maintenant A en communication avec un réservoir électrique, de sorte qu'alors son potentiel reste constant. Par de telles opérations, on peut constituer un cycle fermé, dans lequel de l'électricité prise à un réservoir dont le potentiel est donné se trouve transportée sur un autre réservoir de potentiel également donné, l'énergie électrique créée l'étant uniquement aux dépens d'une certaine quantité de chaleur ; il faut donc que l'on ait

$$\mathcal{E} \int dQ = \int xdm,$$

pour un cycle fermé, le premier membre représentant la quantité de chaleur absorbée, exprimée en unités de travail, et le second membre représentant l'énergie électrique produite : $\mathcal{E}$ est l'équivalent mécanique de la chaleur. En posant

$$dE = xdm - \mathcal{E}dQ,$$

dE doit être une différentielle exacte. Soit

$$dQ = adx + bdT,$$

b étant la capacité calorifique de la lame, a un coefficient qui peut être nul. L'expression de dE devient, en y substituant les valeurs de dm et de dQ,

$$dE = (cx - \mathcal{E}a)dx + (hx - \mathcal{E}b)dT.$$

Pour que dE soit une différentielle exacte, il faut que l'on ait

$$(8) \qquad x\left(\frac{\partial c}{\partial T} - \frac{\partial h}{\partial x}\right) - \mathcal{E}\left(\frac{\partial a}{\partial T} - \frac{\partial b}{\partial x}\right) = h.$$

Cette équation exprime le principe de la conservation de l'énergie. On peut la simplifier en appliquant le principe de CARNOT.

Ce principe s'applique à tout cycle réversible et fermé, dans lequel la chaleur est transformée en travail mécanique. Ici de la chaleur est transformée en énergie électrique ; mais, remarquons que l'énergie électrique une fois produite peut être à son tour transformée intégralement en travail mécanique et inversement, de sorte qu'en adjoignant un moteur électrique réversible au système formé par la tourmaline et par les réservoirs, on constitue un moteur thermique réversible. On peut par conséquent appliquer le principe de CARNOT et il s'ensuit que $\dfrac{dQ}{T}$ est une différentielle exacte. On a donc la condition d'intégrabilité

$$\frac{a}{T} = \frac{\partial a}{\partial T} - \frac{\partial b}{\partial x}.$$

En substituant dans l'équation (ε), il vient

$$(\varepsilon') \qquad x\left(\frac{\partial c}{\partial T} - \frac{\partial h}{\partial x}\right) - \mathcal{E}\,\frac{a}{T} = h ;$$

l'équation (ε') exprime le principe de la conservation de l'énergie, en tenant compte du principe de CARNOT.

Enfin, si l'on tient compte de l'équation (δ), on voit que le terme en x disparaît dans l'équation (ε') et que celle-ci se réduit à

$$(\varepsilon'') \qquad \frac{\mathcal{E}a}{T} = - h.$$

Puisque h est une quantité négative, il résulte de l'équation (ε'') que a est une quantité positive ; or a est la dérivée partielle de la quantité de chaleur Q par rapport au potentiel x. Si donc, à température constante, on électrise positivement le pôle A d'une tourmaline, de la chaleur est absorbée ou bien le cristal *se refroidit*. Si l'on électrisait de même l'autre pôle, l'effet inverse se produirait.

D'après les expériences de GAUGAIN, la quantité d'électricité produite par l'échauffement ou le refroidissement d'une tourmaline est simplement proportionnelle à la variation de température ; en d'autres termes, la valeur de $- h$ est un nombre positif et constant ; il s'ensuit que l'on a $\dfrac{\partial h}{\partial x} = 0$, et par conséquent, d'après l'équation (δ), que $\dfrac{\partial c}{\partial T} = 0$. La capacité électrique d'un condensateur à lame de tourmaline est donc indépendante de la température.

MAXWELL, HELMHOLTZ, LORBERG, DUHEM, KIRCHHOFF, POCKELS, KORTEWEG, SACERDOTE, VOIGT, SCHILLER, KAPOUSTINE et d'autres encore ont également contribué à l'étude théorique des phénomènes de l'électrostriction dans les corps à l'état solide, liquide ou gazeux. Quelques-uns de ces travaux se rattachent à la méthode générale de LIPPMANN que nous venons d'exposer. Les autres, en particulier ceux qui sont dus à KORTEWEG, LORBERG et KIRCHHOFF, ont conduit à une généralisation des expressions des efforts de Maxwell (page 99), où l'on suppose l'éther non isotrope et les constantes diélectriques variables avec la déformation mécanique.

Il est utile que nous insistions ici sur la signification que l'on doit donner aux efforts de Maxwell. *On ne peut pas prendre six fonctions quelconques de x, y, z, pour représenter les composantes e_1, e_2, e_3, g_1, g_2, g_3 de la déformation infiniment petite d'un milieu élastique.* Soit en effet (u, v, w) le déplacement relatif à cette déformation ; on a, avec les notations que nous avons adoptées (Tomes I et II) :

$$\frac{\partial u}{\partial x} = e_1, \qquad \frac{\partial v}{\partial x} = \frac{g_3}{2} + \tau_3, \qquad \frac{\partial w}{\partial x} = \frac{g_2}{2} - \tau_2,$$

$$\frac{\partial u}{\partial y} = \frac{g_3}{2} - \tau_3, \qquad \frac{\partial v}{\partial y} = e_2, \qquad \frac{\partial w}{\partial y} = \frac{g_1}{2} + \tau_1,$$

$$\frac{\partial u}{\partial z} = \frac{g_2}{2} + \tau_2, \qquad \frac{\partial v}{\partial z} = \frac{g_1}{2} - \tau_1, \qquad \frac{\partial w}{\partial z} = e_3.$$

Les conditions nécessaires et suffisantes pour l'existence des fonctions u, v, w s'obtiennent en écrivant

$$\frac{\partial e_1}{\partial y} = \frac{\partial}{\partial x}\left(\frac{g_3}{2} - \tau_3\right), \qquad \frac{\partial e_1}{\partial z} = \frac{\partial}{\partial x}\left(\frac{g_2}{2} + \tau_2\right), \qquad \frac{\partial}{\partial z}\left(\frac{g_3}{2} - \tau_3\right) = \frac{\partial}{\partial y}\left(\frac{g_2}{2} + \tau_2\right),$$

et six relations analogues.

Les neuf relations obtenues se résolvent immédiatement par rapport aux dérivées partielles de τ_1, τ_2, τ_3 et les conditions nécessaires et suffisantes de l'existence de u, v, w sont celles qui expriment que le système suivant

$$\frac{\partial \tau_1}{\partial x} = \frac{1}{2}\frac{\partial g_2}{\partial y} - \frac{1}{2}\frac{\partial g_3}{\partial z}, \qquad \frac{\partial \tau_2}{\partial x} = \frac{\partial e_1}{\partial z} - \frac{1}{2}\frac{\partial g_2}{\partial x}, \qquad \frac{\partial \tau_3}{\partial x} = \frac{1}{2}\frac{\partial g_3}{\partial x} - \frac{\partial e_1}{\partial y},$$

$$\frac{\partial \tau_1}{\partial y} = \frac{1}{2}\frac{\partial g_1}{\partial y} - \frac{\partial e_2}{\partial z}, \qquad \frac{\partial \tau_2}{\partial y} = \frac{1}{2}\frac{\partial g_3}{\partial z} - \frac{1}{2}\frac{\partial g_1}{\partial x}, \qquad \frac{\partial \tau_3}{\partial y} = \frac{\partial e_2}{\partial x} - \frac{1}{2}\frac{\partial g_3}{\partial y},$$

$$\frac{\partial \tau_1}{\partial z} = \frac{\partial e_3}{\partial y} - \frac{1}{2}\frac{\partial g_1}{\partial z}, \qquad \frac{\partial \tau_2}{\partial z} = \frac{1}{2}\frac{\partial g_2}{\partial z} - \frac{\partial e_3}{\partial x}, \qquad \frac{\partial \tau_3}{\partial z} = \frac{1}{2}\frac{\partial g_1}{\partial x} - \frac{1}{2}\frac{\partial g_2}{\partial y},$$

déterminant les auxiliaires τ_1, τ_2, τ_3, est compatible. Nous obtenons ainsi six conditions,

$$\frac{\partial^2 e_2}{\partial z^2} + \frac{\partial^2 e_3}{\partial y^2} - \frac{\partial^2 g_1}{\partial y \partial z} = 0, \qquad 2\frac{\partial^2 e_1}{\partial y \partial z} + \frac{\partial}{\partial x}\left(\frac{\partial g_1}{\partial x} - \frac{\partial g_2}{\partial y} - \frac{\partial g_3}{\partial z}\right) = 0,$$

$$\frac{\partial^2 e_3}{\partial x^2} + \frac{\partial^2 e_1}{\partial z^2} - \frac{\partial^2 g_2}{\partial z \partial x} = 0, \qquad 2\frac{\partial^2 e_2}{\partial z \partial x} + \frac{\partial}{\partial y}\left(-\frac{\partial g_1}{\partial x} + \frac{\partial g_2}{\partial y} - \frac{\partial g_3}{\partial z}\right) = 0,$$

$$\frac{\partial^2 e_1}{\partial y^2} + \frac{\partial^2 e_2}{\partial x^2} - \frac{\partial^2 g_3}{\partial x \partial y} = 0, \qquad 2\frac{\partial^2 e_3}{\partial x \partial y} + \frac{\partial}{\partial z}\left(-\frac{\partial g_1}{\partial x} - \frac{\partial g_2}{\partial y} + \frac{\partial g_3}{\partial z}\right) = 0,$$

auxquelles doivent satisfaire les six composantes de déformation e_1, e_2, e_3 g_1, g_2, g_3 ; ces six conditions ont été établies pour la première fois par Barré de Saint-Venant.

Lorsque les six composantes de l'effort p_{xx}, p_{yy}, p_{zz}, p_{yz}, p_{zx}, p_{xy}, sont, comme dans la théorie de MAXWELL, des formes quadratiques des trois dérivées partielles $\frac{\partial V}{\partial x}$, $\frac{\partial V}{\partial y}$, $\frac{\partial V}{\partial z}$, il en est de même pour les composantes de la déformation ; mais six fonctions telles que

$$e_i = s_{i1}\left(\frac{\partial V}{\partial x}\right)^2 + s_{i2}\left(\frac{\partial V}{\partial y}\right)^2 + s_{i3}\left(\frac{\partial V}{\partial z}\right)^2 + 2\,s_{i4}\,\frac{\partial V}{\partial y}\frac{\partial V}{\partial z} + 2\,s_{i5}\,\frac{\partial V}{\partial z}\frac{\partial V}{\partial x} + 2\,s_{i6}\,\frac{\partial V}{\partial x}\frac{\partial V}{\partial y},$$

$$g_i = t_{i1}\left(\frac{\partial V}{\partial x}\right)^2 + t_{i2}\left(\frac{\partial V}{\partial x}\right)^2 + t_{i3}\left(\frac{\partial V}{\partial z}\right)^2 + 2\,t_{i4}\,\frac{\partial V}{\partial y}\frac{\partial V}{\partial z} + 2\,t_{i5}\,\frac{\partial V}{\partial z}\frac{\partial V}{\partial x} + 2\,t_{i6}\,\frac{\partial V}{\partial x}\frac{\partial V}{\partial y},$$

ne peuvent remplir les conditions de BARRÉ DE SAINT-VENANT. On ne peut donc identifier purement et simplement les efforts dans l'éther qui sont de nature électrique aux efforts mécaniques dans un milieu élastique. On s'est trouvé ainsi conduit, pour établir un lien théorique entre les efforts électriques et les efforts mécaniques, d'une part à admettre qu'un effort électrique ne se transforme en un effort mécanique qu'aux points où il y a une charge libre d'électricité, laquelle joue alors un rôle analogue à l'entropie calorifique, d'autre part à généraliser l'expression des efforts électriques en supposant que les constantes diélectriques varient avec la déformation mécanique, comme la méthode de LIPPMANN le fait d'ailleurs prévoir.

5. Influence du champ électrique sur les propriétés optiques, l'élasticité et le frottement intérieur dans les diélectriques. — Un diélectrique isotrope placé dans un champ électrique devient *optiquement anisotrope*, par suite *biréfringent*. Il est très important de remarquer que ce phénomène s'observe aussi dans les *liquides* ; l'anisotropie ne peut donc s'expliquer seulement par l'électrostriction, c'est-à-dire par des déformations mécaniques dans la substance du diélectrique, et ne peut être considérée comme identique, par exemple, à l'anisotropie du verre comprimé, dilaté ou refroidi rapidement. La double réfraction, dans un diélectrique solide qui se trouve dans un champ électrique, a été découverte en 1875 par KERR. Dans un morceau de verre épais sont percés deux canaux, comme le montre la figure 122. Dans ces ouvertures sont encastrés de gros fils reliés avec une bobine de

Fig. 122

RUHMKORFF. Le morceau de verre est placé entre deux nicols *croisés* (Tome II), dont les plans de polarisation font des angles de 45° avec la direction des canaux ; on observe la partie du verre qui se trouve entre les extrémités des canaux. Quand la bobine de RUHMKORFF entre en fonction, le champ visuel, jusque là sombre, devient brillant et ne peut plus redevenir obscur par rotation de l'un des nicols. Le morceau de verre agit donc, par exemple, comme une lame de cristal uniaxe taillée parallèlement à l'axe. Pour déterminer le caractère de l'anisotropie, KERR l'a comparée avec l'anisotropie du verre soumis à une dilatation linéaire. Il a interposé à cet effet, sur le trajet des rayons, une lame de verre qu'il a soumise à une extension ou à une compression dans la direction des lignes de force du champ, c'est-à-dire dans la direction des canaux, jusqu'à ce que l'obscurité revienne ; ce verre joue par suite le rôle d'un compensateur. Il a reconnu qu'il fallait faire subir au verre compensateur un allongement, d'où résulte que *le verre placé dans un champ électrique acquiert une anisotropie de même nature que celle produite par compression dans la direction des lignes de force du champ.* RÖNTGEN, BRONGERSMA et d'autres ont confirmé les observations de KERR.

En 1880, KERR a publié des résultats d'observation analogues sur un grand nombre de *liquides*. On met le liquide étudié dans un vase à parois planes parallèles et on y introduit deux électrodes, dont l'une est reliée avec le conducteur d'une machine électrique et l'autre avec la terre. Les rayons traversent le liquide entre les électrodes, perpendiculairement aux lignes de force. L'appareil très simple, représenté par la figure 123, est assez commode pour ces observations. KERR s'est servi encore ici de lames de verre comme compensateurs.

Fig 123

Il a constaté que de même qu'il existe deux espèces de cristaux uniaxes, positifs et négatifs, suivant que c'est le rayon ordinaire ou le rayon-extraordinaire qui se propage plus vite, de même *les liquides se partagent en deux classes* relativement au phénomène électro-optique actuellement considéré. KERR appelle *positifs* les liquides dans lesquels le rayon polarisé normalement aux lignes de force (c'est-à-dire le rayon correspondant au rayon extraordinaire) se propage *plus lentement*, et *négatifs* les liquides dans lesquels ce rayon se propage plus vite. Les liquides positifs agissent comme un cristal positif, dont l'axe est parallèle aux lignes de force, ou comme du verre ayant subi une *extension* dans la direction de ces lignes.

Aux liquides *positifs* appartiennent le *sulfure de carbone*, les corps simples Br, P et S à l'état liquide, en outre l'eau, les hydrocarbures : pentane, hexane, paraffine, naphtaline et autres, quelques acides, par exemple les acides acétique, formique, lactique et oléique, le phénol, l'acétone, le chloral, etc. Aux liquides *négatifs* appartiennent les alcools, à l'exception de l'alcool méthylique, les acides palmitique et stéarique, les éthers éthylique et amylique, le glycol, la glycérine, l'huile de noix de coco, la graisse de porc, la cire, l'aniline, le chloroforme, le bromoforme, l'eau de chlore, etc.

KERR (1885) a montré, ce dont on avait douté jusque là, que les phénomènes que nous venons de décrire se produisent également dans un champ uniforme.

Occupons-nous maintenant du côté *quantitatif* du phénomène de KERR. On peut choisir, comme mesure de l'action électro-optique, la différence de marche δ de deux rayons polarisés parallèlement et perpendiculairement aux lignes de force. Évidemment la grandeur δ croît proportionnellement à l'épaisseur l de la couche polarisée de liquide ; KERR a trouvé en outre que δ *croît proportionnellement au carré de l'intensité du champ,* c'est-à-dire proportionnellement à $\left(\dfrac{V_1 - V_2}{d}\right)^2$, V_1 et V_2 étant les potentiels des électrodes, d leur distance. La grandeur δ, exprimée en longueurs d'onde λ du rayon correspondant, est déterminée par la formule

$$(17) \qquad \delta = cl\,\frac{(V_1 - V_2)^2}{d^2}.$$

Quincke (1883), Lemoine (1896), W. Schmidt (1902) et d'autres encore ont déterminé la valeur numérique du coefficient c. Quincke a trouvé les nombres suivants, en supposant l et d exprimés en centimètres, $V_1 - V_2$ en unités él.-st. C. G. S (chacune égale à 300 volts) :

	Sulfure de carbone	Benzol	Essence de térébenthine	Éther
$c.\,10^8 =$	$+ 32^\lambda,8$	$+ 3^\lambda,84$	$+ 0^\lambda,109$	$- 6^\lambda,4.$

Lemoine a trouvé la valeur 37^λ pour CS^2, Blackwell (1906) la valeur $35^\lambda,7$ pour la radiation jaune de Na.

La dépendance entre le coefficient c et la *longueur d'onde* λ pour CS^2 a été mesurée pour la première fois par Blackwell (1906) et ensuite par Hagenow (1908). Ce dernier a trouvé les valeurs suivantes :

$\lambda =$	430	500	550	600	650	$700^{\mu.\mu}$
$\dfrac{c.\,10^8}{\lambda} =$	45,4	35,9	31,2	27,3	25,1	23,2
$c.\,10^8 =$	19520	17950	17160	16380	16320	16240.

Pour une longueur d'onde croissante, ce n'est pas seulement le retard relatif (en parties de longueur d'onde) qui est plus petit, mais aussi le retard absolu mesuré par c. Il existe donc une dispersion dans la double réfraction électrique, analogue à celle dans les cristaux (Tome II). Cette dispersion a été étudiée théoriquement par Havelock (1909).

W. Schmidt (1902) a constaté que la constante c diminue, quand la température croît. Il a trouvé en outre qu'elle dépend de la longueur d'onde λ et que sa valeur, pour les mélanges, ne se trouve en aucune relation simple avec les valeurs de la même grandeur pour les parties constituantes du mélange.

La valeur extrêmement élevée $c.\,10^8 = 2\,200^\lambda$ a été obtenue pour le *nitrobenzol*; elle est 60 fois plus grande que la valeur de c pour CS^2, laquelle était jusqu'alors considérée comme la plus forte.

De Metz (1902) a observé le phénomène de Kerr dans de l'eau pure et dans des solutions aqueuses de collodion (4 %) et de gélatine (3 %), en recouvrant les électrodes d'une couche de caoutchouc durci de $0^{mm},5$ d'épaisseur.

Elmén (1905) a trouvé avec CS^2 que, pour de *petites* valeurs de $V_1 - V_2$ (en commençant par 200 volts pour 1^{mm}), la grandeur δ diminue, quand la grandeur $\dfrac{V_1 - V_2}{d}$ continue à décroître, *plus lentement* que ne l'indique la formule (17), de sorte que c n'est pas une constante pour une substance donnée.

Chaudier (1908) a étudié les propriétés électro-optiques des liquides qui tiennent en suspension des particules cristallines (*liqueurs mixtes* de Meslin) et en particulier celles des suspensions de poudres fines d'acide borique, de gypse, de mica, de bicarbonate de soude, de citrate de potasse, etc. dans le sulfure de carbone, l'aniline, le benzol, le chloroforme, l'acétate d'amyle et l'éther éthylique. Il soumettait ces suspensions, entre les plateaux d'un condensateur, à l'action d'un champ électrique. Il a observé à la fois une biréfringence et un *dichroïsme électrique*, c'est-à-dire une absorption différente des rayons polarisés perpendiculairement ou parallèlement aux lignes de force. Les poudres amorphes, comme le lycopode, le tannin, l'amidon et les substances qui cristallisent dans le système cubique, comme le sel marin, le chlorate de sodium, ne présentent jamais de dichroïsme électrique. Il semble donc que la production du phénomène soit liée à une dissymétrie de la particule solide. Sous l'action des forces électriques, les axes de symétrie des particules cristallines s'orientent dans une même direction, et la lumière qui traverse le milieu mixte, présentant dans son ensemble une structure analogue à celle d'un cristal, subit des modifications que décèle le polariscope. Le dichroïsme et la biréfringence paraissent se produire, pour une même liqueur, dans des proportions inverses, de telle sorte que l'un des phénomènes soit maximum lorsque l'autre est minimum, quand on substitue progressivement à des poudres cristallines grossières des granules ultramiscroscopiques. Pour une poudre donnée, le dichroïsme est nul, lorsque l'indice de réfraction du liquide est égal à l'indice moyen de la poudre, tandis que la biréfringence prend alors sa valeur la plus élevée. Les liquides mauvais conducteurs sont seuls susceptibles de former des groupements actifs : avec des liquides à faible constante diélectrique de 2 à 5 environ, le phénomène est net et les mesures précises ; au-delà de 5 et jusqu'à 7, l'observation est plus difficile ; de 7 à 9, le phénomène devient confus et rare, et, pour toute valeur supérieure de la constante diélectrique du liquide, le phénomène n'apparaît plus. Chaudier attribue les modifications que subit la lumière à l'orientation que prennent les lamelles cristallines parallèlement aux lignes de force électriques ; il explique le dichroïsme par la réflexion, la biréfringence par la diffraction sur les particules ainsi orientées.

Deux explications théoriques du phénomène de Kerr ont été proposées. La première est due à F. Pockels (1896), qui suppose que la constante diélectrique d'un milieu isolant varie avec l'intensité du champ électrique existant dans ce milieu : cette variation est d'ailleurs extrêmement petite et, pour le sulfure de carbone, elle est de $1,2 \times 10^{-6}$, d'après les mesures de Kerr qui,

pour un parcours de 186^{mm}, donnent un retard absolu de $\frac{5}{4} \lambda$. La seconde

théorie a été établie par W. Voigt (1899) : elle consiste en une généralisation des équations de la théorie électromagnétique de la lumière, où l'on exprime que l'action du champ dépend de la présence du milieu *pondérable*. Kerr avait déduit de ses observations que le champ électrique influe sur la vitesse de propagation v seulement quand la lumière est polarisée *normalement* aux lignes de force. Mais les théories de F. Pockels et de W. Voigt conduisent à ce résultat qu'on doit aussi s'attendre à une action, quoique d'une autre

grandeur, sur des rayons polarisés parallèlement aux lignes de force. Äcker-
lein (1906) a étudié le nitrobenzol et l'orthonitrotoluol, par une méthode
proposée par Mandelstam et a trouvé que v est effectivement influencée par
un champ électrique, aussi bien quand la lumière est polarisée perpendiculairement aux lignes de force que lorsqu'elle l'est parallèlement ; il a constaté, dans le premier cas, un retard, dans le second une avance ; dans le nitrobenzol, le rapport du retard à l'avance est approximativement de 2 à 1. Ce
fait est en contradiction avec les deux théories précédentes, d'après lesquelles
l'effet du champ doit avoir *le même sens* pour les deux cas de polarisation.

Blondlot (1888) a le premier cherché à déterminer la rapidité avec laquelle l'anisotropie optique apparaît et disparaît en même temps que le champ
électrique ; il a trouvé que le retard n'atteint pas $\dfrac{1}{40\,000}$ sec. Depuis, Abraham
et Lemoine (1899) se sont servis d'une méthode ingénieuse imaginée par eux
pour la mesure de très petits intervalles de temps, en déterminant l'espace parcouru par la lumière pendant ce temps. Ils déchargent un condensateur, entre
les plateaux duquel se trouve du sulfure de carbone. La lumière de l'étincelle
de décharge est dirigée à travers ce liquide, après avoir parcouru, en se réflé-
chissant sur plusieurs miroirs, un chemin dont la longueur est facile à mesurer. On constate que $\dfrac{1}{400\,000\,000}$ sec. après la suppression du champ, la moitié de l'anisotropie a déjà disparu et que $\dfrac{1}{100\,000\,000}$ sec. ensuite il n'en reste
plus aucune trace. La théorie de cette méthode a été rendue plus générale par
J. James (1904).

Le quartz devient un cristal *biaxe*, quand on le place dans un champ électrique dont les lignes de force sont perpendiculaires à l'axe du cristal ; Röntgen, Kundt, Czermak et Pockels ont étudié ce phénomène.

La question de l'*action du champ électrique sur le pouvoir émissif des corps*,
par exemple sur le spectre des vapeurs incandescentes, c'est-à-dire de l'action
analogue au phénomène de Zeeman dans le champ magnétique que nous considérerons plus tard, présente un haut intérêt. La théorie de W. Voigt dont
nous avons parlé plus haut montre qu'il doit aussi se produire dans le champ
électrique un *dédoublement des raies du spectre*, mais la distance des raies ainsi
séparées reste très petite ; par exemple, dans un champ de 300 volts par centimètre, la distance qui mesure la séparation des raies ne dépasse pas
1 : 20 000 de la distance des raies D_1 et D_2 du sodium.

Il nous reste encore à indiquer quelques modifications des propriétés des
diélectriques, produites par le champ électrique. Quincke a trouvé que les
coefficients de torsion du verre et du caoutchouc diminuent, mais que ceux du
mica et de la gutta-percha augmentent.

Duff (1896) et Quincke (1897) ont constaté que le champ électrique augmente le *frottement intérieur* dans les diélectriques solides, et surtout dans une
direction normale aux lignes de force. König (1886) et G. Pacher, L. Finazzi
(1900) ainsi qu'Ercolini (1903) ne sont pas arrivés à déceler une telle action
du champ, tandis que Pochettino (1903) l'a observée sur le benzol, le xylol
et le pétrole.

6. Echauffement des diélectriques pendant leur polarisation. —

Lorsqu'on soumet un diélectrique à l'action d'un champ électrique *pulsant* (c'est-à-dire qui apparaît et disparaît) ou *alternatif* (c'est-à-dire qui change de direction), une dépense de travail a lieu, qui peut avoir pour résultat un *échauffement* du diélectrique. Un grand nombre de travaux, que nous citerons dans la bibliographie, ont été consacrés à l'étude de ce phénomène. Siemens (1861) a observé le premier un échauffement du verre dans une bouteille de *Leyde*; plus tard, Naccari et Bellati (1882) ont observé l'échauffement d'un diélectrique liquide (pétrole) dans un champ électrique alternatif. Une étude approfondie a été faite par J. Borgman (1886). Il plaçait 30 tubes recouverts de feuilles d'étain collées et remplis de rognures de cuivre dans un même tube en communication avec un manomètre sensible. En soumettant tous les tubes à une électrisation variable, il a constaté qu'ils s'échauffaient. Il a trouvé ainsi que *l'échauffement est proportionnel à la différence de potentiel jusqu'à laquelle les tubes sont chargés*. Cette loi a été confirmée dans la suite par les autres expérimentateurs, qui se sont occupés de cette question depuis 1892.

Nous rencontrerons, dans l'étude du champ magnétique, le phénomène de *l'hystérésis*, qui consiste en ce que l'action du champ (magnétique), pour une intensité donnée de celui-ci, varie suivant que l'intensité croît ou décroît avant d'atteindre la valeur considérée. La vitesse de variation du champ ne joue aucun rôle et n'a pas d'effet sur l'échauffement, qui accompagne une aimantation variable quand il y a hystérésis.

Steinmetz (1892) et Kleiner (1893) ont attribué l'échauffement d'un diélectrique, dans un champ électrique pulsant ou variable, en particulier à *l'hystérésis électrique*.

Arno (1892), qui a soumis le diélectrique à l'action d'un champ électrique tournant (analogue au champ magnétique tournant que nous étudierons plus tard), a montré le premier que l'échauffement dépend de la vitesse avec laquelle a lieu la variation du champ; il a écarté par suite l'idée d'une hystérésis électrique analogue à l'hystérésis magnétique. Il explique l'échauffement par le *retard de la polarisation du diélectrique* sur le champ, quand ce dernier varie rapidement. Ce retard, qui est d'autant plus grand que le champ change plus vite, doit avoir pareillement pour conséquence une certaine perte d'énergie électrique, qui se transforme en chaleur.

Hess (1893) a ensuite développé une théorie, d'après laquelle l'échauffement est dû aux charges et décharges alternatives des particules conductrices distribuées, comme nous l'avons vu, suivant quelques savants, dans la masse non conductrice du diélectrique, et constituant en quelque sorte le support de la polarisation.

Les travaux plus récents de Porter et Morris (1895), Elster (1895), Schaufelberger (1897), Pellat, et en particulier de Beaulard (1900), Maccarone (1901) et Corbino (1905) ont montré qu'*il n'existe pas d'hystérésis électrique* et que l'échauffement du diélectrique provient seulement du retard dans la polarisation indiqué par Arno. Ce qui se passe dans les substances diélectriques rappelle le phénomène du frottement intérieur ou de la viscosité et on peut dire, par suite, que les diélectriques présentent une *hystérésis visqueuse*.

Dans une variation *lente* du champ, la polarisation ne dépend pas de la direction de cette variation et il n'y a pas d'hystérésis visqueuse ; elle croît avec la vitesse de variation du champ, dont l'hystérésis magnétique est indépendante, comme nous l'avons dit. Nous avons déjà mentionné à la page 274 une influence de nature particulière de l'électrisation sur la température des cristaux pyroélectriques.

Une théorie complète des expériences d'Arno a été développée par Lampa (1906). Les rotations observées dans le champ électrique tournant sont expliquées par cette théorie dans le sens indiqué ci-dessus ; Lampa n'admet pas non plus l'existence d'une hystérésis électrique analogue à l'hystérésis magnétique.

BIBLIOGRAPHIE

—

2. — Loi de Coulomb.

Coulomb. — *Mém. de l'Acad. royale des sc.*, 1785, p. 572 ; *Collec. des mém. relat. à la phys.*, **1**, p. 107, 1884.

Cavendish. — *The Electrical Researches of the Honourable* Henry Cavendish, Edit. by J.-C. Maxwell, 1879, p. 104.

Riess. — *Reibungselektrizität*, p. 93.

Harris. — *Phil. Trans.*, 1834, part. II, p. 213 ; 1836, part. II, p. 431.

Marié-Davy. — *C. R.*, **31**, p. 863, 1850 ; *Mém. de l'Acad. de Montpellier*, **2**, p. 149.

Egen. — *Pogg. Ann.*, **5**, p. 294, 1825.

3. — Polarisation des diélectriques et charge résiduelle.

Pellat. — *Journ. de phys.*, (1), **10**, p. 385, 1881 ; *Leçons sur l'électricité*, Paris, 1890 ; *Cours d'Electricité*, Tome I, Paris, 1901.

Gaugain. — *Ann. de chim. et de phys.*, (4), **2**, p. 276, 1864.

Wüllner. — *Ber. Münch. Akad.*, 1874 ; *Pogg. Ann.*, **153**, p. 22, 1874 ; *W. A.*, **32**, p. 19, 1887 ; *W. A.*, **1**, pp. 247, 361, 1877.

Boltzmann, Romich et Nowak. — *Wien. Ber.*, **70**, p. 380, 1874.

Cohn et Arons. — *W. A.*, **28**, p. 454, 1886 ; **33**, p. 13, 1888.

R. Kohlrausch. — *Pogg. Ann.*, **91**, p. 56, 1854.

Faraday. — *Exper. Researches*, § 1297 et suiv.

Chwolson. — Traité de Physique IV₁.

BELLI. — *Corsi di fisica sperimentale*, **3**, pp. 294, 331, 1838.

HOPKINSON. — *Phil. Trans.*, **167**, p. 599, 1876 ; *Phil. Mag.*, (5), **2**, p. 314, 1876 ; *Proc. R. Soc.*, **25**, p. 496, 1876.

TROUTON et RUSS. — *Phil. Mag.*, (6), **13**, p. 578, 1907.

SCHWEIDLER. — *Wien. Ber.*, **116**, p. 1019, 1055, 1907 ; *Annalen der Physik*, (4), **24**, p. 711, 1907.

BEZOLD. — *Pogg. Ann.*, **114**, p. 433, 1861 ; **125**, p. 132, 1863 ; **137**, p. 223, 1869.

GIESE. — *W. A.*, **9**, p. 161, 1880.

DIETERICI. — *W. A.*, **25**, pp. 291, 545, 1885.

NEYRENEUF. — *Ann. de chim. et de phys.* (5), **5**, p. 392, 1875.

ROWLAND et NICHOLS. — *Phil. Mag.*, (5), **11**, p. 414, 1881.

HERTZ. — *W. A.*, **20**, p. 279, 1883.

HOPKINSON et WILSON. — *Phil. Trans.*, **189**, p. 109, 1897.

PUCCIANTI. — *Phys. Zeitsch.*, **5**, p. 92, 1904 ; *Nuovo Cimento*, décembre 1902.

SEDDIG. — *Phys. Zeitschr.*, **6**, p. 414, 1905.

J. CHAUDIER. — *Thèse de la Faculté des Sc. de Paris*, 1908.

MASCART. — *Electricité et Magnétisme*, 2ᵉ éd., Tome I, Paris, 1896.

GROETZ et FÖMM. — *W. A.*, **53-54**, 1895.

BEAULARD. — *Journ. de phys.*, 1906, p. 166.

BOUTY. — *Ann. de chim. et de phys.*, (6). **27**, 1892.

KNOBLAUCH. — *Pogg. Ann.*, **83**, p. 289, 1851.

ROOT. — *Pogg. Ann.* **158**, pp. 31, 425, 1876.

BOLTZMANN. — *Wien. Ber.*, **80**, p. 275, 1879.

RIGHI. — *C. R.*, **88**, p. 1262, 1879 ; *R. Acc. delle Sc. Ist. d. Bologna*, 1897 (30 mai).

QUINCKE. — *W. A.*, **59**, p. 417, 1896 ; **62**, p. 67, 1887.

HEYDWEILLER. — *Verh. phys. Ges.*, **16**, p. 32, 1897.

GRAETZ. — *Ann. d. Phys.*, (4), **1**, p. 530, 1900.

SCHWEIDLER. — *Wien. Ber.*, **106**, p. 526, 1897.

HOULLEVIGUE. — *Sur le résidu électrique des condensateurs*, Paris, 1897.

MERCANTON. — *Effet des ébranlements mécaniques sur le résidu des condensateurs*, C. R **149**, p. 591, 1909.

4. — Electrostriction.

FONTANA. — *Lettre inedite di* VOLTA, Pesaro. p. 15, 1831.

VOLPICELLI. — *Arch. de Genève*, **32**, p. 323, 1856.

GOVI. — *N. Cim.*, **21**, p. 18, 1866.

DUTER. — *C. R.*, **87**, pp. 828, 960, 1036, 1878 ; **88**, p. 1260, 1879 ; *Journ. de phys.*, (1), **8**, p. 82, 1879.

QUINCKE. — *W. A.*, **10**, pp. 161, 374, 514, 1880 ; **19**, pp. 545, 705, 1883.

RIGHI. — *C. R.*, **88**, p. 1262, 1879 ; *Mem. di Bologna.* **10**, p. 407, 1879.

RÖNTGEN. — *W. A.*, **11**, p. 771, 1880 ; **18**, pp. 227, 547, 1883 ; **19**, p. 320, 1883.

CANTONE. — *Rend. Acc. dei Lincei* (4), **4**, pp. 344, 471, 1888 ; *N. Cim.*, (5), **7**, 1904, p. 126.

L.-T. MORE. — *Phil. Mag.*, (5), **50**, p. 198, 1900 ; (6), **2**, p. 527, 1901 ; (6), **6**, p. 1, 1903 ; (6), **10**, p. 676, 1905.

P. et J. CURIE. — *C. R.*, **93**, p. 1137, 1881 ; **106**, p. 1287, 1888 ; *Journ. de phys.*, (2), **8**, p. 149, 1889.

KUNDT. — *W. A.*, **18**, p. 230, 1883.

WARREN DE LA RUE et HUGO MÜLLER. — *C. R.*, **89**, p. 637, 1879.

WÜLLNER et M. WIEN. — *Ann. d. Phys.*, 4), **9**, p. 1217, 1902.

J.-C. Maxwell. — *Treatise*, I, Cap. 5, §§ 103-107.

Helmholtz. — *W. A.*, **13**, p. 385, 1881 ; *Berlin Sitzungsber.*, 1881, p. 191 ; *Wiss. Abh.*, **1**, p. 798.

H. Lorberg. — *W. A.*, **21**, p. 300, 1884.

G. Lippmann. — *Ann. de chim. et de phys.*, (5), **24**, p. 145, 1881.

P. Duhem. — *Leçons sur l'électricité et le magnétisme*, **2**, p. 405, 1892 ; *Journ. de phys.*, (3), **9**, p. 28, 1900.

Kirchhoff. — *W. A.*, **24**, p. 52, 1885 ; **25**, p. 601, 1885 ; *Berlin Sitzungsber.*, 1884, p. 137 ; *Abhandl.-Nachträge*, pp. 91, 114.

F. Pockels. — *Über die durch dielektrische und magnetische Polarisation hervorgerufenen Volum-und Formänderungen (Elektrostriktion u. Magnetostriktion)*, *Arch. Math. Phys.*, (2), **12**, 1893, pp. 57-95 (Exposé historique et critique) ; *Art. Elektrostriktion u. Magnetostriktion* dans *Encyklop. d. Math. Wiss.*, V_2, p. 350, octobre 1906.

D.-J. Korteweg. — *C. R.*, **88**, p. 338, 1879 ; *W. A.*, **9**, p. 48, 1880 ; **12**, p. 647, 1881.

P. Sacerdote. — *Journ. de phys.*, (3), **8**, pp. 457, 531, 1899 ; **10**, pp. 196, 200, 1901 ; *Ann. de phys. et de chim.*, (7), **20**, p. 289, 1900 ; *C. R.*, **126**, p. 1019, 1898 ; *Recherches théoriques sur les déformations électriques des diélectriques solides et isotropes*, Thèse de la Faculté des Sciences de Paris, 1899 ; *Phil. Mag.* (6) **1**, p. 357, 1901.

Schiller. — *Journ. de la Soc. russe phys.-chim.*, **26**, p. 208, 1894 ; *Journ. de l'Univ. de Kief*, 1894.

Kapoustine. — *Action des forces électr. et magn. etc. sur le volume et la pression des gaz* (en russe), St-Pétersb., 1895 ; *Journ. de la Soc. russe phys.-chim.*, **27**, pp. 103, 129, 1895.

Boltzmann. — *Wien. Ber.*, (2), **81**, p. 9, 1880.

Mache. — *Wien. Ber.*, **107**, p. 708, 1898.

R. Gans. — *Ann. d. Phys.*, (4), **11**, p. 797, 1903 ; *Habilitationsschrift Tübingen*, 1903.

W. Voigt. — *Kompendium der theoretischen Physik*, Leipzig, 1896, vol. **2** ; *Die fundamentalen physikalischen Eigenschaften der Krystalle*, Leipzig, 1898 ; *Allgemeine Theorie der piëzo-und pyroëlektrischen Erscheinungen an Krystallen*, Göttingen, *Abh. Ges. d. Wiss.*, **36**, 1890 ; *W. A.*, **69**, p. 297, 1899.

5. — Propriétés électro-optiques des diélectriques.

E. Néculcéa. — *Le phénomène de Kerr. Scientia phys.-math.*, n° 16, Paris, 1902.

Kerr. — *Phil. Mag.*, (4), **50**, pp. 337, 446, 1875 ; (5), **8**, pp. 85, 229, 1879 ; **9**, p. 159, 1880 ; **13**, pp. 153, 248, 1882 ; **20**, p. 363, 1885 ; **37**, p. 380, 1894 ; **38**, p. 144, 1894.

Röntgen. — *W. A.*, **10**, p. 77, 1880 ; **18**, pp. 213, 534, 1883 ; **19**, p. 319, 1883.

Brongersma. — *W. A.*, **16**, p. 222, 1882.

Quincke. — *W. A.*, **7**, p. 588, 1879 ; **10**, p. 536, 1880 ; **19**, p. 729, 1883 ; **62**, p. 1, 1897 ; *Berl. Ber.*, 1883, p. 4 ; *Phil. Mag.*, (5), **38**, p. 144, 1894.

Lemoine. — *C. R.*, **122**, p. 835, 1896.

Blackwell. — *Proc. Amer. Acad. of Arts and Sciences*, **41**, p. 650, 1906.

Hagenow. — *Phys. Rev.*, **27**, p. 196, 1908.

Havelock. — *Proc. R. Soc.*, **80**, p. 28, 1907 ; *Physik. Rev.*, **28**, p. 136, 1909.

J. Chaudier. — *Ann. de chim. et de phys.*, (8), **15**, p. 67, 1908 ; *Le Radium*, **5**, p. 162, 1908 ; Thèse de la Faculté des Sciences de Paris, 1907.

Blondlot. — *C. R.*, **106**, p. 349, 1888 ; *Journ. de phys.*, (2), **7**, p. 91, 1888.

Elmén. — *Ann. d. Phys.*, (4), **16**, p. 350, 1905.

Ackerlein. — *Phys. Zeitschr.*, **7**, p. 594, 1906.

De Metz. — *Journ. de la Soc. russe phys.-chim.*, **34**, p. 521, 1902.

Abraham et Lemoine. — *C. R.*, **129**, p. 206, 1899 ; *Journ. de phys.*, (3), **9**, p. 262, 1900 ; *Naturw. Rundschau*, **14**, p. 499, 1899.

J. James. — *Ann. d. Phys.*, (4), **15**, p. 954, 1904.

Kundt. — *W. A.*, **18**, p. 228, 1883.

Czermak. — *Wien. Ber.*, **97**, p. 301, 1888.

W. Voigt. — *W. A.*, **69**, p. 297, 1899 ; *Ann. d. Phys.* (4), **4**, p. 197, 1901.

W. Schmidt. — *Ann. d. Phys.*, (4), **7**, p. 142, 1902.

F. Pockels. — *N. Jahrb. f. Mineral.*, **7**, p. 201, 1890 (Beilage) ; *Abh. Göttingen*, **39**, 1894 ; 1896, p. 102.

Duff. — *Phys. Rev.*, **4**, p. 23, 1895.

König. — *W. A.*, **25**, p. 624, 1885.

Ercolini. — *N. Cim.*, (5), **5**, p. 249, 1903.

Pacher et Finazzi. — *Atti d. R. Ist. Veneto*, **59**, II, 1899-1900.

Pochettino. — *Rend. Acc. dei Lincei*, (5), **12**, II, p. 363, 1903.

6. — Echauffement des diélectriques dans la polarisation.

Siemens. — *Pogg. Ann.*, **125**, p. 137, 1865.

Naccari et Bellati. — *Atti di Torino*, **17**, p. 26, 1882 ; *Journ. de phys.*, (2), **1**, p. 430, 1882.

Borgman. — *J. de la Soc. russe phys.-chim.*, **18**, p. 1, 1886 ; *J. de phys.*, (2), **8**, p. 217, 1888.

Steinmetz. — *Elektrotech. Zeitschr.*, **13**, p. 227, 1892 ; *Lum. électr.*, **44**, p. 95, 1892.

Kleiner. — *W. A.*, **5**, p. 138, 1893 ; *Vierteljahrsschr. d. Zürich. naturf. Ges.*, **37**, p. 322, 1892.

Arno. — *Rendic. Acc. d. Lincei*, (5), **3**, p. 585 ; **5**, p. 262, 1892 ; 1893 ; 1894 ; **7**, p. 167, 1899 ; *N. Cim.*, (4), **5**, p. 52, 1897 ; *Journ. de phys.*, (3), **8**, p. 607, 1898.

Hess. — *Journ. de phys.*, (3), **2**, p. 145, 1893 ; *Eclair. électr.*, **3**, p. 210, 1895.

Porter et Morris. — *Proc. R. Soc.*, **57**, p. 469, 1895 ; *J. de phys.*, (3), **5**, p. 34, 1896.

Benischke. — *Wien. Ber.*, **102**, 13 décembre 1893.

Döggelin. — *Vierteljahrsschr. d. Zürich. naturf. Ges.*, **40**, p. 121, 1895.

H.-F. Weber. — *Arch. sc. phys. et natur.*, (4), **2**, p. 519, 1896.

Guye et Denso. — *C. R.*, **140**, p. 433, 1905.

Elster. — *Elektrotechn. Zeitschr.*, 15 juin 1895.

Beaulard. — *J. de phys.*, (3), **9**, p. 422, 1900 ; *C. R.*, **130**, p. 1182, 1900.

Schaufelberger. — *W. A.*, **62**, p. 635, 1897 ; **65**, p. 635, 1898 ; **67**, p. 307, 1899 ; *Inaug.-Diss.* Zürich, 1898.

Corbino. — *Phys. Zeitschr.*, **6**, p. 138, 1905.

Maccarone. — *Phys. Zeitschr.*, **3**, p. 57, 1901 ; *N. Cim.*, (5), **4**, p. 313, 1902.

Lampa. — *Wien. Ber.*, **115**, p. 1659, 1906.

CHAPITRE IV

MESURES ÉLECTROSTATIQUES

1. Introduction. — Nous avons rencontré, dans l'étude du champ électrique, des grandeurs électriques ou plus exactement des grandeurs électrostatiques de différentes sortes. Nous considérerons dans ce chapitre, les *méthodes de mesure* de ces grandeurs. Tout ce que nous avons dit dans le tome I, sur l'art d'effectuer les mesures, s'applique naturellement à l'objet du présent chapitre. Il existe un grand nombre d'ouvrages spécialement consacrés aux mesures électriques; on y trouvera les détails que nous ne pouvons donner ici. D'ailleurs, on ne peut acquérir une connaissance réelle des méthodes de mesure qu'en les mettant en pratique *dans un laboratoire de physique*.

Il existe, pour la mesure de quelques grandeurs électriques, des appareils, qui permettent d'obtenir plus ou moins *directement* les valeurs numériques cherchées des grandeurs mesurées. D'autres grandeurs électriques ne peuvent être mesurées que par des moyens détournés, en recourant à des combinaisons d'appareils et d'observations. On ne peut naturellement tracer une limite précise entre ces deux sortes de méthodes de mesure.

Quelques appareils et méthodes de mesure ont déjà été décrits dans les chapitres précédents. Nous les mentionnerons de nouveau, pour rendre complète notre exposition.

Relativement au *potentiel* électrique et à la force électromotrice, nous nous bornerons pour le moment à indiquer les méthodes de mesure électrostatiques; d'autres méthodes seront considérées dans la suite.

Nous aurons, dans l'examen des méthodes de mesure de la *constante diélectrique* K, à mentionner des phénomènes que nous n'étudierons que dans les chapitres ultérieurs de cet ouvrage. Il nous a paru qu'il était plus commode de réunir en un même endroit les principales méthodes de mesure de cette grandeur.

2. Système des unités électrostatiques. — Les unités des grandeurs que nous avons rencontrées dans le chapitre premier, jouent un rôle important dans la mesure des grandeurs électriques. Pour plus de commodité, nous allons donner un résumé de ces grandeurs, de leurs équations de dimension et des formules qui servent à les définir. Il s'agira toujours ici d'*unités élec-*

trostatiques (él.-st.) ; les unités él.-st. C. G. S. constituent un cas particulier du système général. Nous avons déjà dit à la page 34 qu'on peut ne
pas regarder le pouvoir inducteur K comme un nombre abstrait et l'introduire, dans les équations de dimension, comme une grandeur physique, dont
les dimensions ne sont pas encore établies; nous avons, par exemple, écrit
la formule (13, *a*) de la page 34, en conservant la dimension de K, que nous
avons mise sous la forme [K]. Dans le résumé suivant, *la dimension du pouvoir inducteur a été partout conservée.* Cependant, nous n'avons pas maintenu
les parenthèses, ce qui signifie que nous entendons par K le symbole de l'*unité*
de pouvoir inducteur, de même que L, M et T désignent symboliquement
les *unités* de longueur, de masse et de temps. Le facteur K^n sera séparé par
un point, en vue de mieux faire ressortir les équations de dimension ordinaires, que l'on obtient quand K est considéré comme un nombre abstrait.
Passons maintenant à l'énumération des différentes unités. Nous réunirons
ensemble la définition générale de l'unité él.-st. et la définition particulière
de l'unité él.-st. C. G. S.

1. *Quantité d'électricité* η ; voir (11), page 33,

$$(1) \qquad f = \frac{\eta\eta'}{Kr^2}.$$

L'unité él.-st. (C. G. S.) de quantité d'électricité agit sur une quantité
égale, placée à une distance égale à l'unité de longueur (1 centimètre), avec
une force égale à l'unité de force (1 dyne). L'équation de dimension est, voir
(13, *a*), page 34,

$$(1, a) \qquad [\eta] = K^{\frac{1}{2}} . L^{\frac{3}{2}} M^{\frac{1}{2}} T^{-1}.$$

3.10^{10} unités él.-st. C. G. S. forment une unité él.-m. (*électromagnétique*),
3.10^9 unités él.-st. C. G. S. forment 1 *coulomb* (page 33),
3000 unités él.-st. C. G. S. forment 1 *microcoulomb*.

2. *Densité superficielle* k ; soit S l'aire de la surface; voir (2), page 26,

$$(2) \qquad k = \frac{\eta}{S}$$

$$(2, a) \qquad [k] = [\eta] : L^2 = K^{\frac{1}{2}} . L^{-\frac{1}{2}} M^{\frac{1}{2}} T^{-1}.$$

3. *Intensité du champ électrique* ou simplement *champ* F ; voir (1), page 18,

$$(3) \qquad F = \frac{f}{\eta}.$$

L'unité él.-st. (C. G. S.) de champ est le champ où sur l'unité él.-st. (C.
G. S.) de quantité d'électricité en un point agit l'unité de force (1 dyne) :

$$(3, a) \qquad [F] = K^{\frac{1}{2}} . L^{-\frac{1}{2}} M^{\frac{1}{2}} T^{-1}.$$

4. *Flux de force* Φ; voir (16), page 35,

$$(4) \qquad \Phi = \iint F_n ds,$$

$$(4,a) \qquad [\Phi] = [F]\, L^2 = K^{-\frac{1}{2}} . L^{\frac{3}{2}} M^{\frac{1}{2}} T^{-1}.$$

Cette équation donne une expression identique à celle de $\left[\dfrac{\eta}{K}\right]$, comme cela doit être, d'après (18), page 37.

5. *Induction* B; voir (28, *e*), page 48,

$$(5) \qquad B = KF,$$

$$(5, a) \qquad [B] = K\,.\,[F] = K^{\frac{1}{2}}\,.\,L^{-\frac{1}{2}} M^{\frac{1}{2}} T^{-1}.$$

6. *Flux d'induction* Ψ; voir (16, *a*), page 36,

$$(6) \qquad \Psi = \iint KF_n ds,$$

$$[\Psi] = [B]\, L^2 = K^{\frac{1}{2}}\,.\,L^{\frac{3}{2}} M^{\frac{1}{2}} T^{-1}.$$

Cette équation est identique à (1, *a*), comme cela doit être d'après (18, *a*), page 37.

7. *Tension superficielle* P.; voir (25), page 44,

$$(7) \qquad P = \frac{2\,\pi k^2}{K},$$

$$(7, a) \qquad [P] = \frac{1}{K}\,[k]^2 = L^{-1} M T^{-2}.$$

Ps est une certaine force, et en effet $[P] = [Ps]\, L^2 = LMT^{-2}$ représente bien les dimensions d'une force.

8. *Déplacement électrique* $\mathfrak{D}$; voir page 53,

$$(8) \qquad \mathfrak{D} = k,$$

$$(8, a) \qquad [\mathfrak{D}] = K^{\frac{1}{2}}\,.\,L^{-\frac{1}{2}} M^{\frac{1}{2}} T^{-1}.$$

Cette équation est identique à (5, *a*); voir formule (32, *i*), page 53, d'après laquelle $[\mathfrak{D}] = [KF] = [B]$.

9. *Moment électrique* m; voir page 63,

$$(9) \qquad m = \eta l,$$

$$(9, a) \qquad [m] = [\eta]\, L = K^{\frac{1}{2}}\,.\,L^{\frac{5}{2}} M^{\frac{1}{2}} T^{-1}.$$

10. *Polarisation d'un diélectrique* Π; voir (33, *d*), page 63, (*v* est le volume),

$$(10) \qquad \Pi = \frac{m}{v}$$

$$(10, a) \qquad [\Pi] \doteq [m]\, L^{-3} = K^{\frac{1}{2}}\,.\,L^{-\frac{1}{2}} M^{\frac{1}{2}} T^{-1}.$$

Cette équation est identique à (2, *a*) et à (5, *a*), comme cela doit être d'après (32, *d*), page 52.

11. *Potentiel électrique ou force électromotrice* V; voir (37), page 71, (*r* est une longueur),

$$(11) \qquad\qquad V = \frac{\eta}{Kr},$$

$$(11, a) \qquad [V] = [\eta]\, K^{-1}L^{-1} = K^{-\frac{1}{2}}.\, L^{\frac{1}{2}}M^{\frac{1}{2}}T^{-1},$$

ou, voir (38), page 73, (R est un travail),

$$[V] = \frac{[R]}{[\eta]} = \frac{L^2 M T^{-2}}{K^{\frac{1}{2}}.\, L^{\frac{3}{2}}M^{\frac{1}{2}}T^{-1}} = K^{-\frac{1}{2}}.\, L^{\frac{1}{2}}M^{\frac{1}{2}}T^{-1}.$$

L'unité él.-st. (C. G. S.) de potentiel est la différence de potentiel de deux points, tels que, dans le passage de l'unité él.-st. (C. G. S.) de quantité d'électricité de l'un à l'autre point, soit effectuée l'unité de travail (1 erg de travail).

$\frac{1}{300}$ unité él.-st. C. G. S. de potentiel forme 1 *volt*.

Le travail *volt-coulomb* est égal à 1 *joule* = 0^{kgm},102 = 0$^{\text{cal.gr}}$,24.

La puissance volt-coulomb par seconde est égale à 1 *watt* $\left(\frac{1}{736}\text{ cheval}\right)$.

12. *Capacité* (capacité électrique) *q*; voir (49, *a*), page 89,

$$(12) \qquad\qquad q = \frac{\eta}{V},$$

$$(12, a) \qquad [q] = [\eta] : [V] = K.L.$$

L'unité él.-st. (C. G. S.) de capacité est la capacité d'un conducteur, qui est élevé, par une unité él.-st. (C. G. S.) de quantité d'électricité, à une unité él.-st. (C. G. S.) de potentiel. C'est, par exemple, la capacité d'une sphère *dans l'air*, dont le rayon est égal à l'unité de longueur (1 centimètre).

9.10^{11} unités él.-st. C. G. S. de capacité forment un *farad*, qui est élevé par 1 coulomb à 1 volt.

900 000 unités él.-st. C. G. S. de capacité forment 1 *microfarad*, qui est élevé par 1 microcoulomb à 1 volt.

Nous recommandons aux lecteurs de vérifier l'homogénéité des formules établies dans le chapitre I, c'est-à-dire de s'assurer que dans chaque formule les deux membres ont bien la même dimension. Il faut, dans certaines formules, poser [K] = 1, autrement dit admettre que K est de dimension nulle. Ainsi, dans la formule (34), page 64, K = 1 + 4 πγ, le nombre 1 est le pouvoir inducteur de l'air pris égal à l'unité.

3. Electromètres. Mesure des quantités d'électricité et des potentiels. — Les appareils, qui peuvent être employés pour la mesure des quantités d'électricité et des potentiels, s'appellent des *électromètres*. Les

électroscopes de construction relativement simple ne peuvent servir d'électromètres que s'ils sont munis d'une échelle, le long de laquelle se déplacent les
parties mobiles, et s'ils sont gradués, c'est-à-dire si l'on a déterminé, par une
recherche préalable, à quel potentiel correspond chaque division de l'échelle. Les
électroscopes les plus importants ont déjà été décrits ou mentionnés aux pages
27 et suivantes. L'angle φ de divergence des feuilles de l'électroscope ne peut
servir directement, comme on le trouve parfois indiqué, pour la mesure du
potentiel V auquel les feuilles sont portées. La répulsion mutuelle f des feuilles
est proportionnelle au *produit* de leurs charges, et *chacune* de ces charges
serait proportionnelle au potentiel V, si la capacité q de tout l'appareil ne
variait pas dans la divergence des feuilles; en outre, f varie avec φ. Les recherches de KOLÁČEK ont montré que V et φ, quand φ est inférieur à 18°,
sont liés par une équation de la forme

$$(13) \qquad\qquad V^2 = a\varphi + b\varphi^2,$$

où a et b sont des constantes, qui peuvent être déterminées une fois pour
toutes, pour un électroscope donné.

Parmi les *électromètres*, nous avons déjà considéré en détail la *balance de
torsion* (page 307) et l'*électromètre capillaire* (page 227); nous avons décrit
succinctement l'électromètre à quadrants. Nous allons maintenant étudier
différents électromètres et montrer comment ils sont employés pour la mesure
des quantités d'électricité et des potentiels.

I. ÉLECTROMÈTRE DE HANKEL. — Cet électromètre est représenté par la figure 124. Il se compose d'une cage dont la paroi antérieure est en verre; à
l'intérieur de la cage, pend verticalement une feuille d'or b entre deux plateaux métalliques isolés a et g; ces derniers sont reliés à une batterie de 100
à 200 éléments simples, formés de Cu, Zn et d'eau, associés en série, et sont
ainsi chargés d'électricités de noms contraires. De telles batteries sont souvent
employées: on les constitue avec de petits vases, par exemple de petites
éprouvettes, qu'on dispose en plusieurs files, dans des ouvertures circulaires
pratiquées dans une planche horizontale ou un morceau de carton épais,
recouverts de paraffine. On remplit ces vases avec de l'eau et on y plonge de
deux en deux des fils de Cu et Zn (BRANLY remplace Cu par Pt) soudés et
courbés en arceaux (∩). On verse sur l'eau une couche de paraffine et, quand
cette couche est solidifiée, on verse encore sur elle quelques gouttes d'huile
de paraffine. Au lieu de cette batterie très simple, on emploie le plus souvent
aujourd'hui une batterie d'*accumulateurs* (voir plus loin) en série, qui possède
une différence de potentiel très constante. On relie le milieu de la batterie
avec la terre, et les extrémités avec les corps que l'on veut maintenir à des
potentiels égaux et de signes contraires. Dans le cas actuel, les plateaux a et g
sont reliés avec les extrémités de la batterie. On peut, au moyen d'une vis s,
faire varier la distance de ces plateaux à la feuille d'or b. Les mouvements de
la feuille d'or sont observés à travers un microscope, dont l'oculaire est muni
d'une échelle. L'appareil doit être gradué à l'aide d'éléments de pile, dont la
force électromotrice est connue. HANKEL a utilisé cet électromètre dans ses
recherches sur les cristaux pyroélectriques.

II. Balance de torsion. — Nous avons décrit la balance de torsion à la page 307 ; nous allons montrer comment on s'en sert pour la mesure des

Fig. 124

quantités d'électricité η ou des potentiels V. Reprenons la formule (8, a) de la page 310, et écrivons-la sous la forme

$$(14) \qquad \eta\eta' = 4a\, C\varphi \sin\frac{\alpha}{2}\, \mathrm{tg}\,\frac{\alpha}{2},$$

où η et η' sont les quantités d'électricité sur les sphères fixe et mobile, a la longueur de la tige comptée à partir de son point de suspension jusqu'au centre de la sphère mobile, C la constante de torsion du fil qu'on peut déterminer à l'aide de la formule (5, b), page 308, en observant les oscillations de torsion de la balance, α l'angle de rotation de la tige, $\varphi = \alpha + \beta$ l'angle de torsion du fil, β étant l'angle de rotation de son extrémité supérieure.

Considérons quelques-uns des cas où l'on peut comparer ou mesurer les charges et les potentiels au moyen de la balance de torsion. Soit A la sphère fixe, B la sphère mobile.

1. Il s'agit de comparer deux quantités d'électricité η et η_1 qui sont passées sur la sphère A, par exemple dans le contact avec deux points différents d'un corps électrisé quelconque. Deux cas sont possibles :

a) La sphère B est déjà chargée d'électricité de même nom que η et η_1. On a évidemment encore en dehors de (14), la formule

$$(14,\ a) \qquad \eta_1 \eta' = 4a\,C\varphi_1\, \sin\frac{\alpha_1}{2}\, \mathrm{tg}\,\frac{\alpha_1}{2}.$$

Si on divise (14) par (14 *a*), on obtient le rapport cherché $\eta : \eta_1$, exprimé au moyen des grandeurs connues α, φ, α_1 et φ_1. En faisant $\alpha_1 = \alpha$, il vient

$$(14,\ b) \qquad \eta : \eta_1 = \varphi : \varphi_1.$$

b) La sphère B est amenée chaque fois en contact avec la sphère A. Dans ce cas, la charge η se partage en deux fractions $k\eta$ et $k'\eta$, telles que $k + k' = 1$. La formule (14) prend maintenant la forme suivante ;

$$(14,\ c) \qquad kk'\eta^2 = 4a\,C\,\varphi\, \sin\frac{\alpha}{2}\, \mathrm{tg}\,\frac{\alpha}{2}.$$

On a alors, dans la formule (14, *a*), du côté gauche, $kk'\eta_1^2$ et on obtient par suite le rapport $\eta^2 : \eta_1^2$. En faisant $\alpha_1 = \alpha$, il vient

$$(14,\ d) \qquad \frac{\eta}{\eta_1} = \sqrt{\frac{\varphi}{\varphi_1}}.$$

2. Il s'agit de mesurer en unités *absolues* la quantité d'électricité η, qui est passée dans des circonstances données sur la sphère A. La sphère B est électrisée par contact avec A. Si on suppose connues les dimensions des sphères A et B, on peut trouver, dans les tables de PLANA dont il a été question à la page 137, les facteurs k et k'. Ayant déterminé la constante de torsion C, on déduit η de (14, *c*) sous la forme

$$(14,\ e) \qquad \eta = \sqrt{\frac{4aC}{kk'}\,\varphi\, \sin\frac{\alpha}{2}\, \mathrm{tg}\,\frac{\alpha}{2}}.$$

Dans cette formule, l'angle φ doit être exprimé en unités d'angle égales à $57°17'45''\ldots = 57°,296,\ldots$, comme le montre la formule fondamentale $M = C\varphi$, voir (5. *a*), page 308. Lorsque dans la formule (5, *b*), page 308, le temps T est exprimé en secondes et que dans le calcul de K on choisit pour unités de longueur et de masse le centimètre et le gramme, qu'enfin a est également exprimé en centimètres dans (14, *e*), on obtient η en unités él.-st. C. G. S.

Il a déjà été question à la page 311 des corrections relatives à l'induction mutuelle des sphères et à l'influence de l'enveloppe qui entoure les sphères.

Quand on effectue toutes les mesures avec un même angle α et lorsqu'on calcule une fois pour toutes la grandeur

$$Q = \sqrt{\frac{4aC}{kk'}\, \sin\frac{\alpha}{2}\, \operatorname{tg}\frac{\alpha}{2}},$$

η est donné par la formule très simple

$$(14,\,f) \qquad\qquad\qquad \eta = Q\,\sqrt{\varphi},$$

où φ est exprimé avec l'unité d'angle choisie.

3. Ayant déterminé η et connaissant le rayon R de la sphère A, on peut aussi déterminer le potentiel V de cette sphère au moyen de la formule $V = \eta : R$, et par suite le potentiel de la source d'électricité, si la sphère A a été mise en communication auparavant avec celle-ci par un fil suffisamment long.

III. Électromètre de Kohlrausch. — Il constitue un perfectionnement de l'électromètre de Dellmann, où la sphère A de la balance de torsion a été pour la première fois remplacée par un disque disposé très près de la tige oscillante. L'électromètre de Kohlrausch est représenté par la figure 125, et sa partie principale séparément par la figure 126. Il se compose de la cage A à doubles parois, reposant sur trois vis calantes ; le couvercle est formé par un disque de verre à miroir percé d'une ouverture en son centre, par laquelle passe un fil disposé suivant l'axe du tube B et dont l'extrémité supérieure est fixée comme le fil d'une balance de torsion. La poignée g et l'index z, qui se déplace sur le cercle gradué K à partir de la division zéro, servent à mesurer l'angle de rotation β de l'extrémité supérieure du fil. A l'extrémité inférieure du fil est fixée la tige de gomme laque m (*fig.* 126), et à celle-ci le fil d'argent horizontal nn dont les extrémités sont en forme de petites sphères ; ce dernier, dans la position de repos $\beta = 0$, touche des deux côtés en entier la lamelle d'argent aa, qui est fixée au tube c. On peut élever ou abaisser un peu ce tube, en agissant au moyen de la vis d sur un levier particulier. Quand le tube c est élevé, aa touche l'aiguille nn. A l'intérieur de c se trouve un second tube, le long de l'axe duquel court le fil r, qui lui est fixé par deux plaquettes de gomme laque isolantes. A l'extrémité inférieure de ce fil est suspendu le petit anneau r ; l'extrémité supérieure du fil r est enroulée en spirale et n'est pas en contact avec le pont bb ; mais si on élève le tube intérieur au moyen du levier, le fil touche ce pont. Ainsi, le fil r, la lamelle aa et l'aiguille nn sont en général isolés l'un de l'autre, mais on peut les amener en contact à l'aide des leviers e et d.

A l'intérieur de A se trouve le cercle horizontal gradué K_1 ; la loupe l sert à lire la position occupée par l'aiguille nn.

On peut employer l'appareil pour la comparaison de deux quantités d'électricité η et η_1. A cet effet, on fait tourner la manette g de 90°, de sorte que l'aiguille nn se place perpendiculairement à aa. On élève ensuite les deux tubes et on relie r avec la source d'électricité, ce qui fait passer une certaine quantité d'électricité η sur aa et nn. On abaisse alors les deux tubes et on fait tourner la poignée *g* jusqu'à ce que l'aiguille *nn* forme avec *aa* un certain angle α, l'index *z* formant un certain angle β avec la position zéro. La torsion du fil est $\varphi = \alpha + \beta$. On répète l'observation, pour la seconde des sources à comparer, qui fait passer la quantité d'électricité η_1 sur *aa* et *nn* ; l'angle α reçoit la même valeur, mais, au lieu de β, on a β_1, de sorte que l'angle de torsion est $\varphi_1 = \alpha + \beta_1$. Comme la position relative des corps *aa* et *nn* qui se repoussent est la même dans les deux cas, le moment du couple agissant sur *nn* est évidemment proportionnel au produit des charges sur *aa* et *nn* ; ces charges sont proportionnelles à η et par suite le moment du couple est

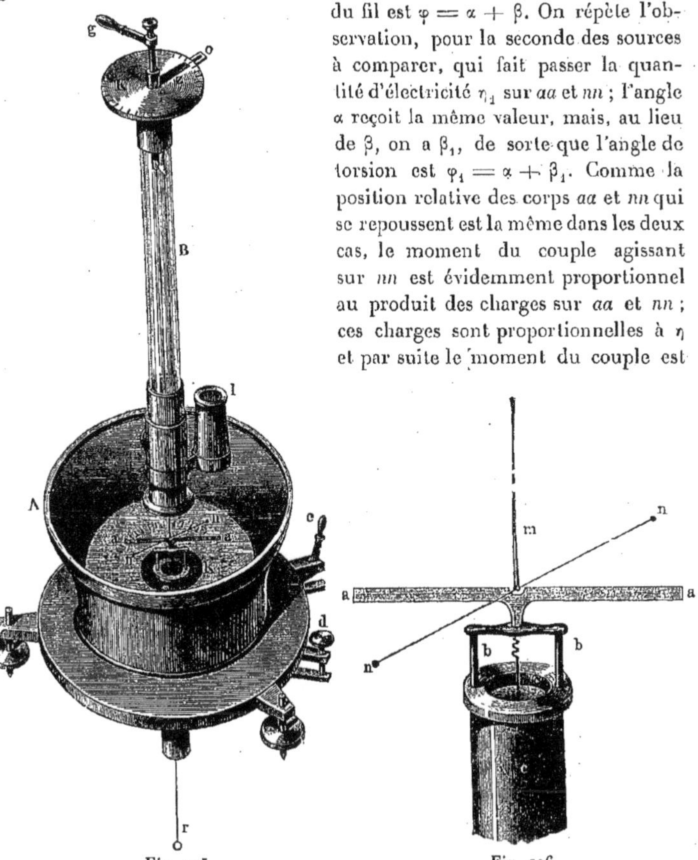

Fig. 125   Fig. 126

proportionnel à η^2. On a $\eta^2 = b\varphi = b(\alpha + \beta)$, *b* étant un facteur de proportionnalité. On trouve pour le rapport cherché

$$(15) \qquad \frac{\eta}{\eta_1} = \frac{V}{V_1} = \sqrt{\frac{\varphi}{\varphi_1}} = \sqrt{\frac{\alpha + \beta}{\alpha + \beta_1}} \; ;$$

V et V_1 sont les *potentiels* des sources, qui sont proportionnels aux charges η et η_1, à condition que α reste le même, c'est-à-dire que la capacité soit invariable. En employant une batterie d'éléments de force électromotrice connue, on peut graduer l'électromètre, c'est-à-dire déterminer le potentiel V pour différentes valeurs de α et de β.

IV. ÉLECTROMÈTRE A QUADRANTS DE W. THOMSON (LORD KELVIN). — Nous avons déjà donné à la page 28 une description générale de cet important appareil ; la figure 10 le représente sous une de ses formes simples. Nous rappellerons que ses parties essentielles sont les suivantes ; quatre quadrants, reliés en croix, et une large aiguille placée au-dessus d'eux ou à leur intérieur. Nous désignerons les potentiels des deux paires de quadrants par V_1 et V_2, celui de l'aiguille par V.

La figure 127 représente la coupe transversale d'une forme moins simple de cet électromètre. On n'a d'ailleurs pas figuré ici toutes les parties que l'on

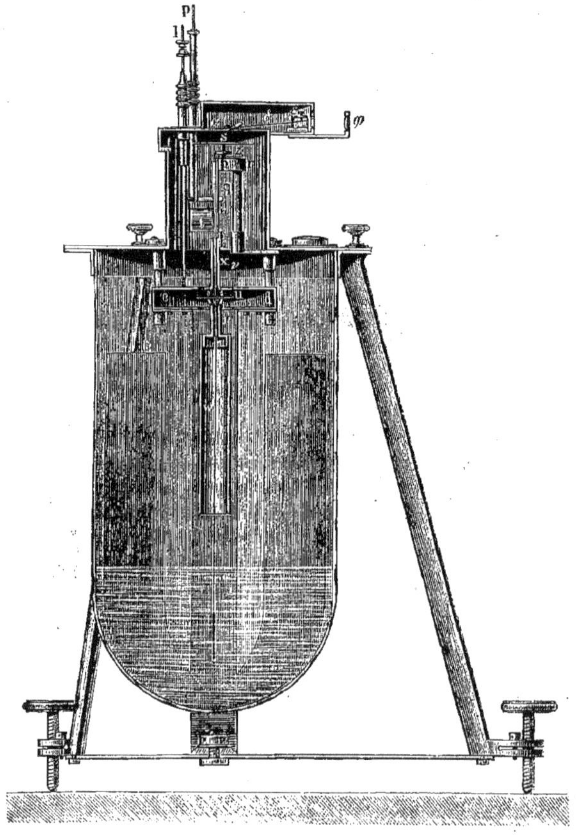

Fig. 127

rencontre dans les appareils très complets. Nous nous bornerons à de brèves indications, car on n'utilise presque pas en pratique ces appareils compliqués. Pour maintenir l'aiguille à un potentiel constant, W. THOMSON a donné à l'appareil la forme d'une bouteille de *Leyde* ; c'est un vase en verre, recouvert à l'extérieur de feuilles d'étain collées et renfermant à l'intérieur une certaine quantité d'acide sulfurique, qui sert d'armature intérieure. Les quadrants sont visibles en c et d ; de l'aiguille u part vers le haut un fil, auquel est fixé un petit miroir, qui sert pour la mesure de la rotation de l'aiguille par la méthode de la déviation du miroir. Le fil avec le miroir et l'aiguille sont suspendus à un fil fin de soie ; la suspension est parfois bifilaire. De l'aiguille part un fil w, à l'extrémité inférieure duquel est suspendue une tige de platine plus épaisse, qui plonge dans l'acide sulfurique. L'aiguille prend ainsi le potentiel V de l'acide sulfurique, qui reçoit sa charge par un fil non représenté sur la figure. On peut à l'aide d'une petite machine électrique (replenisher), qui n'est pas non plus représentée, augmenter ou diminuer le potentiel V. Pour maintenir toujours la même valeur de V, on se sert de la plaque s, également reliée avec l'acide sulfurique. Cette plaque attire le petit disque α, qui se trouve sur le bras le plus court d'un levier ; le bras le plus long δ de ce levier est muni à son extrémité d'un fil horizontal, dont on observe la position à travers la loupe φ. En agissant avec le replenisher, on amène toujours ce fil dans la même position, de sorte que l'aiguille est toujours tenue au même potentiel V. On emploie aujourd'hui presque exclusivement une batterie d'éléments ou d'accumulateurs, pour maintenir l'aiguille ou les quadrants à un potentiel constant.

La nécessité d'électriser l'aiguille conduit à la suspendre à un fil métallique ou à la relier métalliquement avec l'acide sulfurique. La sensibilité de l'appareil se trouve par là considérablement diminuée. NERNST et DOLEZALECK (1901) ont, pour cette raison, construit un appareil, dans lequel une petite pile sèche est reliée avec l'aiguille et est suspendue en même temps qu'elle à un fil de quartz. Cet électromètre donne des déviations de $0^{mm},1$ à 3 millimètres de distance de l'échelle, quand la différence de potentiel est seulement de 10^{-5} volt. Toutefois, l'augmentation de poids du système suspendu présente un grave inconvénient. HIMSTEDT a proposé d'employer un fil de quartz argenté, susceptible de conduire l'électricité à l'aiguille ; mais l'inconvénient est ici la difficulté d'argenter un fil aussi fin.

En 1901, DOLEZALEK a construit un électromètre à quadrants extrêmement simple et très commode, exempt des défauts précédents et en même temps très sensible. Cet électromètre est actuellement très répandu. Une aiguille très légère formée de deux feuilles de papier d'argent (papier recouvert d'une mince couche d'étain) est suspendue à un fil de quartz, dont la surface a été rendue conductrice en le plongeant dans une solution de $CaCl^2$, $MgCl^2$, d'acide phosphorique ou de potasse caustique (il se forme K^2CO^3, sous l'action de CO^2 de l'air). Les traces de la substance hygroscopique subsistant à la surface du fil, après dessiccation, maintiennent cette surface constamment humide, ce qui suffit pour la rendre conductrice de l'électricité. Malgré la résistance énorme d'un tel fil, qui atteint de 10^{10} à 10^{11} ohms, l'aiguille se charge presque instantanément, car la capacité de l'appareil est en tout d'environ 10^{-5} microfarad. On peut employer, pour la charge de l'aiguille, une batterie d'accumulateurs ou une petite pile sèche. Quand l'aiguille est chargée à 110 volts, une différence de potentiel de 0,001 volt appliquée aux quadrants donne une déviation de $2^{mm},4$ pour une distance de l'échelle de 2 mètres et pour une épaisseur du fil de $0^{mm},009$. Les déviations sont rigoureusement proportionnelles aux différences de potentiel produites jusqu'à des déviations de 200 millimètres (environ 0,08 volt). La sensibilité est encore considérablement accrue, lorsqu'on prend un fil de quartz plus fin (jusqu'à $0^{mm},004$); la déviation peut être portée à 17 millimètres pour 0,001 volt.

Des modifications de différentes natures ont été apportées à la construction de l'électromètre à quadrants par ANGOT, BRANLY, MASCART, G. WIEDEMANN (son appareil est représenté par la figure 10, page 30), RIGHI, HALLWACHS, CURIE, GUGLIELMO, EDELMANN, BECQUEREL, GUINCHANT (1905, électromètre à sextants), MALCLÈS (1907, sensibilité réduite), et d'autres encore.

Les difficultés que l'on rencontre, dans l'électromètre à quadrants, pour charger l'aiguille, tout en lui conservant une grande mobilité et un zéro fixe, ont conduit GUINCHANT à essayer un dispositif permettant de faire agir les forces électriques, par influence seulement, sur l'aiguille mobile. Celle-ci peut alors être suspendue par un fil de cocon qui l'isole complètement, ou par un fil de soie artificielle qui la maintient au potentiel du crochet de suspension. Le couple directeur est donné soit par une suspension bifilaire, soit plutôt par un minuscule barreau aimanté, permettant de faire varier la sensibilité au moyen d'un aimant directeur. Les secteurs reliés aux sources d'électricité sont au nombre de six, placés dans un même plan au-dessous de l'aiguille ; les secteurs opposés par le sommet sont reliés entre eux. Les deux secteurs centraux, de grande surface, constituent une sorte de 8 évasé autour du centre et couvrent un angle d'environ 80° ; de part et d'autre sont situés, à une très faible distance, des secteurs plus petits couvrant chacun un angle moitié moindre. Au-dessus du plan des secteurs se trouve l'aiguille formée par une lame de mica argentée, dont la rigidité est assurée par quatre étroites bandes de mica collées de champ. Elle recouvre la totalité des secteurs centraux et le tiers environ des secteurs latéraux. Des palettes de mica produisent l'amortissement. La théorie de cet instrument est exactement la même que celle de l'électromètre à quadrants ; elle conduit à la même formule. En employant un nombre suffisant d'éléments de charge, en dressant les secteurs et l'aiguille avec assez de précision pour réduire leur distance à 1 millimètre environ, on peut obtenir une déviation de 1 millimètre par millivolt sur une échelle à 1 mètre.

Les divers types d'électromètres à quadrants, actuellement répandus, sont établis en vue d'une grande sensibilité au potentiel ou à la charge, ce qui permet, étant donnée l'extrême petitesse des couples mis en jeu, d'amortir les oscillations par le seul frottement de l'aiguille et de l'air à l'intérieur des quadrants ; mais, dès qu'on cesse d'avoir recours à des suspensions extrêmement légères, ce mode d'amortissement devient de plus en plus difficile, parce que les conditions qu'il exige — aiguille très plane, intervalle d'air très réduit — deviennent de moins en moins réalisables pratiquement. MALCLÈS a essayé d'obtenir l'amortissement par l'air, pour des électromètres de sensibilité réduite, par l'emploi d'un système amortisseur agissant indépendamment de l'aiguille et d'un réglage facile. L'aiguille est portée par un axe d'aluminium à l'extrémité duquel est fixé normalement un disque de mica, très plan et très léger, qu'on peut amener à une distance aussi faible que l'on veut d'un plateau métallique horizontal pouvant s'élever et s'abaisser de quantités très petites. Lorsque l'épaisseur qui sépare les deux surfaces en regard est de l'ordre du millimètre, les réactions développées au cours des oscillations par la viscosité de l'air suffisent pour amortir une suspension sensible à $\frac{1}{50}$ de volt, sensibilité environ 15 fois inférieure à celle d'un électromètre Curie monté avec un fil d'argent de $\frac{2}{100}$ de millimètre de diamètre et une aiguille en aluminium battu de $\frac{3}{100}$ de millimètre d'épaisseur.

Dans l'électromètre de Curie que nous venons de mentionner, les quadrants sont en laiton et le fil en argent ou en platine, auquel est suspendue l'aiguille en aluminium, sert de conducteur pour l'électricité et fournit le couple antagoniste faisant équilibre aux actions électriques. L'amortissement de l'aiguille est effectué par le frottement de l'air entre les secteurs. Les quadrants sont bien isolés et les bornes de communication sont soutenues par des tiges isolantes, placées à l'intérieur de la cage et constituées en ébonite ou en ambroïde, matière formée par l'agglomération de déchets d'ambre possédant au plus haut degré la propriété d'être isolante même en atmosphère humide. Si l'on veut obtenir un isolement très parfait, on peut introduire dans la cage de l'instrument une matière desséchante. Curie a fait avec cet instrument l'étude de la conductibilité de l'air sous l'influence des corps radioactifs ; pour cela, il faut porter l'aiguille à un potentiel de 50 ou 100 volts (à l'aide d'une batterie de petits accumulateurs par exemple), relier avec la terre une des paires de quadrants et mettre la deuxième paire de quadrants en communication avec la faible source d'électricité que l'on veut étudier, et avec le quartz piézoélectrique de P. et J. Curie que nous décrirons plus loin. Avec un fil de suspension de 50 centimètres de longueur, et de $\frac{2}{100}$ de millimètre de diamètre, une aiguille de 6 centimètres de longueur, chargée au potentiel fixe de 50 volts, on obtient, sur une échelle placée à 1 mètre, une déviation de 30 centimètres pour une différence de potentiel de 1 volt entre les quadrants. La durée d'oscillation de l'aiguille est alors de 16 secondes, le coefficient d'amortissement 6 à 7. Il ne faut pas charger l'aiguille à un potentiel trop élevé, parce qu'un couple directeur électrique intervient alors et diminue la sensibilité. Lorsque l'on porte l'aiguille à un potentiel élevé, les quadrants étant reliés au sol, l'aiguille ne doit pas dévier. En général, cependant, une certaine déviation se produit par suite de défauts très petits dans la symétrie de l'appareil. On peut, avec une clef de réglage C (*fig.* 127 *bis*) que l'on introduit sans ouvrir la cage, agir sur un des quadrants de manière à corriger ces petits défauts, en éloignant ou en rapprochant légèrement de l'aiguille la paroi supérieure d'un des quadrants. Le réglage une fois fait, on retire la clef.

Pour transporter l'instrument, on maintient l'aiguille fixe, le fil de suspension étant légèrement détendu. La figure représente l'appareil *dans sa disposition de transport*. Dans ce but, un bras métallique B est amené contre la tige verticale qui porte l'aiguille et le miroir M. La tige est fixée au moyen d'une pince située à l'extrémité du bras métallique. Lorsqu'on veut installer l'instrument, on desserre la pièce qui rend libre l'aiguille et on éloigne du

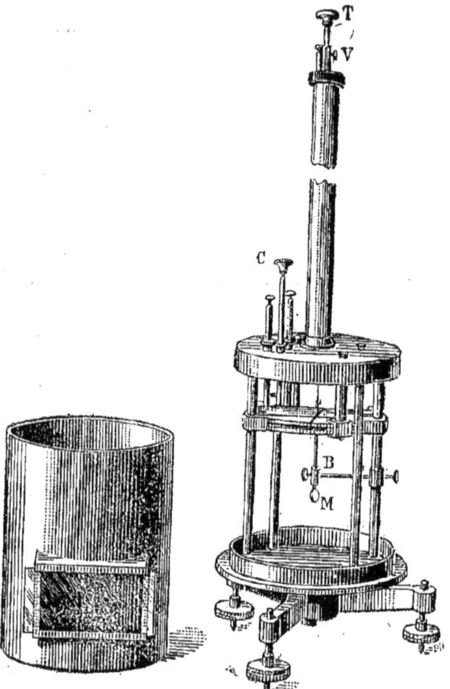

Fig. 127 *bis*

contre le bras métallique. On peut régler la hauteur de l'aiguille. La tige métallique T, à laquelle est attaché le fil de suspension, glisse dans un tube métallique. Une vis de serrage V permet de fixer la tige dans le tube.

Curie a construit aussi un électromètre à fil de quartz, utilisé dans les recherches où il est nécessaire d'avoir une plus grande sensibilité que dans l'appareil précédent; son maniement est beaucoup plus délicat. Il ressemble, dans ses dispositions générales, à l'électromètre à fil métallique : on y retrouve le même dispositif de réglage à l'aide de la clef V (*fig.* 127 *ter*); le procédé d'amortissement de l'aiguille est identique; l'isolement est assuré par l'emploi d'ambroïde. Le fil de quartz f isolant, qui supporte l'aiguille en aluminium, a un diamètre qui varie avec la sensibilité que l'on veut atteindre. Par exemple, avec un fil de 8 centimètres de longueur et de 7 à 8 μ environ de diamètre, on obtient une sensibilité de 2 mètres par volt environ, sur une échelle à 1 mètre, le potentiel de charge de l'aiguille étant de 6 volts. La durée de retour du spot à sa position d'équilibre est d'environ une minute.

Le fil de quartz est monté entre crochets ou entre boucles. Pour le mettre en place, on l'accroche par une extrémité à un crochet porté par une tige mé-

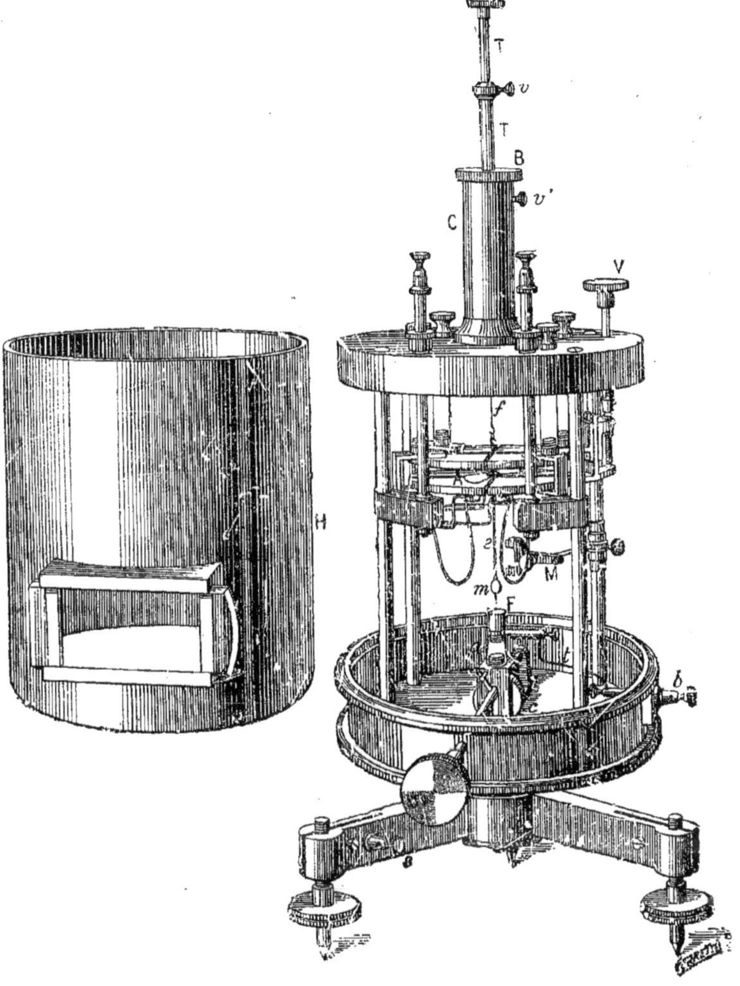

Fig. 127 *ter*

tallique T. Celle-ci glisse à frottement dans un tube T′ fixé à un bouchon métallique B. Une vis de serrage *v* permet d'immobiliser la tige T. On vient alors engager le fil dans la colonne très courte de l'appareil C, et l'on descend tout le système jusqu'à ce que le bouchon métallique soit arrivé à sa place; on accroche alors l'aiguille A après le fil et l'on règle la hauteur de cette aiguille à l'aide de la tige T. Le bouchon B porte un collier intérieur qu'on peut rendre mobile ou fixer sur la colonne C à l'aide d'une vis v' ; ce collier permet d'entraîner le bouchon par rotation, de telle sorte que lorsque l'aiguille est réglée en hauteur, on puisse la faire tourner sans changer la position du plan horizontal dans lequel elle oscille.

Le fil de quartz étant utilisé comme isolant, on amène la charge électrique à l'aiguille de la manière suivante. A l'aide d'une came c, mue par une tige horizontale que l'on manie à l'aide d'un bouton extérieur lorsque la cage H de l'instrument est fermée, on soulève une petite coupe en fer F, isolée de l'électromètre par une tige d'ambroïde a. Cette coupe contient une goutte de mercure ; elle peut être mise, par l'intermédiaire d'un fil flexible t et d'une lame b isolée de la cage, en communication avec l'un des pôles d'une batterie d'accumulateurs dont l'autre pôle est à la terre. La coupe, guidée dans son mouvement vertical, est montée jusqu'à ce que le mercure vienne en contact avec un fil de platine très fin fixé à l'extrémité de la tige e qui supporte l'aiguille et le miroir m. *Lorsque l'aiguille est chargée, on redescend la coupe et l'aiguille reste isolée et chargée.*

On opère donc, avec cet instrument, avec une *charge constante* sur l'aiguille. L'isolement de celle-ci étant excellent, cette charge ne se perd qu'avec une lenteur extrême, et on peut toujours la ramener à sa valeur initiale, en amenant pendant un instant l'aiguille en communication avec la pile de charge, en soulevant et en abaissant ensuite le godet de mercure. Cette opération détermine généralement un mouvement brusque de l'aiguille, mais elle revient bientôt à sa position d'équilibre et on peut ensuite recommencer les mesures.

Le dispositif M, qui permet d'immobiliser l'aiguille pour le transport, est

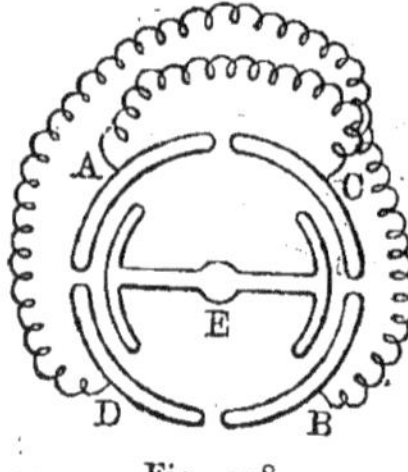

Fig. 128

le même que dans l'électromètre à fil métallique de Curie ; la borne s sert aussi à mettre la cage de l'appareil à la terre. Comme le fil de quartz peut être hygroscopique, il y a lieu, pour le maintenir isolant, de dessécher l'intérieur de la cage de l'appareil.

Une modification particulière de l'électromètre à quadrants est représentée par l'électromètre à quadrants *cylindriques*, entre lesquels tourne une aiguille munie à ses extrémités de deux plateaux également courbés suivant des cylindres. On a indiqué schématiquement sur la figure 128 les quadrants A, B, C, D et l'aiguille E.

La théorie exacte de l'électromètre à quadrants est très compliquée. Elle a été développée par Maxwell, Hallwachs (1886), Hopkinson, Hartwich (1888), Ayrton, Perry et Sumpner, Chauveau (1900), Ohrlich (1903), Walker (1903), Scholl (1908) et d'autres encore. Nous nous bornerons à établir la formule généralement usitée, par une voie simple mais qui est loin d'être rigoureuse. Soient A, B et C, D les deux paires de quadrants, dont les potentiels sont V_1 et V_2 ; supposons que l'on ait $V_1 > V_2$ et que l'aiguille, dont le potentiel est V, ait tourné de l'angle α, du côté de la paire de quadrants dont le potentiel est V_2. Dans ce cas, le moment de torsion M des forces électriques est $M = C\varphi$ avec une suspension unifilaire et $M = C \sin \varphi$ avec une suspension bifilaire. Pour de petits angles de déviation, on peut remplacer le sinus par l'angle, et par suite nous poserons en général

$$(16) \qquad\qquad M = C\varphi.$$

La charge se répartit à la surface de l'aiguille de façon qu'en majeure partie elle passe sur la surface au-dessus des quadrants C, D. Soient S_1 et S_2 les parties de la surface de l'aiguille, qui se trouvent au-dessus des quadrants A et B. On a évidemment, pour toutes les positions de l'aiguille,

$$(16,\ a) \qquad\qquad S_1 + S_2 = const.$$

Si on néglige les régions qui avoisinent les bords, on peut admettre que l'aiguille et les quadrants pris ensemble forment deux condensateurs plans, dont les surfaces sont S_1 et S_2 ; ils se trouvent aux différences de potentiel $V - V_1$ et $V - V_2$. Désignons par Q_1 et Q_2 les capacités de ces condensateurs. D'après la formule (65, b), page 122, l'énergie W de tout le système est

$$(16,\ b) \qquad W = \frac{1}{2} Q_1 (V - V_1)^2 + \frac{1}{2} Q_2 (V - V_2)^2.$$

D'après la formule (61), page 116, dans laquelle $K = 1$, on a

$$Q_1 = \frac{S_1}{4\pi d}, \qquad Q_2 = \frac{S_2}{4\pi d},$$

d étant la distance de l'aiguille aux quadrants.

En réalité, ces expressions doivent être plus compliquées, particulièrement quand les quadrants entourent l'aiguille ; mais nous serons en tout cas voisin de la vérité, en admettant que Q_1 et Q_2 sont proportionnels à S_1 et à S_2. Nous poserons donc

$$Q_1 = aS_1, \qquad Q_2 = aS_2,$$

a étant un nombre constant. En introduisant ces valeurs dans (16, b), il vient

$$(17) \qquad W = \frac{aS_1}{2} (V - V_1)^2 + \frac{aS_2}{2} (V - V_2)^2.$$

Nous avons, pour le moment de torsion M, la formule (81, b), page 182,

$$(18) \qquad\qquad M = - \frac{dW}{d\alpha}.$$

Quand l'aiguille tourne de l'angle infiniment petit $d\alpha$, l'énergie W varie de la quantité

$$dW = \frac{a}{2} (V - V_1)^2\, dS_1 + \frac{a}{2} (V - V_2)^2\, dS_2.$$

Mais (16, a) donne $dS_1 + dS_2 = o$; en supposant en outre que le bord de l'aiguille est parallèle au cercle qui limite les quadrants (voir fig. 128, page 356), on peut considérer dS_1 et dS_2 comme proportionnels à dz, c'est-à-dire poser $dS_2 = cdz$ et $dS_1 = -cdz$.

On obtient ainsi pour M l'expression

$$M = -\frac{ac}{2}\left\{ (V - V_1)^2 - (V - V_2)^2 \right\},$$

ou

$$(19) \qquad M = ac\,(V_1 - V_2)\left(V - \frac{V_1 + V_2}{2}\right).$$

Si on compare cette expression à (16) et si on désigne $ac : C$ par h on a

$$(20) \qquad \alpha = h\,(V_1 - V_2)\left(V - \frac{V_1 + V_2}{2}\right) ;$$

α peut être remplacé par toute autre grandeur mesurant la déviation de l'aiguille et avec une exactitude suffisante, proportionnelle à l'angle α, par exemple par le nombre s de divisions de l'échelle, quand on emploie la méthode subjective ou objective de mesure des angles à l'aide d'une échelle ; bien entendu, la valeur numérique du facteur h sera tout autre dans ce cas.

Différentes corrections ont été apportées à la formule (20). Ainsi HALLWACHS a entre autres eu égard aux différences de potentiel, qui doivent se produire quand les quadrants et l'aiguille sont de substances différentes, lorsque telle ou telle partie de l'appareil est réunie avec la terre, etc. Le cas d'une suspension bifilaire a été étudié par HARTWICH, qui a montré qu'alors la formule (20) doit être remplacée par une autre plus compliquée. GOUY (1888) a montré que si V_1 et V_2 sont grands comparativement à V, la formule (20) cesse encore d'être exacte et doit être remplacée par la suivante :

$$(20,\,a) \qquad \alpha = \frac{ac\,(V_1 - V_2)\left(V - \dfrac{V_1 + V_2}{2}\right)}{C + b\,(V_2 - V_1)^2},$$

b étant une constante très petite.

BLONDLOT et CURIE (1889), s'appuyant sur le travail de GOUY, ont construit un électromètre *astatique*, qui est représenté schématiquement par la figure 129. La transformation introduite dans l'électromètre à quadrants de W. THOMSON est la suivante. L'aiguille, au lieu d'être en forme de 8, est constituée par deux demi cercles A_1 et A_2 soutenus par une petite pièce d'ébonite ; ces deux demi-cercles, solidaires dans leur mouvement, sont indépendants au point de vue électrique. Les secteurs sont remplacés par des plateaux fixes P_1 et P_2 ayant également la forme de demi-cercles.

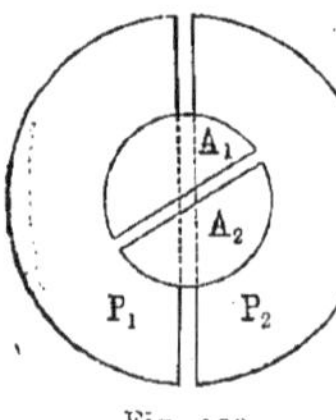

Fig. 129

En désignant par V_1, V_2, V_3, V_4 les potentiels respectifs de A_1, A_2, P_1, P_2, par α l'angle de déviation de l'aiguille sous l'action des forces électriques équilibrées par la torsion du fil de suspension, on a

$$(21) \qquad \alpha = K\,(V_1 - V_2)\,(V_3 - V_4),$$

à la seule condition que l'angle des deux fentes diamétrales ne soit pas très petit; K est une constante caractéristique égale à deux fois le quotient de la capacité de l'aiguille pour l'unité d'angle par le couple de torsion du fil de suspension pour l'unité d'angle. L'avantage de cet instrument réside non dans la substitution de demi-cercles aux secteurs de l'électromètre à quadrants, mais dans le fait que l'aiguille mobile est formée d'un système de deux conducteurs à des potentiels distincts, en tous points semblables au système des conducteurs fixes : l'appareil est ainsi rendu plus symétrique, et cette symétrie se retrouve dans la formule qui donne les déviations de l'instrument. Gouy a montré que, dans l'électromètre à quadrants ordinaire, il y a lieu de tenir compte d'un couple directeur électrique qui, indépendamment du fil de torsion, tend à ramener l'aiguille dans la position d'équilibre symétrique ; aussi, dans certains cas, la formule ordinairement employée pour l'électromètre n'est plus applicable. Dans l'instrument de BLONDLOT et CURIE, il n'y a pas de couple directeur électrique et la formule donnée plus haut est rigoureusement vraie. L'appareil a été construit par DUCRETET. L'aiguille, très légère, est découpée dans une feuille d'aluminium extrêmement mince $\left(\dfrac{1}{40}\text{ de millimètre}\right)$ qui reçoit une rigidité assez forte d'un gaufrage préalable, donnant une surface ondulée analogue à celle des tambours anéroïdes. La position d'équilibre de l'aiguille est déterminée par deux fils de platine très fins, tendus en dessus et en dessous de l'aiguille ; ces deux fils servent à la fois à équilibrer par leur torsion les actions électriques et à établir les communications électriques respectivement avec les deux demi-cercles métalliques A_1 et A_2. Les plateaux fixes sont au nombre de quatre, deux en dessus, deux en dessous de l'aiguille. Ceux qui sont situés l'un en dessus de l'autre sont généralement rendus solidaires au point de vue électrique. Ces plateaux sont des aimants suivant une idée due à CURIE (1885), et les oscillations de l'aiguille se trouvent amorties par les courants d'induction qui, comme nous le verrons dans la suite, naissent dans sa masse sous les influences magnétiques. Enfin les plateaux, soutenus par les parois de la cage qui enveloppe l'instrument, sont pourvus de tous les mouvements de réglage.

Cet instrument peut fonctionner comme un électromètre ordinaire muni d'une pile de charge. Il suffit, par exemple, de mettre les pôles de la pile de charge respectivement en communication avec chacun des demi-cercles de l'aiguille ; les déviations sont alors rigoureusement proportionnelles aux différences de potentiel que l'on établit entre les plateaux. Il peut servir, par la méthode idiostatique, en unissant respectivement les deux paires de plateaux aux demi-cercles de l'aiguille ; on a alors nécessairement $V_1 = V_3$, $V_2 = V_4$, et

$$(22) \qquad \alpha = K\,(V_1 - V_2)^2.$$

Il peut servir comme wattmètre ; il donne en effet, le produit de deux différences de potentiel. On peut prendre pour l'une d'elles la force électromotrice aux bornes entre lesquelles on veut évaluer le travail dépensé par un courant électrique. On prendra ensuite, pour l'autre différence de potentiel, celle qui existe aux extrémités d'un fil de résistance connue (voir plus loin), placé dans le circuit général. Enfin, l'instrument peut être employé comme électromètre différentiel, en utilisant la faculté de séparer, au point de vue électrique, les plateaux supérieurs et les plateaux inférieurs,

DOLEZALECK (1908) a perfectionné l'électromètre de CURIE et a discuté d'une manière détaillée sa théorie et ses applications. Dans le nouvel instrument qu'il a construit, on peut mesurer depuis quelques millivolts jusqu'à 100 volts. L'aiguille et la cage ont la forme de sphères concentriques, de sorte que l'aiguille ne devient pas indifférente, même à des tensions élevées.

Passons maintenant aux *méthodes* que l'on emploie avec *l'électromètre à quadrants*, pour la mesure, ou plus exactement pour la comparaison de différents potentiels ou de différences de potentiel. Ces méthodes ont été particulièrement étudiées par HALLWACHS ; *trois* d'entre elles sont à distinguer. Remarquons que la formule (20) se simplifie dans deux cas. Quand $V_1 = - V_2$, on a

$$(23) \qquad \alpha = 2h \ VV_1.$$

Lorsque V est très grand par rapport à V_1 et V_2, on peut poser

$$(24) \qquad \alpha = h \ (V_1 - V_2) \ V.$$

1. A l'aide d'une batterie (page 345), dont le milieu est à la terre, on fait $V_1 = - V_2$. On relie avec l'aiguille le corps à étudier, par exemple le pôle d'un élément (ou d'une batterie), dont l'autre pôle est à la terre. La formule (23) donne alors

$$(25) \qquad V = k\alpha,$$

où la valeur numérique du coefficient k se détermine, en mesurant α alors que V est donné, égal par exemple à la force électromotrice d'un élément bien connu.

2. On maintient l'aiguille à un potentiel constant V, le plus *élevé* possible en se servant de la méthode de W. THOMSON (électromètre à forme de bouteille de *Leyde*) ou en reliant l'aiguille au pôle d'une batterie de plusieurs centaines de petits vases. On relie les quadrants aux points dont on veut mesurer la différence de potentiel $(V_1 - V_2)$. La formule (24) donne

$$(26) \qquad V_1 - V_2 = k\alpha.$$

3. On relie une paire de quadrants à l'aiguille ; on a alors $V = V_1$ et la formule (20) donne

$$(27) \qquad \alpha = \frac{1}{2} h \ (V_1 - V_2)^2.$$

La différence cherchée $V_1 - V_2$ est donnée par une expression de la forme

$$(28) \qquad V_1 - V_2 = k\sqrt{\alpha}.$$

Si on relie avec la terre l'autre paire de quadrants, on a $V_2 = 0$ et le potentiel V est donné par la formule

$$(29) \qquad V = k\sqrt{\sigma}.$$

Cette dernière méthode présente manifestement de grands avantages.

V. Électromètre absolu de W. Thomson (Lord Kelvin). — Cet appareil permet de mesurer les potentiels en unités él.-st. *absolues*. Il repose sur la mesure de l'attraction mutuelle f de deux plateaux plans parallèles, qui se trouvent aux potentiels V et V_1. Nous avons obtenu pour la grandeur de cette attraction la formule (57), (page 109), qui pour $K = 1$ (air), s'écrit

$$(30) \qquad f = \frac{(V - V_1)^2 S}{8\pi d^2},$$

d étant la distance des plateaux, S la partie de la surface des plateaux sur laquelle agit la force f. La formule (30) se rapporte à des plateaux infiniment grands, car elle a été établie dans l'hypothèse d'une électrisation uniforme de ces plateaux. Mais elle est également applicable à une petite région au centre des plateaux, puisque sur une telle région l'électricité est, comme nous le savons, distribuée très approximativement d'une manière uniforme. Il a déjà été question à la page 109 de la possibilité d'une application pratique de la formule (30) : dans l'un des deux plateaux parallèles, disposés horizontalement, est pratiquée une ouverture, qui est presque entièrement remplie par un disque suspendu à un ressort ou par tout autre moyen ; c'est à ce disque qu'on peut appliquer la formule (30), et la partie du plateau qui l'entoure s'appelle, comme on l'a dit, l'*anneau de garde*.

La figure 130 représente schématiquement les parties principales de l'élec-

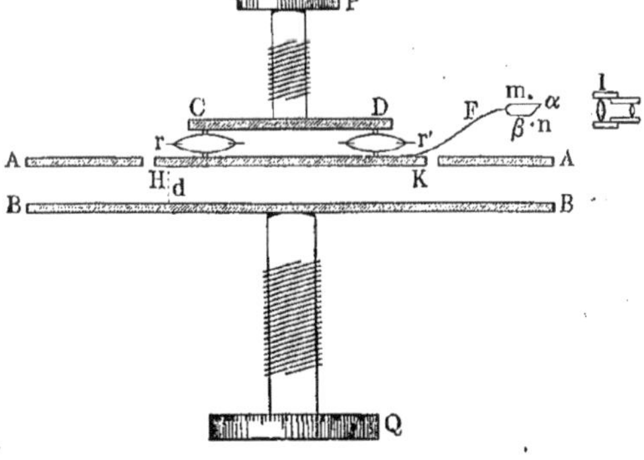

Fig. 130

tromètre absolu ; AA et BB sont deux plateaux parallèles ; BB peut être élevé ou abaissé à l'aide de la vis Q ; HK est un disque mobile, dont les dimensions par rapport à BB ont été considérablement agrandies sur la figure. L'aire de ce disque est S ; il est suspendu par des ressorts à la plaque CD, qui peut être élevée ou abaissée au moyen de la vis P. Pour se rendre compte si le disque HK se trouve exactement dans le plan de l'anneau de garde AA, une petite fourchette avec un bout de fil horizontal $\alpha\beta$ lui est fixée ; ce fil doit se trouver exactement au milieu de deux points m et n ; la position du fil est observée au moyen de la loupe l. On pose sur le disque HK un petit poids p ; le disque s'abaisse, et on détermine l'angle φ dont il faut faire tourner la vis P, pour élever de nouveau HK jusque dans le plan de l'anneau de garde ; on répète la même opération pour toute une série de valeurs différentes de p. On obtient ainsi une relation empirique entre p et φ, sous forme de table ou de courbe. Supposons que AHKA et BB se trouvent respectivement aux potentiels V et V_1 ; HK et BB s'attirent, HK s'abaisse et il faut faire tourner P d'un certain angle pour ramener HK à sa position primitive. Connaissant φ, on obtient, en employant la table ou la courbe dont nous venons de parler, le poids p correspondant, qui est égal à la force d'attraction cherchée entre HK et BB. La formule (30) donne alors

$$(31) \qquad V - V_1 = d \sqrt{\frac{8\pi f}{S}}.$$

Si on exprime f en dynes, d en centimètres et S en centimètres carrés, on a la différence $V - V_1$ en unités él.-st. C. G. S.

L'appareil de W. Thomson, représenté par la figure 131, est construit de telle façon qu'on peut maintenir le système AHK à un certain potentiel constant V. Dans ce but, tout l'appareil a la forme d'une bouteille de *Leyde*, comme l'électromètre à quadrants décrit ci-dessus (page 350). Sur le cylindre en verre (*fig.* 131) sont collées à l'intérieur et à l'extérieur, jusqu'à la hauteur des disques A et B, des feuilles d'étain, qui ne sont pas représentées sur la figure. On peut élever ou abaisser le disque B par rotation de la vis inférieure WU ; la grandeur du déplacement est lue sur une échelle r munie d'un vernier ; la lecture se fait avec une loupe. Le disque B est relié par un fil avec une tige métallique isolée n, supportée par une tige de verre p. A l'intérieur de l'anneau de garde A se trouve une plaque d'aluminium, dont nous désignerons l'aire par S. Elle est suspendue à trois ressorts, fixés à une tige verticale qu'on peut élever ou abaisser par rotation d'une vis m ; cette vis est munie de divisions b pour la mesure de l'angle φ dont il a été question précédemment. Le disque est relié avec l'anneau de garde A par un fil très fin enroulé en spirale. Au disque lui-même est fixé un fil horizontal ($\alpha\beta$ sur la figure 130) ; la lentille h donne une image de ce fil à l'endroit où se trouvent les pointes k tournées l'une vers l'autre. On regarde à travers la loupe l et on fait tourner la vis m, de façon que l'image du fil vienne exactement entre les pointes k ; la plaque d'aluminium se trouve alors dans le plan de l'anneau de garde. Le plateau A est relié avec l'armature intérieure, au potentiel V de laquelle se trouve par conséquent aussi le disque mobile. Pour faire varier le potentiel V dans un sens ou dans l'autre, on se sert du replenisher CC ; il est toujours amené à un même potentiel à l'aide d'un dispositif que nous avons déjà considéré dans la description de l'électromètre à quadrants. Remarquons encore qu'une tige métallique supporte le disque horizontal F, qui attire un petit plateau ; la position de ce dernier, ou plus exactement la position du fil qui lui est relié, est observée à travers une loupe disposée à droite, au-dessus du couvercle de l'appareil.

En tournant la tête de vis du replenisher dans un sens ou dans l'autre, on

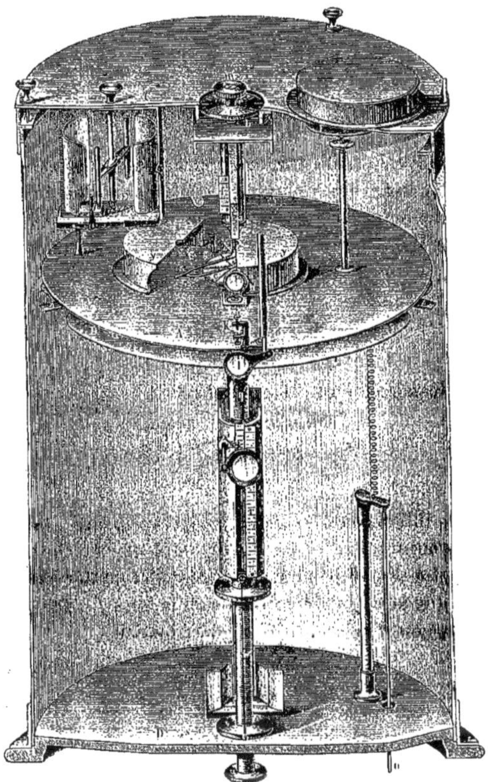

Fig. 131

augmente ou on diminue la charge, et par suite aussi le potentiel V à l'intérieur de l'appareil. Si on observe en même temps dans la loupe le fil mentionné plus haut, et si on l'amène dans la position requise, on donne par là-même au potentiel V une valeur constante déterminée.

On peut employer d'une autre manière cet électromètre, pour trouver la valeur absolue du potentiel d'un corps quelconque ou de la différence de potentiel de deux points ou de deux corps. Remarquons que, dans la formule

(31), S est connu, et que f s'obtient par la méthode exposée précédemment. Mais il est assez difficile de déterminer la grandeur de la distance d entre les plateaux A et B, et il faut par suite faire les mesures de façon que la grandeur cherchée soit donnée par la différence $d_1 - d_2$ de deux valeurs de d, c'est-à-dire par la quantité dont le disque B s'élève ou s'abaisse, quand on effectue les mesures ; on peut lire très exactement cette quantité sur l'échelle r.

Supposons qu'il s'agisse de mesurer le potentiel V_1 d'une source d'électricité quelconque. Relions cette source avec le plateau B (au moyen de la tige n) et mesurons la force f. On a alors

$$(31,a) \qquad V - V_1 = d_1 \sqrt{\frac{8\pi f}{S}}.$$

Mettons ensuite B à la terre et, sans toucher à la vis m, c'est-à-dire en conservant l'ancien angle φ et par suite f, déplaçons B jusqu'à ce que le disque mobile se trouve de nouveau dans le plan de l'anneau de garde. Il faut, dans $(31,a)$, remplacer V_1 par zéro et d_1 par une certaine autre valeur d_2 ; on a donc

$$V = d_2 \sqrt{\frac{8\pi f}{S}}.$$

En portant cette valeur dans $(31,a)$, il vient

$$(32) \qquad V_1 = (d_2 - d_1) \sqrt{\frac{8\pi f}{S}}.$$

Pour trouver la différence de potentiel de deux points, on relie d'abord l'un des points et ensuite l'autre avec la tige n et on cherche deux positions du plateau B, c'est-à-dire des valeurs d_1 et d_2, telles qu'une même position de la vis m, et par suite aussi la même valeur de la force f, leur correspondent. Nous avons dans ce cas l'équation $(31,a)$ et l'équation

$$V - V_2 = d_2 \sqrt{\frac{8\pi f}{S}},$$

qui donnent

$$(32,a) \qquad V_1 - V_2 = (d_2 - d_1) \sqrt{\frac{8\pi f}{S}}.$$

Maxwell a montré que les formules (32) et $(32,a)$ sont plus exactes, si on prend S égal à la moyenne arithmétique de la surface du disque mobile et de celle de l'ouverture, dans laquelle se trouve ce disque.

Deux modifications de l'électromètre que nous venons de décrire sont représentées par deux autres appareils, appelés par W. Thomson *transportable electrometer* et *long-range-electrometer*.

VI. Électromètre capillaire de lippmann. — Cet électromètre a déjà été décrit à la page 227.

VII. Bouteille de lane. — Cet appareil peut servir pour la détermination approchée du rapport des quantités d'électricité E qui, dans une série d'expériences effectuées successivement, s'écoulent d'une source d'électricité P, du conducteur d'une machine électrique par exemple, sur un corps quelconque Q, à charger, sur une bouteille de *Leyde* par exemple. La bouteille est interposée entre P et Q, sur le trajet du courant électrique. Elle permet de diviser la quantité d'électricité qui s'écoule en parties à peu près égales η et de déterminer le nombre de ces parties qui ont passé de P sur Q. La bouteille de Lane est représentée par la figure 132. Elle se compose d'une petite bouteille de *Leyde*, dont l'armature extérieure est reliée par un fil avec un bouton c. Le manchon, à l'intérieur duquel coulisse la tige qui porte le bouton c, est muni d'une division en millimètres, sur laquelle on peut lire la distance entre les sphères c et d. Pour mesurer la quantité d'électricité E qui est passée de P sur Q, on relie la source P avec la sphère d et le bouton c avec Q, la bouteille devant être isolée, posée par exemple sur une plaque de verre. De la source P s'écoule de l'électricité vers d, et la bouteille se charge ; une quantité d'électricité égale va par l'armature extérieure vers Q. Quand une certaine quantité d'électricité η s'est accumulée dans la bouteille, celle-ci se décharge et une étincelle jaillit entre

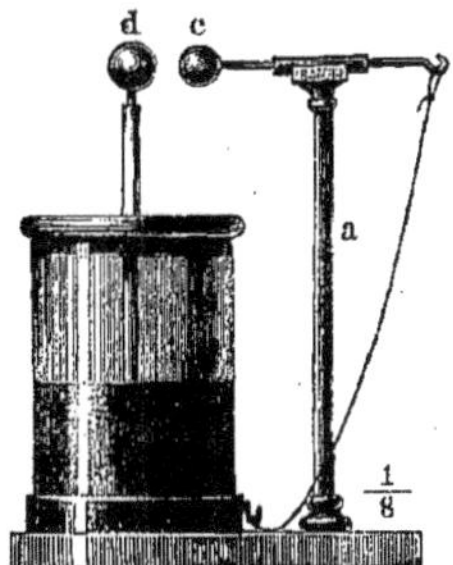

Fig. 132

d et c ; lorsqu'il s'est de nouveau écoulé une quantité d'électricité η_i de P vers d et de c vers Q, une seconde étincelle apparaît, et ainsi de suite. Le nombre d'étincelles apparues entre d et c donne le nombre de quantités d'électricité η passées sur Q, et peut par suite servir à mesurer la quantité totale d'électricité E. En rapprochant c de d, on peut diminuer la quantité d'électricité η qui sert d'unité de mesure. Il faut avoir égard à ce qu'il se forme dans la bouteille une charge résiduelle et on ne doit pas par suite compter les premières étincelles. Quand la terre joue le rôle du corps Q, il n'est pas nécessaire d'isoler la bouteille.

VIII. Méthodes et appareils divers pour la mesure des grandeurs η et V. — Nous verrons, dans le Chapitre sur la décharge de l'électricité, que la longueur δ de l'étincelle dépend entre autres de la différence de potentiel V des corps, entre lesquels se produit la décharge. Si on détermine une fois pour toutes, pour des électrodes de forme et de grandeur déterminées, la longueur δ de l'étincelle dans l'air et la différence de potentiel correspondante V, on peut inversement, en mesurant δ, déterminer la valeur correspondante de V. Pour donner une idée des valeurs numériques que l'on rencontre dans cette méthode, remarquons que, pour obtenir dans l'air une étincelle de 1 millimètre entre des sphères de rayon égal à $2^{mm},5$, il faut une différence de potentiel V d'environ 4 700 volts ; pour $\delta = 5$ millimètres, il faut environ

15 000 volts, et pour $\delta = 1$ centimètre environ 20 000 volts. La longueur δ croît plus rapidement que la différence de potentiel V.

Parmi les électromètres que nous n'avons pas encore décrits dans ce paragraphe, nous mentionnerons les suivants.

LIPPMANN (1886), pour constituer un électromètre absolu de construction moins délicate et de forme plus simple que celles de l'électromètre de W. THOMSON, a pris une sphère métallique isolée dans l'espace et partagée en deux hémisphères par un trait de scie. Lorsqu'on électrise la sphère, ses deux moitiés se repoussent mutuellement avec une force égale à F. Or, entre les forces F et le potentiel V auquel la sphère a été portée et qui est l'inconnue du problème, s'établit la relation $F = \frac{1}{8} V^2$. Il suffit donc de mesurer F pour avoir la valeur absolue de V. On voit qu'il n'est pas nécessaire de connaître le rayon de la sphère ; ce rayon peut être quelconque, il n'entre pas dans l'équation. Pour mesurer F, on pourrait évidemment suspendre l'un des hémisphères à une balance, l'autre étant fixe et porté par un pied de verre. Mais il faudrait, dans ce cas, un fil de suspension assez long pour que le voisinage de la balance n'exerçât pas d'influence perturbatrice sensible sur l'appareil. Pour cette raison, LIPPMANN a préféré mesurer F au moyen d'un petit appareil tout entier logé à l'intérieur de la sphère métallique, qui est creuse : on sait en effet qu'un corps placé à l'intérieur d'un conducteur creux ne subit aucune action de la part de l'électricité accumulée à la surface de ce conducteur. L'appareil intérieur destiné à mesurer F peut avoir la forme d'une balance, d'un peson ou d'un dynamomètre préalablement gradué. LIPPMANN a obtenu de bons résultats avec le dispositif suivant. Le plan de séparation des deux hémisphères est vertical ; l'un d'eux est fixé sur une tige isolante ; l'autre, qui est mobile, est porté par une suspension qu'on peut appeler *trifilaire* (Tome I), c'est-à-dire qu'il est soutenu par un système de trois fils de chanvre verticaux, égaux et parallèles. Lorsque la répulsion électrique se produit, les trois fils dévient d'un angle α, tout en demeurant égaux et parallèles ; l'hémisphère mobile se déplace donc parallèlement à lui-même, et il demeure constamment en équilibre stable. Si l'on appelle p le poids de l'hémisphère mobile, on a évidemment $\operatorname{tg} \alpha = \frac{F}{p}$. On voit que la longueur du fil de suspension peut-être quelconque ; elle n'entre pas dans l'équation. Le système trifilaire est caché à l'intérieur de la sphère. Mais on observe la déviation α à l'aide d'un miroir qui est collé sur deux des fils et que l'on éclaire par une petite fenêtre ménagée dans l'hémisphère fixe. L'électromètre absolu sphérique possède le degré de sensibilité nécessaire pour mesurer les potentiels donnés par les machines électriques ordinaires ; ainsi, pour une distance explosive d'un centimètre, la force F est égale à $2^{gr},154$. Si l'on a besoin d'une sensibilité plus grande, on entoure la sphère décrite plus haut d'une enveloppe sphérique concentrique en communication avec la terre ; la sensibilité augmente dans le même rapport que le carré de la capacité de la sphère intérieure.

HARRIS avait déjà construit en 1834 un électromètre à poids, dans lequel était mesurée l'attraction de deux disques ; cet appareil était une anticipation de l'électromètre absolu de W. Thomson.

Riess a construit en 1855 un *électromètre des sinus*, qui rappelle un peu l'électromètre décrit ci-dessus de Kohlrausch. La partie mobile était une aiguille aimantée ; la répulsion électrique était compensée par la force directrice du magnétisme terrestre. Kohlrausch (1853) a construit un appareil analogue.

Bichat et Blondlot (1886) ont construit un électromètre absolu qui a donné de très bons résultats. Il repose sur l'action mutuelle de deux cylindres, dont l'un pénètre en partie dans l'autre. Cet appareil est tout à fait pratique pour mesurer des différences de potentiel comprises entre les valeurs qui correspondent à 1 millimètre et 2 à 3 centimètres d'étincelle.

Wilson (1903) a construit un électromètre à feuille d'or très sensible, où les mouvements de la feuille d'or sont observés à l'aide d'un microscope muni d'une échelle micrométrique ; 1 volt donne une déviation de 200 divisions de cette échelle.

Wulf (1907) a construit un électromètre, dont la partie principale consiste en deux fils de quartz très fins, de 6 centimètres de longueur, qui sont rendus conducteurs par un dépôt de platine et sont suspendus tout près l'un de l'autre. Leurs extrémités sont liées et chargées par un petit poids d'étain. Par l'électrisation, les parties centrales des fils se séparent et le poids d'étain est un peu soulevé. L'écart qui se produit entre les parties centrales est observé à travers un microscope grossissant 70 à 100 fois. L'électromètre donne des indications très constantes, de sorte qu'il peut être étalonné très exactement ; sa capacité est extrêmement petite.

Benoist (1907) a décrit un électromètre qu'il appelle *électrodensimètre*. Il rappelle l'électroscope de Kolbe (*fig.* 7, page 29), mais il est disposé avec plus de précision et peut servir à des mesures relatives. La feuille mobile peut être choisie de poids différent, suivant la sensibilité que l'on désire.

Un instrument très sensible est l'*électromètre à corde* de Lutz (1908). Il consiste en un fil fin de platine de Wollaston de 1 à 2μ de diamètre tendu verticalement ; des deux côtés de ce fil se trouvent des tiges métalliques verticales, qui appuient par des couteaux sur le fil. Le mouvement du fil est observé au moyen d'un microscope. Comme dans l'électromètre à quadrants, cinq dispositions très différentes sont possibles, avec ou sans charge auxiliaire par exemple, avec communication de la corde avec un couteau, etc. On peut mesurer des tensions de 0,01 volt, si une tension auxiliaire de ± 50 volts est appliquée aux couteaux.

P. Curie a employé dans ses recherches sur la radioactivité des substances, un électromètre qui est basé sur les propriétés piézoélectriques du quartz (page 275). Il a été jusqu'à présent utilisé par Mᵐᵉ Curie et ses élèves. La radioactivité est mesurée par la conductibilité acquise par l'air sous l'influence de la substance radioactive. La méthode adoptée est la suivante. Un condensateur (*fig.* 132 *bis*) se compose de deux plateaux A et B. La substance active finement pulvérisée est étalée sur le plateau B. Elle rend l'air conducteur de l'électricité entre les plateaux. Pour mesurer cette conductibilité, on porte le plateau B à un potentiel élevé en le reliant à l'un des pôles d'une batterie de petits accumulateurs dont l'autre pôle est à la terre. Le plateau A étant maintenu au potentiel de la terre par le fil CD, un courant électrique s'établit entre les deux plateaux. Le potentiel du plateau A est indiqué par un électromètre à quadrants E de Curie (page 354). Si l'on interrompt en C la communication avec la terre, le plateau A se charge et cette charge fait dévier l'électromètre. La vitesse de la déviation est proportionnelle à l'intensité du courant et peut servir à la mesurer.

Mais il est préférable de faire cette mesure en compensant la charge que

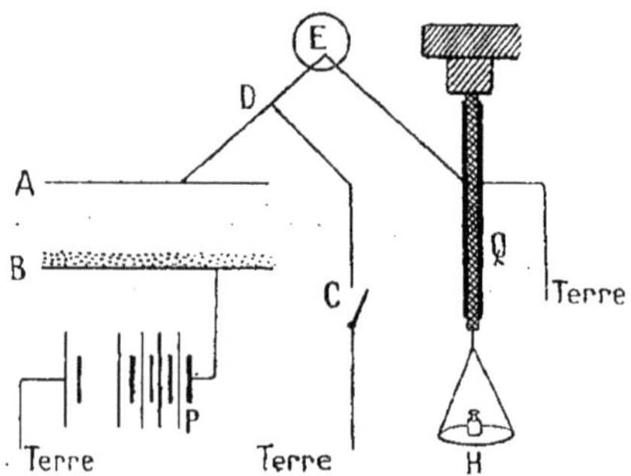

Fig. 132 *bis*

prend le plateau A de manière à maintenir l'électromètre au zéro. Les charges mises en jeu, étant extrêmement faibles, peuvent être compensées au moyen du *quartz piézoélectrique* que nous allons décrire plus loin, une armature de ce quartz étant reliée au plateau A et l'autre à la terre. On soumet la lame de quartz à une traction connue produite par des poids placés dans un plateau H. Cette traction est établie progressivement et a pour effet de dégager aussi progressivement une quantité d'électricité connue, pendant un temps qu'on mesure à l'aide d'un chronomètre ou d'une montre à secondes. L'opération peut être réglée de telle manière qu'il y ait à chaque instant compensation entre la quantité d'électricité qui traverse le condensateur et celle de signe contraire que fournit le quartz. On arrive très facilement à ce résultat en soutenant le poids à la main et en ne le laissant peser que progressivement sur le plateau H, de manière à maintenir l'électromètre au zéro et cela jusqu'au moment où on l'enlève. Avec un peu d'habitude on prend très exactement le tour de main nécessaire pour réussir cette opération.

Nous allons maintenant décrire l'appareil appelé *quartz piézoélectrique*, qui est dû à P. et J. Curie. Il peut servir d'étalon de quantité d'électricité, mais on peut aussi l'employer, comme nous venons de le voir, à mesurer en valeur absolue des courants très faibles, tels que ceux qui prennent naissance par conductibilité de l'air sous l'influence des substances radioactives. Cet appareil se compose en principe d'une lame de quartz longue et mince (*fig.* 132 *ter*), taillée dans une direction à la fois normale à l'axe optique et à l'axe électrique : cette lame est mastiquée à ses deux extrémités dans des pièces métal-

liques p. Une extrémité est suspendue à un crochet fixe C. A l'extrémité
inférieure peut s'accrocher une tige t portant un plateau P : à l'aide de poids
placés dans le plateau, on exerce une traction dans le sens normal à l'axe.

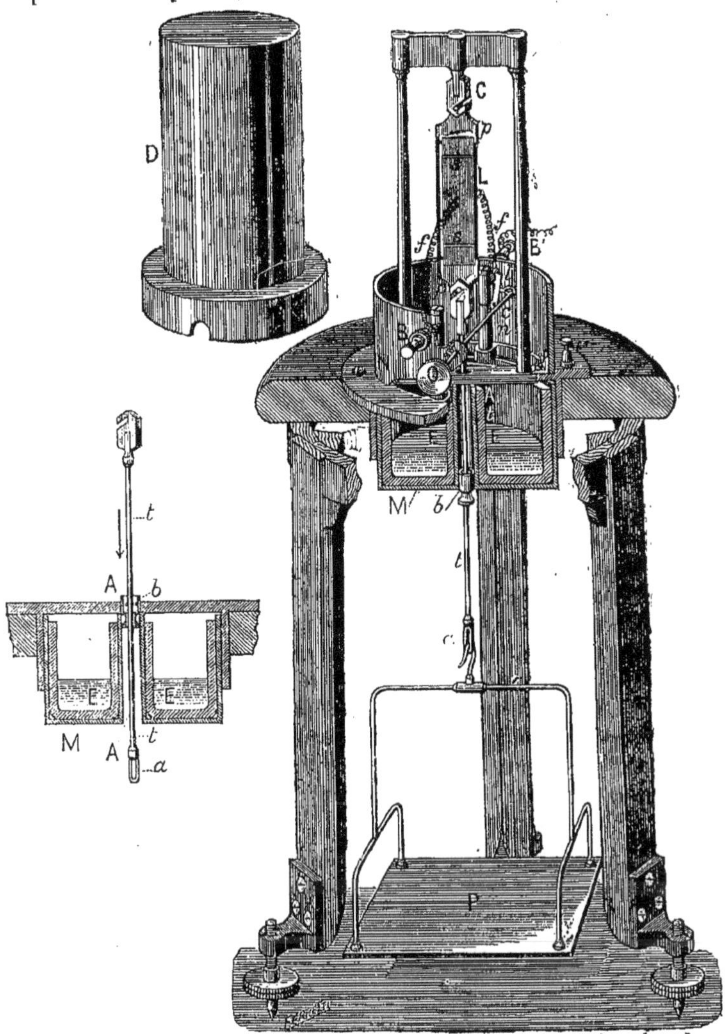

Fig. 132 *ter*

Cette action mécanique provoque le dégagement de deux quantités d'électricité égales et de signe contraire sur les faces opposées de la lame de quartz :
ces charges électriques sont recueillies sur des armatures de papier d'étain,
qui recouvrent les deux faces de la lame et qui sont isolées de la partie métal-

lique de l'appareil à l'aide de deux sillons *s, s*. Dans un premier modèle, la communication entre les armatures et les appareils électriques était établie au moyen de ressorts, qui étaient portés par les bornes isolées B, B et qui venaient presser sur les armatures.

Dans le modèle actuellement en usage, on colle sur les faces de la lame des petits cadres métalliques, qui sont reliés par des fils souples *f, f*, aux deux bornes isolées B, B de l'appareil (*fig.* 132 *ter*). La mise à la terre d'une des lames d'étain s'effectue par l'intermédiaire d'une came *c* et d'un levier *l* à *l'intérieur* de l'appareil. Le mouvement de la came est commandé *de l'extérieur* par l'expérimentateur, à l'aide d'une tige horizontale *n* dont l'extrémité porte un bouton molleté O. En général, la borne *r* communique avec le sol. Le quartz piézoélectrique réalise un étalon de quantité d'électricité parfaitement constant. La quantité d'électricité *q*, dégagée par la lame de quartz, est proportionnelle au poids tenseur F. On a

$$q = 0{,}063\,\frac{L}{e}\,F,$$

L étant la longueur de la partie de la lame recouverte d'étain entre les traits *ss*, *e* étant l'épaisseur de lame qui est toujours gravée sur l'une des pièces de mastiquage *p*. La force portante maxima est de 5 kilogs, pour les dimensions des lames employées couramment, à condition d'éviter les secousses brusques. Le fond métallique M, monté à baïonnette sur la boite métallique N de l'appareil, contient une cuve en verre de forme spéciale E, pour permettre le passage de la tige *t* de l'appareil. On place, dans cette cuve, de l'acide sulfurique pur, additionné d'un peu d'acide fumant de Nordhausen. *Un excellent dessèchement est en effet nécessaire pour le bon fonctionnement de l'appareil.*

Dans ces derniers temps, ont été construits toute une série d'appareils, appelés *voltmètres électrostatiques* et servant à la mesure des courants variables ou des courants de haute fréquence que l'on rencontre dans la technique. Parmi les premiers, nous mentionnerons l'appareil d'HARTMANN et BRAUN ; parmi les seconds, le voltmètre d'EBERT et HOFFMANN.

4. Mesure des capacités. — La capacité *q* d'un conducteur est liée à la charge η et au potentiel V par la relation

$$(33) \qquad\qquad q = \frac{\eta}{V}.$$

Elle peut être déterminée par les dimensions du conducteur d'une manière qui est quelquefois très simple ; ainsi, en unités électrostatiques C. G. S., la capacité d'une *sphère* dans l'air est numériquement égale à son rayon ; la capacité d'un condensateur plan est, voir (56, *a*), page 107,

$$(33,\,a) \qquad\qquad q = \frac{SK}{4\pi d}.$$

Un *microfarad* est égal à 900 000 unités électrostatiques C. G. S. de capacité. Il s'ensuit qu'un microfarad est égal à la capacité *dans l'air* d'une sphère

de rayon égal à 9 kilomètres. La capacité d'un condensateur plan à air
(K = 1), dont les plateaux circulaires sont distants de 1 millimètre, est
égale à un microfarad, quand le rayon des plateaux est égal à 6 mètres.

En pratique, on emploie des *étalons de capacité* contenus dans une boîte
spéciale. Les étalons de capacité sont constitués par des feuilles d'étain rectangulaires, entre lesquelles on interpose de minces feuilles de mica ABCDEF
(*fig.* 133). Les angles supérieurs de gauche (*a*) et les angles supérieurs de
droite *b* (voir la ligne pointillée *b*) des feuilles d'étain sont alternativement
coupés ; cela permet de réunir entre elles commodément, d'une part toutes
les feuilles paires, d'autre part toutes les feuilles impaires. La surface totale
de chacun de ces deux groupes de feuilles forme l'une des deux surfaces très
voisines du condensateur. On peut faire tenir ainsi un microfarad dans une
boîte relativement petite. BOUTY (1890) a construit des étalons de capacité de

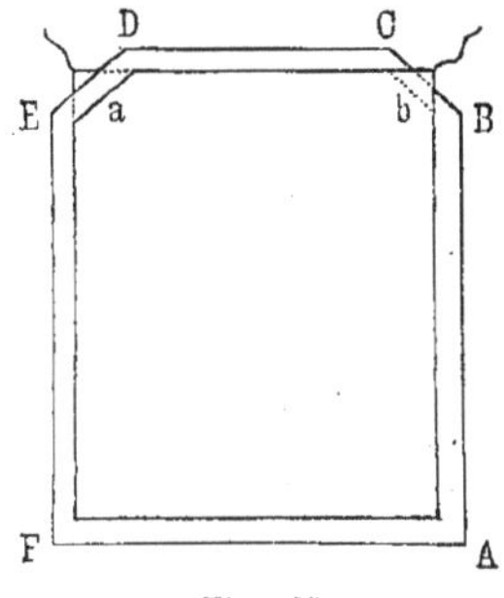

Fig. 133

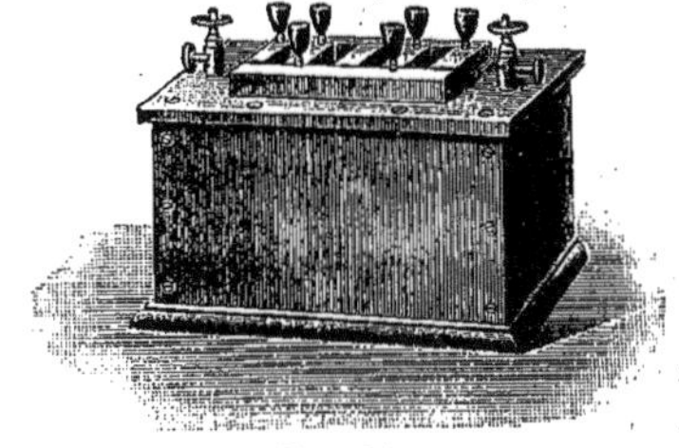

Fig. 134

très petites dimensions, en employant des lames de mica argentées, qui
offrent d'ailleurs plus de garantie au point de vue de leur conservation et de
l'invariabilité de leur capacité. Pour obtenir des capacités moins coûteuses,
on remplace le mica par du papier paraffiné. Une boîte de capacités renferme
des étalons de capacités différentes, choisis à la façon des poids dans une boîte
de poids, c'est-à-dire valant 0,1 — 0,2 — 0,2 — 0,5 — etc. microfarad. L'un
des plateaux constitués par ces étalons est ordinairement relié à *une* bande
métallique *commune*, qui se trouve sur le couvercle de la boîte ; les plateaux
relatifs à chaque étalon sont reliés à des bandes isolées, entre lesquelles peuvent être enfoncées des chevilles métalliques. Cela permet de combiner de
diverses manières les capacités renfermées dans la boîte. La figure 134 représente une boîte, qui renferme cinq étalons de capacité.

Les capacités que donne une telle boîte ne peuvent évidemment varier que
par sauts, par exemple de 0,01 microfarad. W. THOMSON a construit un condensateur (Sliding cylindrical condenser) représenté par la figure 135, qui
permet d'obtenir une variation *continue* de la capacité. Les parties principales
de ce condensateur sont deux cylindres creux très voisins *aa* et *bb*, dont l'un
forme en quelque sorte le prolongement de l'autre. A l'intérieur de ces cylindres se déplace un troisième cylindre *cc*, dans la direction de l'axe commun. Les cylindres *ll* et *mm* protègent la partie de gauche de l'appareil contre

les actions extérieures. La capacité du condensateur cylindrique (page 113), formé par les cylindres *bb* et *ee*, est variable. La grandeur du déplacement du cylindre *ee* est lue sur une échelle *kk*. Nernst a également construit un condensateur à capacité variable d'une manière continue; il constitue une partie de l'appareil dont il s'est servi pour la détermination de la constante diélectrique des liquides (voir plus loin).

On peut ranger en deux groupes les méthodes de mesure des capacités. En premier lieu, il existe des méthodes pour la *mesure immédiate en unités absolues* d'une capacité donnée. En second lieu, on peut comparer entre elles deux

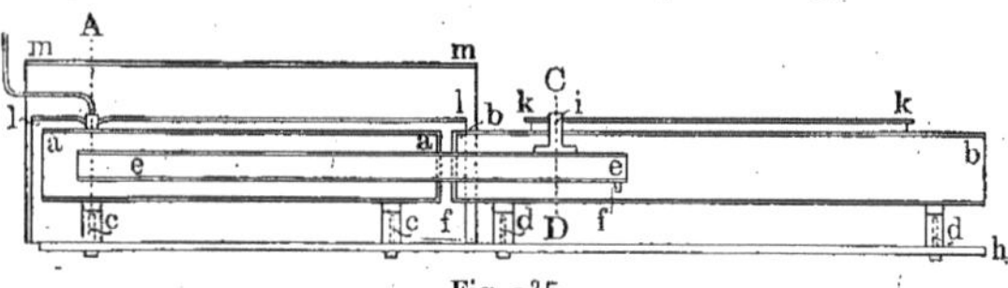

Fig. 135

capacités; lorsque la valeur absolue de l'une d'elles est connue, on obtient la valeur absolue de la seconde; d'ailleurs, dans toute une série de cas, la capacité d'un conducteur isolé ou celle d'un condensateur peut être *calculée* par les formules établies, pages 107 à 118, quand les dimensions sont connues.

Il y a un très grand nombre de méthodes de détermination ou de comparaison des capacités. Comme nous désirons traiter ici tout ce qui se rapporte à la description de ces méthodes, nous devrons parler de phénomènes et d'appareils que nous n'avons pas encore étudiés; mais ces derniers sont presque tous envisagés en physique élémentaire. Nous considérerons séparément les méthodes pour la comparaison de deux capacités et celles pour la détermination de la valeur absolue d'une capacité donnée.

I. Méthodes pour la comparaison de deux capacités. — Cavendish (1773) a comparé le premier les capacités de corps différents; mais ses travaux sur cette question n'ont pas été publiés de son vivant, comme on l'a déjà mentionné, et ont seulement été édités en 1879 par Maxwell. Nous ne nous arrêterons pas à l'examen des méthodes ingénieuses de Cavendish et nous passerons tout de suite aux méthodes plus récentes.

1. Considérons d'abord la méthode basée sur l'emploi d'un *électromètre*, dont les indications peuvent servir à mesurer le potentiel auquel cet électromètre est élevé, de même que tout conducteur qui communique avec lui. Supposons qu'on puisse négliger la capacité de l'électromètre vis-à-vis des capacités q_1 et q_2 des corps A et B; il s'agit de déterminer le rapport $q_1 : q_2$. On relie le corps A avec l'électromètre, et on l'électrise jusqu'à ce que l'électromètre indique le potentiel V_1; la charge η du corps A est $\eta = q_1 V_1$. On relie maintenant le corps B avec A; leur potentiel commun devient V_2. On a alors $\eta = (q_1 + q_2) V_2$. Ces deux expressions de η donnent la relation $q_1 V_1 = (q_1 + q_2) V_2$, d'où l'on déduit

$$34)\qquad\qquad q_2 = \frac{V_1 - V_2}{V_2} q_1.$$

2. Lorsqu'on ne peut négliger la capacité q_e de l'électromètre C, il faut d'abord trouver le rapport $q_e : q_1$. On relie A avec C, et on les amène tous deux au potentiel V. Sur A se trouve la quantité d'électricité $\eta = q_1 V$; on décharge C et on le remet en communication avec A ; C indique alors un potentiel V_1 et on a $\eta = (q_1 + q_e) V_1$; l'égalité $q_1 V = (q_1 + q_e) V_1$ donne

$$(34, a) \qquad q_e = \frac{V - V_1}{V_1} q_1.$$

On ajoute maintenant le corps B et on obtient le potentiel V_2 ; on a $\eta = (q_1 + q_2 + q_e) V_2$. De l'égalité $(q_1 + q_e) V_1 = (q_1 + q_2 + q_e) V_2$, on déduit

$$q_2 = \frac{V_1 - V_2}{V_2} (q_1 + q_e).$$

En portant dans $(34, a)$, il vient

$$(34, b) \qquad q_2 = \frac{V (V_1 - V_2)}{V_1 V_2} q_1.$$

ANGOT s'est servi d'une méthode de ce genre pour la détermination des capacités de différents corps, ainsi que pour la vérification de diverses formules théoriques, par exemple des formules donnant la capacité de sphères en contact.

3. Pour déterminer la capacité q d'un condensateur D (*fig.* 136), on relie successivement les quatre condensateurs A, B, C, D ; les capacités q_1, q_2 et q_3

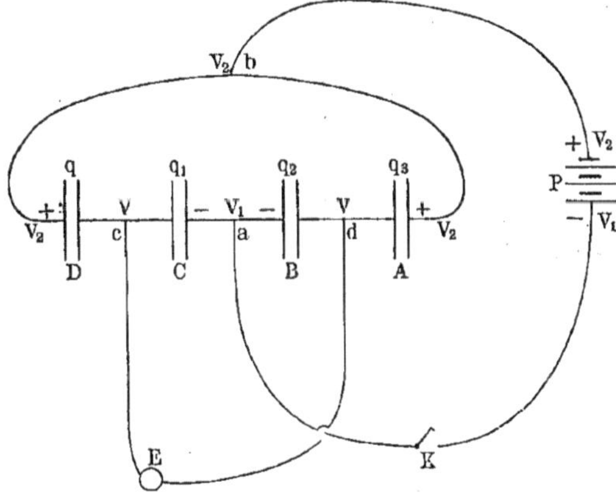

Fig. 136

des trois premiers sont connues et on peut en outre faire varier à volonté l'une d'elles, q_3 par exemple. On fait communiquer les points a et b avec les pôles d'une batterie P, munie d'un interrupteur K ; les points c et d sont reliés avec l'électromètre E. On choisit ensuite la capacité q_3 de façon que l'électromètre E ne manifeste aucune électrisation, quand on ferme K. Dans ce cas, c et d

se trouvent au même potentiel que nous désignerons par V, tandis que nous appellerons V_1 et V_2 les potentiels aux pôles de la batterie. Les charges des condensateurs A et B, ainsi que celles des condensateurs C et D doivent être évidemment égales entre elles, ce qui donne les deux égalités suivantes :

$$q_3 (V_2 - V) = q_2 (V_1 - V), \qquad q (V_2 - V) = q_1 (V_1 - V) ;$$

on en déduit $q : q_3 = q_1 : q_2$ et par suite

$$(35) \qquad q = \frac{q_1 q_3}{q_2}.$$

Les capacités des quatre condensateurs forment une progression géométrique.

4. Lorsqu'on décharge un condensateur à travers la bobine d'un galvanomètre, l'aiguille aimantée reçoit un choc et dévie d'un certain angle φ, permettant de *calculer* la quantité d'électricité η qui a traversé le galvanomètre c'est-à-dire la charge du condensateur. La *vitesse angulaire initiale* V_0, prise par l'aiguille dans le choc considéré, sert à mesurer η. Nous verrons plus tard que les lois du mouvement de l'aiguille aimantée sont tout à fait analogues aux lois du mouvement d'un pendule considérées dans le Tome I. La grandeur $\sin \frac{1}{2} \varphi$ sert de son côté à mesurer la vitesse initiale V_0, et on peut poser $V_0 = C \sin \frac{1}{2} \varphi$, C étant un facteur de proportionnalité qui, comme nous le verrons, dépend aussi entre autres de la construction du galvanomètre (avec ou sans amortissement). Comme η est proportionnel à V_0, on peut poser $\eta = A \sin \frac{\varphi}{2}$, A étant un autre facteur de proportionnalité.

On associe les condensateurs à comparer en parallèle et on les amène à un certain potentiel V ; leurs charges sont alors $\eta_1 = q_1 V$ et $\eta_2 = q_2 V$. On sépare ensuite les condensateurs et on décharge d'abord l'un puis l'autre à travers le galvanomètre ; désignons par φ_1 et φ_2 les angles de déviation. On a $\eta_1 = A \sin \frac{\varphi_1}{2}$ et $\eta_2 = A \frac{\sin \varphi_2}{2}$, par suite

$$(36) \qquad \frac{q_1}{q_2} = \frac{\sin \frac{\varphi_1}{2}}{\sin \frac{\varphi_2}{2}}.$$

De Metz a trouvé par cette méthode que la capacité du corps humain est approximativement égale à 0,0001 microfarad.

5. Siemens a indiqué la méthode suivante. Lorsqu'on charge et qu'on décharge successivement d'une manière très rapide un condensateur et qu'on intercale dans les circuits de charge et de décharge un galvanomètre, l'aiguille subit une déviation constante φ, qui permet de trouver, par une méthode dépendant de la construction du galvanomètre, une mesure α de l'intensité du courant, c'est-à-dire de la quantité d'électricité η qui traverse par seconde le

galvanomètre. Ainsi, pour la boussole des tangentes, tgφ sert à une mesure de ce genre. Les figures 137 et 137, *a* indiquent la disposition des appareils : ZK est la batterie qui sert à charger le condensateur *mn* ; T est le galvanomètre, *b* et *c* sont deux vis de contact, entre lesquelles oscille rapidement la lamelle *a*. Il y a charge, dans la figure 137, quand *a* touche la vis *b* ; il y a *décharge à travers le galvanomètre* T, quand *a* touche *c*. Sur la figure 137, *a*, il y a *charge à travers* T au contact de *a* avec *c*, et décharge au contact de *a* avec *b*. Si *q* désigne la capacité du condensateur *mn*, N le nombre de charges

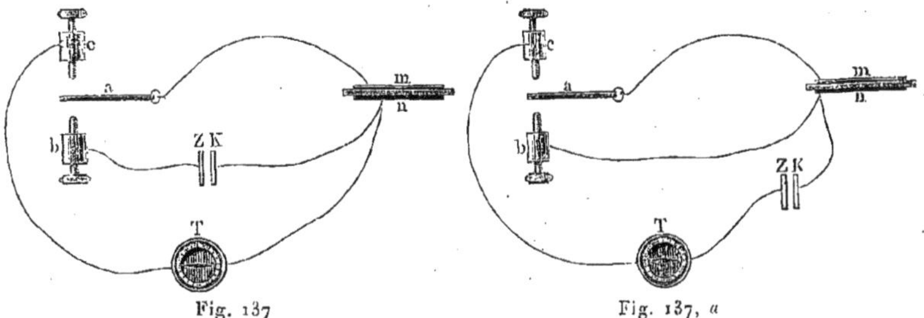

<table>
<tr><td>Fig. 137</td><td>Fig. 137, a</td></tr>
</table>

ou de décharges par seconde et V la force électromotrice de la batterie, on a $\eta = NqV$; par suite $NqV = C\alpha$, C étant un facteur de proportionnalité. Pour un autre condensateur, on a $N_1 q_1 V_1 = C\alpha_1$; on en déduit

$$(37) \qquad \frac{q}{q_1} = \frac{N_1 V_1 \alpha}{N V \alpha_1}.$$

Si $V = V_1$. on a

$$(37,\ a) \qquad \frac{q}{q_1} = \frac{N_1 \alpha}{N \alpha_1}.$$

Lorsque T est un galvanomètre des tangentes, on a

$$(37,\ b) \qquad \frac{q}{q_1} = \frac{N_1 V_1 \operatorname{tg} \varphi}{N V \operatorname{tg} \varphi_1}.$$

Fleming et Clinton (1903) ont perfectionné cette méthode.

6. Nous parlerons plus loin du *pont de* Wheatstone, dont la figure 138 représente le schéma : P désigne une bobine d'induction, A et B deux condensateurs, dont les capacités sont q_1 et q_2 : r_1 et r_2 sont les résistances des deux branches

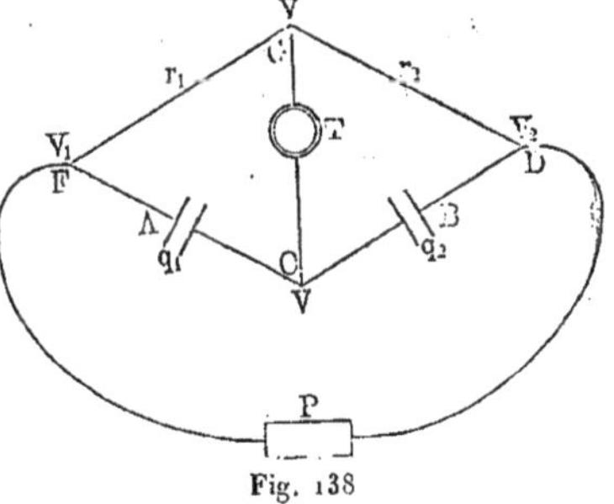

Fig. 138

FG et GD ; T est un téléphone. En faisant varier r_1 et r_2, on arrive à annuler l'intensité du courant dans le pont GC, par suite à n'entendre aucun son dans le téléphone. Dans ce cas, les points G et C se trouvent au même potentiel V. Soient V_1 et V_2 les potentiels des points F et D. Dans les branches FG et GD passe un même courant, et nous avons par suite, d'après la loi d'Ohm,

$$\frac{V_1 - V}{r_1} = \frac{V - V_2}{r_2}.$$

Comme il ne s'écoule pas d'électricité par GC, les charges des condensateurs sont égales et nous avons

$$q_1 (V_1 - V) = q_2 (V - V_2).$$

En divisant cette égalité par la précédente, on obtient $r_1 q_1 = r_2 q_2$, c'est-à-dire

$$(38) \qquad \frac{q_1}{q_2} = \frac{r_2}{r_1}.$$

7. On peut aussi intercaler les condensateurs dans les branches FC et FG, et les résistances dans les branches DC et DG (*fig.* 139); P est une bobine d'induction ou une batterie, qui peut être ouverte ou fermée; pendant l'ouverture,

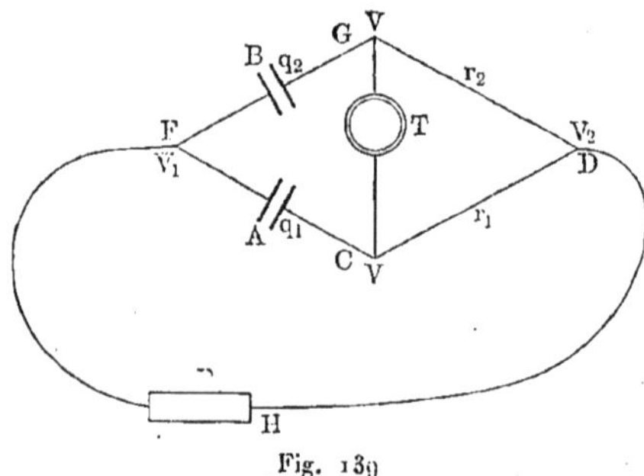

Fig. 139

F et H sont à la terre. S'il n'y a pas de courant en GC, A et B ont à chaque instant, pendant la charge et la décharge, les mêmes potentiels. Il s'ensuit que pendant le temps dt, les charges $d\eta_1 = q_1 d (V - V_1)$ et $d\eta_2 = q_2 d (V - V_1)$ s'écoulent vers les condensateurs. D'autre part, on a $d\eta_1 = \dfrac{V_2 - V}{r_1} dt$ et $d\eta_2 = \dfrac{V_2 - V}{r_2} dt$. Les deux premières égalités donnent $d\eta_1 : d\eta_2 = q_1 : q_2$, les deux dernières $d\eta_1 : d\eta_2 = r_2 : r_1$. On en déduit

$$(38, a) \qquad \frac{q_1}{q_2} = \frac{r_2}{r_1}.$$

8. W. Thomson a indiqué la méthode suivante, applicable en particulier au cas où l'un des condensateurs A ou B (*fig.* 140) est un câble télégraphique. Soient P une batterie, T un galvanomètre, r_1 et r_2 deux résistances : les points a et b sont reliés avec la terre; 1, 2, 3, 4 et 5 sont des interrupteurs. On ferme d'abord 1, 2 et 3 ; A et B se chargent alors et en même temps un courant

passe par cd. Désignons par V_1 et V_2 les potentiels de c et d; comme le potentiel en a est nul, on a

$$\frac{V_1 - o}{r_1} = \frac{o - V_2}{r_2},$$

ou

(39)
$$\frac{r_1}{r_2} = - \frac{V_1}{V_2}.$$

Les charges η_1 et η_2 des condensateurs A et B sont

$$\eta_1 = V_1\, q_1, \qquad \eta_2 = - V_2 q_2.$$

On ouvre maintenant 1, 2 et 3 et on ferme 4, de sorte que les charges de noms *contraires* η_1 et η_2 s'annulent *partiellement*. On ouvre 4 et on ferme 5, ce qui fait que le reste de la charge sur A et B s'écoule à la terre par T et a. On choisit r_1 et r_2 de façon que ce reste de charge disparaisse, c'est-à-dire de manière que, dans la fermeture de 5, le galva-

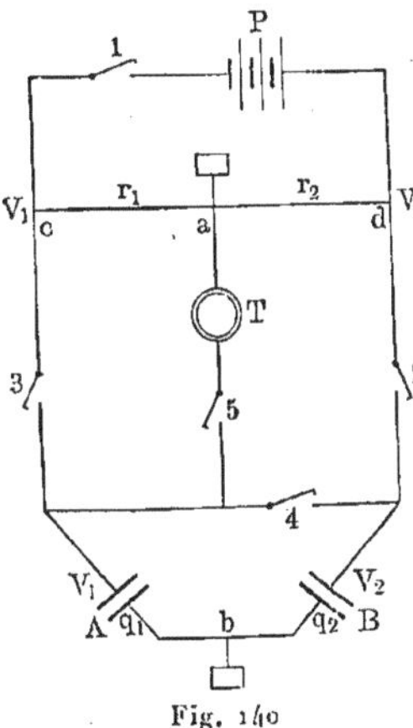

Fig. 140

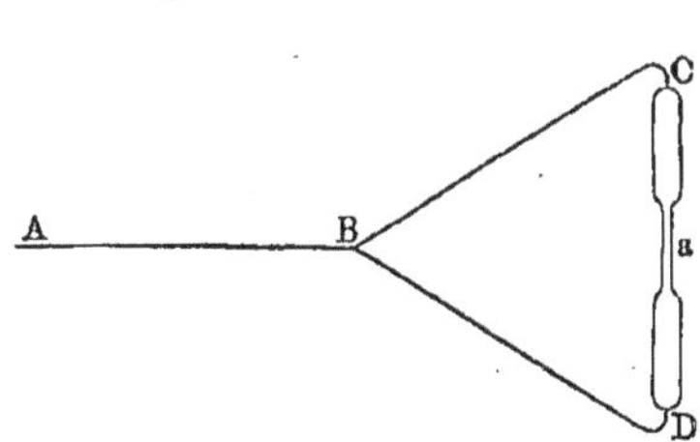

Fig. 141

nomètre T reste au repos. Dans ce cas on a $\eta_1 = \eta_2$, ou

$$\frac{q_1}{q_2} = - \frac{V_2}{V_1}.$$

Si on compare cette égalité à (39), on obtient

(39, a)
$$\frac{q_1}{q_2} = \frac{r_2}{r_1},$$

9. Borgmann a donné une méthode pour la comparaison de très petites capacités. Soit AB un fil partant de l'un des pôles d'une bobine d'induction (*fig.* 141), BC et BD deux résistances égales très grandes, CD un tube de Geissler. Quand la bobine fonctionne, une bande sombre, un nœud comme on dit, apparaît en a. Si on ajoute en C et D des conducteurs quelconques de capacités différentes q_1 et q_2, le nœud se déplace dans le tube ; il garde sa position quand $q_1 = q_2$. Lorsqu'on dispose d'un corps, dont la capacité q_1 peut varier à volonté, tout en restant constamment connue, on peut, d'après ce qui

précède, mesurer la capacité q_2 d'un autre corps. Cette méthode permet de mesurer de très petites capacités, par exemple de quelques unités él.-st. C. G. S. Afanacieff et Lopoukhine ont mesuré par cette méthode la capacité d'un tube de Geissler lumineux et l'influence du degré de raréfraction du tube, du champ magnétique et d'autres circonstances sur cette capacité. Le maximum de capacité correspond à une pression de gaz d'environ 1^{mm}.

10. D'autres méthodes de comparaison des capacités ont été proposées par Schiller, Gaugain, Cohn et Arons, J.-J. Thomson et d'autres encore.

II. MÉTHODES POUR LA MESURE ABSOLUE DES CAPACITÉS.

1. Quand on a un corps ou un condensateur particulier, dont la capacité q peut être *calculée*, on trouve la grandeur absolue de toute autre capacité, en la comparant à q par l'une des méthodes considérées ci-dessus. On peut, par exemple, choisir pour q la capacité d'une sphère ou celle d'un condensateur sphérique.

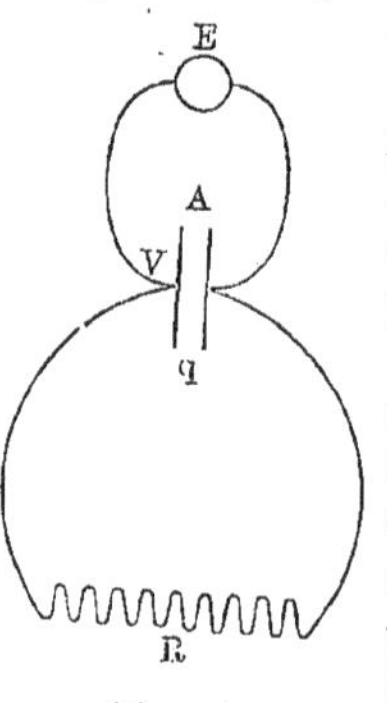

Fig. 142

2. Les méthodes 3 et 4, que nous avons exposées plus haut, peuvent servir à déterminer q, lorsque le potentiel V ainsi que les facteurs de proportionnalité A et C sont connus pour le galvanomètre employé.

3. On charge le condensateur A (*fig.* 142) jusqu'à un certain potentiel V_0 que l'on mesure avec l'électromètre E; on décharge ensuite le condensateur à travers une très grande résistance R. Au bout de t secondes, on ouvre le circuit de décharge et on mesure le nouveau potentiel V_1. Soit V le potentiel variable du condensateur, $\eta = qV$ sa charge. Pendant le temps dt, la charge diminue de $d\eta = qdV$. L'intensité du courant de décharge est égale à $\dfrac{V - 0}{R} = \dfrac{V}{R}$, et par suite $d\eta = \dfrac{V}{R} dt$. L'égalité $qdV = \dfrac{V}{R} dt$ donne

$$\frac{dV}{V} = \frac{dt}{qR}.$$

En intégrant par rapport à V de V_0 jusqu'à V_1 et par rapport à t de 0 jusqu'à t, on obtient

$$(40) \qquad q = \frac{t}{R \log \dfrac{V_0}{V_1}}.$$

4. On charge le condensateur (q) à l'aide d'une batterie, qui l'amène au potentiel V et lui envoie la charge $\eta = qV$ à travers un galvanomètre, lequel accuse la déviation α. On a dans ce cas $\eta = qV = A \sin \dfrac{\alpha}{2}$, où on peut considérer A comme connu pour un galvanomètre donné. On ferme ensuite la même batterie au moyen d'une grande résistance R, en intercalant dans le circuit le même galvanomètre. L'intensité du courant est égale à $\dfrac{V}{R}$; si β est

la déviation du galvanomètre, on peut poser $\dfrac{V}{R} = B\beta$, où B est également connu. On a

$$V = \frac{A}{q} \sin \frac{\alpha}{2} = BR\beta,$$

et on en déduit

$$(41) \qquad q = \frac{A \sin \dfrac{\alpha}{2}}{BR\beta}.$$

Les méthodes pour la détermination des coefficients A et B seront considérées dans le Chapitre sur la mesure des courants instantanés et permanents.

Wien, Maxwell, Waghorn, Klemenčic, Rosa et Grover (1905), Boulgakow et Smirnow (1906) et d'autres encore ont indiqué des méthodes pour la mesure absolue des capacités. Celle de Maxwell est à mentionner tout spécialement; elle a été employée par beaucoup de physiciens et notamment, dans ces derniers temps, au *Physikalisch-technische Reichsanstalt* à Charlottenbourg. Diesselhorst (1906) a fait une étude détaillée de cette méthode.

5. Mesure des constantes diélectriques des corps solides. — Nous avons donné précédemment différentes définitions de la constante diélectrique K, que nous avons aussi appelée *pouvoir inducteur* ou *perméabilité électrique* des diélectriques. Parmi ces définitions, nous rappellerons les suivantes. Soit q_0 la capacité d'un condensateur dans un milieu où $K = 1$ (air ou vide), q la capacité du même condensateur quand *tout* l'espace compris entre les armatures est rempli par un diélectrique; on a, voir (54), page 104,

$$(42) \qquad K = \frac{q}{q_0}.$$

Soit, dans un milieu où $K = 1$, $f_0(\eta)$ la force de l'action mutuelle entre deux conducteurs possédant des *charges déterminées invariables* η_1 et η_2 et $f_K(\eta)$ la même force dans un diélectrique; on a, voir (11), page 312,

$$(43) \qquad K = \frac{f_0(\eta)}{f_K(\eta)}.$$

Enfin, désignons la force de l'action mutuelle entre deux conducteurs amenés à des potentiels *déterminés invariables* V_1 et V_2 par $f_0(V)$ pour $K = 1$ et par $f_K(V)$ pour le diélectrique; on a, voir (12), page 313,

$$(44) \qquad K = \frac{f_K(V)}{f_0(V)}.$$

Nous avons en outre déjà mentionné à plusieurs reprises la formule

$$(45) \qquad K = n^2,$$

dans laquelle n désigne l'indice de réfraction du diélectrique, pour les radiations dont la longueur d'onde est très grande.

Il existe un très grand nombre de méthodes différentes pour la détermination de la grandeur K. La plupart (pas toutes cependant) sont basées sur les formules que nous venons de citer. Quelques méthodes sont applicables à la fois aux diélectriques solides et aux liquides, d'autres seulement aux diélectriques liquides. Nous considérerons d'abord les méthodes de détermination de K pour les *diélectriques solides isotropes*.

On trouvera de plus amples détails, dans l'excellent ouvrage de Kossonogoff, *Sur les diélectriques* (en russe), Kief, 1901.

1. DÉTERMINATIONS DE K EFFECTUÉES AVANT 1873. Les premières mesures du pouvoir inducteur ont été faites par Cavendish vers 1773, pour le verre, la colophane, la cire et la gomme laque; elles ont été publiées par Maxwell en 1879. Nous avons déjà mentionné plusieurs fois ces travaux de Cavendish restés inédits. Le travail classique de Faraday sur les propriétés des diélectriques a paru en 1838; il est contenu dans la 11ᵉ série de ses *Experimental Researches*, §§ 1189-1294. La méthode de recherche de Faraday à l'aide de deux condensateurs sphériques a été exposée à la page 105. Harris (1842), Matteucci (1849) et Belli (1858) se sont ensuite occupés de déterminer la grandeur K. En 1857, ont été publiées les recherches de W. Siemens, effectuées suivant la méthode de comparaison des capacités des condensateurs exposée à la page 374. L'intervalle entre les plateaux d'un condensateur plan mn (*fig.* 137 et 137, *a*, page 375) était rempli d'air, de soufre liquide ou solide et d'autres diélectriques; le rapport des capacités donnait la grandeur K par la formule (42).

Tous ces travaux contiennent une source d'erreur provenant de ce que, le diélectrique intermédiaire touchant les surfaces métalliques du condensateur, il se forme, comme nous l'avons vu, des charges résiduelles; la capacité apparente doit par suite dépendre de la durée de l'électrisation. La même cause d'erreur se présente également dans les recherches de Rossetti, ainsi que dans celles de Gibson et de Barclay (1873), qui mesuraient la capacité d'un condensateur cylindrique, d'abord rempli d'air et ensuite de paraffine, au moyen du condensateur variable de W. Thomson décrit à la page 371. Felici (1871) a mesuré, au moyen de la balance de torsion, l'induction produite sur un plateau métallique A par une sphère électrisée B, quand un diélectrique en forme de cube est placé entre A et B.

2. PREMIÈRE MÉTHODE DE BOLTZMANN (1872-1874). Boltzmann a apporté le premier deux améliorations essentielles aux méthodes de détermination de K. En premier lieu, il a tenu compte avec le plus grand soin de la capacité de l'électromètre à quadrants dont il se servait; en second lieu, il a introduit le diélectrique entre les plateaux du condensateur, sous la forme d'une couche d'épaisseur δ plus petite que la distance d entre les plateaux métalliques, de sorte que ces derniers n'étaient pas touchés par le diélectrique. La capacité q d'un tel condensateur se détermine facilement. Soient A et B (*fig.* 143) les plateaux du condensateur, C la couche du diélectrique, d_1 et d_2 les épaisseurs des couches d'air, de sorte que $d = d_1 + d_2 + \delta$. En supposant les dimen-

sions des plateaux A, B et C très grandes par rapport à la distance d, on peut admettre que, sauf dans la région voisine des bords des plateaux, les tubes d'induction $B = KF$ (page 48), où F désigne l'intensité du champ, sont des tubes rectilignes, de section constante, normaux aux surfaces des plateaux et du diélectrique. On voit par là que si F est l'intensité du champ dans les espaces M et N, cette intensité est égale à $F : K$ à l'intérieur du diélectrique. Il s'ensuit que le travail de transport de l'unité de quantité d'électricité de A en B, ou, ce qui revient au même, la différence de potentiel V des plateaux A et B est

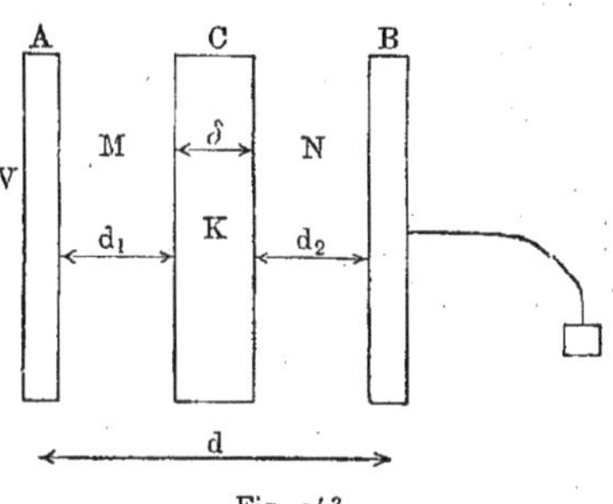

Fig. 143

$$V = Fd_1 + \frac{F}{K}\delta + Fd_2 = F(d_1 + d_2) + \frac{F}{K}\delta = F(d - \delta) + \frac{F}{K}\delta = F\left(d - \delta + \frac{\delta}{K}\right).$$

Soit η la charge du condensateur sur la surface S, k la densité de cette charge; on a $\eta = kS$; mais $F = 4\pi k$, par suite $\eta = \frac{FS}{4\pi}$; on en déduit $F = \frac{4\pi\eta}{S}$ et

$$(45, a) \qquad V = \frac{4\pi\eta}{S}\left(d - \delta + \frac{\delta}{K}\right).$$

On a donc pour la capacité cherchée

$$(46) \qquad q = \frac{\eta}{V} = \frac{S}{4\pi\left(d - \delta + \frac{\delta}{K}\right)}.$$

Pour $K = 1$, on retrouve la formule du condensateur plan ne renfermant que de l'air

$$(46, a) \qquad q_0 = \frac{S}{4\pi d}.$$

Nous voyons qu'une couche diélectrique d'épaisseur δ remplace en quelque sorte une couche d'air d'épaisseur $\frac{\delta}{K}$. L'introduction d'une telle couche est équivalente à un rapprochement des plateaux A et B de la quantité

$$(46, b) \qquad d' = d - \left(d - \delta + \frac{\delta}{K}\right) = \delta\left(1 - \frac{1}{K}\right).$$

Boltzmann procédait de la manière suivante. Il chargeait, au moyen d'une batterie d'éléments Daniell, un condensateur plan, dont l'un des plateaux pouvait être déplacé parallèlement à lui-même, et mesurait les capacités q et

q_0 avec un électromètre à quadrants (page 372). Une détermination de K par les formules (46) et (46, a) n'est toutefois pas commode, car une mesure précise de la grandeur d est difficile. C'est pourquoi Boltzmann déplaçait l'un des plateaux du condensateur jusqu'à la nouvelle distance d_1 et mesurait les capacités

$$(46, c) \qquad q' = \frac{S}{4\pi\left(d_1 - \delta + \dfrac{\delta}{K}\right)},$$

$$(46, d) \qquad q_0' = \frac{S}{4\pi d_1}.$$

Des quatre formules (46), (46, b), (46, c), (46, d), on déduit facilement pour K une expression, dans laquelle entre la différence $d_1 - d$, qui peut être mesurée très exactement. Si on désigne par λ_1, λ_2, λ_3 et λ_4 les valeurs inverses de q_0, q_0', q et q', on obtient pour K les deux expressions

$$(46, e) \qquad K = \frac{\delta}{\dfrac{\lambda_4 - \lambda_2}{\lambda_2 - \lambda_1}(d_1 - d) + \delta} = \frac{\delta}{\dfrac{\lambda_3 - \lambda_1}{\lambda_2 - \lambda_1}(d_1 - d) + \delta}.$$

Bien après les travaux de Boltzmann, ont été publiés ceux de Gordon (1879) et d'Hopkinson (1881), qui se sont servis de méthodes analogues à celle que nous venons de décrire. Une particularité de la méthode de Gordon

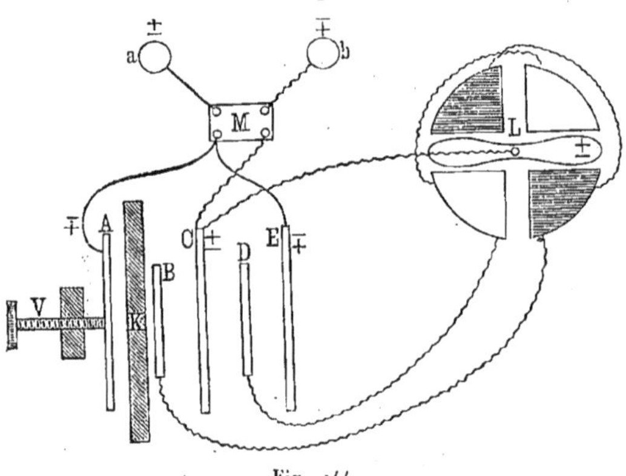

Fig. 144

consiste en ce qu'il soumettait le condensateur à des électrisations *très courtes et variables*, au moyen d'une bobine d'induction. Son appareil est représenté schématiquement par la figure 144. Cinq plateaux métalliques A, B, C, D et E sont disposés parallèlement. Le premier peut être déplacé parallèlement à lui-même; la grandeur d' de ce déplacement se mesure très exactement. L'un des pôles a de la bobine d'induction est relié avec A et E, l'autre pôle b avec C et avec l'aiguille de l'électromètre à quadrants L, dont les deux paires de quadrants sont en communication avec B et D. Quand il y a symétrie parfaite de l'appareil, les capacités des deux condensateurs AB et DE sont égales et l'aiguille de l'électromètre reste au repos; mais, aussitôt qu'on interpose entre A et B le diélectrique K, dont l'épaisseur est δ, la capacité du condensateur AB augmente et l'aiguille en L est déviée. En déplaçant A dans la direction de B, de la quantité, voir (46, b),

$$d' = \delta \left(1 - \frac{1}{K}\right),$$

qui peut être mesurée exactement, on rétablit l'équilibre. La dernière formule donne

$$(47) \qquad\qquad K = \frac{\delta}{\delta - d'}\cdot$$

Diverses variantes des méthodes que nous venons de considérer ont été employées par Hopkinson, Wüllner, Elsas, Stankiéwitch, Winkelmann, Donle, Schtschégliaieff, Blondlot (1891), Lecher (1891), Hasenöhrl, Negreano, Palaz, Werner et d'autres encore.

Tous les physiciens qui précèdent ont déterminé K en cherchant comment la capacité d'un condensateur dépend de la couche diélectrique qu'il renferme. Hopkinson a appelé l'attention sur les défauts de la méthode de Gordon; il a effectué ses mesures finales par une méthode, qui se rapproche plus de celle de Gibson et Barclay (page 380).

Winkelmann, au lieu de cinq plateaux, n'en a pris que trois, A, B et C (*fig.* 145). Le plateau médian C est relié avec l'un des pôles a d'une bobine

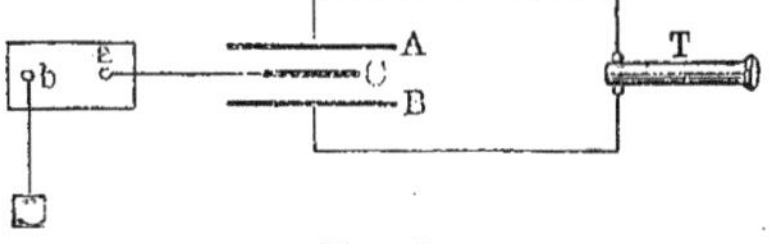

Fig. 182

d'induction, dont l'autre b est à la terre. Les plateaux A et B sont reliés avec un téléphone T, dans lequel aucun son n'est perçu quand il y a symétrie parfaite de l'appareil. Si on introduit entre A et C une plaque diélectrique d'épaisseur δ, la symétrie est détruite et on entend dans le téléphone un son, qui disparaît de nouveau, quand on éloigne le plateau B de C d'une certaine quantité d'. La valeur cherchée de K est déterminée par la formule (47). Donle et Lecher, au lieu d'un seul plateau C, en ont pris deux; Donle a remplacé le téléphone par un électrodynamomètre, Lecher par un électromètre. Schtschégliaieff, ainsi que Hasenöhrl, se sont également servis de la méthode de Winkelmann; mais cette méthode, comme Cohn (1892) et A. Sokoloff l'ont montré, ne supporte pas une critique sévère et ne peut donner de résultats satisfaisants. Il en est de même des méthodes de Palaz, Elsas, Werner et de celles de quelques autres physiciens, qui sont analogues à la méthode de Winkelmann. On trouvera une étude critique détaillée de ces travaux dans l'ouvrage mentionné ci-dessus de Kossonogoff (pages 199 à 217).

3. SECONDE MÉTHODE DE BOLTZMANN (1874). Nous avons cherché, page 181, la force f qui agit sur une sphère diélectrique placée dans un champ électrique uniforme, et nous avons établi la formule (80)

$$(48) \qquad f = \frac{K - 1}{K + 2} f_0 ;$$

f_0 désigne la force qui serait exercée sur la sphère, si elle était formée d'une substance conductrice. BOLTZMANN a mesuré le rapport $f : f_0$, ce qui lui a permis de calculer la valeur de K. Dans le voisinage d'une sphère métallique électrisée M (*fig.* 146), se trouve une petite sphère L du diélectrique à étudier ; cette petite sphère est suspendue à l'une des extrémités de la balance

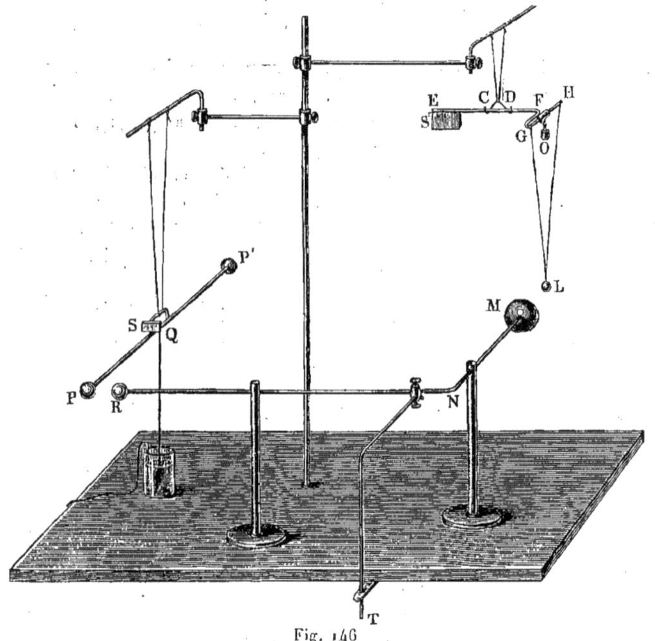

Fig. 146

de torsion EF. Le petit miroir S' sert à mesurer la rotation de EF, et par suite aussi la grandeur de l'attraction f entre M et L ; O est un contre-poids. En remplaçant la petite sphère par une autre, recouverte de feuilles d'étain et de même grosseur que L, on peut mesurer f_0 et par conséquent trouver K. L'attraction entre les sphères R et P sert à la mesure de la charge M. On peut rendre la durée de cette charge très brève ou maintenir celle-ci constante pendant un certain temps. ROMICH et NOWAK, puis plus tard ROMICH et FAIDIJA, se sont servis de la même méthode. Les méthodes de TROUTON et LILLY, ROSA, etc., sont également basées sur la mesure des forces pondéromotrices agissant sur les diélectriques.

4. Méthode de Lefèvre. Cette méthode est basée sur la détermination de l'action mutuelle de conducteurs électrisés, entre lesquels se trouve une couche diélectrique. Soit d la distance des plateaux plans du condensateur, δ l'épaisseur de la couche diélectrique placée entre eux (voir *fig.* 143, page 381). La formule (45,*a*), page 381, donne

$$V = 4\pi k \left(d - \delta + \frac{\delta}{K} \right),$$

où $k = \eta$: S désigne la densité de la charge. La force P, qui agit sur l'unité d'aire d'un plateau, est exprimée par la formule (25,*a*), page 44,

$$P = 2\pi k^2,$$

cette surface étant en contact avec l'air. En introduisant la valeur de k, il vient

$$(48,a) \qquad P = \frac{V^2}{8\pi \left(d - \delta + \dfrac{\delta}{K} \right)^2}.$$

S'il n'y a pas de diélectrique (K = 1), on obtinet

$$P_0 = \frac{V^2}{8\pi d^2}.$$

On en déduit

$$(49) \qquad \frac{P}{P_0} = \frac{d^2}{\left(d - \delta + \dfrac{\delta}{K} \right)^2}.$$

Lefèvre mesurait l'attraction mutuelle de deux plateaux circulaires horizontaux, d'abord en l'absence du diélectrique, ensuite après interposition de ce diélectrique (K, δ) entre les plateaux. Il trouvait de cette manière $P : P_0$ et ensuite la valeur de K par la formule (49).

5. Méthode de Schiller. En 1874 a paru un travail du professeur Schiller, dans lequel la grandeur K était, pour la première fois, déterminée au moyen de charges dont la durée était inférieure à $\dfrac{1}{10\,000}$ seconde. Il se servait des *oscillations électriques*, qui se produisent dans l'enroulement secondaire d'une bobine d'induction, quand le courant est interrompu dans le circuit primaire. Des oscillations de cette nature ont déjà été mentionnées dans le Tome II ; nous y reviendrons plus tard. Nous admettrons pour le moment, comme un fait, qu'une extrémité du circuit secondaire étant à la terre, sur l'autre extrémité apparaissent une série d'électrisations alternativement positives et négatives. La période T des vibrations dépend entre autres de la capacité q du circuit secondaire et, sous certaines conditions, on peut admettre que T^2 est proportionnel à q. Soit q_0 la capacité du circuit secondaire, quand aucune autre capacité étrangère ne lui est ajoutée et T_0 la durée des vibrations. Si on relie alors l'extrémité du circuit secondaire avec l'un

des plateaux d'un condensateur plan à *air* de capacité q_1, la durée de vibration devient T_1 par exemple. Si on introduit un diélectrique, la capacité devient $q_2 = K q_1$ et la durée de vibration prend une certaine valeur T_2. On peut poser $q_0 = CT_0^2$, $q_0 + q_1 = CT_1^2$, $q_0 + q_2 = CT_2^2$, C étant un facteur de proportionnalité. On déduit de là

$$(5\text{o}) \qquad K = \frac{q_2}{q_1} = \frac{T_2^2 - T_0^2}{T_1^2 - T_0^2}.$$

Nous n'envisagerons pas ici la méthode ingénieuse par laquelle était déterminée la durée de vibration T. SCHILLER a encore déterminé K par une méthode analogue à celle de SIEMENS (page 374); la durée des électrisations était d'environ 0,02 seconde. Nous parlerons un peu plus loin du résultat intéressant qui a été ainsi trouvé.

6. DÉTERMINATION DE K AU MOYEN DES OSCILLATIONS HERTZIENNES. Les radiations électriques découvertes par HERTZ, dont nous avons déjà parlé dans le Tome II et sur lesquelles nous reviendrons plus en détail dans la suite, ont joué à partir de 1889 un rôle de plus en plus important dans la détermination de la grandeur K. On les emploie aujourd'hui presque exclusivement dans les recherches relatives à cette question. Nous rappellerons que l'étincelle de décharge est en général accompagnée par une décharge oscillante, en quelque sorte secondaire, dont la période T peut être, entre autres, considérée comme proportionnelle à $\sqrt{q}$, q étant la capacité des corps A et B entre lesquels l'étincelle jaillit. Cette décharge oscillante constitue la source d'une radiation électrique, qui se propage le long des conducteurs, des fils par exemple, reliés aux corps A et B. La longueur d'onde λ de cette radiation est proportionnelle à T, de sorte qu'on peut poser

$$(5\text{i}) \qquad \lambda = C \sqrt{q},$$

C étant un facteur de proportionnalité. Sur l'application de la formule (5i) repose un premier groupe de méthodes pour la détermination de la capacité q et par suite aussi des valeurs de K.

Un autre groupe repose sur la formule $K = n^2$, où n est l'indice de réfraction des radiations de très grande longueur d'onde λ, plus exactement des radiations pour lesquelles $\lambda = \infty$. *Admettons* que, pour les radiations employées en pratique, dans lesquelles λ est égal à quelques centimètres par exemple (pour la radiation jaune, on a $\lambda = 0^{mm},0006$), la formule $K = n^2$ puisse s'appliquer, c'est-à-dire qu'on puisse négliger la dispersion des radiations électriques entre cette valeur de λ et $\lambda = \infty$ et que le milieu ne possède pas d'une manière exceptionnelle de dispersion anomale précisément dans ce domaine de λ. Comme n est inversement proportionnel à la vitesse de propagation des radiations et que cette vitesse est d'autre part proportionnelle à la longueur d'onde λ, K est inversement proportionnel à λ^2 et on peut poser

$$(5\text{i},a) \qquad K = \frac{C}{\lambda^2}.$$

Il est très important de remarquer que, pour quelques formes déterminées des conducteurs entre lesquels se produit une décharge oscillante, la durée de vibration T peut être *calculée à l'avance* au moyen de formules sur lesquelles nous reviendrons dans la suite (à propos de la selfinduction). Soit V_0 la vitesse de propagation des radiations électriques dans l'air ; cette grandeur est connue et égale à 3.10^{10} centimètres par seconde. La vitesse V dans le diélectrique est égale à $\lambda : T$; on a en outre $n = V_0 : V$, par suite

$$K = n^2 = V_0^2 : V^2,$$

c'est-à-dire

$$(51,b) \qquad K = \frac{V_0^2 T^2}{\lambda^2}.$$

Lorsqu'on a mesuré λ, on peut trouver K par cette formule.

J. J. Thomson (1889) a *le premier* déterminé K au moyen des oscillations hertziennes. Un condensateur à air AB (*fig.* 147) est relié avec les pôles a et b d'une bobine d'induction P et avec les petites boules c, entre lesquelles apparaît l'étincelle. Des oscillations électriques se produisent alors dans le système ABc. Dans le voisinage de A et de B se trouvent les plateaux D et E,

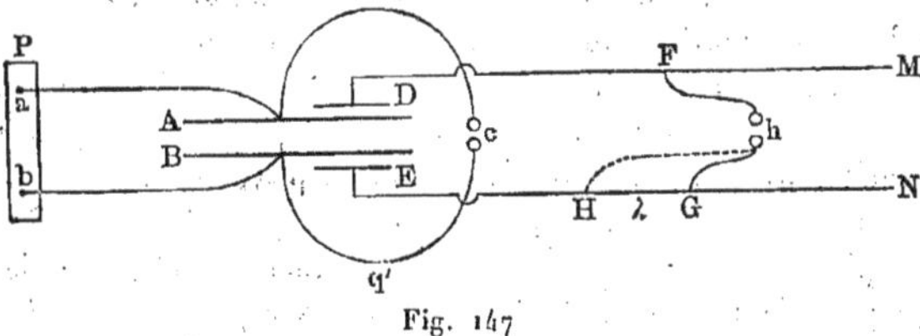

Fig. 147

d'où partent de longs fils DM et EN. Les oscillations dans A et B produisent des oscillations identiques dans D et E, lesquelles se propagent le long des fils M et N. Pour mesurer la longueur d'onde, J. J. Thomson a relié l'une des petites sphères h à un point quelconque F du fil M et a cherché, en faisant glisser, le long de N, le fil partant de l'autre sphère h, deux positions hG et hH telles que la décharge en h disparaisse. Dans ce cas, les phases des vibrations aux points F et G sont égales entre elles ; par suite $GH = \lambda$. La longueur d'onde λ est ainsi connue. La capacité q du condensateur à air AB est calculée d'après ses dimensions. La capacité $q + q'$ de tout le système ABc est déterminée directement ; la capacité q' du système de fils qui réunissent le condensateur aux sphères c est donc connue également. Soit λ la longueur d'onde dans le cas où entre A et B se trouve de l'air, λ_1 la longueur d'onde lorsque le diélectrique est placé entre A et B. Dans le premier cas, la capacité du système ABc est égale à $q + q'$, dans le second égale à $Kq + q'$. La formule (51) donne

$$\frac{\lambda}{\lambda_1} = \sqrt{\frac{q + q'}{Kq + q'}},$$

d'où l'on déduit la valeur de K. La durée des oscillations était d'environ 25.10^{-6} sec. dans les expériences de J. J. Thomson, qui a étudié le soufre, le verre et l'ébonite. Il a trouvé qu'on obtient pour K, avec des oscillations rapides et par suite des charges de très courte durée, des valeurs *plus petites* qu'avec des oscillations lentes ; pour le verre, il a obtenu K $= 2,7$.

Un peu plus tard, Lecher s'est aussi servi des oscillations hertziennes pour la détermination de la grandeur K. L'étincelle de décharge d'une machine à influence de Holtz se produit en F (*fig.* 148) ; les oscillations ont lieu dans le système BFB′. Des oscillations identiques sont induites dans les plateaux

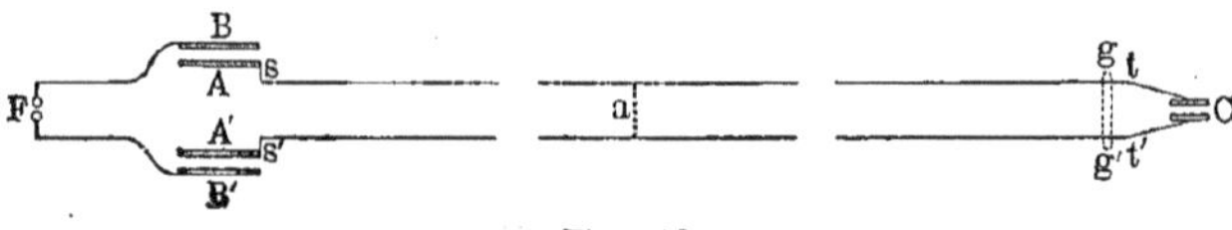

Fig. 148

A et A′ et se propagent dans les fils *st* et *s′t′* reliés au condensateur C. Si on pose transversalement sur ces fils un tube de verre soudé *gg* renfermant de l'azote raréfié (tube de Lecher), il devient lumineux. La lumière disparaît, lorsqu'on fait communiquer les fils *st* et *s′t′* par un fil *a* formant pont. On peut cependant trouver une position particulière du pont *a*, pour laquelle le tube de Lecher redevient lumineux ; dans ce cas, les systèmes Asas′A′ et C*tat′*C sont en consonance, de sorte qu'une vibration dans le premier système en produit une dans le second. La position correspondante du pont *a* dépend de la capacité du condensateur C. Lecher a placé un diélectrique en C, a cherché la nouvelle position du pont et, après avoir enlevé le diélectrique, a déplacé les plateaux du condensateur C d'une quantité telle que le tube *gg* s'illumine pour la même position du pont. La capacité du condensateur C redevient alors ce qu'elle était primitivement et K se détermine facilement par la formule (47), page 383. Lecher a trouvé que, quand la durée d'oscillation diminue, on obtient pour K des valeurs plus grandes, résultat exactement contraire à celui de J. J. Thomson. Pour le verre, Lecher a obtenu la valeur K $= 7,3$.

Un troisième travail est dû à Blondlot. L'étincelle de décharge a lieu entre

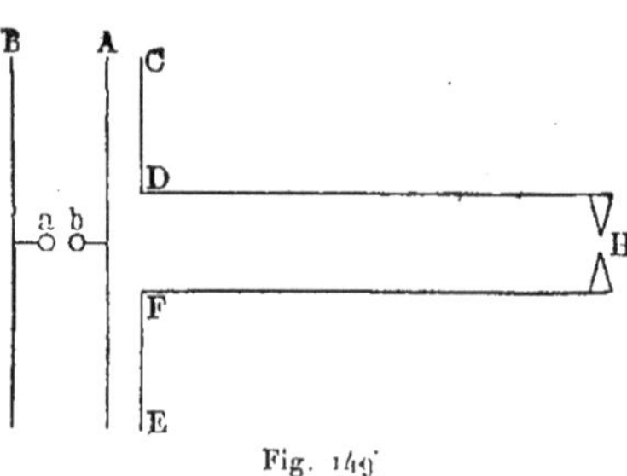

Fig. 149

les petites sphères *a* et *b* (*fig.* 149) ; B, A et CD et FE sont des plateaux métalliques, DH et FH deux fils ; en H sont représentées deux pointes de charbon très voisines l'une de l'autre. Les oscillations produisent dans les conducteurs A*ba*B deux systèmes d'oscillations identiques en CDH et EFH. Quand il y a symétrie parfaite, aucune étincelle ne se produit en H. Ayant placé entre A et CD le diélectrique étudié (verre), Blondlot a choisi une plaque de soufre d'épaisseur telle que l'étincelle s'éteigne de nouveau en H, aussitôt que cette plaque est introduite entre A et FE. Dans ce cas, les capacités des condensateurs ACD et AFE sont égales entre elles. En prenant pour le soufre K = 2,6, Blondlot a obtenu pour le verre la valeur K = 2,8, qui concorde avec celle trouvée par J. J. Thomson. Dans la suite Drude notamment a perfectionné la méthode des ondes électriques.

Si on admet que la formule $K = n^2$ est applicable aux diélectriques choisis et aux radiations électriques employées, on peut dire que *tous les physiciens qui ont déterminé les indices de réfraction relatifs aux radiations électriques, ont en même temps déterminé le pouvoir inducteur des diélectriques correspondants.* En nous bornant aux diélectriques *solides*, nous mentionnerons que Hertz a trouvé pour la résine la valeur $n = 1,69$, en se servant d'un *prisme* de cette substance ; en outre, Zeunder (1894) a obtenu pour l'asphalte $n = 1,93$. Lébédeff a employé des ondes dont la longueur était de 6 millimètres et il a trouvé avec un prisme d'ébonite la valeur $n = 1,6$. La valeur de n a encore été déterminée pour les diélectriques *solides* par Mack, Lampa, Righi, Wiedeburg, Grätz et Fomm, Gutton, Ferry. etc. ; Gutton (1900) a obtenu pour la glace la valeur $n = 1,76$ et par suite $K = n^2 = 3,1$. Ferry a déterminé K pour les corps solides, en préparant un mélange de deux liquides tel que la capacité d'un condensateur, qui renfermait ce mélange, ne changeait pas quand on y plongeait le corps étudié ; la grandeur K était déterminée indépendamment pour le mélange.

7. **Pouvoir inducteur des corps anisotropes.** — Le pouvoir inducteur des corps anisotropes a été déterminé par Boltzmann (1874), Root, Romich et Nowak, Braun, Curie, Borel, Lébédeff, Righi, Mack, Fellinger, W. Schmidt, et d'autres encore. Dans les corps anisotropes, le pouvoir inducteur varie avec la direction. Cela résulte déjà des expériences de Knoblauch (1851), qui a observé qu'un cylindre de verre comprimé transversalement et suspendu verticalement se tourne, du côté qui n'a pas été comprimé, vers un morceau de cire frotté. Dans les cristaux, la distribution des valeurs de K correspond à celle des valeurs de l'indice de réfraction dans les différentes directions.

Boltzmann (1874) le premier a mesuré K pour les cristaux orthorhombiques de *soufre* par la méthode 3 (page 384). Il a trouvé pour les trois directions principales

$$K = 4,773 \qquad 3,970 \qquad 3,811$$
$$n^2 = 4.596 \qquad 3,886 \qquad 3,591.$$

Les valeurs précédentes des indices de réfraction sont calculées par la formule de Cauchy pour $\lambda = \infty$; nous avons vu, dans le Tome II, que cette formule est inadmissible. Root a mesuré la durée des oscillations de torsion de plateaux et de sphères ayant des positions différentes, dans un champ électrique où la direction changeait jusqu'à 6 000 fois par seconde. Curie a étudié les cristaux uniaxes de béryl, de spath calcaire, de tourmaline et de quartz, et les cristaux biaxes de topaze et de gypse ; il a séparé, par des moyens particuliers, la conductibilité de la polarisation. Lébédetf a déterminé les indices de réfraction n_1 et n_2, pour les radiations électriques ($\lambda = 6$ millimètres), dans deux prismes découpés dans des cristaux de soufre, dont l'arête réfringente était pour l'un parallèle au grand axe diélectrique, pour l'autre parallèle au petit axe ; il a trouvé $n_1 = 2,25$ et $n_2 = 2,00$. RIGHI et MACK ont étudié le *bois* et ont constaté que la vitesse de propagation des radiations électriques n'est pas la même dans le sens des fibres et normalement à celles-ci. FELLINGER (1902) a déterminé les valeurs de K relatives à plusieurs cristaux uniaxes et biaxes ; il est remarquable que, pour la *baryte* biaxe, on obtienne la plus grande valeur de K dans la direction normale aux axes optiques et non, comme on pouvait s'y attendre, dans la direction de l'une des bissectrices des angles formés par les axes ; la différence est d'ailleurs très grande : on a suivant les bissectrices $K = 6,9736$ et $K = 6,9956$, et suivant la normale $K = 10,0877$. W. SCHMIDT (1902) a obtenu le même résultat dans la baryte et dans la *célestine*. GRÄTZ (1904) explique ce phénomène par une dispersion anomale des radiations de très grande longueur d'onde ; nous avons déjà indiqué dans le Tome II un phénomène analogue, celui où un plan des axes est remplacé par un autre qui lui est perpendiculaire, et cela dans le domaine même des radiations visibles.

6. Mesure des constantes diélectriques des corps à l'état liquide ou à l'état gazeux. — 1. MÉTHODES EMPLOYÉES POUR L'ÉTAT SOLIDE. —Quelques-unes des méthodes considérées dans le paragraphe précédent sont applicables aux corps liquides. Citons quelques exemples. ZILOFF (1876) et G. WEBER ont employé la méthode de SIEMENS (page 374). NEGREANO s'est servi de la méthode de GORDON (page 382) ; les plateaux (*fig.* 144) étaient disposés horizontalement. HOPKINSON, WINKELMANN, DONLE, SCHTSCHÉGLIAIEFF, LEFÈVRE, dont les travaux ont déjà été mentionnés, ont déterminé la valeur de K non seulement pour les isolants solides, mais aussi pour les isolants liquides. LINDE a déterminé K, par la méthode de SCHILLER (page 385), pour les gaz raréfiés.

2. MÉTHODE de ZILOFF. — Cette méthode est basée sur la formule (44), à laquelle on peut donner la forme plus simple suivante :

$$(52) \qquad\qquad K = \frac{f}{f_0} ;$$

f est la force de l'action mutuelle des deux conducteurs électrisés *jusqu'à une différence de potentiel* V et environnés par le diélectrique ; f_0 est la même force dans l'air. ZILOFF (1875) a déterminé K en appliquant la formule (52). Il a construit un électromètre très simple, qui se compose d'un vase en verre (*fig.* 150), sur la paroi intérieure duquel sont collées quatre feuilles d'étain ; celles-ci sont reliées en croix par des bandes d'étain isolées l'une de l'autre et collées sur le fond du vase. La partie mobile de l'appareil est un fil de platine horizontal suspendu, aux extrémités duquel se trouvent des lames de platine cintrées. L'une des paires de bandes est mise à la terre, l'autre communique avec l'un des pôles d'une grande batterie (Zn, Cu, eau voir page 345), dont l'autre pôle est à la terre. Les pôles peuvent changer de rôle ; on suppose que, dans toutes les expériences, le potentiel d'une paire de bandes a la même valeur V. Les angles de déviation φ et φ_0 de la partie mobile sont mesurés, quand le vase est rempli d'air et lorsqu'il renferme le liquide à étudier. Connaissant φ et φ_0 on peut trouver le rapport $f : f_0$ et par suite aussi K.

Des variantes de cette méthode ont été employées par Tomaszewski, Cohn et Arons, Téreschine, Perot, Heerwagen, Rosa, Landolt et Jahn, Francke, Smale et d'autres encore.

Cohn et Arons (1888) ont remplacé la pile à courant continu par une bobine d'induction et ils ont mesuré, à l'aide d'un électromètre à quadrants

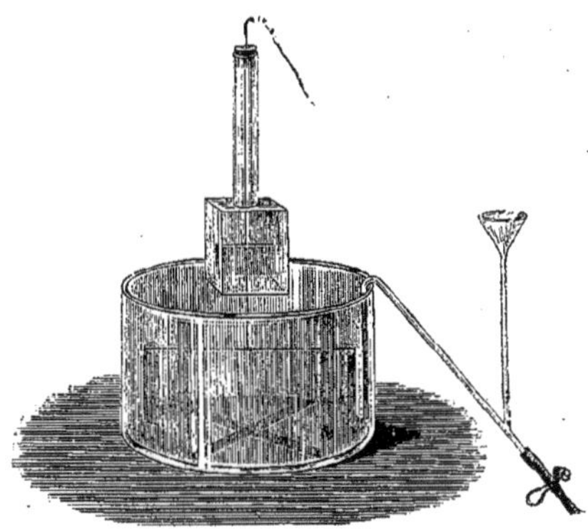

Fig. 150

particulier, les potentiels qu'on peut faire varier d'une expérience à une autre. Ces deux savants *ont découvert les premiers, par cette méthode, l'existence de très grandes valeurs des constantes diélectriques ; c'est ainsi qu'ils ont trouvé pour l'eau* K $= 76$, *pour l'alcool éthylique* K $= 26,5$ *et pour l'alcool amylique* K $= 15$.

Téreschine (1889) s'est également servi de deux électromètres, en comparant toutefois avec l'air un seul liquide, l'alcool éthylique. Les deux électromètres sont d'abord remplis du même liquide, ce qui permet de comparer leurs indications ; l'un est ensuite rempli d'alcool éthylique, tandis que l'autre renferme de l'air ; on trouve ainsi pour l'alcool éthylique la valeur $K_0 = 27,0$. Le second électromètre est alors rempli avec le liquide à étudier et on détermine le rapport K ; K_0. Téreschine *a obtenu de cette manière pour l'eau la valeur* K $= 83,8$.

Perot (1891) a le premier employé une méthode différentielle, en disposant l'un au-dessus de l'autre deux électromètres à quadrants, dont les aiguilles sont invariablement liées entre elles, de sorte que leur mouvement dépend de la différence des actions auxquelles elles sont soumises séparément. Les quadrants supérieurs restent toujours dans l'air ; ceux d'en bas se trouvent dans le liquide étudié. Heerwagen (1892) a considérablement perfectionné cette méthode ; il a trouvé pour l'eau K $= 81,1$.

3. Méthode de Quincke. Quincke a mesuré K par deux méthodes, dont la première n'est qu'une variante de la méthode de Ziloff. Quincke a mesuré

en premier lieu, l'attraction mutuelle des plateaux d'un condensateur horizontal plan, qui est plongé dans le liquide étudié. Le plateau inférieur est
immobilé, le plateau supérieur est suspendu au fléau d'une balance et s'appuie
sur trois vis, qui passent devant le plateau inférieur. Ce dernier est relié avec
l'électromètre et une bouteille de *Leyde* ; le plateau supérieur est à la terre et
on lui fait équilibre sur la balance. La bouteille de *Leyde* est fortement chargée
et on met des poids p sur le plateau de la balance. La bouteille est ensuite
déchargée très lentement et l'indication de l'électromètre est notée à
l'instant où le plateau supérieur est arraché. Le potentiel V du plateau inférieur et l'attraction p des plateaux qui lui correspond sont ainsi déterminés.
On a, d'après la formule (57), page 109,

$$(53) \qquad\qquad p = \frac{KSV^2}{8\pi d^2},$$

où S est la surface du plateau supérieur ; on peut en déduire K. Une autre
valeur, que nous désignerons par K_1, est obtenue de la façon suivante. Par
une ouverture du plateau supérieur, on insuffle une grosse bulle d'air dans
l'espace compris entre les plateaux ; la pression de cet air est mesurée avec un
manomètre particulier. Quand le plateau inférieur est amené au potentiel V,
la pression de l'air augmente et le manomètre monte d'une certaine quantité
h. Un calcul fait par KIRCHHOFF montre qu'on a dans ce cas

$$(53,\, a) \qquad\qquad h\delta = \frac{(K_1 - 1)\, V^2}{8\pi d^2},$$

δ désignant le poids spécifique du liquide du manomètre. La comparaison des
formules (53) et (53, a) donne

$$(54) \qquad\qquad K_1 = 1 + \frac{h\delta KS}{p}.$$

QUINCKE a calculé par cette formule la valeur de K_1, qui diffère peu de K.

4. MÉTHODE DE NERNST. — Cette méthode a reçu une application étendue,
notamment en Allemagne. C'est une modification de la méthode 7 de compa

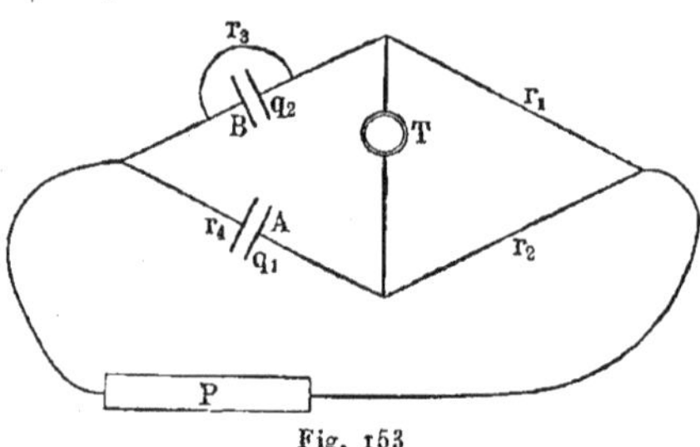

Fig. 153

raison des capacités décrite à la page 376. Nous avons vu que le téléphone T
est silencieux, quand on a $q_1 : q_2 = r_2 : r_1$ (voir *fig.* 139, page 376). Soit
$r_1 = r_2$; on a dans ce cas $q_1 = q_2$. Cependant, le téléphone ne cesse pas de

résonner, quand le liquide étudié, qui remplit par exemple le condensateur A, possède même une conductibilité extrêmement petite ; mais, si on introduit en parallèle, avec le condensateur de mesure (Messkondensator) B, la résistance r_3, le téléphone se tait, lorsque pour $r_1 = r_2$ les équations de condition suivantes sont remplies

$$(55) \qquad r_4 = r_3, \qquad q_2 = q_1,$$

r_4 désignant la résistance du condensateur A. En faisant varier r_3 et q_2, on arrive à réduire le téléphone au silence. L'égalité $q_1 = q_2$ permet alors de *comparer* les valeurs de K pour des liquides différents remplissant le condensateur A. Nous n'entrerons pas dans une description détaillée de cette méthode, que NERNST a étudiée jusque dans les plus petits détails. On en trouvera une exposition complète dans l'ouvrage de E. WIEDEMANN et EBERT, *Physikalisches Praktikum*, 5ᵉ édition, 1904, page 484. LINDE, SILBERSTEIN, ABEGG, STARKE, PHILIPP et d'autres encore ont employé cette méthode ; PHILIPP l'a de nouveau perfectionnée. RÖNTGEN s'est également servi d'une méthode analogue à celle de NERNST.

5. MÉTHODE DE BORGMANN. — Nous avons parlé à la page 377 de la méthode de BORGMANN pour la mesure des capacités. La même méthode peut évidemment servir aussi pour la mesure des valeurs de K. Mˡˡᵉ M. PÉTROFF (1904) a mesuré K de cette manière pour différents liquides, parmi lesquels l'air liquide (K $=$ 1,33).

6. AUTRES MÉTHODES. — PEROT (1891), BOUTY (1892), COHN et ARONS (1886), COHN (1889), VELEY (1906) et d'autres encore ont employé diverses méthodes que nous ne ferons que mentionner.

7. DÉTERMINATION DE K A L'AIDE DES OSCILLATIONS ÉLECTRIQUES. — Les formules (51), (51, *a*) et (51, *b*), pages 386, 387, nous ont montré comment on peut déterminer K au moyen des oscillations électriques. Quelques-unes des méthodes déjà considérées (pour les substances à l'état solide) ont aussi été employées pour les liquides. Ainsi, LECHER (page 388) a déterminé la valeur de K relative au pétrole.

La longueur d'onde λ des radiations électriques, qui se propagent à l'intérieur du liquide étudié ou, indirectement, la vitesse de propagation de ces radiations, a été déterminée par J.-J. THOMSON, WAITZ, ARONS et RUBENS, COHN, UDNY YULE, THWING, COOLIDGE, COLE, BOSE, MARX, FERRY, KOSSONOGOFF et en particulier par DRUDE.

Nous nous bornerons à indiquer le principe de l'une des méthodes employées, celle de COHN (1892). Entre les plateaux A et B (*fig.* 152) se produit une décharge oscillante. Les plateaux PP_1 parallèles aux précédents sont reliés avec les fils Pe et P_1e_1, qui passent par le vase en pierre M rempli d'eau ; ces fils sont réunis, sur la paroi intérieure de l'auge M, par le pont a. Un autre pont mobile b est amené dans une position telle que l'on obtienne dans le système de fils ba les oscillations électriques les plus intenses possibles, lesquelles sont rendues perceptibles par un appareil très sensible (le bolomètre, voir Tome II), relié avec des bouteilles de *Leyde* mobiles du système RUBENS.

Dans ce cas, les systèmes ba et PbP_1 se trouvent en consonance. On cherche ensuite les deux positions c et c' d'un troisième pont, pour lesquelles on obtienne dans les systèmes ac et $a'c'$ les vibrations les plus fortes ; gg et $g'g'$ sont alors les positions des bouteilles de *Leyde* reliées avec le bolomètre. Les systèmes ac et ac' sont en consonance avec ba. En laissant de côté certaines

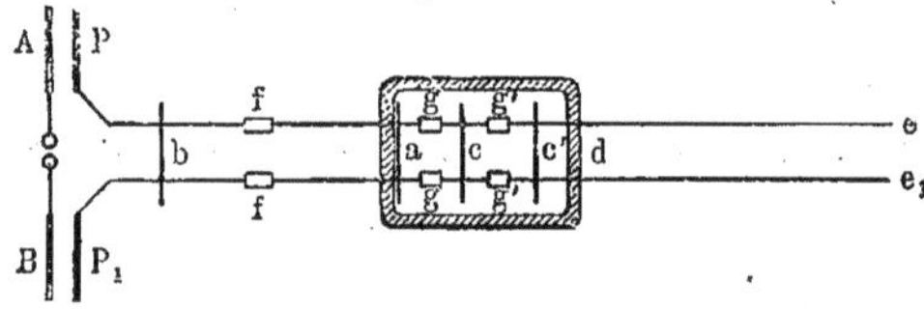

Fig. 152

corrections, on peut conclure de ce qui précède que la longueur d'onde dans l'air est à la longueur d'onde dans l'eau comme ba est à cc'. *Le rapport cher-ché, égal à l'indice de réfraction n des radiations électriques dans l'eau (à* $17°$*) a été trouvé de* 8,6. Ce résultat montre que *l'eau possède, dans le domaine des radiations électriques, une dispersion anormale considérable.* On obtient pour K la valeur K $= n^2 = 73,5$.

ELLINGER (1892) a mesuré n directement, en observant la déviation des radiations électriques dans un prisme en bois rempli d'eau. Il a trouvé n égal à 9 environ.

COLE (1896) a mesuré la réflexion des radiations électriques sur une surface d'eau, dans le cas où les vibrations sont normales et dans celui où elles sont parallèles au plan d'incidence. Il a trouvé avec les formules de FRESNEL (Tome II) $n = 8,85$.

Pour en terminer avec les liquides, remarquons encore que des mesures de K ont été faites pour les gaz liquéfiés par LINDE (CO^2, Az^2O, Cl^2, SO^2), GOODWIN (AzH^3), HASENÖHRL (Az^2O, O^2), DEWAR et FLEMING (Air et O^2), Mlle PÉTROFF (air) et d'autres encore.

8. DÉTERMINATION DES CONSTANTES DIÉLECTRIQUES DES GAZ ET DES VAPEURS. — La première détermination de K pour un gaz a été faite par BOLTZMANN en 1874. Deux plateaux métalliques A et B (*fig.* 153), soigneusement isolés et

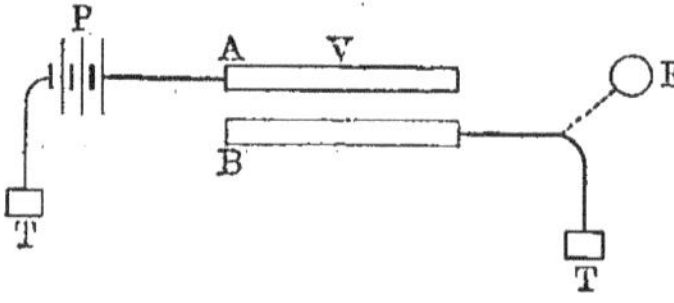

Fig. 153

protégés contre les actions calorifiques, sont placés sous une cloche métallique ; on peut changer la nature et la pression du gaz contenu dans cette cloche. Le plateau A est relié avec une pile P de 300 éléments DANIELL ; B peut être mis en communication avec la terre (T) ou avec un électromètre E. Soit K_1 la constante diélectrique du gaz qui se trouve sous le récipient au début de l'expérience. On relie P avec A, de sorte que A prend un certain potentiel V ; B est mis à la terre et relié avec l'électromètre E ; on interrompt ensuite la communication de A avec P et on change ou le gaz lui-même ou sa pression ; soit K_2 la nouvelle valeur de K. Le potentiel de A devient alors égal à $V\dfrac{K_1}{K_2}$; on relie de nouveau A avec P, et le potentiel de A s'accroît de la quantité $V\left(1 - \dfrac{K_1}{K_2}\right)$. Cet accroissement de potentiel produit, dans l'électromètre E, une déviation α, et l'on a

$$V\left(1 - \frac{K_1}{K_2}\right) = C\alpha,$$

C représentant un facteur de proportionnalité. Cela fait, B est mis à la terre, puis de nouveau en communication avec E, et on ajoute encore un élément à P. Le potentiel en A s'accroît de $\dfrac{V}{n}$, où $n = 300$ (nombre d'éléments), et il se produit dans l'électromètre une déviation β, telle que

$$\frac{V}{n} = C\beta.$$

En divisant l'une par l'autre ces deux équations, on obtient une relation qui donne le rapport $K_1 : K_2$.

Si on pose $K = 1 + bp$, où p est la pression du gaz, b un facteur constant, et si on détermine le rapport

$$(56) \qquad\qquad \frac{K_1}{K_2} = \frac{1 + bp_1}{1 + bp_2},$$

pour les deux pressions p_1 et p_2, on obtient b et par suite aussi la valeur de K pour la pression $p = 760^{mm}$. BOLTZMANN a trouvé de cette manière les valeurs suivantes (rapportées à $0°$ et à 760^{mm} de pression)

	Air	CO^2	H^2	CO	AzO	C^2H^4	CH^4
$K =$	1,000590	1,000946	1,000264	1,000690	1,000994	1,001312	1,000944

Ces valeurs satisfont très bien à la formule $K = n^2$.

AYRTON et PERRY (1877) et KLEMENČIČ (1885) ont comparé les capacités de deux condensateurs renfermant des gaz différents, et ont déterminé ainsi le rapport $K_1 : K_2$.

LÉBÉDEFF (1891) a déterminé K pour les vapeurs de différents liquides organiques, en comparant les capacités de deux condensateurs *cylindriques*, dont l'un reste invariable, tandis que l'autre est rempli d'abord avec de l'air, ensuite avec la vapeur du liquide étudié. Il a trouvé, par exemple, pour la vapeur de benzol ($100°$) la valeur $K = 1,0027$, pour celle d'alcool éthylique ($100°$) la valeur $K = 1,0065$, etc.

En 1901 a été publié un travail très étendu de BÄDECKER, qui a appliqué la méthode de NERNST (page 392) aux gaz. Il a cherché le premier comment les valeurs de K relatives aux gaz dépendent de la température et a déterminé, en particulier, les valeurs de K pour AzH^3, Az^2O^4, HCl et la vapeur d'eau. Les condensateurs utilisés étaient en nickel, et, pour l'étude de Az^2O^4, en platine.

OCCHIALINI (1905) a déterminé K pour l'air, sous des pressions comprises entre 20 et 180 atmosphères ; les valeurs extrêmes de K sont 1,0101 et 1,0845.

TANGL (1908) a mesuré K pour l'hydrogène, l'azote ($20°$) et l'air ($19°$) à des pressions comprises entre 20 et 100 atmosphères. Nous ne donnerons que les valeurs extrêmes de K :

Pression	Hydrogène	Azote	Air
20 atmosphères	1,00500	1,01086	1,01080
100 —	1,02378	1,05498	1,05494.

La grandeur $(K - 1) : (K + 2)d$, voir (35, d), page 66, est constante jusqu'à 100 atmosphères. Ceci donne, pour la pression de 1 atmosphère,

	Hydrogène	Azote	Air
1 atmosphère	1,000273	1,000581	1,000576.

Pour un mélange de deux gaz, on a la formule

$$K - 1 = (K_1 - 1) + (K_2 - 1),$$

où K_1 et K_2 se rapportent respectivement aux parties constituantes sous les pressions partielles correspondantes.

Hochheim (1908) a trouvé pour l'*hélium* $K = 1,000074$, ce qui concorde très bien avec la valeur moyenne des mesures de n^2 faites jusqu'à présent.

7. Quelques résultats des mesures des constantes diélectriques. — 1. Nous n'avons presque pas indiqué de valeurs numériques de K : nous renvoyons sur ce point aux tableaux existants. Remarquons seulement que les valeurs trouvées par les différents expérimentateurs pour les corps solides, tels que le verre, l'ébonite et les substances analogues, concordent en général assez mal entre elles. Cela s'explique facilement par la grande influence sur la valeur de K de la composition chimique et de l'état physique de la substance. Dewar et Fleming ont trouvé une très grande valeur $K = 272$, pour une solution solide à 10 $^0/_0$ de NaOH dans l'eau à $- 117°,4$. Il est très probable que K a aussi, pour les métaux, une signification physique déterminée et une valeur numérique finie ; E. Cohn (1903) s'est occupé de cette question.

2. La formule de Maxwell $K = n^2$ ne se trouve approximativement satisfaite que lorsqu'on prend pour n l'indice de réfraction des radiations *visibles* ou quand on calcule n par la formule de Cauchy, pour $\lambda = \infty$. Il a déjà été question à la page 385 des *radiations électriques* et nous avons vu que la mesure de n pour ces radiations constitue aujourd'hui la méthode ordinairement employée pour la détermination de K.

Le désaccord entre les résultats des expériences et la relation $K = n^2$ paraît tenir à ce que la mesure des pouvoirs inducteurs et la détermination des indices ont été rarement faites sur le même liquide. D'autre part, la théorie électromagnétique de la lumière ne s'applique qu'à des phénomènes oscillatoires dont la période est comparable à celle des vibrations lumineuses ; on ne peut donc rien conclure, à ce point de vue, des résultats pratiques obtenus dans la plupart des cas. Enfin, souvent les liquides étudiés n'étaient pas purs ; dans ce cas, le pouvoir inducteur varie avec l'échantillon et avec la durée de charge ; le pouvoir inducteur n'est plus une constante et la comparaison de ce pouvoir avec le carré de l'indice n'a plus de sens.

3. La *durée*, pendant laquelle le diélectrique se trouve dans le champ électrique, a une influence très grande sur les résultats obtenus dans la mesure de K. Nous avons déjà mentionné ce fait en parlant des expériences de J.-J. THOMSON et de LECHER. Nous allons encore citer les résultats des mesures de SCHILLER et de FERRY. Désignons par τ la durée de l'électrisation ; SCHILLER (1874) a trouvé pour K les valeurs suivantes :

Substance	$\tau = 6.10^{-5}$ sec.	$\tau = 0^{sec},02$
Ebonite.	2,21	2,76
Caoutchouc pur.	2,12	2,34
Caoutchouc vulcanisé	2,69	2,94
Paraffine transparente	1,68	1,92
Paraffine blanche	1,85	2,47
Verre demi-blanc	3,31	4,12
Verre blanc pour miroir	5,83	6,34

E.-S. FERRY (1897) a donné les valeurs suivantes :

Substance	$\tau = 3.10^{-8}$ sec.	$\tau = 0^{sec},002$
Huile de ricin.	4,49	4,65
Huile d'olive.	3,02	3,13
Huile de graines de cotonnier	3,00	3,09
Pétrole.	1,99	2,05
Ebonite	2,32	2,55
Quartz perpend. à l'axe	4,04	4,46
Quartz paral. à l'axe	4,27	4,38

Pour de plus petites valeurs de τ, on obtient en général aussi de plus petites valeurs de K. DEWAR et FLEMING ont trouvé pour de grandes valeurs de τ, relativement à la glace (0°), la valeur $K = 78$; pour τ très petit (oscillations électriques) K est à peu près égal à 2.

Le même fait a été signalé par J. CURIE (1889), qui a constaté que l'action du temps de charge sur la valeur du pouvoir inducteur est très variable avec les diverses substances. La différence provient surtout du commencement de la courbe de charge lente dont on prend une portion en même temps que la charge instantanée correspondant au pouvoir inducteur. Avec la tourmaline, des valeurs de 6 et 7, obtenues pour le temps de une seconde, on tombe jusqu'au voisinage de 5 pour un temps de charge très court. Cette conclusion a été aussi confirmée par des recherches récentes sur les diélectriques liquides dues à GOURÉ DE VILLEMONTÉE (1906).

4. L'influence de la *température t* sur la valeur de K a fait l'objet de nombreuses recherches. Considérons séparément les corps à l'état solide, liquide ou gazeux.

Cassie (1889, 1891) a étudié les *substances solides*. Il a trouvé que, pour des températures comprises entre 15° et 16°, K *augmente* en même temps que la température pour le mica, l'ébonite, le verre et la paraffine. L'accroissement α rapporté à 1° a les valeurs suivantes :

	Mica	Ebonite	Verre I	Verre II	Paraffine
$\alpha =$	0,0003	0,0004	0,0012	0,0020	0,0023.

Pellat et Sacerdote (1899) ont reconnu que, pour la paraffine, K *diminue*, et pour l'ébonite augmente par échauffement. Dewar et Fleming ont étudié K pour la glace, ainsi que pour beaucoup de solutions, de gaz liquéfiés et de substances organiques *à de très basses températures*. Ils ont trouvé *pour la glace* (1897) :

t^o	K		t^o	K
— 206,0	2,43		— 106,2	13,09
— 175,0	2,43		— 89,4	27,06
— 164,0	2,59		— 72,4	41,8
— 144,7	3,94		— 49,0	57,2
— 128,0	5,95		— 27,2	59,2
— 114,0	9,60		— 21,0	61,3

Behn et Kiebitz (1904) ont employé la méthode de Drude et ont trouvé, pour la *glace* à — 190°, des valeurs de K comprises entre 1,76 et 1,88. Pour la *glycérine*, K augmente de 3,2 à 60, avec un accroissement de température de — 200° à — 40°.

Les corps *liquides* ont été beaucoup étudiés. Negreano, Palaz et Cassie ont trouvé que, pour le benzol, le toluol, le xylol, la glycérine, CS^2, etc., K diminue, quand la température augmente. Linde a obtenu le même résultat pour CO^2, AzO et Cl^2 liquéfiés.

Heerwagen (1893) a étudié l'*eau* très soigneusement et a trouvé que K peut être déterminé entre 4°,7 et 20°,75 par la formule suivante :

$$K = 87,032 — 0,362 t;$$

cette formule donne K = 85,49 pour $t =$ 4°,7 et K = 79,52 pour $t =$ 20°,75. Francke a obtenu K = 90,68 à 2°,6 et K = 80,12 à 20°,1. Cohn (1892) a également étudié l'eau ; ses nombres concordent avec la formule (35, *d*), page 66, ce qu'on ne peut pas dire des valeurs de Heerwagen et de celles de Francke. Les dernières mesures de Ratz (1896) ont donné jusqu'à 40° des valeurs, qui concordent très bien avec la formule de Clausius-Mossotti. Enfin, Vonwiller (1904) a trouvé que pour l'eau les valeurs de K décroissent régulièrement, quand la température croît de 0° à 28° ; à 4°, la valeur de K ne présente aucune anomalie.

D'autres liquides ont été étudiés par Hasenöhrl (1896), Abegg, Tangl (1903), Eversheim, etc. Le premier de ces physiciens a reconnu que les liquides satisfont, en général, à la formule (35, *d*), page 66. Abegg (1897) a trouvé qu'on peut poser pour les liquides

$$K = Ce^{-\frac{\tau}{190}},$$

où C est une constante, τ la température absolue, e la base des logarithmes naturels. Tangl (1903) a constaté que la formule de Clausius-Mossotti ne se trouve vérifiée pour le xylol qu'entre 0° et 130°. Pour le benzol, le toluol, le chloroforme, l'éther et CS^2 on relève des écarts. Pour l'éther, K diminue rapidement en se rapprochant de la valeur critique. Eversheim (1903) a étudié les liquides AzH^3, SO^4 et l'éther éthylique ; il a trouvé que K ne présente pas de discontinuité quand on passe par l'état critique.

Bädecker (1901) a recherché le premier comment, pour les *gaz*, les valeurs de K dépendent de la température. Il a reconnu que K diminue, quand la température *augmente*, pour SO^2, AzH^3, HCl, AzO^2 et pour les vapeurs de H^2O, CS^2, de l'alcool méthylique et de l'alcool éthylique.

5. Röntgen et Ratz ont étudié l'influence de la *pression*. Le premier a trouvé que, pour l'eau et l'alcool, K *ne varie pas* jusqu'à des pressions de 500 atmosphères ; Ratz a reconnu qu'à l'égard de l'eau, K augmente un peu, mais beaucoup moins que ne l'exige la formule (35, *d*), page 66. Corbino a remarqué que K diminue pour le verre, quand on soumet celui-ci à une extension perpendiculairement aux lignes de force. Dessau est arrivé au résultat contraire.

6. Silberstein, Philipp et Lineberger ont déterminé les valeurs de K relatives aux *mélanges de liquides*. Ils ont trouvé que K est, en général, plus grand que ne le donne le calcul par la simple règle des mélanges. Boccara et Pandolfi ont obtenu K = 2,35 pour la paraffine pure, K = 14 pour un mélange à parties égales de paraffine et de limaille de fer. Ehrenhaft (1902) a étudié les mélanges d'hexane et d'acétone ; il a trouvé que K et la densité δ du mélange s'écartent presque de la même manière (*en moins*) des valeurs calculées par la règle des mélanges, de sorte que K est une fonction linéaire de δ.

7. La comparaison des valeurs de K, pour une substance donnée à l'*état liquide* et à l'*état gazeux*, montre que la formule (35, *d*), page 66, est parfaitement confirmée dans quelques cas, pour CO^2, CS^2, l'éther et le benzol, par exemple. Pour d'autres substances, cette formule ne se trouve pas exacte.

8. Nous avons déjà indiqué plusieurs fois que K dépend aussi d'*autres grandeurs physiques*. Toutefois, les tentatives faites en vue de trouver une relation entre K et la chaleur latente de vaporisation, le point d'ébullition, le coefficient de dilatation (Obach), la densité (Téreschine), n'ont jusqu'à présent conduit à aucun résultat bien net.

9. On sait peu de chose sur la dépendance qui existe entre K et les *propriétés chimiques des substances*. Il faut d'abord mentionner la règle suivante énoncée par Nernst : *plus le pouvoir dissociant d'un liquide est grand, c'est-à-dire plus est grande sa faculté de décomposer en ions les substances qui y sont dissoutes, plus sa constante diélectrique est grande.* Les gaz (K = 1), le benzol (2,3), l'éther (4,1), l'alcool (25), l'acide formique (62), l'eau (80) représentent une série de corps à pouvoir dissociant croissant. Euler (1898) a confirmé cette règle de Nernst. Téreschine a conclu de ses mesures que : 1. dans les séries homologues des corps gras, K diminue, et au contraire (observations de Tomaszewski), dans les séries des substances aromatiques, augmente, quand

le poids moléculaire croît ; et : 2. dans les composés métamères, on obtient, en général, des valeurs différentes de K.

Thwing a montré que, pour beaucoup de substances, K peut être calculé par la formule suivante :

$$K = \frac{D}{M}(a_1 K_1 + a_2 K_2 + \ldots),$$

où D est la densité, M le poids moléculaire du composé, K_1, K_2,... des nombres caractéristiques pour les atomes ou les groupes atomiques formant la molécule, a_1, a_2,... le nombre de ces atomes ou groupes atomiques. On a ainsi $K(H) = 2,6$; pour d'autres atomes, en général $K_x = 2,6 A_x$, où A_x est le poids atomique, par exemple $K(O) = 2,6 \times 16$; on a en outre

$$K(OH) = 1356, \quad K(CO) = 1520, \quad K(COH) = 970, \quad K(AzO^2) = 3090,$$
$$K(CH^2) = 41,6, \quad K(CH^3) = 46,8 ;$$

pour le soufre, $K(S) = 2,6.16$ (et non $2,6.32$).

Comme Drude l'a montré, les résultats de Thwing s'écartent en partie cependant, d'une manière très prononcée, de ceux d'autres observateurs.

Lang a trouvé qu'on a pour les gaz

$$\frac{K - 1}{s} = 0,000\,123,$$

où s est la somme des valences des atomes dont se compose la molécule du gaz, par exemple pour l'hydrogène $s = 1 + 1 = 2$, pour l'acide carbonique $s = 4 + 2 + 2 = 8$, etc. ; mais cette formule n'a pas été confirmée dans beaucoup de cas.

10. La formule de Clausius-Mossotti (35, d), page 66, a été étudiée par beaucoup de physiciens, par exemple par Beaulard, Lébédeff, Millikan, Hlavati, etc. Hlavati a étudié les onguents mercuriels ; la concordance avec la formule est en général satisfaisante.

Mathews (1905) a rassemblé une bibliographie très détaillée des travaux sur les constantes diélectriques.

BIBLIOGRAPHIE

—

3. — Electromètres.

Kolaček. — *W. A.*, **28**, p. 525, 1886.

Hankel. — *Abh. d. kgl. sächs. Ges. d. Wiss.*, 1850, p. 71 ; *Ibid.*, **5**, p. 392 ; **9**, pp. 5, 22, 206 ; *Pogg. Ann.*, **84**, p. 28, 1850 ; **103**, p. 209, 1858.

Branly. — *C. R.*, **75**, p. 431, 1872.

Dellmann. — *Pogg. Ann.*, **55**, p. 301, 1842 ; **58**, p. 49, 1843 ; **86**, p. 524, 1852 ; **106**, p. 329, 1859.

R. Kohlrausch. — *Pogg. Ann.*, **72**, p. 353, 1847 ; **74**, p. 499, 1848.

W. Thomson (Lord Kelvin). — *Rep. Brit. Assoc.*, **2**, p. 22, 1855 ; 1867, p. 489 (*Electrom. Abs.*) ; *Phil. Mag.*, (4), **20**, p. 253, 1860 ; *Reprint of Papers*, pp. 257, 260-312, London, 1872.

Nernst et Dolezalek. — *Zeitschr. f. Elektrochem.*, **3**, p. 1, 1896.

Dolezalek. — *Instr.*, **17**, p. 65, 1897 ; **21**, p. 345, 1901 ; **26**, p. 339, 1906 ; *Elektrotechn. Zeitschr.*, **18**, p. 507, 1897 ; *Ztschr. f. Electrochem.*, **12**, p. 611, 1906 ; *Annalen der Physik*, (4), **27**, p. 312, 1908.

Angot. — *Ann. de l'Ecol. Norm*, (2), **3**, p. 253, 1874.

Branly. — *Ann. de l'Ecol. Norm.*, (2), **2**, p. 209, 1873.

G. Wiedemann. — *Elektrizität*, **1**, p. 171, 1893.

Righi. — *Rendic. di Bologna*, (3), **7**, II, p. 193, 1876.

Hallwachs. — *W. A.*, **29**, pp. 1, 300, 1886.

P. Curie. — *Lum. électr.*, **22**, pp. 57, 148, 1886 ; *C. R.*, **107**, p. 864, 1888 ; *Journ. de phys.*, (3), **2**, p. 265, 1893 ; *OEuvres*, p. 224 ; *Rapports prés. au Congrès internat. de phys.*, **3**, p. 80, 1900.

Guglielmo. — *Rendic. Acc. dei Lincei*, **6**, p. 228, 1890.

Edelmann. — *Carls Repert*, **15**, p. 461, 1879.

Blondlot. — *Journ. de phys.*, (2). **5**, p. 325, 1886.

Maxwell. — *Electric. and Magn.*, **1**, p. 273, 1873.

Hopkinson. — *Phil. Mag.*, (5), **19**, p. 291, 1885 ; *Proc. Phys. Soc.*, **7**, p. 7, 1885.

Hartwig. — *W. A.*, **35**, p. 772, 1889

Walker. — *Phil. Mag.*, (6), **6**, p. 238, 1903.

Gouy. — *Journ. de phys.*, (2), **7**, p. 97, 1888.

Ayrton, Perry et Sumpner. — *Phil. Trans.*, **182**, I, p. 519, 1891.

Chauveau. — *Journ. de phys.*, (3), **9**, p. 524, 1900.

Ohrlich. — *Instr.*. **23**, p. 97, 1903.

Guinchant. — *C. R.*, **140**, p. 851, 1905.

Malclès. — *Journ. de phys.*, (4), **7**, p. 219, 1908.

Scholl. — *Phys. Ztschr.*, **9**, p. 915, 1908.

Blondlot et Curie. — *Journ. de phys.*, (2), **8**, p. 80, 1889 ; *OEuvres de* P. Curie, p. 587, 1908.

Lane. — *Phil. Trans.*, **12**, p 475, 1767.

Lippmann. — *Journ. de phys.*, (2), **5**, p. 323, 1886.

Harris. — *Phil. Trans.*, **2**, p. 215, 1834.

Riess. — *Pogg. Ann.*, **96**, p. 513, 1855.

R. Kohlrausch. — *Pogg. Ann.*, **88**, p. 497, 1853.

Bichat et Blondlot. — *C. R.*, **102**, p. 753, 1886 ; **103**, p. 245, 1886.

Wilson. — *Proc. Cambr. Phil. Soc.*, **122**, p. 135, 1903 ; *Instr.*, **23**, p. 314, 1903.

Wulf. — *Phys. Ztschr.*, **8**, pp 246, 527, 780, 1908 ; *Verhandl. d. d. phys. Ges.*, **9**, p. 518, 1907.

Benoist. — *Journ. de phys.*, (4), **6**, p. 604, 1907.

Lutz. — *Phys. Ztschr.*, **9**, pp. 100, 642, 1908.

Ebert et Hofmann. — *Instr.*, 1898, p. 1.

4. — Mesure des capacités.

Cavendish. — *The Electrical Researches of* H. Cavendish, edited by Cl. Maxwell, 1879, § 282.

Angot. — *Ann. de l'Ecole norm.*, (2), **3**, p. 253, 1874.

W. Thomson. — *Reprint of papers*, 1870, p. 287.

W. Siemens. — *Pogg Ann.*, **102**, p. 66, 1857.

Fleming et Clinton. — *Phil. Mag.*, (6), **5**, p. 493, 1903.

De Metz. — *Zeitschr. f. Elektrotherapie*, **4**, nos 2-3, 1902.

Borgmann. — *Journ. de la Soc. russe phys.-chim.*, **32**, p. 229, 1900 ; *Phys. Zeitschr.*, **2**, p. 651, 1901.

Schiller. — *Pogg. Ann.*, **152**, p. 535, 1874.

Gaugain. — *Ann. de chim. et de phys*, (3), **64**, p. 174, 1862.

Cohn et Arons. — *W. A.*, **28**, p. 454, 1886.

J.-J. Thomson. — *Proc. R. Soc.*, London, **46**, p. 292, 1889.

Wien. — *W. A.*, **44**, p. 689, 1891.

Waghorn. — *Phil. Mag.*, (5), **27**, p. 69, 1889.

Klemenčič. — *Wien. Ber.*, **89**, p. 298, 1884.

Rosa et Grover. — *Bureau of Standarts*, Bull. n° 2, Washington, 1905.

Diesselhorst. — *Ann. d. Phys.*, (4), **19**, p. 382, 1906.

Boulgakoff et Smirnoff. — *Journ. de la Soc. russe phys.-chim.*, **38**. p. 46, 1906.

5. — Mesure des constantes diélectriques des corps solides.

Harris. — *Phil. Trans.*, **132**, I, p. 165, 1842.

Matteucci. — *Ann. de chim. et de phys.*, (3), **27**, p. 133, 1849 ; **57**, p. 423, 1859 ; *C. R*, **48**, p. 700, 1859.

Belli. — *Corso elem. di fisica esper.*, **3**, p. 239, 1858.

Faraday. — *Exper. Research. Serie*, **11**, **12**.

W. Siemens. — *Pogg. Ann.*, **102**, pp. 66, 91, 1857.

Rossetti. — *N. Cim.*, (2), **10**, p. 171, 1873.

Gibson et Barclay. — *Phil. Trans.*, **161**, p. 573, 1871 ; *Phil. Mag.*, (4), **41**, p. 543, 1873.

Felici. — *N. Cim.*, (2), **5**, p. 73, 1871 ; **6**, p. 73, 1871.

Boltzmann. — *Wien. Ber.*, **66**, p. 1, 1872 ; **67**, p. 1, 1873 ; **68**, p. 81, 1873 ; **70**, pp. 307, 342, 1874 ; *Pogg. Ann.*, **151**, pp. 482, 531, 1873 ; **153**, p. 525, 1874 ; **115**, p. 403, 1875 ; *Arch. d. Sc. phys.*, (2), **55**, p. 448, 1876.

Gordon. — *Phil. Trans.*, **168**, I, p. 417, 1878 ; **170**, p. 425, 1879 ; *Phys. Treatise on El. and Magn.*, **1**, p. 109, London, 1880.

HOPKINSON. — *Phil. Trans.*, **169**, p. 17, 1878 ; **172**, 1. II, p. 355, 1881 ; *Proc. R. Soc.*, **43**, p. 156, 1887.

WÖLLNER. — *W. A.*, **1**, pp. 247, 361, 1877.

ELSAS. — *W. A.*, **42**, p. 165, 1891 ; **44**, p. 654, 1891.

STANKIÉWITCH. — *W. A.*, **52**, p. 700, 1894.

WINKELMANN. *W. A.*, **38**, p. 161, 1889 ; **40**, p. 732, 1890.

DONLE. — *W. A.*. **40**, p. 307, 1890.

SCHTSCHÉGLIAIEFF. — *Journ. de la Soc. russe phys.-chim.*, **23**, p. 170, 1891.

BLONDLOT. — *C. R.*, **112**, p. 1058, 1891 ; **119**, p. 595, 1894 ; *J. de phys.*, (2), **10**, p. 549, 1891.

LECHER. — *W. A.*, **41**, p. 850, 1890 ; **42**, p. 142, 1891 ; *Wien. Ber.*, **99**, p. 480, 1890.

HASENÖHRL. — *Wien. Ber.*, **105**, p. 460, 1896.

NEGREANO. — *C. R.*, **114**, p. 345, 1892 ; *J. de phys.*, (2), **6**, p. 257, 1887.

PALAZ. — *Rech. expér. sur la capac. induct. spéc*, 1896 ; *Arch. des Sc. phys.*, (3), **17**, pp. 287, 414, 1887.

WERNER. — *W. A.*, **47**, p. 613, 1892.

COHN. — *W. A.*, **46**, p. 135, 1892.

SOKOLOFF. — *Journ. de la Soc. russe phys.-chim.*, **25**, p. 179, 1892.

KOSSONOGOFF. — *Sur la question des diélectriques.*, (en russe), Kieff, 1901.

ROMICH et NOWAK. — *Wien. Ber.*, **70**, p. 380, 1874.

BOLTZMANN, ROMICH et FAJDIGA. — *Wien. Ber.*, **70**, p. 367, 1874.

TROUTON et LILLY. — *Phil. Mag.*, (5), **33**, p. 529, 1892.

ROSA. — *Phil. Mag.*, (5), **31**. p. 188, 1891 ; **34**, p. 344, 1892.

LEFÈVRE. — *C. R.*, **113**, p. 688, 1891 ; **114**, p. 834, 1892.

SCHILLER. — *Pogg. Ann.*, **152**, p. 535, 1874.

J.-J. THOMSON. — *Proc. R. Soc.*, **46**, p. 292, 1889 ; *Phil. Mag.*, (5), **30**, p. 129, 1890.

HERTZ. — *W. A.*, **34**, p. 551, 1888.

ZEHNDER. — *W. A.*, **47**, p. 77, 1892 ; **52**, p. 34, 1894 ; **53**, pp. 162, 505, 1894.

LÉBÉDEFF. — *W. A.*, **56**, p. 1, 1895.

MACK. — *W. A.*, **54**, p. 342, 1895 ; **56**, p. 717, 1895.

LAMPA. — *Wien. Ber.*, **105**, p. 587, 1896 ; *W. A.*, **61**, p. 79, 1897.

RIGHI. — *L'Ottica d. oscil. elettr.*, pp. 1-27.

FELLINGER. — *Ann. de phys.*, (4), **7**, p. 333, 1902.

WIEDEBURG. — *W. A.*, **59**, p. 497, 1896.

GRAETZ et FOMM. — *W. A.*, **45**, p. 626, 1895 ; **53**, p. 85, 1894.

GUTTON. — *C. R*, **130**, pp. 894, 1119, 1900.

FERRY. — *Phil. Mag.*, (5), **44**, p. 404, 1897.

KNOBLAUCH. — *Pogg. Ann.*, **83**, p. 289, 1851.

ROOT. — *Pogg. Ann.*, **158**, p. 31, 1876.

BRAUN. — *W. A.*, **31**, p. 855, 1887.

P. CURIE. — *C. R.*, **103**, p. 928, 1886 ; *Lum. électr.*, **28**, p. 580 ; **29**, pp. 13, 63, 127, 221, 255, 318, 1888 ; *Ann. de chim. et de phys.*, (6), **17**, p. 385, 1889 ; **18**, p. 203, 1889.

BOREL. — *C. R.* **116**, p. 1509, 1893.

DRUDE. — *W. A.*, **55**, p. 633, 1895 ; **58**, p. 1, 1896 ; **59**, p. 17, 1896 ; **61**, p. 466, 1897 ; **65**, p. 481, 1898 ; *Zeitschrift. f. phys. Chem.*, **23**, p. 267, 1897.

W. SCHMIDT. — *Ann. d. Phys.*, (4), **9**, p. 933, 1902.

GRÄTZ. — *Boltzmann-Jubelband*, p. 477, 1904.

6. — Mesure des constantes diélectriques des liquides et des gaz.

LIQUIDES.

ZILOFF. — *Pogg. Ann.*, **156**, p. 389, 1875; **158**, p. 306, 1876.

NEGREANO. — *C. R.*, **104**, p. 428, 1887; *Journ. de phys.*, (2), **6**, p. 257.

TOMASZEWSKI. — *W. A.*, **33**, p. 33, 1888.

COHN et ARONS. — *W. A.*, **33**, p. 13, 1888.

TÉRESCHINE. — *W. A.*, **36**, p. 792, 1889.

HEERWAGEN. — *W. A.*, **48**, p. 35, 1893; **49**, p. 272, 1893; *Diss.*, Dorpat, 1892.

ROSA. — *Phil. Mag.*, (5), **31**, p. 188, 1891.

LANDOLT et JAHN. — *Zeitschr. f. phys. Chem.*, **10**, p. 289.

FRANCKE. — *W. A.*, **50**, p. 163, 1893.

SMALE. — *Phil. Mag.*, (5), **31**, p. 188, 1891.

QUINCKE. — *W. A.*, **19**, p. 728, 1883; **28**, p. 530, 1886; **32**, p. 529, 1887; **34**, p. 401, 1888; *Berl. Ber.*, 1888, p. 4; *Proc. R. Soc.*, **41**, p. 458, 1887.

NERNST. — *Zeitschr. f. phys. Chem.*, **14**, p. 622, 1894.

J.-J. THOMSON. — *Phil. Mag.*, (5), **30**, p. 129, 1890.

LINDE. — *W. A.*, **56**, p. 546, 1895.

SILBERSTEIN. — *W. A.*, **56**, p. 660, 1895.

ABEGG. — *W. A.*, **60**, p. 55, 1897; **62**, p. 249, 1897.

ABEGG et SEITZ. — *Zeitschr. f. phys. Chem.*, **29**, p. 242, 1899.

STARKE. — *W. A.*, **60**, p. 629, 1894.

PHILIPP. — *Zeitschr. f. phys. Chem.*, **24**, p. 18, 1897.

PÉROT. — *C. R.*, **113**, p. 415, 1891; **115**, pp. 38, 165, 1892; **119**, p. 601, 1894; *J. de phys.*, (2), **10**, p. 149, 1891.

BOUTY. — *Ann. de chim. et de phys.*, (6), **27**, p. 62, 1892; *C. R.*, **115**, pp. 554, 804, 1892.

COHN. — *W. A.*, **38**, p. 42, 1889; **45**, p. 370, 1892; *Berl. Ber.*, 1891, p. 1037.

Mlle PÉTROFF. — *Journ. de la Soc. russe phys.-chim.*, **36**, p. 93, 1904.

VELEY. — *Phil. Mag.*, (6), **11**, p. 73, 1906.

WAITZ. — *W. A.*, **41**, p. 436, 1890; **44**, p. 527, 1891.

ARONS et RUBENS. — *W. A.*, **42**, p. 581, 1891; **44**, p. 206, 1891.

UDNY YOULE. — *W. A.*, **50**, p. 742, 1893.

THWING. — *Zeitschr. f. phys. Chem.*, **14**, p. 286, 1894.

COOLIDGE. — *W. A.*, **69**, p. 125, 1899.

COLE. — *W. A.*, **57**, p. 290, 1896.

ROSE. — *Proc. R. Soc.*, **59**, p. 160, 1896.

MARX. — *W. A.*, **66**, pp. 411, 597, 1898.

FERRY. — *Phil. Mag.*, (5), **44**, p. 404, 1897.

GOODWIN. — *Phys. Rev.*, **8**, n° 4.

HASENÖHRL. — *Communic. du Labor. de Phys. de Leyde*, n° 51, p. 29, 1899.

DEWAR et FLEMING. — *Proc. R. Soc.*, **60**, p. 358, 1896; **61**, pp. 2, 358, 1897.

GAZ.

BOLTZMANN. — *Wien. Ber.*, **69**, p. 795, 1874; *Pogg. Ann.*, **155**, p. 403, 1875.

AYRTON et PERRY. — *Asiatic. Soc. of Japan*, 1877, 18 avril.

KLEMENČIČ. — *Wien. Ber.*, **91**, p. 712, 1885.

LÉBÉDEFF. — *W. A.*, **44**, p. 288, 1891.

BÄDECKER. — *Zeitschr. f. phys. Chem.*, **36**, p. 305, 1901.

BOUTY. — *Rapport prés. au Congrès internat. de physique*, **2**, p. 341, Paris, 1900.

OCCHIALINI. — *Rendic. R. Acc. dei Lincei*, **14**, p. 613, 1905 ; *N. Cim.*, (5), **10**, oct. 1905.

TANGL. — *Annalen d. Phys.*, (4), **26**, p. 59, 1908.

HOCHHEIM. — *Verhandl. d. d. phy.. Ges.*, **10**, p. 446, 1908.

7. — Résultats des mesures des constantes diélectriques.

Voir une partie des renseignements bibliographiques des §§ **5** et **6**.

DEWAR et FLEMING. — *Proc. R. Soc.*, **60**, p. 358, 1896 ; **61**, pp. 2, 299, 316, 358, 368, 380, 1897 ; **62**, p. 250, 1898.

COHN. — *Phys. Zeitschr.*, **4**, p. 619, 1903.

CASSIE. — *Proc. R. Soc.*, **48**, p. 357, 1889 ; **49**, p. 343, 1891.

PELLAT et SACERDOTE. — *J. de phys.*, (3), **8**, p. 17, 1899.

BEHN et KIEBITZ. — *Boltzmann-Jubelband*, p. 610, 1904.

PALAZ. — *Arch. sc. phys.*, (3), **17**, pp. 287, 414, 1887.

FRANCKE. — *W. A.*, **50**, p. 163, 1893.

MATTHEWS. — *Journ. phys. Chem.*, **9**, p. 641, 1905.

ABEGG et SEITZ. — *Zeitschr. f. phys. Chem.*, **29**, p. 242, 1899.

VONWILLER. — *Phil. Mag.*, (6), **7**, p. 655, 1904.

RATZ. — *Zeitschr. f. phys. Chem.*, **19**, p. 94, 1896.

TANGL. — *Ann. d. Phys.*, (4), **10**, p. 748, 1903.

EVERSHEIM. — *Phys. Zeitschr.*, **4**, p. 503, 1903.

RÖNTGEN. — *W. A.*, **52**, p. 593, 1894.

CORBINO. — *N. Cim.*, (4), **4**, p. 240, 1896 ; *Riv. Scient. Indust.*, **29**, 1897.

DESSAU. — *Rendic. R. Acc. dei Lincei*, (5), **3**, I, p. 488, 1894.

LINEBERGER. — *Zeitschr. f. phys. Chem.*, **20**, p. 131, 1896.

BOCCARA et PONDOLFI. — *N. Cim.*, (4), **9**, p. 254, 1899.

EHRENHAFT. — *Wien. Ber.*, **111**, p. 1549, 1902.

OBACH. — *Phil. Mag.*, (5), **32**, p. 113, 1891.

EULER. — *Öfversigt of Kongl. Vetensk. Förh.*, **55**, p. 689, 1898.

LANG. — *W. A.*, **56**, p. 535, 1895.

HLAVATI. — *Wien. Ber.*, **110**, p. 454, 1901.

BEAULARD. — *C. R.*, **129**, p. 149, 1899.

LÉBÉDEFF. — *W. A.*, **44**, p. 288, 1891.

MILLIKAN. — *W. A.*, **60**, p. 376, 1897.

CHAPITRE V

—

ÉLECTRICITÉ ATMOSPHÉRIQUE (TERRESTRE)

1. Introduction. — Différents phénomènes électriques se manifestent à la surface de la Terre ; leur étude a pour objet de constituer ce qu'on peut appeler la théorie de l'électricité atmosphérique, ou plus exactement la théorie de l'*électricité terrestre*, par analogie avec la dénomination depuis longtemps usitée de théorie du *magnétisme terrestre*.

L'étude de l'électricité terrestre est habituellement annexée à la Météorologie, mais non à la Physique générale ; aussi fait-elle défaut dans beaucoup de Traités et même dans les ouvrages spéciaux sur l'Electricité, alors que le magnétisme terrestre y trouve toujours place. Cela est dû à une cause purement accidentelle et tout à fait secondaire ; l'action du magnétisme terrestre se fait sentir dans de nombreux appareils et doit par suite être prise en considération dans beaucoup de recherches physiques ayant un caractère expérimental, tandis que l'influence de l'électricité terrestre apparaît très rarement dans les travaux de laboratoire. Les phénomènes de l'électricité terrestre ne présentent pas cependant moins d'intérêt que ceux du magnétisme terrestre ; aussi, sans entrer dans de grands détails, estimons-nous nécessaire de leur consacrer un court Chapitre.

Les phénomènes électriques naturels, qui se passent à la surface de la Terre, peuvent être rangés en quatre groupes :

1. Phénomènes observés dans un *ciel serein*.

2. Phénomènes observés dans un ciel couvert, tels que ceux qui accompagnent les orages.

3. Phénomènes divers et peu fréquents, tels que le feu Saint-Elme, la luminescence de certains corps dans l'obscurité, etc.

4. Illuminations polaires.

Dès le début, nous devons dire que l'étude de l'électricité terrestre, malgré les nombreux travaux qui lui ont été consacrés, n'est sortie que tout à fait récemment du premier stade de son développement. Les lois auxquelles ces phénomènes obéissent sont peu connues et les questions relativement les plus simples, comme la variation diurne par exemple, sont encore discutées. Il en est de même d'ailleurs de l'explication des faits, de la nature et de la position des masses électriques agissantes, de leur origine, des conditions dans lesquelles les phénomènes se produisent, de la détermination de leur mécanisme intérieur. Chauveau (1899) a caractérisé de la manière suivante la situation actuelle de tous ces problèmes : « Le nombre des théories relatives à l'électricité atmosphérique est considérable. Dans une conférence faite en 1897 à l'Institution royale de la Grande-Bretagne, le professeur Schuster rappelait que, dix ans auparavant, le Dr Suchsland en avait compté *vingt-cinq* ; quatre avaient vu le jour pendant la seule année 1884. On en trouverait *plus de trente* aujourd'hui ; et il ne s'agit ici que des théories émises par des hommes de science véritable, dont beaucoup sont des savants illustres. Quant aux rêveries plus ou moins bizarres, nées du spectacle d'un orage et qui ont eu les honneurs de la publication, c'est par centaines qu'il faudrait les compter. » Si on ajoute quelques théories remarquables, qui ont été proposées dans ces derniers temps, on se trouve présentement devant *trente-cinq théories sérieuses*. Cela montre bien l'absence de toute doctrine assise un peu solidement et adoptée avec quelque généralité. Heureusement, la position de la question a changé tout récemment ; *une nouvelle théorie a pris naissance, qui s'est rapidement développée et promet de devenir la base certaine de l'explication définitive des différents phénomènes de l'électricité terrestre.*

Des quatre sortes de phénomènes mentionnés ci-dessus, les premiers, que l'on observe dans un ciel sans nuage, présentent un intérêt particulier, comme étant les plus simples et, pour ainsi dire, les phénomènes normaux.

2. Méhodes pour l'exploration du champ électrique de l'atmosphère terrestre. — Dans l'atmosphère, qui entoure la Terre, agissent constamment des forces électriques ; en d'autres termes, le potentiel électrique V n'a pas la même valeur aux différents points de l'atmosphère, ou encore l'espace occupé par les couches de l'atmosphère, accessibles à notre observation représente un champ électrique. L'étude de ce champ met au premier plan la question de la disposition des *surfaces de niveau* du potentiel V, normalement auxquelles agissent les forces électriques F. En second lieu, se présente la question de la *grandeur de ces forces électriques*, en particulier *aux différents points d'une même verticale*. Cette dernière question paraît particulièrement importante, car y répondre c'est clore la lutte entre deux groupes d'hypothèses et résoudre le problème fondamental de savoir *si la quantité d'électricité sur la sphère terrestre est nulle ou non*.

Nous remarquerons tout de suite que dans un endroit parfaitement plan et par temps serein, les surfaces de niveau sont en général des plans (ou si l'on veut des surfaces sphériques) parallèles à l'horizon. *Les forces F sont dirigées vers la terre ; autrement dit, le potentiel croît lorsqu'on s'élève dans l'atmosphère.* Si *n* est la direction de la normale à une surface de niveau, on a

$$(1) \qquad -F = \frac{\partial V}{\partial n}.$$

En pratique, on mesure la différence de potentiel ΔV de deux points, qui se trouvent dans la direction *n* à une distance Δ*n* l'un de l'autre. Nous désignerons par G le rapport ΔV : Δ*n* et nous l'appellerons le *gradient électrique* en l'un des points considérés ; nous exprimerons ΔV en volts, Δn en mètres, de sorte que

$$(2) \qquad G = \frac{\Delta V \text{ volts}}{\Delta n \text{ mètres}}.$$

Le gradient électrique est mesuré par la différence de potentiel, exprimée en volts, de deux points situés sur la même normale à une surface de niveau et distants de 1 mètre.

Aux *deux questions* relatives à la direction et à la grandeur de la force électrique agissant en un point, il faut encore en ajouter une *troisième* non moins importante, celle du *degré d'ionisation de l'air* ; ce dernier est mesuré par la vitesse de *déperdition* des électricités positive et négative. Nous considérerons cette question plus en détail dans le dernier paragraphe, et nous décrirons simplement ici l'appareil qui sert à la mesure de la vitesse de déperdition.

Nous nous abstiendrons de toute indication historique sur les travaux qui ont aujourd'hui perdu leur valeur, et nous passerons immédiatement à l'exposition des *méthodes d'exploration* du champ électrique de l'atmosphère terrestre.

Supposons que les surfaces de niveau du potentiel V soient des plans horizontaux AB, CD, etc., (*fig.* 154). Transportons dans ce champ le conducteur

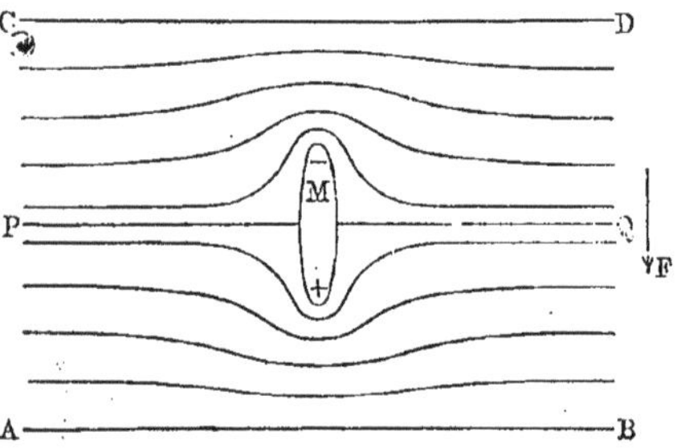

Fig. 154

M ; il s'électrise et prend un potentiel correspondant à une certaine surface de niveau PQ, à laquelle appartient aussi la surface elle-même du corps M. Les surfaces de niveau voisines se disposent à peu près comme l'indique la figure. Sur M apparaît en bas de l'électricité positive, en haut de l'électricité négative.

Lorsque, dans un endroit découvert et par un ciel *serein*, on relie un électroscope E (*fig.* 155), au moyen d'un fil AM, avec une sphère M placée *plus haut* que l'électroscope, ce dernier décèle presque toujours la présence d'électricité *positive*. Quand le fil est disposé horizontalement (AM'), l'électroscope ne s'électrise pas du tout. Enfin, si la sphère M″ est *plus bas* que l'électroscope (fil en AM″), celui-ci manifeste la présence d'électricité *négative*.

Les indications de l'électroscope sont considérablement renforcées, lorsqu'on remplace la sphère M par un corps à la surface duquel ne peut exister de charge électrique, c'est-à-dire par un corps *qui prend toujours le potentiel du point de l'espace où il se trouve*. Une pointe peut faire l'office d'un tel corps. Si

on amène, dans le champ électrique AB, CD (*fig.* 156), le corps M muni d'une pointe *a*, ce corps prend un potentiel correspondant à la surface de niveau PQ qui passe par la pointe *a* ; sur le corps M apparaît une charge positive, surtout à sa partie inférieure : les autres surfaces de niveau se disposent à peu près comme l'indique la figure 156.

En dehors de l'emploi d'une *pointe*, dont l'action est loin d'être parfaite, on a encore eu recours, jusqu'à une époque récente, à trois autres procédés, pour égaliser le potentiel d'un corps et celui d'un point déterminé de l'espace.

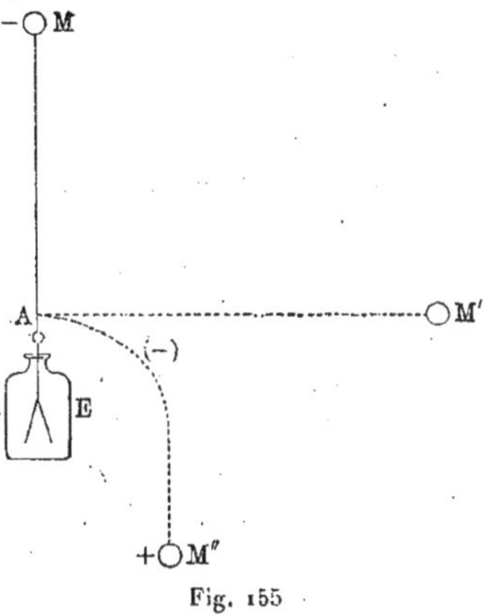

Fig. 155

Ces anciennes méthodes sont toutes représentées symboliquement sur la figure 157. En A est figurée la méthode de la *pointe*, en B celle de la *mèche* ou de l'amadou enflammé, en C celle de la *flamme*, proposée pour la première

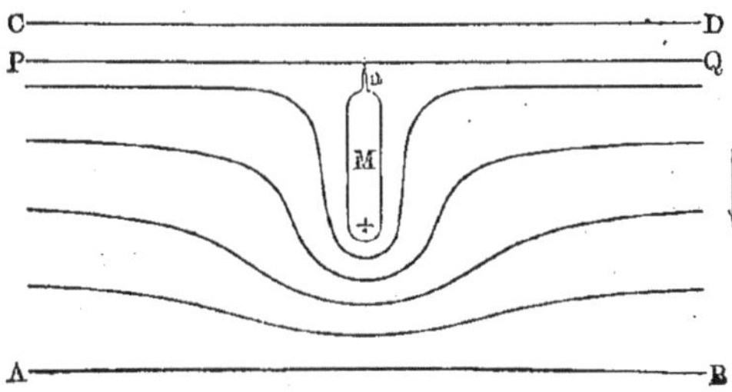

Fig. 156

fois par Bennett (1786), enfin en D la méthode du collecteur à eau (égaliseur mécanique) imaginé par W. Thomson (Lord Kelvin).

Volta a employé des flammes, des mèches soufrées ou imprégnées d'alcool, de l'amadou, etc. : il semble avoir attribué la mise en équilibre de ce genre de collecteur à la fumée qui s'en échappe et qui emporte la charge. La fumée, d'après Moulin, paraît être pour peu de chose dans le phénomène, car de l'amadou de mauvaise qualité qui laisse énormément de cendres, tout en donnant de la fumée en plus grande quantité que les meilleures mèches, ne s'équilibre que très difficilement et au bout d'un temps considérable. Lord Kelvin se servait, avec un électromètre portatif, de mèches de papier imprégné de nitrate de plomb. Pellat (1885) a signalé que les mèches au nitrate de plomb, brûlant dans une pièce formant cage de Faraday, et dont l'air n'était pas électrisé, prenaient toujours un excès de potentiel de plusieurs volts sur celui des murs de la salle. G. Le Cadet (1898) a repris l'étude de ces mèches à propos de ses mesures en ballon. V. Conrad (1902) a retrouvé les résultats de Pellat et a obtenu pour une même mèche des indications différant d'environ 9 volts selon qu'elle est recouverte de cendres ou qu'elle en est débarrassée par un courant d'air.

En présence des résultats que lui avaient fourni les mèches, Pellat a étudié au cylindre de Faraday une petite flamme de gaz : la mise en équilibre est

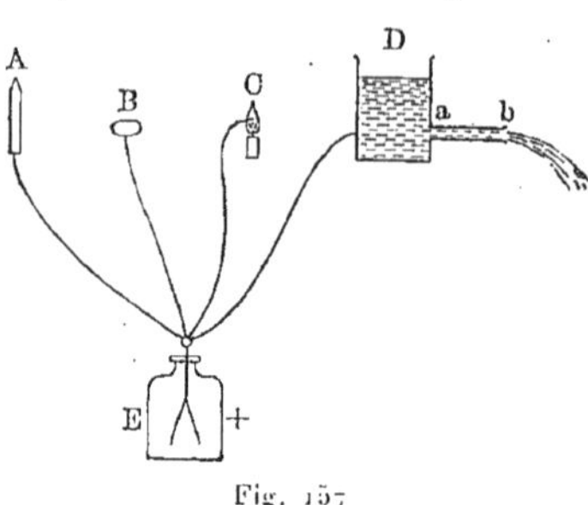

Fig. 157

rapide, la charge spontanée est nulle, aux différences de potentiel de contact près ; Exner, comme nous le verrons plus loin, a préféré la flamme pour son appareil portatif, car son grand débit électrique compense les défauts d'isolement qui pourraient se produire. Il a employé d'abord une petite bougie munie d'un fil de platine plongeant dans la flamme, puis une lampe métallique à pétrole à cheminée métallique. Elster et Geitel, et bien d'autres expérimentateurs, on fait aussi de nombreuses mesures avec les lampes. Il en existe plusieurs modèles, mais elles ont l'inconvénient de s'éteindre au vent. Le Cadet les remplace avantageusement, à ce point de vue, par de petites lampes à acétylène. Lutz (1906) a construit un nouveau collecteur à flammes.

Le *collecteur à eau* de W. Thomson se compose d'un vase métallique soigneusement isolé, rempli d'eau qui s'écoule librement par l'ouverture *b* du tube latéral *ab* (*fig.* 157). L'eau qui s'écoule emporte la charge électrique, de sorte que le vase D prend rapidement le potentiel du point de l'espace où se trouve l'ouverture *b*. Dans toutes les méthodes précédentes, on suppose que l'électroscope, avant d'effectuer l'observation, a été mis à la terre ; il indique donc la différence entre le potentiel de la terre et celui du point où se trouve la pointe, la mèche, la flamme ou l'ouverture *b* ; la position de l'électroscope ne joue alors aucun rôle. D. Smirnoff (1904) a perfectionné le collecteur à eau, en lui donnant la forme d'un *pulvérisateur* ; le fonctionnement de l'appareil est ainsi considérablement accéléré. Un collecteur à gouttes facilement transportable a été construit par Conrad (1907) ; il consomme seulement 1,5 litre d'eau en six heures, sa durée de charge est de 13 à 20 secondes et il est disposé de manière que le champ soit troublé le moins possible.

W. Thomson reliait le collecteur à eau avec l'électromètre à quadrants (page 350). Le collecteur isolé est posé sur l'appui d'une fenêtre ou sur une planche poussée hors de la fenêtre. Le tube d'écoulement de l'eau est à coulisse (à la façon d'une lunette à tirage) et peut être allongé ou raccourci. Les quadrants de l'électromètre sont maintenus à une différence de potentiel constante au moyen d'une batterie de petits éléments (Zn, Cu, eau), dont le milieu est à la terre. On peut aussi relier l'un des pôles de la batterie avec une paire de quadrants, et mettre l'autre pôle et l'autre paire de quadrants à la terre. Le collecteur est relié avec l'aiguille de l'électromètre qui, avant le commencement des observations, c'est-à-dire avant que ne commence l'écoulement de l'eau, doit être mise un instant à la terre. On peut mettre en communication la batterie avec l'aiguille, le collecteur avec une paire de quadrants. La déviation de l'aiguille mesure la différence de potentiel V de la terre et du point de l'espace où se trouve l'ouverture du tuyau. Mascart a construit sur le même principe un *électrographe*, qui enregistre toutes les variations du potentiel V. A cet effet, un rayon lumineux émis par une petite lampe est réfléchi par un petit miroir attaché à l'aiguille de l'électromètre et tombe sur une bande de papier sensible à la lumière, qui recouvre la surface d'un cylindre horizontal tournant lentement autour de son axe ; après développement et fixation, on obtient sur le papier une ligne, qui représente les variations de la grandeur V en fonction du temps.

Aux quatre méthodes que nous venons de considérer s'en est ajoutée récemment encore une cinquième. Henning (1902) a montré qu'on peut se servir comme collecteur d'une *substance radioactive* ; une telle substance produit, comme nous le montrerons en détail plus tard, une déperdition rapide de l'électricité. Henning a utilisé 0,1 gramme de chlorure de baryum radifère d'activité 240 collé, soit avec du sucre, soit avec de la gomme laque, à l'extrémité d'un petit cylindre de laiton emmanché au bout d'une tige d'ébonite ; ce cylindre était disposé verticalement et relié avec un électroscope ; il a comparé l'effet du sel radioactif à une petite lampe à alcool de mêmes dimensions que le cylindre et à une lampe d'Elster et Geitel, dans un champ créé entre deux plateaux de grillage métallique de 4 mètres de surface. Le potentiel théorique en chaque point était calculé en supposant le champ uniforme. La distance des plateaux variait entre 50 et 70 centimètres, la différence de potentiel totale était de 202 volts. Dans un champ horizontal, la flamme indiquait le potentiel théorique ; dans un champ vertical, au contraire, elle indiquait le potentiel d'une région située au-dessus d'elle, l'erreur étant en moyenne d'une cinquantaine de volts et restant constante pour les différents points du champ. Les sels de radium donnaient toujours le potentiel d'une région située trop près du plateau vers lequel était tourné le sel, avec une erreur moyenne et constante d'une vingtaine de volts ; ils donnaient le potentiel théorique quand la surface du sel était parallèle aux lignes de force. Dans le but de faire des recherches en ballon, Linke (1903) a refait des expériences comparatives entre l'écoulement de l'eau, les flammes et les sels de radium ; il en a conclu que les collecteurs au radium donnent, selon leur forme, des résultats entièrement différents qui dépendent en grande partie de la direction et de la vitesse du vent, et qu'on doit leur préférer le collecteur à eau. Moureaux (1903) a fait à l'observatoire du Parc Saint-Maur des essais de prises de potentiel au radium préparées et prêtées par Curie. Le sel était placé dans une cavité ménagée dans un disque de cuivre et recouvert d'une lame mince d'ébonite scellée, de manière à faire du tout une boîte étanche. Une capsule ainsi constituée et contenant 0,1 gramme de chlorure radifère d'activité 30 000 a donné des résultats tout à fait comparables à ceux obtenus par l'écoulement d'eau. Armet de Lisle construit actuellement des prises de potentiel en forme de disque de 6 centimètres de diamètre sur lequel sont collés, à l'aide

d'une couche mince de vernis spécial très résistant et peu absorbant, 5 milligrammes de sulfate d'activité 20000 ; ces prises se montrent plus actives que
celle du Parc Saint-Maur.

MOULIN (1907), à qui nous empruntons ces détails, a comparé l'action des
sels de radium, des flammes et des mèches à celle des collecteurs à eau. Il a
étudié un champ artificiel, établi par une batterie d'accumulateurs, d'abord
dans le laboratoire et ensuite sous l'action du vent, sur la seconde plateforme
de la tour EIFFEL, et a pu déterminer dans quelles conditions ces trois genres
de collecteurs donnent de bons résultats. L'intensité du vent et sa direction
(horizontale ou inclinée) ont paru avoir une grande influence.

EBERT s'est servi, pour les observations en ballon, d'une plaque de zinc
fraîchement amalgamée, laquelle, dans l'air parfaitement pur, manifeste une
action actinoélectrique, c'est-à-dire une déperdition d'électricité, même dans
la lumière diffuse du jour.

EXNER a construit un appareil *transportable* très commode, qui se compose
d'un collecteur et d'un électroscope pouvant servir d'électromètre. Le collecteur est constitué par une petite lanterne en métal avec une bougie, dans la
flamme de laquelle est plongée l'extrémité d'un fil de platine relié à l'électro-

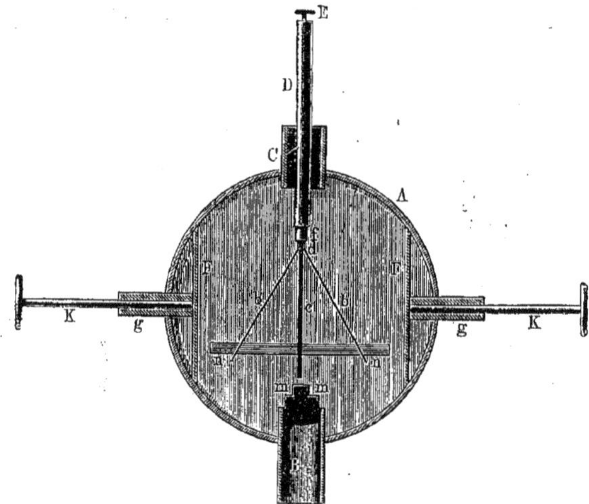

Fig. 158

mètre au moyen d'un fil de cuivre. L'électromètre (*fig.* 158) est formé d'une
enveloppe cylindrique en métal disposée horizontalement, dont les faces antérieure et postérieure sont fermées par des plaques de verre. Une tige de
cuivre D isolée en C est munie d'une vis de serrage E, pour recevoir le fil qui
vient du collecteur. À l'extrémité inférieure de D est soudée une bande de
cuivre c (de 9 millimètres de largeur) et sont fixées des feuilles d'aluminium
bb, qui reposent contre c lorsqu'elles ne sont pas électrisées. Par les petits
tubes latéraux g passent les tiges K, auxquelles sont fixés deux plateaux F qui

peuvent être amenés à toucher c. On peut alors placer l'appareil dans une position quelconque, en vue de son transport, sans avoir à craindre d'avarie dans les feuilles d'aluminium. Sur la face de verre antérieure est collée une échelle millimétrique nn ; le tube court B sert à fixer l'appareil à l'extrémité supérieure d'une tige, qu'on peut enfoncer directement en terre. Le collecteur est fixé sur un bâton mobile, de sorte qu'on peut faire varier sa hauteur. On se sert, pour calibrer l'électromètre, d'une batterie de 200 éléments (Pt — Zn — eau) : la force électromotrice de chaque élément est de 1,06 volt. On prend 25, 50, 75, ... éléments, on relie un pôle avec la terre, l'autre avec E et on note, sur l'échelle nn, le nombre de millimètres dont les feuilles bb divergent. Pour déterminer le *signe* de la charge, on emploie un petit bâton d'ébonite frotté ou mieux encore une pile sèche (de ZAMBONI).

DELLMANN amène une petite sphère conductrice de rayon R en un point de l'espace où règne le potentiel V et la fait communiquer un instant avec la terre. Sur la sphère apparaît alors une charge, qui est déterminée par l'égalité

$$V + \frac{\eta}{R} = 0,$$

car le potentiel de la sphère est nul, mais sa capacité égale à R. On transporte ensuite la sphère contre l'électromètre dont la capacité est q ; si V' est le potentiel indiqué par l'électromètre, on a

$$V' = \frac{\eta}{R + q}.$$

Les deux dernières égalités donnent pour le potentiel cherché l'expression

$$(3) \qquad V = - \frac{R + q}{R} \cdot V'.$$

WEBER relie à la terre une pointe, qui se trouve en un point M de l'espace étudié, par l'intermédiaire d'un galvanomètre sensible. La *variation* de potentiel du point M produit des courants, qui sont observés au galvanomètre.

ELSTER et GEITEL ont construit un appareil, qui sert à la mesure de la *vitesse de déperdition* de l'électricité. Il représente un électroscope d'EXNER modifié (*fig.* 159). Le plateau médian AA' se termine en bas par un cylindre d'ébonite, à l'aide duquel l'électroscope est emmanché sur la tige J d'un trépied ; en haut, le plateau AA' se termine par une petite sphère, dans laquelle est pratiquée une cavité conique c. Le petit couvercle D est enlevé pour effectuer les expériences, et on introduit dans c l'extrémité inférieure d'une tige, qui forme un tout avec le cylindre creux noirci G. Ayant chargé ce cylindre à l'aide d'une pile sèche, on observe la vitesse avec laquelle les feuilles de

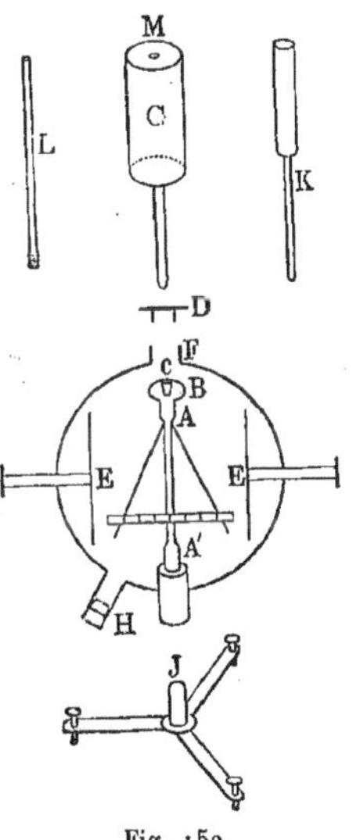

Fig. 159

lindre à l'aide d'une pile sèche, on observe la vitesse avec laquelle les feuilles de l'électroscope tombent. Supposons, par exemple, que le potentiel descende, dans l'intervalle de temps t, de V_0 à V volts. On enlève alors le cylindre G et on introduit la tige K munie d'un manche isolant ; on charge l'électroscope, on enlève la tige K et on observe de nouveau la vitesse de déperdition pour l'électroscope seul (sans le cylindre G). Le potentiel descend, pendant le temps t', de V_0' à V' volts, par exemple. La tige d'ébonite L est alors vissée dans l'ouverture M du cylindre G, qui de son côté est introduit dans c, après que l'électroscope a été de nouveau électrisé. Le rapport du nombre de volts, indiqués par l'électroscope avant et après l'introduction du cylindre G, donne le rapport n des capacités de l'électroscope avec et sans le cylindre. La grandeur

$$E = \frac{1}{t} \log \frac{V_0}{V} - \frac{n}{t'} \log \frac{V_0'}{V'}$$

mesure la déperdition de l'électricité de signe donné, dans les conditions de l'expérience.

Il existe toute une série d'électromètres autoenregistreurs de l'état électrique de l'atmosphère. BENNDORF (1906), par exemple, a construit un appareil de ce genre.

3. Quelques résultats des recherches sur le champ électrique de l'atmosphère terrestre. — Malgré le grand nombre d'observations effectuées, on n'a obtenu jusqu'ici qu'un très petit ensemble de faits solidement établis et scientifiquement incontestables. Nous réunissons dans ce qui suit les résultats les plus importants.

Dans un ciel sans nuages et par temps calme, l'électroscope manifeste presque toujours une charge *positive* ; le potentiel croît quand on s'élève et le gradient électrique est positif. DENZA a fait des observations pendant 12 années, à raison de six par jour, et n'a jamais observé de changement de signe par ciel serein ; à *Kief*, sur 15 170 observations, on n'a obtenu que 655 fois une charge négative.

La grandeur du gradient par ciel sans nuage dépend du lieu et de la saison ; elle oscille approximativement entre 50 et 800 volts par mètre : le gradient moyen dans le voisinage de la surface de la Terre est d'environ 300 volts. On n'observe que rarement, dans des circonstances normales, des gradients de plus de 1000 volts.

Le gradient en un point donné varie presque sans interruption. Il se manifeste des variations diurne et annuelle et en outre des variations irrégulières, ayant le caractère de perturbations. Relativement à la variation *diurne*, beaucoup d'observateurs ont trouvé que le gradient présente, dans le cours de 24 heures, deux minima et deux maxima. Quelques-uns ont indiqué que l'un des minima a lieu en été vers 3 heures, en hiver vers 1 heure de l'après-midi, l'autre vers deux heures dans la nuit et que les maxima ont lieu en été vers 8 heures du matin et vers 9 heures du soir, en hiver vers 10 heures du matin et vers 6 heures du soir. Mais ces heures, déduites d'un grand nombre d'observations, ne coïncident pas avec celles trouvées par d'autres observateurs. CHAUVEAU (1899) a trouvé que, dans les latitudes moyennes, il existe effectivement *en été* deux minima, vers midi et vers 3 heures du matin, et deux maxima, vers 8 heures du matin et vers 8 heures du soir. Pendant l'hiver, le minimum de l'après-midi s'atténue ou disparaît, tandis que le minimum de nuit se creuse davantage ; considérée dans son ensemble, *l'oscillation paraît simple*, avec un maximum de jour vers 6 heures du soir et un minimum dont l'heure est très sensiblement la même que celle du second minimum d'été, soit 4 heures du matin. Quand on s'élève en été au-dessus de le surface de la Terre, le minimum de jour s'atténue également ; au sommet de la tour EIFFEL, l'oscillation estivale offre la plus grande analogie avec la variation d'hiver au niveau du sol : on n'y observe qu'un maximum et un minimum. Il n'y a pas évidemment de forme de la variation diurne du gradient électrique qui possède quelque généralité. HANN et NEUMAYER ont indiqué une coïncidence possible entre cette variation et la variation diurne de la pression atmosphérique.

La *variation annuelle* se traduit par ce fait que le gradient est beaucoup plus grand dans les mois d'hiver qu'en été. En Europe, le maximum d'hiver est environ 13 fois plus grand que celui d'été ; dans l'Amérique du Nord, il l'est 5 fois.

Les variations diurne et annuelle disparaissent presque sur le sommet des hautes montagnes; ce fait, qui présente une très grande importance, comme nous le verrons dans la suite, a été démontré par des observations sur le Sonnblick (3 000 mètres) en Autriche et sur le Dodabetta dans les Indes du Sud. Il concorde avec la simplification mentionnée ci-dessus de la forme de l'oscillation du gradient sur la tour EIFFEL.

Le fait suivant n'est pas moins important. Lorsqu'on compare les variations *simultanées* du gradient en différents endroits, on trouve que *ces variations n'ont pas une marche parallèle, quand la distance horizontale des points dépasse* 100 *mètres.* Ceci indique clairement le caractère local des causes qui produisent ces variations.

Le problème de la *direction du gradient*, ou ce qui revient au même de la position respective des surfaces de niveau du potentiel, comporte une solution relativement simple : la surface de la Terre et de tous les objets qui communiquent avec elle représente une de ces surfaces de niveau ; les surfaces suivantes ont des formes de passage entre cette première surface et celles qui, lorsqu'elles sont suffisamment éloignées, peuvent être considérées comme des plans horizontaux ou plus exactement des surfaces sphériques. Ainsi, à la surface même des montagnes, des édifices, des arbres, etc., la force électrique est normale ; près de la paroi d'un mur, d'un tronc d'arbre, etc., les surfaces de niveau étant verticales, la force électrique est *horizontale* ; sur la pente des montagnes, elle est inclinée sur l'horizon. De là découle la dépendance entre la *grandeur* du gradient et la forme de la surface de la Terre ou des objets qui se trouvent sur elle. Soit ABCDE (*fig.* 160) une coupe verticale de la surface de la Terre ; B et D sont des sommets de montagne, C une vallée ; ABCDE, ainsi que le plan MN, sont des surfaces de niveau, entre lesquelles s'étagent, comme le montre la figure, les surfaces intermédiaires. En B et D, ces surfaces sont très voisines, en C elles s'écartent ; il est clair que le gradient et par suite aussi la force sont plus grands qu'au-dessus d'une plaine en B et D, plus petits en C. Ainsi, toutes les autres conditions restant les mêmes, *le gradient doit être relativement grand au sommet des montagnes, au contraire relativement petit dans les vallées ;* dans une petite cour entourée de hautes constructions, le gradient doit être très petit. Les observations confirment ce que nous venons de dire sur la grandeur et la direction du gra-

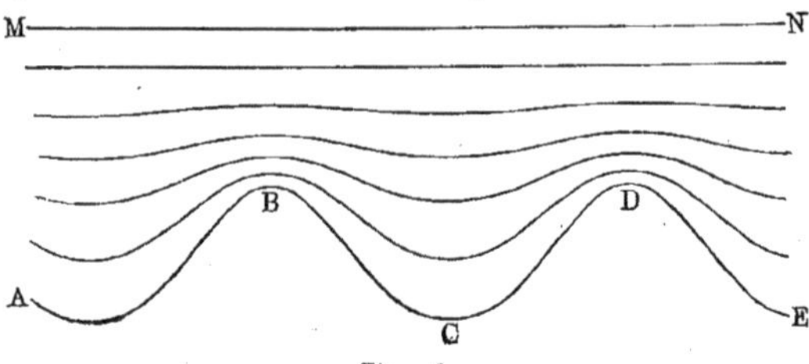

Fig. 160

dient. ERMAN (1803) a observé le premier qu'autour du tronc d'un arbre isolé, la force électrique est horizontale.

Nous avons encore à parler d'une question très importante. Si l'on pouvait y répondre, on mettrait fin au conflit entre les deux principaux groupes de théories relatives à l'électricité atmosphérique, et on aurait la solution du problème fondamental déjà mentionné plus haut de savoir si la quantité totale d'électricité sur la Terre est nulle ou non. Nous verrons au § 5, quelle importance a ici la question de la *dépendance entre le gradient électrique et la hauteur* au-dessus de la surface de niveau de la Terre, par temps calme et ciel serein. Les observations permettant de résoudre cette question ne peuvent être faites qu'en *ballon*. EXNER (1886) a déduit le premier d'observations de cette nature que le gradient *croît* en même temps que la hauteur, et TUMA (1892) a trouvé le même résultat. Cependant, toute une série d'observations plus récentes conduisent à une conclusion exactement contraire, par exemple les observations de BÖRNSTEIN, BASCHIN, ANDRÉ et d'autres encore, effectuées dans les années 1893 et 1894. Enfin, LE CADET (1897) a obtenu les valeurs suivantes du gradient G relatives à diverses hauteurs h en mètres :

$$h = 1\,429 \qquad 2\,370 \qquad 3\,150 \qquad 4\,015^{\mathrm{m}}$$
$$G = \quad 36,5 \qquad 22,1 \qquad 19,7 \qquad 13^{\mathrm{v}},4.$$

BÖRNSTEIN (1897) a signalé qu'un ballon, qui a été primitivement en contact avec la Terre, peut influer par sa charge sur les indications des appareils servant à la mesure du gradient. En rassemblant tout ce qui est aujourd'hui connu sur la présente question, on est conduit à tenir pour probable que, dans les conditions précédentes, *le gradient diminue en même temps que la hauteur.*

Nous avons supposé jusqu'ici un temps calme et un ciel serein. Lorsqu'il se trouve dans le ciel même de tout petits nuages et *a fortiori* par temps de pluie, de neige, de brouillard, etc., le tableau change complètement. Les variations considérables, presque ininterrompues du gradient, non seulement en grandeur, mais aussi en signe, sont dans ce cas particulièrement caractéristiques. Ces variations ont lieu en quelques minutes, parfois même en quelques secondes, presque par sauts, et peuvent atteindre 1 000 volts et plus. ELSTER et GEITEL ont observé, lorsque de faibles cirrus se montraient au ciel, de rapides variations du gradient entre + 1 800 et — 1 200 volts. Les valeurs absolues du gradient sont souvent aussi anormalement élevées. Des appareils installés non loin les uns des autres indiquent des valeurs absolues et des variations du gradient tout à fait différentes.

Les *gouttes de pluie* et les *flocons de neige* se montrent en général électrisés, le signe pouvant différer ; cependant le signe négatif prédomine.

LÉNARD a observé que l'air s'électrise négativement, quand une goutte d'eau tombe sur une surface mouillée ; ce phénomène doit jouer un rôle dans la chute de la pluie.

La présence de poussières ou de fumée dans l'atmosphère a une grande influence sur son état électrique ; HÉSÉHOUS s'est, en particulier, occupé de cette question.

4. Phénomènes de la décharge électrique dans l'atmosphère. — Une étude détaillée des phénomènes que l'on observe, quand une décharge électrique se produit dans l'atmosphère, ne peut trouver place dans cet ouvrage. Nous nous bornerons à indiquer succinctement quelques faits, qui ont pour la Physique générale un intérêt plus ou moins immédiat.

1. Le *feu* SAINT-ELME, qui apparaît sous la forme de flammes sur les mâts des navires, et les phénomènes analogues que l'on observe très souvent sur de hautes montagnes. Ils rappellent les aigrettes lumineuses, qui accompagnent l'écoulement de l'électricité des conducteurs chargés à de très hauts potentiels.

2. Les *éclairs*, que l'on observe dans une espèce particulière de *nuages orageux*, désignés aujourd'hui sous le nom de cumulo-nimbus. Aux éclairs se rattache l'un des phénomènes les plus énigmatiques observés dans l'atmosphère terrestre, ce que l'on appelle l'*éclair en boule*. Il se présente sous la forme d'une sphère de feu, qui se meut relativement avec beaucoup de lenteur, disparaît quelquefois sans bruit, mais se décharge aussi parfois avec un coup de tonnerre. PLANTÉ a réalisé un phénomène, qui rappelle un peu l'éclair en boule, en plongeant l'électrode négative d'une batterie puissante dans de l'eau ou dans une solution saline, et en touchant avec le pôle positif la surface de l'eau. Quand ce dernier pôle était un peu soulevé, il s'en détachait une petite sphère brillante, qui glissait à la surface de l'eau. Mais on ne peut attribuer aucune signification à cette ressemblance accidentelle entre les deux phénomènes, ni baser aucune explication de l'éclair en boule sur cette expérience. Le phénomène suivant découvert par RIGHI a une importance beaucoup plus grande. Lorsqu'on intercale, dans le circuit de décharge d'une bouteille de *Leyde* de grande capacité, une résistance très grande sous la forme d'une longue colonne d'eau, la décharge, surtout dans de l'air un peu raréfié, apparaît entre les deux électrodes (sphères) sous la forme d'une petite sphère se mouvant avec assez de lenteur.

Hésérous pense que l'éclair en boule est formé par de l'azote, qui brûle sous l'action de décharges oscillantes très intenses. Il a plongé l'un des pôles d'un transformateur, qui donnait un courant alternatif de 10000 volts, dans de l'eau et a relié l'autre pôle avec une plaque de cuivre horizontale qui se trouvait élevée de 2 à 4 centimètres au-dessus de l'eau. On observe sur la plaque une décharge, qui a entre autres la forme d'un sphéroïde incandescent se déplaçant dans un sens ou dans l'autre sous l'influence du courant d'air le plus léger. Quand ce sphéroïde est recouvert par une cloche de verre, on aperçoit les vapeurs brunes des produits d'oxydation de l'azote.

Santer (1890, 1892) a donné un aperçu des différentes tentatives d'explication de l'éclair en boule et a rassemblé plus de deux cents observations de ce phénomène.

Riecke a essayé de déterminer la quantité d'électricité, qui se décharge dans un éclair ; il a trouvé 50 à 100 coulombs.

Pockels a évalué *l'intensité maxima* du courant dans l'éclair, d'après la grandeur du magnétisme rémanent produit dans une tige de basalte voisine d'un paratonnerre ; il a reconnu, dans différents cas, que l'intensité du courant atteignait 8 600, 11 000 et 20 000 ampères.

Il a été question dans le Tome II des *spectres* de l'éclair et de l'aurore boréale.

Nous n'entrerons pas dans plus de détails en ce qui concerne les orages, les aurores boréales, le feu Saint-Elme, etc. Nous ne considérerons pas non plus la construction des paratonnerres ; on pourra consulter à ce sujet les ouvrages spéciaux de Melsens, Smirnoff, Goloff, Lindner, Benischke, etc.

A. S. Popoff, le véritable inventeur de la télégraphie sans fil, a construit le premier un appareil remarquable, qui enregistre les décharges électriques se produisant dans une grande étendue de l'espace environnant. Cet enregistreur d'orages se compose d'une batterie d'éléments, dans le circuit de laquelle se trouve un cohéreur Branly et un électroaimant dont l'armature mobile est munie d'une plume. Cette plume touche la surface d'un cylindre recouvert d'une bande de papier réglé ; le cylindre tourne autour de son axe au moyen d'un mécanisme d'horlogerie. Le cohéreur ne laisse pas en général passer de courant, mais il devient conducteur lorsque les radiations électriques produites par une décharge oscillante quelconque lui parviennent. Quand les radiations électriques produites par les décharges dans l'atmosphère atteignent le cohéreur et le rendent conducteur, le courant se ferme, en agissant sur l'armature de l'électroaimant, et la plume laisse une trace sur la bande de papier. Le premier appareil de ce genre a été installé en Juillet 1895 à l'École des Forêts près de Saint-Pétersbourg et a donné des résultats très intéressants : il enregistre non seulement les orages rapprochés ou non, mais aussi, semble-t-il, les autres décharges électriques qui se manifestent dans l'atmosphère.

Nous ne pouvons parler ici des rapports qui existent entre les orages et les cyclones, ainsi qu'entre les aurores boréales, les tempêtes magnétiques, les courants terrestres, les taches solaires et le scintillement des étoiles.

5. Etat actuel des théories relatives à l'électricité terrestre. — Nous avons donné au § 1 une idée générale de l'état de ces théories ; nous devons évidemment renoncer à exposer toutes les théories existantes. Nous nous bornerons à étudier la question controversée de la quantité totale d'électricité terrestre, et nous exposerons la plus récente théorie, ainsi que quelques phénomènes qui paraissent devoir acquérir dans l'avenir une certaine importance pour la Physique générale.

Toutes les théories relatives à l'électricité terrestre peuvent se ranger en deux groupes.

I. Théories qui admettent que la quantité totale d'électricité E sur la terre n'est pas nulle. — Ces théories supposent que la Terre possède une charge particulière, qui lui est propre, en d'autres termes qu'elle représente un corps électrisé, absolument isolé (électriquement) dans l'espace. La charge E a pu prendre naissance au moment où l'anneau, auquel la Terre doit son origine, s'est détaché du Soleil, ou bien au moment où la Terre s'est formée à partir de cet anneau ; cette charge E a pu, par suite, avoir sa source dans le frottement qui a dû accompagner ce processus de formation de la Terre. Si réellement la charge E n'est pas nulle, elle doit être *négative*, car la force électrique dans l'atmosphère est, sous des *circonstances normales*, dirigée vers la surface de la Terre. Tous les phénomènes électriques terrestres doivent s'expliquer par les déplacements de la charge E et les actions d'induction qu'elle produit dans les conducteurs. Aux charges positives nouvellement formées doivent correspondre des charges négatives égales, qui viennent en augmentation de la charge fondamentale constante E. Supposons que d'une manière quelconque une partie de la charge négative E passe dans l'atmosphère. On a alors, dans le voisinage de la surface de la Terre une charge négative en dessous et au-dessus. Plus un point est élevé au-dessus de la Terre, plus la charge qui est au-dessous de lui est grande et plus est petite celle qui subsiste au-dessus. Il en résulte clairement que *le gradient doit croître, à mesure qu'on s'élève au-dessus de la surface de la Terre*, jusqu'à atteindre un maximum, pour décroître ensuite au-dessus des couches d'air où la charge s'est propagée.

II. Théories qui admettent que la charge totale E de la sphère terrestre est nulle. — Supposons que la Terre *ne possède pas* de charge propre, de sorte que théoriquement il peut arriver un moment où il n'existe plus sur toute la Terre de charge électrique naturelle d'aucune sorte. Sous l'influence de causes quelconques, des électrisations se produisent et des quantités *égales* d'électricité positive et d'électricité négative apparaissent. Comme sous des circonstances normales, c'est-à-dire par un ciel serein, la force électrique est dirigée vers la surface de la Terre, il faut ici admettre que la sphère terrestre possède une charge négative. Deux hypothèses sont possibles sur la position de la charge positive égale correspondante :

1. La charge positive, qui correspond à la charge négative de la sphère terrestre, se trouve dans les couches supérieures de l'atmosphère. Dans ce cas, l'atmosphère ressemblerait au milieu intermédiaire d'un condensateur chargé et le gradient ne dépendrait que dans une faible mesure de la hauteur.

Une telle distribution du gradient a été admise par W. Thomson (Lord Kelvin).

2. La charge positive est répartie dans toute l'atmosphère et surtout dans ses couches inférieures. Sous l'influence d'une cause quelconque, des électrisations se produisent et (—) passe sur la surface de la Terre, (+) reste dans l'atmosphère. La même cause ou d'autres analogues produisent des perturbations locales, c'est-à-dire des changements importants et rapides dans la répartition des charges atmosphériques et terrestres, ainsi que l'apparition de nouvelles charges et la disparition de charges déjà existantes. Les causes de ces perturbations doivent être en relation avec la formation des nuages. *Le gradient doit diminuer à mesure qu'on s'élève au-dessus de la surface* de la Terre et se rapprocher assez rapidement de *zéro*, car aux points situés au-dessus des deux charges, la force électrique doit être très petite. Les variations diurne et annuelle, ainsi que les variations irrégulières, doivent diminuer à mesure qu'on s'éloigne de la surface de la Terre, c'est-à-dire des couches inférieures de l'atmosphère dans lesquelles ont lieu les variations et déplacements des charges.

Si on compare ce que nous venons de dire sur les deux groupes de théories, on voit quelle importance possèdent d'abord la question de la variation du gradient avec la hauteur, ensuite la question de la marche des variations diurne et annuelle et en particulier des variations irrégulières à différentes hauteurs. La solution du problème fondamental de la quantité d'électricité E peut aussi ne pas être sans intérêt pour la Physique générale.

Passons maintenant à l'étude de quelques théories rangées dans les deux groupes précédents, en particulier de celles qui ont été proposées en dernier lieu.

1. Théories qui admettent que E n'est pas nul. — Erman (1803) a le premier émis l'idée que la Terre possède une charge négative propre et que les phénomènes, observés dans les électroscopes reliés avec une pointe ou avec une flamme, sont dus à l'induction produite par la charge terrestre. Cette idée a été développée par Peltier, Pellat et en particulier par Exner. Si on admet que par temps serein, la force électrique à la surface de la Terre est produite seulement par la charge E, on peut calculer la grandeur de cette charge en se servant de la formule

$$\frac{\partial V}{\partial n} = -4\pi k,$$

dans laquelle k désigne la densité superficielle de la charge. Posons $\partial V : \partial n$ égal au gradient G et ce dernier égal à 275 volts par mètre. Exprimons toutes les grandeurs en unités él.-st. C.G.S. ; 1 volt est égal à $\frac{1}{300}$ unité él.-st. C.G.S.; par suite

$$\frac{\partial V}{\partial n} = G = \frac{275 \text{ volts}}{1^{\mathrm{m}}} = \frac{2^{\mathrm{v}},75}{1^{\mathrm{m}}} = \frac{2,75}{300} \text{ unité C. G. S. de gradient.}$$

On en déduit, pour la *densité*,

$$(4) \qquad k = - \frac{2,75}{4\pi.300} = - 0,00082 \text{ unité él.-st. C. G. S. ;}$$

cette densité est extrêmement faible. La *charge* est $E = 4\pi R^2 k$, où R est le rayon de la Terre en centimètres ; si on prend $2\pi R = 4.10^9$ cm., on a

$$(5) \qquad E = - 4.10^{15} \text{ unités él.-st. C. G. S. ;}$$

ou $1,3.10^6$ coulombs, puisque 1 coulomb $= 3.10^9$ unités él. st. C. G. S. de quantité d'électricité. On obtient donc pour E un peu plus d'un million de coulombs d'électricité négative. Le *potentiel* V de la sphère terrestre est égal à $E : R$, ou $4\pi Rk$, d'où

$$(6) \qquad V = - 6,4.10^6 \text{ unités él.-st. C. G. S.} = - 19.10^8 \text{ volts.}$$

La *tension superficielle* est $P = 2\pi k^2$, par suite

$$(7) \qquad P = 4.10^{-6} \frac{\text{dynes}}{1^{\text{cmq}}} ;$$

c'est avec une force aussi faible que 1 centimètre carré de la couche superficielle de la Terre supposée mobile s'éloignerait de celle-ci.

Après avoir admis l'existence d'une charge E, il reste encore à expliquer pour quelles raisons une partie de cette charge passe dans l'air. Exner voit la cause de ce passage dans *l'évaporation de l'eau* des océans, des mers, des lacs, des fleuves, etc. *La vapeur emporte mécaniquement avec elle une partie de la charge E qui se trouve à la surface de l'eau.* La vapeur contenue dans l'air représente, dans cette manière de voir, le support des charges *négatives*. Plus il y a de vapeur dans l'air, plus le gradient doit être faible. Exner trouve que le gradient G et l'humidité *absolue p* sont liés par la formule

$$G = \frac{A}{1 + ap},$$

où A et *a* sont deux coefficients constants.

La théorie d'Exner a provoqué un grand nombre de recherches faites en vue de savoir si la vapeur d'un liquide électrisé emporte ou non avec elle une partie de la charge du liquide. Peltier (avant Exner, 1842), Black (1883), Lecher (1888), Schwalbe (1900), Henderson (1900) et Beggerow (1902) sont arrivés à un résultat négatif ; ils ont trouvé que la vapeur d'eau et celle d'autres liquides (éther, par exemple) n'emportent pas avec elles la charge du liquide. Pellat (1899) est arrivé au résultat contraire, pour des électrisations très faibles, semblables à celle que nous avons trouvée par le calcul pour la surface de la Terre. Les expériences de Pellat ont porté sur une surface d'eau électrisée avec une charge égale à huit ou dix fois la charge moyenne du sol. Les expériences ont été croisées, car c'est seulement de cette manière qu'on peut constater la perte d'électricité par évaporation. Il est absolument indispensable que tous les isolements soient faits au moyen de paraffine, le seul corps qui isole parfaitement, aussi bien les diverses parties de l'électromètre que les autres. C'est faute d'employer ces précautions indispensables que quelques expérimentateurs sont arrivés, d'après PELLAT, à des résultats négatifs ; suivant les conditions, la perte par la vaporisation, en l'espace d'une heure, à la température ordinaire, a varié dans ses expériences de 0,46 à 0,78 de la charge initiale de la surface de l'eau. Ces résultats laissent donc ouverte la question posée par la théorie d'EXNER.

ARRHENIUS (1888) a développé une théorie basée sur l'hypothèse que la charge négative de la Terre se perd dans l'air sous l'influence des radiations *ultraviolettes* contenues dans la lumière solaire ; cette théorie explique d'une manière satisfaisante la variation annuelle que nous avons mentionnée plus haut. Plus tard, EKHOLM et ARRHENIUS ont cherché à démontrer que la Terre et la Lune sont électrisées négativement et qu'il existe une relation entre la grandeur du gradient et la valeur de la distance zénithale de la Lune.

LIEBENOW, ELSTER et GEITEL, CHREE et d'autres encore se sont prononcés contre les théories précédentes, qui admettent que E n'est pas nul. Il a été invoqué entre autres que la charge E devrait passer dans les couches supérieures de l'atmosphère, l'air ne pouvant être considéré comme un isolant absolu de l'électricité. A ces théories s'opposent aussi les deux faits dont nous avons parlé antérieurement : la diminution de toutes les *variations* du gradient aux points hauts de la surface terrestre et la *décroissance* presque certaine *du gradient lui-même*, à mesure qu'on s'élève au-dessus de cette surface supposée régulièrement plane.

II. THÉORIES QUI SUPPOSENT QUE E = 0. — Telle est d'abord la théorie de VOLTA, qui admettait que l'évaporation de l'eau est la cause première des électrisations de la Terre et de l'atmosphère, et que, *dans l'évaporation, la vapeur s'électrise positivement, l'eau négativement*. Cette théorie a été aussi énergiquement soutenue par PALMIERI. Il a été cependant irréfutablement démontré, par toute une série de travaux de différents physiciens, que l'évaporation de l'eau ne constitue pas une source d'électricité ; le *frottement* dans la vapeur humide peut seule en être une, comme nous l'avons vu ailleurs (page 267).

SOHNCKE (1885) et LUVINI (1889) se sont appuyés sur le fait que, dans le frottement de la glace et de l'eau, la glace s'électrise positivement, l'eau au contraire négativement. Les couches supérieures de l'atmosphère, qui renferment des cristaux de glace, glissent sur les couches inférieures, dans lesquelles de l'eau se trouve sous forme de très fines gouttelettes (nuages floconneux), et le frottement de la glace sur l'eau apparaît ainsi comme la source primitive des électrisations observées.

EDLUND pense que la Terre, comme un aimant tournant, produit dans l'atmosphère les forces électromotrices que nous rencontrerons dans l'étude de l'induction unipolaire. Cette théorie a suscité des objections nombreuses et importantes. LIEBENOW (1900) voit la source de l'électricité terrestre dans les forces électromotrices agissant, dans l'atmosphère, entre les couches inférieures chaudes et les couches supérieures froides. La différence de température doit produire un mouvement de l'électricité négative vers la surface terrestre et un mouvement de l'électricité positive dans le sens inverse. LIEBENOW a étudié en détail les forces électriques qui prennent naissance, par suite de différences de température, autour de chaque goutte d'eau qui se forme ou qui tombe. BRILLOUIN (1900) a trouvé que de la glace électrisée négativement perd rapidement sa charge sous l'influence de radiations ultra-violettes, ce qu'on n'observe pas lorsque la glace est remplacée par de l'eau. Il a fait reposer la théorie suivante sur ce phénomène. S'il existe à un moment quelconque dans l'atmosphère un champ électrique, les aiguilles de glace des cirrus s'électriseront par influence positivement à un bout, négativement à l'autre. S'il arrive que l'extrémité négative des aiguilles de glace reçoive des radiations solaires ultraviolettes, les aiguilles de glace ainsi éclairées perdront toute leur charge négative et resteront électrisées positivement. BRILLOUIN fait l'hypothèse que l'électricité négative perdue par les aiguilles de glace est déposée dans l'air environnant. L'ensemble du nuage apparaît donc comme positif, lorsque les aiguilles se séparent de l'air environnant. Dans la formation des cirrus par mélange, les mouvements indépendants de masses d'air voisines, les unes nuageuses, les autres limpides, sont fréquents. L'air négatif se séparera alors du cirrus positif. Si la masse d'air négative descend, et si, toujours négative (car l'électricité ne peut disparaître), elle atteint le sol cultivé, les innombrables pointes d'herbes ou de feuilles rendront facile l'échange d'électricité entre le sol et l'air. Le sol continental est par suite chargé négativement par l'échange avec l'air. A la surface des mers, rien de semblable ne se produit : l'air reste négatif ; il se charge de vapeurs ; mais, quand, par détente, cette vapeur se condense en fines goutelettes, celles-ci comme des pointes fines empruntent à l'air sa charge. Les cumulus de détente des régions océaniques sont par conséquent négatifs. Au niveau du sol, aucune action directe des radiations ultraviolettes ne se fait sentir, parce que ces radiations n'y parviennent presque pas, et parce que l'eau n'y est pas sensible.

Il nous reste encore à dire quelques mots des nouvelles théories, qui ont pris naissance après l'année 1899 et qui sont surtout basées sur le fait de *l'ionisation de l'air*. Les principaux fondateurs de ces théories sont ELSTER et GEITEL, ainsi que EBERT. Nous indiquerons tout d'abord une série de faits.

LINSS (1883) a fait le premier des recherches systématiques sur la *déperdition* des deux électricités dans l'air libre. Il a trouvé un ensemble de résultats déjà intéressants ; ainsi, il a observé que les deux sortes d'électricité ne se perdent pas en général également vite et que la vitesse de déperdition dépend de l'état de l'air, du moment de la journée, de la saison et d'autres causes. Ses travaux n'ont cependant pas attiré l'attention comme ils le méritaient. ELSTER et GEITEL se sont occupés de nouveau, 17 ans après, de l'étude de la vitesse de déperdition et ont montré de quelle importance était l'observation de la déperdition de l'électricité pour caractériser l'état électrique de l'atmosphère.

Les expériences d'ELSTER et GEITEL et de C.-T.-R. WILSON ont montré que l'air atmosphérique renferme toujours un certain nombre d'ions des deux signes, analogues à ceux que produisent les rayons de RÖNTGEN ou de

Becquerel, c'est-à-dire des *petits ions*, de mobilité voisine de $1^{cm},5$ par seconde, dans un champ de un volt par centimètre. P. Langevin et M. Moulin, dans les expériences qu'ils poursuivent depuis 1905 à la Tour Eiffel, ont en outre reconnu l'existence constante dans l'air d'ions beaucoup moins mobiles que les précédents, de mille à trois mille fois, de *gros ions* véritables particules ou gouttelettes de l'ordre du centième de micron en diamètre et contenant au moins un million de molécules analogues aux ions observés par Townsend dans les gaz récemment préparés et par E. Bloch dans l'air en contact avec du phosphore. Les ions ordinaires sont au contraire beaucoup plus petits, de l'ordre des dimensions moléculaires ; ils contiennent au maximum dix à vingt molécules groupées par attraction électrostatique autour d'un centre électrisé. Il est remarquable que l'expérience a démontré l'absence de centres intermédiaires entre les petits et les gros ions. Il existe ainsi dans l'air des catégories nettement tranchées de particules électrisées, et les rôles qu'elles jouent sont nettement différents.

Grâce à la présence des ions, l'air possède un certain degré de conductibilité, par suite aussi produit une déperdition des charges électriques ; la conductibilité de l'air est due aux petits ions pour la plus grosse part, car si les densités en volume peuvent être cinquante fois plus grandes pour les gros ions que pour les petits, leurs mobilités sont environ deux mille fois plus faibles, de sorte que la conductibilité due aux gros ions n'est guère que le quarantième de celle due aux petits. Il est à remarquer que *les ions négatifs possèdent une plus grande mobilité que les ions positifs* ; en outre *la faculté possédée par les ions de condenser la vapeur d'eau,* qui a été mise en évidence par Wilson, *est plus grande chez les ions-négatifs que chez les ions positifs.*

Les gros ions sont d'autant plus nombreux que l'atmosphère contient en suspension un plus grand nombre de particules, et leur nombre doit croître proportionnellement au nombre de ces particules. Il doit en effet s'établir un régime d'équilibre entre les diverses catégories de particules chargées et non chargées, présentes simultanément dans l'atmosphère, les gros ions se formant par diffusion des ions ordinaires vers les particules neutres et se détruisant pour restituer la particule neutre par recombinaison avec les petits ions du signe opposé. Les gros ions et les particules neutres dont ils impliquent la présence jouent le rôle essentiel dans la formation des couches inférieures de nuages (stratus et cumulus entre 1000 et 2000 mètres d'altitude). Ces particules, en effet, condensent la vapeur d'eau à peine sursaturante et quand une masse d'air humide s'élève et se refroidit par détente adiabatique, c'est sur elles que tout d'abord les gouttes se forment. Quand ces gouttes sont assez grosses pour que leur chute composée avec la vitesse d'ascension de l'air les laisse stationnaires, la masse d'air continuant à s'élever ne peut plus former de gouttes que par condensation sur les ions ordinaires qui nécessitent une sursaturation considérable (une pression de vapeur de 6 à 8 fois plus grande que la pression maxima), de sorte qu'on doit monter à une altitude beaucoup plus élevée, pour obtenir cette deuxième couche de nuages formée sur les petits ions, vraisemblablement jusqu'à l'altitude des cirrus, souvent situés à 10 ou 12 kilomètres.

De l'équilibre indiqué plus haut entre les ions et les particules en suspension dans l'air, il résulte que le nombre des gros ions doit varier en sens inverse de celui des petits, puisque la recombinaison entre les deux espèces doit, pour la plus grosse part, équilibrer la production d'ions par les divers rayonnements. L'expérience a montré en effet à P. LANGEVIN et M. MOULIN des variations opposées des deux catégories d'ions, ainsi que des variations du champ électrique terrestre opposées à celles des petits ions et parallèles à celles des gros.

La vitesse de déperdition de l'air peut servir à mesurer son ionisation. L'appareil employé par ELSTER et GEITEL pour cette mesure a été décrit à la page 413 et représenté dans la figure 159. EBERT (1901), GERDIEN (1905) et LANGEVIN et MOULIN (1907) ont construit des *appareils d'aspiration des ions*, qui servent à déterminer la teneur en ions de l'air en un endroit donné. La méthode d'EBERT consiste à faire passer dans le champ électrique d'un condensateur cylindrique un courant d'air assez lent pour que tous les ions d'un signe (il s'agissait uniquement des petits dans les expériences d'EBERT) puissent être recueillis par l'armature intérieure, reliée à un électroscope. C'est la méthode d'EBERT qui a été utilisée tout d'abord par LANGEVIN et MOULIN dans leurs expériences de la Tour EIFFEL. Elle les a conduits, ainsi que nous l'avons dit plus haut, à découvrir dans l'air la présence des gros ions, et à constater en même temps des variations très brusques dans les résultats obtenus à des instants pourtant très rapprochés. Dans ces conditions, les observations isolées ne sont pas suffisantes, et ils ont adopté une méthode photographique d'enregistrement, qui se prête aussi bien à l'enregistrement des petits ions que des gros ions. L'énorme différence de mobilité de ces centres permet de les séparer facilement et nécessite pour chaque espèce d'ions un condensateur de capacité différente.

L'étude de la déperdition de l'électricité dans l'air a conduit aux résultats suivants :

1. La déperdition est particulièrement forte par temps clair ; elle diminue par temps sombre et devient très faible par brouillard.

2. A la surface de la Terre, l'électricité négative se perd en général plus vite que l'électricité positive. Il s'ensuit que, *dans les couches inférieures de l'atmosphère, il existe un excès d'ions positifs*.

3. *La Terre possède évidemment une charge négative*, dont l'intensité est particulièrement grande au sommet des montagnes (page 416). Ici l'excès en ions positifs est maximum et par suite aussi la différence entre les vitesses de déperdition.

4. *Quand on s'élève au-dessus de la surface de la Terre* (en ballon), *on observe une augmentation rapide de l'ionisation* ; à une hauteur de 3000 mètres, la déperdition est 30 fois plus forte qu'à la surface de la Terre ; mais ici, la vitesse de déperdition est la même pour les deux électricités.

5. En été, la déperdition est plus grande qu'en hiver, alors que la surface de la Terre est couverte de neige et de glace.

6. Il existe certainement une relation entre la variation diurne de l'électrisation de l'air et celle de la pression atmosphérique.

7. ELSTER et GEITEL ont découvert que *l'air des cavernes, des souterrains, des puits, etc. est toujours fortement ionisé.* On a constaté en outre que *l'air du sol,* c'est-à-dire l'air qu'on extrait par un procédé quelconque du sol, *est en particulier très ionisé.*

8. *L'air renferme certainement des traces de substances radioactives ou de leurs émanations.* L'eau du sol et l'air du sol sont notamment fortement radioactifs. L'air, traversé par une telle eau, est ionisé (J.-J. THOMSON).

Nous nous bornerons à ce sommaire de faits. Ils ont servi de base pour échafauder toute une série de nouvelles théories de l'électricité terrestre. Ces théories doivent répondre aux trois questions suivantes :

I. D'où provient l'ionisation de l'air ?

II. D'où provient la différence des états électriques de la sphère terrestre et de l'atmosphère qui l'entoure et par quoi cette différence est-elle entretenue ?

III. Comment s'expliquent les faits d'observation précédents ?

ELSTER et GEITEL ont supposé d'abord que l'ionisation de l'air est produite par les radiations ultraviolettes du Soleil ; une théorie analogue a été développée plus tard par RUDOLPH. ELSTER et GEITEL expliquaient l'électrisation négative de la sphère terrestre et l'excès d'ions positifs dans les couches inférieures de l'atmosphère par la plus grande mobilité des ions négatifs, qui cèdent plus rapidement leurs charges à la sphère terrestre. Il a semblé, pendant un certain temps, que cette théorie satisfaisait à toutes les exigences et répondait complètement à toutes les questions précédentes. Mais les expériences de SIMPSON (1903), qui a montré qu'un métal isolé n'est pas électrisé par de l'air ionisé, ont ébranlé cette théorie. EBERT (1904) en a alors proposé une nouvelle, basée sur le fait que presque toutes les parties constituantes de l'écorce terrestre possèdent une certaine radioactivité, quoique très faible. Il en résulte que l'air du sol est fortement ionisé et possède même de la radioactivité, ce qui doit en particulier se manifester dans les cavernes, les souterrains, etc. L'air du sol, quand il se dégage à l'extérieur par des fissures capillaires, cède surtout des charges négatives aux parois de ces fissures ; il doit en être ainsi d'après les résultats des expériences de ZELENY, VILLARI, SIMPSON et TOWNSEND. A sa sortie au dehors, l'air du sol doit donc posséder un excès d'ions positifs ; par là s'explique une série de faits : l'électrisation négative de la sphère terrestre et l'électrisation positive des couches inférieures de l'atmosphère ; la diminution de l'ionisation en hiver, où la sortie de l'air du sol est entravée ; l'influence de la pression atmosphérique, dont la diminution doit favoriser la sortie de l'air du sol, etc. EBERT a montré que la grandeur de la radioactivité de l'écorce terrestre est parfaitement suffisante pour expliquer aussi, au point de vue *quantitatif,* les phénomènes électriques qu'on observe dans l'atmosphère sous des conditions normales. SIMPSON (1905) et GERDIEN (1905) se sont prononcés contre la théorie d'EBERT. KURZ (1907) a cherché jusqu'à quel point les substances radioactives qui sont contenues dans l'atmosphère affectent les résultats des mesures de l'électricité atmosphérique.

Nous nous bornerons à ces quelques indications sur les théories modernes de l'électricité terrestre, et nous renverrons le lecteur aux indications que renferme la bibliographie sur les travaux publiés dans ces dernières années.

Nous n'aborderons pas les théories des *phénomènes d'orage*, ni celles des aurores boréales. Les théories les plus récentes, dans lesquelles un rôle important est attribué aux *rayons cathodiques*, qui se forment dans les couches supérieures de l'atmosphère sous l'influence des rayons solaires ou même sont émis directement par le Soleil, présentent un grand intérêt.

Relativement aux phénomènes d'orage, nous indiquerons simplement comment peuvent soudainement se produire ces potentiels énormes, qui donnent lieu aux gigantesques décharges que l'on connaît (éclairs). Supposons que n^3 gouttelettes d'eau très fines, dont le potentiel est égal à v, se réunissent en une seule goutte ; soient r le rayon, s la surface, e la charge, k la densité de la charge d'une gouttelette, de sorte que $k = e : s$, $v = e : r$. Soient en outre R le rayon, V le potentiel, E la charge, K la densité électrique et S la surface de la grosse goutte formée ; on a dans ce cas $R = nr$, $S = n^2 s$, $E = n^3 e$, et par suite

$$K = \frac{E}{S} = \frac{n^3 e}{n^2 s} = n \frac{e}{s} = nk,$$

$$V = \frac{E}{R} = \frac{n^3 e}{nr} = n^2 \frac{e}{r} = n^2 v.$$

S'il s'agit de la formation d'une goutte de pluie, par condensation d'un brouillard, n peut être un nombre très grand. Une faible électrisation des gouttelettes du brouillard peut donc donner des potentiels élevés aux gouttes de pluie, et par suite des décharges sous forme d'éclairs. Qu'une formation soudaine, abondante de gouttes de pluie puisse être accompagnée d'un éclair, cela est confirmé par le fait bien connu du redoublement de la pluie dans un orage, quelques secondes après l'apparition d'un éclair dans le voisinage du zénith.

Schuster (1907) a cherché à trouver une relation entre les phénomènes électriques dans l'atmosphère et l'activité du Soleil. La variation diurne du champ *magnétique* de la Terre doit être engendrée par des courants électriques dans l'atmosphère et dépendre de la variation diurne de la pression atmosphérique. La conductibilité de l'air dépend de l'angle sous lequel les rayons solaires tombent sur les couches atmosphériques horizontales. Dans les couches supérieures de l'atmosphère, une très forte ionisation doit être provoquée par le Soleil et par suite aussi doit être la cause prédominante de la conductibilité. Durant le maximum des taches solaires, cette action du Soleil atteint sa plus grande intensité.

BIBLIOGRAPHIE

—

1. — Introduction.

CHAUVEAU. — *J. de Phys.*, (3), **8**, p. 599, 1899.

SUCHSLAND. — *Gemeinschaftliche Ursachen der elektrischen Meteore und des Hagels*, Halle, 1886.

2. — Exploration du champ électrique de l'atmosphère.

W. THOMSON (LORD KELVIN). — *Reprint of Papers*, 2ᵉ édit., pp. 192, 218, 1884.
BENNETT. — *Phil. Trans.*, 1787, p. 26.
MASCART. — *C. R.*, **95**, 1882.
LUTZ. — *Münch. Ber.*, 1906, p. 507.
D. SMIRNOFF. — *Bull. de l'Acad. Imp. des sciences de St-Pétersb.* (en russe), **20**, p. 107, 1904.
CONRAD. — *Physik. Ztschr.*, **8**, p. 672, 1907.
HENNING. — *Ann. d. Phys.*, (4), **7**, p. 893, 1902.
LINKE. — *Phys. Zeitschr.*, **4**, p. 661, 1903.
MOULIN. — *C. R.*, **143**, p. 884, 1906; *Ann. de chim. et de phys.*, (8). **12**, p. 40, 1907.
EXNER. — (Appareil). *Wien. Ber.*, **93**, p. 222, 1886; **95**, p. 1084, 1887.
DELLMANN. — *Pogg. Ann.*, **112**, p. 631, 1861.
ELSTER et GEITEL. — (Appareil). *Phys. Zeitschr.*, **1**, p. 11, 1899; *Terrestr. Magn. and Atmosph. Electr.*, **4**, p. 213, 1899; *Ann. d. Phys.*, (4), **2**, p. 425, 1900.
BENNDORF. — *Wien. Ber.*, **111**, p. 1, 1902; *Phys. Zeitschr.*, **7**, p. 98, 1906.

3. — Résultats des recherches sur le champ électrique de l'atmosphère.

CHAUVEAU. — *J. de phys.*, (3), **8**, p. 599, 1899.
ERMAN. — *Gilb. Ann.*, **15**, p. 385, 1803.
EXNER. — *Repert. der Phys.*, **22**, p. 463, 1886.
TUMA. — *Wien. Ber.*, **101**, p. 1556, 1892.
BÖRNSTEIN. — *W. A.*, **62**, p. 680, 1897; *Verh. d. phys. Ges.*, **13**, p. 35, 1894.
BASCHIN. — *Zeitschr. f. Luftschiffahrt*, mars-avril 1894.
ANDRÉ. — *C. R.*, **117**, p. 729, 1893.
LE CADET. — *C. R.*, **125**, p. 494, 1897; **136**, p. 886, 1903; *Etude du champ électr. de l'atmosphère*, Paris, 1898.
LESS. — *Zeitschr. f. Luftschiffahrt*, juillet 1894.
LENARD. — *W. A.*, **46**, p. 616, 1892.
HÉSÉHOUS. — *J. de la Soc. russe phys.-chim.*, **34**, p. 557, 1902.

4. — Phénomènes de la décharge électrique dans l'atmosphère.

PLANTÉ. — *Recherches sur l'électricité*, Paris, 1883, p. 141; *C. R.*, **80**, p. 1133, 1875; **85**, p. 619, 1877; **87**, p. 325, 1878; *La lumière électrique*, 1884, p. 286.

RIGHI. — *Atti R. Accad. di Bologna*, 26 avril 1891 ; *Rendic. Acc. dei Lincei*, **6**, p. 85, 1890.

HÉSÉHOUS. — *Bull. de l'Inst. technol.* (en russe), St-Pétersbourg, 1898, 1899, 1900 ; *J. de la Soc. russe phys.-chim.*, **32**, p. 127, 1900 ; *Phys. Zeitschr.*, **2**, p. 578, 1901.

SANTER. — *Progr. Realgymn.*, Ulm, 1890, 1892.

RIECKE. — *Gött. Nachr.*, 1895, p. 419.

POCKELS. — *Phys. Zeitschr.*, **2**, p. 306, 1900/01 ; **3**, p. 22, 1901/02.

MELSENS. — *Des paratonnerres à pointes, etc.*, Bruxelles, 1877 ; *Paratonnerres*, Bruxelles, 1882.

SMIRNOFF. — *Paratonnerres* (en russe), St-Pétersbourg, 1878.

LINDNER. — *Der Blitzschutz*, Leipzig, 1901.

BENISCHKE. — *Schutzvorrichtungen der Starkstromtechnik gegen atmosph. Entladungen*, Braunschweig, 1902.

A.-S. POPOFF. — *J. de la Soc. russe phys.-chim.*, **28**, p. 1, 1896.

GOLOFF. — *Théorie et pratique des paratonnerres* (en russe), St-Pétersb., 1896.

PÉDAEFF. — *Electricité atmosphérique* (en russe), Kharkoff, 1895.

5. — Théories de l'électricité terrestre.

W. THOMSON (LORD KELVIN). — *Reprint of Papers*, 2ᵉ éd., pp. 192, 218, 1884.

ERMAN. — *Gilberts Ann.*, **15**, p. 385, 1803.

PELTIER. — *Ann. de chim. et de phys.*, (2), **62**, 1836 ; (3), **4**, p. 385, 1842.

PELLAT. — *J. de phys.*, (3), **8**, p. 253, 1899.

F. EXNER. — *Rapports prés. au Congrès internat. de Physique*, **3**, p. 415, Paris, 1900 ; *Exners Repert.*, **22**, p. 420, 1886 ; **25**, p. 743, 1889 ; *Wien. Ber.*, **93**, p. 222, 1886 ; **95**, p. 1084, 1887 ; **96**, p. 419, 1887 ; **97**, p. 277, 1888 ; **98**, p. 1004, 1889 ; **99**, p. 601, 1890 ; **110**, p. 371, 1901 ; *Meteorologische Zeitschr.*, **35**, p. 529, 1900.

BLACK. — *J. de phys.*, (2), **2**, p. 476, 1883.

LECHER. — *Wien. Ber.*, **97**, p. 103, 1888.

SCHWABE. — *W. A.*, **58**, p. 500, 1896 ; *Ann. d. Phys.*, (4), **1**, p. 294, 1900.

HENDERSON. — *Phil. Mag.*, (5), **50**, p. 489, 1900.

ARRHENIUS. — *Meteorol. Zeitschr.*, **5**, p. 297, 1888.

BEGGEROW. — *Ann. d. Phys.*, (4), **7**, p. 494, 1902.

EKHOLM et ARRHENIUS. — *Bihang till. K. Svenska Vet. Handl.*, **19**, n° 8, 1893.

LIEBENOW. — *Die atmosphärische Elektrizität*, Halle, 1900.

CHREE. — *Proc. R. Soc.*, **60**, p. 96, 1897.

BRILLOUIN. — *J. de Phys.*, (3), **9**, p. 91, 1900.

LINSS. — *Meteorol. Zeitschr.*, **4**, p. 352, 1887 ; *Elektrotechn. Zeitschr.*, I, **11**, p. 506, 1890.

WILSON. — *Nature*, **68**, p. 104, 1903 ; *Proc. Camb. Phil. Soc.*, **12**, p. 171, 1903.

RUDOLPH. — *Meteorol. Zeitschr.*, **39**, p. 213, 1904 : *Luftelektrizität und Sonnenstrahlung*, Leipzig, 1903.

CHAUVEAU. — *Recherches sur l'électricité atmosphérique*, 2 mém., Paris, 1902.

J.-J. THOMSON. — *Phil. Mag.*, (6), **4**, p. 352, 1902 ; *Proc. Cambr. Phil. Soc.*, **12**, p. 172, 1903.

GEITEL. — *Anwendung der Lehre von den Gasionen auf die Erscheinungen d. atmosph. Elektrizität*, Braunschweig, 1901.

ELSTER et GEITEL. — *Phys. Zeitschr.*, **1**, pp. 11, 245, 1900 ; **2**, pp. 113, 560, 590, 1901 ; **3**, pp. 76, 194, 305, 574, 1902 ; **4**, pp. 96, 97, 137, 138, 522, 1903 ; **5**, pp. 11, 321, 1904 ; *Jahresber. Gymn. Wolfenbüttel*, 1891, 1897 ; *Wien. Ber.*, **89**,

p. 909, 1889 ; **99**, p. 421, 1890 ; **101**, pp. 703, 1485, 1892 ; **102**, p. 1295, 1903 ; **104**, p. 37, 1895 ; **111**, p. 946, 1902 ; *Terr. Magn. and Electr.*, **4**, pp. 15, 213, 1899 ; *W. A.*, **25**, p. 116, 1885 ; **38**, pp. 40, 497, 1888 ; **41**, p. 166, 1890 ; **47**, p. 496, 1892.

CZERMAK. — *Phys. Zeitschr.*, **3**, p. 185, 1902 ; **4**, p. 271, 1903.

EBERT. — *Phys. Zeitschr.*, **2**, p. 662, 1901 ; **3**, p. 338, 1902 ; **4**, pp. 93, 162, 1903 ; **5**, pp. 135, 499, 1904 ; **6**, pp. 825, 828, 1905 ; *Münch. Ber.*, **30**, p. 511, 1900 ; **31**, p. 35, 1901 ; *Wien. Ber.*, **30**, p. 511, 1901 ; *Gerlands Beiträge zur Geophysik*, **5**, p. 361, 1902 ; **6**, p. 66, 1903 ; *Gött. Nachr.*, 1900, p. 219 ; *Monthly Weather Rev.*, **31**, p. 229, 1903 ; *Naturw. Rundsch.*, **18**, p. 417, 1903 ; *Meteorol. Zeitschr.*, **36**, p. 289, 1901 ; **38**, p. 107, 1903 ; **39**, p. 201, 1904 ; *Arch. d. Sc. phys. et natur.*, (4), **12**, p. 97, 1901 ; *Jahr. d. Radioactiv. u. Elektrotechnik*, **3**, p. 61, 1906 ; *Illustrierte aeronautische Mitteilungen*, 1901, Heft 1 ; 1902, Heft 4.

ZELENY. — *Phil. Mag.*, (5), **46**, pp. 120, 213, 1898.

VILLARI. — *Rendic. Acc. dei Lincei*, (5), **10**, p. 61, 1900 ; *Phil. Mag.*, (6), **1**, p. 535, 1901.

SIMPSON. — *Phil. Mag.*, (6), **6**, p. 589, 1903 ; *Phil. Trans.*, **205**, p. 61, 1905 ; *Phys. Zeitschr.*, **5**, pp. 325, 734, 1904.

TOWNSEND. — *Proc. R. Soc.*, **45**, p. 192, 1899 ; **47**, p. 122, 1900 ; *Phil. Trans.*, **193**, p. 129, 1900 ; **195**, p. 259, 1900.

SOKOLOFF. — *Ionisation et radioactivité de l'air atmosphérique* (en russe), Piatigorsk, 1904.

GERDIEN. — *Phys. Zeitschr.*, **4**, pp. 632, 660, 1903 ; **6**, pp. 433, 465, 647, 800, 1905 ; *Gött. Nachr.*, 1905, pp. 240, 258 ; *Verh. d. d. phys. Ges.*, **7**, p. 368, 1905.

P. LANGEVIN. — *C. R.*, **140**, p. 232, 1905.

P. LANGEVIN et M. MOULIN. — *Électromètre enregistreur des ions de l'atmosphère, Le Radium*, **4**, p. 218, 1907.

GOCKEL. — *Phys. Zeitschr.*, **4**, pp. 267, 604, 871, 1903 ; **5**, pp. 257, 591, 1904 ; *Meteorol. Zeitschr.*, 1906, p. 339.

RIECKE. — *Gött. Nachr.*, 1903, pp. 1, 32, 39.

SCHMAUSS. — *Ann. d. Phys.*, (4), **9**, p. 224, 1902.

MACHE. — *Wien. Ber.*, **114**, p. 1377, 1905.

KÖNIGSBERGER. — *Phys. Zeitschr.*, **8**, p. 33, 1907.

KURZ. — *Annalen der Physik*, (4), **24**, p. 890, 1907.

SCHUSTER. — *Journ. de Phys.*, (4), **6**, p. 937, 1907.

Vient de paraître :

Traité pratique de Géologie, par James Geikie (*Structural and field Geology*), professeur de Géologie et de Minéralogie à l'Université d'Édimbourg.

(Traduit et adapté par M. P. Lemoine, docteur ès-sciences, chef des travaux de Géologie coloniale au Muséum, 1 volume de 490 pages, avec 187 figures et 64 planches hors texte. — Prix : *16 francs* relié.

L'ouvrage, présenté par M. Lemoine au lecteur français, est une adaptation du traité de J. Geikie, qui a en outre, complété le texte sur beaucoup de points, et ajouté des schémas à ceux déjà nombreux que comportait l'ouvrage original. La clarté de l'œuvre est encore augmentée par des photographies judicieusement choisies : échantillons de roches, plaques minces, paysages géologiques, etc.

Le plan adopté est le suivant :

Chapitre premier. — Procédés d'études des roches.

Chapitre II. — Minéraux des roches.

Chapitres III à V. — Différentes espèces de roches : ignées, sédimentaires, métamorphiques et cataclastiques.

Chapitres VI à IX. — Fossiles, stratification, inclinaison et plissements des couches, failles et diaclases, concrétions et secrétions.

Chapitre XII et XIII. — Mode de gisement des roches éruptives. Altération et métamorphisme.

Les chapitres suivants sont d'une application pratique plus directe :

Chapitre XIV. — Formations métallifères : classées en syngénétiques et épigénétiques (suivant leur âge par rapport aux couches qui les renferment).

Chapitre XV. — Influence de la structure géologique sur la topographie.

Chapitre XVI. — Études sur le terrain : Établissement et lecture des cartes géologiques.

Chapitre XVII. — Recherches des matériaux utiles : houille et minerais. Art de l'Ingénieur (travaux publics).

Chapitre XVIII. — Recherches d'eau.

Chapitre XIX. — Applications à l'agriculture.

Un réel mérite de cette publication réside dans ce fait qu'elle met la géologie pratique à la portée des personnes désireuses de s'intéresser à la constitution des assises du sous-sol et dont les études antérieures n'ont pas été dirigées dans cette voie.

L'adaptation de M. P. Lemoine groupe heureusement des renseignements épars dans des ouvrages de géologie très complets et souvent réduits à un minimum insuffisant dans les meilleurs traités d'exploitation des mines. Elle sera d'une grande utilité pour les praticiens, géologues et prospecteurs, ingénieurs de travaux publics ou de mines.

P. Bouzanquet.

Extrait du Bulletin du Comité des Houillères

9 782013 669740